"十二五"江苏省高等学校重点教材（编号：2015-1-062）
江苏高校品牌专业建设工程资助项目（编号：PPZY2015B180）

化工产品合成

第二版

沈发治　高　庆　主　编
胡　瑾　朱茂电　李靖靖　副主编
秦建华　钱　琛　主　审

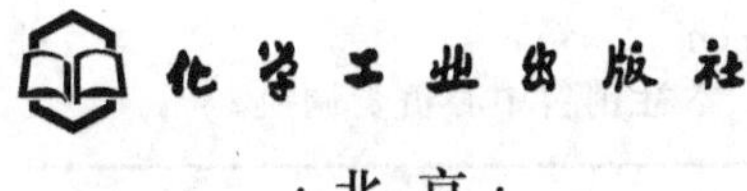

·北京·

《化工产品合成》采用了项目导向、任务驱动的方式进行各学习情境（章节）的编写。全书共安排了15个学习情境和含有10个子项内容的大附录。15个情境选择了15个真实的化工产品作为学习的载体，范围涵盖了化工中间体、助剂、涂料、树脂、表面活性剂及食品、医药、染料、农药、化妆品等多个领域，并且每一种产品均有选择地针对常见化工产品合成单元过程中的一个或多个典型的单元反应过程进行重点学习。全书涉及到的典型单元过程包括氧化、酯化、胺化、硝化、羟基化、酰化、甲氧基化、还原、烷基化、磺化、重氮化、偶合、卤化、芳基化、环合、缩合、聚合等。附录中包含了与产品合成相关的一些共性内容，如产品的英文名称、合成安全与事故处理、化学物料储存与废弃、常用合成装置搭建与使用、产品合成分离方法及常用文献资料索引等。

《化工产品合成》为高职高专精细化学品生产技术、应用化工生产技术、有机化工生产技术等专业的教学用书，并可供高职高专其他化工相关专业、医药类相关专业学生使用，还可供从事实验室合成工作的人员参考。

图书在版编目(CIP)数据

化工产品合成/沈发治，高庆主编. —2版. —北京：化学工业出版社，2017.10（2021.2重印）
“十二五”江苏省高等学校重点教材　江苏高校品牌专业建设工程资助项目
ISBN 978-7-122-30144-4

Ⅰ.①化…　Ⅱ.①沈…②高…　Ⅲ.①化工产品-高等学校-教材　Ⅳ.①TQ07

中国版本图书馆CIP数据核字（2017）第140785号

责任编辑：林　媛　窦　臻　　　装帧设计：刘丽华
责任校对：宋　夏

出版发行：化学工业出版社（北京市东城区青年湖南街13号　邮政编码100011）
印　　装：北京虎彩文化传播有限公司
787mm×1092mm　1/16　印张26　字数672千字　2021年2月北京第2版第2次印刷

购书咨询：010-64518888　　　售后服务：010-64518899
网　　址：http://www.cip.com.cn
凡购买本书，如有缺损质量问题，本社销售中心负责调换。

定　　价：59.80元

前言

本书自2010年出版以来，在扬州工业职业技术学院、河南中州大学等院校一直使用至今。在此期间，高等职业教育的发展得到大力促进和全面提升，逐渐从规模化增长转入内涵质量建设。特别是高职人才培养模式改革以来，工作过程导向的课程改革理念更是得到广泛的认同和追随。我们也身体力行，在高职化工产品合成的课程教学实践中积累了许多有益的教学经验。为了更好地适应当前高职教育化工类专业人才培养的需要，我们在第一版教材教学实践的基础上，对第一版教材进行了修订。

在修订中，重点考虑了化工类专业的需求和高职高专学生的学习要求和特点，在第一版项目化基础上适当地增加了情境化的内容，按照化工产品小试工作过程的逻辑展开，使得学生从工作任务分析入手，掌握合成路线设计、反应过程机理及影响因素、反应后处理分离、产品精制纯化及简单鉴定等工作过程中必需的知识和技能。为了解决工作过程的职业要求和知识技能的教学要求之间的衔接，二版时在知识内容展开时除以情境对话形式穿插所需教学内容外，增加了知识点拨、工作过程指导等环节，力争将工作过程的知识和经验加以糅合；为了能让学生更具体地理解职业技能鉴定考核的要点，二版时在每个情境中都按照精细有机合成工技能大赛的要求增加了模拟的考核技能要点的内容。为了便于学生开拓情境的知识空间并形成相对完整的知识体系，二版保留了原来知识拓展的主要内容并加以完善。另外，为方便所有参编院校的教学需要，对原来情境内容进行了微调，或更换或增补了参编院校相关的项目教学内容，旨在在学习中对化工产品小试岗位工作的过程有所体验，使学生学习有兴趣，动手有干劲，掌握技能有信心。本教材涉及的情境较多，在使用本书时可根据各院校的具体情况进行选用。

本书编者都是在化工企业生产一线经常进行实践并有丰富教学经验的老师。全书由扬州工业职业技术学院、南京科技职业技术学院、常州轻工职业技术学院、郑州工程技术学院共同编写。沈发治、高庆担任主编，胡瑾、朱茂电、李靖靖担任副主编。各情境编写情况：情境1（杨晓东、胡瑾），情境2（徐翠香），情境3（王富花），情境4（朱茂电），情境5（王升文），情境6(高庆)，情境7（张培培），情境8（钟爱民），情境9（陈华进），情境10（王明），情境11（陈秀清），情境12（王少鹏），情境13（郭双华），情境14(高庆、王少鹏)，情境15（高庆、沈发治）。附录由谢承佳、姜晔整理。全书由高庆统稿。

扬州工业职业技术学院的秦建华、钱琛担任主审，并提出了许多宝贵的意见。

本书可作为高职高专院校化工、医药类等相关专业的教材，也可作为成人高校化工类专业学生及化工类企业的技术人员的参考用书。

由于编者的水平有限，修改时间紧，书中难免存在疏漏和不妥之处，恳请读者批评指正。

编者

2017年8月

第一版前言

《化工产品合成》是为高职高专化工类专业学生学习化工产品合成，特别是有机、精细化工产品合成的基本原理、基本手段和基本方法而编写的专业教材。与以往同类教材相比，本教材是在以工作过程系统化为导向的人才培养模式理念之下，采用了项目导向、任务驱动的方式进行各学习情境（章节）的编写，使学生能将化工产品合成知识和能力的学习与实际工作过程紧密结合，增强了学习的目的性、针对性和趣味性。教材中各学习情境均以一个真实的项目或任务为载体，通过接受任务（项目）、分析任务、引出产品合成原理、设计合成路线、选用合成装置、实施合成过程、检测合成结果、评价工作成效等实际工作过程，将某一个（类）产品合成的理论、方法和技能传授给学生，并且在各学习情境中进行了相关合成知识的理论深化学习，增强了知识体系的完整性。

全书共安排了14个学习情境和一个含有12个子项内容的大附录，14个情境选择了14个真实的化工产品作为学习的载体，这些真实化工产品范围涵盖了化工中间体、助剂、涂料、树脂、表面活性剂及食品、医药、染料、农药、化妆品等多个领域，并且每一种产品均有选择地针对常见化工产品合成单元过程中的一个或多个典型的单元反应过程进行重点介绍，全书涉及的典型单元过程包括氧化、酯化、胺化、硝化、羟基化、羧化、酰化、甲氧基化、还原、烷基化、磺化、重氮化、偶合、卤化、硝化、芳基化、环合、缩合、聚合等。14个情境按照合成单元过程由单一到多重，产品由简单到复杂，知识内容由浅入深的体系编排，便于学生学习和掌握。另外，每个学习情境后面，还适当增加了相关拓展学习材料，以增加学生的合成知识面。附录中包含了与产品合成相关的一些共性内容，如产品的英文名称、合成安全与事故处理、化学物料储存与废弃、常用合成装置搭建与使用、产品合成分离方法及常用文献资料索引等，这些共性知识放在附录中便于各学习情境教学过程中随时引用，也减少了各学习情境编写的重复性。

全书主要由扬州工业职业技术学院化工系产品合成教研室的多位教师编写，湖南化工职业技术学院、河南中州大学部分教师参与了相关章节的编写和书稿的修改。情境1由王富花、高庆编写，情境2由郭双华、沈发治编写，情境3、8由陈华进、谭靖辉编写，情境4、12由沈发治、高庆编写，情境5由夏德洋、沈发治编写，情境6、7由王升文、高庆编写，情境9、10由王勤、李靖靖编写，情境11、13由陈秀清、沈发治编写，情境14由高庆、谭靖辉编写，附录1～10由谢承佳编写，附录11～12由高庆编写，王宇飞、王少鹏参与了部分章节的编写与修改工作。沈发治负责全书编写内容的总体策划、编写要求的制定，并负责全书最终修改与定稿。高庆负责各章节编写的指导及全书的统稿。谭靖辉、李靖靖担任本书的副主编并对全书内容给予修改。张新科、秦建华对本书进行了审核。

由于采用项目导向、任务驱动方式进行化工产品合成这一教材的编写，是我们基于以工作过程系统化为导向的人才培养模式理念所做的一次新尝试，没有现成模式可循，因此编写中一定存在许多不足之处，恳请读者批评指正，我们将在教材使用过程中逐步改正和完善，力争将本教材打造成精品教材，为高职化工专业人才的培养作出应有的贡献。

编者

2010年4月

教学实施过程各环节设计建议

序号	工作过程	教学环节	教学内容或目标	教学途径	学时建议	评价权重
1	资讯	合成任务单信息解读	1. 解读任务书 2. 知晓核心信息(要点) 3. 了解合成任务的有关背景知识	教师讲授提示；学生资料检索	0.25	1
2	决策	目标化合物合成路线设计	1. 了解合成化合物的分子结构式及各官能团的名称、位置关系及对结构的影响 2. 了解逆向合成的基本方法与步骤 3. 理解目标化合物合成路线的设计的策略 4. 确定目标化合物的合成路线中所涉及的单元反应及相关试剂	教师讲授提示；学生资料检索	0.5	10
3	决策	反应过程分析	1. 理解合成路线中各单元反应的机理知识 2. 明确合成路线中单元反应的影响因素 3. 初步明确单元反应体系构建要点和控制策略以及反应终点监控的方法	教师讲授提示；学生资料检索	1～3	10
4	决策	反应后处理及产物分离过程分析	1. 明确反应物后处理要点 2. 初步明确单元反应结束后反应物组成及状态 3. 明确产物的分离策略 4. 初步制订产物的分离流程	教师讲授提示；学生资料检索	1～2	5
5	决策	产物纯化过程分析	1. 明确产物的状态和性质 2. 了解常用的产物纯化的方法 3. 初步明确产物纯化的方法	教师讲授提示；学生资料检索	0.25	5
6	决策	产物鉴定方法选择	1. 了解常用的产物鉴定的方法 2. 明确产物鉴定的性质指标	教师讲授提示；学生资料检索	0.15	2
7	计划	拟订小试试验计划	1. 明确小试的目标 2. 拟订实验流程及相关试剂	学生小组协作；教师讲授提示	0.15	5
8	计划	小试试验所需信息资料收集	1. 反应各物料物性数据资料；试剂的预处理方法资料；反应仪器使用方法及注意事项资料；反应装置搭建方法及注意事项资料；分离过程各物料物性数据；分离仪器使用方法及注意事项；分离装置搭建方法及注意事项 2. 实验中各物料及装置安全使用资料 3. 实验过程"三废"问题资料	学生资料检索；教师讲授提示	0.5	5
9	计划	制订小试合成方案	1. 实验前准备方案 2. 反应合成的方案 3. 产物分离的方案 4. 产物纯化方案 5. 详细的实验流程图	教师讲授提示；学生资料检索	0.25	5

续表

序号	工作过程	教学环节	教学内容或目标	教学途径	学时建议	评价权重
10	检查	各小组方案汇报	合成小组汇报各小试方案	讨论	0.25	2
11	检查	方案研讨评价	1.小组讨论并点评； 2.确定出较好的实验方案	小组自评； 教师评价	0.25	10
12	实施	实验室安全教育	实验室安全注意事项	教师讲授	1	10
13	实施	小试所需仪器、装置，药品准备	1.小试所需药品准备 2.小试所需仪器装置的准备 3.熟悉药品的安全使用要求、实验装置的使用操作	实训操作	0.5	3
14	实施					
15	实施	完成产品合成实验并进行鉴定	1.根据实验方案完成小试试验操作 2.完成目标化合物的鉴定 3.填写产品合成报告书	实训操作	4～10	10
16	评价	合成任务完成情况评价、总结	1.总结各小组合成任务完成情况 2.完成教学资料(实验报告、实验日记、实验小结)评价 3.各合成小组实训技能情况评价(考核)	教师评价	1	7
17	拓展	合成知识拓展	可选择单元反应过程知识、合成理念及操作技巧知识、产品工业化过程知识进行拓展	教师讲授	2	10
合计						100
说明	1.教师以任务单的形式将工作任务转化为学习任务下达给学生； 2.学生以合成小组形式完成学习任务，每组 3～4 人为宜； 3.教学形式可以理论教学结合实验(训)教学形式展开； 4.在第一次教学时，建议适当增加文献资料检索的方法和技巧的讲授； 5.建议学生充分利用课外时间完成学习任务，以弥补教学课时数的不足； 6.评价权重为百分制分值，合计 100 分					

目 录

情境1 苯甲酸的合成（氧化反应）

学习目标与要求

知识目标

了解苯甲酸的合成路线及合成过程中的安全环保知识；掌握氧化反应过程、分离过程的知识和产品鉴定的方法。

能力目标

能进行苯甲酸的资料检索，根据苯甲酸的合成路线及氧化单元反应的特点制订合成反应的方案，并通过实验合成出合格的产品。

情感目标

充分调动学生的学习积极性、创造性，强化化工合成职业素质的养成，培养学生与人沟通、团结协作的能力及意识。

1.1 情境引入

实习生小李、小周和小赵来到苯甲酸生产工段实习，由负责该工段生产的汪工程师指导他们。在实习期间，实习生们将要进行苯甲酸制备工艺的学习，参加模拟顶岗实习，在实验室条件下以小试的形式进行实践。

实习生们准时来到汪工的办公室，汪工交给他们一份拟订好的实习计划，上面列出了小李他们实习期间要完成的工作和注意事项。小李他们打开了实习计划，浏览了上面的主要内容。

(1) 实习期间主要任务

① 了解苯甲酸的生产背景及市场应用前景；

② 了解苯甲酸的生产原料及其生产上的安全注意事项；

③ 领会苯甲酸的工艺路线及其选择依据；

④ 掌握苯甲酸的生产工艺的控制要点和方法；

⑤ 完成项目实习报告。

(2) 实习要求

① 必须在安全教育培训合格后方可入岗实习；

② 时刻牢记“安全第一、预防为主”的方针，实习期间做好个人的劳动保护；

③ 作息时间与实习岗位时间同步。

(3) 实习注意事项

① 要实习好，自身必须有所准备。要理解生产的问题必须首先解决理论问题。理论需

要基础，首先要打好基础才行。如果要在工作中打基础，就必须学会有针对性地收集相关的技术资料。这既是工作方法也是学习方法。

② 因为实习计划的内容较多，工作时必须进行分工合作，这样才能提高效率。

③ 实习不是岗前培训，而是从大生产的角度将对所学的理论（合成）知识和生产实际联系起来，加深对知识和技能的理解和掌握，打好基础，以便今后做到能在生产实际中活学活用所学的知识和技能，更好地服务于生产。

汪工："在企业里产品的小试是新产品开发的源头，小试成功后进一步中试放大，取得大生产所必需的工艺数据，然后才能进一步进行大生产。小试岗位的重要职责是对外承接消化新产品的工艺技术，对内可对大生产工艺中各环节出现的问题进行探索解决以及必要的技术攻关。虽然不是直接生产，但对大生产起着关键的指导作用。因此从小试岗位入手，我们可以对整个生产工艺的全貌有一个全面的了解。"

"对于具体产品的小试，其工艺路线是既定的。但相对于新产品的研发，小试所用的原料均是大生产所用原料，小试才能发现大生产过程潜在的问题并予以解决，小试的结果才能更接近于生产的实际。另一方面，小试时并不排斥对工艺的改进，这也是对新工艺进行消化的重要方面，因此小试同时也具有一定的研究性质。"

"为了更好地进行实习，要求大家能自觉地进行资料检索，并养成良好的化工生产安全意识和自觉防护的习惯。"

汪工又对他们进行了分工，嘱咐他们分头认真准备。

1.2 任务解析

1.2.1 苯甲酸产品开发任务书

汪工拿出了一份公司苯甲酸的产品开发任务书，见表 1-1。

汪工：企业产品研发任务书是新产品研究开发必要的文件依据，有时也会以产品供货合同来作为产品开发的依据。有关产品研发的项目必须经过主管部门批准后方可以进行试验。一般都需要下发正式的文件或任务书。在任务书中必须明确项目的内容、要求及相关标准。转接科研院所的项目也可以自行开发。

表 1-1 产品开发任务书

编号：××××××

项目名称	内容	技术要求		质量指标
		专业指标	理化指标	
合成苯甲酸产品	实验室规模合成苯甲酸；设计合成路线；选择合成原料；确定工艺条件；产品精制；产品检测等	苯甲酸又名：安息香酸 分子式：C_6H_5COOH 分子量：122.12 英文名称：benzoic acid；carboxybenzene CAS 号：65-85-0	外观：白色有荧光的鳞片状结晶、针状结晶或单斜棱晶；质轻无味或微有安息香或苯甲醛的气味 熔点：122.4℃ 沸点：249.2℃ 溶解性：难溶于水，微溶于热水，溶于乙醇、氯仿、乙醚、丙酮、二硫化碳和挥发性、非挥发性油中，微溶于己烷 相对密度：1.2659 稳定性：化学性质不太稳定，有吸湿性	《食品添加剂苯甲酸钠》（GB 1902—2005）

续表

项目来源	(1)自主开发	(2)转接	
进度要求	1～2 周		
项目负责人		开发人员	
下达任务人	技术部经理		日期：
	技术总监		日期：

注：一式三联。一联技术总监留存，一联交技术部经理，一联交项目负责人。

【表中相关内容的解释】

(1) CAS 号：(CAS Registry Number 或称 CAS Number，CAS Rn，CAS #)，又称 CAS 登录号，是某种物质［化合物、高分子材料、生物序列 (Biological sequences)、混合物或合金］的唯一的数字识别号码。美国化学会的下设组织化学文摘服务社 (Chemical Abstracts Service，CAS) 负责为每一种出现在文献中的物质分配一个 CAS 号，其目的是为了避免化学物质有多种名称的麻烦，使数据库的检索更为方便。如今几乎所有的化学数据库都允许用 CAS 号检索。苯甲酸的 CAS 号为 65-85-0。

(2) 有关执行标准：我国标准分为国家标准、行业标准、地方标准和企业标准四类。食品防腐剂质量标准参见 GB 1902—2005。

1.2.2 苯甲酸的合成路线设计

(1) 苯甲酸分子结构的分析　在有机合成中，要合成某一化合物显然是不可能通过原子直接组合而来，只能利用一些已知的化合物分子，让它们之间发生适当的化学反应，通过一定的反应路线，经过一定的分离方法得到。因有机物分子中，具有反应活性的部位大多集中在官能团上，因此，我们必须搞清楚其分子结构式、分子的基本骨架结构、相关官能团组成以及连接的方式等。

苯甲酸分子式：C_6H_5COOH。

苯甲酸分子结构式：

$$C_6H_5-\overset{\overset{\displaystyle O}{\|}}{C}-OH$$

目标化合物基本结构为苯的结构，在苯环上接有一个羧基。

(2) 苯甲酸的合成路线分析　对于分子结构简单的有机分子，往往可以利用掌握的有机反应直接写出其合成的反应。例如在有机化学里学习过甲苯可被高锰酸钾氧化为苯甲酸（苯环侧链基团被氧化的性质）。

$$C_6H_5-CH_3 \xrightarrow{KMnO_4} C_6H_5-COOH$$

于是即可利用这个反应来合成苯甲酸。甲苯、乙苯、异丙苯都能发生这个反应。对于不同原料，就对应不同的合成路线。这里可以把这个合成的问题归纳为苯环上的烷基转化为羧基：

$$C_6H_5-R \xrightarrow{[O]} C_6H_5-COOH$$

但有机合成的问题绝不都是如此简单。事实上，在设计合成路线时经常遇到比较复杂的设计问题，此时必须广泛参考文献资料。对于苯甲酸的合成，文献报道的合成路线还有很多，这里仅简单讨论。

文献路线 1：甲苯液相空气催化氧化法

在 $Co(Ac)_2$ 催化剂存在下，向液体甲苯中通入空气进行氧化：

$$C_6H_5-CH_3 + \frac{3}{2}O_2 \xrightarrow[T,\ p]{Co(Ac)_2} C_6H_5-COOH$$

此法为工业上生产苯甲酸的常用方法，该反应中甲苯为液相，空气为气相，采用空气作氧化剂。

文献路线 2：苯甲醛歧化法

利用苯甲醛在碱性条件下发生氧化还原歧化反应（康尼查罗反应），一分子还原为苯甲醇，一分子氧化为苯甲酸（生成钠盐），酸化后即可得到苯甲酸沉淀。

$$2\ C_6H_5-CHO \xrightarrow[2.\ H^+]{1.\ NaOH} C_6H_5-CH_2OH + C_6H_5-COOH$$

苯甲醇又称苄醇，也是很有用的有机原料。

文献路线 3：格氏试剂法

卤代烷在无水醚中可以与金属镁反应生成有机镁化合物 RMgX，生成的这种有机镁化合物称为格氏试剂（格氏试剂可溶于醚类），该反应称为格氏反应。向制得的格氏试剂中通入 CO_2 气体并酸性水解，可制得比卤代烷多一个碳原子的羧酸。

利用格氏试剂法制备苯甲酸时可采用溴苯作原料，反应式如下。

$$C_6H_5-Br + Mg \xrightarrow{\text{无水乙醚}} C_6H_5-MgBr$$

$$C_6H_5-MgBr + CO_2 \longrightarrow C_6H_5-COOMgBr$$

$$C_6H_5-COOMgBr + HCl \longrightarrow C_6H_5-COOH + MgClBr$$

水分子是含活泼氢的化合物，格氏试剂化学性质活泼，能被水分解生成烷烃和 Mg(OH)X，因此格氏反应为一忌水反应，空气中的水蒸气会对其产生影响。

还有其他一些合成方法，比如苯腈水解法、同碳三卤代物水解法、邻苯二甲酸脱羧法等。

$$C_6H_5-CN + H_2O \xrightarrow{\triangle} C_6H_5-COOH$$

$$C_6H_5-CCl_3 \xrightarrow{H_2O} C_6H_5-C(OH)_3 \xrightarrow{-H_2O} C_6H_5-COOH$$

$$\text{邻苯二甲酸酐} + H_2O \xrightarrow{\triangle} C_6H_5-COOH + CO_2$$

汪工：一种化合物的制备路线可能有多种，但并非所有的路线都能适用于实验室合成或工业化生产，选择正确的制备路线是极为重要的。比较理想的制备路线几乎应同时具备下列条件：

① 原料资源丰富，价廉易得，生产成本低；

② 副反应少，产物容易分离、提纯，总收率高；

③ 反应步骤少，时间短，能耗低，条件温和，设备简单，操作安全方便；

④ 产生的“三废”能得到有效控制，不污染环境；

⑤ 副产品可综合利用。

甲苯液相空气氧化法合成路线较短，操作简单，产率较高，但制备时间较长。与化学氧化（如 $KMnO_4$ 氧化）法相比，甲苯液相空气氧化法不消耗价格较贵的化学氧化剂，所用的氧化剂为空气（氧气），成本极低，“三废”排放少，生产成本上极具竞争力。其他生产方法如苯甲醛歧化法、格氏试剂法等都存在原料成本高、合成路线较长，毒性大、操作麻烦且产率不高等缺点。综合起来，我们可以选择甲苯空气氧化的工艺进行小试。

甲苯液相空气氧化工艺的关键是甲苯的氧化，欲在合成中做好甲苯的氧化，就必须对甲苯氧化反应过程的情况作详细了解。

知识点拨

1. 关于有机合成

所谓有机合成就是从简单易得的原料，通过一步或多步化学反应制备出比较复杂的目标分子的过程。它也包括将复杂的物质变为简单物质的过程。

有机合成有两个基本的目的：一是为了合成一些特殊的、新的有机化合物，探索一些新的合成路线或研究其他理论问题，即实验室合成。二是为了工业上大量生产，即工业合成。实验室合成是有机合成的基础，它是根据一般碳架和官能团的变化规律所研究得出的结论，大多数具有普遍的意义。但并非所有实验室合成都适合于工业生产，能适合于工业生产的，只是其中的一部分。

工业合成又可分为基本有机合成和精细有机合成。基本有机合成是利用化学方法将简单的、廉价易得的天然资源如煤、石油、天然气及其初加工产品和副产品（电石、煤焦油等）合成为最基本的有机化工原料“三烯一炔”（乙烯、丙烯、丁烯和乙炔）、“三苯一萘”（苯、甲苯、二甲苯和萘），然后再进一步合成其他重要的有机化工原料如乙醇、甲醛、乙酸等。

精细有机合成工业则是主要合成染料、药物、农药、香料及各种试剂、溶剂、添加剂等。其特点是产量小、品种多、质量要求高，而且一般多为间歇生产，操作比较复杂细致。

工业合成与实验室合成虽然在反应原理和单元操作上大致相同，但两者在实现形式上具有很多的差别。实验室合成所需要的物质用量较少，但纯度要求较高，其成本在一定范围内不是主要问题，而工业合成的成本问题是非常重要的，即使收率上的极小变化或工艺路线上和设备的微小改进都会对成本发生很大的影响。此外，工业合成中还要考虑大生产的要求，如设备、操作、产物的综合利用，物料、能量的平衡，生产的连续性，以及“三废”的处理和环境的保护等。正因为如此，从实验室合成到工业合成一般要经过小试、中试放大再到工业大生产的逐级放大的论证过程。只有经过充分的论证，实验室的合成才能最终在生产中实现。

知识点拨

2. 有机合成单元反应

精细化学品及其中间体虽然品种繁多，但是从分子结构来看，它们大多数是在脂链、脂环、芳环或杂环上含有一个或几个取代基的衍生物。其中最主要的取代基有：①—X（卤素基）；②—SO_3H、—SO_2Cl、—SO_2NH_2、—SO_2NHR或—SO_2NHAr等（R表示烷基，Ar表示芳基）；③—NO_2、—NO；④—NH_2、—NHR、—NHAr、—NHAc、—NHOH等（Ac表示乙酰基）；⑤—$N_2^+Cl^-$、—$N_2^+HSO_4^-$、—N═NAr、—$NHNH_2$ 等；⑥—OH、—OR、—OAr、—OAc等；⑦—CH_3、—C_2H_5、—$CH(CH_3)_2$等；⑧—CHO、—COR、—COAr、—COOH、—COOR、—COOAr、—COCl、—$CONH_2$及—CN等。

为了在有机分子中引入或形成上述取代基，以及为了形成杂环和新的碳环，于是把化学反应按其共同特点可分为硝化、胺化、卤化、磺化等若干类别，这种类别的化学反应叫做单元反应或单元作业。最重要的单元反应有，①卤化；②磺化和硫酸酯化；③硝化和亚硝化；④还原和加氢；⑤重氮化和重氮基的转化；⑥氨解和胺化；⑦烷基化（也称烃化）；⑧酰化；⑨氧化；⑩羟基化；⑪酯化与水解；⑫缩合；⑬环合；⑭聚合等。

上述单元反应可归纳为三种类型：第一类是有机分子中碳原子上的氢被各种取代基所取代的反应，如卤化、磺化、硝化、亚硝化、*C*-酰化、*C*-烷基化等；第二类是碳原子上取代基转变为另一种取代基的反应，例如，甲苯上的甲基被氧化为羧基等；第三类是在有机分子中形成杂环或新的碳环的反应，即环合反应。

知识点拨

3. 关于氧化反应

广义上，凡使有机物分子中碳原子总的氧化态增高的反应均称为氧化反应。狭义上，氧化反应主要是指在氧化剂存在下，有机物分子中增加氧或减少氢的反应。氧化反应过程中，由于氧化剂的种类很多，其作用特点各异，因此一种氧化剂可以对多种不同的基团发生氧化反应，另一方面，同一种基团也可以因所用氧化剂和反应条件的不同，给出不同的氧化产物。利用氧化反应除了可以制得醇、醛、酮、羧酸、醌、酚、环氧化合物和过氧化物等在分子增加氧的化合物以外，还可用来制备某些在分子中只减少氢而不增加氧的产物。

由于氧化剂和氧化反应的多样性，氧化反应很难用一个通式来表示。有机物的氧化涉及一系列的平行反应和连串反应（包括过度氧化以及完全燃烧成二氧化碳和水），对于精细化工产品的生产来说，要求氧化反应按一定的方向进行并且只氧化到一定的深度，使目的产物具有良好的选择性、收率和质量，另外，还要求成本低、工艺尽可能简单。这就要求选择合适的氧化剂、氧化方法和最佳反应条件，使氧化反应具有良好的选择性。

知识点拨

4. 关于氧化方法及其特点

根据氧化剂和氧化工艺的区别，可以把氧化反应分为在催化剂存在下用空气进行的催化氧化、化学氧化及电解氧化三种类型。

工业上最价廉易得且应用最广的氧化剂是空气。用空气做氧化剂时，反应可以在液相进行，也可以在气相进行，但必须在催化剂或引发剂存在下反应，此类反应称为空气催化氧化。在液相中进行的空气催化氧化的适用范围很广，通过空气液相氧化可直接制得有机过氧化物、醇、酮、羧酸等。将有机物的蒸气与空气的混合气体在高温（300～500℃）下通过固体催化剂，使有机物适度氧化，生成目的产物的反应叫做空气的“气-固相接触催化氧化”。气-固相接触催化氧化法都是连续化生产，在工业上主要用于制备某些醛类、羧酸、酸酐、醌类和腈类等产品。

也用到许多无机的和有机的含氧化合物作为氧化剂，常称为“化学氧化剂”。此类氧化一般称为化学氧化。此外，有时还用到电解氧化法（尽管电解氧化不使用化学氧化剂，可以最大限度地减少“三废”污染，属于绿色化工，但现在工业化应用还不广泛）。

在各种类型的氧化反应中存在一些共同的特点：

① 氧化剂在进行氧化反应时，氧化剂的形态有两种。一种是气态氧，如空气或纯氧。其特点是来源丰富、价格便宜、无腐蚀性，但是氧化能力较弱，此类反应通常需要使用催化剂，有时还需要采用高温。以空气为氧化剂动力消耗较大，废弃排放量大，设备体积大。纯氧氧化剂需要采用空分装置进行氧分离。另一种是化学氧化剂（无机的或有机的含氧化合物），其特点是氧化能力强，反应条件温和且不需要催化剂，但其价格比较昂贵，制备也比较困难，一般只用来生产一些小批量、附加值高的精细化工产品。

② 强放热反应。所有的氧化反应均是放热反应，特别是完全氧化反应放热更为剧烈。因此反应过程中要及时移走反应热，使反应平稳进行，防止生产事故的发生。

③ 热力学上，氧化反应热有利于氧化反应的进行，故氧化反应均可看作不可逆反应，特别是完全氧化反应。

④ 氧化反应的途径一般不止一种，其副反应多，因此要选择合适的反应条件，才能得到目的产物。

知识点拨

5. 液相空气氧化的催化剂

在烃类自动氧化生成醇、醛、酮或羧酸等产物时，最常用的自动氧化催化剂是可变价金属的盐类，有时还加入其他辅助引发剂。最常用的可变价金属是 Co，有时也用到 Mn、Cu 和 V 等。最常用的钴盐是水溶性的乙酸钴，油溶性的丁酸钴和环烷酸钴。其用量一般是被氧化物质量的百分之几到万分之几。

可变价金属的盐类作催化剂的优点是，在反应中生成的低价金属离子可以被空气中的氧再氧化成高价离子，它本身并不消耗，能保持持续的催化作用。

$$RH + M^{n+} \longrightarrow R\cdot + H^{+} + M^{(n-1)+}$$

$$M^{(n-1)+} - e \longrightarrow M^{n+}$$

还应注意到，可变价金属离子会促进有机过氧化氢物的分解。因此，如果目的在于制备有机过氧化氢物或过氧化羧酸，则不宜使用可变价金属盐作催化剂。在连续生产时可利用有机过氧化氢物自身的缓慢热分解产生自由基以引发自动氧化反应。

$$R—O—O—H \longrightarrow R—O\cdot + HO\cdot$$

因此，在以有机过氧化氢物作为产物时，只能采用引发剂加速反应，由于引发剂不能再生，故其用量应参与反应的计量。

甲苯液相空气氧化中常用的催化剂为乙酸、环烷酸、硬脂酸、苯甲酸的钴盐或锰盐以及溴化物，其中以钴盐的催化性能最好。溴化物为助催化剂，有助于提高反应的选择性和收率。也可添加氯化物，这主要是因为 Cl 与 Co（Ⅲ）形成络合物，提高了氧化电位，加速了 Co（Ⅲ）还原为 Co（Ⅱ）。由于溴化物对设备有严重的腐蚀作用，因而在现有的工业化生产中，不添加溴化物也较为常见。

1.2.3　苯甲酸合成单元过程分析

汪工：在确定反应路线，选择相应的原料和试剂后，要完成反应还必须制订详细的反应方案。这在工艺上就是明确相应的工艺控制点，显然这对于生产是非常关键的。而反应方案的制订就必须从反应的机理和反应影响因素等方面入手才能把握其要点。

甲苯的氧化反应式如下。

$$C_6H_5-CH_3 + \frac{3}{2}O_2 \xrightarrow[T,\ p]{\text{催化剂}} C_6H_5-COOH + H_2O$$

书写反应式时，一般还需将主产物及主要副产物一并写出来，这样在后处理时可以很清晰地了解到反应物的组成。

在此反应中，甲苯可称为合成苯甲酸的反应底物（也叫基质），相应空气（氧气）则称为反应试剂。一般地，在有机合成反应中，有机化学反应通常是在反应试剂的作用下，有机物分子发生共价键断裂，然后与试剂生成键，提供碳的物质叫“基质”，从基质上分裂下来的部分叫离去基团。促使有机物共价键断裂的物质叫进攻试剂，也称为反应试剂。反应试剂可分为极性试剂和自由基试剂两种。

极性试剂是指那些能够供给或接受一对电子以形成共价键的试剂。极性试剂又分为亲电试剂和亲核试剂。

亲电试剂是从基质上取定一对电子形成共价键的试剂。这种试剂电子云密度较低，在反应中进攻其他分子的高电子云密度中心，具有亲电性能，包括：①阳离子，如 NO_2^+、NO^+、R^+、$R-C^+=O$、ArN_2^+、R_4N^+ 等；②含有可极化和已经极化共价键的分子，如 Cl_2、Br_2、HF、HCl、SO_3、RCOCl、CO_2 等；③含有可接受共用电子对的分子（未饱和价电子层原子的分子），如 $AlCl_3$、$FeCl_3$、BF_3 等；④羰基的双键；⑤氧化剂，如 Fe^{3+}、O_3、H_2O_2 等；⑥酸类；⑦卤代烷中的烷基（R—X）。由该类试剂进攻引起的离子反应叫亲电反应。例如亲电取代、亲电加成。

把一对电子提供给基质以形成共价键的试剂称亲核试剂。这种试剂具有较高的电子云密度，与其他分子作用时，将进攻该分子的低电子云密度中心，具有亲核性能，包括：①阴离子，如 OH^-、RO^-、ArO^-、$NaSO_3^-$、NaS^-、CN^- 等；②极性分子中偶极的负端，如 NH_3、RNH_2、RNHR′、$ArNH_2$ 和 NH_2OH 等；③烯烃双键和芳环，如 $CH_2=CH_2$、C_6H_6 等；④还原剂，如 Fe^{2+}、金属等；⑤碱类；⑥有机金属化合物中的烷基，如 RMgX、RC≡CM 等。由该类试剂进攻引起的离子反应叫亲核反应。例如，亲核取代、亲核置换、亲核加成等。

含有未成对单电子的自由基或是在一定条件下可产生自由基的化合物称自由基试剂。例如，氯分子（Cl_2）可产生氯自由基（Cl·）。

(1) 甲苯液相空气氧化反应的机理 空气液相氧化的实质是空气中的氧气由气相溶解进入液相，在催化剂（或引发剂）的作用下与液相中的有机物进行反应。甲苯氧化是一个串联反应，甲苯首先氧化生成苯甲醇，再进一步氧化生成苯甲醛，最后氧化生成苯甲酸。

一般来说，有机物在室温下在空气中会发生缓慢的氧化。在不加入引发剂或催化剂的情况下，有机物的自动氧化在反应初期进行得很慢，通常需经过很长时间才能积累一定浓度的自由基，使有机物的氧化反应能以较快的速度进行下去，这段积累自由基的时间称做有机反应的“诱导期”。在实际生产中，为了提高自动氧化的速度，需要提高反应温度并加入引发剂或催化剂。

自动氧化是自由基连锁反应，其反应历程包括链的引发、链的传递和链的终止三个步骤，其中决定性步骤是链的引发。

① 链的引发 这是指被氧化物 R—H 在能量（热能、光辐射和放射线辐射）、可变价金属盐或自由基 X·的作用下，发生 C—H 键的均裂而生成自由基 R·的过程。例如：

$$R{-}H \xrightarrow{\text{能量}} R\cdot + H\cdot$$

$$R{-}H + Co^{(III)} \longrightarrow R\cdot + H^+ + Co^{(II)}$$

$$R{-}H + X\cdot \longrightarrow R\cdot + HX$$

式中，R 可以是各种类型的烃基，R· 的生成给自动氧化反应提供了链传递物。甲苯生成自由基时发生在侧链甲基上。

$$C_6H_5{-}CH_3 + Co(III) \longrightarrow C_6H_5{-}\dot{C}H_2 + H^+ + Co(II)$$

一般地，在烃分子中 C—H 键均裂成自由基 R· 和 H· 的难易程度与烃分子的结构有关。叔 C—H 键（即 R_3C—H）最易均裂，其次是仲 C—H 键（即 R_2CH—H），最难的是伯 C—H 键（即 RH_2C—H）。例如：异丙苯在自动氧化时主要生成叔碳过氧化氢物，而乙苯主要生成仲碳过氧化氢物。

$$C_6H_5{-}CH(CH_3)_2 \longrightarrow C_6H_5{-}\dot{C}(CH_3)_2 + H^+$$

$$C_6H_5{-}CH_2CH_3 \longrightarrow C_6H_5{-}\dot{C}HCH_3 + H^+$$

叔碳过氧化氢物和仲碳过氧化氢物在一定条件下比较稳定，可以作为在自动氧化过程的最终产物（不加可变价金属盐催化剂）。因此反应优先发生在叔碳（或仲碳）原子上。乙苯在自动氧化时，如果加入钴盐作催化剂，则主要产物是苯乙酮。

必须注意的是，被氧化的原料中不应含有阻化剂。所谓阻化剂是能与自由基结合成稳定化合物的物质。少量阻化剂就能使自由基销毁，造成链终止，减缓自由基反应的速率。最强的阻化剂是酚类、胺类、醌类和烯烃等，另外原料中的水亦具有阻化作用。如：

$$R{-}O{-}O\cdot + HO{-}C_6H_5 \longrightarrow R{-}O{-}O{-}H + \cdot O{-}C_6H_5$$

$$R\cdot + \cdot O{-}C_6H_5 \longrightarrow R{-}O{-}C_6H_5$$

例如，在异丙苯的自动氧化制备异丙苯过氧化氢物时，回收套用的异丙苯中不应含有苯酚（来自异丙苯过氧化氢物的酸性分解）和 α-苯乙烯（来自异丙苯过氧化氢物的热分解）。而在甲苯的自动氧化制备苯甲酸时，原料甲苯中不应含有烯烃，否则都会延长诱导期。

$$C_6H_5{-}C(CH_3)_2{-}O{-}O{-}H \xrightarrow{\text{热分解}} C_6H_5{-}C(CH_3){=}CH_2 + 2OH\cdot$$

另外，在反应系统中，有时反应产物或副产物本身就有阻化作用，此类现象称为自阻现象。只有当阻化剂都转化为稳定化合物后，链反应才能正常传递。

阻化剂的作用应从两个方面进行评价：若原料中含有阻化剂时，它会显著降低液相催化氧化反应速率，甚至使反应无法正常进行，因此反应的原料中不能含有阻化剂。而在液相催化氧化反应紧急情况下，如超温超压，可加入阻化剂终止自由基反应，以保证安全生产，此时阻化剂亦称为终止剂。

② 链的传递　这是指自由基 R· 与空气中的氧相作用生成有机过氧化氢物的过程。反应为：

$$R\cdot + O_2 \longrightarrow R{-}O{-}O\cdot$$

$$R{-}O{-}O\cdot + RH \longrightarrow R{-}O{-}O{-}H + R\cdot$$

通过上面两反应式又可以使 R—H 持续地生成自由基 R·，并被氧化成有机过氧化氢物。

它是自动氧化的最初产物。

对于甲苯：

$$C_6H_5CH_2^{\cdot} + O_2 \longrightarrow C_6H_5CH_2OO^{\cdot}$$

过氧化自由基

$$C_6H_5CH_2OO^{\cdot} + C_6H_5CH_3 \longrightarrow C_6H_5CH_2OOH + C_6H_5CH_2^{\cdot}$$

过氧化氢物

$$C_6H_5CH_2OOH + C_6H_5CH_3 \longrightarrow C_6H_5CH_2OH + \cdot OH + C_6H_5CH_2^{\cdot}$$

$$C_6H_5CH_2OO^{\cdot} + Co(Ⅱ) \longrightarrow C_6H_5CHO + OH^- + Co(Ⅲ)$$

$$C_6H_5CHO + Co(Ⅲ) \longrightarrow C_6H_5\overset{O}{\overset{\|}{C}}{}^{\cdot} + H^+ + Co(Ⅱ)$$

$$C_6H_5\overset{O}{\overset{\|}{C}}{}^{\cdot} + O_2 \longrightarrow C_6H_5\overset{O}{\overset{\|}{C}}OO^{\cdot}$$

$$C_6H_5\overset{O}{\overset{\|}{C}}OO^{\cdot} + C_6H_5CH_3 \longrightarrow C_6H_5\overset{O}{\overset{\|}{C}}OOH + C_6H_5CH_2^{\cdot}$$

过氧化苯甲酸

$$C_6H_5\overset{O}{\overset{\|}{C}}OOH + Co(Ⅱ) \longrightarrow C_6H_5\overset{O}{\overset{\|}{C}}O^{\cdot} + OH^- + Co(Ⅲ)$$

$$C_6H_5\overset{O}{\overset{\|}{C}}O^{\cdot} + C_6H_5CH_3 \longrightarrow C_6H_5\overset{O}{\overset{\|}{C}}OH + C_6H_5CH_2^{\cdot}$$

上述反应中苯甲醇氧化生成苯甲醛的速率最快，而苯甲醛氧化生成苯甲酸的速率较甲苯氧化生成苯甲醇的速率稍慢。故产物中苯甲酸的含量最高，苯甲醛的含量其次，苯甲醇的含量最低。相对甲苯，苯甲醛更容易被空气氧化。

③ 链的终止　自由基R·和R—O—O·在一定条件下会结合成稳定的化合物，使自由基猝灭。例如：

$$R\cdot + R\cdot \longrightarrow R—R$$

$$R\cdot + R—O—O\cdot \longrightarrow R—O—O—R$$

显然，有一个自由基猝灭，就有一个链反应终止，使自动氧化的速度减慢。

甲苯的氧化为放热反应。一般来说，羧酸类物质由于氧化态较高，相对较为稳定，故甲苯的催化氧化将停留在苯甲酸阶段。由于氧化历程复杂，故反应的副产物往往较多。

(2) 空气液相氧化的影响因素

① 甲苯的反应性质　甲苯有类似苯的芳香气味，沸点（常压）110.63℃，熔点−94.99℃。甲苯不溶于水，溶于乙醇、乙醚和丙酮等有机溶剂中。由于甲苯比苯多了一个甲基，甲基是供电子基，它的存在会使苯环电子云密度增加，有利于亲电试剂对苯环的进攻，因而甲苯比苯容易进行苯环上的亲电取代反应；甲苯在一般条件下性质十分稳定，但同酸或氧化剂却能激烈反应。它的化学性质类似于苯酚和苯，反应活性则介于两者之间。甲苯主要能进行自由基取代、亲电取代和自由基加成反应，亲核反应则较少发生。

在受热或光照条件下，甲苯可以和某些反应物（如溴）在甲基上进行自由基取代反应。

由于甲苯苯环侧链甲基上的C—H键键能较大，约为355.64kJ/mol，反应的引发比较困难，通常需要高温高压。即使在有催化剂的情况，反应的条件仍然比较苛刻。

甲苯蒸气和空气可形成爆炸性混合物，爆炸极限1.2%～7.0%（体积分数），在反应中需要注意。

② 反应的介质与传质的影响　甲苯的液相空气氧化可以在溶剂体系下反应，也可以在无溶剂体系下反应。可作为反应溶剂的有：乙酸、乙腈、二氯甲烷等。研究表明，酸性介质可以大大提高催化剂的活性，这可能是因为酸性介质中可避免钴原子的二聚缘故。也有用无机盐溶液作为反应介质的报道。

甲苯液相空气氧化反应属于气液反应，是典型的扩散-反应过程，反应除了受动力学因素控制外，还受扩散因素的影响。因此在通过改变反应温度和催化剂用量来达到较高的化学反应速率的前提下，还需要建立足够大的相接触面积，或者通过强烈的搅拌来提高扩散速率。

空气流速对苯甲酸的收率有较大影响，甲苯转化率随空气流速的增加而升高。空气流速较小时，有利于苯甲醛的形成，但苯甲酸的收率却降低；过高的空气流速可能带出更多的甲苯，对生产不利。空气的流速一般控制在240L/(h·kg甲苯）左右。

③ 氧化深度　对于大多数自动氧化反应，特别是在制备不太稳定的过氧化氢物或醛、酮时，随着被氧化物转化率的提高，副反应生成的阻化物（包括焦油物）会逐渐积累起来，使反应速率逐渐变慢。另外，随着转化率的提高，还会增加目的产物的分解和过度氧化等副反应。因此，为了保持较高的反应速率和产率，常常需要在只有一小部分原料被氧化成目的产物时就停止下来，即将氧化深度保持在一个较低的水平。这样，虽然原料的单程转化率比较低，但是未反应的原料可以回收循环套用。按消耗的原料计算，总收率还是比较高的。

对于产物稳定的氧化反应，如羧酸，由于其产物进一步分解或氧化的可能性很小，连串副反应也不易发生，所以可采用较高的转化率进行深度氧化，从而大大减少物料的循环量，简化了后处理操作过程，降低了生产成本和生产能耗。

④ 温度与压力　在催化条件下，甲苯液相空气氧化的反应温度一般为140～175℃，压力为0.4～0.8MPa。不同催化剂相应的温度压力有所差异。

因反应放热，反应控制在较低的温度对反应有利。由于苯甲酸常温下的熔点是122℃，加压条件下熔点也会相应升高。反应温度应控制在其熔点之上，这样可以保证反应为气液反应。温度过高，会引起副反应，影响苯甲酸的收率；而温度过低，氧化速率减慢，甲苯的转化率降低。

空气压力越高，氧气的浓度越大，对反应有利。另外，提高空气率压力，可以显著提高甲苯的爆炸极限，这对反应的安全是必要的。

⑤ 添加剂的影响　在甲苯的液相空气氧化体系中添加少量苯甲醛对反应是有利的。苯甲醛的作用可能是引发更多的自由基参与反应。苯甲醛添加量通常在1%左右。

⑥ 含水量的影响　由于氧化过程中生成水，体系中水分的积累对氧化反应不利。一般地，随着反应体系中水量增多，甲苯的转化速度减慢，甲苯的总的转化率也将下降，因此必须将反应体系中的水尽可能不断地除去。

⑦ 副反应　由于氧化反应历程复杂，甲苯氧化后的副反应很多。其中以中间产物苯甲醇或苯基苄基醇与反应生成的羧酸进行酯化生成的酯，如苯甲酸苄酯、甲苯甲酸苄酯等为主。

$$C_6H_5CH_2OH + C_6H_5COOH \longrightarrow C_6H_5COOCH_2C_6H_5 + H_2O$$

苯甲酸苄酯含量较高，回收后经水解及后处理可重新得到苯甲醇与苯甲酸。其他副产物主要有水、苯甲醇、苯甲醛、苯、联苯、苯甲酸苄酯、邻甲基联苯、二甲基联苯、对甲基联苯及酯类等，均可回收利用。

1.2.4 单元反应后处理策略分析

单元反应完成后，要将反应物中目标产物分离出来，才能完成合成的任务。由于反应物体系的构成千差万别，要进行分离时采用的策略是不尽相同的。

1.2.4.1 氧化反应物料的后处理

(1) 体系的组成及其状态 反应后的物料通常是由目标产物、多余的原料、溶剂、催化剂及副产物组成。一般来说，只要合成反应控制得好，反应的转化率往往是很高的，因此，产物中除了多余的原料、溶剂外，目标化合物往往是主要成分。

对于不加溶剂的甲苯液相空气氧化反应体系，反应结束后体系的主要组成为：剩余甲苯、苯甲酸、少量水、催化剂及副产物等，体系基本上呈均相混合溶液状态。

(2) 产物的分离策略 对反应物料进行处理分离出目标产物是化工生产的重要内容，在制订反应物料分离方案时，有一些原则值得参考。

① 原子经济原则 降低成本的是任何生产活动必须遵守原则，因此分离的总原则是以尽可能低的成本获得尽可能多的效益，即在工艺上不仅要分离出目标产物，还须尽可能多地回收多余的原料（包括溶剂、剩余原料、催化剂等）和有价值的组分。

② 催化剂优先处理原则 催化剂往往是有机合成中的关键，尽管用量较少，但往往价格不菲，故在分离处理前要首先考虑回收催化剂，以便于下次生产时重复使用。而对于酸或碱的催化剂，如果不能分离，则往往需要进行中和处理。

③ 保护目标产物原则 即任何后处理过程原则上都不能以牺牲目标产物为代价，因为牺牲了目标产物的处理不仅造成目标产物的浪费，还带来了新的杂质，增加了后处理的难度。因此对于处理过程中有可能对目标产物产生危害的组分必须进行消除（猝灭）处理。

④ 围绕目标产物分离原则 对于某一反应体系的分离，整个分离方案必须围绕目标产物进行，即针对目标产物的性质，比较它与体系中其他组分物理性质上的差异（溶解度、熔沸点、极性、挥发度等），设计分离方案。这是因为说到底分离是利用各组成物质的特定的聚集形式的差异来分离的，一方面可以很方便地回收原料、溶剂以及得到副产物，另一方面也可以避免其他化学物质的消耗，降低生产成本。如果不能利用物理性质进行分离，则需要利用化学性质，有针对性地设计化学反应路线，将各组分转化为易于分离的物质再进行分离。分离后往往还需要进一步转化。

⑤ 简单有效原则 即从多种分离方法中选择一种简单有效的分离方法进行分离。后处理分离过程每多一步，则意味着产物多一步分离的损耗，同时处理工作量也相应地增大。而生产上的物料量较大，这样的损耗的积累将意味着成本的极大提升。

对于组分构成相对简单的液体反应物体系，如果目标产物为较高熔点固体，策略上可以考虑浓缩（除溶剂）或者设法使得目标产物的溶解度降低而析出；如果目标产物是液体（或低熔点固体），策略上考虑采用蒸馏的方法，收集不同沸点下的组分（如果沸点过高可以在减压条件下进行）；如果组分的沸点较为接近，可以采用精馏的方法。值得注意的是，由于精馏分离能一次性获得多组分产物，在分离过程中应优先考虑使用。

但实际的反应物料组分比较复杂，各组分性质差异不尽相同，这时往往需要将反应物进行粗分离处理。一般说来，粗分离处理主要有三种形式：a. 液-液两相处理。即向体系中加入反极性的液相（萃取），如果反应物体系是极性的，则加入非极性的液体；反之，加入极性的液体。b. 气-液两相处理。即向体系中通入某种气体，比如水蒸气，将易挥发的组分带出体系；c. 液-固两相处理，比如加入活性炭或离子交换树脂吸附某种组分等。经过粗分离处理后，可将目标产物集中的部分分离出来进一步处理分离。

必须注意的是，分离时如果没有一步就能将全部组分分离的方法，那么在设计分离路线时应考虑将各组分一步一步地进行分离，直至目标化合物被分离出来为止。

对于甲苯液相空气氧化的反应物，在反应时甲苯、苯甲酸的状态都是液态，故可以考虑采用蒸馏（或精馏）的方法进行分离。

1. 2. 4. 2　关于产物的精制

从反应中分离出粗产物后，目标产物的含量已经相当高，但仍需要进行提纯处理。一般来说，对于固体产品的精制，可采用重结晶或升华、凝华的方法；对于液体产品的精制，可采用蒸馏（或精馏）的方法（如沸点过高，可采用减压下操作）。对于气体产品的精制，往往冷却为液体精馏提纯。实验室制备由于量少也可以考虑用柱色谱的方法进行纯化精制。

由于苯甲酸在常温下是固体，可以考虑用重结晶的方法纯化。另外，苯甲酸具有在100℃左右开始升华的特点，故除了重结晶方法外，也可用升华的方法精制苯甲酸。由于重结晶法比较易于操作，建议采用重结晶法进行纯化。

汪工讲解完，要小周等考虑如何制苯甲酸的小试合成方案，在车间小试实验室实习时讨论。

1. 3　工作过程指导

1. 3. 1　制订小试合成方案要领

小李等一行来到了主要的实习岗位——车间小试实验室。完成岗位安全教育后，汪工跟小李他们一起讨论苯甲酸的合成方案。

汪工：“作为新手，在制订合成工艺方案时要善于参考已有的文献方案。这是因为文献方案往往是经过锤炼的，参考的价值很高，合成时可以少走弯路。但这绝不是说依葫芦画瓢就可以了。因为文献的方案所用的原料、试验器材（设备）不尽相同，方案的细节或许有所隐藏，因此照搬文献方案试验有时得不到文献的结果。所以参考文献方案时要尽可能先读懂方案，然后再提取有价值的东西进行参考，形成自己的试验方案。这也是企业新项目上马必先经过小试验证的根本原因。”

汪工拿出了一份当初小试组试制苯甲酸的文献方案。

（1）合成：称量700g甲苯和一定比例的催化剂、溴化物及苯甲醛，依次加入反应釜内。启动搅拌器，打开冷凝管冷却水，使反应釜升温。当温度升到100℃时，充压到预定压力。当反应釜内液相温度达到预定引发温度时，开始通空气，氧化反应开始，反应约5h结束。停止加热、通气，缓慢泄压到0.6～0.7MPa，降温至140℃时放料至减压蒸馏釜，常压至减压蒸馏回收甲苯，继续减压蒸馏，收集138～141℃/28×0.133kPa组分即为苯甲酸。分离称量，取样分析。

（2）重结晶：称取3g粗苯甲酸，放在250 mL三口烧瓶中，加入适量水，加热至沸腾，按少量多次的原则加水，直至苯甲酸在溶液沸腾时恰好溶解，再加约20%的水，重新加热至沸。稍冷后，加入适量（约 0.5～1g，视杂质含量而定）活性炭于溶液中，煮沸 5～10min，趁热抽滤（一般再加少量蒸馏水抽滤），用一烧杯收集滤液（注：滤液如果呈紫色，可加入少量亚硫酸氢钠使紫色褪去，重新减压过滤）。在抽滤过程中，布氏漏斗需预热。滤液冷却（先放置冷却，再用冷水冷却，最后可用冰水冷却）后，有苯甲酸晶体析出，抽气过滤，抽至不滴后，用玻璃棒压挤晶体，继续抽滤，尽量除去母液，然后进行晶体的洗涤工作。取出晶体，蒸汽浴干燥，称量。

（3）熔点测定：毛细管法测定（熔点 121～123℃）。

汪工：“请大家讨论一下，以此文献方案为参考，如何制订小试合成方案？”

小李：“文献方案相对详尽，但有些细节尚不清楚。比如催化剂是什么，加量多少，氧化反应时反应釜内预充压力是多少，等等。”

小赵：“不清楚反应过程如何实施。”

汪工：“大家看得很仔细。这里再次强调一下，安全生产是化工生产的前提，氧化反应是放热反应，甲苯容易挥发，故有潜在的爆炸危险，故甲苯液相空气氧化的安全性必须要有充分的保障。这种保障体现在工艺上就是要在反应时避开甲苯的爆炸极限，这在小试试验中非常重要。”

小周：“如何避开甲苯的爆炸极限呢？”

汪工：“生产上可以通过惰性气体稀释法避开甲苯的爆炸极限，惰性气体一般为 N_2。”

1.3.2 单元反应体系构建和后处理纯化建议

1.3.2.1 甲苯液相空气氧化反应体系构建和监控

（1）反应体系构建要点

① 因为反应需要加压（反应温度远超甲苯常压下的沸点，必须加压才能维持液相状态），故反应必须在耐压的反应釜上进行；

② 甲苯和催化剂加入反应釜，空气由空气分布管通入，构成气液反应体系，如反应釜能配有搅拌装置将更有利于气液的传质，同时应配有尾气处理装置；

③ 反应需要在 165℃左右进行，且反应放热，故反应釜要配有加热装置，且能将反应热带出体系的设施（实际反应釜可用油浴加热，也可用热电偶加热，反应釜配置冷却水，且通过较精密的控温元件控制）；

④ 因反应须将生成的水排出体系，故反应釜应配有分水回流装置。

（2）反应控制策略 甲苯的沸点 110.6℃，当加温近沸点时，将产生大量蒸气，一旦通入空气，将形成高浓度的混合气体，随着加压，甲苯的爆炸极限的上限将显著提高，此时可能形成具有爆炸性的混合物，这是生产上必须禁止的，故必须在甲苯形成大量蒸气前用 N_2 进行加压，以保持甲苯的液相状态。当升温至反应温度时通入空气至反应压力，尾气经冷凝回收甲苯，并排出少量不凝气（N_2 及 O_2）。整个生产过程中必须严格控制尾气中氧的含量低于甲苯爆炸下限 7%，一旦接近应立即停止通入 N_2，并降温及时出料。

通入空气的流量不宜大，也不宜太慢。空气流量太大将造成氧来不及参与反应，使得尾气中氧浓度很快升高，太慢将造成生产时间过长，降低生产效率。

因苯甲酸在甲苯中溶解度不大，为防止甲苯析出，降温时温度要求在反应液凝固点之上，反应结束。

（3）反应终点的控制 反应终点的控制，即当某一原料发生反应完成或其残留量达到一定限度时，立即停止反应，尽快地使反应生成物从反应系统中分离出来。监控反应进程可以搞清楚在反应的条件下反应进行的程度：有多少原料参与了反应？生成了什么物质？目标化合物的含量究竟有多少？反应还需要多少时间？等等。其基本的手段是检测反应体系中相关物质的浓度，进而作出物质浓度随时间的变化曲线，并以此作为监控反应的依据。通常有几种反应终点监控的方法。

① 以反应物或生成物的物理性质判断反应终点　即根据反应现象，若反应物或产物的物理性质发生明显变化，可以此作为反应终点监控的依据，判断反应终点。例如，在酯化反应中，由于反应中生成的水能够带出体系，故从带出的水的量上即可判断酯化反应进行的程度。一般而言，当带出水量接近理论出水量时，酯化反应即到达终点。

② 色谱法或光谱法判断反应终点　当反应系统中反应物或反应产物的物理性质改变，无明显的宏观变化，或者难以用简单的方法检测，一般采用简易快速的化学或物理方法，如色谱法、光谱法等测定反应系统中是否尚有未反应的原料或其残留量来监控反应终点。

色谱法常用气相色谱法、液相色谱法、柱色谱法、薄层色谱法、纸色谱法等，都能够快速分离分析微量气体、液体、固体，但它们各有各的应用范围。光谱法中常用红外光谱法、核磁共振光谱法等。红外光谱提供有机化合物中主要官能团的结构信息，从 IR 图中吸收峰的出现、消失、拓宽、变窄等现象的变化判断反应进程及终点。由于反应混合物有许多会放出信号的物质，所以在核磁共振光谱法中通常难以给出清晰的结果。质谱法灵敏、快速，但价格较贵。

现在用来跟踪监控反应终点的较多的是薄层色谱法（又称 TLC 法）。实验需要的设备简单，操作方便且快速。具体操作参见附录。

③ 对反应进行化学定量分析法判断反应终点　化学定量分析法主要通过化学仪器测定样品中某物含量是否达到一定要求，而确定反应终点。化学定量分析法主要通过化学仪器测定样品中某物质含量是否达到一定要求，或者采用仪器直接显示的物理量与反应中某物质的含量制成一种对应表，或者仪器分析与电脑结合运用，从而快速方便地得到监测结果，指导生产，控制反应终点。这种方法在工业生产中常常采用。

④ 反应时间法　考察时间因素对产率的影响，寻找较合适的反应时间，这是优化反应条件中一项重要的工作。在有机化学实验教科书中许多合成实验都是采用时间控制法。值得注意的是，反应时间法是通过利用其他方法监控反应终点实验数据，分析推断而得到的近似结论。它与上述方法有密切的联系。

对于甲苯的液相氧化反应，并不要求甲苯完全转化，反应的终点是由安全性要求决定的，即当体系中氧含量接近甲苯的爆炸极限（$7\%V/V$）时达到单程反应终点。

1.3.2.2　苯甲酸的合成反应后处理分离方法

常用的分离和纯化方法有蒸馏、分馏、结晶、升华和层析法。蒸馏、分馏主要用于液体有机化合物的分离和提纯，而结晶和升华主要用于固体有机化合物的分离和提纯。这些方法的共同特征是均为物理精制法，它们都利用物质的相变化原理，使产品与杂质的物理性质形成明显差别，从而通过简单的机械方法使之分离。所不同的是，蒸馏法是利用气液间的平衡关系进行精制的，而结晶和升华则分别依据固液和气相间的平衡关系。因而这些方法均属于传质分离。对于特定的体系的分离而言，应根据体系特点和对产品的不同要求，选用不同的分离纯化方法。必须指出的是：分离方法的选样必须充分考虑到待分离组分的物理化学性质，如挥发性、极性，对酸碱的稳定性及对光、热、氧的稳定性等。

对于甲苯液相氧化反应液，首先蒸馏回收未转化的甲苯（生产上通过汽提塔实现），再通过精馏得到苯甲醇、苯甲醛、苯甲酸，精馏残液中主要是苯甲酸苄酯及油状物。

1.3.2.3 苯甲酸的纯化

采用重结晶方法提纯苯甲酸时，可以选择水为重结晶溶剂。苯甲酸在水中的溶解度数据如表 1-2。

表 1-2 苯甲酸的溶解度

温度/℃	4	18	75
溶解度/(g/100g 水)	0.18	0.27	2.2

重结晶提纯的操作具体参见附录。

1.3.3 绘制试验流程图

将复杂的试验方案用相对简单的流程图表示出来，可以更好地把握试验工艺，掌握试验进程，减少出错的机会，这在试验和生产上都是非常必要的。

小试流程图的要点在于突出其中的单元操作，使得在放大时能清晰地对应大生产的操作岗位。例如，本项目小试流程图（供参考）可以绘制如下。

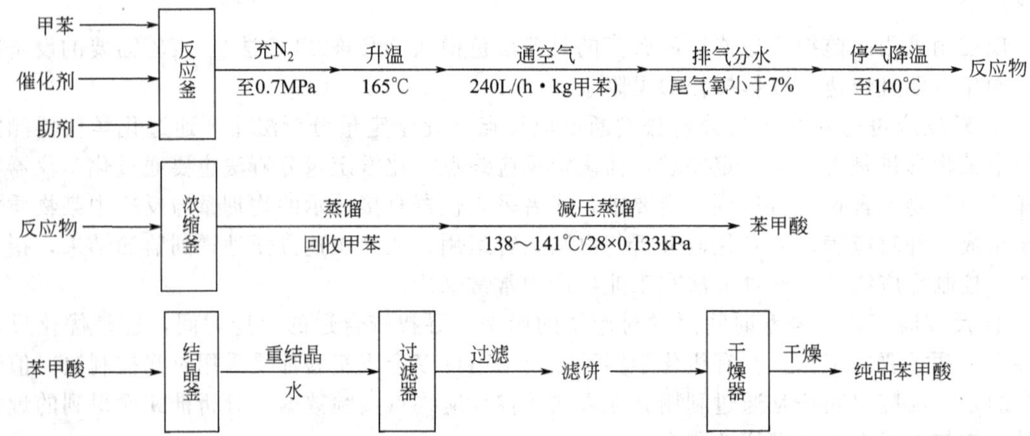

流程图中将主要岗位的特征仪器用方框表示，箭号方向表示物流的方向，操作内容一般写在箭号上方，主要的操作参数等可以写在箭号的下方。有时为了方便起见，如果操作的内容足以说明方框的内容，则方框的内容可以省略。

必须说明的是，制作的流程图必须与试验方案对应。在制订小试方案时，有时可以流程图代替。

1.3.4 小试试验装置

如果小试的规模不太大，就可以使用普通的实验室仪器。普通实验室仪器的优点是通用、适应面广。但必须注意，普通的实验仪器主要以玻璃仪器为主，不能承压，只适用于常压下进行的反应或操作。如果小试试验需要在压力下进行，则必须配套专门的耐压装置。甲苯液相空气氧化装置可参考图 1-1 装置。

装置说明如下：甲苯、引发剂、催化剂以及助催化剂等原料通过加样罐加到反应釜中，由氮气瓶充入氮气，反应釜用电加热，温度由热电偶测定，空气由钢瓶通入。通过反应釜气

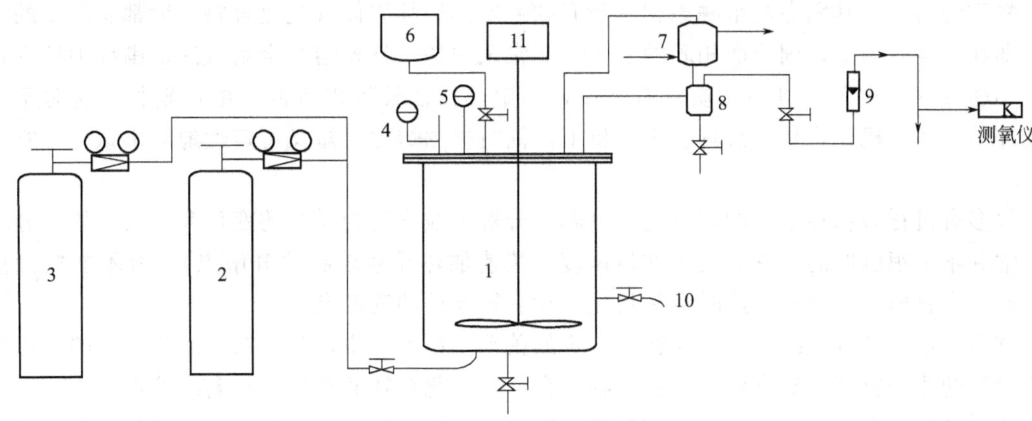

图 1-1　甲苯液相空气氧化小试装置

1—反应釜；2—空气瓶；3—氮气瓶；4—压力表；5—温度表；6—加样罐；7—冷凝器；8—气液分离器；9—气体流量计；10—取样阀门；11—搅拌电机

体出口阀门调节流量，未反应的气体和蒸气通过冷凝器冷凝，可凝性气体冷凝成液体返回反应釜，不凝性气体经过针形阀减压后先通过流量计测定流量后，再接溶氧仪测含氧量后放空。通过取样阀取样分析氧化反应情况（取样口需采用电加热保温，防止反应液冷却结晶而堵塞）。

1.3.5　小试合成工艺的评估

小试合成试验的目的主要在于考察工艺路线的可行性、合理性及放大生产的可能性，同时也为进一步放大生产提供技术支持。

对于合成路线的评估大致可以从四个方面进行。其一，从产物的实际收率来评判，实际收率越接近理论收率越好；其二，从产物单耗成本上评判，产物的单耗越低越好；其三从工艺路线的原子经济性（即所投入的每一个原子产生的效益）上评判，原子经济性越高的路线越好；其四，从“三废”处理成本上评判，“三废”处理成本越低越好。显然，实际收率高、产品单耗低、原子经济高、“三废”处理成本低的工艺越合理，也越有放大生产的可能性。

由于原子经济的评判及“三废”处理的评判相对比较复杂，而小试试验只是最基础的试验，故对工艺路线的收率及产品单耗进行评判足矣。

1.3.6　产物的检测与鉴定

1.3.6.1　苯甲酸的检测方法

化合物的检测方法尽量采用标准的检测方法，如药典或国家标准规定的检测方法。如果没有现成的检测方法，则可以参考相关类似物的检测方法或自行开发检测方法。对于本项目而言，目标产物苯甲酸的检测可以参考 GB/T 5009.29—2003 的检测方法。

1.3.6.2　苯甲酸的熔点鉴定

合成的有机物究竟是不是目标产物，需要对其进行鉴定。通过测定它们的主要物理常数是通常对已知化合物鉴定的方法之一。固体化合物可以通过测定其熔点与红外光谱来进行认定。

物质的熔点是其固态与熔融态相平衡时的温度。纯粹固体有机化合物一般都有固定的熔点，即在一定压力下，固液两相间的变化是非常敏锐的，自初熔至全熔（这范围称为熔程），温度不超过0.5～1℃。如该物质含有杂质，则熔点往往较纯粹者低，熔程较长。这对于鉴定纯粹的固体有机化合物来讲具有很大价值，同时根据熔程长短又可定性地看出该化合物的纯度。

很多有机化合物在熔化的同时发生分解，分解一般表现为样品的变色和放出气体。分解点通常并不是很鲜明的，它取决于加热速度（快速加热导致较高的分解点），故不能精确重复。有许多物质，当强烈加热时直至炭化，没有特征性的突变点。

物质的熔点与分子结构之间存在着一定的关系。粗略地说，分子对称的化合物的熔点要比非对称的化合物高。对立体异构化合物而言，反式化合物通常具有较高的熔点。

熔点又随化合物缔合度的上升而升高，因此，不能形成氢键的酯类的熔点就比相应的羧酸低得多。

熔点的测定主要有毛细管测熔点和显微镜测熔点。熔点测定，至少要有两次重复的数据。有关毛细管测熔点和显微镜测熔点的测定方法可以参考附录。

本项目产品的鉴定，因为结构已知，故只需采用简单的物理常数测定即可。这里建议采用测定熔点（苯甲酸的熔点：122.4℃）和红外光谱的鉴定法。

1.3.6.3 苯甲酸的红外光谱分析鉴定

有机化合物的各种官能团在红外光谱中都有特征吸收峰。当用一束红外光照射某一物质时，该物质吸收一部分光能，并将其转变为分子的振动能量和转动能量，透过的光经单色器色散后，得到一条谱带。以波长（波数）为横坐标，以透光率为纵坐标，将谱带记录下来，即得到该物质的红外光谱图。红外光谱主要用于迅速鉴定分子中含有哪些官能团，以及鉴别两个有机化合物是否相同。红外光谱对证明羟基、氨基、羧基、羰基、氰基、双键、芳香环上氢及脂肪族氢、苯环上的取代程度均十分有效。用红外光谱和其他几种波谱技术结合，可以在较短的时间内完成一些复杂的未知物结构的测定。

液、固体样品均可进行分析，通常仅需几毫克。对液体样品最简便的是液膜法，可滴一滴样品夹在两个盐片之间，使之成为极薄的液膜，用于测定。固体样品的测定可采用两种方法。一种叫石蜡油研糊法。另一种方法称为碘化钾压片法。必须指出的是，一个纯化合物，无论是固体和液体，在进行波谱分析前，均应达到如下标准：不同的溶剂中展开在TLC上仅为一个斑点。对于固体，其熔距应尽可能<1℃。另外，所有用作红外光谱分析的试样，都必须保证无水并有高的纯度，否则，由于杂质和水的吸收，使光谱图变得无意义。水不仅在3710 cm^{-1}和1630 cm^{-1}有吸收，而且对金属卤化物做的样品池也有腐蚀作用。

目前人们已把已知化合物的红外光谱图陆续汇集成册，这给鉴定未知物带来了极大的方便。苯甲酸的标准红外谱图如图1-2。

只要将合成产物的红外光谱与标准图谱对照即可确认合成产物是否为目的产物。

解析红外光谱图，是测定红外光谱后的一项重要工作。为了便于图谱解析，通常把红外光谱分为两个区域，即官能团区和指纹区。波数4000～1400cm^{-1}的频率范围为官能团区，吸收主要是由分子的伸缩振动引起的。常见的官能团在这个区域内一般都有特定的吸收峰；低于1400cm^{-1}的区域称为指纹区，其间吸收峰的数目较多，是由化学键的弯曲振动和部分单键的伸缩振动引起的。吸收带的位置和强度随化合物而异。如同人的指

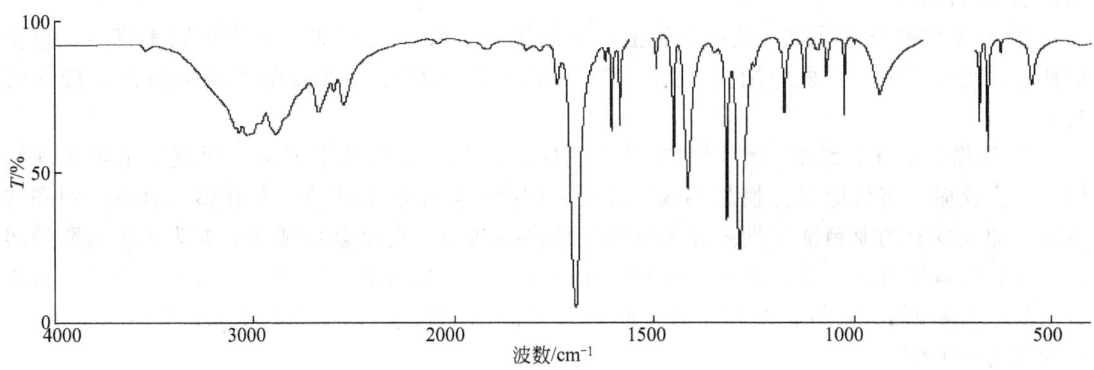

图 1-2　苯甲酸的标准红外谱图

纹一样，彼此不同。许多结构类似的化合物，在指纹区仍可找到它们之间的差异，因此指纹区对鉴定化合物起着非常重要的作用。如在未知物的红外光谱图中的指纹区与某一标准样品相同，就可以断定它和标准样品是同一化合物。解析红外光谱图时，一般先看 $1500cm^{-1}$ 以上的官能团区，后指纹区；先高频区，后低频区；先强峰，后弱峰。即先在官能团区找到最强的峰的归宿，然后在指纹区找出相关的峰。对许多官能团来说，往往不是存在一个而是存在一组彼此相关的峰。也就是说，除了主证，还需有佐证，才能证实它的存在。表 1-3 列出八种键的红外吸收值，这些数据，对于解析红外光谱图是很有用的，应当予以熟记。

表 1-3　八种键的红外吸收基本值

键	波数/cm^{-1}	波长/μm	键	波数/cm^{-1}	波长/μm
O—H	3600	2.78	C≡C	2150	4.65
N—H	3500	2.86	C═O	1715	5.83
C—H	3000	3.33	C═C	1650	6.06
C≡N	2250	4.44	C—O	1100	0.09

应该指出，红外光谱只能确定一个分子所含的官能团，即化合物的类型，还不能确定分子的准确结构。如需准确确定其结构，还需借助其他波谱甚至化学方法的配合。特别是未知化合物的开发，这些图谱是必需的。有兴趣的同学可以参考相关的专业资料。

项目完成后还应填写产品合成报告书作为工作完成的总结，提交给任务下达部门。

1.3.7　技能考核要点

职业教育中，教学内容与职业技能鉴定的标准相衔接，与用人单位需要紧密联系，使学生不仅具备扎实的专业基础知识，同时还具有熟练的实际操作技能，是技术应用性人才培养的迫切需求。尽管小试岗位并没有直接对应的职业鉴定标准，但其中实际操作技能的要求还是非常典型和明确的。这里我们借鉴精细有机合成技能大赛的考核标准，对本项目合成的技能考核提示如下。

(1) 考核方案

① 加料及升温　250mL 三口烧瓶中加入 2.7mL 甲苯和 100mL 水，瓶口装一冷凝管，

加热至沸腾回流。

② 加氧化剂进行反应　从冷凝管上口分批加入 8.5g 高锰酸钾，每次加料不宜多，整个加料过程约需 60min。最后用少量水（约 25mL）将粘在冷凝管内壁的高锰酸钾冲洗入烧瓶内。

③ 洗涤、酸化、结晶　继续在搅拌下反应，直至甲苯层几乎消失，回流液不再出现油珠，停止反应。将反应混合物趁热减压过滤，用少量热水洗涤滤渣二氧化锰。合并滤液和洗涤液，加入少量的亚硫酸氢钠还原未反应完的高锰酸钾，直至紫色褪去，成为无色透明的溶液，再进行减压过滤。将滤液放于冰水浴中冷却，然后加入浓盐酸酸化，边加边搅拌，且用 pH 试纸测溶液的 pH 值直至强酸性，这时苯甲酸结晶析出。将析出的苯甲酸抽滤、压干，得到粗的苯甲酸。

④ 重结晶　若要得到纯净的苯甲酸，可在水中进行重结晶，最后，还要用测熔点的方法检查产品纯度是否达到要求。

称取 3g 粗苯甲酸，放在 250mL 三口烧瓶中，加入适量水，加热至沸腾，按少量多次的原则加水，直至苯甲酸在溶液沸腾时恰好溶解，再加约 20% 的水，重新加热至沸。稍冷后，加入适量（约 0.5～1g，视杂质含量而定）活性炭于溶液中，煮沸 5～10min，趁热抽滤（一般再加少量蒸馏水抽滤），用一烧杯收集滤液（注：滤液如果呈紫色，可加入少量亚硫酸氢钠使紫色褪去，重新减压过滤）。在抽滤过程中，布氏漏斗需预热。滤液冷却（先放置冷却，再用冷水冷却，最后可用冰水冷却）后，有苯甲酸晶体析出，抽气过滤，抽至不滴后，用玻璃棒压挤晶体，继续抽滤，尽量除去母液，然后进行晶体的洗涤工作。取出晶体，蒸汽浴干燥，称量。

(2) 考核要点

见表 1-4。

表 1-4　苯甲酸小试技能考核要点

序号	内容	考核要点	分值	评分	评分标准	评判	得分
1	准备	劳动保护	5	2	穿工作服，佩戴乳胶手套及护目镜		
		玻璃仪器的洗涤和干燥		2	先用肥皂水洗涤，然后依次用自来水和蒸馏水洗涤，不挂水珠		
				1	洗涤后需要干燥的玻璃仪器在烘箱内干燥		
2	合成过程	仪器选配与安装	20	2	仪器选配正确、合理		
				2	仪器安装顺序正确、位置合适、结合良好		
		药品的称量和量取		2	称量和量取的方法正确、准确，不洒落		
				2	记录准确、及时		
		投料		2	在冷却、搅拌条件下按照顺序投料		
				2	不洒落、不黏附反应器口		
		升温		2	开启冷凝水，水浴或油浴加热		
				1	搅拌转速适当，装置平稳		
				2	控温准确		
		加样		1	加样器加高锰酸钾速度均匀、时间适宜，不冲料		
		反应终点		1	气相色谱（或 TLC 板点板）指示正确		
				1	反应液转移方法得当，彻底，无洒漏		

续表

序号	内容	考核要点	分值	评分	评分标准	评判	得分
3	后处理分离	洗涤、酸化、结晶	20	2	热滤：将反应混合物趁热减压过滤		
				2	加入少量的亚硫酸氢钠还原未反应完的高锰酸钾，直至紫色褪去		
				2	酸化：加入浓盐酸，边加边搅拌，且用 pH 试纸测溶液的 pH 值直至强酸性		
				2	滤液先放置冷却，再用冷水冷却，最后可用冰水冷却后，有苯甲酸晶体析出		
				2	抽滤，抽至不滴后，用玻璃棒压挤晶体，继续抽滤，尽量除去母液		
		重结晶		2	溶解：用适量水溶解粗品		
				2	脱色：用适量活性炭脱色		
				2	热滤：趁热减压过滤		
				2	结晶、抽滤：先放置冷却，再用冷水冷却，最后可用冰水冷却。抽气过滤，抽至不滴后，用玻璃棒压挤晶体，继续抽滤		
		干燥		2	温度合适，操作得当		
4	结束工作	拆卸装置	5	2	关冷却水，断开控制台总电源		
		玻璃仪器洗涤		1	用自来水洗涤即可		
		工作场地整洁		2	药品仪器放回原位，操作过程及结束后的工作场地保持整洁		
5	结果	产品外观	50	10	白色结晶		
		产品纯度		20	分为 10 档：纯度≥96%（得 20 分），95%≤纯度<96%（得 18 分），94%≤纯度<95%（得 16 分），93%≤纯度<94%（得 14 分），92%≤纯度<93%（得 12 分），91%≤纯度<92%（得 10 分），90%≤纯度<91%（得 8 分），89%≤纯度<90%（得 6 分），88%≤纯度<89%（得 4 分），纯度<88%（得 2 分）		
		原料消耗		20	分为 10 档：总消耗定额<1.40（得 20 分），1.40≤总消耗定额<1.45（得 18 分），1.45≤总消耗定额<1.50（得 16 分），1.50≤总消耗定额<1.55（得 14 分），1.55≤总消耗定额<1.60（得 12 分），1.60≤总消耗定额<1.65（得 10 分），1.65≤总消耗定额<1.70（得 8 分），1.70≤总消耗定额<1.75（得 6 分），1.75≤总消耗定额<1.80（得 4 分），总消耗定额≥1.80（得 2 分）		
6	安全文明操作	1. 超时 5min，扣 3 分；超时 5～10min，扣 5 分；超时 10～15min 扣 7 分；超时 15min 后终止考核					
		2. 每损坏一件仪器扣 5 分					
		3. 乱倒（丢）废液、废纸扣 5 分					
		4. 发生安全事故扣 20 分（损坏反应釜、火灾、触电）					
合计		100					

说明：1. 考核方案不一定与小试方案相同，主要是因为考核时间相对较短，而实际小试试验的时间相对较长不太适合用作考核。

2. 考核的要点针对小试技能的考核，主要体现在小试试验的准备、药品的称量、装置安装、投料、反应及其控制、后处理分离纯化、试验结束整理等过程，不仅考核了操作技能，而且对从业者的职业素养的要求也有体现，故而能体现职业技能鉴定的要求。

1.4 知识拓展

1.4.1 关于衡量有机反应的量度指标

(1) 转化率 转化率是反应程度的指标，它是某种反应物转化掉的量占投入该反应物的量的百分比。

$$x_A=\frac{\text{转化掉的反应物 A 的量}}{\text{投入反应器反应物 A 的量}}\times 100\%$$

(2) 选择性 选择性是反应质量指标，指某一反应物转化为目的产物，其理论消耗的物质的量占该反应物在反应中实际消耗的总物质的量的百分数。

$$S_A=\frac{\text{反应物 A 转化为产物 P 的理论消耗物质的量}}{\text{反应物 A 实际消耗总物质的量}}\times 100\%$$

(3) 理论收率 理论收率是化学反应的经济指标，是指目的产物的实际产量占按反应物参加反应的总量计算所得该产物的理论产量的百分数。

$$y_P=\frac{\text{生成目的产物的物质的量}}{\text{按投入某反应物计算所得产物的物质的量}}\times 100\%$$

转化率 X、选择性 S 与理论收率 Y 三者的关系是：$Y=SX$。

(4) 质量收率 在工业生产中还常用质量收率来衡量反应效果，即目的产物的质量占某一投入反应物质量的分数。

$$y_w=\frac{\text{生成目的产物的质量}}{\text{投入某反应物的质量}}\times 100\%$$

【例 1-1】 在苯一氯化时，为了减少二氯化产物的生成量，每 100mol 苯用 40mol 氯，反应物中含 38mol 氯苯，1mol 二氯苯，还有 61mol 未反应的苯，经分离后可回收 60mol 苯（见图 1-3）。

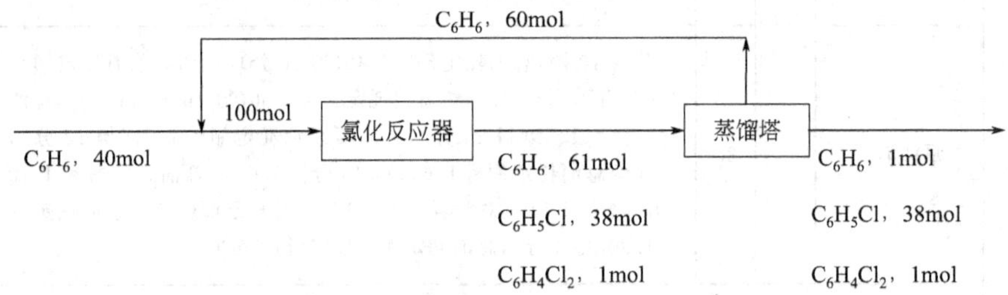

图 1-3 苯一氯化制备氯苯总转化率分析计算

苯的单程转化率：$x_{单}=\frac{\text{反应掉的量}}{\text{投入总量}}\times 100\%=\frac{100-61}{100}\times 100\%=39.00\%$

苯的总转化率：$x_{总}=\frac{\text{反应掉的量}}{\text{投入总量}}\times 100\%=\frac{40-1}{40}\times 100\%=97.50\%$

氯苯的选择性：$S_{总}=\frac{\text{转化为氯苯消耗的苯的物质的量}}{\text{苯实际消耗总量}}\times 100\%=\frac{\frac{1}{1}\times 38}{100-61}\times 100\%=97.44\%$

苯转化为氯苯的单程收率：

$$y_{单}=\frac{实际氯苯的物质的量}{按苯计氯苯的单程理论产量的物质的量}\times100\%=\frac{38}{100\times\frac{1}{1}}\times100\%=38.00\%$$

苯转化为氯苯的总收率：

$$y_{总}=\frac{实际氯苯的物质的量}{按苯计氯苯的总理论产量的物质的量}\times100\%=\frac{38}{40\times\frac{1}{1}}\times100\%=95.00\%$$

【例 1-2】 100kg 苯胺（纯度 99%，分子量 93）经烘焙磺化后制得 217kg 对氨基苯磺酸钠（纯度>97%，分子量 231.2）。求按苯胺计，对氨基苯磺酸钠的理论收率和质量收率。

理论收率：$y=\frac{实际对氨基苯磺酸钠的物质的量}{按苯胺计对氨基苯磺酸钠的理论产量的物质的量}\times100\%$

$$=\frac{\frac{217\times97\%}{231.2}}{\frac{100\times99\%}{93}\times\frac{1}{1}}\times100\%=85.60\%$$

质量收率：$y=\frac{对氨基苯磺酸钠的质量}{苯胺的质量}\times100\%=\frac{217}{100}\times100\%=217.00\%$

(5) 原料消耗定额　指每生产 1t 产品需消耗的某种原料的质量（t 或 kg）。对于主要反应物来说，它实际上就是质量收率的倒数。如在例 1-2 中，每生产 1t 对氨基苯磺酸钠时，苯胺的消耗定额是：100/217=0.461t=461kg。

消耗定额的高低说明生产工艺水平的高低即操作技术水平的好坏。

1.4.2　影响产率的因素和提高产率的措施

1.4.2.1　影响产率的因素

物质制备实验的实际产量往往达不到理论值，这是因为有下列因素的影响。

① 反应可逆　在一定条件下，化学反应建立了平衡，反应物不可能全部转化成产物。

② 有副反应发生　有机反应比较复杂，在发生主反应的同时，一部分原料消耗在副反应中。

③ 反应条件不利　在制备反应中，若反应时间不足、温度控制不好或搅拌不够充分等都会引起实验产率降低。

④ 分离和纯化过程中造成的损失　有时制备反应所得粗产物的量较多，但却由于精制过程中操作失误，使产率大大降低了。

1.4.2.2　提高产率的措施

(1) 破坏平衡　对于可逆反应，可采取增加一种反应物的用量或除去产物之一（如分去反应生成的水）的方法，以破坏平衡，使反应向正方向进行。究竟选择哪一种反应物过量，要根据反应的实际情况、反应的特点、各种原料的相对价格、在反应后是否容易除去以及对减少副反应是否有利等因素来决定。如乙酸异戊酯的制备中，主要原料是冰乙酸和异戊醇。相对来说，冰乙酸价格较低，不易发生副反应，在后处理时容易分离，所以选择冰乙酸过量。

(2) 加催化剂　在许多制备反应中，如能选用适当的催化剂，就可加快反应速率，缩短反应时间，提高实验产率，增加经济效益。如乙酰水杨酸的制备中，加入少量浓硫酸，可破坏水杨酸分子内氢键，促使酰化反应在较低温度下顺利进行。

(3) 严格控制反应条件 实验中若能严格地控制反应条件，就可有效地抑制副反应的发生，从而提高实验产率。如 1-溴丁烷的制备中，加料顺序是先加硫酸，再加正丁醇，最后加溴化钠。如果加完硫酸后即加溴化钠，就会立刻产生大量溴化氢气体逸出，不仅影响实验产率，而且严重污染空气。在硫酸亚铁铵的制备中，若加热时间过长，温度过高，就会导致大量 Fe（Ⅲ）杂质的生成。在乙烯的制备中若温度不快速升至160℃，则会增加副产物乙醚生成的机会。在乙酸异戊酯的制备中，如果分出水量未达到理论值就停止回流，则会因反应不完全而引起产率降低。

在某些制备反应中，充分的搅拌或振摇可促使多相体系中物质间的接触充分，也可使均相体系中分次加入的物质迅速而均匀地分散在溶液中，从而避免局部浓度过高或过热，以减少副反应的发生。如甲基橙的制备就需要在冰浴中边缓慢加试剂边充分搅拌，否则将难以使反应液始终保持低温环境，造成重氮盐的分解。

(4) 细心精制粗产物 为避免和减少精制过程中不应有的损失，应在操作前认真检查仪器，如分液漏斗必须经过涂油试漏后方可使用，以免萃取时产品从旋塞处漏失。有些产品微溶于水，如果用饱和食盐水进行洗涤便可减少损失。分离过程中的各层液体在实验结束前暂时不要弃去，以备出现失误时进行补救。重结晶时，所用溶剂不能过量，可分批加入，以固体恰好溶解为宜。需要低温冷却时，最好使用冰水浴，并保证充分的冷却时间，以避免由于结晶析出不完全而导致的收率降低。过量的干燥剂会吸附产品造成损失，所以干燥剂的使用应适量，要在振摇下分批加入至液体澄清透明为止。一般加入干燥剂后需要放置 30min 左右，以确保干燥效果。有些实验所需时间较长，可将干燥静置这一步作为实验的暂停阶段。抽滤前，应将吸滤瓶洗涤干净，一旦透滤，可将滤液倒出，重新抽滤。热过滤时，要使漏斗夹套中的水保持沸腾，以避免结晶在滤纸上析出而影响收率。

总之，要在实验的全过程中，对各个环节考虑周全，细心操作。只有在每一步操作中都有效地保证收率，才能使实验最终有较高的收率。

1.4.3 氧化反应相关理论知识补充

工业上常以廉价的空气或纯氧作氧化剂，但由于其氧化能力较弱，一般要在高温、高压的条件下才能发生氧化反应；实验室中常用的氧化剂有 $KMnO_4$、$Na_2Cr_2O_7$、HNO_3 等。这些氧化剂氧化能力强，可以氧化多种基团，属于通用型氧化剂。下面将根据氧化剂和氧化方法的不同对氧化反应进行讨论。

1.4.3.1 气相催化氧化反应

气相催化氧化属于多相催化氧化，要求催化剂活性高、选择性好、负荷高、并能长期保持催化活性。而对于流化床反应器所用的催化剂还要求有足够的机械强度，使催化剂在相对运动中不易被磨损或粉碎。

气相催化氧化反应使用的固体催化剂主要由催化活性组分、助催化剂和载体组成。催化活性组分一般是过渡金属及其氧化物，根据催化原理，这些物质对氧具有一定的化学吸附能力。常用的过渡金属催化剂有 Ag、Pt、Pd 等；常用的氧化物催化剂有 V_2O_5、MoO_3、BiO_3、Fe_2O_3、WO_3、Sb_2O_3、SeO_2、TeO_2 和 Cu_2O 等。以其中一种或数种氧化物复合使用。V_2O_5 是最常用的氧化催化剂，纯 V_2O_5 的催化活性较小，还需要添加一些辅助成分，以提高催化活性组分的活性、选择性或稳定性等性能，这些辅助成分称为助催化剂。最常用的助催化剂是 K_2SO_4，K_2O、SO_3、P_2O_5 等氧化物也有助催化作用。在催化剂中，另外还采用硅胶、浮石、氧化铝、氧化钛、碳化硅等高熔点物质作为载体，以增加催化剂的催化活性组分的比表面积、空隙度、机械强度、热稳定性等，延长催化剂的寿命。

关于过渡金属氧化物的作用，人们有不同的看法。有一种观点持续时间较长，认为是传递氧的媒介物。即：

$$\text{氧化态催化剂} + \text{原料} \longrightarrow \text{还原态催化剂} + \text{氧化产物}$$

$$\text{还原态催化剂} + \text{氧(空气)} \longrightarrow \text{氧化态催化剂}$$

气-固相接触催化氧化反应是典型的气-固非均相催化反应，包括扩散、吸附、表面反应、脱附和反扩散五个步骤。由于反应需要的温度较高，又是强烈的放热反应，为抑制平行和连串副反应，提高气-固接触催化氧化反应的选择性，必须严格控制氧化反应的工艺条件。

不管是液相催化氧化还是气-固相接触催化氧化，都须特别注意安全，防止火灾、爆炸事故的发生！必须严格控制反应温度，严防物料泄漏，消除明火与静电！另外，当液相催化氧化反应超温超压须打开放空阀泄压时，泄压前须对生产现场紧急清场，除相关人员外，其他人员、车辆一律不许进入现场，并要确认无电焊、气焊、金属切割等产生火花的维修、加工作业！泄压过程中要密切注意反应釜的压力变化，控制好所泄物料流速！对于气-固相接触催化氧化，还必须特别注意被氧化物与空气的物料配比，配比必须控制在爆炸范围之外！如气态被氧化物与空气配比在爆炸范围之内，须将被氧化物相态改变为熔融态，氧化设备采用流化床或改用其他氧化方法。

1.4.3.2　化学试剂氧化

一般来说，把空气与氧以外的氧化剂总称为化学氧化剂，并把使用化学氧化剂的反应统称为“化学氧化”。在实际的生产中，为了提高氧化反应的选择性，常采用化学氧化法。

化学氧化剂大致分为以下几种类型：

① 金属元素的高价化合物，例如 $KMnO_4$、MnO_2、Mn_2O_3、$Mn_2(SO_4)_3$、CrO_3、$Na_2Cr_2O_7$、PbO_2、$Ce(SO_4)_2$、$Ce(NO_3)_4$、$SnCl_4$、$FeCl_3$ 和 $CuCl_2$ 等；

② 非金属元素的高价化合物，例如 HNO_3、N_2O_4、$NaNO_3$、$NaNO_2$、H_2SO_4、SO_3、$NaClO$、$NaClO_3$ 和 $NaIO_4$ 等；

③ 其他无机富氧化合物，例如臭氧、双氧水、过氧化钠、过碳酸钠和过硼酸钠等；

④ 有机富氧化合物，例如有机过氧化氢物、有机过氧酸、硝基苯、间硝基苯磺酸、2,4-二硝基氯苯等；

⑤ 非金属元素，例如卤素和硫黄。

各种化学氧化剂都有它们自己的特点。其中属于强氧化剂的有：$KMnO_4$、MnO_2、CrO_3、$Na_2Cr_2O_7$、HNO_3，它们主要用于制备羧酸和醌类，但是在温和条件下也可用于制备醛和酮，以及在芳环上直接引入羟基。其他的化学氧化剂大部分属于温和氧化剂，而且局限于特定的应用范围。

化学试剂氧化法有其独特的优点，即低温反应，容易控制，操作简便，方法成熟。只要选择适宜的氧化剂就可以得到良好的产品。由于化学氧化剂的高度选择性，它不仅能用于芳酸和醌类的制备，还可用于芳醇、芳醛、芳酮和羟基化合物的制备，尤其是对于产量小、价格高的精细化工产品，化学试剂氧化法有着广泛的应用。

化学试剂氧化法的缺点是消耗较贵的化学氧化剂。虽然某些氧化剂的还原产物可以回收，但仍有废水处理问题；另外，化学试剂氧化大部分是分批操作，设备生产能力低，有时对设备腐蚀严重。由于以上缺点，以前曾用化学试剂氧化法制备某些中间体，例如苯甲酸、苯酐、蒽醌等，现在工业上都已改用催化氧化法。

各种化学氧化剂都有它们各自的特点，现扼要介绍如下。

(1) 高锰酸钾 高锰酸钾亦名“灰锰氧”“PP 粉”，是一种常见的强氧化剂，常温下为紫黑色片状晶体，易见光分解。在水中溶解度为 6.38g/100mL（20℃）。

高锰酸钾在酸性、中性和碱性介质中都有氧化性。在不同的介质中，反应结果不一样。在强酸性水介质中，锰原子的价态则由＋7 价还原为＋2 价，氧化力太强，选择性差，只适用于制备个别非常稳定的化合物，而锰盐又难于回收，所以工业上很少使用酸性氧化法。

$KMnO_4$ 在中性或碱性介质中进行氧化时，锰原子的价态由＋7 价还原为＋4 价，也有很强的氧化能力。此法氧化能力较酸性介质弱，但是选择性好，生成的羧酸以钾盐或钠盐的形式溶于水，产品的分离与精制简单，副产品二氧化锰的用途也广泛。

$$2KMnO_4 + H_2O \longrightarrow 2MnO_2\downarrow + 2KOH + 3[O]$$

在这个过程中，平均 1mol 高锰酸根释放出 1.5mol 原子氧、1molKOH 和 1molMnO_2。由于 KOH 的碱性，如果不能及时中和，则随着氧化的进行，介质的 pH 值会逐渐升高，导致 $KMnO_4$ 的氧化能力下降，使得氧化反应速率下降，或者氧化停留在中间体阶段。如果生成的 KOH 能引起副反应，可以向反应液中加入硫酸镁来抑制其碱性。

$$2KOH + MgSO_4 \longrightarrow K_2SO_4 + Mg(OH)_2\downarrow$$

例如，将 3-甲基-4-硝基乙酰苯胺用高锰酸钾氧化制取 2-硝基-5-乙酰氨基苯甲酸时，加入硫酸镁可避免乙酰氨基的水解。

$$\text{3-}CH_3\text{-4-}O_2N\text{-}C_6H_3\text{-}NHCOCH_3 \xrightarrow[H_2O,\ 90\sim97℃]{KMnO_4/MgSO_4} \text{2-}O_2N\text{-5-}CH_3CONH\text{-}C_6H_3\text{-}COOH$$

硫酸镁的加入能起到稳定介质 pH 值的作用，能维持 $KMnO_4$ 的氧化能力。

$KMnO_4$ 受热易分解，其分解释放［O］的速度较快，但［O］氧化有机物的速率往往较慢，多余的［O］易形成 O_2 从体系中逸出，故使用 $KMnO_4$ 氧化时，要注意对其［O］释放速率的控制。通常控制反应温度在 40～100℃，投料时以分批量加入固体形式 $KMnO_4$ 为宜，即向底物（即参与反应的有机物）中加入一批 $KMnO_4$，待其反应后再加入下一批 $KMnO_4$。反应结束后过量的 $KMnO_4$ 可以用亚硫酸氢钠还原掉。

(2) 二氧化锰氧化剂 二氧化锰可以是天然软锰矿的矿粉（含 MnO_2 60%～70%），也可以是用高锰酸钾氧化时的副产物。二氧化锰一般可在各种不同浓度的硫酸中使用。在稀硫酸中氧化时，要用过量较多的二氧化锰。在浓硫酸中氧化时，只要稍过量的二氧化锰即可。其氧化反应式如下：

$$MnO_2 + H_2SO_4 \longrightarrow [O] + MnSO_4 + H_2O$$

二氧化锰是比较温和的氧化剂，可使芳环侧链上的甲基氧化为醛，可用于制备芳醛、醌类以及在芳环上引入羟基等。

反应实例如下：

$$p\text{-}Cl\text{-}C_6H_4\text{-}CH_3 \xrightarrow[70℃]{MnO_2,\ H_2SO_4} p\text{-}Cl\text{-}C_6H_4\text{-}CHO$$

$$C_6H_5\text{-}CH_3 \xrightarrow[40℃]{MnO_2,\ H_2SO_4} C_6H_5\text{-}CHO$$

(3) 重铬酸钠（$Na_2Cr_2O_7$）氧化剂 重铬酸钠容易潮解，但是它比重铬酸钾的价格便宜得多，在水中的溶解度大，故在工业中应用广泛。重铬酸钠通常是在各种浓度的硫酸中使用。其氧化反应方程如下：

$$Na_2Cr_2O_7 + 4H_2SO_4 \longrightarrow 3[O] + Cr_2(SO_4)_3 + Na_2SO_4 + 4H_2O$$

重铬酸钠主要用于将芳环侧链上的甲基氧化为羧基。例如由对硝基甲苯的氧化制对硝基苯甲酸等。

$$\text{对硝基甲苯 } (CH_3\text{-}C_6H_4\text{-}NO_2) \xrightarrow[80\sim90℃]{Na_2Cr_2O_7,\ H_2SO_4} \text{对硝基苯甲酸 } (HOOC\text{-}C_6H_4\text{-}NO_2)$$

重铬酸钠在中性或碱性介质中是温和的氧化剂，可用于将$—CH_3$、$—CH_2OH$、$—CH_2Cl$、$—CH═CHCH_3$等基团氧化成醛基。

目前由于重铬酸盐价格较贵，含铬废液的处理费用较高，因此已逐渐被其他氧化法所代替。

(4) 硝酸氧化剂　硝酸也是一种强氧化剂，稀硝酸的氧化能力比浓硝酸更强。浓硝酸在低温时主要是硝化剂，而稀硝酸在较高温度下则是氧化剂。硝酸价格便宜，在条件允许的情况下，用硝酸作氧化剂是比较经济的。

用硝酸作氧化剂的优点是它在反应后生成氧化氮气体，反应液中无残渣，分离提纯氧化产品较为容易，工艺简单。其缺点是介质的腐蚀性很强，氧化反应较剧烈，反应的选择性不好，有废气的产生，而且除氧化反应外，还容易引起硝化和酯化等副反应。

硝酸常用来氧化芳环或杂环侧链成羧酸；氧化含有对碱敏感的基团的醇成相应的酮或羧酸；氧化活泼亚甲基成羰基；氧化氢醌成醌；氧化亚硝基化合物成硝基化合物等。例如：

$$\text{6-羟基喹啉} \xrightarrow{HNO_3} \text{2,3-吡啶二甲酸 (90\%\sim98\%)} \xrightarrow[120\sim124℃]{-CO_2} \text{3-吡啶甲酸 (62\%)}$$

分子中含有对碱敏感的基团（如卤素）时，由于不能选用碱性介质的高锰酸钾氧化，故要用硝酸氧化。如：

$$ClCH_2CH_2CH_2OH \xrightarrow[25\sim30℃]{HNO_3} ClCH_2CH_2COOH \quad 78\%\sim79\%$$

稀硝酸和浓硝酸对有机物进行氧化时，稀硝酸和浓硝酸分别被还原为NO和NO_2气体，废气采用氢氧化钠水溶液吸收。

(5) 过氧化物氧化剂　过氧化氢和有机过氧化物是一种特殊的氧化剂。在有机合成中，过氧化氢与氢氧化钠一起使用，主要用于生成有机过氧酸。如：

$$(CH_3CO)_2O \xrightarrow[NaOH,\ 40℃]{30\%H_2O_2} CH_3\overset{O}{\overset{\|}{C}}—O—OH$$

有机过氧化物作为氧化剂有以下两个特点。

第一个特点是，有利于在羰基与其邻位碳原子间插入一个氧原子，即使酮转变为酯，特别是将环酮氧化为内酯。

$$\overbrace{(CH_2)_n\ C}=O \xrightarrow{CH_3\overset{O}{\overset{\|}{C}}—O—OH} (CH_2)_n\ \underset{O}{C}=O \ \text{(环内酯)}$$

这种反应一般在酸性介质中进行，以乙酸、氯仿、二氯甲烷或醚为溶剂。如：

$$O_2N-C_6H_4-CO-C_6H_5 \xrightarrow[25℃,\ H_2SO_4,\ CH_3CO_2H]{CH_3CO_3H} O_2N-C_6H_4-CO-O-C_6H_5 \quad 95\%$$

第二个特点是可将碳碳双键氧化成环氧化物。如：

$$n\text{-}C_3H_7CH{=}CH_2 \xrightarrow[Na_2CO_3,\ CH_2Cl_2]{CF_3CO_2H} n\text{-}C_3H_7\overset{O}{CH-CH_2}$$

有机物采用过氧化物或其他化学氧化剂进行氧化，要优先考虑用双氧水作氧化剂。氧化反应中，双氧水被还原为水，不会往反应体系中带入杂质，有利于目的产物的分离和纯度的提高，这是双氧水与其他化学氧化剂相比最显著的优点。双氧水贮存时必须注意贮存温度常温（不能过高），不能与可燃、易燃物质混合贮存。双氧水使用时必须注意在低温下使用，浓度不能过高，不能与重金属离子等微量杂质接触。防止火灾、爆炸事故的发生！

1.4.4 苯甲酸工业上的制备方法简介

工业上苯甲酸是在钴、锰等催化剂存在下用甲苯液相空气氧化法制得或由邻苯二甲酸酐水解脱羧制得。

液相空气氧化要用乙酸钴作催化剂，其用量约为 100～150mg/kg，反应温度为 150～170℃，压力为 1MPa，生产流程如图 1-4。

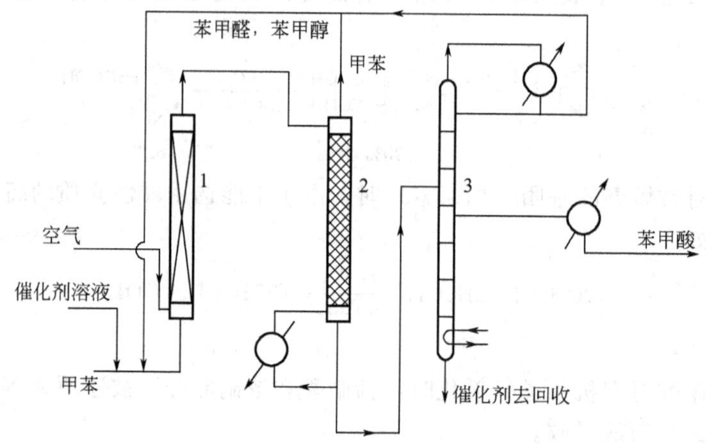

图 1-4 甲苯液相空气氧化法制苯甲酸流程示意图

1—氧化反应器；2—汽提塔；3—精馏塔

甲苯、乙酸钴（2%水溶液）和空气连续地从氧化塔的底部进入。反应物的混合除了依靠空气的鼓泡外，还借助于氧化塔中下部反应液的外循环冷却。从塔上部流出的氧化产物中约含有苯甲酸 35%。反应中未转化的甲苯由汽提塔回收，氧化的中间产物苯甲醇和苯甲醛可在汽提塔及精馏塔的顶部回收，与甲苯一样回入氧化塔再反应。精制是苯甲酸可由精馏塔的侧线出料收集。塔釜中残留的重组分主要是苯甲酸苄酯和焦油状产物，其中的钴盐可以再生使用。氧化尾气夹带的甲苯经冷却后再用活性炭吸附，吸附在活性炭上的甲苯可用水蒸气吹出回收，活性炭同时得到再生。氧化产物也有采用四个精馏塔进行分离的，分别回收甲苯、轻组分、苯甲醛和苯甲酸。此法制取苯甲酸按消耗甲苯计算的收率可达 97%～98%，产品纯度可达 99%以上。

练习与思考题

1. 什么是氧化反应？

2. 影响空气氧化反应的主要因素有哪些？各是怎样影响的？

3. 化学氧化剂大致分为哪几类？各举两例说明。

4. 还有很多化工产品是通过氧化反应进行生产的，请查阅资料解决下面问题：

（1）写出由苯甲酰氯制备过氧化苯甲酰的化学方程式。

（2）写出邻二甲苯空气氧化生产邻苯二甲酸酐的化学方程式，注明催化剂及反应条件，并简述其工艺过程。

5. 简述制备以下产品的合成路线

（1）CH_3、Cl $\longrightarrow$ CHO、Cl

（2）CH_3、CH_3 $\longrightarrow$ CH_2NH_2、CH_2NH_2 $\longrightarrow$ COOH、COOH

6. 写出情境合成体会。

情境2 增塑剂邻苯二甲酸二辛酯的合成（酯化）

学习目标与要求

知识目标

了解邻苯二甲酸二辛酯（DOP）的合成过程及合成过程中的操作方法及步骤；掌握酯化反应原理、分离过程的知识及产品测定方法。

能力目标

能进行邻苯二甲酸二辛酯的资料检索，根据邻苯二甲酸二辛酯的合成路线及酯化反应的特点制订合成反应的方案，并通过小试实验、中试实验合成出符合要求的产品。

情感目标

通过情境引入，激发学生的学习热情及积极性，使学生的主观能动性和创造性得以充分发挥；增强学生化工合成职业素养的形成，培养学生独立思考的习惯和团队合作的精神。

2.1 情境引入

实习生小李、小周和小赵来到邻苯二甲酸二辛酯生产工段，由徐工程师指导。在实习期间，实习生们将要进行邻苯二甲酸二辛酯制备工艺的学习，参加模拟顶岗实习，在实验室条件下以小试的形式进行实践。

实习生们准时来到徐工程师的办公室，徐工交给他们一份拟订好的实习计划，上面列出了小李他们实习期间要完成的工作和注意事项。小李他们打开了实习计划，浏览了上面的主要内容，与情境 1 相仿，只不过苯甲酸换成了邻苯二甲酸二辛酯。

2.2 任务解析

徐工检查了小李等资料检索情况。

小李：邻苯二甲酸二辛酯为无色或淡黄色油状透明液体，具有特殊气味。

小周：DOP 可用于涂料及塑料等行业中，作为增塑剂使用。

小赵：邻苯二甲酸二辛酯的合成主要通过邻苯二甲酸酐和辛醇的酯化反应而得到。

徐工：生产的问题首先是合成路线的问题，然后是工艺的问题。合成路线解决的是生产的可能性，工艺则是合成路线的实现形式。而一个成熟产品的开发，除非已经成熟的项目，在大生产前必须经过产品的小试、中试和大生产的逐级放大的过程，以找出大生产中可能出现的问题。我们可以从小试开始了解邻苯二甲酸二辛酯产品开发的过程。

2.2.1 产品开发任务书

徐工拿出了一份公司邻苯二甲酸二辛酯的产品开发任务书，如表2-1。

徐工：在企业里，有关产品研发的项目必须经过主管部门批准后方可以进行试验。一般都需要下发正式的文件或任务书。在任务书中必须明确项目的内容、要求及相关标准。可以转接科研院所的项目也可以自行开发。

表 2-1 产品开发任务书

编号：××××××

<table>
<tr><th rowspan="2">项目名称</th><th rowspan="2">内容</th><th colspan="2">技术要求</th><th rowspan="2">质量标准</th></tr>
<tr><th>专业指标</th><th>理化指标</th></tr>
<tr><td>邻苯二甲酸二辛酯的小试合成</td><td>以生产原料进行邻苯二甲酸二辛酯小试合成，对合成工艺进行初步评估</td><td>中文名称：邻苯二甲酸二辛酯
英文名称：dioctyl phthalate
CAS号：117-81-7
分子式：$C_{24}H_{38}O_4$
分子量：390.56</td><td>外观：无色或淡黄色黏稠液体，微有气味
熔点：−50℃
沸点：386℃
密度：0.985 g/mL(25℃)
纯度：≥99.0%
酸度（以苯二甲酸计）：≤0.030%
色度(铂-钴)：≤60号</td><td>GB/T 11406—2001</td></tr>
<tr><td colspan="2">项目来源</td><td>(1)自主开发</td><td colspan="2">(2)转接</td></tr>
<tr><td colspan="2">进度要求</td><td colspan="3">1～2周</td></tr>
<tr><td colspan="2">项目负责人</td><td></td><td>开发人员</td><td></td></tr>
<tr><td colspan="2" rowspan="2">下达任务人</td><td colspan="2">技术部经理</td><td>日期：</td></tr>
<tr><td colspan="2">技术总监</td><td>日期：</td></tr>
</table>

注：一式三联。一联交技术总监留存，一联交技术部经理，一联交项目负责人。

2.2.2 邻苯二甲酸二辛酯的合成路线设计

(1) 邻苯二甲酸二辛酯的分子结构分析

首先根据有机化合物的CAS号查阅邻苯二甲酸二辛酯的分子结构式。

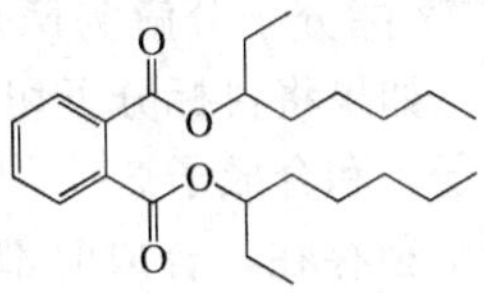

由分子结构可看出，在苯环的邻位有二酯的结构。

(2) 邻苯二甲酸二辛酯合成路线分析 在有机化学里，酯类化合物通常可以由羧酸和相应的醇合成，因此正向设计合成路线如下。

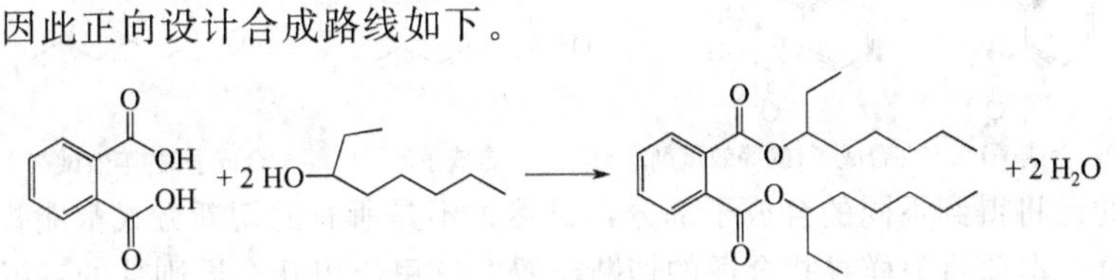

$$+\ 2\,HO\text{—R} \longrightarrow \ +\ 2\,H_2O$$

在有机化合物的路线分析中，特别是针对一些分子结构较复杂的化合物，常常采用逆向合成的方法进行合成路线设计。

所谓逆向合成法，是从需要合成的目标分子（target molecule，TM）出发，按一定的逻辑指导原则，推出目标分子的前体，连续逆推下去，直至推导出简单的起始原料。这一过程正好与合成过程相反，因此叫做逆向合成（retrosynthesis）。

目标分子 A
A 的可能前体 B C
B、C 的可能前体 D E F G

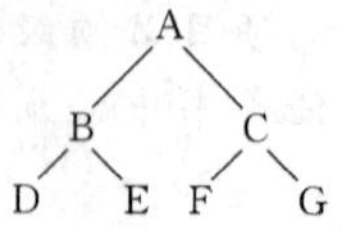

在倒推过程中，通过对目标分子的结构分析，将其复杂的结构逐渐简单化，只要每步逆推合理，就可以得到一条合适的合成路线。这种思维过程可表示为：

目标分子⇒前体 ⇒…前体⇒起始原料

目标分子即打算设计的分子。“⇒”双箭头符号表示前者源于后者，这与反应中使用的“⟶”单箭头表示的意义正好相反。前体又称中间体，它是从起始原料到目标分子所经历的所有中间化合物。前体与起始原料在商业上的区别在于前者买不到或价格过高，而后者往往是价廉易得的化合物。一般来讲，五个碳以下的单官能团化合物及单取代的芳烃，常用“三烯一炔”（乙烯、丙烯、丁烯及乙炔），“三苯一萘”（苯、甲苯、二甲苯及萘）及小于 4 个 C 的醇类和甲醛、乙醛、草酸、卤苯、环己烷、丙二酸二乙酯等都可以作为有机合成的起始原料。

于是，邻苯二甲酸二辛酯逆向合成路线分析如下：

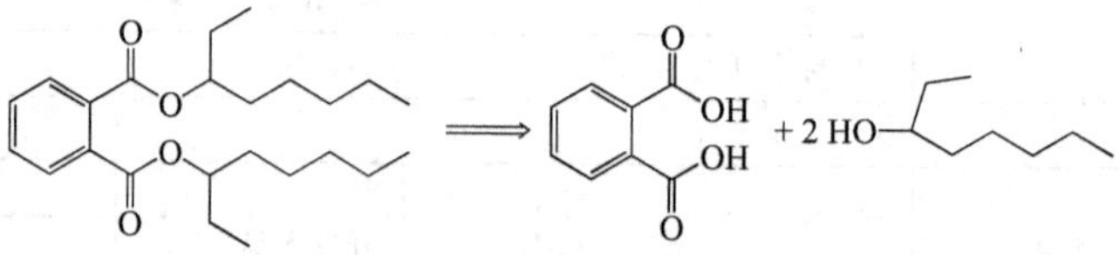

OH OH +2 HO

在进行逆向合成分析时经常要对分子结构中的某一化学键进行逆向切断。所谓逆向切断（antithetical disconnection）并不是真正的切断，而是指用切断化学键的方法把目标分子骨架剖析成不同性质的结构单元，在被切断的位置上常画一条曲线来表示。

例如，对于本情境项目邻苯二甲酸二辛酯逆向切断如下：

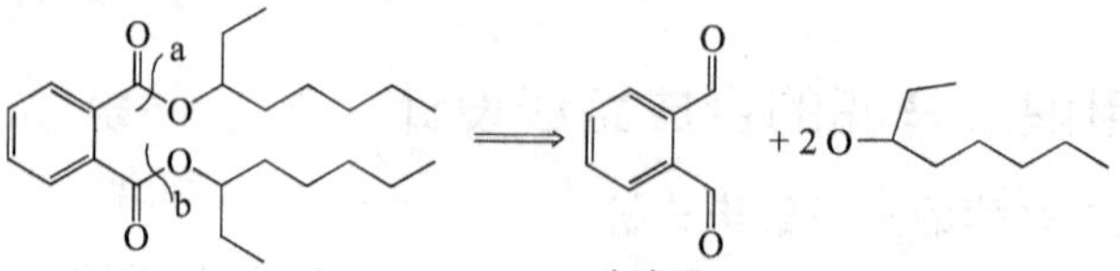

a b +2 O

合成子1 合成子2

从 a、b 处切断后，邻苯二甲酸二辛酯分子分解为两个结构单元，即含有二个羰基的苯环部分和 3 号碳接有氧原子的辛烷部分。如果将目标分子切断后得到的不同的结构单元称为合成子，那么切断的部分可分别称为合成子 1 和合成子 2。

实际上合成子 1 和合成子 2 不能单独存在，合成时都是采用包含合成子的试剂进行合成，将相应的起合成子作用的试剂称为合成等效试剂，于是，

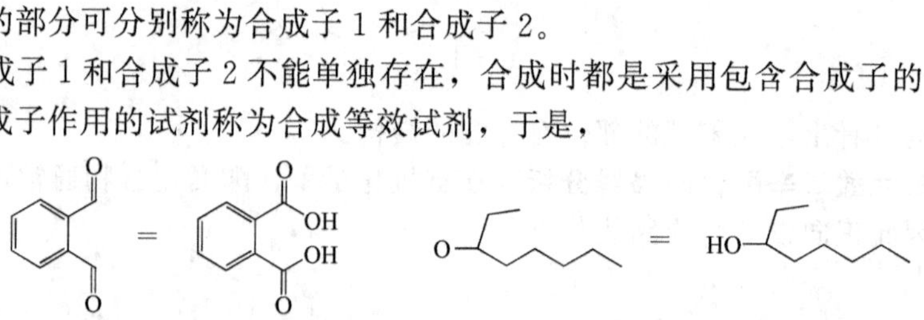

= OH OH O = HO

合成子1 合成子1的等效试剂 合成子2 合成子2的等效试剂

切断不同的键将得到不同的合成子部分，显然，不是所有的切断方式都能找到对应的合成子等效试剂。对于本项目怎样寻找合适的切断位置？这里给出几个原则性的建议。

① “能合才能切”的原则。这就是说切断哪个键不能臆想，必须要找到切断这个化学键的反应才能将它切断，这是逆向合成切断的最基本的原则。

② 涉及官能团时，往往可以在官能团附近切断。这里涉及的官能团是“酯键”，因而考虑将此键切断。

③ 有碳-杂键时，一般在碳-杂键处切断。这里氧原子相对于碳原子来说属于杂原子，故优先考虑切断 C—O 键。

因此，在学习了羧酸和醇的酯化反应后，可以毫不犹豫地将邻苯二甲酸二辛酯的酯键中 C—O 键（即羰基 C 和相连的 O 原子单键）切开。

上述切断的 C—O 键中，C 带有明显的正电性，O 带有明显的负电性。把这种切断称为离子型切断。事实上，有机合成中大多数的切断都具有离子型的特征，因此在合成中，形式上作为碳正离子使用的结构单元称为电子给予体合成子，简称 a-合成子；形式上作为氧负离子使用的结构单元称为电子供给体合成子，简称 d-合成子。于是，对邻苯二甲酸二辛酯的切断可以写成：

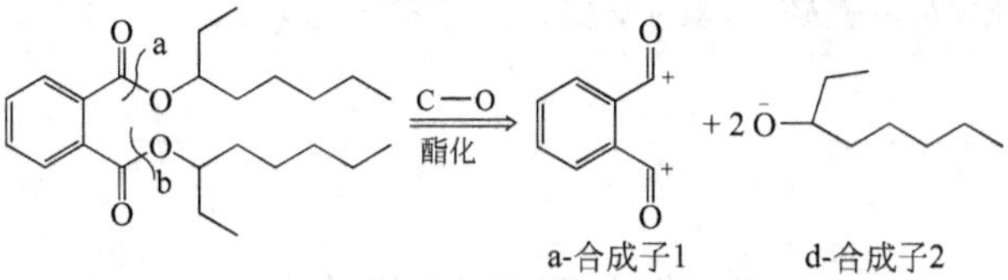

C—O 酯化

a-合成子1　d-合成子2

再如化合物 2-羟基-2-苯基丁烷，其逆向合成切断如下。

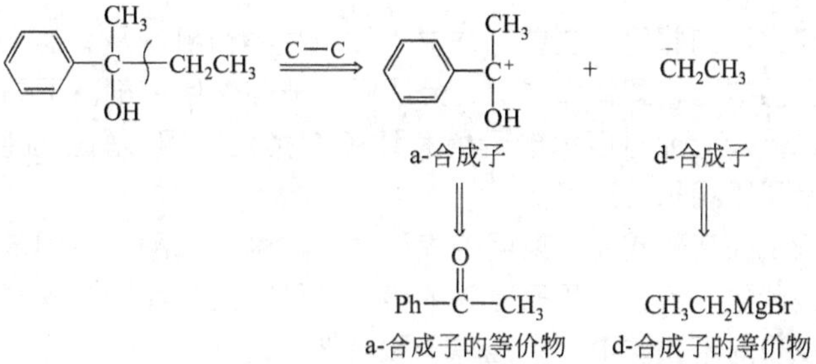

C—C

a-合成子　d-合成子

CH_3CH_2MgBr

a-合成子的等价物　d-合成子的等价物

从目标分子到起始原料，经过的途径主要有两条；一是涉及碳架的变化（分子结构的碳数增加、减少或改变碳架），即碳碳键的切断或形成；二是官能团的转换。显然，从目标分子出发，运用逆向合成法通常可以得到数条合理的合成路线，其最佳路线的确定往往需要设计者依据自己的经验和实验。这就需要设计者的综合能力，其中包括熟练掌握有机化学的基本反应、对反应的运用及组合能力，以及对化学品市场的了解程度等。

在上面的分析中，由于邻苯二甲酸二辛酯 a-合成子的等效试剂邻苯二甲酸活性不够高，在生产中更多地使用邻苯二甲酸酐来代替，故邻苯二甲酸二辛酯的逆向合成路线设计如下。

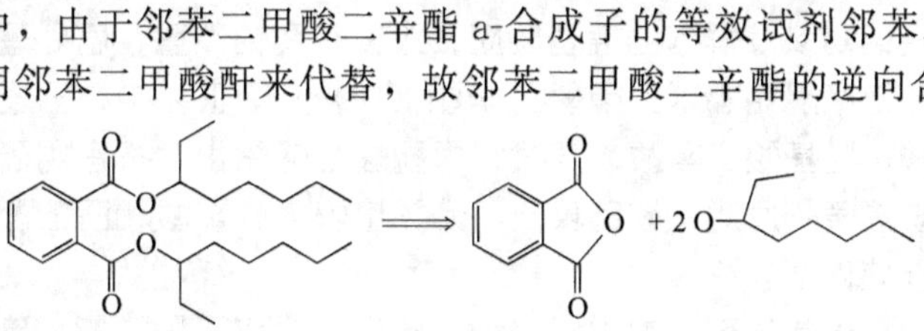

相应合成路线设计为：

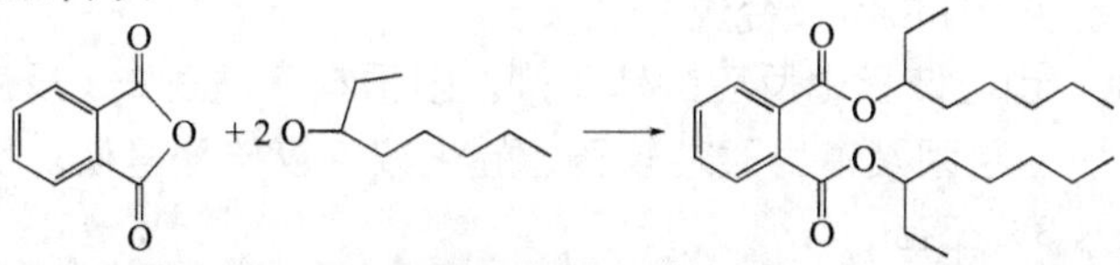

徐工：邻苯二甲酸二辛酯的合成路线比较简单，涉及一个单元反应：酯化反应。小试（或大生产）工艺的实质就是以邻苯二甲酸酐和辛醇为原料经酯化反应获得目标化合物。欲在合成中做好酯化反应，就必须对其反应过程的情况作详细了解。

知识点拨

1. 酯化反应

酯化反应通常是指醇（或酚）与含氧的酸（包括有机和无机酸）作用生产酯和水的反应。由于它是在醇（或酚羟基）的氧原子上引入酰基的过程，故又称为 *O*-酰化反应。其通式为

$$R'OH + RCOZ \longrightarrow RCOOR + HZ$$

式中，R′可以是脂肪族或芳香烃基。RCOZ 为酰化剂，其中的 Z 可以代表 OH，X，OR″，OCOR″，NHR″等，生成羧酸酯分子中的 R′及 R″可以是相同的或者不同的烃基。

酯化反应分为羧酸与醇反应、无机含氧酸与醇反应、无机强酸与醇的反应三类。羧酸与醇的酯化反应是可逆的，并且一般反应极缓慢，故常用浓硫酸作催化剂。多元羧酸与醇反应，则可生成多种酯。无机强酸与醇的反应，其速率一般较快。

知识点拨

2. 酯化反应的催化剂

工业上酯化反应采用的催化剂主要有六类：无机酸、有机酸及其盐，杂多酸及固载杂多酸，强酸性阳离子交换树脂，固体超强酸，分子筛，非酸性催化剂。不同的酯化反应应选用不同的催化剂，在选择催化剂时应考虑到醇和酸的种类和结构、酯化温度、设备腐蚀情况、成本、催化剂来源及是否易于分离等。

（1）无机酸、有机酸或酸式盐　常用的有硫酸、盐酸、磷酸、对甲苯磺酸、十二烷基苯磺酸、锡磷酸、亚锡磷酸、苯磺酸和氨基磺酸等。此外，硫酸氢钠等酸式盐，硫酸铝、硫酸铁等强酸弱碱盐，以及对苯磺酸氯等，也属于酸催化剂范畴。

在无机酸中硫酸的活性最强，价格便宜，也是应用最广泛的传统酯化催化剂，用量一般不超过体系总质量的 3%。盐酸则容易发生氯置换醇中的羟基而生成氯烷。磷酸的反应速率较慢。以硫酸作催化剂的优点是硫酸可溶于反应体系中，使酯化在均相条件下进行，反应条件较缓和，催化效果好，性质稳定，吸水性强及价格低廉等，但缺点是具有氧化性，脱水温度不宜超过 160℃，否则由于醇受质子催化，会产生副反应，易使反应物发生磺化、炭化、聚合、脱水生成烯烃或醚以及异构化等副反应，对设备腐蚀严重，后处理麻烦，产品色泽较深等。因此一些大吨位产品如邻苯二甲酸二辛酯（DOP）的工艺中，已逐步为其他催化剂替代。此外，不饱和酸、羟基酸、甲酸、草酸和丙酮酸等的酯化，不宜用硫酸催化，因为它能引起加成、脱水或脱羧等副反应；碳链较长、分子量较大的羧酸和醇的酯化，因为反应温度较高也不宜用硫酸作催化剂。

硫酸盐也可作为酯化催化剂。如用硫酸锆为催化剂合成丁酸乙酯。硫酸氢盐与硫酸盐有相似的催化性能，但能使产品的色泽变浅。

$FeCl_3$ 为路易斯酸，也可做酯化反应的催化剂。由于本身是固体，反应后易于从体系中回收分离。但由于传质的原因及本身酸性较弱，催化效率较硫酸等低。反应所需的时间较长。氯化铁用量一般为 3%左右。

常用的有机酸催化剂有：甲磺酸、苯磺酸、对甲苯磺酸和氨基磺酸等。它们较硫酸的活性低，但无氧化性，其中对甲苯磺酸最为常用。对甲苯磺酸是一种强的固体有机酸，具有浓

硫酸的一切优点，而且无氧化性，碳化作用较弱，其对设备的腐蚀性和三废污染比硫酸小，同时不易引起副反应，易于保管、运输和使用，催化剂用量小，是一种适合于工业生产的方法。常用于反应温度较高及浓硫酸不能使用的场合，如长碳链脂肪酸和芳香酸的酯化，所生成酯的色泽较用硫酸时浅。但是由于对甲苯磺酸价格较贵，只用于少数工业酯化过程，用量一般为3%～5%左右。苯磺酸、硫酸氢乙酯和乙基磺酸的催化作用都相当好，而且不像硫酸那样会引起脱水和磺化等副反应。

在硫酸和磺酸类催化剂中，催化活性按下列顺序排列：

硫酸＞对甲苯磺酸＞苯磺酸＞2-萘磺酸＞氨基磺酸

（2）强酸性离子交换树脂　这类离子交换树脂均含有可被阳离子交换的氢离子，属强酸性。用离子交换树脂作酯化催化剂的主要优点有：反应条件温和，选择性好、无炭化现象；产物后处理简单，无需中和及水洗；树脂可循环使用，并可进行连续化生产；对设备无腐蚀以及减少废水排放量。但离子交换树脂的价格远较硫酸为高。强酸性离子交换树脂已广泛用于酯化反应，其中最常用的有酚磺酸树脂及磺化苯乙烯树脂。离子交换树脂目前已商品化，可由商品牌号查得该树脂的性质及组成。

（3）杂多酸及固载杂多酸　杂多酸（HPA）是一类具有确定组成的含氧桥多核配合物，具有酸性和氧化还原性。杂多酸的种类繁多，如磷钨酸 $H_3PW_{12}O_{40}\cdot 28H_2O$（简称 PW_{12}）、硅钨酸 $H_4SiW_{12}O_{40}\cdot 24H_2O$（简称 SiW_{12}）、磷钼酸 $H_3PMo_{12}O_{40}\cdot 19H_2O$（简称 PMo_{12}）和硅钼酸 $H_4SiMo_{12}O_{40}\cdot 23H_2O$（简称 $SiMo_{12}$），其中以 PW_{12} 最为常用。研究表明，PW_{12} 具有较高的催化活性。PW_{12} 的用量约为反应混合液的1%～2%，反应温度略低于硫酸催化。采用 PW_{12} 或 SiW_{12} 进行对羟基苯甲酸的酯化，效果良好。

杂多酸作为酯化催化剂存在回收较困难的问题。其改进方案是将杂多酸负载在载体上，形成固载杂多酸，在完成酯化反应后，可通过过滤直接回收套用。

可用作杂多酸的载体很多，如活性炭、Al_2O_3、SiO_2、HZSM-5分子筛、阳离子交换树脂、膨润土等。当载体上吸附了杂多酸，其固体表面有一定的酸度，可在酯化中起酸催化的作用。

（4）非酸性催化剂　为了克服酸性催化剂容易引起副反应的缺点，并力求工艺过程简化，国外自20世纪60年代研究和开发了一系列非酸性催化剂，这类催化剂为近年发展起来的一个新方向。非酸性催化剂的应用对酸性工艺来说是一项重大的技术进步，使用非酸性催化剂可缩短酯化时间，产品色泽优良，回收醇只需简单处理，即可循环使用。主要不足是酯化温度较高，一般为190～230℃，否则活性较低。

非酸性催化剂主要有：①铝的化合物，如氧化铝、铝酸钠、含水 Al_2O_3 + NaOH 等；②ⅣB族元素的化合物，如氧化钛、钛酸四丁酯、氧化锆、氧化亚锡和硅的化合物等；③碱土金属氧化物，如氧化锌、氧化镁等；④ⅤA族元素化合物，如氧化锑、羧酸铋等。其中最重要的是钛、铝和钼的化合物，常见的使用形式分别为钛酸四丁酯、氢氧化铝复合物、氧化亚锡和草酸亚锡。现在非酸性催化剂不仅已在我国大型增塑剂生产装置中成功应用，而且正在越来越多地在中小型生产装置中推广，这类催化剂的主要优点是没有腐蚀性，产品的质量好，色泽浅，副反应少。目前酯化催化剂的应用方面，我国已与国外水平相当。

知识点拨

3. 工业上制造羧酸酯的方法

(1) 直接酯化法　即羧酸与醇反应直接合成酯，又称羧酸法。由于所用的原料醇与羧酸均容易获得，所以是合成酯类最重要的方法。羧酸法中最简单的反应是一元酸与一元醇在酸催化下的酯化，得到羧酸酯和水，这是一个可逆反应。

$$RCOOH + R'OH \rightleftharpoons RCOOR' + H_2O$$

一般常用的酯化催化剂为：硫酸、盐酸、芳磺酸等。采用催化剂后，反应温度在 70～150℃左右即可顺利发生酯化。也可采用非均相酸性催化剂，例如活性氧化铝、固体酸等，一般都在气相下进行酯化。

酯化反应也可不用催化剂，但为了加速反应的进行，必须采用 200～300℃的高温。若工艺过程对产品纯度要求极高，而采用催化剂时又分离不净，则宜采用高温无催化剂酯化工艺。

(2) 酸酐酯化法　羧酸酐是比羧酸强的酰化剂，适用于较难反应的酚类化合物及空间阻碍较大的叔羟基衍生物的直接酯化，此法也是酯类的重要合成方法之一，其反应过程为：

$$(RCO)_2O + R'OH \rightleftharpoons RCOOR' + RCOOH$$

反应中生成的羧酸不会使酯发生水解，所以这种酯化反应可以进行完全。羧酸酐可与叔醇、酚类、多元醇、糖类、纤维素及长碳链不饱和醇（沉香醇、香叶草醇）等进行酯化反应，例如乙酸纤维素酯及乙酰水杨酸（阿司匹林）就是用乙酸酐进行酯化大量生产的。

常用的酸酐有乙酸酐、丙酸酐、邻苯二甲酸酐、顺丁烯二酸酐等。用酸酐酯化时可用酸性或碱性催化剂加速反应。如硫酸、高氯酸、氯化锌、三氯化铁、吡啶、无水乙酸钠、对甲苯磺酸或叔胺等。酸性催化剂的作用比碱性催化剂强。目前工业上使用最多的是浓硫酸。

(3) 酰氯酯化法　酰氯和醇（或酚）反应生成酯的反应为：

$$RCOCl + R'OH \longrightarrow RCOOR' + HCl$$

酰氯与醇（或酚）的酯化具有如下特点：①酰氯的反应活性比相应的酸酐强，远高于相应的羧酸，可以用来制备某些羧酸或酸酐难以生成的酯，特别是与一些空间位阻较大的叔醇进行酯化。②酰氯与醇（或酚）的酯化是不可逆反应，一般不需要加催化剂，反应可在十分缓和的条件下进行，酯化产物的分离也比较简便。③反应中通常需使用缚酸剂以中和酯化反应所生成的氯化氢。因为氯化氢不仅对设备有腐蚀，而且还可能与活泼性醇（如叔醇）发生诸如取代、脱水和异构化等副反应。

常用于酯化的酰氯有有机酰氯和无机酰氯两类。常用的有机酰氯有长碳脂肪酰氯、芳羧酰氯、芳磺酰氯、光气、氨基甲酰氯和三聚氯氰等，常用的无机酰氯主要为磷酰氯（$POCl_3$），还有 $PSCl_3$、PCl_3、PCl_5 等。

酰氯的酯化须在缚酸剂存在下进行。常用的缚酸剂有碳酸钠、乙酸钠、吡啶、三乙胺或 *N*，*N*-二甲基苯胺等。为避免酰氯在碱存在下分解，缚酸剂通常采用分批加入或低温反应的方法，脂肪族酰氯活泼性较强，容易发生水解。因此，当酯化反应需要溶剂时，应采用苯、二氯甲烷等非水溶剂。

用各种磷酰氯制备酚酯时，可不加缚酸剂，允许氯化氢存在，而制取烷基酯时就需要加入缚酸剂，防止氯代烷的生成，加快反应速率。

由于酰氯的成本远高于羧酸，通常只有在特殊需要的情况下，才用羧酰氯合成酯。

（4）酯交换法　酯交换法是将一种容易制得的酯与醇、酸或另一种酯反应以制取所需要的酯。当用直接酯化不易取得良好效果时，常常要用酯交换法。

① 醇解法也称作酯醇交换法。一般此法总是将酯分子中的伯醇基由另一较高沸点的伯醇基或仲醇基所替代。反应用酸作催化剂。

$$RCOOR' + R''OH \rightleftharpoons RCOOR'' + R'OH$$

例如，间苯二甲酸二甲酯和苯酚按 1∶2.37 的摩尔比，在钛酸四丁酯催化剂的存在下，在 220℃ 反应 3h，同时蒸出甲醇，经后处理即得到间苯二甲酸二苯酯。

$$C_6H_4(COOCH_3)_2 + 2C_6H_5OH \xrightarrow{(C_4H_9O)_4Ti} C_6H_4(COOC_6H_5)_2 + 2CH_3OH$$

另外，将油脂（三脂肪酸甘油酯）与甲醇在甲醇钠的催化作用下，在 80℃ 反应，可制得脂肪酸甲酯和甘油。

$$\begin{array}{l} R{-}C(=O){-}O{-}CH_2 \\ R{-}C(=O){-}O{-}CH \\ R{-}C(=O){-}O{-}CH_2 \end{array} + 3\,CH_3OH \longrightarrow 3\,R{-}C(=O){-}OCH_3 + \begin{array}{l} CH_2{-}OH \\ CH{-}OH \\ CH_2{-}OH \end{array}$$

② 酸解法也称作酯酸交换法。

$$RCOOR' + R''COOH \rightleftharpoons R''COOR' + RCOOH$$

酯-酸交换反应是可逆反应，一般常使某一原料过量，或使生成物不断地蒸出，以提高反应的收率。各种有机羧酸的反应活性相差并不大。酯酸交换时一般采用酸催化。此法常用于合成二元羧酸单酯和羧酸乙烯酯等。

例如，在浓盐酸催化下，己二酸二乙酯与己二酸在二丁醚中加热回流生成己二酸单乙酯。

$$H_5C_2OOC(CH_2)_4COOC_2H_5 + HOOC(CH_2)_4COOH \rightleftharpoons 2\ HOOC(CH_2)_4COOC_2H_5$$

③ 互换法也称为酯酯交换法。此法要求所生成的新酯与旧酯的沸点差足够大，以便于采用蒸馏的方法分离。

$$RCOOR' + R''COOR'' \rightleftharpoons RCOOR'' + R''COOR'$$

由于反应处于可逆平衡中，必须不断将产物中的某一组分从反应区除去，使反应趋于完全。例如，对于用其他方法不易制备的叔醇的酯，可以先制成甲酸的叔醇酯，再和指定羧酸的甲酯进行醇酸互换。

$$HCOOCR_3 + R''COOCH_3 \xrightarrow{CH_3ONa} HCOOCH_3 + R''COOCR_3$$

因为生成的两种酯的沸点相差较大，且沸点很低（31.8℃）的甲酸甲酯很容易从反应产物中不断蒸出，这样就能使酯互换反应进行完全。

这三种类型的酯交换都是利用反应的可逆性实现的。最常用的酯交换法是酯-醇交换法，其次是酯-酸交换法。

本情境可采用邻苯二甲酸酐与异辛醇进行酯化。

2.2.3 酯化反应过程分析

徐工：在确定反应路线，选择相应的原料和试剂后，要完成反应还必须制订详细的反应方案。这在工艺上就是明确相应的工艺控制点，显然这对于生产是非常关键的。而反应方案的制订就必须从反应机理和反应影响因素等方面入手才能把握其要点。

(1) 酯化反应机理 邻苯二甲酸酐与2-乙基己醇（辛醇）的酯化反应分两步。

第一步：是苯酐与醇生成单酯酸的反应，此步反应进行很快，不需催化剂，是放热反应，在130℃就可进行。

$$C_6H_4(CO)_2O + CH_3CH_2CH_2CH_2CH(C_2H_5)CH_2OH \longrightarrow C_6H_4(COOCH_2CH(C_2H_5)C_4H_9)(COOH)$$

机理如下。

$$C_6H_4(CO)_2O + H\ddot{O}R \longrightarrow [\text{加成中间体}] \longrightarrow C_6H_4(COOR)(COO^-) \xrightarrow{+H^+} C_6H_4(COOR)(COOH)$$

这是典型的加成-消除反应。

第二步：邻苯二甲酸酐的单酯酸与醇继续反应生成双酯，此步反应慢，需要催化剂。

$$C_6H_4(COOCH_2CH(C_2H_5)C_4H_9)(COOH) + C_4H_9CH(C_2H_5)CH_2OH \underset{}{\overset{H^+}{\rightleftharpoons}} C_6H_4(COOCH_2CH(C_2H_5)C_4H_9)_2 + H_2O$$

机理如下。

$$C_6H_4(COOR)(COOH) \overset{H^+}{\rightleftharpoons} C_6H_4(COOR)(C(OH)_2^+) \overset{H\ddot{O}R}{\rightleftharpoons} C_6H_4(COOR)(C(OH)_2\overset{+}{O}(H)R) \rightleftharpoons C_6H_4(COOR)(C(OH)(\overset{+}{O}H_2)OR) \overset{-H_2O}{\rightleftharpoons} C_6H_4(COOR)(\overset{+}{C}(OH)OR) \overset{-H^+}{\rightleftharpoons} C_6H_4(COOR)_2$$

$R=-CH_2CH(C_2H_5)C_4H_9$

这也是典型的加成-消除反应。反应为平衡反应，反应吸热。反应的平衡常数为：

$K=K_1K_2=6.95$（BASF测出值），总反应式如下。

$$C_6H_4(CO)_2O + 2\,C_4H_9CH(C_2H_5)CH_2OH \overset{\text{催化剂}}{\rightleftharpoons} C_6H_4(COOCH_2CH(C_2H_5)C_4H_9)_2 + H_2O$$

对于平衡反应，欲使反应向正方向移动，通常有两种做法：第一是提高某一反应物浓度，第二是移走某一生成物。在酯化反应中，由于大多数脂肪醇常温下为液体，极性较酸低，相对于酸易于分离，故通常都是采用醇过量的方法使得反应向正方向移动。过量的醇还可以用作反应的溶剂。大多数酯化产物的水溶性都不好，分子量较大的酯沸点都比水高，故常将反应生成的水从体系中移走。为达到这一目的通常也有两种做法：其一将水从体系中蒸出进而分离出来，其二是通过带水剂将水带出来。

带水剂是一类能和水形成沸点较低的共沸物，且在水中溶解度很小的物质。带水剂可以是反应物或者产物，也可以是外加的第三组分。反应时将共沸物从体系中引出，分离出水，带水剂再回流到反应体系中，这样就可以源源不断地将反应生成的水带出，从而让酯化反应达到非常高的产率。这里辛醇恰好符合带水剂的要求，因此可以不必外加第三组分带水剂。

外加的第三组分必须是对反应物和产物不起反应的物质，工业上通常加入的第三组分有苯、甲苯、环己烷、氯仿、四氯化碳等。带水剂与醇的体积比通常为 1∶1。由于反应过程中醇的消耗，随着反应的进行，带水剂的比例相应逐渐提高，相应带水能力也提高。

(2) 影响酯化反应的因素

① 反应物料的性质

a. 邻苯二甲酸酐的反应性质　邻苯二甲酸酐，简称苯酐，是邻苯二甲酸分子内脱水形成的环状酸酐。苯酐为白色固体，密度 $1.53g/cm^3$，熔点 130.8℃，沸点 284℃，闪点 152℃。难溶于冷水，易溶于热水、乙醇、乙醚、苯等多数有机溶剂。

邻苯二甲酸酐可发生水解、醇解和氨解等反应。由于其分子结构中羰基上 C═O 双键能与苯环大 π 键形成共轭，从而使 C 原子上正电性部分分散到苯环上，因此与一般脂肪酸酐相比，其酯化反应活性下降。

b. 异辛醇的反应性质　异辛醇（2-乙基己醇、2-乙基-1-己醇）英文简写为 2-EH。无色有特殊气味的可燃性液体。相对密度 0.831，熔点-70℃，沸点 183.5℃，闪点 81.1℃。不溶于水，与多数有机溶剂互溶。

异辛醇分子结构中含有羟基，具有醇的通性。反应活性低于小分子醇，较大分子醇为高。

② 催化剂的性质及用量　目前工业上应用较多的酯化催化剂由 50%的钛酸异丙酯和 50%的辛醇组成，具有较高的反应选择性。

钛是一种典型的过渡金属元素，由于具有空的 d 轨道，可接受电子或者电子对，形成配合物，同时 d 轨道上的电子也容易失去，即配体也容易脱去，当有新的配体进攻金属原子时，原来饱和的结构容易解离出一个配位体生成一个具有配位空缺的不饱和配合物，然后再与新的配体结合，这样一直持续下去，直至完成整个反应。因此其催化作用的实质就是借助配体与受体的配位作用而形成活性中间体，降低反应活化能，从而达到加快反应速率的目的。但钛酯催化剂极易水解，即使空气中的微量水也能使其水解而失去活性。

$$n\mathrm{Ti(OR)_4} + 4\mathrm{H_2O} \longrightarrow n\mathrm{TiO_2} \cdot \mathrm{H_2O} + 4n\mathrm{ROH}$$

故使用时要注意：a. 储存要密封好，避免暴露在空气中。b. 从密封容器中取出时，要尽量快取快封。c. 要避开火或冒火花的机器存放。

使用时用量一般为苯酐量的 0.05%～0.1%。

③ 反应物料配比 从酯化反应的机理看，异辛醇的用量要远远过量。生产上摩尔比通常要达到 1∶(3～5) 左右。过量的异辛醇可以作溶剂，使体系为均相体系。

④ 反应温度与压力　邻苯二甲酸酐与醇反应温度因醇的不同而异，这是因为不同的醇具有不同的活性。醇的活性顺序：辛醇＞壬醇＞异癸醇

$$\mathrm{C_8H_{17}OH} \quad > \quad \mathrm{C_9H_{19}OH} \quad > \quad \mathrm{C_{10}H_{21}OH}$$

反应温度/℃：200/230　　210/240　　225/240

虽然邻苯二甲酸酐第一步单酯化反应可以不用催化剂，但采用催化剂后，反应速率将会大幅提高，反应温度将有较大幅度的下降。第二步双酯化反应必须加催化剂，因反应吸热，反应温度也相应较高。

一般来说，酯化反应的温度可以控制在共沸物沸点以上，保证共沸物能顺利从体系蒸出即可。共沸物的沸点往往低于纯组分的沸点。异辛醇与水形成的共沸物组成中水分占20%，但沸点约为99℃。理论上反应温度控制在100℃以上即可，但由于双酯化反应初期生成的水较少，共沸物形成也不多，故不能形成有效的回流量，水分也不容易带出，所以为了提高反应液的回流量，反应温度需要提升至有足够回流的温度。

由于反应体系中无气态物质参与，压力对反应体系几乎没有影响。反应可以在常压下进行。

⑤ 传质的因素　虽然搅拌对均相体系的影响不大，但由于带水剂共沸物的蒸发受传质影响较大，故良好的搅拌有利于水分的带出。

⑥ 副反应因素　这里，副反应主要为表现为：a. 醇分子内脱水生成烯烃，$C_8H_{17}OH$ 醇分子内脱水生成烯烃 C_8H_{16}；b. 醇分子间脱水生成醚，$C_8H_{17}OH$ 醇分子间脱水生成醚 $C_8H_{17}OC_8H_{17}$；c. 生成缩醛；d. 生成异丙醇（来自催化剂本身）从而生成相应的酯；e. 生成正丁醇（来自催化剂本身）从而生成相应的酯。

上述副反应，由于使用选择性很高的催化剂，副反应很少，约占总质量的1%左右。数量很少，沸点较低，在酯化过程中，作为低沸物排出系统。

2.2.4 单元反应后处理策略分析

单元反应完成后，要将反应物中目标产物分离出来，才能完成合成的任务。由于反应物体系的构成千差万别，要进行分离时采用的策略是不尽相同的。

(1) 体系的组成及其状态　邻苯二甲酸酐双酯化反应结束后，体系的主要组成为：DOP、剩余的异辛醇、催化剂及少量副产物等，体系为均相溶液体系。

(2) 产物的分离策略　由于反应物体系所有组分中均为液体，且目标产物DOP为高沸点液体，故总体上可以根据各组分沸点的不同，通过减压蒸馏的方法将产物从体系中依次蒸馏出来。

因为DOP的沸点386℃，即便减压，也必须在高真空条件下进行，这对生产上不是太有利。因此考虑将体系中其他组分尽可能分离出来，也可以得到纯度较高的DOP产品。

催化剂钛酸酯可以通过水解除去，考虑到酯的水解，水洗时应在低温下进行。钛酸酯水解后生成沉淀，水洗可除去。

体系异辛醇的沸点较高，可以考虑通过减压蒸馏蒸出。考虑到高温时水会将产物水解，因此必须在蒸馏前除去。小试时可通过干燥剂干燥脱除，生产时可通过汽提塔脱除。

因反应选择性较好，因此副产物相对较少。催化剂用量也小，水解产生的异丙醇也能在蒸馏时优先被蒸出，故残留的DOP可以达到相当高的纯度。

2.3 工作过程指导

2.3.1 制订小试合成方案要领

小李等三位同学来到车间小试实验室，完成岗位安全教育培训后，徐工与他们三个同学一起讨论邻苯二甲酸二辛酯的小试合成方案。

徐工拿出了一份当初小试组试制邻苯二甲酸二辛酯的文献方案。

(1) 酯化　在装有恒温磁力搅拌器、回流冷凝管、分水器、温度计的 250 mL 三口烧瓶中加入一定量的邻苯二甲酸酐（苯酐）、一定量的异辛醇（2-乙基己醇）及一定量的催化剂，搅拌，用恒温磁力搅拌器调温，回流反应 2.5h。

(2) 中和分离　将反应混合物倒入装有 30mL 蒸馏水的 200mL 烧杯中，用饱和碳酸钠溶液调节 pH 值为 7～8。将溶液转移至分液漏斗中，静置分层，放出下层水层。再用热蒸馏水洗涤上层溶液两次，并放出下层水层，得到邻苯二甲酸二辛酯粗品。

(3) 精制分馏　将邻苯二甲酸二辛酯粗品转移至蒸馏烧瓶，加入沸石蒸馏，在 0.01MPa 下收集 140～150℃的馏分，剩下的为邻苯二甲酸二辛酯精品。

徐工：大家讨论一下，以此为参考，如何制订我们的小试方案？

小李：文献方案给出的还是比较详细的，但也有一些细节性不太明确，比如酯化反应温度为多少？

小周：如果合成出的产品颜色不纯该怎么办？如何脱色呢？

徐工：大家资料准备得看来非常充实，文献方案更侧重于研究，不能照搬拿来作为小试的方案。小试的目的是为大生产提供参数依据，因此，小试方案在制订过程中一定要立足于生产。这里提几点建议，以便对大家制订小试方案时参考。

2.3.2 单元反应体系构建和后处理纯化建议

(1) 邻苯二甲酸酐与异辛醇酯化反应体系的构建和监控

① 反应体系构建要点　以辛醇为反应物和溶剂，将苯酐和催化剂加入其中即可构成反应体系。反应需带出水分，故体系需要配置分水回流装置。为加速液体的回流速度，需配置较强搅拌。

② 反应控制策略　由于反应温度较高（大于 150℃），为了防止反应物在高温下被氧化，故反应升温前应考虑用惰性气体将反应釜中空气置换；根据反应机理，反应可分两个阶段来控制。单酯化时以控制反应温度为主，较高的温度对合成有利。双酯化时以控制反应物的回流速度为主，密切观察分水器中的出水量。酯化反应后一般还需有一个老化阶段，这段时间不必太长，一般以 0.5h 左右为宜，目的是为了让反应物充分反应。

③ 反应终点的控制　当带出水量接近理论出水量时，酯化反应即到达终点。也可取样用薄层色谱或气相色谱（或高效液相色谱）等来判定测定产物含量。

(2) 邻苯二甲酸酐与异辛醇酯化反应后处理分离方法　中和反应物时可用较弱的碱（比如 10%碳酸氢钠溶液）来处理反应液，调节 pH 值至 7 左右，可用分液漏斗分出水相，水洗除去残余的盐。如过程中有催化剂水解的沉淀，水洗时可除去。然后用干燥剂将油相干燥后再减压蒸馏，直至无流出物为止（生产时产物中的水、低分子杂质和少量醇可在汽提塔中除去，再在 1.32kPa 和 50～80℃条件下经薄膜蒸发器除去）。如果产物带有颜色，可以使用活性炭脱色，同时除去产品中残存的微量催化剂和其他机械杂质，过滤除去活性炭得到高质量的邻苯二甲酸二辛酯。过滤时可以使用特殊的吸附剂和助滤剂（主要成分为 SiO_2、Al_2O_3、Fe_2O_3、MgO 等）。

(3) 产物的纯化　由于目的产物是低熔点高沸点的有机物，可以采用减压蒸馏的方法进行纯化。

2.3.3 绘制试验流程图

本项目小试流程图（供参考）可以绘制如图 2-1。

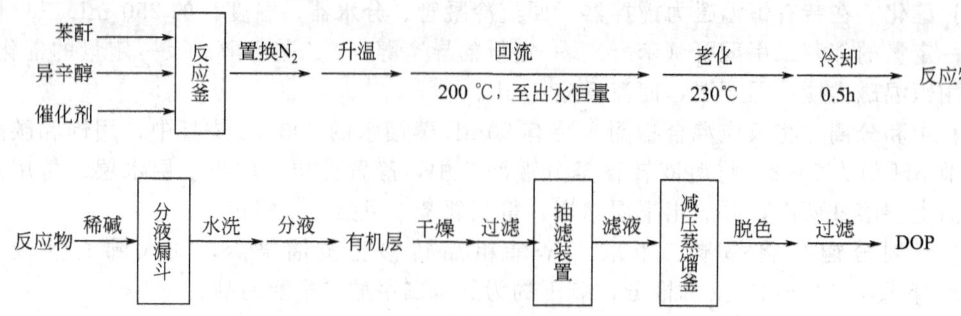

图 2-1 小试参考流程

2.3.4 小试试验装置

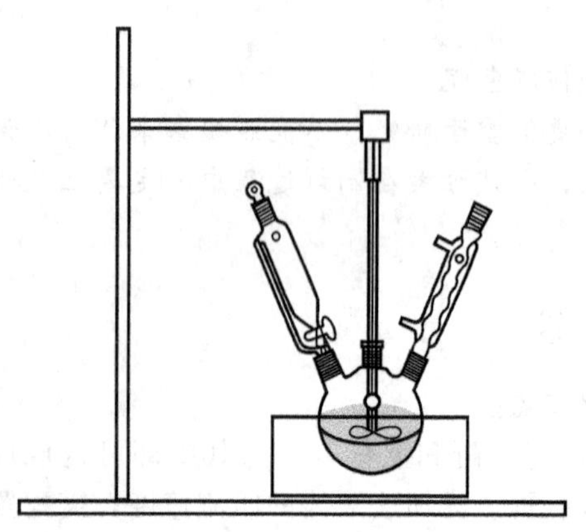

图 2-2 实验装置

本项目实验室反应实验装置可参考图 2-2（温度计未画出）。

此装置主要由铁架台、加热套、三口烧瓶、分水器、球形冷凝管、电动搅拌机、温度计等组成。它们的作用分别如下：铁架台起到固定作用；加热套起到加温和保温的作用；分水器起到将反应生成的水蒸出来的作用；球形冷凝管起到冷凝回流的作用；电动搅拌机起到搅拌的作用；温度计起到测量温度的作用。

除反应装置外，后处理分离过程所涉及的仪器主要是单个（或套）仪器，如分液漏斗、抽滤装置及减压蒸馏装置，其使用和操作参见附录。

本项目小型工业化装置流程图如下。

(1) 酯化工序流程图（图 2-3） 固体原料及催化剂可由加样漏斗加入，辛醇由计量罐加入。反应釜由釜壁蒸汽盘管供热。酯化反应在反应釜内完成，反应产生蒸气及水经酯化塔（精馏塔）分馏后进入顶部冷凝器冷凝，经分水罐分水后，辛醇返回酯化塔作回流液返回反应釜。酯化结束后物料由出料泵输送至精化釜。由于反应温度较高，反应釜接有 N_2 管道提供 N_2 保护。

(2) 精化工序流程图（图 2-4） 精化装置与酯化反应釜类似。酯化反应物料进入后，碱液由计量罐加入；精化时加温由釜壁蒸汽盘管提供；产生的蒸气经精化塔汽提后冷凝器冷凝，冷凝液分水后分别收集。系统真空部分由上部冷凝器接入。精化结束后物料由出料泵输送至脱色釜。

(3) 吸附过滤工序流程图（图 2-5） 精化物料进入脱色釜后，活性炭由漏斗加入。悬浮料液经泵循环，直至脱色完毕后送入粗过滤器过滤、精过滤器过滤，滤液经冷却后送产品罐。

2.3.5 小试合成工艺的评估

参考前面的情境 1 评估的方法。

2.3.6 产物的检测和鉴定

DOP 的检测可依据 GB/T 11406—2001 进行。

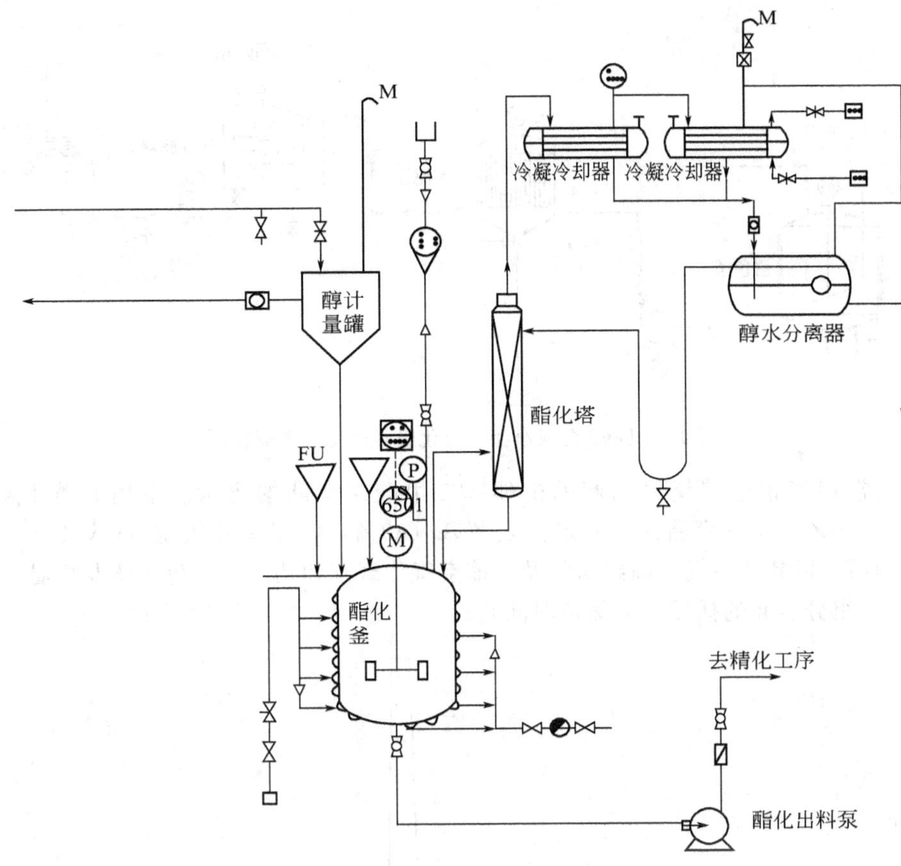

图 2-3　DOP 合成小型工业化酯化反应工序流程图

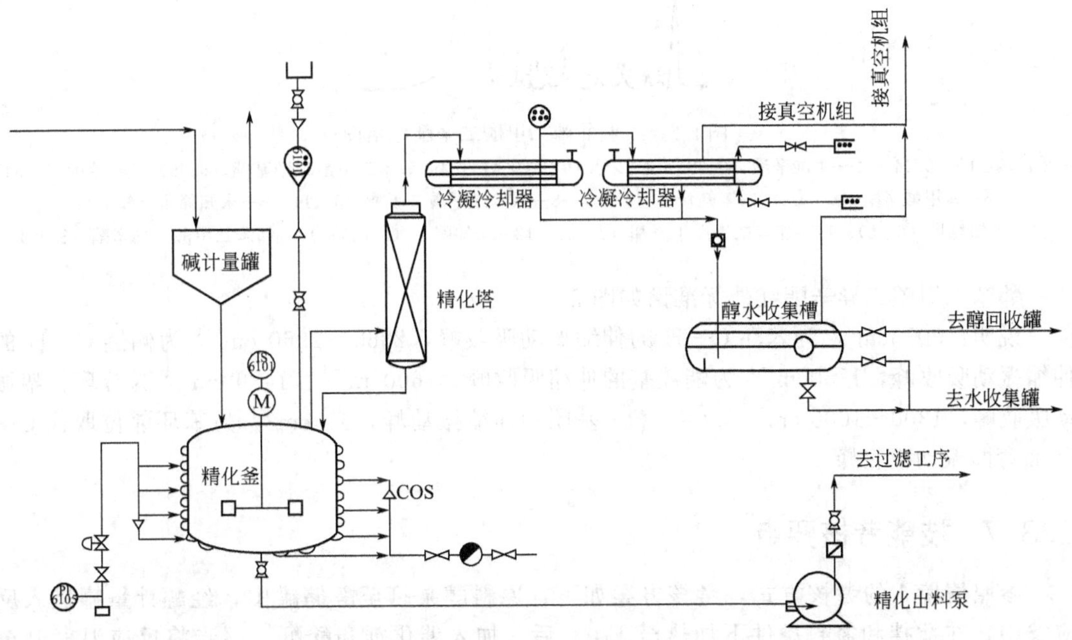

图 2-4　DOP 合成小型工业化精化工序流程图

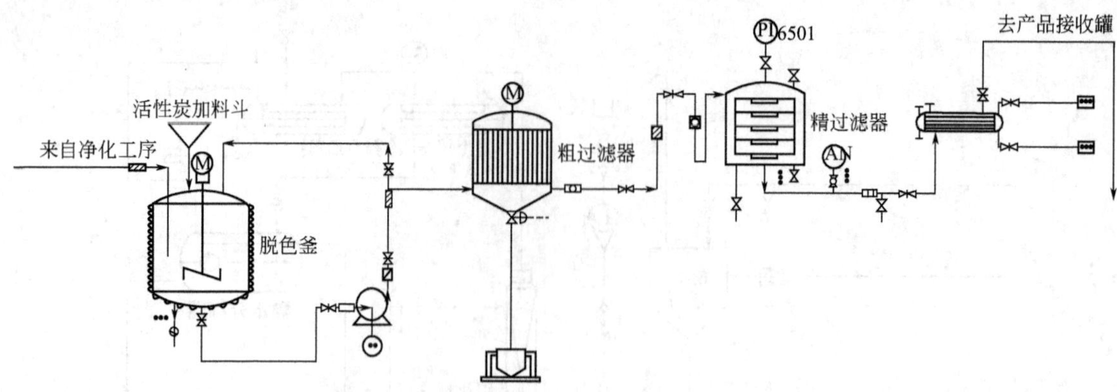

图 2-5 DOP合成小型工业化吸附过滤工序流程图

生产上常用气相色谱仪检测产品中邻苯二甲酸二辛酯的含量。采用石英毛细管柱：0.53mm×15m×0.1μm 商品柱，固定液是苯基（50%）甲基聚硅氧烷（OV-17）。氢火焰离子化检测器。以高纯氮气、高纯氢气及压缩空气作载气和辅助气。色谱图及相对保留时间见图 2-6（各组分后面的括号中为保留时间）。

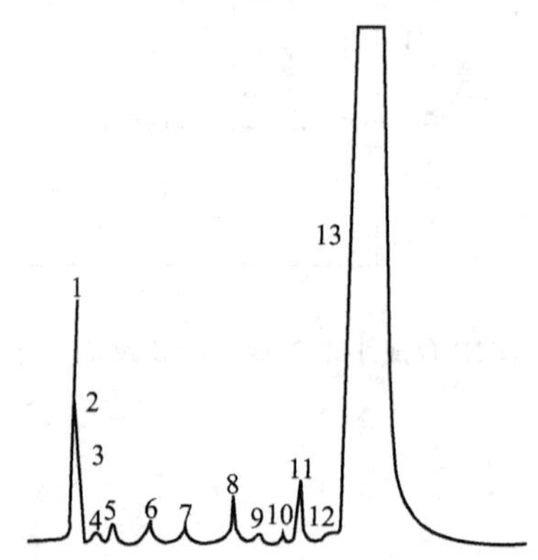

图 2-6 工业邻苯二甲酸二辛酯色谱图

1—2-乙基己醇（0.24）；2—丁酸辛酸（0.38）；3—未知峰Ⅰ（0.47）；4—邻苯二甲酸二辛基酯（0.69）；5—苯酚（1.34）；6—苯甲酸辛酯（2.49）；7—未知峰Ⅱ（4.24）；8—邻苯二甲酸二丁酯（5.11）；9—未知峰Ⅲ（6.02）；10—未知峰Ⅳ（6.75）；11—邻苯二甲酸丁辛酯（7.16）；12—未知峰Ⅴ（8.21）；13—邻苯二甲酸二异辛酯（8.70）

邻苯二甲酸二异辛酯红外标准谱如图 2-7。

说明：3073cm^{-1} 为苯环 C—H 的伸缩振动吸收峰，2860～2960 cm^{-1} 为侧链 C—H 的伸缩振动吸收峰，1750cm^{-1} 为酯羰基的伸缩吸收峰，1600cm^{-1}、1489 cm^{-1} 为芳环骨架振动吸收峰，1300～1000 cm^{-1} 为 C—O—基团的伸缩振动峰，662cm^{-1} 为苯环邻位取代 C—H 面弯曲振动吸收峰。

2.3.7 技能考核要点

参照情境 1 的考核方式，考核方案如下：原料醇泵打至醇储罐中，经醇计量罐进入反应釜中，在搅拌和氮封条件下加热至 110℃后，加入催化剂和酸酐。逐步将反应温度升至 220～230℃，并维持 3～5h 左右，当醇水分离罐中的生成水达到一定量时，取样分析反应混合物的酸值、色值，若产品合格，关闭反应釜的加热蒸汽，用粗酯泵打入精化釜

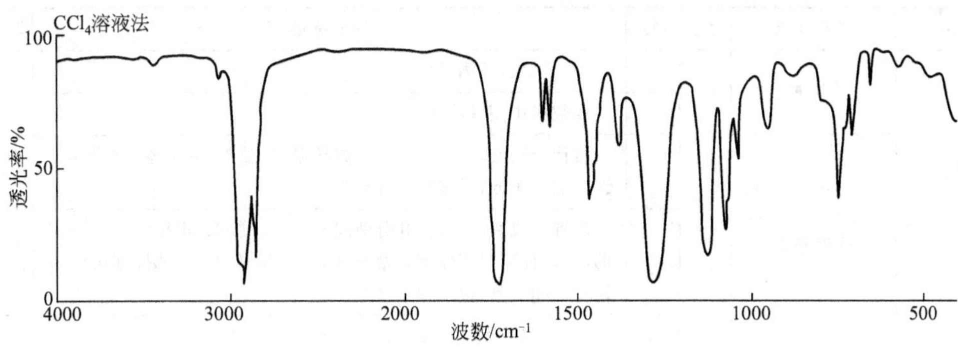

图 2-7 邻苯二甲酸二异辛酯的红外标准谱

（必要时经换热器冷却）。

在负压条件下通直接蒸汽（或 N_2）对粗酯脱醇 1h，进入脱色釜，在搅拌和氮封的情况下向釜中加活性炭进行脱色，脱色后的粗酯与炭的混合物由过滤泵送至粗酯过滤器中，滤出其中的活性炭和机械杂质，滤出的物料澄清时，进入精过滤器，进一步过滤，经冷却器冷却，即合格产品。

本情境技能考核要点见表 2-2。

表 2-2 邻苯二甲酸二辛酯小试合成反应技能考核要点

序号	内容	考核要点	分值	评分	评分标准	评判	得分
1	准备	玻璃仪器的洗涤和干燥	4	1	先用肥皂水洗涤，然后依次用自来水和蒸馏水洗涤，不挂水珠		
				1	洗涤后需要干燥的玻璃仪器在烘箱内干燥		
		反应釜的洗涤		1	合上设备总开关，打开反应釜		
				1	用异辛醇冲洗反应釜一次，无滴漏		
2	合成过程	药品的称量和量取	17	2	称量和量取的方法正确、准确，不洒落		
				1	记录准确、及时，明示裁判		
		投料		1	先加异辛醇，后加苯酐、催化剂		
				1	不洒落、不黏附反应器口		
		反应釜盖的密封		2	对角拧紧螺栓，反应过程中不漏气		
		冷却水的开关		2	投料结束打开冷却水，出料结束关闭冷却水		
		进入操作系统		1	打开计算机，进入操作系统		
		设置转速		1	设置转速，频率为(30±2)Hz		
		设置温度		1	正确设置夹套温度，加热油温严禁超过 260℃		
		反应终点		1	通过设置夹套温度，终止加热		
		出料		1	通冷却水，釜内温度降到 90℃后出料		
				1	取 100g 左右物料于烧杯中用于分离，不漏料		
				1	将分水器中物料放入收集水的量筒中，不洒落		
				1	称量准确、记录及时，明示裁判		

续表

序号	内容	考核要点	分值	评分	评分标准	评判	得分
3	分离精制	中和	24	1	配制碱液，不洒落		
				1	在烧杯中用碱液中和		
		分液操作		3	将待分离液转入分液漏斗，旋转振荡，放气，继续振荡（操作错误一次扣1分，最多扣3分）		
				3	静置分成两层后，打开分液漏斗的上口瓶塞，再缓缓旋开下端的活塞，使下层液体流入烧杯中，上层液体从上口倒出（操作错误一次扣1分，最多扣3分）		
				3	分液过程不漏液（操作错误一次扣1分，最多扣3分）		
		水洗		1	用蒸馏水洗涤		
		盐洗		1	正确配制饱和食盐水		
				1	用饱和食盐水洗涤		
		脱水		1	用无水硫酸钠脱水		
		抽滤操作		2	润湿滤纸（操作错误一次扣1分，最多扣2分）		
				2	打开循环水泵，倒入待滤液（操作错误一次扣1分，最多扣2分）		
				2	停止时先泄压，然后关水环泵（操作错误一次扣1分，最多扣2分）		
				2	操作过程不洒落（操作错误一次扣1分，最多扣2分）		
		脱色		1	用适量活性炭脱色，抽滤		
4	结束工作	拆卸装置	5	2	关冷却水，断开控制台总电源		
		玻璃仪器洗涤		1	用自来水洗涤即可		
		工作场地整洁		2	药品仪器放回原位，操作过程及结束后的工作场地保持整洁		
5	结果	产品外观	50	5	无固体颗粒、液珠		
				5	无色		
		产品纯度		20	分为10档：纯度≥96%（得20分），95%≤纯度＜96%（得18分），94%≤纯度＜95%（得16分），93%≤纯度＜94%（得14分），92%≤纯度＜93%（得12分），91%≤纯度＜92%（得10分），90%≤纯度＜91%（得8分），89%≤纯度＜90%（得6分），88%≤纯度＜89%（得4分），纯度＜88%（得2分）		
		原料消耗		20	分为10档：总消耗定额＜1.40（得20分），1.40≤总消耗定额＜1.45（得18分），1.45≤总消耗定额＜1.50（得16分），1.50≤总消耗定额＜1.55（得14分），1.55≤总消耗定额＜1.60（得12分），1.60≤总消耗定额＜1.65（得10分），1.65≤总消耗定额＜1.70（得8分），1.70≤总消耗定额＜1.75（得6分），1.75≤总消耗定额＜1.80（得4分），总消耗定额≥1.80（得2分）		
6	安全文明操作	1.超时5min，扣3分；超时5～10min，扣5分；超时10～15min扣7分；超时15min后终止比赛					
		2.每损坏一件仪器扣5分					
		3.乱倒（丢）废液、废纸扣5分					
		4.发生安全事故扣20分（损坏反应釜、火灾、触电）					
合计		100					

2.4　知识拓展

2.4.1　逆向合成路线设计基础

在进行逆向合成分析时除进行逆向切断外，还常常进行逆向官能团转变、官能团重排以及逆向连接等基本操作。

(1) 逆向官能团变换　所谓逆向官能团变换就是在不改变目标分子基本骨架的前提下变换官能团的性质或位置。一般包括下面三种变换。

① 逆向官能团互换（antithetical functional group interconvertion，FGI）

例如

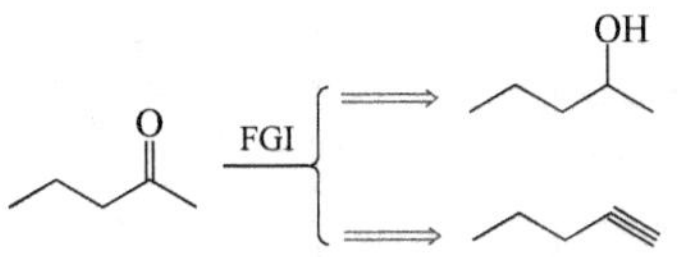

FGI

它仅是官能团种类的变换，而位置没有变化。

② 逆向官能团添加（antithetical functional group addition，简称 FGA）

例如

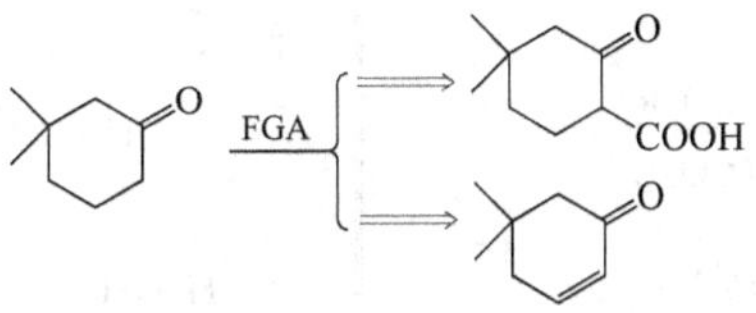

FGA　COOH

③ 逆向官能团除去（antithetical functional group removal，简称 FGR）

例如

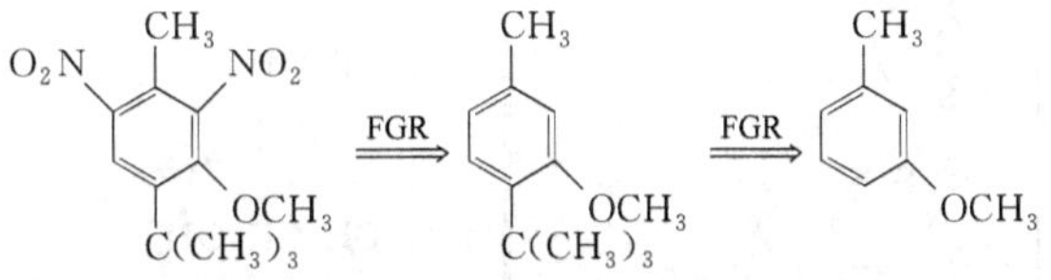

FGR　FGR

在合成设计中应用这些变换的主要目的是：

a. 将目标分子变换成合成上更容易制备的替代的目标分子（altermative target molecule）。

b. 为了作逆向切断、连接或重排等变换，必须将目标分子上原来不适用的官能团变换成所需的形式，或暂时添加某些必需的官能团。

c. 添加某些活化基、保护基或阻断基，以提高化学、区域或立体选择性。

④ 逆向连接（antithetical connection）　将目标分子中两个适当的碳原子用新的化学键连接起来，称逆向连接。它是实际合成中氧化断裂反应的逆过程，例如

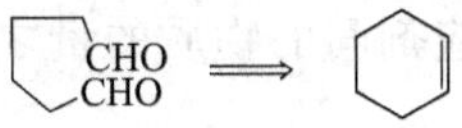

CHO CHO ⟹

⑤ 逆向重排（antithetical rearrangement）把目标分子骨架拆开和重新组装，则称为逆向重排。它是实际合成中重排反应的逆向过程。例如。

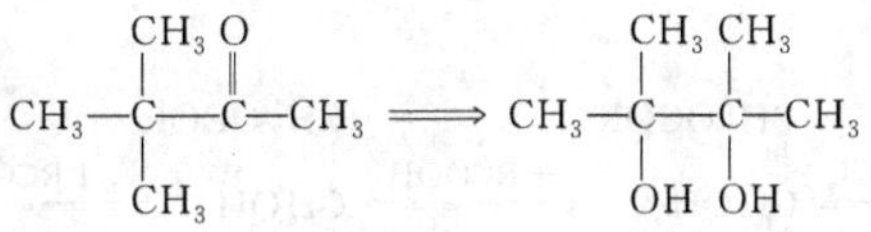

$$CH_3-C(CH_3)_2-C(=O)-CH_3 \Longrightarrow CH_3-C(CH_3)(OH)-C(CH_3)(OH)-CH_3$$

(2) 逆向合成切断中常见的合成子和其等价物　一些常见的合成子和其等价物见表 2-3。

表 2-3 一些常见的合成子及其等价物

合成子	合成子等价物	合成子	合成子等价物
d-合成子（亲核合成子）		a-合成子（亲电合成子）	
1. R^-（烷基）	$RMgX, RLi, R_2Cd$ R_2CuLi	1. R^+	RCl, RBr, RI $ROSO_2R'$
2. Ar^-（芳基）	$RMgX, RLi, R_2Cd$ R_2CuLi	2. Ar^+	$ArBr, ArI, Ar\overset{+}{N_2}X^-$
3. $RC\equiv\overset{-}{C}$	$RC\equiv C^-Na^+$ $RC\equiv CMgX$ $RC\equiv CLi$	3. $RCH=\overset{+}{C}H$ 4. $RC\equiv C^+$	$RCH=CHBr$ $RC\equiv CBr$
4. $R\overset{-}{C}HCHO$	RCH_2CHO $RCH_2CH=NR'$	5. $R\overset{+}{C}=O$	$RCOCl, (RCO)_2O$ RCO_2R', $RCONR'_2$, RCN
5. $R\overset{-}{C}HCOR'$	RCH_2COR'		
6. $R\overset{-}{C}HCO_2H$	$RCH(CO_2R')_2$ RCH_2CO_2R' $RCH(CO_2H)_2$	6. $H\overset{+}{C}=O$	$HCO_2R, NCONR_2$ $CH(OR)_3$
7. $R\overset{-}{C}HCO_2R'$	RCH_2CO_2R' $RCH(CO_2R')_2$	7. $\overset{+}{C}(=O)OH$	CO_2
8. $R\overset{-}{C}HCN$	RCH_2CN	8. $\overset{+}{C}H_2OH$	HCHO
9. $R\overset{-}{C}HCOCH_2COR'$	RCH_2COCH_2COR'	9. $R\overset{+}{C}HOH$	RCHO
10. $\overset{-}{C}HO$	S S	10. $\overset{+}{C}R_2OH$	R_2CO
11. $R\overset{-}{C}O$	R S H S	11. $\overset{+}{C}H_2CH_2OH$	O
		12. $\overset{+}{C}H_2CH_2COR$	$CH_2=CHCOR$
		13. $\overset{+}{C}HCl_2$	$CHCl_3$（通过 Cl_2C：）

2.4.2 关于酯化反应知识的补充

（1）多元酸与醇的酯化 若采用二元酸进行酯化，可得两种酯：即单酯（为酸性酯）和双酯（为中性酯）。其产率取决于反应剂间的物质的量之比。

$$HOOC-R'-COOH \underset{-H_2O}{\overset{+ROH}{\rightleftharpoons}} HOOC-R'-COOR \underset{-H_2O}{\overset{+ROH}{\rightleftharpoons}} ROOC-R'-COOR$$

若采用多元醇，如丙三醇与一元酸反应，可得部分酯化产品及全部酯化产品，组成也与反应物的物质的量之比有关。

$$\begin{matrix}CH_2OH\\|\\CHOH\\|\\CH_2OH\end{matrix} \overset{+RCOOH}{\rightleftharpoons} \begin{matrix}CH_2OCOR\\|\\CHOH\\|\\CH_2OH\end{matrix} \overset{+RCOOH}{\rightleftharpoons} \begin{matrix}CH_2OCOR\\|\\CHOH\\|\\CH_2OCOR\end{matrix} \overset{+RCOOH}{\rightleftharpoons} \begin{matrix}CH_2OCOR\\|\\CHOCOR\\|\\CH_2OCOR\end{matrix}$$

若用多元羧酸与多元醇进行酯化，生成物是高分子聚酯，这类反应除用作塑料及合成纤维的生产外，在涂料及黏合剂合成中也应用很广。

$$n\mathrm{HOOC{-}R'{-}COOH} + n\mathrm{HO{-}R{-}OH} \longrightarrow \mathrm{[\!-OC{-}R'{-}COO{-}R{-}O-\!]_n} + n\mathrm{H_2O}$$

目前，工业上广泛采用苯酐与各类醇反应，以制备各种邻苯二甲酸酯。邻苯二甲酸酯类是塑料工业广泛使用的增塑剂。

（2）酯化反应历程 羧酸与醇酯化时，其分子间的脱水可以有两种方式：一种是酸分子中的羟基与醇分子中的氢结合成水，其余的部分结合成酯，即称为酰氧键断裂；另一种是酸分子中的氢与醇分子中的羟基结合成水，其余部分结合成酯，即称为烷氧键断裂。

伯醇与羧酸的酯化在酸催化下通过酰氧键断裂的方式进行，为双分子反应历程。参见前面的辛醇与苯酐单酯的机理部分。

叔醇与羧酸的酯化反应是按烷氧键断裂方式进行的，为单分子反应历程。其反应历程为：

$$\mathrm{(R')_3COH} + \mathrm{H^+} \rightleftharpoons \mathrm{(R')_3C{-}\overset{+}{O}H_2} \rightleftharpoons \mathrm{R'{-}\overset{R'}{\underset{R'}{C^+}}} + \mathrm{H_2O}$$

$$\mathrm{R{-}\overset{O}{\overset{\|}{C}}{-}OH} + \mathrm{{}^+\overset{R'}{\underset{R'}{C}}{-}R'} \rightleftharpoons \mathrm{R{-}\overset{O}{\overset{\|}{C}}{-}\overset{+}{\underset{H}{O}}{-}C(R')_3} \rightleftharpoons \mathrm{R{-}\overset{O}{\overset{\|}{C}}{-}O{-}C(R')_3} + \mathrm{H^+}$$

单分子反应历程中，酯化反应的速率与羧酸的浓度无关。

用酰氯酯化时可不用酸催化，由于氯原子的吸电子性，明显地增加了中心碳原子的正电荷，对醇来说就很容易发生亲核进攻。也是典型的双分子反应。

$$\mathrm{R{-}\overset{O}{\overset{\|}{C}}{-}Cl} + \mathrm{R'OH} \rightleftharpoons \mathrm{R{-}\overset{O^-}{\underset{R'{-}\overset{+}{O}H}{C}}{-}Cl} \xrightarrow{-\mathrm{HCl}} \mathrm{R{-}\overset{O}{\overset{\|}{C}}{-}OR'}$$

酯醇交换反应中常用酸或碱催化。催化剂不同其反应历程也不同。酸催化的醇解反应历程如下：

$$\mathrm{R{-}\overset{O}{\overset{\|}{C}}{-}OR'} \xrightleftharpoons{+\mathrm{H^+}} \mathrm{R{-}\overset{{}^+OH}{C}{-}OR'} \xrightleftharpoons{+\mathrm{R''OH}} \mathrm{R{-}\overset{OH}{\underset{R''\overset{+}{O}H}{C}}{-}OR'} \rightleftharpoons \mathrm{R{-}\overset{OH}{\underset{OR''}{C}}{-}\overset{+}{O}HR'} \xrightleftharpoons{-\mathrm{R'OH}} \mathrm{R{-}\overset{{}^+OH}{C}{-}OR''} \xrightleftharpoons{-\mathrm{H^+}} \mathrm{R{-}\overset{O}{\overset{\|}{C}}{-}OR''}$$

在酸性催化剂中，最常用的有硫酸及盐酸。当用多元醇进行醇解时，硫酸比盐酸更有效，因为后者会生成氯乙醇等副产物。

碱催化的醇解反应历程如下：

$$\mathrm{R{-}\overset{O}{\overset{\|}{C}}{-}OR'} \xrightleftharpoons{+\mathrm{R''O^-}} \mathrm{R{-}\overset{O^-}{\underset{OR''}{C}}{-}OR'} \xrightleftharpoons{-\mathrm{R'O^-}} \mathrm{R{-}\overset{O}{\overset{\|}{C}}{-}OR''}$$

在碱性催化剂中，烷氧基碱金属化合物，如甲醇钠、乙醇钠是最常用的催化剂。在某些特殊的情况下，也用碱性较弱的催化剂，例如甲酸钠可用于将聚醋酸乙烯酯转化成聚乙烯醇，并可改善产品的色泽。对某些不饱和酯的醇解，可采用烷氧基铝，其他对反应十分敏感的酯类，也有用有机镁作催化剂的例子。有机锌对 α-卤代脂肪酸乙酯与烯丙醇或甲基烯丙醇进行醇解有明显的催化作用，并可避免副反应的发生。有机钛也可作为催化剂。

（3）酯化反应热力学及其影响因素

① 酯化反应的平衡常数 前已述及，对于羧酸与醇的液相直接酯化，其反应是一个可

逆过程：

$$RCOOH+R'OH \rightleftharpoons RCOOR'+H_2O$$

在反应物和产物之间存在着动态平衡。其平衡常数 K_c 为：

$$K_c=\frac{[RCOOR'][H_2O]}{[RCOOH][R'OH]}$$

醇与酸直接酯化时，其 K_c 值一般都较小（参见表 2-4 和表 2-5）。酯的醇解与直接酯化反应类似，但醇与酰氯酯化时，其平衡常数很大，一般可视为不可逆反应。

② 影响酯化平衡常数的因素　反应物结构和反应条件对酯化反应平衡有重要影响。

a. 醇或酚的结构　醇或酚的结构对酯化平衡常数的影响较为显著。表 2-4 乙酸与各种醇的反应转化率及平衡常数，由表中数据可以表明，伯醇的酯化平衡常数最大，反应速率也最快，其中又以甲醇为最；仲醇、烯丙醇以及苯甲醇的平衡常数次之，反应速率也较慢；叔醇和酚的平衡常数最小，反应速率最慢。

表 2-4　乙酸与各种醇的酯化反应转化率、平衡常数（等物质的量之比，155℃）

序号	醇或酚	转化率/%		平衡常数 K_c	序号	醇或酚	转化率/%		平衡常数 K_c
		1h 后	极限				1h 后	极限	
1	CH_3OH	55.59	69.59	5.24	9	$(C_2H_5)_2CHOH$	16.93	58.66	2.01
2	C_2H_5OH	46.95	66.57	3.96	10	$(CH_3)(C_6H_{13})CHOH$	21.19	62.03	2.67
3	C_3H_7OH	46.92	66.85	4.07	11	$(CH_2=CHCH_2)_2CHOH$	10.31	50.12	1.01
4	C_4H_9OH	46.85	67.30	4.4	12	$(CH_3)_3COH$	1.43	6.59	0.0049
5	$CH_2=CHCH_2OH$	35.72	59.41	2.18	13	$(CH_3)_2(C_2H_5)COH$	0.81	2.53	0.00067
6	$C_6H_5CH_2OH$	38.64	60.75	2.39	14	$(CH_3)_2(C_3H_7)COH$	2.15	0.83	
7	$(CH_3)_2CHOH$	26.53	60.52	2.35	15	C_6H_5OH	1.45	8.64	0.0089
8	$(CH_3)(C_2H_5)CHOH$	22.59	59.28	2.12	16	$(CH_3)(C_3H_7)C_6H_3OH$	0.55	9.46	0.0192

酚与羧酸酯化困难的原因是：酚羟基氧原子上的未共享电子与苯环存在共轭效应，亲核能力很弱，且空间位阻较大。叔醇与羧酸直接酯化非常困难、收率很低的原因有：第一，空间阻碍大；第二，叔醇羟基在反应中极易与质子结合，继而脱水生成烯烃，因而得不到酯类产物；第三，叔醇与羧酸的酯化是按烷氧键断裂的单分子历程进行的，由于反应体系中已有水存在，而且水的亲核性强于羧酸，所以水与叔碳正离子反应生成原来的叔醇的倾向大于生成酯的倾向。因此，叔醇或酚的酯化通常要选用活泼的酸酐或酸氯等酰化剂。另外，伯醇中的苄醇、烯丙醇虽不是叔醇，但因为易于脱羟基形成较稳定的碳正离子，所以表现出与叔醇相类似的性质。

在酯的醇解反应中，由于羧酸的结构不发生变化，故 K 将由醇的结构决定，反应活性为：伯醇＞仲醇＞叔醇，因此，伯醇可以取代已结合在酯中的仲烷氧基，仲醇也可取代叔醇。但必须指出，烷基的碳原子数不同，结构不同，则影响也不一样。

b. 羧酸的结构　羧酸的结构对平衡常数的影响不太显著。一般来说，其影响规律与醇有相反倾向，即平衡常数随羧酸分子中碳链的增长或支链度的增加而增加，但酯化反应速率随空间位阻的增加而明显下降。芳香族羧酸一般比脂肪族羧酸酯化困难，主要是空间位阻的影响。如表 2-5 中所示。

表 2-5　异丁醇与各种羧酸的酯化反应转化率、平衡常数（等物质的量之比，155℃）

序号	羧　酸	转化率/%（1h后）	平衡常数 K_c	序号	羧　酸	转化率/%（1h后）	平衡常数 K_c
1	$HCOOH$	61.69	3.22	8	$(CH_3)_2(C_2H_5)CCOOH$	3.45	8.23
2	CH_3COOH	44.36	4.27	9	$(C_2H_5)CH_2COOH$	48.82	7.99
3	C_2H_5COOH	41.18	4.82	10	$(C_6H_5)C_2H_4COOH$	40.26	7.60
4	C_3H_7COOH	33.25	5.20	11	$(C_6H_5)CH=CHCOOH$	11.55	8.63
5	$(CH_3)_2CHCOOH$	29.03	5.20	12	C_6H_5COOH	8.62	7.00
6	$(CH_3)(C_2H_5)CHCOOH$	21.50	7.88	13	p-$(CH_3)C_6H_4COOH$	6.64	10.62
7	$(CH_3)_3CCOOH$	8.28	7.06				

c. 反应温度　羧酸与醇在液相中进行酯化时几乎不吸收或放出热，因此平衡常数与温度基本无关，但在气相中进行的酯化反应，为放热反应，此时平衡常数与温度有一定的关系，如制取乙酸乙酯时，150℃的平衡常数为 30，而在 300℃下降为 9；当用酰氯或酸酐作酰化剂时，也是放热反应，温度对平衡常数同样有影响。

醇与酯的酯交换反应中，在采用碱性催化剂时，醇解反应可在室温或稍高的温度下进行。采用酸性催化剂时，反应温度需提高到 100℃左右。若不用催化剂，则反应必须在≥250℃时才有足够的反应速率。

(4) 其他成酯方法　除了上述方法外，酯化方法还有加成酯化法、羧酸盐法与卤代烷反应成酯、羧酸与重氮甲烷反应形成甲酯等方法。

① 加成酯化法（包括烯酮与醇的加成酯化和烯、炔与羧酸的加成酯化）

a. 烯酮与醇的加成酯化　乙烯酮是由乙酸在高温下热裂解脱水而成。它的反应活性极高，与醇类可以顺利制得乙酸酯。

$$CH_2{=}C{=}O + ROH \longrightarrow CH_2{=}\overset{\overset{\displaystyle OH}{|}}{C}OR \longrightarrow CH_3COOR$$

对于某些活性较差的叔醇或酚类，可用此法制得相应的乙酸酯；含有氢的醛或酮也能与乙烯酮反应生成烯醇酯。如

$$CH_2{=}C{=}O + (CH_3)_3COH \xrightarrow[0℃]{H_2SO_4} (CH_3)_3COOCCH_3$$

工业上还可用二乙烯酮与乙醇加成反应制得乙酰乙酸乙酯。

$$\begin{array}{l} CH_2{=}C{-}O \\ \quad\ | \qquad \backslash \\ \quad CH_2{-}C{=}O \end{array} + C_2H_5OH \xrightarrow{H_2SO_4} CH_3COCH_2COOC_2H_5$$

b. 烯、炔与羧酸加成酯化　烯烃与羧酸的加成反应如下。

$$R^1CH{=}CH_2 + RCOOH \xrightarrow{H_2SO_4} RCOOCH_2CH_2R^1$$

羧酸按马氏规则加成，烯烃反应次序为：

$$(CH_3)_2C{=}CH_2 > CH_3CH{=}CH_2 > CH_2{=}CH_2$$

炔烃也能与羧酸加成生成相应的羧酸烯酯，如乙炔与乙酸加成酯化可得到乙酸乙烯酯。

$$CH{\equiv}CH + CH_3COOH \xrightarrow{Hg^{2+}} CH_3COOCH{=}CH_2$$

② 羧酸盐与卤代烷反应成酯　将羧酸的钠盐与卤代烷反应也可以生成酯，此法常用于苯甲型卤化物的成酯。如

$$C_6H_5\text{—}COO^- Na^+ + ClCH_2\text{—}C_6H_5 \xrightarrow[110℃,\ 1h]{(C_2H_5)_3N} C_6H_5\text{—}COOCH_2\text{—}C_6H_5$$

③ 腈的醇解　在硫酸或氯化氢作用下，腈与醇共热可直接成为酯：

$$RCN + H_2O + R'OH \rightleftharpoons RCOOR' + NH_3$$

腈可直接转化为酯，不必先制成羧酸。工业上常利用此法生产大量甲基丙烯酸甲酯，制备有机玻璃。合成过程分为两步，丙酮与氰化钠反应生成的丙酮氰醇，先在100℃用浓硫酸反应，生成相应的甲基丙烯酰胺硫酸盐，然后再用甲醇在90℃反应成甲基丙烯酸甲酯：

$$(CH_3)_2C(OH)CN + H_2SO_4 \longrightarrow CH_2{=}C(CH_3)\text{—}CONH_2 \cdot H_2SO_4$$

$$CH_2{=}C(CH_3)\text{—}CONH_2 \cdot H_2SO_4 + CH_3OH \longrightarrow CH_2{=}C(CH_3)\text{—}COOCH_3 + NH_4HSO_4$$

④ 酰胺的醇解　酰胺在酸性条件下醇解为酯：

$$CH_2{=}CHCONH_2 \xrightarrow[H^+]{C_2H_5OH} CH_2{=}CHCOOC_2H_5$$

也可用少量的醇钠在碱性条件下催化醇解。

2.4.3　提高酯化反应收率的工艺措施

(1) 产品酯的挥发度很高的情况　这类产品酯的沸点均低于原料醇的沸点，如甲酸的甲酯和乙酯、乙酸甲酯等（见表 2-6），它们与水形成的共沸物的温度也低于醇。因此可直接从反应体系中蒸出，此时酯含量可达到 96%以上。如果进一步把水分除去，酯含量还可提高。

表 2-6　一些沸点较低的酯与醇

酯	沸点/℃	醇	沸点/℃
甲酸甲酯	31.8	甲醇	64.5
甲酸乙酯	54.3	乙醇	78.3
乙酸甲酯	57.1	丙醇	82.5

采用常压催化的酯化技术，在过量甲醇或乙醇的条件下可以达到完全酯化的目的。

(2) 产品酯具有中等挥发度的情况　这类酯，如甲酸的丙酯、丁酯和戊酯，乙酸的乙酯、丙酯、丁酯和戊酯，丙酸、丁酸和戊酸的甲酯和乙酯等，可采用在脂肪酸过量的条件下酯化，并将酯和水一起蒸出的方案。但有时蒸出的可能是醇、酯和水的三元共沸物，这需要视产品的性能来确定。例如，乙酸乙酯可全部蒸出，但混有原料醇及部分水，达到平衡时反应系统中剩余的是水。乙酸丁酯则相反，所有生成的水全部蒸出，但混有少量酯与醇，达到平衡时反应系统中留下酯。

(3) 产品酯挥发度很低的情况　对于这类情况可根据所用原料醇，选用不同的方法以提高酯化反应的平衡转化率。

若用中碳醇（C_4～C_8 醇，如丁醇、戊醇、辛醇等），可采用过量醇与生成水形成共沸物，蒸出分水；若用低碳醇（C_3 以下醇，如甲醇、乙醇或丙醇），则要添加苯或甲苯，以增加水的蒸出量；若用高碳醇（C_8 以上脂肪醇、苄醇、糠醇或β-苯乙醇等），也必须添加辅助溶剂，以蒸出反应生成的水。

上述三种情况，在实际生产中均有一定应用。这里需要涉及共沸混合物的性质（见表2-7和表2-8）。一般来说，醇-酯-水三元共沸混合物的沸点最低，但有时各种不同的组成比之间的沸点差别却很小。而酯-水二元共沸混合物的沸点却又与其三元共沸混合物的沸点非常接近，因此就需要有相当高效的分馏装置。醇-水二元共沸混合物蒸馏，可用于高沸点酯生产中生成水的移除。除甲醇外，C_{20} 以下的醇均可与水形成二元共沸混合物。低分子量的醇与水互溶，需用一些辅助的方法回收醇。分子量较大的醇则与水不互溶，可通过分层后回收醇再进行蒸馏提纯。

表 2-7　脂肪醇-酯体系的共沸温度

醇	酯	酯含量/%	共沸温度/℃	醇	酯	酯含量/%	共沸温度/℃
甲醇	丙酸甲酯	52.5	62.5	丁醇	甲酸丁酯	32.8	117.6
乙醇	乙酸乙酯	69	71.8	丁醇	乙酸丁酯	76.4	105.8
乙醇	丙酸乙酯	25	78.0	异丁醇	甲酸异丁酯	79.4	97.8
丙醇	乙酸丙酯	60	94.2	异丁醇	乙酸异丁酯	45	107.4
丙醇	甲酸丙酯	90.2	80.6	异戊醇	甲酸异戊酯	74.5	123.6
异丙醇	乙酸异丙酯	47.7	80.1	异戊醇	乙酸异戊酯	2.6	129.1

表 2-8　脂肪酸-酯-水三元体系的共沸温度

醇	酯	共沸物组成/%			共沸温度/℃	醇	酯	共沸物组成/%			共沸温度/℃
		醇	酯	水				醇	酯	水	
丙醇	甲酸丙酯	3	84	13	70.8	异丁醇	甲酸异丁酯	6.7	76	17.3	80.2
	乙酸丙酯	19.8	59.2	21	82.2		乙酸异丁酯	23	46.5	30.5	86.8
异丁醇	乙酸异丙酯	18	71	11	75.5	异戊醇	甲酸异戊酯	19.6	32.4	48	89.8
丁醇	甲酸丁酯	9.93	68.7	21.3	83.6		乙酸异戊酯	31.2	24	44.8	93.6
	乙酸丁酯	27.2	35.3	37.5	89.3						

2.4.4　典型酯化反应工业过程装置

不论采用间隙式或连续式操作方式，在设计酯化反应装置时，都要考虑到移去共沸混合物，图2-8列举了四种不同类型的酯化反应装置。

前三种类型装置的酯化器部分是相同的，分离系统不相同，适用于共沸点低、中、高的不同情况。酯化器采用外夹套或内蛇管加热。酯化器内呈沸腾状态，反应物料连续进入反应器，而共沸物则从反应体系中蒸出。第一种装置只带有回流冷凝器，水可直接从冷凝器底部分出，而与水不互溶的物料回流入反应器中。第二种装置带有蒸馏柱，可较好地从反应器中分离出生成的水。第三种装置中，酯化器与分馏塔的底部联结，分馏塔本身带有再沸器，这样就有可能加大回流比及提高分离效率。有时也可把若干套单元反应装置串联起来，满足高转化率的要求。最后一种类型为塔盘式酯化装置。每一层塔盘可看作一个反应单元，催化剂及高沸点原料（一般都是羧酸），由塔顶送入，另一种原料则严格地按物料的挥发度在尽可能高的塔盘层送入。液体及蒸汽按逆向流动。这种装置特别适用于反应速率较低、蒸出物与塔底物料间的挥发度差别不大的体系。

2.4.5　邻苯二甲酸二异辛酯生产工艺流程图

邻苯二甲酸二异辛酯生产工艺流程如图2-9，供制订小试方案时参考。

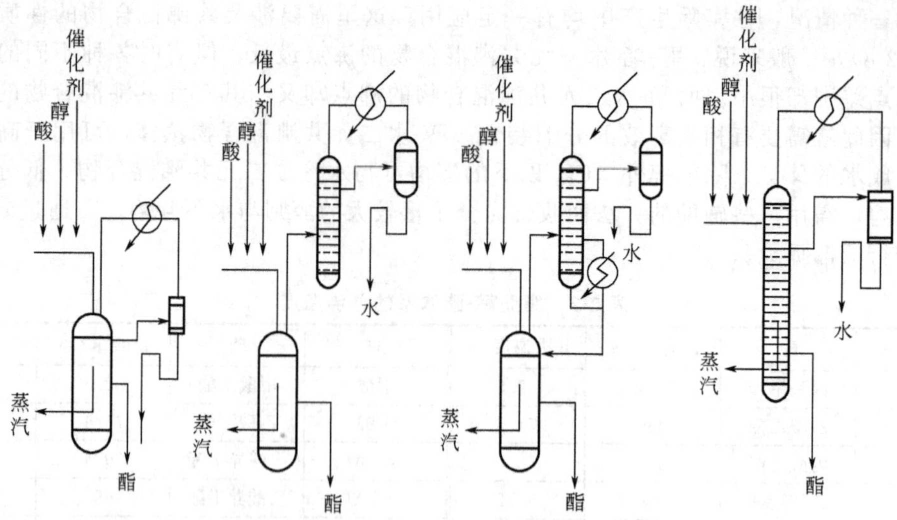

图 2-8　四种不同类型的酯化反应装置图

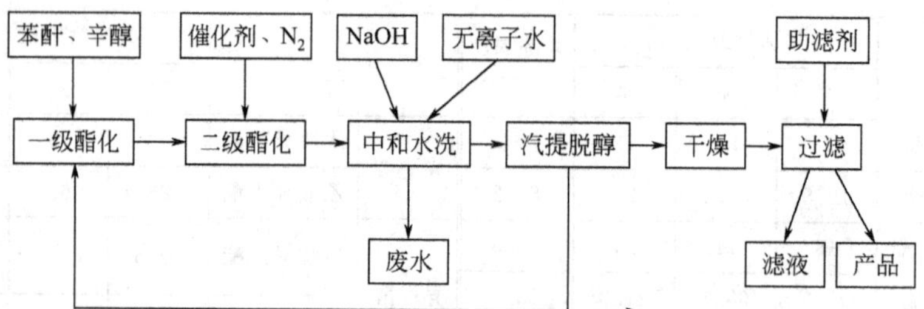

图 2-9　邻苯二甲酸二异辛酯生产工艺流程

练习与思考题

1. 工业上制造羧酸酯的方法有哪些？各有何特点？

2. 酯化反应的催化剂有哪些？请举例说明。

3. 酯化反应的平衡常数主要受哪些因素影响？一般采用哪些方法促进平衡右移，以提高平衡转化率？

4. 比较伯醇、仲醇、叔醇、烯丙醇、苯甲醇及苯酚酯化的难易程度。

5. 增塑剂邻苯二甲酸二丁酯（DBP）如何合成？

6. 查阅资料说明下列化合物的合成路线。

(1) 邻苯二甲酸酐（结构式） $\longrightarrow$ 苯环邻位取代：$C(=O)—OC_4H_9$ 与 $C(=O)—CH_2C_6H_5$

(2) $C_6H_5—CH_3 \longrightarrow C_6H_5—COOC_2H_5$

情境3

农药中间体氯甲基丁烯的合成（氯化反应）

学习目标与要求

知识目标

了解农药中间体氯甲基丁烯的合成路线及合成过程中的安全环保知识；掌握氯化反应过程、分离过程的知识和产品鉴定方法。

能力目标

能进行氯甲基丁烯的资料检索，根据氯甲基丁烯的合成路线及氯化反应的特点制订合成反应的方案，并通过实验合成出符合要求的产品。

情感目标

通过情景引入，激发学生的学习热情与积极性，使学生的主观能动性和创造性得以充分发挥；增强学生化工合成职业素质的养成，培养学生独立思考的习惯和团队合作的精神。

3.1 情境引入

实习生小李、小周和小赵来到氯甲基丁烯生产工段实习，由负责该工段生产的花工程师指导他们。在实习期间，实习生们将要进行氯甲基丁烯制备工艺的学习，参加模拟顶岗实习，在实验室条件下以小试的形式进行实践。

实习生们准时来到花工的办公室，花工交给他们一份拟订好的实习计划，上面列出了小李他们实习期间要完成的工作和注意事项。小李他们打开了实习计划，浏览了上面的主要内容；与情境 1 相仿，只不过苯甲酸换成了氯甲基丁烯。

3.2 任务解析

花工检查了小李等资料检索情况。

小李：“氯甲基丁烯又叫 1-氯代异戊烯（学名 1-氯-3-甲基-2-丁烯）。在常温下为无色液体，不溶于水，溶于乙醇、二氯乙烷等有机溶剂。”

小周：“1-氯代异戊烯（学名 1-氯-3-甲基-2-丁烯）可用作农药、医药及香料中间体。可制备异戊烯醇，继而合成戊烯酸甲酯、二氯菊酸酯等高效低毒农药的重要中间体和橡胶单体系列产品；合成类胡萝卜素等用于香料和香精工业的中间体以及在相模法中可合成3，3-二甲基-4-戊烯酸甲酯等。”

小赵：“资料上说，氯甲基丁烯主要由戊二烯与无水HCl合成。”

花工：“下面我们可以从小试开始了解氯甲基丁烯的开发过程。”

3.2.1 产品开发任务书

氯甲基丁烯的合成任务及要求详见表3-1产品开发任务书。

花工：在企业里，有关产品研发的项目必须经过主管部门批准后方可以进行试验。一般都需要下发正式的文件或任务书。在任务书中必须明确项目的内容、要求及相关标准。可以转接科研院所的项目也可以自行开发。产品的质量如果没有现成的标准可依，完全可以自主开发企业标准。

表3-1 产品开发任务书

编号：××××××

项目名称	内容	技术要求		质量指标
		专业指标	理化指标	
氯甲基丁烯小试合成	以生产原料进行氯代异戊烯小试合成，对合成工艺进行初步评估	中文名称：1-氯-3-甲基-2-丁烯；氯代异戊烯 英文名称：1-chloro-3-methyl-2-butene 分子式：C_5H_9Cl 分子量：104.578 CAS号：503-60-6	外观：无色液体，具有愉快气味 沸点：110℃ 溶解性：不溶于水，溶于乙醇、二氯乙烷等有机溶剂 相对密度：0.9290 稳定性：化学性质不太稳定，高度易燃，刺激眼睛、呼吸系统和皮肤	QB/YN CMB254—2008(企业标准)
项目来源		(1)自主开发	(2)转接	
进度要求		1～2周		
项目负责人			开发人员	
下达任务人		技术部经理	日期：	
		技术总监	日期：	

注：一式三联。一联交技术总监留存，一联交技术部经理，一联交项目负责人。

3.2.2 氯甲基丁烯的合成路线设计

(1) 氯甲基丁烯的分子结构分析

首先根据有机化合物的CAS号查阅氯甲基丁烯的分子结构式。

Cl

目标化合物基本结构是异戊烯的结构，是其末端氯代产物，氯原子在双键的α位碳上。

（2）氯代异戊烯合成路线分析

从目标物结构看，很容易联想到烯烃 α 位的卤代化合物的合成。

$$CH_3CH{=}CH_2 \xrightarrow[500\sim600℃]{Cl_2,\text{气相}} ClCH_2CH{=}CH_2$$

这是一种基于自由基取代的反应。

目标化合物的双键位于分子结构中间，故有 3 个 α 位的碳原子，都能发生 α 位的取代，故以此反应进行合成时将得到 3 个 α 位取代的产物。

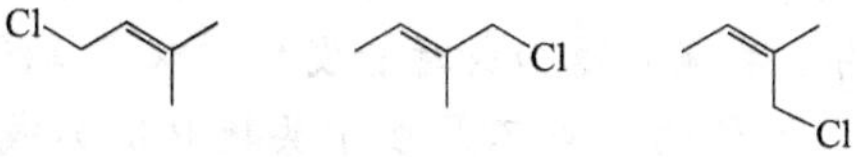

*E*式　*Z*式

这样的合成产率不高，且产物杂，实际上没有太大的意义。于是我们考虑另一种类型的共轭烯烃的加成。例如 1,3-丁二烯与氯化氢的加成反应。

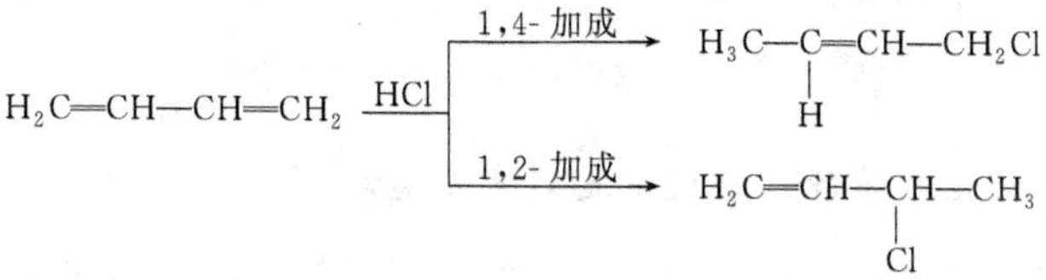

$$H_2C{=}CH{-}CH{=}CH_2 \xrightarrow{HCl} \begin{cases} \xrightarrow{1,4\text{-加成}} H_3C{-}CH{=}CH{-}CH_2Cl \\ \xrightarrow{1,2\text{-加成}} H_2C{=}CH{-}CH(Cl){-}CH_3 \end{cases}$$

发生 1,4-加成时，氯化氢加成在共轭双键的末端 C 原子上，而 2,3 位形成新的双键，而这种位置正好符合目标化合物的特征。于是可以设想目标化合物可以由异戊二烯（2-甲基-1,3-丁二烯）和氯化氢加成得到。

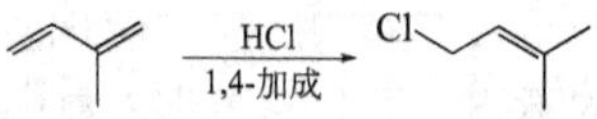

HCl　1,4-加成

这是共轭双键的特殊性，即能发生所谓“双键收缩”，利用这一性质，逆向合成路线设计如下：

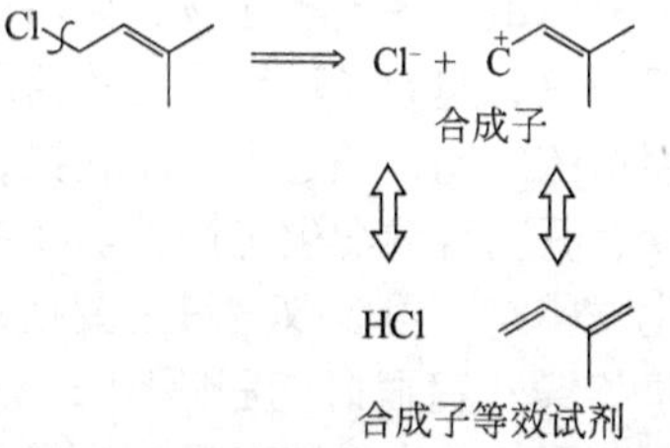

$\Longrightarrow$ Cl^- + $\overset{+}{C}$

合成子

HCl

合成子等效试剂

在此过程中，进行逆向切断时保留了双键而切断了 Cl—C 键，得到了相应的 d-合成子（Cl^-）部分和 a-合成子部分（烯基正碳离子）部分。对应的合成子等效试剂为氯化氢和异戊二烯（双键 α-碳自由基取代的等效试剂不可取），因此很容易地找到合成路线。

小周：“异戊二烯也能发生 1,2-加成，产物不纯！”

花工：“非常好！由于异戊二烯分子结构中甲基的影响，1,2-加成时主要生成 3-氯-3-甲基-1-丁烯，反应如下。

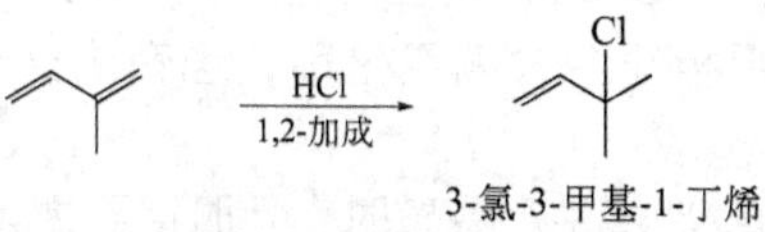

HCl　1,2-加成

3-氯-3-甲基-1-丁烯

3-氯-3-甲基-1-丁烯和目标产物是同分异构体，在低温有水的条件下发生异构化变为产物。

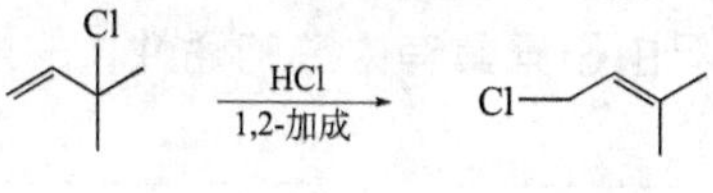

HCl　1,2-加成

因此，总体上看，异戊二烯加成时可得到收率较高的1,4-加成产物。”

小李：“有资料说，逆向合成时应注意分子结构的对称性，那么是否可以考虑切断分子中间的双键?”

花工：“这个问题的实质是烯烃（双键）的合成（能合才能切）。有机化学上，烯烃的合成主要通过消除反应和Witting反应来实现。这些方法基本上都属于由某一官能团消除（或转化）而来。但由于双键α-C上氯原子是易离去基团，本身具有消除的特性，故利用消除反应并不可取。Witting反应是合成双键的最重要的方法，但成本相对较高。因此本项目合成时有意避开了双键的直接合成，而是利用了共轭双键加成时能发生“双键收缩”的性质进行合成。

这里需要强调的是，我们讨论的重点不是在于共轭双键加成的特性，而是在于我们合成的目的，即向异戊烯分子中引入了氯原子，由于氯原子是比较好的易离去基团，使得原本主要反应活性体现在双键上的化合物的末端碳原子具有了非常大的反应活性（形成烯丙基）。生产上即以此为原料合成乙酸异戊烯酯。

$$(CH_3)_2C{=}CHCH_2Cl + CH_3COONa \longrightarrow (CH_3)_2C{=}CHCH_2OCOCH_3$$

这种引入氯原子活化的手段在合成上是非常普遍的。”

知识点拨

1. 关于卤化反应

从广义上讲，向有机物分子中引入卤素的反应称卤化反应。卤化是精细有机合成中最重要的反应之一。根据引入卤原子的不同，可分为氟化、氯化、溴化和碘化。

卤化的目的有两个：①增加产物分子的反应活性。由于卤素原子的电负性都比较大，有机物在连接卤原子后，会由于连接键极性的增强而产生易发生反应的活性部位，从而可以通过对卤素原子的转换，制备含有其他取代基的衍生物，如将卤素原子置换为羟基、氨基、烷氧基，甚至双键等官能团。一般说来，溴原子较其他原子容易被置换，常被用于官能团的转换过程。②有些有机物经卤化所得的产品，通过进一步转换，就是重要的反应中间体，可以直接用来合成农药、染料、香料、医药等精细化工产品。③由于卤素原子自身的特性，将一个或多个卤原子引入某些精细化学品中，可以改进其主要性能，例如：引入氯的聚氯乙烯其强度比聚乙烯高；含有三氟甲基的染料有很好的日晒牢度；铜酞菁分子中引入不同氯原子、溴原子，可制备不同黄光绿色调的颜料；向某些有机化合物分子中引入多个卤原子，可以增进有机物的阻燃性。

常见的卤化反应有烷烃的卤化，芳烃的芳环卤化和侧链卤化，醇羟基和羧酸羟基被卤素取代，醛、酮等羰基化合物的活泼氢被卤素取代，卤代烃中的卤素交换等。

卤化反应是借卤化剂的作用来完成的，最广泛使用的卤化剂是卤素（氯、溴、碘）、盐酸和氧化剂（空气中的氧、次氯酸钠、氯酸钠等）、金属和非金属的卤化物（如三氯化铁、五氯化磷等）。二氯硫酰（SO_2Cl_2）是在芳香族化合物中引入氯的高活性反应剂，二氯硫酰、二氯化硫、三氯化铝相混合为高氯化剂，也有用光气、卤胺（如RNHCl）、卤酰胺等。

在氯碱工业中，电解饱和食盐水生产烧碱时，同时得到大量的氯，这为有机氯化物的生产提供了充足的氯化剂，所以，氯化最为经济，已被用于大规模工业化生产。溴化剂的来源比碘和氟多，在应用上仅次于氯，含碘的化合物可用于医药、农药及染料的生产，氟的自然资源较为丰富，且容易获得，但由于氟具有太高的活性，一般要用间接的方法来获得氟衍生物。

知识点拨

2. 烯烃的亲电加成

两个或多个分子互相作用，生成一个加成产物的反应称为加成反应。例如乙烯与氯气的加成反应。

$$CH_2{=}CH_2 \longrightarrow ClCH_2CH_2Cl$$

加成反应可以是离子型的（亲电和亲核），自由基型的和协同型的（环加成）。能发生加成反应的官能团有：碳碳双键、碳碳三键、碳氧双键、碳氮三键、苯环等。

通过化学键异裂产生的带正电的原子或基团进攻不饱和键而引起的加成反应称为亲电加成反应。例如乙烯和氯化氢的加成反应。

$$CH_2{=}CH_2 + HCl \longrightarrow CH_3{-}CH_2Cl$$

加成反应进行后，双键打开，原来双键两端的原子各连接上一个新的基团。加成反应还可分为顺式加成和反式加成。顺式加成是指加成的两部分从烯烃的同侧加上去；反式加成是指加成的两部分从烯烃的异侧加上去。

共轭烯烃与氢卤酸加成时，为了提高反应区域的选择性，通常用铜（Ⅰ）盐催化剂或一些路易斯酸催化剂等。

本情境主要讨论异戊二烯与氯化氢的亲电加成。

3.2.3　单元反应过程分析

花工：在确定反应路线，选择相应的原料和试剂后，要完成反应还必须制订详细的反应方案。这在工艺上就是明确相应的工艺控制点，显然这对于生产是非常关键的。而反应方案的制订就必须从反应机理和反应影响因素等方面入手才能把握其要点。

(1) 异戊二烯与氯化氢加成反应机理　异戊二烯与无水 HCl 或浓盐酸反应生成 1-氯-3-甲基-2-丁烯（简称 1,3,2-CMB）和 3-氯-3-甲基-1-丁烯（简称 3,3,1-CMB）的混合物，反应通常需要 CuCl 做催化剂。反应式如下。

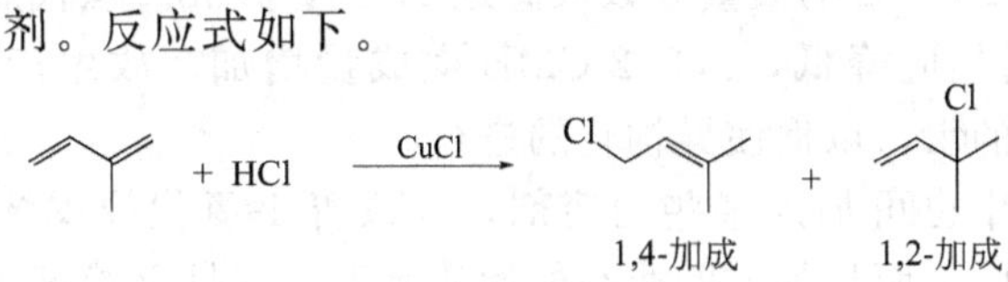

+ HCl —CuCl→ Cl（1,4-加成）+ Cl（1,2-加成）

机理可能如下：

$$CuCl + HCl \rightleftharpoons H^+ \ [CuCl_2]^-$$

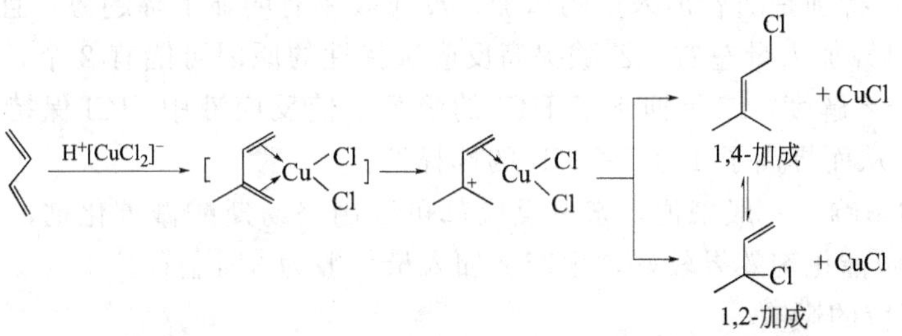

$H^+[CuCl_2]^-$ → [Cu Cl Cl] → Cu Cl Cl → Cl + CuCl（1,4-加成）⇌ Cl + CuCl（1,2-加成）

CuCl 首先与氯化氢结合形成配合物，然后与异戊二烯结合成复合物，形成活性较高的中间体，质子加成到共轭双键体系上，共轭体系解体，形成烯丙基碳正离子中间体，再结合上配合物上氯原子后，最终形成产物，即发生 1,4-加成和 1,2-加成。

由于1,4-加成产物有8个σ（C—H）键与双键发生σ-π超共轭效应，而1,2-加成产物不存在这种共轭效应，故1,4-加成的产物的能量比1,2-加成产物为低。在氯化亚铜催化下，1,2-加成产物将异构化为1,4-加成产物。可能的历程如下。

Cl ⇌(CuCl) $[\ \ ]^{+}[Cl—CuCl]^{-}$ ⇌ $^{+}$ $[Cl—CuCl]^{-}$ ⇌ Cl + CuCl

异构化反应是平衡反应，反应放热。

如果体系中HCl量过量，在较高温度下，氯代异戊烯易与氯化氢进一步加成生成1,3-二氯-3-甲基丁烷（两分子加成）。

Cl 或 Cl + HCl ⟶ Cl Cl

(2) 异戊二烯与氯化氢加成反应影响因素

① 异戊二烯的反应性质　异戊二烯为无色刺激性液体。熔点－120℃，沸点34℃。密度0.68g/cm^3，不溶于水，溶于苯，易溶于乙醇和乙醚。

异戊二烯分子中含有共轭双键，其稳定性较碳原子相同的非共轭双烯强，但由于其亲电加成时能生成稳定性更好的烯丙型碳正离子，故反应要比非共轭双烯要容易得多。另外，甲基是供电子基团，使得双键的电子云密度增大，对相连的双键影响较大，对相隔的双键影响较小，因而更容易发生亲电加成，也容易发生聚合反应，可在空气或氧气中燃烧，可与溴水、氯气等发生1,2-加成或1,4-加成反应。

② 氯化氢的反应性质　氯化氢是无色而有刺激性气味的气体，吸湿。密度1.477g/L（25℃），熔点－114.2℃，沸点－85℃。氯化氢极易溶于水，在0℃时，1体积的水大约能溶解500体积的氯化氢。其水溶液俗称盐酸，学名氢氯酸。易溶于乙醇和醚，也能溶于其他多种有机物。干燥氯化氢的化学性质很不活泼。

③ 反应介质的影响　由于异戊二烯不溶于水，生产上通常是在烯烃中通入干燥氯化氢，较少使用浓盐酸。将干燥氯化氢直接通入到异戊二烯中进行加成反应，反应迅速，但主要产物为3,3,1-CMB，1,3,2-CMB的质量分数最高达37％，并无二氯代烃生成。如果加入盐酸后，3,3,1-CMB生成量相应降低，1,3,2-CMB生成量增加。故生产上常在氯化反应完成后，向体系中加入少量的水，以促使异构化的进行。

在氯化氢加成过程中也可加入某些助溶剂，以改善1-氯代异戊烯的选择性，且控制两分子加成物在较低范围内。而从加入助溶剂的性质来看，极性助溶剂的效果明显优于非极性溶剂，其中尤以乙酸的效果最佳。助溶剂加入量对反应选择性影响不是太大，但对反应收率还是有一定影响，特别是随着加入量的增加，反应收率有明显下降趋势，且反应成本也有所增加，一般控制1%加入量左右。乙酸提高反应选择性的原因可能有2个，一是在一定范围内提高了CuCl的溶解度，二是抑制了HCl的溶解，使反应液中HCl保持较低浓度（即起到稀释的作用），从而提高了1,3,2-CMB的选择性。

④ 催化剂的影响　一般来说，亲电反应都可以用路易斯酸做催化剂，如$AlCl_3$、$FeCl_3$等。以氯化亚铜做催化剂效果较好，生产上加入量一般为3%左右。

⑤ 温度对反应的影响

a.氯化氢加成温度对反应的影响　提高氯化氢加成温度，反应选择性进一步提高；但达到一定温度后，随着反应温度继续提高，反应选择性基本不发生变化，同时反应收率有下降趋势，分析应该是原料在高温下挥发所致，故适宜的加成温度应控制在0～10℃，得到比较高的选择性和产率。

b. 温度对 3-氯代异戊烯异构为 1-氯代异戊烯的影响　由于异构化反应放热，低温对平衡的移动有利。但温度太低将影响达到平衡的时间，因此，生产上一般在 10～25℃进行异构化。

⑥ 物料的比例对反应的影响　理论上，异戊二烯与氯化氢按照 1∶1 进行加成反应。因过量的氯化氢会造成产物的二氯化，故异戊二烯的量应略过量。有资料表明，在用盐酸的氯化中，当 n（酸）∶n（异戊二烯）＝1∶（1.05～1.15）时，1,3,2-CMB 生成量较大。

⑦ 传质的影响　气液反应，传质对反应有较大的影响。一般来说，通入氯化氢时应尽量增加气液两相的接触面积。

氯化氢通入速度加大，尽管可以增加气液两相接触面积，加快反应速率，但如果反应速率过大，反应的热效应将增大，二氯产物也显著增加，相应消耗的冷却水量也较大。故通入氯化氢速度应适当降低，以控制产物中二氯产物的含量平稳。

⑧ 氯化反应深度的影响　氯化时常用氯化深度来控制氯化反应进行的程度。工业上常以烷烃的氯的质量分数表示氯化深度。

$$\text{氯的质量分数}=\frac{\text{氯代烷烃中结合的氯的质量}}{\text{氯代烷烃的质量}}\times 100\%$$

有时为了方便起见，氯化深度也可以用氯化物实际增重来表示。氯代异戊烯进一步氯化会生成二氯代异戊烷，因此，控制异戊二烯的反应深度对降低二氯代异戊烷的生成量很重要。异戊二烯反应得越完全，生成的二氯代异戊烷就越多。当控制异戊二烯余量在 3%以上时，可抑制二氯代异戊烷的生成量在 1%以下；当异戊二烯剩余量大于 5%时，则几乎不生成二氯代异戊烷。这可能是由于异戊二烯含量超过 5%时，体系中的氯化氢只与异戊二烯反应，而异戊二烯含量低于 5%时，氯代异戊烯、异戊二烯与氯化氢的反应呈竞争关系，氯化氢更易与高浓度的氯代异戊烯反应生成二氯代异戊烷，尤其是异戊二烯含量低于 3%时，与氯化氢发生副反应的氯代异戊烯更多，因此，控制异戊二烯剩余量在 3%～5%对制备 1-氯代异戊烯较有利。

必须注意的是，由于部分氯化氢气体可溶解在反应液中，停通氯化氢气体后溶解在反应液中的氯化氢会继续与氯代异戊烯反应，影响氯代异戊烯的收率。随着停通氯化氢后开始 N_2 吹扫时间间隔的延长，二氯代异戊烷的生成量显著增多。在反应停止后，若不及时将体系中残留的氯化氢吹出，会使氯代异戊烯混合物发生深度氯化，生成饱和的二氯代异戊烷，降低目标产物的含量。因此，在反应结束后，应立即通入一定流量的 N_2 进行吹扫，阻止氯代异戊烯深度氯化的发生。

⑨ 副反应的影响　当反应温度较高时或反应速率过快时，会有少量异戊二烯发生聚合反应，并有二氯化产物形成。

3.2.4　单元反应后处理策略分析

氯化反应完成后，要将反应物中目标产物分离出来，才能完成合成的任务。由于反应物体系的构成千差万别，要进行分离时采用的策略是不尽相同的。

（1）体系的组成及其状态　氯化反应结束后，体系的主要组成为：1-氯-3-甲基-2-丁烯、3-氯-3 甲基-1-丁烯，未反应的异戊二烯、氯化氢、少量的二氯产物（3-甲基-1,3-二氯丁烷）以及 CuCl 等，除催化剂外，其他组分为均相溶液状态。

（2）产物的分离策略　反应物分离时通常要考虑优先分离出催化剂（包括介质中的酸或

碱），如果不能分离，则通常要考虑将其猝灭。这里因为 CuCl 不溶于反应物，故可以首先过滤除去。对于溶解在溶液中的 HCl，因可以发生继续加成反应，故应首先除去。一般用鼓泡的方式将它带出体系。

其他各组分，除溶解在溶液中的 HCl 常温下为气体外，其他组分常温下均为液体，故总体上可通过减压蒸馏的方法分别分离出来。

(3) 关于产物的精制 因反应收率较高，经减压蒸馏后产物已达到较高的纯度。

花工讲解完，要小李等考虑如何制订氯甲基丁烯的小试合成方案，在车间小试实验室实习时讨论。

3.3 工作过程指导

3.3.1 制订小试合成方案要领

小李等一行来到了主要的实习岗位——车间小试实验室。完成岗位安全教育后，花工跟小李他们一起讨论氯甲基丁烯的合成方案。

花工拿出了一份当初小试组试制氯代异戊烯的文献方案。

在 50mL 三口反应瓶中放入磁子，插上温度计和冷凝管，反应瓶置于磁力搅拌的水浴装置中，称取适量氯化亚铜和助剂，转入反应瓶，用注射器转移 5mL 异戊二烯转入反应瓶，密封。反应液温度为 10℃时开始通干燥的 HCl，用气相色谱跟踪反应，控制异戊二烯在反应液中含量以确定反应终点，达到反应终点后停止通 HCl 并用惰性气体置换，撤去水浴，加入少量蒸馏水进行异构化反应，在室温下继续搅拌一段时间，反应结束后经过滤去除氯化亚铜催化剂即得到成品。

花工："请大家讨论一下，以此文献方案为参考，如何制订小试合成方案？"

小李："文献方案相对详尽，但有些细节尚不清楚。其一，氯化反应时反应釜内压力是否常压？其二，过程中反应温度控制不详。"

小赵："助剂没有说明。"

小周："资料上说气液反应一般可以将气体物料加压以提高浓度，这里可以加压吗？"

花工："大家看得很仔细。氯化反应时反应釜压力为常压即可，不可以加压，这是因为加压时氯化氢的浓度将显著提高，会造成二氯产物显著提高。这里提几点建议，以便对大家制订小试方案时参考。"

3.3.2 单元反应体系构建和后处理纯化建议

3.3.2.1 氯化反应体系的构建和监控

(1) 反应体系构建要点

① 生产中一般不用助剂，催化剂直接加入到异戊二烯中，直接将氯化氢气体通入异戊二烯中即可，为让氯化氢与反应液更好接触，通气时可用分布管进行分散。

② 如果反应物料较多，通气引起的分散效果不佳时还需用搅拌器搅拌提升氯化氢分散效果。

③ 虽异戊二烯能溶解氯化氢，但气体易逸出，故反应装置还需要配置尾气吸收装置。

(2) 反应控制策略 为防止二氯化产物形成，故反应时应控制好氯化氢的通气速度，为防止异戊二烯聚合，反应要控制在较低的温度。

(3) 反应终点的控制 反应过程中应用气相色谱跟踪反应，及时测定异戊二烯的残留量，控制在残留 3%左右即到反应终点。

3.3.2.2 氯化反应后处理分离方法

反应达终点后，立即通入 N_2 将残余氯化氢带出，然后过滤出催化剂，常压蒸出未反应的异戊二烯及副反应生成的低沸物，然后减压蒸馏收集 79℃/40kPa 馏分即为产品。减压蒸馏装置及操作参见附录。

3.3.2.3 产物的纯化

经减压蒸馏后产品已经足够纯。

3.3.3 绘制试验流程图

小试试验流程如图 3-1。

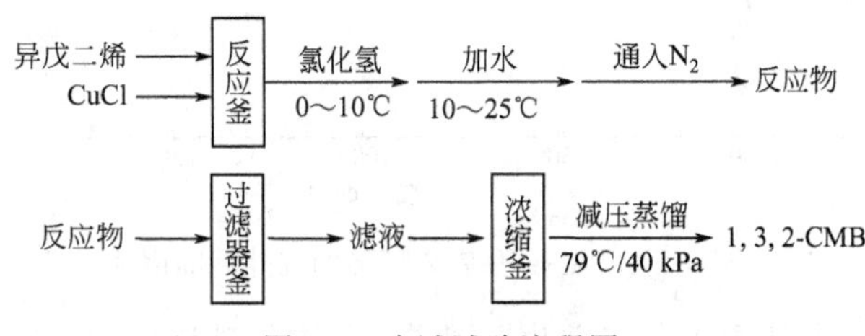

图 3-1 小试试验流程图

3.3.4 小试试验装置

小试试验需要在压力下进行，则必须配套专门的耐压装置。本项目需要用低压反应釜，反应装置可参考如图 3-2。

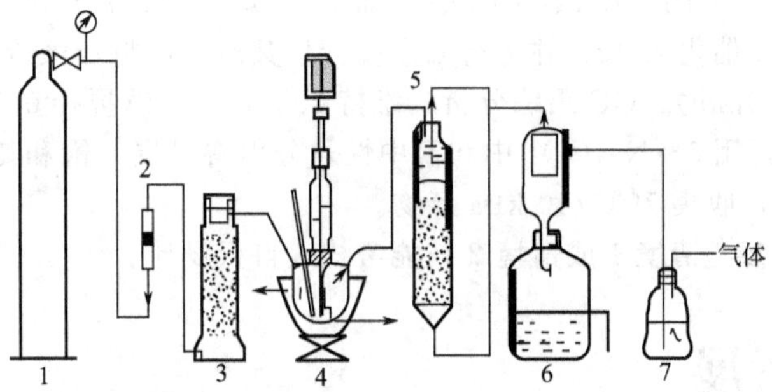

图 3-2 氯甲基丁烯的合成装置流程

1—氯化氢钢瓶；2—流量计；3—干燥塔；4—反应釜；5—磁环冷却塔；6—气液分离器；7—吸收塔

通过氯化氢钢瓶产生氯化氢气体，经过流量计严格控制流量后经干燥器输入反应器。反应器配有进料管、出料管、排气管、夹套、温度计插管及搅拌器等。反应尾气由排气管引出，通过冷却塔、气液分离器、吸收塔吸收后达标排放。反应器夹套中通入热媒进行加温操作，通入冷媒进行冷却操作。反应完毕后，料液由出料管排出。

3.3.5 小试合成工艺的评估

参考情境 1 评估的方法。

3.3.6 产物的检测和鉴定

1-氯-3-甲基-2-丁烯的检测可依据 QB/YN CMB254—2008 进行。

物性检测数据：常温折射率（n_{25}）1.4470，沸点 110℃。

企业可根据标准品的气相色谱进行定量检测。1-氯-3-甲基-2-丁烯红外标准谱如图 3-3（来源：中科院上海有机化学研究所）。

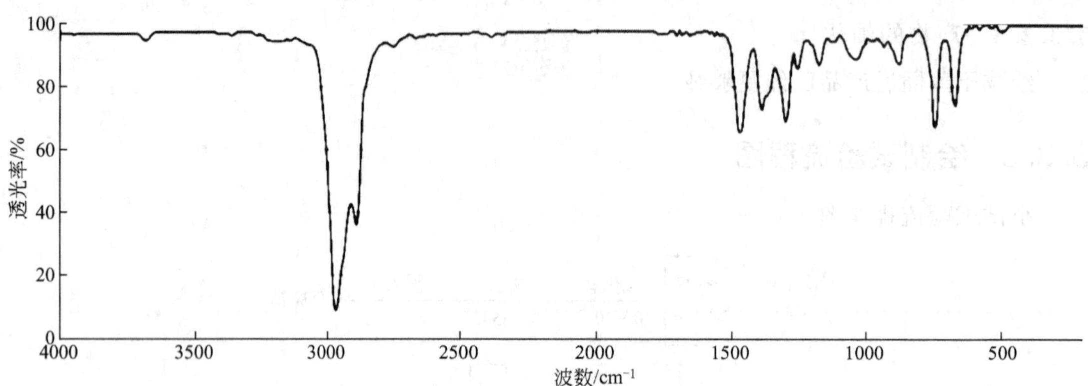

图 3-3 1-氯-3-甲基-2-丁烯的红外标准谱

更精确的鉴定还需进行质谱、核磁共振图谱（氢谱和碳谱）的鉴定，特别是在新物质的制备与解析过程中，有兴趣的同学可以参考相关的专业资料。

3.3.7 技能考核要点

参照情境 1 的考核方式，按下列方案技能考核：

在装有测温、搅拌的 1L 四口瓶中，加入含量为 36%～38% 的浓盐酸 150mL（1.8mol），加入 CuCl 催化剂 9g，并进行激烈搅拌使其溶解，将母液冷却到 3℃以下，滴加入异戊二烯 130g（1.9mol），GC 跟踪分析，维持 20℃，再继续搅拌 0.5h，当异戊二烯质量分数达到 4.2%左右，用 5%Na_2CO_3 中和至中性，分出有机层，饱和氯化钠溶液洗涤 1～2 次，干燥，减压蒸馏，收集 79℃/40 kPa 产物。

技能考核要点可参考情境 1 或情境 2 技能考核表自行设计。

3.4 知识拓展

3.4.1 各类卤化反应

卤化反应的形式多样，不同卤化剂的性质也各有差异，从反应类型来区别，卤化反应主要包括三种类型，即：卤素与不饱和烃的加成反应；卤原子与有机物分子中氢原子之间的取代反应和卤原子与有机物分子中氢以外的其它原子或基团的置换反应。

用于取代和加成卤化的卤化剂有：卤素（Cl_2、Br_2、I_2）、氢卤酸和氧化剂（HCl＋NaClO、HCl＋$NaClO_3$、HBr＋NaBrO、HBr＋$NaBrO_3$）及其它卤化剂（SO_2Cl_2、$SOCl_2$、HOCl、$COCl_2$、SCl_2、ICl_2）等；用于置换卤化的卤化剂有 HF、KF、NaF、SbF_3、HCl、PCl_3、HBr 等。

3.4.1.1　加成卤化

加成卤化的是卤素、卤化氢及其他卤化物与不饱和烃进行加成反应。含有双键、三键和某些芳烃等有机物常采用卤素加成的方法进行卤化。

(1) 卤素与不饱和烃加成　在加成卤化反应中，由于氟的活泼性太高，反应剧烈且易发生副反应，无实用意义。碘与烯烃的加成是一个可逆反应，生成的二碘化物不仅收率低，而且性质也不稳定，故很少应用。因此，在卤素与烯烃的加成反应中，只有氯与溴的加成应用比较普遍。卤素与烯烃的加成，按反应历程的不同可分为亲电加成和自由基加成两类。

① 卤素的亲电加成卤化

a. 反应历程　卤素对双键的加成反应，一般经过两步，首先卤素向双键作亲电进攻，形成过渡态 π-配合物，然后在催化剂（$FeCl_3$）作用下，生成卤代烃。

b. 主要影响因素

ⅰ. 烯烃的结构　当烯烃上带有给电子取代基（—OH、—OR、—$NHCOCH_3$、—C_6H_5、—R 等）时，其反应性能提高，有利于反应的进行；而当烯烃上带有吸电子取代基（如—NO_2、—COOH、—CN、—COOR、—SO_3H、—X 等）时则其作用相反。烯烃卤素加成反应活泼次序如下：

$$R_2C{=}CH_2 > RCH{=}CH_2 > CH_2{=}CH_2 > CH_2{=}CHCl$$

ⅱ. 溶剂　卤素与烯烃的亲电加成反应一般采用 CCl_4、$CHCl_3$、CS_2、CH_3COOH 和 $CH_3COOC_2H_5$ 等作溶剂。而醇和水不宜用作溶剂，因为它们同时可作为亲核试剂，同过渡态 π-配合物发生亲核作用，可能会有卤代醇或卤代醚副产物形成。例如：

$$ArCH{=}CHAr \xrightarrow{Br_2/CH_3OH} \underset{Br\quad\ \ Br}{ArCH{-}CHAr} + \underset{Br\quad\ \ OCH_3}{ArCH{-}CHAr}$$

ⅲ. 反应温度　卤素加成反应温度不宜太高，否则易导致消除（脱卤化氢）和取代副产物。

② 卤素的自由基加成卤化　卤素在光、热或引发剂（如与有机过氧化物、偶氮二异丁腈等）存在下，可与不饱和烃发生加成反应，其反应历程按自由基机理进行。

链引发：$Cl_2 \longrightarrow 2Cl\cdot$

链传递：$CH_2{=}CH_2 + Cl\cdot \longrightarrow CH_2ClCH_2\cdot$

$CH_2ClCH_2\cdot + Cl{-}Cl \longrightarrow CH_2ClCH_2Cl + Cl\cdot$

链终止：$Cl\cdot + Cl\cdot \longrightarrow Cl_2$

$2CH_2Cl{-}CH_2\cdot \longrightarrow CH_2Cl{-}CH_2{-}CH_2{-}CH_2Cl$

$CH_2Cl{-}CH_2\cdot + Cl\cdot \longrightarrow CH_2Cl{-}CH_2Cl$

光卤化加成的反应特别适用于双键上具有吸电子基的烯烃。例如三氯乙烯中有三个氯原子，进一步加成氯化很困难；但在光催化下可氯化制取五氯乙烷。五氯乙烷经消除一分子的氯化氢后，可制备驱钩虫药物四氯乙烯。

$$ClCH{=}CCl_2 \xrightarrow[60\sim70℃]{Cl_2,\ h\nu} Cl_2CHCCl_3 \xrightarrow{-HCl} Cl_2C{=}CCl_2$$

卤素和炔烃的加成反应与烯烃相同，但比烯烃反应难。

(2) 卤化氢与不饱和烃的加成　卤化氢与不饱和烃发生加成作用，可得到饱和卤代烃。其反应历程可分为离子型亲电加成和自由基加成两类。

① 卤化氢的亲电加成卤化

a. 反应历程　卤化氢与双键的亲电加成也是分两步进行的：首先是质子对分子进行亲电进攻，形成一个碳正离子中间体，然后卤负离子与之结合，形成加成产物。

$$\gt C{=}C\lt + H^+ \rightleftharpoons \gt \underset{H}{\underset{|}{C}}{-}\overset{+}{C}\lt \xrightarrow{X^-} \gt \underset{X}{\underset{|}{C}}{-}CH\lt$$

反应中加入 $AlCl_3$ 或 $FeCl_3$ 等催化剂，可加快反应速率。卤化氢与烯烃加成反应的活泼性次序是：

$$HI > HBr > HCl$$

b. 定位规律　由于是亲电加成反应，因此，当烯烃上带有给电子取代基时，有利于反应的进行，且卤原子的定位符合马尔科夫尼柯夫规则，即氢原子加在含氢较多的碳原子上。

$$(CH_3)_2C{=}CH_2 \xrightarrow{HCl} (CH_3)_3CCl$$

$$\text{1-甲基环戊烯} \xrightarrow[CH_3NO_2]{HCl,\ 25℃} \text{1-氯-1-甲基环戊烷}$$

当烯烃上带有强力吸电子取代基，如—COOH、—CN、$—CF_3$、$—N(CH_3)_2$ 时，烯烃的π电子云向取代基方向转移，双键上电子云密度下降，反应速率减慢，同时不对称烯烃与卤化氢加成与马尔科夫尼柯夫规则相反。例如

$$\text{环己烯基}{-}COC_6H_5 \xrightarrow[Et_2O]{HCl} \text{2-氯环己基}{-}COC_6H_5$$

卤化氢与不饱和烃亲电加成反应的实例有氯化氢和乙炔加成氯乙烯，乙烯和氯化氢或溴化氢加成生成氯乙烷和溴乙烷。

② 卤化氢的自由基加成卤化　在光和引发剂作用下，溴化氢和烯烃的加成属于自由基加成反应。其定位主要受到双键极化方向、位阻效应和自由基的稳定性因素的影响，一般为反马尔科夫尼柯夫规则。

$$CH_3CH{=}CH_2 + HBr \xrightarrow[\text{或引发剂}]{h\nu} CH_3CH_2CH_2Br$$

$$CH_2{=}CHCH_2Cl + HBr \xrightarrow[\text{或引发剂}]{h\nu} BrCH_2CH_2CH_2Cl$$

$$ArCH{=}CHCH_3 + HBr \xrightarrow[\text{或引发剂}]{h\nu} ArCH_2CHBrCH_3$$

(3) 其他卤化物与不饱和烃的加成　除卤素、卤化氢外，次氯酸、*N*-卤代酰胺和卤代烷等也是不饱和烃加成反应常用的卤化剂。它们与不饱和烃发生亲电加成反应，生成卤代化合物。

① 次卤酸与烯烃的加成　常用的次卤酸为次氯酸，次氯酸不稳定，难以保存，通常是将氯气通入水或氢氧化钠水溶液中，也可以通入碳酸钙悬浮水溶液中，制取次氯酸及其盐。制备后需立即使用。次卤酸与烯烃的加成属于亲电加成，定位规律符合马氏规则。

工业上典型的例子是次氯酸水溶液与乙烯或丙烯反应生成β-氯乙醇或氯丙醇。两者都是十分重要的有机化工原料。反应如下：

$$CH_2{=}CH_2 \xrightarrow[60℃]{Cl_2/H_2O} \underset{\beta\text{-氯乙醇}}{ClCH_2CH_2OH} + HCl$$

$$Cl_2 + H_2O \longrightarrow HOCl + HCl$$

$$2CH_3CH{=}CH_2 + 2\ HOCl \longrightarrow CH_3\underset{OH}{\underset{|}{C}}HCH_2Cl + CH_3\underset{Cl}{\underset{|}{C}}HCH_2OH$$

次氯酸与丙烯加成得到的氯丙醇可直接用来生产环氧丙烷，这是工业上生产环氧丙烷的重要方法。反应式如下：

$$2\ \underset{\displaystyle OH}{CH_3\underset{|}{C}HCH_2Cl}(或\ \underset{\displaystyle Cl}{CH_3\underset{|}{C}HCH_2OH}) + Ca(OH)_2 \longrightarrow 2\ CH_3CH\text{—}CH_2(\text{—O—}) + CaCl_2 + 2H_2O$$

反应在鼓泡塔反应器中进行，丙烯、氯气和水在塔的不同部位通入，控制塔内反应温度在35～50℃，反应产物由塔顶溢出，反应液中氯丙醇含量为4.5%～5.0%，氯丙醇的收率约90%左右。氯丙醇混合物可不经分离直接送往皂化塔，用过量10%～20%、浓度为10%的石灰乳皂化。皂化在常压和34℃下进行，控制pH=8～9，生成的环氧丙烷自反应液中溢出，经精馏后得到环氧丙烷产品。同时，副产少量1,2-二氯丙烷和二氯二异丙基醚。

② *N*-卤代酰胺与烯烃的加成　在酸催化下，*N*-卤代酰胺与烯烃加成可制得α-卤醇。反应历程类似于卤素与烯烃的亲电加成反应，卤正离子由*N*-卤代酰胺提供，负离子来自溶剂。反应如下：

$$\gt C{=}C\lt + RCONHBr \xrightarrow{酸} \gt\underset{Br}{C}\text{—}\overset{OH}{C}\lt + RCONH_2$$

常用的*N*-卤代酰胺有*N*-溴（氯）代乙酰胺NBA（NCA）和*N*-溴（氯）代丁二酰亚胺NBS（NCS）等。其反应特点为：可避免二卤化物的生成，产品纯度高，收率高；此外，该卤化剂能溶于有机溶剂，故可与不溶于水的烯烃在有机介质中进行有效的均相反应，得到相应的α-卤醇及其衍生物。

$$CH_3CH{=}CHCH_3 + CH_3CONHBr \xrightarrow[0\sim25℃]{H_2SO_4/CH_3OH} CH_3\underset{OCH_3}{C}H\overset{Br}{C}HCH_3 + CH_3CONH_2$$

③ 卤代烷与烯烃的加成　在路易斯酸存在下，叔卤代烷可对烯烃双键进行亲电进攻，得到卤代烷与烯烃的加成产物。例如：氯代叔丁烷与乙烯加成可得到1-氯-3,3-二甲基丁烷，收率为75%。

$$(CH_3)_3CCl + CH_2{=}CH_2 \xrightarrow{AlCl_3} (CH_3)_3CCH_2CH_2Cl$$

多卤代甲烷衍生物可与双键发生自由基加成反应，在双键上形成碳-卤键，使双键的碳原子上增加一个碳原子。例如，丙烯和四氯化碳在过氧化二苯甲酰作用下生成1,1,1-三氯-3-氯丁烷，收率为80%。

$$CH_3CH{=}CH_2 + CCl_4 \xrightarrow{(PhCOO)_2} CCl_3CH_2\underset{Cl}{C}HCH_3$$

多卤代甲烷衍生物有氯仿、四氯化碳、一溴三氯甲烷、溴仿和一碘三氟甲烷等。这些多卤代甲烷衍生物中被取代的卤原子的活泼性次序为I>Br>Cl。

3.4.1.2　取代卤化

取代卤化是合成有机卤化物的最重要途径，主要包括脂肪烃的取代卤化；芳环上的取代卤化及芳环侧链上的取代卤化。从机理上看，取代卤化可分为亲电取代和自由基取代。从形式上以取代氯化和取代溴化最为常见。

(1) 芳环上的取代卤化　芳烃卤化反应是按照亲电取代反应机理（S_E2机理）进行的。芳环上的氢原子被卤素原子取代，其反应通式为：

$$ArH + X_2 \longrightarrow ArH + HX$$

进攻芳环的亲电质点是卤正离子（X^+），反应时X^+首先对芳环发生亲电进攻，生成σ-配合物，然后脱去质子，得到环上取代卤化产物，例如苯的氯化：

$$C_6H_6 + Cl^+ \underset{}{\overset{快}{\rightleftharpoons}} [C_6H_6 \cdot Cl^+]_{\pi\text{-配合物}} \underset{}{\overset{慢}{\rightleftharpoons}} [C_6H_6Cl^+]_{\sigma\text{-配合物}} \longrightarrow C_6H_5Cl + H^+$$

催化剂的使用都是促使卤正离子（X^+）形成的路易斯酸，如金属卤化物 $FeCl_3$、$AlCl_3$、$ZnCl_2$、$SnCl_4$、$TiCl_4$ 等，工业上普遍使用 $AlCl_3$ 作为催化剂，其与 Cl_2 作用，促使 Cl_2 极化生成 Cl^+，反应历程是：

$$Cl_2 + FeCl_3 \rightleftharpoons [FeCl_3—\overset{\delta^+}{Cl}—\overset{\delta^-}{Cl}] \rightleftharpoons FeCl_4^- + Cl^+$$

催化剂的用量很小，以苯氯化为例，催化剂用量为苯的质量的万分之一，即可满足氯化反应的需要。

除了金属卤化物外，还可以使用硫酸、碘或次卤酸作催化剂，这些催化剂也能使 Cl_2 转化为 Cl^+，促进反应的进行。

取代卤化时，常用的氯化剂有氯气、次氯酸钠、硫酰氯等，不同氯化剂在苯环上氯化时的活性顺序是：$Cl_2 > ClOH > ClNH_2 > ClNR_2 > ClO^-$。

常用的溴化剂有：溴、溴化物、溴酸盐和次溴酸的碱金属盐等。不同溴化剂活泼性顺序是：$Br^+ > BrCl > Br_2 > BrOH$。芳烃上的溴化反应可以用金属溴化物作催化剂。如溴化镁、溴化锌等。

（2）芳环侧链上取代卤化反应

① 自由基取代　甲苯在光的照射下，又没有使环上取代反应的催化剂存在时，将氯气通入沸腾的甲苯中，其与氯的反应只发生在侧链上，随着氯化反应深度的增加，甲苯分子中甲基上的三个氢原子就逐步被氯原子取代，依次生成苯基氯甲烷、苯基二氯甲烷和苯基三氯甲烷。

$$C_6H_5CH_3 \xrightarrow[光]{Cl_2} C_6H_5CH_2Cl \xrightarrow[光]{Cl_2} C_6H_5CHCl_2 \xrightarrow[光]{Cl_2} C_6H_5CCl_3$$

甲苯侧链氯化产物是合成染料、药物、香料的重要中间体。例如苯氯甲烷可作为引入苄基的反应剂，也可转化成苯甲醇；苯三氯甲烷可制备苯甲酰氯，通过氯被氟取代可使三氯甲基转化为三氟甲基，三氟甲基苯是除锈剂的中间体。

反应历程：侧链氯化为典型的自由基反应，其历程包括了链引发、链增长、链终止三个阶段。

a. 链引发　在光照、高温或引发剂作用下，氯分子均裂为自由基的过程称为链引发。

$$Cl_2 \xrightleftharpoons{光、高温、引发剂} 2Cl\cdot$$

常用的引发剂为过氧化苯甲酰或偶氮二异丁腈，其引发作用可用下式表示：

$$C_6H_5CO—O—O—OCC_6H_5 \xrightarrow{60\sim90℃} 2\ C_6H_5\cdot + 2\ CO_2$$

$$C_6H_5\cdot + Cl_2 \longrightarrow C_6H_5Cl + Cl\cdot$$

$$H_3C—C(CH_3)(CN)—N{=}N—C(CH_3)(CN)—CH_3 \xrightarrow{60\sim70℃} H_3C—\dot{C}(CH_3)(CN) + \cdot N{=}N—C(CH_3)(CN)—CH_3$$

$$H_3C—\dot{C}(CH_3)(CN) + Cl_2 \longrightarrow H_3C—C(CH_3)(CN)—Cl + Cl\cdot$$

b. 链增长　由链引发生成的氯自由基可按下式进行链增长过程。

$$C_6H_5CH_3 + Cl\cdot \longrightarrow C_6H_5CH_2\cdot + HCl$$

$$C_6H_5CH_2\cdot + Cl_2 \longrightarrow C_6H_5CH_2Cl + Cl\cdot$$

或
$$C_6H_5CH_3 + Cl\cdot \longrightarrow C_6H_5CH_2Cl + H\cdot$$
$$H\cdot + Cl_2 \longrightarrow HCl + Cl\cdot$$

c. 链终止 从链增长过程可见每一个自由基参加反应又生成一个新的自由基。但实际上总是会有一部分自由基或是由于器壁效应使自由基将能量传递给器壁，相互碰撞而自相结合或是与杂质结合从而造成链反应的终止。

$$Cl\cdot + O_2 \longrightarrow ClO_2\cdot$$

反应动力学的研究指出，甲苯的光引发氯化由两个同时发生的反应体系组成。

a. 作为主反应体系的侧链氯化由三个一级的连串反应组成：

$$C_6H_5CH_3 \xrightarrow{k_1} C_6H_5CH_2Cl \xrightarrow{k_2} C_6H_5CHCl_2 \xrightarrow{k_3} C_6H_5CCl_3$$

b. 伴随着侧链氯化反应的进行，环上取代及加成氯化是同时进行的副反应体系，因此要注意反应途径的控制。

侧链取代过程是要在完全没有能产生环上取代的催化剂的条件下进行，只要有极微量的铁、铝或同类的其他参与反应，就会生成不少的环上取代产物。因此通入反应器的氯气需经过过滤器，以除去可能携带的杂质。

脂肪烃的卤化与芳环侧链的卤化相似。

$$RH + Cl_2 \longrightarrow RCl + HCl$$

② 亲电取代 苯和甲醛的混合液在无水氯化锌存在下，通入氯化氯气体，则按下式生成苯氯甲烷。

$$C_6H_6 + CH_2O + HCl \xrightarrow{\text{无水 } ZnCl_2} C_6H_5CH_2Cl + H_2O$$

此反应称为氯甲基化反应。因此，除芳烃的侧链氯化法外，芳烃的氯甲基化是很有用途的增加一个碳原子的卤代烷基芳烃的合成法。

氯甲基化反应为一亲电取代反应，反应时甲醛与氯化氢作用形成共振式如下的中间体：

$$[H_2C{=}\overset{+}{O}H]\ Cl^- \longleftrightarrow [H_2\overset{+}{C}{-}OH]\ Cl^-$$

中间体与苯发生亲电取代，先生成苯甲醇，再与氯化氢作用很快形成氯化苄。当芳环上有给电子取代基时有利于氯甲基化反应，环上有吸电子取代基时，则不利于氯甲基化反应。例如硝基苯很难进行氯甲基化反应。常用的氯甲基化剂有甲醛或多聚甲醛及氯化氢，质子酸（如盐酸、硫酸、磷酸等）及路易斯酸（如氯化锌）均是有效的催化剂。反应中可采用过量芳烃，避免多氯甲基化反应的发生。

3.4.1.3 置换卤化

置换卤化是以卤基置换有机分子中其他基团的反应。与直接取代卤化相似，置换卤化具有无异构产物、多卤化和产品纯度高的优点，在药物合成、染料及其他精细化学品的合成中应用较多。可被卤基置换的有羟基、硝基、磺酸基、重氮基。卤化物之间也可以互相置换，如氟可以置换其他卤基，这也是氟化的主要途径。

(1) 置换醇羟基 醇羟基、酚羟基以及羧羟基均可被卤基置换，常用的卤化剂有氢卤酸、含磷及含硫卤化物等。

① 用氢卤酸置换醇羟基 氢卤酸和醇的置换反应是一个可逆平衡反应。

$$ROH + HX \rightleftharpoons RX + H_2O$$

增加反应物的浓度及不断移出产物和生成的水，有利于加快反应速率，提高收率。此反应属于亲核取代反应。醇的结构和酸的性质都能影响反应速率。醇羟基的活性大小，一般是：叔醇羟基＞仲醇羟基＞伯醇羟基。氢卤酸的活性是根据卤素负离子的亲和能力大小而定的，其顺序是：HI＞HBr＞HCl＞HF。因此，伯醇和仲醇与盐酸反应时常常需要在催化剂作用下完成，常用的催化剂为 $ZnCl_2$。例如：

$$n\text{-}C_4H_9OH \xrightarrow[\text{回流}]{NaBr/H_2O/H_2SO_4} n\text{-}C_4H_9Br$$

$$C_2H_5OH + HCl \underset{\triangle}{\overset{ZnCl_2}{\rightleftharpoons}} C_2H_5Cl + H_2O$$

② 卤化磷和氯化亚砜置换醇羟基　氯化亚砜和卤化磷也可以用于置换羟基，氯化亚砜是进行醇羟基置换的优良卤化剂，反应生成的氯化氢和二氧化硫气体易于挥发而无残留物，产品可直接蒸馏提纯。因此在生产上被广泛应用。例如：

$$(C_2H_5)_2NC_2H_4OH + SOCl_2 \xrightarrow[\text{室温}]{\text{苯}} (C_2H_5)_2NC_2H_4Cl + HCl + SO_2$$

卤化磷对羟基的置换多用于对高碳醇、酚或杂环羟基的置换反应。如：

$$3CH_3(CH_2)_3CH_2OH + PI_3 \longrightarrow 3CH_3(CH_2)_3CH_2I + P(OH)_3$$

$$3CH_3(CH_2)_3CH_2OH + PBr_3 \longrightarrow 3CH_3(CH_2)_3CH_2Br + P(OH)_3$$

(2) 置换酚羟基　酚羟基的卤素置换相当困难，需要很强的卤化剂，如五氯化磷和三氯氧磷等。

$$\text{(1,4-二羟基酞嗪)} \xrightarrow{POCl_3/PCl_5\text{或}POCl_3/PCl_3/Cl_2} \text{(1,4-二氯酞嗪)}\ 85\%$$

$$\text{(2,4,6-三羟基嘧啶)} + 3\,PCl_3 + 4\,Cl_2 \xrightarrow[POCl_3]{\text{吡啶}} \text{(2,4,6-三氯嘧啶)} + 3\,POCl_3 + 4\,HCl$$

五卤化磷置换酚羟基的反应温度不宜过高，否则五卤化磷受热会分解成三卤化磷和卤素。这不仅降低其置换能力，而且卤素还可能引起芳环上的取代或双键上的加成等副反应。

使用氧氯化磷作卤化剂时，其配比要大于其理论配比。因为 $POCl_3$ 中的三个氯原子，只有第一个置换能力最大，以后逐渐递减。

酚羟基的置换使用三苯膦卤化剂在较高温度下反应，收率一般较好。

$$HO\text{-}C_6H_4\text{-}Cl \xrightarrow[200℃]{Ph_3PBr_2} Br\text{-}C_6H_4\text{-}Cl$$

(3) 置换羧羟基　用 $SOCl_2$ 或 PCl_3 与羧酸反应是合成酰氯最常用的方法。即：

$$RCOOH + SOCl_2 \longrightarrow RCOCl + SO_2 + HCl$$

五氯化磷可将脂肪族或芳香族羧酸转换成酰氯。由于五氯化磷的置换能力极强，所以羧酸分子中不应含有羟基、醛基、酮基等敏感基团，以免发生氯的置换反应。三氯化磷的活性较小，仅适用于脂肪羧酸中的置换；氯化亚砜的活性并不大，但若加入少量催化剂，则可增大反应活性。如：

$$O_2N\text{-}C_6H_4\text{-}COOH \xrightarrow[90\sim95℃]{SOCl_2\text{，少量}DMF} O_2N\text{-}C_6H_4\text{-}COCl$$

(4) 芳环上硝基、磺酸基和重氮基的置换卤化

①置换硝基　硝基被置换的反应为自由基反应，其反应历程如下。

$$Cl_2 \longrightarrow 2Cl\cdot$$

$$ArNO_2 + Cl\cdot \longrightarrow ArCl + NO_2\cdot$$

$$NO_2\cdot + Cl_2 \longrightarrow NO_2Cl + Cl\cdot$$

工业上，间二氯苯是由间二硝基苯在222℃下与氯反应制得；1,5-二硝基蒽醌在邻苯二甲酸酐存在下，在170～260℃通氯气，硝基被氯基置换而制得1,5-二氯蒽醌。以适量的1-氯蒽醌为助溶剂，在230℃向熔融的1-硝基蒽醌中通入氯气，可制得1-氯蒽醌。

通氯的反应器应采用搪瓷或搪玻璃的制备，因为氯与金属可产生极性催化剂，使得在置换硝基的同时发生离子型取代反应，生成芳环上取代的氯化副产物。

② 置换磺酸基 在酸性介质中，氯基置换蒽醌环上磺酸基的反应也是一个自由基反应。采用氯酸盐与蒽醌磺酸的稀盐酸溶液作用，可将蒽醌环上的磺酸基置换成氯基。

$$3\ (\text{1-}SO_3K\text{-蒽醌}) + NaClO_3 + 3HCl \longrightarrow 3\ (\text{1-Cl-蒽醌}) + 3KHSO_4 + NaCl$$

工业上常常采用这一方法生产1-氯蒽醌以及由相应的蒽醌磺酸制备1,5-二氯蒽醌和1,8-二氯蒽醌。方法是在96～98℃下将氯酸钠溶液加到蒽醌磺酸的稀盐酸溶液中，并保温一段时间，反应即可完成，收率为97%～98%。

③ 置换重氮基 芳烃经过硝化，还原，重氮化，由重氮盐制备卤代芳烃。

$$Ar{-}H \xrightarrow{\text{硝化}} Ar{-}NO_2 \xrightarrow{\text{还原}} Ar{-}NH_2 \xrightarrow{\text{重氮化}} [Ar{-}N{\equiv}N]^+ \longrightarrow Ar{-}X$$

$$p\text{-}CH_3OC_6H_4NH_2 \xrightarrow[HBF_4]{NaNO_2} p\text{-}CH_3OC_6H_4N_2\cdot BF_4 \xrightarrow{\text{加热}} p\text{-}CH_3OC_6H_4F$$

这是制备卤代芳烃的一种重要方法。

(5) 卤素间置换氟化 许多芳香族的氟衍生物是通过置换芳环上的重氮基，而脂肪族的氟化物则是通过无机氟化物如HF、KF、NaF、SbF_5等置换分子中的卤素而得，在工业生产中使用最多的是HF、NaF。例如：

$$C_6H_5CCl_3 + 3HF \xrightarrow{80\sim104℃} C_6H_5CF_3 + 3HCl$$

由于HF的毒性较大，而且在工业生产中要求有一定的压力，需要在压热釜中进行反应，因此在许多置换反应中，都尽可能用NaF作氟化剂。如2,4,6-三氟-5-氯嘧啶的合成即是由四氯嘧啶与氟化钠在180～220℃、环丁砜中回流制得的，收率可达87.5%，它是合成活性染料的重要中间体。

$$\text{2,4,5,6-四氯嘧啶} + 3\,NaF \xrightarrow{\text{环丁砜}} \text{2,4,6-三氟-5-氯嘧啶} + 3\,NaCl$$

氟里昂系列产品几乎都是通过置换氟化而得。例如：

$$CCl_4 + HF \xrightarrow[3MPa]{SbCl_5,\ 110℃} CCl_2F_2$$

氟里昂-12（F_{12}）

$$CHCl_3 + HF \xrightarrow[20\sim30℃]{SbCl_5} CHF_2Cl$$

氟里昂-22（F_{22}）

3.4.1.4 关于氟化、溴化和碘化

(1) 氟化 向有机分子中引入氟原子后，一方面可以提高化学稳定性；另一方面由于氟的强的吸电子诱导效应，可使分子中其他官能团的活性明显增大。此外，将氟代烃与氯代烃的沸点相比较，每有一个氯被氟取代，其沸点平均下降50℃，与许多常见的化合物比较，氟代烃的表面张力要低得多。氟衍生物的这些优异的理化性质，使它在各个领域得到广泛的应用。氟化物的制备可通过以下方法。

① 直接氟化 使用元素氟直接氟化的主要缺点是反应过程中放出大量的热，每生成一个C—F键放出的热量力431.2kJ/mol，大于有机分子中C—C键和C—H键的离解能（分别为347kJ/mol和414kJ/mol）。因此直接氟化必然伴随有机分子的破裂。为了克服这一缺点，常采用氯气或惰性气体稀释氟，并采用导热好的反应装置来缓和直接氟化。

直接氟化为一自由基反应，其历程如下：

$$F_2 \longrightarrow 2F\cdot$$
$$RH + F\cdot \longrightarrow R\cdot + HF$$
$$R\cdot + F_2 \longrightarrow RF + F\cdot$$

例如：用氮和氦稀释的气体氟与苯的6%乙酯溶液在－35℃反应，得到氟苯和间位、邻位、对位二氟苯的混合物，其组成大致为60∶1∶4∶5。

② 用金属氟化物氟化 直接氟化法目前在工业上已不重要，而是改用高价金属氟化物作氟化剂。这种方法每生成一个C—F键所释放的热量远远小于直接氟化法所放出的热量，因而收率高，反应也易于控制。

实际采用的金属氟化物有SbF_3、AgF_2和CoF_3。进行氟化反应的过程是让氟在升温下通过装有AgCl或CoF_2的床层使反应生成高价氟化物，然后将需要氟化的原料在150～300℃以蒸气状态与氮气流一同通入反应器中，烃类和金属氟化物接触反应时间约2～3min，当反应进行到约有50%CoF_3已转化为CoF_2时，停止通入烃类，改为吹氮。而后在250℃通入用氯稀释的氟，使CoF_2再生为CoF_3，在用氮气吹出痕量的氟以后，又重新开始烃类的氟化。此反应为半连续反应，包括氟化与再生两个阶段，而且需要两次吹氮。反应如下：

$$2CoF_2 + F_2 \longrightarrow 2CoF_3$$
$$RH + 2CoF_3 \longrightarrow RF + 2CoF_2 + HF$$

(2) 溴化

① 溴化概况 溴化反应在合成药物、农药、染料和高分子化合物等方面有较广泛的应用，另外还广泛用在系列含溴阻燃剂的合成中。

溴化方法和氯化方法相似，但由于溴的活性比氯低，它的反应较为缓和，但选择性更好。溴化时常选择的溶剂有水、稀碱、稀醋酸、浓硫酸、甲醇、氯仿、二硫化碳等，溶剂的选择与有机原料的性质和其在溶剂中的活性有关。

溴的资源相对较少，价格较贵，为了充分利用，可在反应锅中直接加入氧化剂如Cl_2、NaClO、$NaClO_3$等，使HBr直接得到利用。当生产吨位较大时，可考虑捕集释放的HBr气体，将其再生成溴继续使用。

$$2HBr + NaOCl \longrightarrow Br_2 + NaCl + H_2O$$

经常使用的溴化剂有BrCl、Br_2、HBrO，它们的活性依次降低，除了这几种溴化试剂以外，还有一些溴化剂如*N*-溴化丁二酰亚胺、溴化氢过溴吡啶鎓、2,4,4,6-四溴-2,5-环已二烯酮、1,3-二溴-5,5-二甲基乙内酰脲在药物及其他精细化工产品合成时，也得到了很好的应用。它们的结构如下：

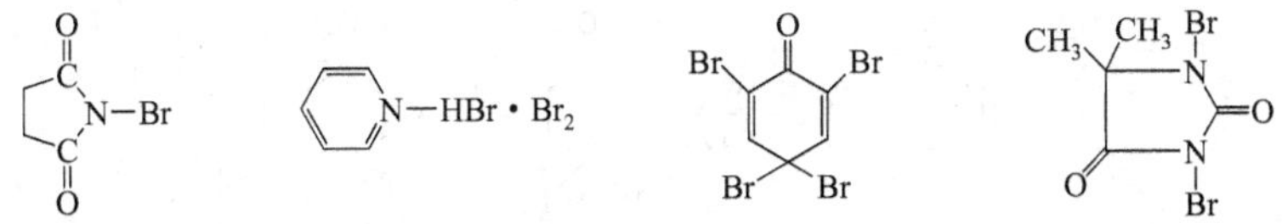

N-溴化丁二酰亚胺简称 NBS，作为溴化剂和氧化剂应用于药物可的松和荷尔蒙的合成。NBS 能够取代与双键相邻的 α-碳上的氢，而不会发生双鎓的加成。

溴化氢过溴吡啶鎓是一种温和的溴化剂，可用来演化对酸敏感的化合物，如吲哚。2,4,4,6-四溴环己二烯酮是一种黄色的固体物质，它的定位作用很好，当用溴水进行苯酚的溴化时，得到的是 2,4,6-三溴苯酚。当采用 2,4,4,6-四溴环己二烯酮作溴化剂时，则几乎完全得到对溴苯酚。这种溴化剂的优点在于容易再生，可以循环使用。

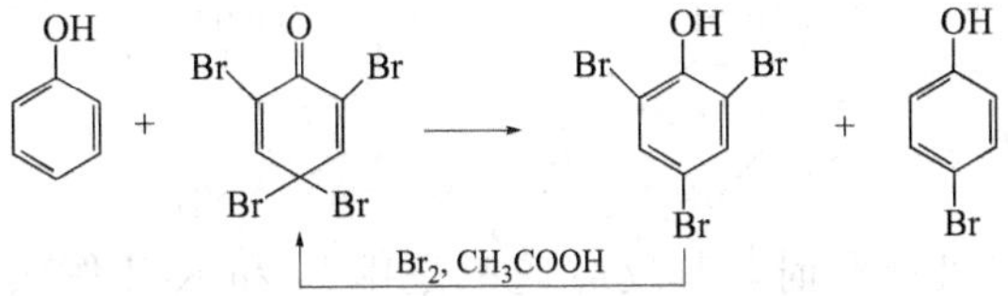

1,3-二溴-5,5-二甲基乙内酰脲是制药工业中常用的溴化剂。它的许多反应性质和 NBS 相似，如对烯丙位 α-H 的取代、酮和活泼芳烃的溴化，它的氧化能力还可将芳香醛氧化成酰基溴（ArCOBr）。

② 溴化物的合成

a. 4-溴-1-氨基蒽醌-2-磺酸（溴氨酸）　制备深色蒽醌系染料的重要中间体，常以 1-氨基蒽醌为原料经磺化和溴化两步反应制成：

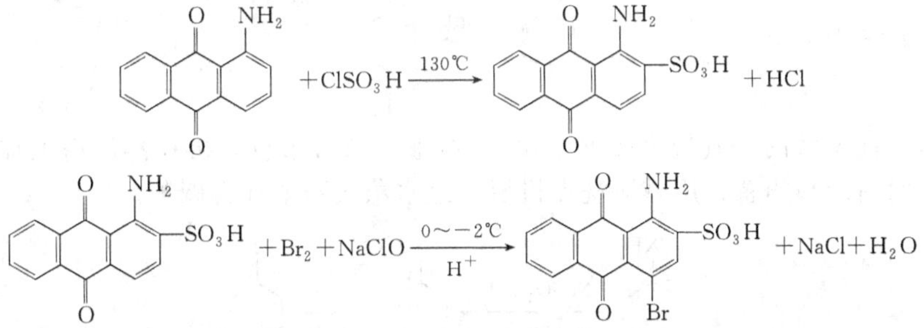

磺化物与溴的物质的量之比控制为 1∶0.58，加入次氯酸钠溶液使溴得到充分利用。溴化反应在 0～－2℃进行，温度升高，溴原子将置换 2-位的磺酸基。

b. 5,5′,7,7′-四溴靛蓝　为性能优良的还原染料，由靛蓝四溴化制得。

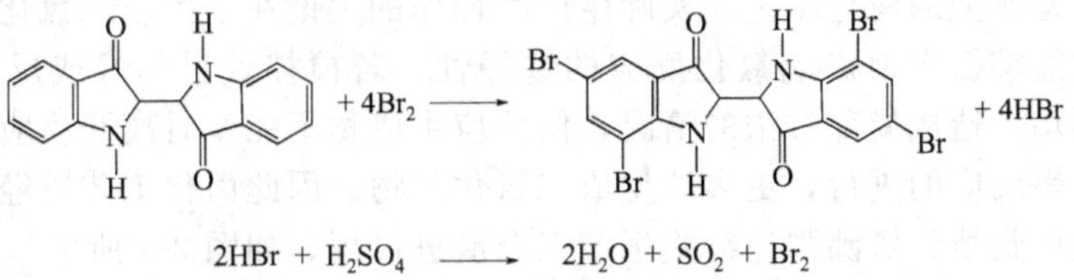

$$2HBr + H_2SO_4 \longrightarrow 2H_2O + SO_2 + Br_2$$

溴化反应在 98%～99% H_2SO_4 中完成，硫酸既是溶剂，又是氧化剂。

(3) 碘化

① 碘化概况　由于碘的价格昂贵，碘化反应的实际应用受到很大的限制。碘化反应是可逆的，生成产物更接近于热力学控制。实验发现，单质碘是芳烃取代反应中活泼性最低的反应试剂，用碘进行碘化时，只对十分活泼的芳香化合物（如苯酚）发生磺化反应，并出现动力学同位素效应。这可能是由于反应的可逆性，从 σ-络合物脱去 I^- 比脱去 H^+ 更易发生，即 $k_{-1} \geqslant k_2$。

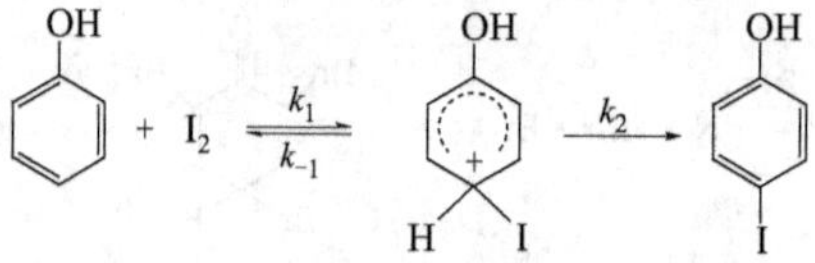

为避免可逆反应的发生，一方面可设法移去反应中生成的 HI，移去 HI 的方法可采用向反应中加氧化剂的方法，如 HNO_3、HIO_3、SO_3、H_2O_2 等，使碘重复参加反应。也可以加入氨水、氢氧化钠或碳酸钠等碱性物质，以中和除去碘化氢。一些金属氧化物（如：氧化汞、氧化镁等）能与碘化氢形成难溶于水的碘化物，也可以用于除去碘化氢。

另一方面采用较强的碘化剂。氯化碘、羟酸的次碘酸酐（RCOOI）等碘化剂可提高反应中碘正离子的浓度，增加碘的亲电性，有效地进行碘代反应。例如：

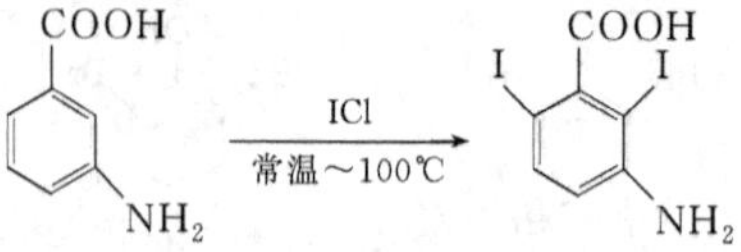

当水杨酸或苯胺用 ICl 碘化时，其反应速率是用 I_2 和 KCl 作碘化剂的 10^5 倍；I^+ 是高度活泼的亲电质点，它甚至可以和极不活泼的硝基苯、三氟甲苯发生碘化反应，得到高收率的碘化产物。

② 碘化物的合成

a. 对碘苯甲醚　使碘片与氯气反应制得氯化碘。将苯甲醚与冰醋酸混合，慢慢加入 ICl，回流 3.5h，在冰水中析出对碘苯甲醚。

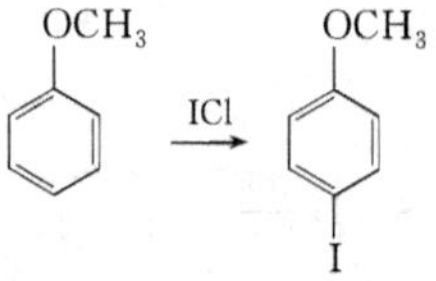

b. 碘苯　向苯胺的重氮盐溶液中加入 KI 溶液，放置过夜，再在蒸汽浴上加热到不再有气体放出，而后冷却静置，用碱液洗有机层，经水蒸气蒸馏即得碘苯。

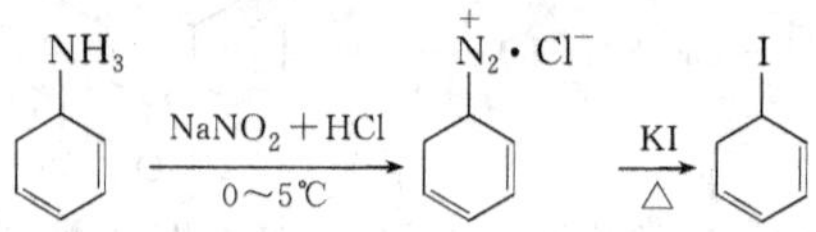

3.4.2 工业上卤化反应典型的工艺

氯苯的生产是典型的卤化工艺。实际生产时操作的关键在于控制二氯化产物的浓度。反应物的混合方式能够极大地影响氯化反应的选择性，若搅拌效果不好或反应器类型选择不当，不光传质不均，造成局部过浓的情况，使反应生成物不能及时离开反应区，又返混到反应区域，促使连串反应的进行，更多地生成二氯化产物。因此卤化工艺历经了从单锅间歇式到多锅连续式最后到填料塔沸腾连续式生产三个演进过程。如图 3-4 所示。

塔式沸腾连续氯化工艺在具体操作时，先将原料苯和氯气都以足够的流速由塔底输入，物料便可由下而上保持柱塞流通过塔内填料段，发生氯化反应，生成的氯苯，即使密度增加了也不会下降到填料段下部，从而可以有效地克服返混现象，保证填料段下部新输入的原料苯和氯气的接触，故而有效地减少和消除返混现象，很好地控制了二氯产物的含量。

3.4.3 氯甲基丁烯的合成工艺流程简图

氯甲基丁烯的合成工艺相对简单，工艺流程简图如图 3-5。

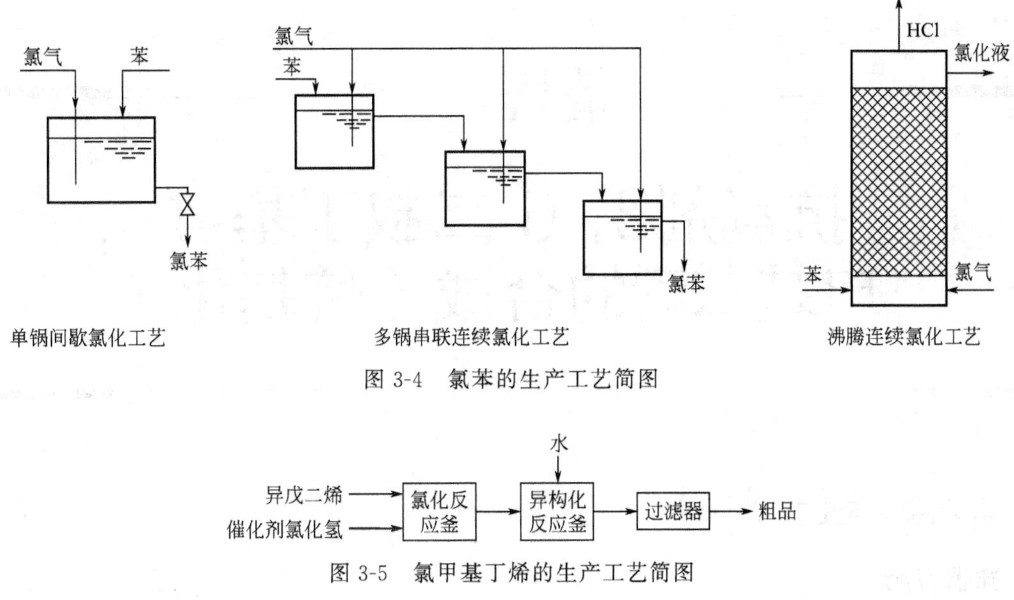

图 3-4　氯苯的生产工艺简图

图 3-5　氯甲基丁烯的生产工艺简图

练习与思考题

1. 芳环上的取代卤化有何特点？

2. 查阅资料解释以下事实：苯氯化过程中，当苯中的氯苯含量为 1%时，一氯化速度比二氯化速度约大 842 倍，而当苯中的氯苯含量为 73.5%，一氯化及二氯化反应速率几乎相等。

3. 为什么溴化或碘化过程中要加氧化剂，常用的氧化剂是什么？

4. 简述苯的沸腾氯化反应器的结构特征。

5. 不饱和烃的氯化常用哪些物质作氯化剂？

6. 写出由甲苯制 2-氯三氟甲苯、3-氯三氟甲苯的合成路线和主要反应条件。

CF_3　Cl　　CF_3　Cl

7. 置换卤化在有机合成中有何意义？可被卤化置换的取代基有哪些？

8. 写出下列化合物的环上氯化时可能的主要产物。

$C_6H_5CCl_3$　$C_6H_5OCH_3$　$C_6H_5COOC_2H_5$

$C_6H_5NO_2$　C_6H_5Br　$C_6H_5NHCOCH_3$

情境4

抗氧剂2，6-二叔丁基-4-甲基苯酚的合成（烷基化）

学习目标与要求

知识目标

了解抗氧剂 2，6-二叔丁基-4-甲基苯酚（BHT）的合成路线及合成过程中的安全环保知识；掌握烷基化反应过程、分离过程的知识和产品鉴定方法。

能力目标

能进行抗氧剂 BHT 的资料检索，根据抗氧剂 BHT 的合成路线及烷基化反应的特点制订合成反应的方案，并通过实验合成出符合要求的产品。

情感目标

通过情景引入，激发学生的学习热情与积极性，使学生的主观能动性和创造性得以充分发挥；增强学生化工合成职业素质的养成，培养学生独立思考的习惯和团队合作的精神。

4.1 情境引入

实习生小张、小宋、小苏等三人轮岗到某化工有限公司的抗氧剂 BHT 生产车间实习，这一回由顾工程师指导他们。

实习生们准时来到顾工的办公室，顾工交给他们一份拟订好的实习计划，上面列出了小张他们实习期间要完成的工作和注意事项。小宋打开了实习计划，浏览了上面的主要内容(与前面实习的内容大体相仿，不过产品换成了抗氧剂 BHT)。

4.2 任务解析

顾工检查了小张等资料准备情况。

小张：2,6-二叔丁基-4-甲基苯酚是精细化工中一种常用的酚类抗氧剂，能抑制或延缓塑料或橡胶的氧化降解而延长使用寿命，也能用作为食品添加剂能延迟食物的酸败，是聚丙烯、聚乙烯、聚苯乙烯、ABS 树脂、聚酯、纤维素树脂和泡沫塑料的廉价通用抗氧剂，特别适用于白色或浅色制品。尤其是食品级塑料和包装食品用聚合物材料和天然橡胶、合成橡胶的白色或浅色制品的抗氧剂和稳定剂。此外，还可应用于油墨、黏合剂、皮革、铸造、印染、涂料和电子工业中。

小宋：本品又叫抗氧剂264、T501添加剂、BHT。

小苏：资料上说，抗氧剂264主要有三种生产方法：①对甲酚法。对甲酚与烷基化试剂进行傅克反应后纯化。国内普遍采用本法合成。②混合酚法。混合酚与烷基化试剂进行傅克反应后精馏分离，最后结晶。工艺要求较高，目前德国工厂较多适用本法。③斯捷尔达马克法。苯酚进行曼尼奇反应后催化氢化直接可得产品。因采用苯酚为主要原料，成本较低，但产品品质为三种工艺中最不稳定的，俄罗斯工厂多采用本法。

顾工：不错。我们仍然从源头上开始了解抗氧剂264产品开发的过程。

4.2.1　产品开发任务书

顾工拿出了一份公司抗氧剂BHT的产品开发任务书，如表4-1。

表4-1　产品开发任务书

编号：××××××

<table>
<tr><td rowspan="2">项目名称</td><td rowspan="2">内　　容</td><td colspan="2">技术要求</td><td rowspan="2">质量指标</td></tr>
<tr><td>专业指标</td><td>理化指标</td></tr>
<tr><td>抗氧剂BHT的小试合成</td><td>以生产原料进行2,6-二叔丁基-4-甲基苯酚小试合成,对合成工艺进行初步评估</td><td>中文名称：2,6-二叔丁基-4-甲基苯酚
俗名:抗氧剂264
英文名称：2,6-di-tert-butyl-4-methyl phenol
CAS号:128-37-0
分子式:$C_{15}H_{24}O$
分子量:220.36</td><td>外观与性状:白色结晶
熔点:68℃
沸点:265℃
相对密度(水=1):1.05
相对蒸气密度(空气=1):7.6
饱和蒸气压:0.0013kPa(20℃)
闪点:126.7℃
引燃温度:470℃
溶解性:不溶于水,溶于甲醇、乙醇、苯、石油醚等</td><td>GB 1900—2010</td></tr>
<tr><td>项目来源</td><td colspan="4">(1)自主开发　　　　(2)转接</td></tr>
<tr><td>进度要求</td><td colspan="4">1～2周</td></tr>
<tr><td>项目负责人</td><td colspan="2"></td><td>开发人员</td><td></td></tr>
<tr><td rowspan="2">下达任务人</td><td colspan="4">技术部经理　　　　日期：</td></tr>
<tr><td colspan="4">技术总监　　　　日期：</td></tr>
</table>

注：一式三联。一联交技术总监留存，一联交技术部经理，一联交项目负责人。

顾工：在企业里，有关产品研发的项目必须经过主管部门批准后方可以进行试验。一般都需要下发正式的文件或任务书。在任务书中必须明确项目的内容、要求及相关标准。可以转接科研院所的项目也可以自行开发。

4.2.2　抗氧剂BHT的合成路线设计

(1) 抗氧剂BHT的分子结构分析　首先根据有机化合物的CAS号查阅抗氧剂BHT的

分子结构式。

$$\text{2,6-}[(H_3C)_3C]_2\text{-4-}CH_3\text{-}C_6H_2OH$$

可以看出，目标化合物的结构母体为苯环，苯分子的四个氢分别为一个甲基、一个羟基和两个叔丁基所取代，从而得到2,6-二叔丁基-4-甲基苯酚（即抗氧剂264）。

(2) 抗氧剂BHT的合成路线分析 采用逆向合成法对抗氧剂BHT的合成路线分析如下：

[分析1]

$$\text{BHT} \Longrightarrow p\text{-}CH_3C_6H_4OH + H_2C{=}C(CH_3)_2$$

$$\text{BHT} \Longrightarrow \text{对甲基苯酚负离子合成子} + (CH_3)_3C^+$$

2,6-二叔丁基-4-甲基苯酚中苯环上有四个取代基，一个为羟基（1位）、一个为甲基（4位）、两个叔丁基（一个在2位，一个在6位），由于苯环上的取代基团较多，合成时应按分步取代的方式进行。当对2,6-二叔丁基-4-甲基苯酚进行如分析1所示的切断时，会得到合成子$(CH_3)_3C^+$和另一个合成子，合成子$(CH_3)_3C^+$对应的合成等效剂可以为异丁烯、2-甲基-2-丙醇、甲基叔丁基醚等，另一合成子对应的合成等效剂为对甲基苯酚。

以对甲基苯酚和异丁烯、2-甲基-2-丙醇、甲基叔丁基醚为原料来合成抗氧剂BHT，即在对甲基苯酚的2位和6位通过烷基化反应分别引入一个叔丁基来实现。

路线1：以对甲基苯酚和异丁烯为原料，反应的方程式为：

$$p\text{-}CH_3C_6H_4OH + 2H_2C{=}C(CH_3)_2 \xrightarrow{\text{催化剂}} \text{2,6-}[(H_3C)_3C]_2\text{-4-}CH_3\text{-}C_6H_2OH$$

催化剂可选用硫酸；苯磺酸；离子交换树脂；硅铝酸盐；$AlCl_3$/蒙脱土；三氟甲磺酸(TFMS)；离子液体，如[C_4mim][In_2Cl_7]等，$InCl_3$等。

路线2：以对甲基苯酚和2-甲基-2-丙醇为原料，反应的方程式为：

$$p\text{-}CH_3C_6H_4OH + 2CH_3\text{—}C(OH)(CH_3)\text{—}CH_3 \xrightarrow{\text{催化剂}} \text{2,6-}[(H_3C)_3C]_2\text{-4-}CH_3\text{-}C_6H_2OH + 2H_2O$$

催化剂可选用$ZnCl_2/AlCl_3$；$FeCl_3$/蒙脱土；HY型分子筛；离子液体，如[C_4mim][In_2Cl_7]、[bmim][In_2Cl_7]等；磷酸/离子液体(1-丁基-3-甲基咪唑六氟磷酸盐)；介孔Al-MCM-41分子筛；固体酸催化剂（杂多酸/二氧化钛）；磷钨酸/有序介孔二氧化硅等。

路线 3：以对甲基苯酚和甲基叔丁基醚为原料，反应的方程式为：

$$\text{对甲基苯酚} + 2CH_3-C(CH_3)_2-O-CH_3 \xrightarrow{\text{催化剂}} \text{2,6-二叔丁基-4-甲基苯酚}\ [(H_3C)_3C,\ OH,\ C(CH_3)_3,\ CH_3] + 2CH_3OH$$

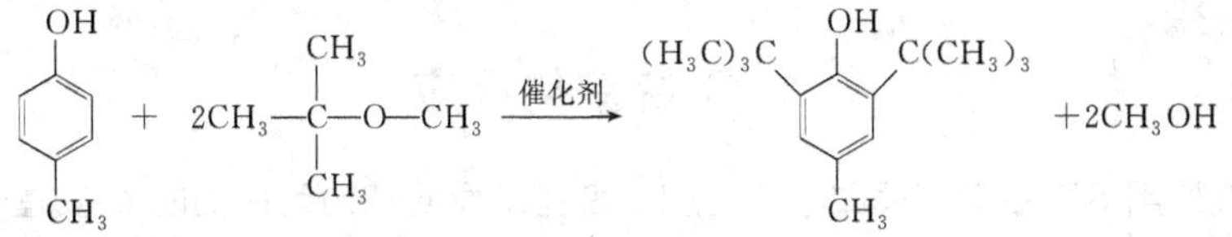

催化剂可选用分子筛；Al_2O_3（经 HCl 活化）等。

[分析 2]

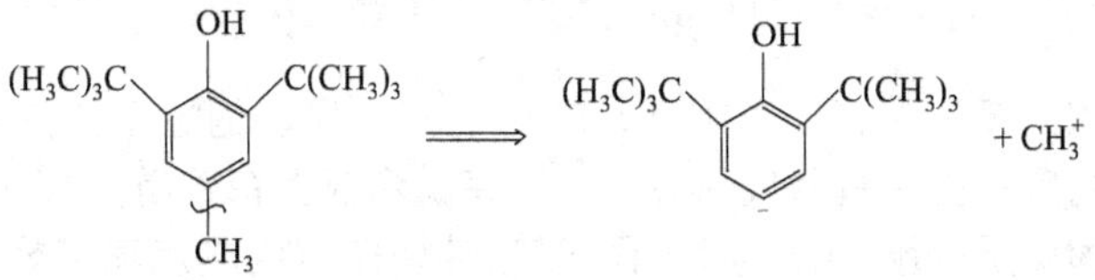

$$\text{2,6-二叔丁基-4-甲基苯酚} \Longrightarrow \text{2,6-二叔丁基苯酚} + CH_3^+$$

当对 2,6-二叔丁基-4-甲基苯酚进行如分析 2 所示的切断时，会得到合成子 CH_3^+ 和另一个合成子，合成子 CH_3^+ 对应的合成等效剂可以为 HCHO、$(CH_3)_2NCH_2N(CH_3)_2$ 等，另一合成子对应的合成等效剂为 2,6-二异丁基苯酚。

路线 4：当选用 $(CH_3)_2NCH_2N(CH_3)_2$ 和 2,6-二异丁基苯酚为原料，反应的方程式为：

$$\text{2,6-二叔丁基苯酚} + (CH_3)_2N-CH_2-N(CH_3)_2 \xrightarrow{\text{催化剂}} \text{2,6-二叔丁基-4-甲基苯酚}$$

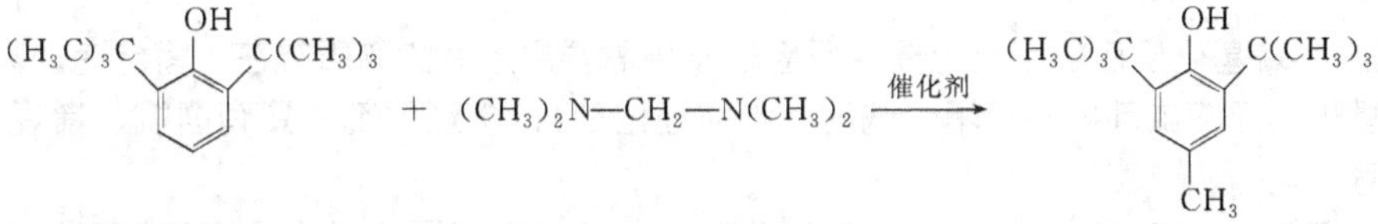

该合成路线采用四甲基甲烷二胺为甲基化试剂，通过反应在 2,6-二异丁基苯酚中酚羟基的对位引入一个甲基。

4.2.3　抗氧剂 BHT 的合成路线选择

顾工：要想从这些合成路线中确定最理想的一条路线，并成为工业生产上可用的工艺路线，则需要综合而科学地考察设计出每一条路线的利弊，择优选用。那么究竟哪条合成路线比较适合我们呢？

小张：从逆向切断的基本原则看，分析 1 能实现最大程度简化原则，是相对合理的切断方式。分析 2 未能实现最大程度简化，故不可取。

小宋：路线 2 和路线 3 反应的产物除了目标产物外还有水和甲醇等副产物的生成，这样后处理过程相对繁琐。

小苏：路线 1 采用烯烃为烃基化试剂，反应副产物少，便于后续的处理。同时烯烃是一种常用的烃化剂，是各类烃化剂中生产成本最低、来源最广的原料，广泛用于芳烃、芳胺和酚类的 *C*-烃基化。

顾工：你们分析得都很有道理，所以说，选择路线 1 比较切合我们的实际。即以对甲基苯酚和异丁烯为原料进行合成。

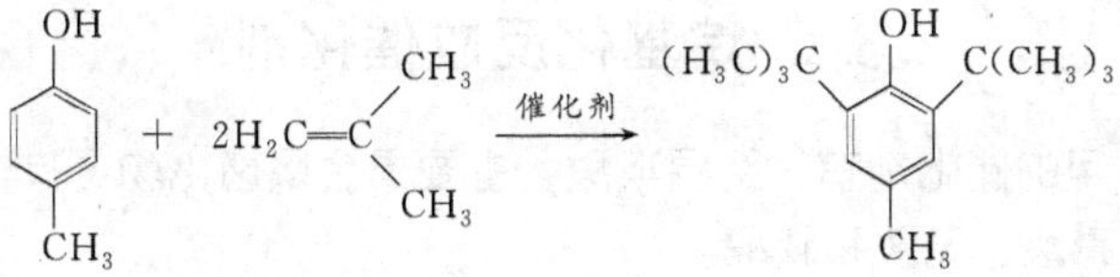

$$\text{对甲基苯酚} + 2H_2C{=}C(CH_3)_2 \xrightarrow{\text{催化剂}} \text{2,6-二叔丁基-4-甲基苯酚}$$

知识点拨

1. C-烷基化反应

在催化剂作用下直接向芳环碳原子上引入烷基的反应称为芳环上的 C-烷基化反应。最早的烃基化是在 1877 年由巴黎大学的法国化学家 Friedel 和美国化学家 Crafts 两人发现的，故也称 Friedel-Crafts 烷基化反应（简称 F-C 反应）。

$$C_6H_6 + RCl \xrightarrow{AlCl_3} C_6H_5-R + HCl$$

该反应是在无水三氯化铝催化作用下，成功地将卤代烷的烃基引入到芳环的碳原子上。利用这种反应可以合成一些烷基取代芳烃，其在有机合成上有着重要意义。

烯烃在路易斯酸或质子酸的作用下也可以和芳烃作用生成烷基芳烃，也属于 C-烷基化反应。

知识点拨

2. C-烷基化试剂

根据 C-烷基化反应的定义，要使反应的发生需要含烃基的物质存在。将含有烃基、能够发生烷基化反应的试剂称为烃基化试剂（简称烃化剂），C-烃化剂主要有卤烷、烯烃、醇类、醛和酮等。

（1）卤烷　卤烷（R—X）是常用的烃化剂。不同的卤素原子以及不同的烷基结构，对卤烷的烷基化反应影响很大。当卤烷中烃基相同而卤素原子不同时，其反应活性次序为：RI＞RBr＞RCl。当卤烷中卤素原子相同，而烃基不同时，反应活性次序为：

$$C_6H_5-CH_2X > R_3CX > R_2CHX > RCH_2X > CH_3X$$

此外，应明确指出，不能用卤代芳烃，如氯苯或溴苯来代替卤烷，因为连在芳环上的卤素受到共轭效应的稳定作用，其反应活性较低，不能进行烷基化反应。

（2）烯烃　烯烃是另一类常用的烃化剂，由于烯烃是各类烃化剂中生产成本最低、来源最广的原料，故广泛用于芳烃、芳胺和酚类的 C-烃基化。常用的烯烃有：乙烯、丙烯、异丁烯以及一些长链 α-烯烃，它们是生产长碳链烷基苯、异丙苯、乙苯等最合理的烃化剂。

由于烯烃反应活性较高，在发生 C-烷基化反应同时，还可发生聚合、异构化和成酯等副反应，因此，在烃基化时应控制好反应条件，以减少副反应的发生。

（3）醇、醛和酮　这几种物质都是较弱的烷化剂，其中，醛、酮用于合成二芳基或三芳基甲烷衍生物。醇类和卤烷烷化剂除活性上有差别外，均特别适合于小吨位的精细化学品，在引入较复杂的烷基时使用。

知识点拨

3. C-烷基化反应催化剂

C-烷基化反应常用的催化剂有：路易斯酸，主要是金属卤化物，其中常用的是 $AlCl_3$；质子酸，其中主要是氢氟酸、硫酸和磷酸。

（1）路易斯酸　主要是金属卤化物，其中常用的是 $AlCl_3$。催化活性如下：

$$AlCl_3 > FeCl_3 > SbCl_5 > SnCl_4 > BF_3 > TiCl_4 > ZnCl_2$$

路易斯酸催化剂分子的共同特点是都有一个缺电子中心原子，如 $AlCl_3$ 分子中的铝原子只有6个外层电子，能够接受电子形成带负电荷的碱性试剂，同时形成活泼的亲电质点。

无水三氯化铝是各种F-C反应中使用最广泛的催化剂。它由金属铝或氧化铝和焦炭在高温下与氯气作用而制得。为使用方便，一般制成粉状或小颗粒状。其熔点192℃，180℃开始升华。无水三氯化铝能溶于大多数的液态氯烷中，并生成烃基正离子（R^+）。也能溶于许多供电子型溶剂中形成配合物。此类溶剂有 SO_2、CS_2、硝基苯、二氯乙烷等。

工业上生产烷基苯时，通常采用的是 $AlCl_3$-盐酸配合物催化溶液，它由无水三氯化铝、多烷基苯和微量水配制而成，其色较深，俗称红油。它不溶于烷基化产物，反应后经分离，能循环使用。烷基化时使用这种配合物催化剂比直接使用三氯化铝要好，副反应少，非常适合大规模的连续化工业烷基化过程，只要不断补充少量三氯化铝就能保持稳定的催化活性。

用卤烷作烷化剂时，也可以直接用金属铝作催化剂，因烷基化反应中生成的氯化氢能与金属铝作用生成三氯化铝配合物。在分批操作时常用铝丝，连续操作时可用铝锭或铝球。

无水三氯化铝能与氯化钠等盐形成复盐，如 $AlCl_3 \cdot NaCl$，其熔点185℃，在140℃开始流体化。若需要较高的烷化温度（140～250℃）而又无合适溶剂时，可使用此种复盐，它既是催化剂又是反应介质。

采用无水三氯化铝作催化剂的优点是价廉易得，催化活性好。缺点是有大量铝盐废液生成，有时由于副反应而不适于活泼芳烃（如酚、胺类）的烷基化反应。

无水三氯化铝具有很强的吸水性，遇水会立即分解放出氯化氢和大量热，严重时甚至会引起爆炸；与空气接触也会吸收其水分水解，并放出氯化氢，同时结块并失去催化活性。

$$AlCl_3 + 3H_2O \rightleftharpoons Al(OH)_3 + 3HCl$$

因此，无水三氯化铝应装在隔绝空气和耐腐蚀的密闭容器中，使用时也要注意保持干燥，并要求其他原料和溶剂以及反应容器都是干燥无水的。

此外还有一些其他类型催化剂，如酸性氧化物、分子筛、有机铝等。

酸性氧化物，如 SiO_2-Al_2O_3 也可作为烃基化催化剂。

烷基铝是用烯烃作烃基化剂时的一种催化剂，其中铝原子也是缺电子的，对于它的催化作用还不十分清楚。酚铝［$Al(OC_6H_5)_3$］是苯酚邻位烃基化的催化剂，是由铝屑在苯酚中加热而制得的。苯胺铝［$Al(NHC_6H_5)_3$］是苯胺邻位烃基化催化剂，是由铝屑在苯胺中加热而制得的。此外，也可用脂肪族的烷基铝（R_3Al）或烷基氯化铝（AlR_2Cl），但其中的烷基必须要与引入的烷基相同。

（2）质子酸　其中主要是氢氟酸、硫酸和磷酸，催化活性次序如下：

$$HF > H_2SO_4 > P_2O_5 > H_3PO_4\text{、阳离子交换树脂}$$

① 硫酸　以烯烃、醇、醛和酮为烃基化剂的烷基化反应中广泛应用硫酸作催化剂。为了避免芳烃的磺化、烃基化剂的聚合、酯化、脱水和氧化等副反应，必须选择适宜的硫酸浓度。如对于丙烯要用90%以上的硫酸，乙烯要用98%硫酸，即便如此，这种浓度的硫酸也足以引起苯和烷基苯的磺化反应，因此苯用乙烯进行乙基化时不能采用硫酸作催化剂。

② 氢氟酸　氢氟酸可用于各种类型的傅-克反应。其主要优点第一是对含氧、氮和硫的有机物的溶解度较大，对烃类也有一定的溶解度，因此它在液态时既是催化剂又是溶剂。第二是不易引起副反应尤其是当用三氯化铝或硫酸会有副反应时，采用氢氟酸是较好的。第三是沸点低，反应后烃类与氢氟酸可静置分层回收，残留在烃类中的氢氟酸又容易蒸出，可循

环利用，氢氟酸的消耗损失少。第四是凝固点低允许在很低的温度下进行烷基化反应。氢氟酸和三氟化硼能形成配合物氟硼酸。

③ 磷酸或多磷酸　磷酸或多磷酸是烯烃烃基化的良好催化剂，又是烯烃聚合和闭环的催化剂。无水磷酸（H_3PO_4）的凝固点为42.4℃，在室温下是固体，因此通常使用的都是液体状态的含水磷酸（85%～89%）或多磷酸。多磷酸是各种磷酸多聚物的混合物。

④ 阳离子交换树脂　阳离子交换树脂也可作为烷基化反应催化剂，其中最重要的是苯乙烯-二烯乙苯共聚物的磺化物。它是烯烃、卤烷或醇进行苯酚烷基化反应的有效催化剂。优点是副反应少，通常不与任何反应物或产物形成配合物，所以反应后可用简单的过滤即可回收阳离子交换树脂，循环使用。缺点是使用温度不高，芳烃类有机物能使阳离子交换树脂发生溶胀，且树脂催化活性失效后不易再生。

4.2.4 抗氧剂BHT合成过程分析

4.2.4.1 *C*-烷基化反应机理

抗氧剂BHT的合成可采用对甲基苯酚和异丁烯发生烷基化反应来实现，其合成的反应式为：

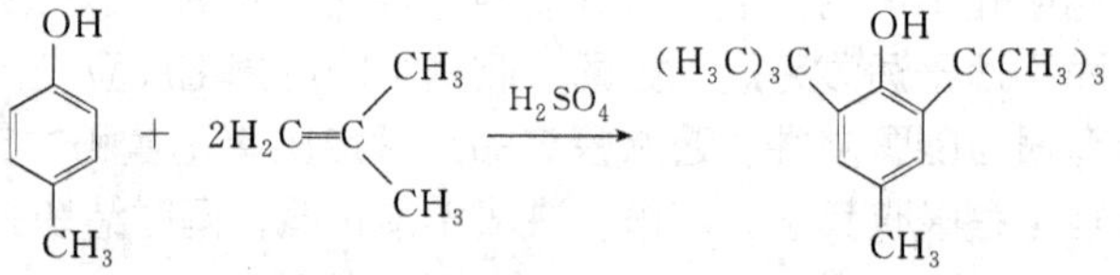

$$\text{对甲基苯酚} + 2H_2C{=}C(CH_3)_2 \xrightarrow{H_2SO_4} 2,6\text{-}[C(CH_3)_3]_2\text{-}4\text{-}CH_3C_6H_2OH$$

合成过程中可采用硫酸、苯磺酸、离子交换树脂、硅铝酸盐、$AlCl_3$/蒙脱土、三氟甲磺酸（TFMS）、离子液体（如［C_4mim］［In_2Cl_7］等；$InCl_3$ 等）作为催化剂。由于硫酸成本较低，活性较高，故小试中可以用硫酸为催化剂。对甲基苯酚和异丁烯发生烷基化机理如下：对甲基苯酚和异丁烯发生烷基化反应时，首先是异丁烯在催化剂作用下形成活泼的亲电质点 $C^+(CH_3)_3$，形成的亲电质点进攻对甲基苯酚，形成σ-配合物中间体，再脱去质子后形成取代叔丁基酚，进一步反应后形成二取代产物。历程如下。

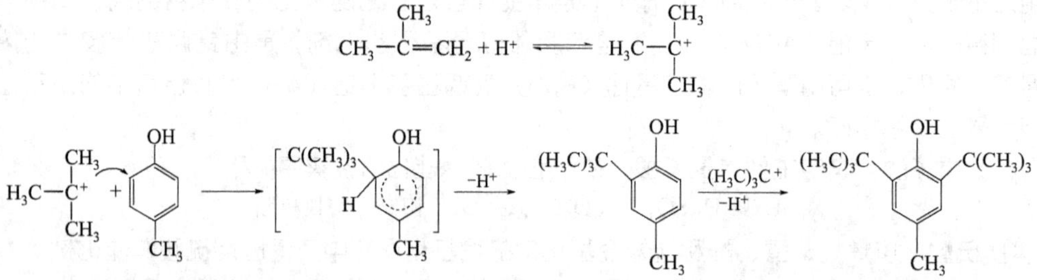

$$CH_3-C(CH_3){=}CH_2 + H^+ \rightleftharpoons H_3C-C^+(CH_3)_2$$

$$H_3C-C^+(CH_3)_2 + \text{对甲基苯酚} \longrightarrow [\sigma\text{-配合物}] \xrightarrow{-H^+} (H_3C)_3C\text{-对甲基苯酚} \xrightarrow[-H^+]{(H_3C)_3C^+} 2,6\text{-}[C(CH_3)_3]_2\text{-}4\text{-}CH_3C_6H_2OH$$

该反应都属于亲电取代反应。必须注意：①质子总是加到烯双键中含氢较多的碳原子上，即正电荷总是集中在烯双键中含氢较少的碳原子上，遵循马尔科夫尼柯夫（Markovnikov）规则；②这里的*C*-烃基化实际是一个连串反应。

也可以用三氯化铝作催化剂。但此时还必须有少量助催化剂氯化氢存在。其历程是$AlCl_3$先与HCl作用生成配合物，该配合物与烯烃反应而形成活泼的碳正离子，活泼碳正离子与芳烃形成σ-配合物，再进一步脱去质子生成芳烃的取代产物烷基苯。

$$AlCl_3 + HCl \rightleftharpoons \overset{\delta^+}{H}\cdots\overset{\delta^+}{Cl}:AlCl_3$$

$$\mathrm{R{-}\underset{H}{\underset{|}{C}}{=}CH_2 + \overset{\delta^+}{H}\cdots\overset{\delta^+}{Cl}:AlCl_3 \rightleftharpoons \left[R{-}\overset{+}{C}HCH_3\right]AlCl_4^-}$$

$$\mathrm{C_6H_6 + R{-}\overset{+}{C}H{-}CH_3 \rightleftharpoons [C_6H_6^{+}]{-}\underset{H}{\overset{CH_3}{C}}{-}R \xrightarrow{-H^+} C_6H_5{-}\underset{H}{\overset{CH_3}{\underset{|}{\overset{|}{C}}}}{-}R}$$

4.2.4.2 抗氧剂 BHT 反应过程影响因素分析

(1) 对甲基苯酚的反应性质 对甲苯酚也叫对甲酚、对甲基苯酚（英文名称 *p*-methylphenol)，又名 4-甲基苯酚、4-甲酚（4-methylphenol)、对克勒梭尔（*p*-cresol)，1-羟基-4-甲基苯（1-hydroxy-4-methylbenzene)。常温下为无色结晶或液体，熔点 35.5℃，有芳香气味。微溶于水，溶于乙醇、乙醚、氯仿、碱液等。可燃，有腐蚀性和毒性，其蒸气或雾对眼睛、黏膜和呼吸道有刺激性，对皮肤有强烈刺激性，能引起周围神经炎，中毒表现可有烧灼感、咳嗽、喘息、喉炎、气短、头痛、恶心和呕吐。对环境有危害，应特别注意对水体的污染。

对甲基苯酚分子结构中由于羟基和甲基均属于供电子基团，故芳环上的电子云密度增加，芳香烃活性增加，非常有利于 *C*-烃化反应的进行。

(2) 异丁烯的反应性质 异丁烯又名 2-甲基丙烯（英文名称：2-methyl propene, isobutene)，熔点－140.3℃，沸点－6.9℃，相对密度（水＝1）0.67（－49℃)，溶解性：不溶于水，易溶于多数有机溶剂。

异丁烯在催化剂存在的条件下烷基化反应活性较好，稍高一点的温度下就能进行反应。

(3) 反应的方式 工业上广泛使用的烃基化方法有液相法和气相法两类。液相法的特点是，用液态催化剂、液态苯和气相（乙烯、丙烯）或液相烃化剂在反应器内完成 *C*-烷基化反应。气相法的特点是使用气态苯和气态烃化剂在一定的温度和压力条件下，通过固体酸催化剂在反应器内完成烷基化反应。这里采用液相法进行合成的小试。

液相的构成通常有两种方式，其一是利用本身液体物料（或熔融状态的物料）作为反应介质，其二是加入某种惰性溶剂作为介质。惰性溶剂可以选择非极性的溶剂如二硫化碳、四氯化碳等，中等极性的溶剂如二氯乙烷、四氯乙烷等，强极性溶剂可以选择硝基苯、硝基甲烷等。但必须注意，加入惰性溶剂后，反应物料的浓度不可避免地降低，且生产效率也会下降。

反应时可以将催化剂加入到液体物料中，再通入气体物料升温进行反应。但这种方式易将液体物料带出，逸出的气体物料不能重新进入液体物料中参与反应，原料利用率往往较低。但如果有效地对逸出的气体进行回收，这种方式不失为一种有效的反应方式。

另一种较常用的方式是加压的反应方式。即将过量的气体物料压入反应釜中，在加压条件下反应。充入的气体的量可以达到很高的量，因而气体物料在液体中的浓度将极大地提高，可以使得反应保持较高的速度进行。但这种方式有可能造成不需要的连串反应的副反应。

(4) 催化剂的用量 以硫酸作为催化剂时，由于浓硫酸有氧化性，用量太多很容易引起甲基酚的氧化。如果用量太少，则影响反应速率。一般控制其量为：H_2SO_4∶对甲酚＝（4～5)∶100。

(5) 物料配比 从化学反应方程式看，需要在对甲苯酚上引入两个叔丁基，所以对甲苯酚和异丁烯的物质的量为 1∶2，实际反应过程中，对甲苯酚和异丁烯的物质的量比为 1∶(2～3)。

(6) 反应温度 反应温度越高，反应速率越快，但温度过高会引起多烷基化反应比例上升，抗氧剂 BHT 的合成过程中反应温度一般控制在 70℃。

(7) 搅拌速度 搅拌可加快气液反应的传质速率，从而提高反应速率。一般搅拌速度控制在 500r/min。

(8) 副反应 由于对甲酚烷基化反应后，芳环的活性提高，在反应温度下可以发生部分磺化反应。浓硫酸具有氧化性和脱水性，酚羟基有较强的还原性，故如果控制不好，可能使一部分对甲酚被氧化，浓硫酸被还原而降低催化能力。

另外，异丁烯含有末端双键，有一定的聚合能力，故在温度较高的时候较容易聚合。

4.2.4.3 *C*-烷基化反应后处理及分离过程分析

(1) 产物的组成和状态 如采用外加惰性溶剂的液相反应方式，反应结束后，反应体系中主要是目标产物抗氧剂 BHT 的溶液，此外还含有过量的异丁烯、少量未反应的对甲酚、2-叔丁基对甲苯酚及催化剂等。

(2) 产物分离策略 由于抗氧剂 BHT 为低熔点晶体（熔点 68℃），反应体系主要为 BHT 的惰性溶剂的溶液，故可以通过脱除溶剂的方法将产物结晶析出。为避免残余浓硫酸对产品的破坏，要在脱除溶剂前将它猝灭掉。

对于低熔点固体，可以采用减压精馏的方式得到抗氧剂 BHT 粗产品。

(3) 产物的精制 因为是抗氧剂 BHT 粗产品固体产物，一般都可采用重结晶的方法。

4.3 工作过程指导

4.3.1 制订小试合成方案要领

小张等一行来到了主要的实习岗位——车间小试实验室。完成岗位安全教育后，顾工跟小张他们一起讨论抗氧剂 BHT 的合成方案。

顾工拿出了一份当初小试组试制抗氧剂 BHT 的小试方案。

将纯度为 97%对甲苯酚和 98%的硫酸按 100∶(4～5) 的比例加入四口烧瓶中（注意：加硫酸时要缓慢加入，同时不断振荡），将物料回热至 70℃左右直至对甲苯酚熔融，当反应器内温度稳定在 70℃开始加入异丁烯，将异丁烯通过导管加入到对甲苯酚熔融体表面以下，当加入规定物质的量的异丁烯后（缓慢加入，加料时间维持 2h），将反应温度维持在 70℃反应 2h。反应结束后加碳酸钠以中和体系中的酸，未反应的对甲苯酚在 5000Pa，130℃下蒸出；继续减压至 200～300Pa，132℃进行蒸馏得到粗产品。将粗产品用乙醇进行重结晶以得到精品。

顾工：“请大家讨论一下，以此文献方案为参考，如何制订小试合成方案？”

小张：“文献方案有些细节尚不清楚。其一，反应体系似乎没有加入惰性溶剂而采用熔融的对甲酚作为溶剂，对甲酚的熔点约 35℃，为何加热到 70℃？这样高的温度，会不会将对甲酚氧化？其二，在反应温度下，异丁烯是气体状态，在溶液中溶解度如何不得而知，如果反应时不停地通入异丁烯，又如何控制异丁烯的量？其三，中和时碳酸钠是溶液还是固体状态直接加入？”

小苏：“从反应体系逸出的异丁烯是否可以回收？如果不回收排入空气将是非常危险的，生产成本也无法过关。”

顾工：“大家看得很仔细。小试的方案首先要注重安全性，特别是对于易被氧化的气体原料，反应时如果处理不当很容易引起生产事故。这里提几点建议，以便对大家制订小试方案时参考。”

4.3.2 单元反应体系构建和后处理纯化建议

4.3.2.1 C-烷基化反应体系的构建与监控

(1) 反应体系的构建 建议采用外加惰性溶剂法构建液相反应体系。比如以硝基甲烷为溶剂。也可以考虑用一些常见的溶剂，如二氧六环等。可在反应釜中制成对甲酚的溶液，再加入催化剂。

采用加压反应的方式。即将过量的异丁烯加压充入反应釜中，在加压条件下进行反应。

必须注意的是，反应釜中空气的存在将对反应的安全产生严重的威胁，故反应釜需在反应前以氮气对空气进行置换。

(2) 合成的控制策略 反应釜投料完毕后，可在低温下通入氮气将釜内空气置换出来，然后密闭反应釜通入一定量异丁烯至一定压力，升温（70℃）进行反应。随着反应的进行，异丁烯的浓度将随之降低，反应釜压力也将下降，因此通过监察反应的压力可以大概掌握反应的进程。因为本反应是连串反应，由于位阻的影响，反应停留在二取代阶段。

反应结束后要注意回收釜内剩余的异丁烯。

(3) 反应终点的控制 反应釜压力降至一定值并长时间维持不变时，可基本确认反应结束。可以采用薄层色谱（TLC）或气相色谱（或高效液相色谱）等来判定。

4.3.2.2 C-烷基化反应体系的后处理分离方法

反应结束后，可将反应釜内异丁烯再次用惰性气体（如 N_2）置换回收。可用 5%的碳酸钠中和反应液中浓硫酸。如果反应液中 BHT 的含量较高，可直接进行浓缩处理。为防止温度过高对产物产生的影响，可以在减压下进行。如 BHT 的含量不高，可以采用分步减压蒸馏的方式进行分离：在浓缩溶剂后，可在 5000Pa，130℃下蒸出未反应的对甲苯酚；继续减压至 200～300Pa，132℃进行蒸馏，得到目标产物。

4.3.2.3 产物的纯化方法

采用重结晶方法纯化时溶剂可选甲醇、乙醇、苯、正己烷或石油醚等。重结晶过程可以参考附录内容。

4.3.3 绘制试验流程图

将复杂的试验方案用相对简单的流程图表示出来，可以更好地把握试验工艺，掌握试验进程，减少出错的机会，这在试验和生产上都是非常必要的。

小试流程图的要点在于突出其中的单元操作，使得在放大时能清晰地对应大生产的操作岗位。本试验流程方框图（供参考）如图 4-1 所示。

流程图中将主要岗位的特征仪器用方框表示，箭号方向表示物流的方向，操作内容一般写在箭号上方，主要的操作参数等可以写在箭号的下方。有时为了方便起见，如果操作的内容足以说明方框的内容，则方框的内容可以省略。

必须说明的是，制作的流程图必须与试验方案对应。在制订小试方案时，有时可以流程图代替。

4.3.4 小试试验装置

本试验小试装置图如图 4-2 所示。

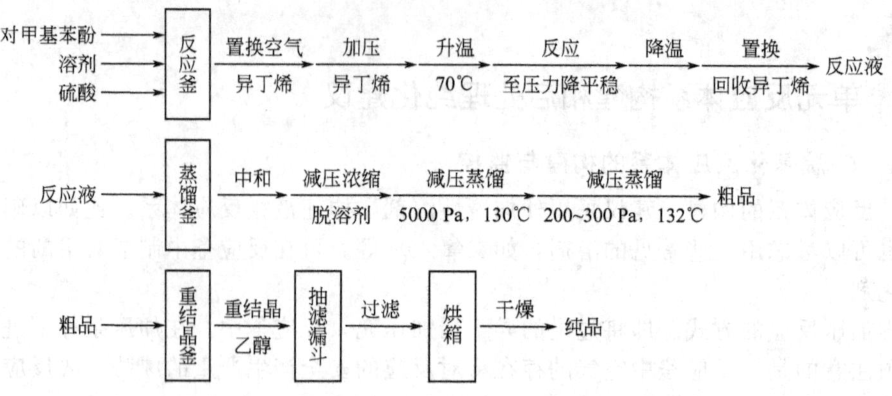

图 4-1 抗氧剂 BHT 小试流程方框图（供参考）

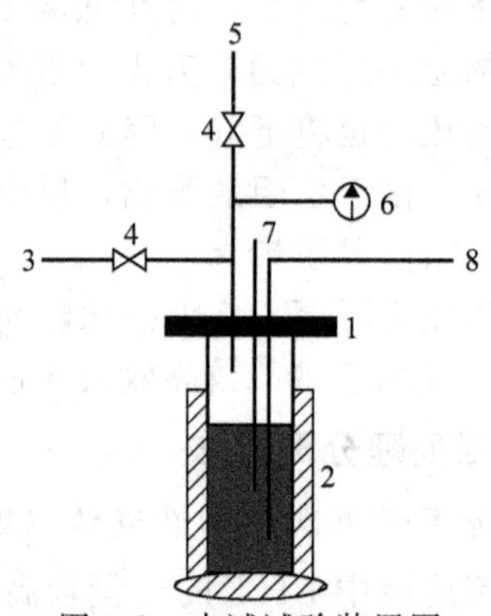

图 4-2 小试试验装置图

1—反应釜；2—加热装置；3—进气气路；4—截止阀；5—出气气路；
6—压力表；7—电磁搅拌器；8—温度计

4.3.5 产物的检测和鉴定

（1）关于产物的检测和鉴定 测定产物的熔点（68℃）。波谱鉴定只要求对合成产品检测其红外光谱。抗氧剂 BHT 的红外光谱图如图 4-3 所示。

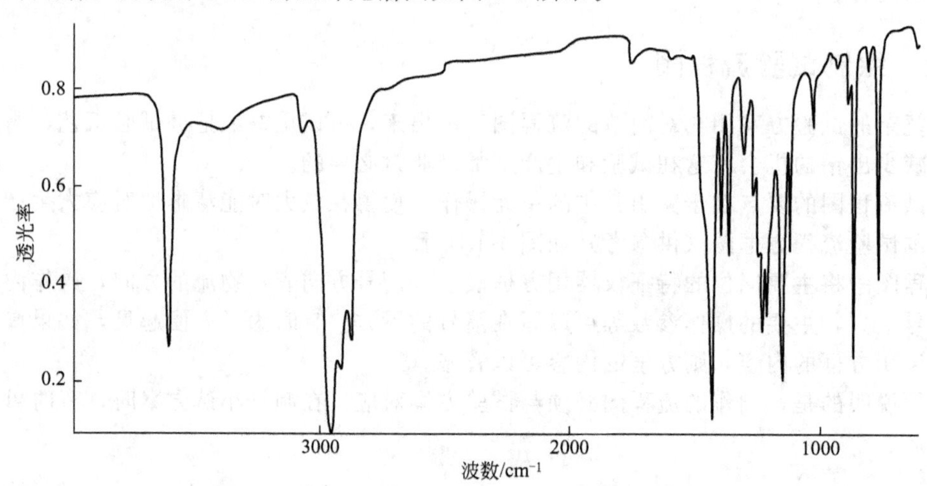

图 4-3 抗氧剂 BHT 的红外光谱图

（2）填写产品合成报告书 见附录《产品合成报告书》。

4.3.6　小试合成工艺的评估

参考情境 1 评估的方法。

4.3.7　技能考核要点和评价

参照情境 1 的考核方式，考核方案如下。

称取对甲酚 10.8g（0.1mol）、叔丁醇 8.15g（0.11mol）加入反应釜加热溶解，然后加入 2%的催化剂磷酸，于 65～70℃强烈搅拌下反应。40min 后取样分析，直至反应完全。反应产物先用 10%的氢氧化钠溶液洗至碱性，再用同温度的水洗至中性。用蒸馏法除去溶剂，再经乙醇重结晶得成品。

技能考核要点可参考情境 1 或情境 2 技能考核表自行设计。

4.4　知识拓展

4.4.1　关于烷基化反应

4.4.1.1　烷基化反应概述

把烃基引入有机化合物分子中的碳、氮、氧、硅、磷等原子上的反应称为烷基化反应，简称烃基化。所引入的烃基可以是烷基、烯基、炔基或芳基等，其中以引入烷基（如甲基、乙基、异丙基等）最为重要。当引入的基团为取代基的烃基，如—CH_2OH、—CH_2CH_2OH、—CH_2COOH、—CH_2Cl 等，称为广义的烃基化。

烷基化反应在化工产品合成中是一类极为重要的反应。利用该反应所合成的苯乙烯、乙苯、异丙苯、十二烷基苯等烃基苯，是塑料、医药、溶剂、合成洗涤剂的重要原料。通过烷基化反应合成的醚类、烃基胺是极为重要的有机合成中间体，有些烃基化产物本身就是药物、染料、香料、催化剂、表面活性剂等功能产品。如环氧化物烷基化（*O*-烃基化）可制得重要的聚乙二醇型非离子表面活性剂。采用卤烷烷化剂进行氨或胺的烃基化（*N*-烃基化）合成的季铵盐是重要的阳离子表面活性剂、相转移催化剂、杀菌剂等。例如，烷基酚聚氧乙烯醚是用途极为广泛的非离子型表面活性剂（TX-10、OP-10），其可由 *C*-烃基化及 *O*-烷基化反应生产。

从反应产物的结构上来看，烷基化反应可分为 *C*-烷基化反应、*N*-烷基化反应和 *O*-烷基化反应。

4.4.1.2　各类烷基化反应

(1) *C*-烷基化反应

① *C*-烃基化反应的特点　*C*-烃基化反应具有如下特点。

a. *C*-烃基化是可逆反应　烷基苯在强酸催化剂存在下能发生烷基的歧化和转移，即苯环上的烷基可以从一个苯环上转移到另一个苯环上，或从一个位置转移到另一个位置上，如：

$$C_6H_6 + C_6H_4R_2 \rightleftharpoons 2\,C_6H_5R$$

$$C_6H_4R_2 + H^+ \rightleftharpoons [C_6H_5RHR]^+ \rightleftharpoons C_6H_5R + R^+$$

当苯量不足时，有利于二烷基或多烷基苯的生成；苯过量时，则有利于发生烷基转移，使多烷基苯向单烷基苯转化。因此在制备单烷基苯时，可利用这一特性使副产物多烷基减少，并增加单烷苯总收率。

C-烷基化反应的可逆性也可由烷基的给电子特性加以解释。给电子的烷基连于苯环，使芳环上的电子云密度增加，特别是与烷基相连的那个芳环碳原子上的电子云密度增加更多，H^+ 进攻此位置较易，转化为 σ-络合物，其可进一步脱除 R^+ 而转变为起始反应物。

b. 烃基正离子能发生重排　*C*-烃基化中的亲电质点烷基碳正离子会重排成较稳定的碳正离子。如用正丙基氯在无水三氯化铝作催化剂与苯反应时，得到的正丙苯只有 30%，而异丙苯却高达 70%。这是因为反应过程中生成的 $CH_3CH_2CH_2{}^+$ 会发生氢转移-异构化反应重排形成更加稳定的 $CH_3CH^+CH_3$。

$$CH_3CH_2CH_2-\ddot{Cl}:+AlCl_3 \rightleftharpoons [CH_3CH_2\overset{+}{C}H_2]\ AlCl_4^-$$

$$\underset{\text{伯碳正离子}}{CH_3-\underset{\displaystyle H}{\underset{|}{C}H}-\overset{+}{C}H_2} \xrightleftharpoons[\text{（氢转移重排）}]{\text{异构化}} \underset{\text{仲碳正离子}}{CH_3-\overset{+}{C}H-CH_3}$$

烃基正离子的异构化是可逆的，总的平衡趋势是使烃基正离子转变为更加稳定的结构。一般规律是伯重排为仲、仲重排为叔。对于多碳直链仲碳正离子，一般规律是正电荷从靠边的仲碳原子逐步转移到居中的仲碳原子上。因此上述烷基化反应生成的是两者的混合物。

当用碳链更长的卤烷或烯烃与苯进行烷基化时，则烷基正离子的重排现象更加突出，生成的产物异构体种类也增多，但支链烷基苯占优的趋势不变。

c. 芳环上的 *C*-烃基化可发生连串反应　由于烷基是供电子基，芳环上引入烷基后因电子云密度增加而比原先的芳烃更加活化，这有利于其进一步与烷基化剂反应生成二取代烷基芳烃，甚至生成多烷基芳烃。但是，随着烷基数目增多，空间位阻效应会阻止进一步引入烷基，使反应速度减慢。因此烷基苯的继续烷基化反应的速率是加快还是减慢，需视两种效应的强弱而定，且与所用的催化剂有关。一般说来，单烷基苯的烷基化速度比苯快。当苯环上取代烷基的数目增加，由于空间位阻效应，实际上四元以上取代烷基苯的生成是很少的。为了控制二烷基苯和多烷基苯的生成量，必须选择适宜的催化剂和反应条件，其中最重要的是控制反应原料苯和烷基化剂的物质的量之比，常使苯过量较多，反应后再加以回收循环使用。

② 其他烃化试剂的烷基化

a. 用卤烷烷化　卤烷是活泼的 *C*-烃化剂。工业上通常使用的是氯烷，如苯系物与氯代高级烷烃在三氯化铝催化下可得高级烷基苯。此类反应常采用液相法，与烯烃作烃基化剂不同的是在生成烷基芳烃的同时，反应会放出氯化氢。工业上利用此点将铝锭或铝球放入烃基化塔内，就地生成三氯化铝作为催化剂，而不再直接使用价格较高的无水三氯化铝。由于水会分解破坏氯化铝或配合物催化剂，不仅铝锭消耗增大，还易造成管道堵塞，出现生产事故。因此进入烃基化塔的氯烷和苯都要预先经干燥处理。将处理后的氯烷和苯按摩尔比 1∶5 从底部进入烃基化塔（2～3 个串联），在 55～70℃之间完成反应，烃基化液由塔上部溢流出塔，经冷却和静置分层，配合物催化剂送回烃化塔内，烃基化液中夹带的少量催化剂，经洗涤、脱苯和精馏，才能得到合乎要求的精烷基苯。反应生成的大量氯化氢由烃基化塔顶部经石墨冷却器回收苯后排出至氯化氢吸收系统制成盐酸。因反应系统中有氯化氢和微量水存在，其腐蚀性极强，所流经的管道和设备均应作防腐处理，一般采用搪瓷、搪玻璃或其他耐腐材料衬里。为防止氯化氢气体外逸，相关设备可在微负压条件下进行操作。

Lewis 酸催化剂三氯化铝能使卤烷极化，形成分子配合物、离子配合物或离子对：

$$\overset{\delta^+}{R}-\overset{\delta^-}{Cl}+AlCl_3 \rightleftharpoons \overset{\delta^+}{R}-\overset{\delta^-}{Cl}:AlCl_3 \rightleftharpoons \overset{+}{R}\cdots AlCl_4^- \rightleftharpoons \overset{+}{R}+AlCl_4^-$$

分子配合物　　离子配合物　　离子对

其以何种形式参加后继反应主要视卤烷结构而定。由于碳正离子的稳定性顺序是：

$$C_6H_5-\overset{+}{C}H_2 \approx CH_2=CH-\overset{+}{C}H_2 > R_3\overset{+}{C} > R_2\overset{+}{C}H > R\overset{+}{C}H_2 > \overset{+}{C}H_3$$

因此伯卤烷不易生成碳正离子，一般以分子配合物参与反应。而叔卤烷、烯丙基卤、苄基卤因有 σ-π 超共轭或 p-π 共轭，则比较容易生成稳定的碳正离子，常以离子对的形式参与反应。仲卤代烷则常以离子配合物的形式参与反应。

苄基氯分子中的氯比较活泼，在酸性催化剂的存在下，可在温和的条件下向芳环上引入苄基。例如，在反应器中加入苯和氯化锌水溶液，然后在 70℃滴加苄基氯，并在 70～75℃保温 10h，即得医药中间体二苯甲烷，产品收率 95％。

$$C_6H_5-CH_2Cl + C_6H_6 \xrightarrow[70\sim75℃]{ZnCl_2\ 水溶液} C_6H_5-CH_2-C_6H_5 + HCl$$

b. 用醇烃基化　当以质子酸作催化剂时，醇先被质子化，然后解离为烃基正离子和水。

$$R-OH+H^+ \rightleftharpoons R-\overset{+}{O}H_2 \rightleftharpoons R^+ + H_2O$$

如用无水 $AlCl_3$ 为催化剂，则因醇烃基化生成的水会分解三氯化铝，所以需用与醇等物质的量之比的三氯化铝，反应式如下所示：

$$C_6H_6 + ROH + AlCl_3 \longrightarrow C_6H_5-R + Al(OH)Cl_2 + HCl$$

烷基化反应的活泼质点是按下面途径生成的：

$$ROH+AlCl_3 \xrightarrow{-HCl} ROAlCl_2 \rightleftharpoons R^+ + \bar{O}AlCl_2$$

例如，对二甲苯的需要量很大，近年来莫比尔公司开发了甲苯用甲醇进行 *C*-烷化的新方法，所用的催化剂是改性 ZSM-5 新型分子筛。当甲苯/甲醇摩尔比为 1∶1，在 400～600℃反应时，甲苯的转化率为 37％，二甲苯的理论收率 100％，混合二甲苯中对二甲苯含量约占 97％。

$$CH_3-C_6H_5 + CH_3OH \xrightarrow{催化剂} CH_3-C_6H_4-CH_3 + H_2O$$

此法的优点是：可利用供应量大的甲苯直接得到对二甲苯，选择性高，副反应少，分离提纯容易，与甲苯的歧化法（制苯和混合二甲苯）相比，可节省投资 60％。但此法要求有廉价的甲醇。

c. 用醛、酮烃基化　用醛、酮烃基化时催化剂常用质子酸。醛、酮首先被质子化得到活泼亲电质点，与芳烃加成得产物醇；其产物醇再按醇烃基化的反应历程与芳烃反应，得到二芳基甲烷类产物：

$$R^1R^2C=O + H^+ \rightleftharpoons R^1R^2C=\overset{+}{O}H \rightleftharpoons R^1R^2C^+-OH$$

$$R^1R^2C^+-OH + C_6H_6 \longrightarrow C_6H_5-CR^1R^2-OH + H^+ \rightleftharpoons C_6H_5-CR^1R^2-\overset{+}{O}H_2 \rightleftharpoons C_6H_5-C^+R^1R^2 + H_2O$$

$$C_6H_5-C^+R^1R^2 + C_6H_6 \longrightarrow C_6H_5-CR^1R^2-C_6H_5 + H^+$$

例如，甲醛与邻二甲苯按 1∶8 的摩尔比在硫酸、对甲苯磺酸或乙酸存在下，在 120～140℃反应 140min，可制得二（3,4-二甲基苯基）甲烷，它是制高温合成材料的中间体。

$$H-\overset{O}{\overset{\|}{C}}-H + 2\ \text{(邻二甲苯)} \xrightarrow[\text{脱水 }C\text{-烷化}]{\text{酸催化}} \text{二(3,4-二甲基苯基)甲烷} + H_2O$$

酮不如醛活泼，它们只能对芳胺和酚类进行 *C*-烷化，反应都是在强酸性催化剂存在下进行的。

例如，2,2-双（4′-羟基苯基）丙烷（商品名双酚 A）的制备。广泛采用的间歇法是将丙酮和苯酚按 1∶8 的摩尔比与被氯化氢饱和的循环液在常压和 50～60℃搅拌 8～9h，然后分离回收氯化氢、未反应的丙酮和苯酚，然后精制，即得到目的产物。消耗定额：丙酮 269kg、苯酚 855kg、氯化氢 16kg。

$$CH_3-\overset{O}{\overset{\|}{C}}-CH_3 + 2\ C_6H_5-OH \xrightarrow[\text{脱水 }C\text{-烷化}]{\text{酸催化}} HO-C_6H_4-C(CH_3)_2-C_6H_4-OH + H_2O$$

连续操作法以改性阳离子交换树脂为催化剂，丙酮和苯酚按 1∶(8～14) 的摩尔比连续进入一台或多台绝热反应器，在尽可能低的温度下停留 1h，约有 50%的丙酮转化。烷化液经分离、精制即得到双酚 A。

(2) *N*-烷基化反应 有机分子中的氨基或氨中氮原子上的氢被烃基所取代，生成烃基取代胺的反应称为 *N*-烷基化反应。氨、脂肪胺或芳胺中氨基上的氢原子被烃基取代，或通过直接加成而在上述化合物分子中的 N 原子上引入烃基的反应均称为 *N*-烷基化反应。如：

$$\ddot{N}H_3 \xrightarrow{RX} R\ddot{N}H_2 \xrightarrow{RX} R_2\ddot{N}H \xrightarrow{RX} R_3\ddot{N} \xrightarrow{RX} R_4N^+X^-$$

① *N*-烃基化剂 *N*-烃基化剂的种类很多，常用的有以下 6 类。

a. 醇和醚。如甲醇、乙醇、甲醚、乙醚、异丙醇、丁醇等。

b. 卤烷。如氯甲烷、碘甲烷、氯乙烷、溴乙烷、苄氯、氯乙酸等。

c. 酯。如硫酸二甲酯、硫酸二乙酯、对甲苯磺酸酯、碳酸二甲酯等。

d. 环氧化合物。如环氧乙烷、环氧氯丙烷等。

e. 烯烃衍生物。如丙烯醇、丙烯酸、丙烯酸甲酯等。

f. 醛酮。如各种脂肪族和芳香族的醛、酮。

② *N*-烷基化反应的类型 *N*-烷基化反应可分为如下三种类型。

a. 取代型

$$NH_3 \xrightarrow[-HZ]{R_1Z} R^1NH_2 \xrightarrow[-HZ]{R^2Z} R^1R^2NH \xrightarrow[-HZ]{R^3Z} R^1R^2R^3N \xrightarrow{R^4Z} \left[R^2-\overset{R^1}{\underset{R^3}{N^+}}-R^4 \right] Z^-$$

式中，RZ 代表烃基化剂，如醇、卤烷、酯等化合物。R 代表烃基，Z 代表—OH,—X。

b. 加成型

$$RNH_2 \xrightarrow{H_2C=CH-CN} RNHCH_2CH_2CN \xrightarrow{H_2C=CH-CN} RN(CH_2CH_2CN)_2$$

$$RNH_2 \xrightarrow{H_2C\overset{O}{-}CH_2} RNHCH_2CH_2OH \xrightarrow{H_2C\overset{O}{-}CH_2} RN(CH_2CH_2OH)_2$$

c. 缩合-还原型

$$RNH_2 \xrightarrow[\text{缩合}]{R'CHO} RN{=}CHR' \xrightarrow[\text{还原}]{[H]} RNHCH_2R' \xrightarrow{R'CHO} R{-}N(CH_2R')(CHR'OH) \xrightarrow{[H]} RN(CH_2R')_2$$

③ 不同烃化剂的 N-烷基化方法

a. 用醇和醚作烃化剂的 N-烃基化法　用醇和醚作烃化剂时，其烃化能力较弱，应需在强酸（如浓硫酸催化剂）存在下才可进行，但某些低级醇（甲醇、乙醇）因价廉易得，供应量大，工业上常用其作为活泼胺类的烷化剂。其催化作用是由于强酸离解出质子，能与醇生成活泼的烃基正离子 R^+，

$$R{-}\ddot{O}H + H^+ \rightleftharpoons R{-}\overset{+}{O}H_2 \rightleftharpoons R^+ + H_2O$$

烃基正离子与氨或胺的氮原子上的未共有电子对能形成中间配合物，然后脱去质子成为伯胺，由于伯胺的氮原子上继续存在有未共有电子对，能和烃基正离子 R^+ 继续反应生成仲胺、叔胺，直至生成季铵离子为止。

$$H{-}\ddot{N}H{-}H + R^+ \rightleftharpoons \left[H{-}\overset{H}{\underset{R}{N^+}}{-}H\right] \rightleftharpoons H{-}\overset{H}{\underset{R}{N}}\!: + H^+$$

$$H{-}\overset{H}{\underset{R}{N}}\!: + R^+ \rightleftharpoons \left[H{-}\overset{H}{\underset{R}{N^+}}{-}R\right] \rightleftharpoons H{-}\underset{R}{\ddot{N}}{-}R + H^+$$

$$H{-}\underset{R}{\ddot{N}}{-}R + R^+ \rightleftharpoons \left[H{-}\overset{R}{\underset{R}{N^+}}{-}R\right] \rightleftharpoons :\overset{R}{\underset{R}{N}}{-}R + H^+$$

$$:\overset{R}{\underset{R}{N}}{-}R + R^+ \rightleftharpoons \left[R{-}\overset{R}{\underset{R}{N^+}}{-}R\right]$$

由此可见，氨或胺类用醇进行烃基化是一个亲电取代反应。胺的碱性越强，反应越易进行。因烃基是供电子基，其引入会使胺的活性提高，所以 N-烷基化反应是连串反应，同时又是可逆反应。对于芳胺，环上带有供电子基时，芳胺易发生烃基化；而环上带有吸电子基时，烷基化反应较难进行。氨及胺类的碱性（或供电性）通常是：脂肪胺＞氨＞芳胺。综上可知，N-烃基化产物是伯、仲叔胺的混合物。可见要得到目的产物必须采用适宜的 N-烷化方法。

苯胺进行甲基化时，若目的产物是一烷基化的仲胺，则醇的用量仅稍大于理论量；若目的产物是二烷基化的叔胺，则醇用量约为理论量 140%～160%。即使如此，在制备仲胺时，得到的仍是伯胺、仲胺、叔胺的混合物。用醇烷化时，每摩尔胺用强酸催化剂 0.05～0.3mol，反应温度约为 200℃左右，不宜过高，否则有利于芳环上的 C-烷化反应。苯胺甲基化反应完毕后，物料用氢氧化钠中和，分出 N,N-二甲基苯胺油层。再从剩余水层中蒸出过量的甲醇，然后再在 170～180℃，压力 0.8～1.0MPa 下使季铵盐水解转化为叔胺。

胺类用醇进行烃基化除了上述液相方法外，对易于汽化的醇和胺，反应还可以用气相方法。一般是使胺和醇的蒸气在 280～500℃左右的高温下，通过氧化物催化剂（如 Al_2O_3、TiO_2、SiO_2 等）。例如，工业上大规模生产的甲胺就是由氨和甲醇气相烷基化反应生成的：

$$NH_3 + CH_3OH \xrightarrow[350\sim500℃,\ 1\sim3MPa]{Al_2O_3 \cdot SiO_2} CH_3NH_2 + H_2O$$

烷基化反应并不停留在一甲胺阶段，还同时得到二甲胺、三甲胺混合物。其中二甲胺的用途最广，一甲胺需求量次之。为减少三甲胺的生成，烷基化反应时，一般取氨与甲醇的摩尔比大于1，使氨过量，再加适量水和循环三甲胺（可与水进行逆向分解反应），使烷基化反应向一烷基化和二烷基化转移。例如：在500℃，NH_3∶CH_3OH=2.4∶1（摩尔比），反应后的产物组成为一甲胺54%，二甲胺26%，三甲胺20%。工业上三种甲胺的产品是浓度为40%的水溶液。一甲胺和二甲胺为制造医药、农药、染料、炸药、表面活性剂、橡胶硫化促进剂和溶剂等的原料。三甲胺用于制造离子交换树脂、饲料添加剂及植物激素等。

甲醚是合成甲醇时的副产物，也可用作烷化剂，其反应式如下：

$$C_6H_5-NH_2+(CH_3)_2O\xrightarrow[230℃]{Al_2O_3}C_6H_5-NHCH_3+CH_3OH$$

$$C_6H_5-NHCH_3+(CH_3)_2O\longrightarrow C_6H_5-N(CH_3)_2+CH_3OH$$

此烷基化反应可在气相进行。使用醚类烷化剂的优点是反应温度可以较使用醇类的为低。

b. 用卤烷作烷化剂的 *N*-烃基化法　卤烷作 *N*-烷化剂时，反应活性较醇要强。当需要引入长碳链的烃基时，由于醇类的反应活性随碳链的增长而减弱，此时则需使用卤烷作为烷化剂。此外，对于活泼性较低的胺类，如芳胺的磺酸或硝基衍生物，为提高反应活性，也要求采用卤烷作为烷化剂。卤烷活性次序为：RI＞RBr＞RCl；脂肪族＞芳香族；短链＞长链。

用卤烷进行的 *N*-烷基化反应是不可逆的，因反应中有卤化氢气体放出。此外，反应放出的卤化氢会与胺反应生成盐，胺盐失去了氮原子上的孤对电子，*N*-烷基化反应则难以进行。工业上为使反应顺利进行，常向反应系统中加入一定的碱（氢氧化钠、碳酸钠、氢氧化钙等）作为缚酸剂，以中和卤化氢。

用卤烷的烷基化反应可以在水介质中进行，若卤烷的沸点较低（如：一氯甲烷、溴乙烷），反应要在高压釜中进行。烷基化反应生成的大多是仲胺与叔胺的混合物，为了制备仲胺，则必须使用大大过量的伯胺，以抑制副产物叔胺的生成。有时还需要用特殊的方法来抑制二烷化副反应，例如：由苯胺与氯乙酸制苯基氨基乙酸时，除了要使用不足量的氯乙酸外，在水介质中还要加入氢氧化亚铁，使苯基氨基乙酸以亚铁盐的形式析出，以避免进一步二烷化。

$$2C_6H_5NH_2+2ClCH_2COOH+Fe(OH)_2+2NaOH\longrightarrow(C_6H_5NHCH_2COO)_2Fe\downarrow+2NaCl+4H_2O$$

然后将亚铁盐滤饼用氢氧化钠水溶液处理，使之转变成可溶性钠盐。

制备 *N*,*N*-二烷基芳胺可使用定量的苯胺和氯乙烷，加入到装有氢氧化钠溶液的高压釜中，升温至120℃，当压力为1.2MPa时，靠反应热可自行升温至210～230℃，压力4.5～5.5MPa，反应3h，即可完成烷基化反应。

$$C_6H_5-NH_2+2C_2H_5Cl\xrightarrow[120\sim220℃]{NaOH}C_6H_5-N(C_2H_5)_2+2HCl$$

c. 用酯作烷化剂的 *N*-烃基化法　硫酸酯、磷酸酯和芳磺酸酯都是活性很强的烃基化剂，其沸点较高，反应可在常压下进行。由于这几种酯类常常是由醇合成而得到的，因此其价格比相应的醇稍高，所以其实际应用受到限制。硫酸酯与胺类烷基化反应通式如下：

$$RNH_2+R'OSO_2OR'\longrightarrow RNHR'+R'OSO_2OH$$

硫酸二酯易给出其所含的第一个烷基，而给出第二烷基则较困难。常用的是硫酸二甲酯，但其毒性极大，可通过呼吸道及皮肤进入人体，使用时应格外小心。用硫酸酯烷化时，常需要加碱中和生成的酸，以便提高其给出烷基正离子的能力。如对甲苯胺与硫酸二甲酯于50～60℃时，在碳酸钠、硫酸钠和少量水存在下，可生成 *N*,*N*-二甲基对甲苯胺，收率可达

95%。此外，用磷酸酯与芳胺反应也可高收率、高纯度地制得 N,N-二烷基芳胺，反应式如下：

$$3ArNH_2+2(RO)_3PO \longrightarrow 3ArNR_2+2H_3PO_4$$

近年来，碳酸二甲酯（DMC）由于其为一种绿色化学品，欧洲在 1992 年把它列为无毒化学品，可取代传统使用的卤代甲烷、硫酸二甲酯等进行甲基化反应。

N-甲基芳胺是合成染料、香料、植物保护剂等的重要原料。以 N-甲基苯胺为例，其常规的合成方法采用苯胺在卤代甲烷作用下气相甲基化。该反应过程中不但要使用对人体有害的卤代甲烷，而且还会产生氮甲基化及环甲基化等多种产物，给分离带来较大困难。以 DMC 替代卤代甲烷与苯胺在催化剂作用下进行反应，则不会产生酰基苯胺副产物。其反应式为：

$$C_6H_5-NH_2+(CH_3O)_2CO \xrightarrow{\text{催化剂}} C_6H_5-NHCH_3+CH_3OH+CO_2$$

如选择钾离子交换后的 Y 型沸石作催化剂，N-甲基苯胺的选择性为 93.5%，苯胺的转化率达 99.6%。

对于 N-甲基脂肪胺，研究结果表明，碱金属离子交换的分子筛 NaY 是脂肪胺甲基化的良好催化剂。但反应过程中所生成的 CO_2 会影响反应的进行（CO_2 的存在会导致氨基甲酸酯的生成），若在反应的同时辅以除 CO_2 设备，N-甲基脂肪胺的产率可达到 70%～90%。

d. 用环氧乙烷作烷化剂的 N-烃基化法　环氧乙烷是一种活性很强的烃基化剂，其分子具有三元环结构使各原子的轨道不能正面充分重叠，而是以弯曲键相互连接。由于这种关系，分子中存在一种张力，极易与多种试剂反应，把环打开，环氧乙烷与胺类发生加成反应得到含羟乙基的产物。

例如：芳胺与环氧乙烷发生加成反应，生成 N-(β-羟乙基）芳胺，若再与另一分子环氧乙烷作用，可进一步得到叔胺：

$$ArNH_2+\underset{\text{O}}{H_2C\!-\!CH_2} \longrightarrow ArNHCH_2CH_2OH+\underset{\text{O}}{H_2C\!-\!CH_2} \longrightarrow ArN(CH_2CH_2OH)_2$$

当环氧乙烷与苯胺的摩尔比为 0.5∶1，反应温度为 65～70℃，并加入少量水，主要产物为 N-(β-羟乙基）苯胺。如果使用稍大于 2mol 的环氧乙烷，并在 120～140℃和 0.5～0.6MPa 压力下进行反应，则得到的主要是 N,N-二（β-羟乙基）苯胺。当环氧乙烷过量时，N,N-二（β-羟乙基）苯胺能继续与环氧乙烷反应，生成 N,N-二（β-羟乙基）芳胺衍生物，反应式如下：

$$ArN(CH_2CH_2OH)_2+2n\ \underset{\text{O}}{H_2C\!-\!CH_2} \longrightarrow ArN[(CH_2CH_2O)_n(CH_2CH_2OH)_2]$$

氨或脂肪胺和环氧乙烷也能发生加成烷基化反应，例如制备乙醇胺类化合物：

$$NH_3+\underset{\text{O}}{H_2C\!-\!CH_2} \longrightarrow H_2NCH_2CH_2OH+HN(CH_2CH_2OH)_2+N(CH_2CH_2OH)_3$$

产物为三种乙醇胺的混合物。反应时先将 25%的氨水送入烷基化反应器，然后缓通汽化的环氧乙烷；反应温度为 35～45℃，反应后期，升温至 110℃以蒸除过量的氨；后经脱水，减压蒸馏，收集不同沸程的三种乙醇胺产品。乙醇胺是重要的精细化工原料，它们的脂肪酸酯可制成合成洗净剂。乙醇胺可用于净化许多工业气体，脱除气体中的酸性杂质（如 SO_2、CO_2 等）。乙醇胺碱性较弱，常用来配制肥皂、油膏等化妆品。此外，乙醇胺也常用于杂环化合物的合成。

注意，由于环氧乙烷沸点较低（10.7℃），其蒸气与空气的爆炸极限很宽（空气 3%～98%），所以在通环氧乙烷前，务必用惰性气体置换反应器内的空气，以确保生产安全。

e. 用烯烃衍生物作烷化剂的 N-烃基化法　烯烃衍生物与胺类也可发生 N-烷基化反应，此反应是通过烯烃衍生物中的碳-碳双键与氨基中的氢加成来完成的。常用的烯烃衍生物为丙烯腈和丙烯酸酯，由于丙烯腈和丙烯酸酯分子中含有较强吸电子基团—CN、—COOR，使其分子中 β-碳原子上带部分正电荷，从而有利于与胺类发生亲电加成，生成 N-烃基取代产物，反应式如下所示。

$$R\ddot{N}H_2 + \overset{\delta+}{H_2C}{=}\overset{\delta-}{CH}{-}CN \longrightarrow RNHCH_2CH_2CN$$

$$R\ddot{N}H_2 + \overset{\delta+}{H_2C}{=}\overset{\delta-}{CH}{-}\underset{\delta+}{\overset{O^{\delta-}}{\overset{\|}{C}}}{-}OR' \longrightarrow RNHCH_2CH_2COOR'$$

当丙烯腈或丙烯酸酯过量时，生成的一取代 N-烃基产物会继续与丙烯腈或丙烯酸酯反应得到二取代产物。总的反应方程式如下所示：

$$RNH_2 \xrightarrow{H_2C{=}CH{-}CN} RNHCH_2CH_2CN \xrightarrow{H_2C{=}CH{-}CN} RN(CH_2CH_2CN)_2$$

$$RNH_2 \xrightarrow{H_2C{=}CH{-}COOR'} RNHCH_2CH_2COOR' \xrightarrow{H_2C{=}CH{-}COOR'} RN(CH_2CH_2COOR')_2$$

通过这种方式得到的产物均为生产染料、表面活性剂和医药的重要中间体。

同时，丙烯腈与胺类反应时，常要加入少量酸性催化剂。由于丙烯腈易发生聚合反应，还需要加入少量阻聚剂（对苯二酚）。例如：苯胺与丙烯腈反应时，其摩尔比为 1∶1.6 时，在少量盐酸催化下，水介质中回流温度进行 N-烃基化，主要生成 N-(β-氰乙基）苯胺；取其摩尔比为 1∶2.4，反应温度为 130～150℃，则主要生成 N,N-二（β-氰乙基）苯胺。

与卤烷、环氧乙烷和硫酸酯相比，烯烃衍生物的烷化能力较弱，为提高反应活性，常需加入酸性或碱性催化剂。酸性催化剂有乙酸、硫酸、盐酸、对甲苯磺酸等；碱性催化剂有三甲胺、三乙胺，吡啶等。需要指出，丙烯酸酯类的烃基化能力较丙烯腈为弱，故其反应时需要更剧烈的反应条件。胺类与烯烃衍生物的加成反应是一个连串反应。

f. 用醛或酮作烷化剂的 N-烃基化法　醛或酮亦可作为 N-烃化剂，其可与胺类发生缩合-还原型 N-烷基化反应，其反应通式如下：

$$R{-}\overset{O}{\overset{\|}{C}}{-}H + \ddot{N}H_3 \xrightarrow{-H_2O} \left[R{-}\underset{H}{C}{=}NH \right] \xrightarrow[\text{[还原]}]{\text{[H]}} RCH_2NH_2$$

亚胺　　伯胺

$$R_2C{=}O + \ddot{N}H_3 \xrightarrow{-H_2O} \left[R_2C{=}NH \right] \xrightarrow[\text{[还原]}]{\text{[H]}} R_2CHNH_2$$

亚胺　　伯胺

反应最初产物为伯胺，若醛、酮过量，则可相继得到仲胺、叔胺。在缩合-还原型 N-烃基化中应用最多的是甲醛水溶液，如脂肪族十八胺用甲醛和甲酸反应可以生成 N,N-二甲基十八烷胺：

$$CH_3(CH_2)_{17}NH_2 + 2HCHO + 2HCOOH \longrightarrow CH_3(CH_2)_{17}N(CH_3)_2 + 2CO_2 + 2H_2O$$

在常压液相条件下进行。脂肪胺先溶于乙醇中，再加入甲酸水溶液，升温至 50～60℃，缓慢加入甲醛水溶液，再加热至 80℃，反应完毕。产物液经中和至强碱性，静置分层，分出粗胺层，经减压蒸馏得叔胺。此法优点为反应条件温和，易操作控制，缺点是消耗大量甲酸，且对设备有腐蚀性。在骨架镍存在下，可用氢代替甲酸，但这种加氢还原需要采用耐压设备。此法合成的含有长碳链的脂肪族叔胺是表面活性剂、纺织助剂等的重要中间体。

（3）*O*-烷基化反应　醇羟基或酚羟基中的氢被烃基所取代生成醚类化合物的反应，称为*O*-烷基化反应。反应常用的*O*-烃基化剂有活性较高的卤烷、酯、环氧乙烷等，也有活性较低的醇。*O*-烷基化反应是亲电取代反应，能使羟基氧原子上电子云密度升高的结构，其反应活性也高，相反，使羟基氧原子上电子云密度降低的结构，其反应活性也低。可见，醇羟基的反应活性通常较酚羟基的高。因酚羟基不够活泼，所以需要使用活泼烃基化剂，只有很少情况会使用醇类烷化剂。

① 用卤烷的*O*-烃基化　用卤烷的*O*-烃基化是亲核取代反应，卤烷是亲核试剂，对于被烃化的醇或酚来说，它们的负离子R—O$^-$的反应活性远远大于醇或酚本身的活性。因此，通常都是先将醇或酚与氢氧化钠、氢氧化钾或金属钠等作用生成醇钠或酚钠，然后醇钠或酚钠再与卤烷反应。反应式如下所示：

$$R{-}OH + NaOH \longrightarrow R{-}O^- Na^+ + H_2O$$

$$R{-}O^- Na^+ + X{-}R \longrightarrow R{-}O{-}R + NaX$$

式中，X表示卤原子。反应中所用的碱，如NaOH，又称为“缚酸剂”。

由于氯烷价廉易得，工业上一般都用氯烷。当氯烷不够活泼时则需要使用溴烷。

但当使用沸点较低的卤烷时，需要在高压釜中进行反应。如在高压釜中加入氢氧化钠水溶液和对苯二酚，压入氯甲烷（沸点－23.7℃）气体，密闭，逐渐升温至120℃和0.39～0.59MPa，保温3h，直到压力下降至0.22～0.24MPa为止。处理后，产品对苯二甲醚的收率可达83%。反应式如下：

$$HO{-}C_6H_4{-}OH \xrightarrow[-2H_2O]{+2NaOH} NaO{-}C_6H_4{-}ONa \xrightarrow[-2NaCl]{+2CH_3Cl} CH_3O{-}C_6H_4{-}OCH_3$$

在*O*-甲基化时，为了避免使用高压釜，或者为了使反应在温和条件下进行，常改用碘甲烷（沸点42.5℃）或硫酸二甲酯作烃基化剂。

② 用酯的*O*-烃基化　硫酸酯和碳酸酯均是良好的烃基化剂。它们的共同优点是高沸点，因而可在高温、常压下进行反应，缺点是价格较高。但对于产量小、价值高的产品，常采用此类烃基化剂。特别是硫酸二甲酯（DMS）应用最为广泛。在碱性催化剂存在下硫酸二甲酯与酚、醇在室温下即能顺利反应，并以良好产率生成醚类。

$$C_6H_5{-}OH + (CH_3)_2SO_4 \xrightarrow[10℃]{NaOH} C_6H_5{-}OCH_3 + CH_3OSO_3Na$$

若用硫酸二乙酯作烷化剂时，可不需碱催化剂；且醇、酚分子中含有羰基、氰基、羟基及硝基时，对反应均不会产生不良影响。

除上述硫酸酯和磺酸酯（无机酸酯）外，还可用原甲酸酯、草酸二烷酯、羧酸酯（有机酸酯）等作烃基化剂。

近年来，碳酸二甲酯（DMC）由于其为一种绿色化学品，欧洲在1992年把它列为无毒化学品，可取代传统使用的卤代甲烷、硫酸二甲酯等进行甲基化反应。比如，苯甲醚的合成过程中可以使用碳酸二甲酯为甲基化试剂。

苯甲醚（anisol）又叫茴香醚，是重要的农药、医药中间体，还可作食用油、油脂等工业的抗氧化剂，塑料加工稳定剂，食用香料等。以往都是以酚和硫酸二甲酯（DMS）为原料来制造，但是DMS的处理很困难，而且副产物的处理困难重重，产品质量差。使用碳酸二甲酯代替DMS可得到高收率和高纯度的苯甲醚，同时工艺简单，毒性小，生产安全，可省去对副产物硫酸氢甲酯的处理。反应式为：

$$C_6H_5OH + (CH_3O)_2CO \longrightarrow C_6H_5OCH_3 + CH_3OH + CO_2$$

用于此反应的催化剂有 NaX 沸石、TBAB（溴化四丁基铵）、气-固相转移催化等，均可使苯甲醚的选择性得以提高。当以 TBAB 作催化剂，在 $n_{DMC} : n_{PhOH} = 1 : 6$，反应温度130℃的条件下反应 4h，苯酚的转化率几乎可达到 100%。反应后的溶液经 H_2O/MTBE（甲基叔丁基醚）萃取所得 TBAB 可以重复使用。

③ 用环氧乙烷 *O*-烃基化　环氧乙烷是一种活性很强的烃基化剂，其分子具有三元环结构使各原子的轨道不能正面充分重叠，而是以弯曲键相互连接。由于这种关系，分子中存在一种张力，极易与多种试剂反应，把环打开。醇或酚用环氧乙烷的 *O*-烃基化是在醇羟基或酚羟基的氧原子上引入羟乙基。这类反应可在酸或碱催化剂作用下完成，但生成的产物往往不同。当所用的试剂亲核能力较弱时，需要用酸性催化剂来帮助开环，酸的作用是使环氧乙烷的氧原子质子化，氧上带有正电荷，需要向相邻的环碳原子吸收电子，这样削弱了 C—O 键，并使环碳原子带有部分正电荷，增加了与亲核试剂结合的能力，亲核试剂就向 C—O 键的碳原子的背后进攻，发生了 S_N2 反应。碱性开环时，所用试剂活泼，亲核能力强，环氧化合物上没有带正电荷或负电荷，这是一个 S_N2 反应，C—O 键的断裂与亲核试剂和环碳原子之间键的形成几乎同时进行，这时试剂选择进攻取代基较少的环碳原子，因为这个碳的空间位阻较小。环氧乙烷与醇发生酸性开环和碱性开环时的反应式分别如下所示：

$$H_2C\overset{O}{—}CH_2 \xrightarrow{H^+} [\overset{+}{C}H_2CH_2OH] \xrightarrow{ROH} CH_2(OR)CH_2OH + H^+$$

$$H_2C\overset{O}{—}CH_2 \xrightarrow{RO^-} [CH_2(O^-)CH_2OR] \xrightarrow{ROH} CH_2(OH)CH_2OR + RO^-$$

由低碳醇（$C_1 \sim C_6$）与环氧乙烷作用可生成各种乙二醇醚，这些产品都是重要的溶剂。可根据市场需要，调整醇和环氧乙烷的摩尔比，来控制产物组成。反应常用的催化剂是 BF_3-乙醚，或烷基铝。

$$ROH + H_2C\overset{O}{—}CH_2 \longrightarrow ROCH_2CH_2OH$$

高级脂肪醇或烷基酚与环氧乙烷加成可生成聚醚类产物，它们均是重要的非离子表面活性剂，反应一般用碱催化。由于各种羟乙基化产物的沸点都很高，不宜用减压蒸馏法分离。因此，为保证产品质量，控制产品的分子量分布在适当范围，就必须优选反应条件。

例如，将辛基酚与其质量分数为1%的氢氧化钠水溶液混合，真空脱水，氮气置换，于160～180℃通入环氧乙烷，经中和漂白，得到聚醚产品，其商品名为 OP 型乳化剂。

$$n\ H_2C\overset{O}{—}CH_2 + C_8H_{17}—C_6H_4—OH \xrightarrow{NaOH} C_8H_{17}—C_6H_4—O(CH_2CH_2O)_nH$$

4.4.2 抗氧剂 BHT 的生产简介

抗氧剂 BHT 的生产有间歇操作和连续操作两种。间歇操作法以硫酸为催化剂，将异丁烯在烷化中和反应釜中与对甲酚于 70℃进行反应；反应结束后用碳酸钠中和至 pH 为 7，再在烷化水洗釜中用水洗，分出水层后用乙醇重结晶。经离心机过滤后，在熔化水洗釜内熔化、水洗，分去水层。在重结晶釜中再用乙醇于 80～90℃条件重结晶，经过滤、干燥即得成品。生产工艺流程如图 4-4 所示。

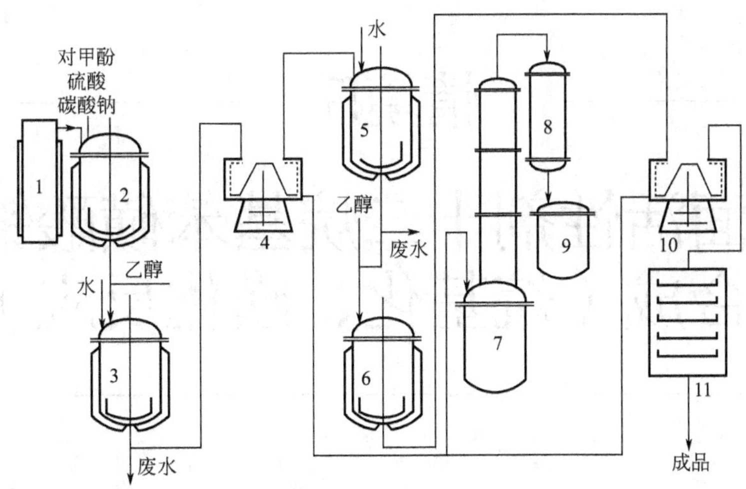

图 4-4　间歇操作生产抗氧剂 BHT 流程图

1—异丁烯汽化罐；2—烷化中和反应釜；3—烷化水洗釜；4—离心机；5—熔化水洗釜；6—结晶釜；7—乙醇蒸馏塔；8—冷凝器；9—乙醇贮槽；10—离心机；11—干燥箱

抗氧剂 BHT 的连续操作分为连续进行酚的烷基化、中和与水洗，后处理则与间歇法相同。

练习与思考题

1. 什么是烷基化反应？有哪些烷基化试剂？请举例说明。

2. 烷基化反应的主要影响因素有哪些？各是怎样影响烷基化反应的？

3. 请举例说明烷基化反应的应用。

4. *C*-烷基化反应时，对芳香族化合物的活性有何要求？为什么？反应常用的催化剂有哪些？有何优缺点？

5. 完成下列化学方程式：

（1）$C_6H_6 + CH_2{=}CHCH_3 \xrightarrow[100℃]{AlCl_3}$

（2）$CH_3-\overset{O}{\overset{\|}{C}}-CH_3 + 2\ C_6H_5-OH$（过量）$\xrightarrow[\text{脱水缩合}]{\text{酸性催化剂}}$

（3）$C_6H_5NH_2 + CH_3OH \xrightleftharpoons{200℃} \quad \xrightleftharpoons{CH_3OH}$

（4）$O_2N-C_6H_4-Cl + CH_3OH \longrightarrow$

（5）$C_6H_5-NH-C_6H_5 + 2CH_2{=}CH-C_6H_5 \xrightarrow[125℃]{\text{蒙脱土催化剂}}$

6. 碳酸二甲酯（DMC）作为一种绿色化学品，可取代传统使用的卤代甲烷、硫酸二甲酯等进行甲基化反应。试简述碳酸二甲酯（DMC）作为甲基化试剂的应用。

情境5 表面活性剂十二烷基苯磺酸钠的合成（烷基化、磺化反应）

学习目标与要求

知识目标

了解十二烷基苯磺酸钠的合成路线及合成过程中的安全环保知识；掌握烷基化、磺化反应过程、分离过程的知识和产品鉴定的方法。

能力目标

能进行十二烷基苯磺酸钠的资料检索，根据十二烷基苯磺酸钠的合成路线及烷基化、磺化反应单元反应的特点制订合成反应的方案，并通过实验合成出合乎要求的产品。

情感目标

充分调动学生的学习积极性、创造性，增强化工合成职业素质养成，培养独立思考的习惯和团队合作的精神。

5.1 情境引入

实习生小张、小宋、小苏等三人轮岗到某石化公司的磺化生产车间实习，这一回由王工程师指导他们。在实习期间，实习生们将要完成十二烷基苯磺酸钠制备工艺的学习，参加模拟顶岗实习，在实验室条件下以小试的形式进行实践。

实习生们准时来到王工的办公室，王工交给他们一份拟订好的实习计划，上面列出了小张他们实习期间要完成的工作和注意事项。小宋打开了实习计划，浏览了上面的主要内容（与前面实习的内容大体相仿，不过产品换成了十二烷基苯磺酸钠）。

5.2 任务解析

王工检查了小张等资料检索情况。

小张：十二烷基苯磺酸钠是一种重要的阴离子表面活性剂，主要用于配制洗衣粉和洗涤剂等。

小宋：本品具有良好的去污性能，价格便宜，易生物降解。

小苏：资料上说，十二烷基苯磺酸钠可以由十二烷基苯磺化而得到，可以通过三氧化硫磺化法、发烟硫酸磺化法和氯磺酸磺化法等三种方法生产。

王工：十二烷基苯磺酸钠是一个相对成熟产品，但在生产过程中也会遇到诸多问题，我们同样可以用小试的方法来解决，下面是十二烷基苯磺酸钠产品开发的过程。

5.2.1 产品开发任务书

王工拿出了一份公司十二烷基苯磺酸钠的产品开发任务书，如表 5-1。

表 5-1 产品开发任务书

编号：××××××

项目名称	内容	技术要求		质量标准
		专业指标	理化指标	
十二烷基苯磺酸钠的小试合成	以生产原料进行十二烷基苯磺酸钠小试合成，对合成工艺进行初步评估	中文名称：十二烷基苯磺酸钠 英文名称：dodecylbenzenesulfonic acid，sodium salt；DDBS CAS 号：25155-30-0 分子式：$CH_3(CH_2)_{11}C_6H_4SO_3Na$ 分子量：348 优级品纯度：≥99％	外观：白色或微黄色粉状 活性物含量：70％±2％ 表观密度：＞0.18g/cm^3 水分：≤5.0 pH 值（25℃，0.1％水溶液）：7.0～10.5	GB/T 5173－1995； GB/T 13175－1991； GB/T 13176.2－1991； GB/T 6368－2008
项目来源		(1)自主开发	(2)转接	
进度要求		1～2 周		
项目负责人			开发人员	
下达任务人		(技术部经理)		日期：
		(技术总监)		日期：

注：一式三联。一联技术总监留存，一联交技术部经理，一联交项目负责人。

王工：在企业里，有关产品研发的项目必须经过主管部门批准后方可以进行试验。一般都需要下发正式的文件或任务书。在任务书中必须明确项目的内容、要求及相关标准。可以转接科研院所的项目也可以自行开发。

5.2.2 十二烷基苯磺酸钠的合成路线设计

(1) 十二烷基苯磺酸钠分子结构的分析 首先根据有机化合物的 CAS 号查阅十二烷基苯磺酸钠的分子结构式。

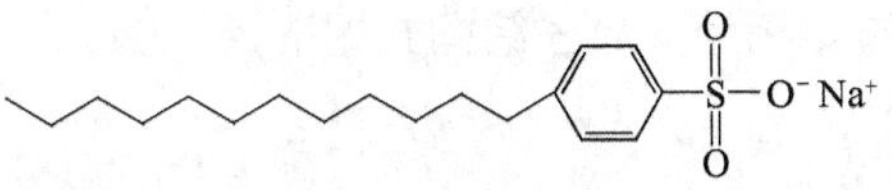

不难看出，目标化合物基本结构为苯的结构，在苯环上连有磺酸基和十二烷基，两者处于苯环的对位。

(2) 十二烷基苯磺酸钠合成路线分析 通常采用逆向合成的方法进行路线设计。十二烷基苯磺酸钠可由对应的十二烷基苯磺酸中和而来，故以十二烷基苯磺酸为目标物进行逆向分析。

$$C_{12}H_{25}-C_6H_4-SO_2-OH$$

对于芳香族化合物，我们分析其结构时，首先要分析芳环上取代基的性质及位置关系。这里十二烷基属于第一类定位基，磺酸基属于第二类定位基。由于它们处于对位，因此只能以十二烷基来定位磺酸基，即先向苯环上引入十二烷基，因为十二烷基是邻对位定位基，故引入磺酸基时只能在十二烷基的对位或邻位引入，而十二烷基的空间位阻较大，磺酸基进入十二烷基的对位。于是逆向切断如下。

$$C_{12}H_{25}-C_6H_4-SO_2-OH \xRightarrow[\text{磺化}]{C—S} C_{12}H_{25}-C_6H_5 \xRightarrow[\text{烷基化}]{C—S} C_{12}H_{25}Cl \text{ 或 } C_{10}H_{21}CH{=}CH_2 + C_6H_6$$

相应的合成路线如下：

$$C_6H_6 \xrightarrow{C_{12}H_{25}Cl \text{ 或 } C_{12}H_{24}} C_{12}H_{25}-C_6H_5 \xrightarrow{SO_3} C_{12}H_{25}-C_6H_4-SO_2-OH$$

王工：十二烷基苯磺酸钠的合成路线相对简单，即通过氯代十二烷或十二烯与苯进行烷基化反应合成十二烷基苯，然后由十二烷基苯进行磺化反应获得十二烷基苯磺酸。工业上采用的也是这样的合成路线。这里提请大家注意的是，同一合成路线可以用不同的原料来合成。

小张：就是说，在十二烷基苯合成中，苯作为底物，选择不同的烷基化试剂合成？

王工：对！选择合适的试剂（原料）是生产的关键。

小苏：那肯定是选择采用来源广、价格低的原料好。

小宋：应该综合考虑，即不仅看价格，还要看试剂的反应活性、反应的副产物、后处理难度等。

王工：对！比较不同原料的生产的可能性，正是我们小试的工作内容。特别是新的合成方法不断出现，对应新的原料、新的工艺，都要经过一定的试验进行评估，才能确定是否具有大生产的潜力，这是企业产品能否具有竞争力的关键。

这里主要涉及两个单元反应——*C*-烷基化和磺化反应。这里我们主要对磺化反应进行分析。

知识点拨

1. 关于 C-烷基化反应

（1）*C*-烷基化反应　参见情境 4 的内容。催化剂可选无水 $AlCl_3$ 或质子酸。

（2）工业上十二烷基苯合成的烷基原料　工业上十二烷基苯合成的烷基原料来源主要有两种：十二烯和氯代十二烷。

① 十二烯　十二烯烃为 α-烯烃，分子结构式如下。

$$CH_2{=}CH(CH_2)_9CH_3$$

工业上十二烯主要由三种方法生产：丙烯四聚法、乙烯齐聚法及石蜡裂解法。丙烯四聚法以丙烯-丙烷馏分为原料，在磷酸-硅藻土催化剂作用下，生成丙烯四聚体。乙烯齐聚法主要以乙烯为原料，在高温高压下以三乙基铝为催化剂低聚而得。石蜡裂解法以正构烷烃为原料，在 $Pt\text{-}Al_2O_3$ 催化剂上脱氢得到烯烃。

② 氯代十二烷　氯代十二烷可由液体石蜡在光照下通入氯气氯化而得。1-氯代十二烷则由十二醇经氯化亚砜氯化而得。

$$C_{12}H_{25}OH + Cl-\overset{\overset{O}{\|}}{S}-Cl \longrightarrow C_{12}H_{25}Cl + SO_2 + HCl$$

本情境采用 α-十二烯进行合成。

知识点拨

2. 关于磺化反应

（1）磺化反应　向有机分子中引入—SO_3 基团的反应称磺化或硫酸盐化反应。磺化是向有机分子中引入磺基（—SO_3H），或它相应的盐或磺酰卤基（—SO_2Cl）的任何化学过程。这些基团中的硫原子与有机分子中的碳原子相连接，生成 C—S 键。

磺酸化合物或硫酸烷酯化合物具有水溶性、酸性、乳化、湿润和发泡等特性，因此，向有机分子中引入磺基，可以赋予有机化合物这方面的功能。例如，磺化单元被广泛用来合成表面活性剂、水溶性染料、食用香料、离子交换树脂和某些药物。引入磺基的另一目的是可以得到另一官能团化合物的中间产物，例如磺基可以进一步转化为羟基、氨基、氰基等. 或转化为磺酸的衍生物，如碳酰氯、磺酰胺等。此外，有时为了合成上的需要而暂时引入磺基，在完成特定的反应以后，再将磺基脱去。

（2）工业上主要的磺化剂　可作磺化剂的物质较多，工业上常用的有 SO_3、发烟硫酸、浓硫酸、氯磺酸等。

① 三氧化硫　三氧化硫又称硫酸酐，其分子式为 SO_3 或 $(SO_3)_n$，常压的沸点是 44. 8℃。三氧化硫的结构是以硫为中心的等边三角形，S—O 键的长度为 0. 14nm，表明有相当的 π 键成分。三氧化硫分子中有两个单键和一个双键，硫原子倾向于与 π 键结合，具有很强的亲电性，性质十分活泼。

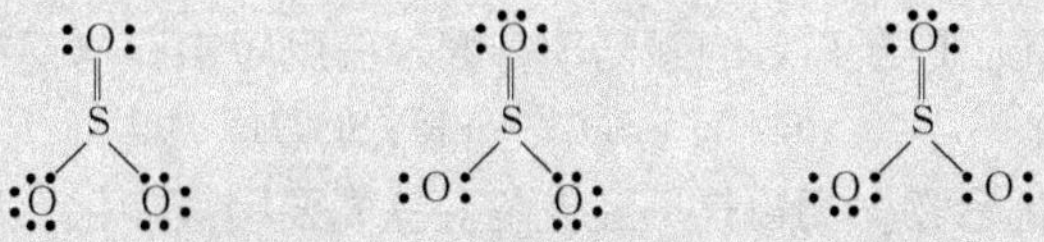

固体三氧化硫有 α、β、γ 和 δ 四种晶型，其熔点分别为 62. 3℃、32. 5℃、16. 8℃ 和 95℃。γ 型在常温为液态，它是环状三聚体和单分子 SO_3 的混合物。三氧化硫在室温下便容易发生聚合，它存在三种聚合形式：α 型、β 型、γ 型。α、β 和 δ 型均为链式多聚体。三种聚合体共存并可相互转化。在少量水存在下，γ 型能转化成 β 型。γ 型中要加入少量稳定剂如 0. 1% 的硼酐。

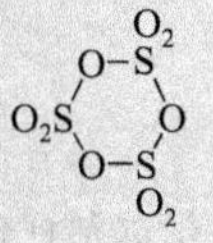

γ 型 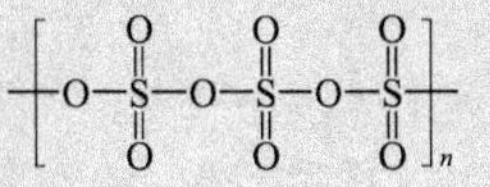　　β 型

工业上常用液体 SO_3（即 γ 型）及气态 SO_3 作磺化剂。由于 SO_3 反应活性高，不生成水，反应速率极快，几乎在瞬间完成，而且反应进行得完全，无废酸生成，产物含盐量很低、设备小、投资少，优点十分突出。尽管反应剧烈放热，物料黏度高，传质困难，使副反应易于发生，物料易分解，但这些不足之处往往可以通过设备的优化、反应条件的控制、添加适当稀释剂等方法有效地予以克服。例如，液体 SO_3 可用溶剂稀释，气体 SO_3 用干燥空气或惰

性气体稀释。因此，三氧化硫磺化法越来越受重视，应用范围不断扩大。

② 硫酸与发烟硫酸　浓硫酸和发烟硫酸用作磺化剂适宜范围很广，为了使用和运输上的便利，工业硫酸有两种规格，即92%～93%的硫酸（亦称绿矾油）和98%的硫酸。将三氧化硫溶于浓硫酸时就得到组成为 $H_2SO_4 \cdot xSO_3$ 的发烟硫酸。工业上发烟硫酸通常有两种规格，即含游离 SO_3 20%～25%和60%～65%的发烟硫酸。这两种规格的发烟硫酸都具有最低共熔点 -11～-4℃和1.7～7.7℃，它们在常温下为液体，便于使用。

发烟硫酸的浓度可以用游离 SO_3 的含量 w_{SO_3}（质量分数，下同）表示，也可以用 H_2SO_4 的含量 $w_{H_2SO_4}$ 表示。两种浓度的换算公式如下。

$$w_{H_2SO_4} = 100\% + 0.225 w_{SO_3}$$

或

$$w_{SO_3} = 4.44 (w_{H_2SO_4} - 100\%)$$

浓硫酸作为磺化剂时，每生成1mol磺化产物，便会生成1mol水，这将使硫酸浓度逐渐下降，反应速率下降到一定程度后，磺化反应便不能进行，因而往往使用过量的硫酸。这些过量的硫酸在完成磺化反应后要用碱中和，这将耗用大量的碱，同时又使产物含有大量的硫酸盐杂质。但浓硫酸做磺化剂反应温和，副反应少，易于控制，加入的过量硫酸可降低物料的黏度并帮助传热，所以工业上的应用仍很普遍。

③ 氯磺酸　氯磺酸可以看作是 $SO_3 \cdot HCl$ 的配合物，也是一种较常见的磺化剂。氯磺酸凝固点为 -80℃，沸点152℃。达到沸点时则离解成 SO_3 和 HCl。它易溶于氯仿、四氯化碳、硝基苯以及液体二氧化硫，除了单独使用氯磺酸为反应剂以外，也有时是在溶剂中进行反应。采用氯磺酸的优点是：反应能力强，生成的氯化氢可以排出，有利于反应进行完全。而采用硫酸作磺化剂，则需高温及设法移去生成的水分或硫酸大大过量，才能使反应完全。采用氯磺酸的缺点是价格较高，而且分子量大，引入一个 SO_3 分子的磺化剂用量相对较多，反应中产生的氯化氢具有强腐蚀性，因此工业上用氯碳酸作磺化剂相对较少。除了少数由于定位需要要用氯磺酸来引入磺基以外，用途是制取芳磺酰氯、醇的硫酸盐以及进行 *N*-磺化反应。

有关磺化和硫酸盐化的其他反应剂还有硫酰氯、氨基磺酸、二氧化硫以及亚硫酸根离子等。理论上讲，三氧化硫应是最有效的磺化剂，因为在反应中只含直接引入 SO_3 的过程。

$$R—H + SO_3 \longrightarrow R—SO_3H$$

使用由 SO_3 构成的化合物，初看是不经济的。首先要用某种化合物与 SO_3 作用构成磺化剂，反应后又重新放出原来与 SO_3 结合的化合物，如下式所示：

$$HX + SO_3 \longrightarrow SO_2 \cdot HX$$

$$R—H + SO_3 \cdot HX \longrightarrow R—SO_3H + HX$$

式中，HX表示 H_2O、HCl、H_2SO_4、二噁烷等。然而在实际选用磺化剂时，还必须考虑产品的质量和副反应等其他因素。因此各种形式的磺化剂在特定场合仍有其有利的一面，要根据具体情况作出选择。

各种磺化剂的活性评价和应用如表5-2。

表 5-2　各种常用的磺化与硫酸盐化试剂评价

试剂	分子式	物理状态	主要用途	应用范围	活泼性	备注
三氧化硫	SO_3	液态	芳香化合物的磺化	很窄	非常活泼	容易发生氧化、焦化，需加入溶剂调节活泼性

续表

试剂	分子式	物理状态	主要用途	应用范围	活泼性	备注
三氧化硫	SO_3	气态	广泛用于有机产品	日益增多	高度活泼，瞬间反应	干空气稀释成 2%～8% SO_3
20%，30%，65%发烟硫酸	$H_2SO_4 \cdot SO_3$	液态	烷基芳烃磺化，用于洗涤剂和染料	很广	高度活泼	
氯磺酸	$ClSO_3H$	液态	醇类、染料与医药	中等	高度活泼	放出 HCl，必须设法回收
硫酰氯	SO_2Cl_2	液态	炔烃磺化，实验室方法	主要是研究用	中等	生成 $SOCl_2$
96%～100%H_2SO_4	H_2SO_4	液态	芳香化合物的磺化	广泛	低	
二氧化硫与氯气	SO_2+Cl_2	气体混合物	饱和烃的氯磺化	很窄	低	移除水，需要催化剂，生成 $SOCl_2$ 和 HCl
二氧化硫与氧气	SO_2+O_2	气体混合物	饱和烃的磺化氧化	很窄	低	需要催化剂，生成磺酸
亚硫酸钠	Na_2SO_3	固态	卤烷的磺化	较多	低	需在水介质中加热
亚硫酸氢钠	$NaHSO_3$	固态	共轭烯烃的硫酸盐化，木质素的磺化	较多	低	需在水介质中加热

本项目中，我们以发烟硫酸为磺化剂。发烟硫酸作磺化剂，性质介于三氧化硫和硫酸之间。采用硫酸和发烟硫酸作磺化剂目前使用非常普遍。

5.2.3 单元反应过程分析

王工：在确定反应路线，选择相应的原料和试剂后，要完成反应还必须制订详细的反应方案。这在工艺上就是明确相应的工艺控制点，显然这对于生产是非常关键的。而反应方案的制订就必须从反应的机理和反应影响因素等方面入手才能把握其要点。

5.2.3.1 十二烯与苯烷基化反应机理及影响因素分析

十二烯与苯烷基化反应的反应式如下。

$$\text{十二烯} + \text{苯} \xrightarrow{H^+} \text{十二烷基苯}$$

(1) *C*-烷基化反应机理　芳烃上的烷基化反应都属于亲电取代反应。用三氯化铝作催化剂时，还必须有少量氯化氢存在。$AlCl_3$ 能与 HCl 作用生成配合物，该配合物又能与烯烃反应而形成活泼的碳正离子：

$$HCl + AlCl_3 \longrightarrow \overset{\delta+}{H} \cdots \overset{\delta-}{Cl} \cdot AlCl_3$$

$$R—CH═CH_2 + \overset{\delta^+}{H}\cdots\overset{\delta^-}{Cl}\cdot AlCl_3 \rightleftharpoons [R\overset{+}{C}HCH_3]\cdot AlCl_4^-$$

如果是质子酸，则有：

$$\underset{1^\circ\ 碳正离子}{R—\underset{|}{\overset{}{C}}H(H)—\overset{+}{C}H_2} \xleftarrow{H^+} R—CH═CH_2 \xrightarrow{H^+} \underset{2^\circ\ 碳正离子}{R—\overset{+}{C}H—CH_2(H)}$$

质子主要按照马氏规则加成到十二烯末端碳原子上，形成1°碳正离子，由于2°碳正离子的稳定性较高，故1°碳正离子将部分重排为2°碳正离子。1°或2°碳正离子紧接着与芳烃形成σ-配合物，再进一步脱去质子生成芳烃的取代产物十二烷基苯或2-十二烷基苯：

$$R—CH(H)—\overset{+}{C}H_2 + C_6H_6 \rightleftharpoons R—CH_2—CH_2—C_6H_6^+ \xrightarrow{H^+} R—CH_2—CH_2—C_6H_5$$

σ-配合物

$$C_6H_6 + R\overset{+}{C}HCH_3 \rightleftharpoons [C_6H_6^+—CH(R)CH_3] \xrightarrow{H^+} R—CH(C_6H_5)—CH_3$$

σ-配合物

苯环上的烷基化反应属于Friedel-Cralfs反应的一种。凡能产生C^+的试剂都可以作为苯的烷基化试剂。

(2) 影响反应的主要因素

① 苯的反应性质 苯在常温下为一种无色、透明、易挥发液体，熔点5.5℃，沸点80.1℃，难溶于水，易溶于有机溶剂，本身也可作为有机溶剂。苯可燃，有毒，也是一种致癌物质。苯是最简单的芳烃。

由于Friedel-Cralfs反应是亲电取代反应，苯环上不存在其他基团，反应空间位阻较小，故傅-克反应活性较好。

而当苯环上存在供电子基团时，会使苯环上的电子云密度增加，芳香烃活性增加，有利于反应的进行。当芳环上存在间位钝化基，使芳香烃活性降低，甚至不发生Friedel-Cralfs反应。如硝基苯不发生Friedel-Cralfs反应。

② α-十二烯的反应性质 α-十二烯是无色液体。熔点－33.6℃，沸点213℃，92～95℃(2kPa)，相对密度0.760(20/4℃)，溶于醇、醚、丙酮、石油醚，不溶于水。

α-十二烯在催化剂存在的条件下烷基化反应活性较好，稍高一点的温度下就能进行反应。

③ 分子筛负载三氯化铝催化剂 芳香族化合物*C*-烷基化反应最初用的催化剂是三氯化铝，无水三氯化铝是各种傅-克反应中使用最广泛的催化剂。但因其有强烈的腐蚀性，与产物分离困难，在生产中产生大量废水，造成环境污染，因此其应用日益受到限制。为解决这个问题，保持无水三氯化铝的优良的催化性能，常将三氯化铝负载到适当的载体上。

由于分子筛做催化剂具有许多独特的优势，可以用分子筛（粒度0.173mm）作为吸附$AlCl_3$及HCl的载体。生产上分子筛催化剂（吸附$AlCl_3$和HCl）用量为0.5g/mol产物左右，可通过小试摸索其最佳用量。

④ 物料配比 由于苯烷基化反应生成的十二烷基苯性质较苯更容易发生多烷基化，为避免多烷基化反应的发生，苯在反应中应该大过量。但苯如果过量太多，则会影响到十二烷基苯的生产效率，因此，实际上苯与α-十二烯的摩尔比应为(6～10)∶1。

⑤ 反应温度 反应温度高，反应速率越快，但温度过高会引起多烷基化反应比例上升，苯环的单烷基化反应温度一般控制60～80℃（在溶液的回流温度左右）。

⑥ 副反应

a. 芳环上的 *C*-烷基化可发生连串反应　由于烷基是供电子基，芳环上引入烷基后因电子云密度增加而比原先的芳烃更加活化，这有利于其进一步与烷基化剂反应生成二取代烷基芳烃，甚至生成多烷基芳烃。但是，随着烷基数目增多，空间位阻效应会阻止进一步引入烷基，使反应速率减慢。因此烷基苯的继续烷基化反应的速率是加快还是减慢，需视两种效应的强弱而定，且与所用的催化剂有关。一般说来，单烷基苯的烷基化速率比苯快。当苯环上取代烷基的数目增加，由于空间位阻效应，实际上四元以上取代烷基苯的生成是很少的。为了控制二烷基苯和多烷基苯的生成量，必须选择适宜的催化剂和反应条件，其中最重要的是控制反应原料苯和烷基化剂的物质的量之比，常使苯过量较多，反应后再加以回收循环使用。

b. 芳环上的 C-烷基化是可逆反应　烷基苯在强酸催化剂存在下能发生烷基的歧化和转移，即苯环上的烷基可以从一个苯环上转移至另一苯环上，或从一个位置转至另一个位量上。如：

$$C_6H_6 + C_6H_4R_2 \rightleftharpoons 2\,C_6H_5R$$

$$C_6H_4R_2 + H^+ \rightleftharpoons [C_6H_5(H)(R)R]^+ \rightleftharpoons C_6H_5R + R^+$$

当苯不足量时，有利于二烷基或多烷基苯的生成；苯过量时，则有利于发生烷基的转移，使多烷基苯向单烷基苯转化。因此在制备单烷基苯时，可利用这一特性使副产物多烷基苯减少，提高单烷基苯的总收率。

c. 烷基正离子可能发生重排　*C*-烷基化中的亲电质点烷基碳正离子可能重排成较稳定的碳正离子。如用正丙基氯在无水三氯化铝作催化剂与苯反应时，得到的正丙苯只有30%，而异丙苯却高达70%。这是因为反应过程中生成的 $CH_3CH_2\overset{+}{C}H_2$ 会发生重排形成更加稳定的 $CH_3\overset{+}{C}HCH_3$。

$$CH_3CH_2\overset{\delta^+}{C}H_2—\overset{\delta^-}{C}l + AlCl_3 \rightleftharpoons [CH_3CH_2\overset{+}{C}H_2]AlCl_4^-$$

$$\underset{\text{伯碳正离子}}{CH_3CH_2\overset{+}{C}H_2} \xrightarrow{\text{重排}} \underset{\text{仲碳正离子}}{CH_3\overset{+}{C}HCH_3}$$

进行烷基化时，则烷基正离子的重排现象更加突出，生成的产物异构体的种类也增多。

5.2.3.2　磺化反应机理及影响因素分析

十二烷基苯与发烟硫酸磺化的反应式如下。

$$C_{12}H_{25}—C_6H_5 + SO_3\text{-}H_2SO_4 \longrightarrow C_{12}H_{25}—C_6H_4—SO_3H + H_2SO_4$$

(1) 十二烷基苯磺化的机理　作为磺化剂的硫酸是一个能按几种方式离解的液体，在100%硫酸中，硫酸分子通过氢键生成缔合物，缔合度随温度升高而降低。100%硫酸略能导电，综合散射光谱的测定证明有 HSO_4^- 存在。

$$2H_2SO_4 \rightleftharpoons H_3SO_4^+ + HSO_4^-$$

$$2H_2SO_4 \rightleftharpoons SO_3 + H_3O^+ + HSO_4^-$$

$$3H_2SO_4 \rightleftharpoons H_2S_2O_7 + H_3O^+ + HSO_4^-$$

$$3H_2SO_4 \rightleftharpoons HSO_3^+ + H_3O^+ + 2HSO_4^-$$

发烟硫酸也略能导电，这是因为发生了以下反应：

$$SO_3 + H_2SO_4 \rightleftharpoons H_2S_2O_7$$

$$H_2S_2O_7 + H_2SO_4 \rightleftharpoons H_3SO_4^+ + HS_2O_7^-$$

由上面的平衡体系可以看到，在浓硫酸和发烟硫酸中可能存在SO_3、$H_3SO_4^+$、HSO_4^-、HSO_3^+等亲电质点，它们都能参加磺化反应，实质上它们都是不同溶剂化的三氧化硫分子，不过它们之间的反应活泼性相差很大。

十二烷基苯磺化反应是苯环上的亲电取代反应。当芳香化合物进行磺化时，反应分成两步进行。首先是亲电质点向芳环发生亲电攻击，生成σ-配合物，然后在碱的存在下脱去质子得到苯磺酸。

$$R{-}C_6H_4{-}H + H_2S_2O_7 \rightleftharpoons R{-}C_6H_4^+(H)(SO_3^-) + H_2SO_4$$

σ-配合物

$$R{-}C_6H_4^+(H)(SO_3^-) + HSO_4^- \rightleftharpoons R{-}C_6H_4{-}SO_3^- + H_2SO_4$$

用浓硫酸磺化时，脱质子较慢，第二步是整个反应速率的控制步骤。在较稀的硫酸中磺化时，则生成σ-配合物是反应速率的控制步骤。

磺化反应是一个放热反应，亲电质点的活性越高，反应速率越快，放出的热量速率也就越快。如果反应释放出的热量不能及时移出，在局部可发生二磺化甚至多磺化反应，以及产物的磺基发生位置转移而产生副产物（通常是转移到热力学更稳定的位置，称为磺酸基的异构化）。

必须注意，芳烃的磺化产物芳磺酸在一定温度下于含水的酸性介质中可发生脱磺水解的反应，即磺化的逆反应。此时，亲电质点为H_3O^+，它与带有供电子基的芳磺酸作用，使磺酸基水解，其水解反应历程如下。

$$C_6H_5SO_3^- + H_3O^+ \rightleftharpoons C_6H_5SO_3^-\cdots H\cdots H_2O \rightleftharpoons C_6H_5^+(H)(SO_3^-) + H_2O \rightleftharpoons C_6H_6 + H_2SO_4$$

当芳环上具有吸电子基时，磺酸基难以水解；而芳环上具有给电子基时磺酸基容易水解。研究表明，温度每升高10℃，磺化反应速率增加2倍，水解反应速率增加2.5～3倍。

因此在低温和使用浓硫酸或发烟硫酸时，磺化反应可视为不可逆反应；但在高温和硫酸浓度较低时（如被磺化生成的水或外加的水所稀释），磺化反应则为可逆反应。反应温度高、硫酸浓度低，则有利于磺酸基的脱落。故磺化达到终点后不应延长反应时间，否则将使磺化产物发生水解反应，若用高温磺化，则更有利于水解反应的进行。

（2）十二烷基苯磺化的影响因素

① 十二烷基苯的性质　十二烷基苯为无色无臭的液体。不溶于水，易溶于有机溶剂。熔点－7℃，沸点288℃。密度$0.856g/cm^3$（25℃）。

一般来说，芳烃的结构对磺化反应的影响较显著。当芳环上存在供电子基时，芳环上电子云密度增加，尤其是芳环上供电子基的邻、对位电子云密度增加更为显著，有利于σ-配合物的形成，磺化反应较易进行；当芳环上存在吸电子基时，则不利于σ-配合物的形成，使磺化反应较难进行。有文献报道了取代基对苯系衍生物磺化难易的影响。在50～100℃适用浓硫酸或发烟硫酸磺化时，含供电子基的芳烃磺化速率按以下顺序递增：

$$H \sim Et < Me < Pr \ll OEt < OMe \ll OH$$

含吸电子基的芳烃磺化速率按以下顺序递减：

$$H > Et \gg Br \sim COMe \sim CO_2H \gg SO_3H \approx CHO \approx NO_2$$

因为磺酸基的体积较大，所以磺化时的空间位阻效应比硝化、卤化大得多，空间阻碍对配合物的质子转移有显著影响。在磺酸基邻位有取代基时，由于σ-配合物内的磺酸基位于平面之外，取代基对磺酸基几乎不存在空间阻碍。但σ-配合物在质子转移后，磺酸基与取代基在同一平面内，便有空间阻碍存在。取代基体积愈大，则位阻愈大，磺化速率越慢。叔丁基苯的一磺化几乎不生成邻位磺酸。

由于十二烷基是给电子基，空间位阻也相对较大，故十二烷基苯较易磺化，产物中对位磺化产物为主。

一磺化后，由于磺酸基是强吸电子基团，在一磺化的条件下几乎不发生二磺化。

② 发烟硫酸的性质　发烟硫酸为无色或棕色油状稠厚的发烟液体，有强刺激臭。熔点（℃）：4.0，沸点（℃）：161（15%），146（25%），120（30%），110（35%），99（40%）；相对密度（水=1）：1.99；溶解性：与水混溶。发烟硫酸含有活性较高的亲电质点（如SO_3），磺化反应时具有较高的活性。

③ 发烟硫酸的浓度及用量　对于一个特定的被磺化物，要使磺化反应能够进行，磺化剂浓度必须大于某一值，这种使磺化反应能够进行的最低磺化剂（硫酸）浓度称为磺化极限浓度。当用SO_3的质量浓度来表示的磺化极限浓度，则称为磺化π值。显然，容易磺化的物质其π值较小，而难磺化的物质π值较大，为了加快反应，提高生产强度，通常工业上所用原料酸浓度必须远大于π值。

由于苯一磺化时π值约为64，十二烷基苯较苯活性高，因此磺化的π值较苯为低。即便最低浓度的发烟硫酸已经远远满足十二烷基苯的磺化要求。

当磺化剂起始浓度确定后，利用被磺化物π值概念可以计算出磺化剂用量。

$$x=\frac{80(100-\pi)n}{a-\pi}$$

式中　x——原料酸（磺化剂）的用量，kg/kmol 被磺化物；

a——原料酸（磺化剂）的起始浓度，用SO_3的质量浓度来表示；

n——被磺化物分子上引入的磺基数。

当用SO_3作磺化剂一磺化时，$x=80kgSO_3/kmol$被磺化物，即相当于理论用量；当采用发烟硫酸或硫酸为磺化剂一磺化时，其起始浓度降低，磺化剂的用量则增加。

需要指出的是，利用π值的概念，只能定性地说明磺化剂的起始浓度对磺化剂用量的影响，实际上，对具体的磺化过程，所用硫酸的浓度及用量都是通过大量最优化实验而综合确定的。

用发烟硫酸作磺化剂磺化烷基苯时，酸烃比和磺化转化率有一定的关系，见图5-1。

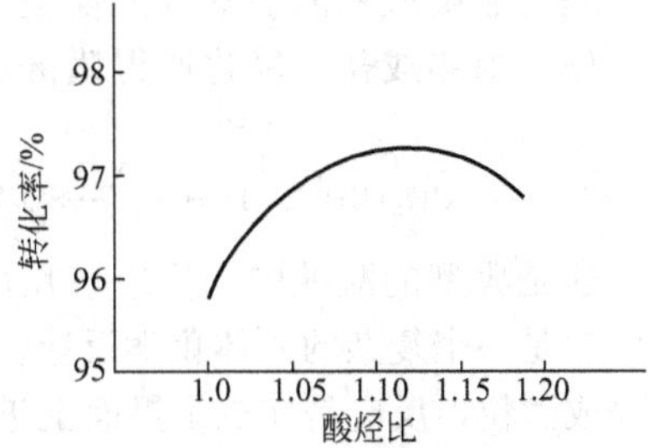

图5-1　酸烃比和磺化转化率的关系

可见，随酸烃比的提高，烷基苯磺化转化率有最高值，此时酸烃比（重量）为1.1∶1。过大的酸烃比会导致若干副反应，生成非磺酸物质或多磺化物，也会使产品的颜色变深。

④ 磺化反应温度　磺化反应是可逆反应，正确选择温度与时间对于保证反应速率和产物组成有十分重要的影响。通常，反应温度较低时，反应速率慢，反应时间长；温度高时，反应速率快而时间短，但容易引起多磺化、氧化等副反应。温度还能影响磺基引入芳环的位置。当苯环上有供电子基时，低温有利于磺基进入邻位，高温有利于进入对位或更稳定的间位。例如，对于甲苯的一磺化过程，采用低温反应时，则主要为邻位、对位磺化产物，随着温度升高，间位产物比例升高，邻位产物比例明显下降，对位产物比例也下降。见表5-3。

表 5-3 甲苯磺化时温度对异构体生成比例的影响

磺化产物	异构磺酸生成比例/%					
	0℃	75℃	100℃	150℃	175℃	200℃
邻甲苯磺酸	42.7	20	13.3	7.8	6.7	4.3
间甲苯磺酸	3.8	7.9	8	8.9	19.9	54.1
对甲苯磺酸	53.5	72.1	78.7	83.2	70.7	35.2

十二烷基苯磺化几乎只生成对位异构体。温度对十二烷基苯磺化的另一作用在于降低磺化产物的黏度，有利磺化热量为传递及物料混合所用，对反应完全及防止局部过热是有利的。一般情况，发烟硫酸磺化精烷基苯的温度可选为35～40℃，磺化粗烷基苯为45～50℃。

⑤ 传质的影响　磺化反应物料较黏，并随反应深度的增加而急剧提高，因此，强化传质过程对反应是必要的。因此在反应过程中加大搅拌速度对反应有利。良好的搅拌可以加速有机物在酸相中的溶解，提高传热、传质效率，防止局部过热，提高反应速率。

⑥ 磺化过程的添加剂　磺化过程中加入少量试剂，对反应常有明显的影响，它表现在不同方面。

a. 抑制副反应　磺化时的主要副反应是多磺化、氧化及不希望有的异构体和砜的生成。当磺化剂的浓度、温度都比较高时，有利于砜的形成。

$$ArSO_3H + 2H_2SO_4 \rightleftharpoons ArSO_2^+ + H_3^+O + 2HSO_4^-$$

$$ArSO_2^+ + ArH \longrightarrow ArSO_2Ar + H^+ \text{（Ar 代表芳香基）}$$

在磺化液中加入无水硫酸钠可以抑制砜的生成，因为硫酸钠在酸性介质中能解离产生 HSO_4^-，使平衡向左移动。

另外，在羟基蒽醌磺化时，常常加入硼酸，它能与羟基作用形成硼酸酯，可以阻碍氧化副反应发生。在萘酚进行磺化时，加入硫酸钠可以抑制硫酸的氧化作用。

b. 改变定位　这主要体现在多元芳环的磺化过程中。例如，蒽醌磺化时，有汞盐存在时主要生成 α-蒽醌磺酸，没有汞盐时主要生成 β-蒽醌磺酸。

c. 使反应变易　催化剂的加入有时可以降低反应温度，提高收率和加速反应。例如，当吡啶用三氧化硫或发烟硫酸磺化时，加入少量汞可使收率由50%提高到71%。又如，2-氯苯甲醛与亚硫酸钠的磺基置换反应，铜盐的加入可使反应容易进行。

（3）中和成盐　磺化所得磺酸还需加碱中和成盐，反应如下：

$$CH_3(CH_2)_9CH(CH_3)\text{—}C_6H_4\text{—}SO_3H + NaOH \longrightarrow CH_3(CH_2)_9CH(CH_3)\text{—}C_6H_4\text{—}SO_3Na + H_2O$$

这是典型的酸碱中和反应，反应几乎瞬间就能反应完全。可按计量系数投料。

它是一个复杂的胶体化学反应。由于直链烷基苯磺酸黏度很大，在强烈的搅拌下，磺酸被粉碎成微粒，反应是在粒子界面上进行的，生成物在搅拌作用下移去，新的碱分子在磺酸粒子表明进行中和；照此下去，磺酸粒子逐步减少，直至磺酸和碱全部作用，成为均一的胶体。

中和温度一般控制在40～50℃。它的影响主要体现在对中和产物的表观黏度的影响上：在一定温度范围内，中和产物的黏度随温度升高而降低，但超过一定温度后，由于中和产物的表面活性及胶溶性的影响，随温度的升高，黏度又不断升高。另外，温度过高会造成局部过热，影响产物的颜色。

中和反应时，NaOH溶液的浓度一般在15%左右。碱水是连续相而酸是分散相。良好的搅拌对中和的质量十分重要。磺酸的分散状况取决于搅拌作用的强弱，生成的胶状物也借助于搅拌从酸滴表面及时移去。另外，搅拌还能将反应热及时移走，提高传热效率，防止局部过热。但过分强烈的搅拌对产物的结构形状有影响。

5.2.4 单元反应后处理策略分析

(1) 烷基化反应的后处理

① 体系的组成及状态 液固相体系中，固相是催化剂，液相主要由苯、十二烷基苯组成。

② 产物的分离策略 反应结束首先考虑回收未反应的原料和催化剂。由于分子筛催化剂是固体，可以直接过滤分离。然后考虑回收未反应的原料苯。由于苯的沸点较十二烷基苯低得多，可以采用蒸馏（或者减压蒸馏）的方法回收苯，蒸馏后即可得到粗产物十二烷基苯。考虑到催化剂中可能有少量催化剂逸出到溶液中，为了防止在分离过程中造成多烷基化，可以用稀碱液中和处理。

(2) 磺化反应结束时反应后处理

① 体系的组成及状态 磺化反应结束后，产物主要组成：十二烷基苯磺酸（主要为对位产物）、剩余硫酸及少量副产物（多磺化物、异构体或砜）等。体系为均相体系。

② 产物分离策略 十二烷基苯磺酸与废酸性质较为接近，混在一起无法直接进行分离。但硫酸比磺酸易溶于水的性质，通过往磺化产物中加入少量水来降低硫酸和磺酸的互溶性，并借助相对密度差而分离。分酸的好坏和磺化产物中硫酸浓度有关，当硫酸浓度为76%～78%时，两者互溶度最小，见图5-2。

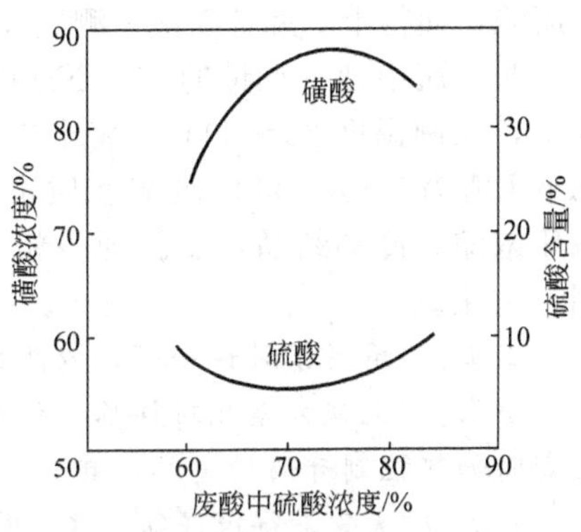

图5-2 废酸浓度对磺酸成分的影响

温度对分酸也有很大影响，温度变化对磺酸和硫酸间的相对密度差的变化列以表5-4。

表5-4 磺化物稀释后硫酸和磺酸两相相对密度

温度/℃	硫酸相		磺酸相
	稀释至75%	稀释至80%	
20	1.670	1.727	1.270
30	1.660	1.717	1.102
40	1.650	1.707	1.081
50	1.640	1.697	1.075
60	1.631	1.687	1.045

可见，随温度提高，其相对密度差加大，但太高会导致硫酸的二次反应及磺酸色泽的加深。因此，分酸工艺条件：温度50～55℃，磺酸中和值160～170mgNaOH/g，废酸中和值620～638mgNaOH/g，相应的废酸浓度76%～78%。

分离出的磺酸经碱中和即转化为十二烷基苯磺酸钠（还含有少量硫酸钠），将水分除去处理即得十二烷基苯磺酸钠固体产物。

5.3 工作过程指导

5.3.1 制订小试合成方案要领

小张等一行来到了主要的实习岗位——车间小试实验室。完成岗位安全教育后，王工跟小张他们一起讨论十二烷基苯磺酸钠的合成方案。

王工拿出了一份当初小试组试制十二烷基苯磺酸钠的文献方案。

(1) 烷基化合成十二烷基苯 将物质的量之比为8∶1的苯与α-十二烯置于四口烧瓶，加入少量酸性分子筛，70℃恒温水浴加热及搅拌下进行烷基化反应约3h。反应结束后滤除催化剂，加水洗涤，再用饱和食盐水洗涤，收集的有机相通过硫酸镁干燥，过滤，将有机产物精馏提纯后得到最终产品。

(2) 磺化及中和合成十二烷基苯磺酸钠 将微过量发烟硫酸慢慢加入到十二烷基苯中，温度自动升到70～80℃，保温反应30min，至十二烷基苯完全反应，在搅拌下向反应物中缓慢加入计算量的水，控制体系温度50～55℃，静置，使得酸液分层。控制磺酸中和值160～170mgNaOH/g，废酸中和值620～638mgNaOH/g，相应的废酸浓度76%～78%。分去废酸，即得十二烷基磺酸。测定其酸值。

四口瓶中加入计量的15%NaOH溶液（按十二烷基苯酸值计量），置于水浴中，在搅拌下，控制温度35～40℃，将十二烷基苯磺酸缓慢加入，时间0.5～1h。控制反应终点的pH值为7～8（可用废酸和质量分数25%～20%NaOH溶液调节pH)。反应结束后，减压浓缩，冷却结晶，过滤即得粗产物。粗品可以通过在异丙醇中重结晶的方法进行精制、纯化。

王工："请大家讨论一下，以此文献方案为参考，如何制订小试合成方案?"

小张："文献方案相对详尽，但有些细节尚不清楚。其一，如何进行烷基化；其二，磺化期间如何控制升温的速率；其三，中和过程为什么不将碱液一次性加入。"

王工："大家看得很仔细。这里需要提醒大家的是，文献的合成方案中烷基苯的合成接近于生产，而发烟硫酸磺化烷基苯的工艺现在基本淘汰。但对于其他有机物的磺化还是有一定的指导意义。因此只能作为小试方案的参考。这里提几点建议，以便制订小试方案时参考。"

5.3.2 单元反应体系构建和后处理纯化建议

5.3.2.1 十二烷基苯的合成

(1) 烷基化反应的监控

① 反应体系的构建要点

a. 反应温度控制要平稳，宜采用恒温水浴加热装置，同时需要配备回流装置。

b. 由于催化剂是固体，反应为非均相体系，宜配置搅拌，以促进反应的传质。但搅拌速度不宜过快，以免造成催化剂固体颗粒的损坏。

c. 反应器需配置加样、测温装置。

② 合成的控制策略 加料方式上，宜将α-十二烯加入到苯中，这样可以保证反应时苯大过量。反应时先将催化剂混合到苯中，加热到回流温度时，再加入十二烯，温度控制在溶液微沸状态即可。搅拌速度控制在500r/min。

③ 反应终点的控制 可以采用薄层色谱（TLC）或气相色谱（或高效液相色谱）等来判定。TLC法关键在于要找到合适的展开剂。有关薄层色谱的方法见附录。

(2) 烷基化反应后处理分离方法 过滤分离出分子筛催化剂，用5%Na_2CO_3稀碱液中和至中性，水洗后干燥脱水，蒸馏回收多余的苯，也可以采用汽提干燥的方法脱苯，即可得到粗产物，继续减压蒸馏可以得到较纯的十二烷基苯（176～178℃/5.33kPa)。

5.3.2.2 十二烷基苯磺酸钠的合成

(1) 磺化反应体系构建要点

① 反应温度一定要控制稳定，宜采用水浴加热装置；

② 反应非均相体系，磺酸的黏度较大，要配置强力搅拌装置；

③ 考虑到加料、测温的需要，宜采用多口反应瓶进行反应，并配备加样器；

④ 体系配置普通回流装置。

（2）磺化反应的控制策略　由于十二烷基苯常温下是液态，为了抑制多磺化产物的形成，反应时应将发烟硫酸加入到十二烷基苯中，同时可以考虑向反应瓶内添加少量无水硫酸钠以抑制副反应。

因反应体系是非均相体系，在酸油界面上反应较为剧烈，故反应时必须有强力的搅拌。加料速率取决于反应温度的变化，由于磺化反应放热，起始加料速度不宜过快，应以不导致温度的剧烈波动为宜。后期加料速度可以适当加快。磺化过程要按照确定的温度-时间规程来控制，即开始反应时控制在较低的温度，随着反应的进行，反应物料体积增大，浓度下降，此时要逐渐提高反应温度，加料完毕后通常需要升温并保持一定的时间。这段保温时间在生产上称为老化。老化时间不能太短，也不能太长，一般为 5～10min。

（3）磺化反应终点的控制　磺化终点可根据磺化产物的性质来判断，如颜色变化、黏度变化等。也可以取样试验，看试样能否完全溶于碳酸钠溶液、清水或食盐水中。一般当反应体系中十二烷基苯作用完全（消失）时，反应即达终点。也可以利用 TLC 法进行跟踪。

（4）磺化反应后处理分离方法　将计量的水慢慢加入到磺化物料中，控制废酸浓度 76%～78%，分层后即可得到十二烷基苯磺酸溶液，再将酸液加入到计量的 15%的 NaOH 溶液中，调节 pH 值至中性。中和过程中如果反应物过于黏稠，可以加入少量的水进行调节。

中和反应液处理时，可以有多种方法除去其中水分。一般地通过减压浓缩的方法就可以直接除去水分，但因产物是表面活性剂，浓缩时易产生泡沫，故工业上可通过喷雾干燥的方法进行脱水，直接干燥成粉状固体。也可采用盐析的方法或者利用与水互溶的极性有机溶剂分散沉淀的方法使得产物析出，过滤得到粗品十二烷基苯磺酸钠。

5.3.2.3　单元反应之间的衔接

因为苯能发生烷基化反应，故烷基化反应后应将溶剂苯彻底除去；如果二烷基化产物较多，也应进行提纯处理。

磺化反应后，应尽量分离出废酸，这样中和时就能有效控制硫酸钠的生成量，大大降低重结晶提纯的操作负荷。

5.3.2.4　产物的纯化

产物的纯化采用重结晶的方法，重结晶溶剂可以选择异丙醇。重结晶过程可以参考前面的情境内容。

5.3.3　绘制试验流程图

将复杂的试验方案用相对简单的流程图表示出来，可以更好地把握试验工艺，掌握试验进程，减少出错的机会，这在试验和生产上都是非常必要的。

小试流程图的要点在于突出其中的单元操作，使得在放大时能清晰地对应大生产的操作岗位。例如，本项目小试流程图（供参考）可以绘制如图 5-3。

必须说明的是，制作的流程图必须与试验方案对应。在制订小试方案时，有时可以流程图代替。

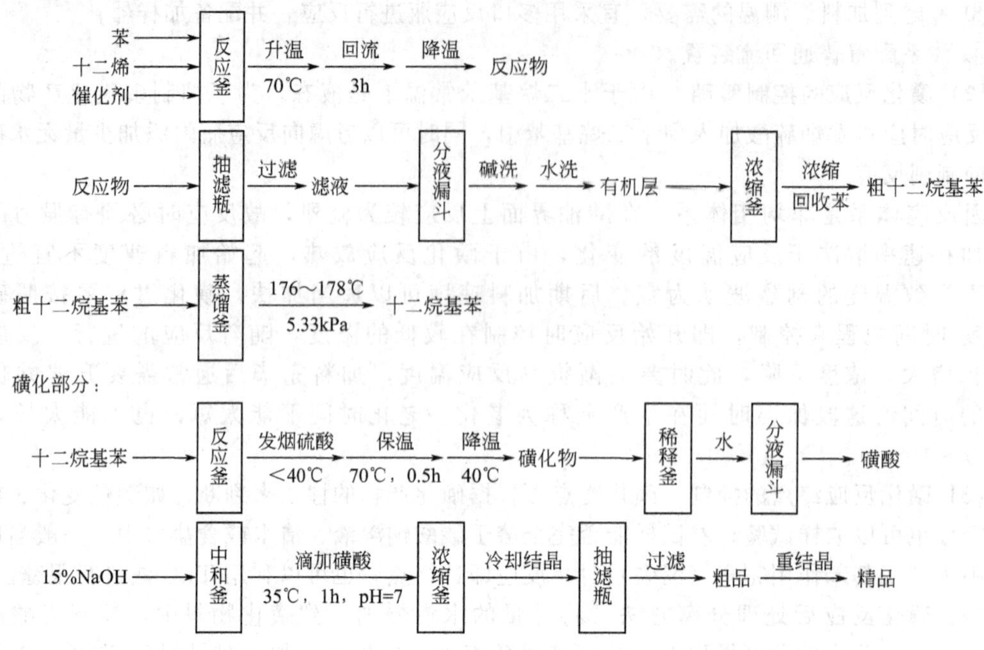

图 5-3 十二烷基苯磺酸钠小试流程图（供参考）

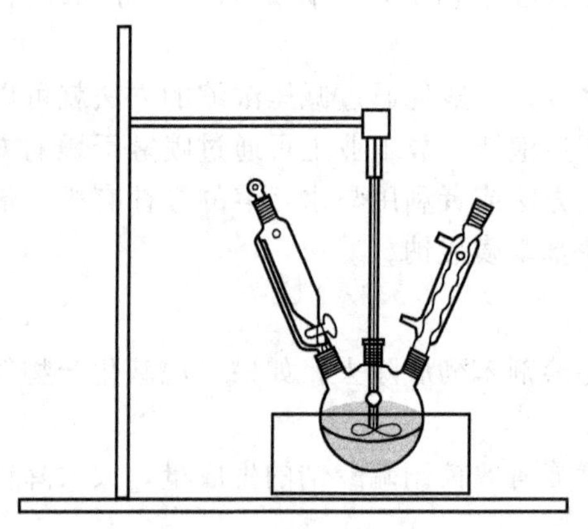

图 5-4 十二烷基苯磺酸钠合成反应装置

5.3.4 小试试验装置

本项目烷基化和磺化反应的小试装置完全可以采用实验室仪器，反应装置可参考如图 5-4（图中是三口瓶，温度计插口未标出）。

装置由四口烧瓶、搅拌器、加样器（即加液漏斗）、冷凝管、铁架台、恒温水浴（水解时可以换成电热煲或油浴）组成。四口烧瓶是发生反应的部位，搅拌由烧瓶正中的瓶口插入，采用机械搅拌。恒压加样器与回流冷凝管分别插在烧瓶的两侧的瓶口。温度计插在温度计专用插口上（该插口还可用于反应过程中及反应终点时进行取样）。

采用四口反应瓶是因为在反应的同时还需要进行搅拌、加样、测温以及回流；由于磺化反应为强放热反应，反应过程中应将反应热移出，以控制磺化反应温度，故磺化过程加温设备选用恒温水浴更为合适（如果用电热煲不仅不能将反应热移除，难以稳定地控制反应温度，而且在磺化时特别容易产生“飞温”）。

除反应装置外，后处理分离过程所涉及的仪器主要是单个（或套）仪器，如分液漏斗和过滤（或抽滤）装置。由于其使用相对简单，其使用和操作参见附录。

5.3.5 小试合成工艺的评估

小试试验是最基础的试验，可对工艺路线的收率及产品单耗进行评判。

5.3.6　产物的检测和鉴定

对已知产品的鉴定，可以采用简单的物理常数测定即可。例如对于固体产物，可以采用测定熔点和红外光谱的鉴定法。

(1) 产物熔点的测定　合成任务书上已经给出了目标化合物的熔点，因此合成出产物后必须对其熔点进行测定，而且熔程也要符合要求。熔点的测定主要有毛细管测熔点和显微镜测熔点。熔点测定，至少要有两次重复的数据，重复数据要相近，熔点取重复数据的平均值。

有关毛细管测熔点和显微镜测熔点的测定方法可以参考有关专业实验书。

十二烷基苯磺酸钠的熔点：325～328℃。

(2) 关于红外光谱分析　十二烷基苯磺酸钠的红外标准谱如图 5-5（来源：上海有机所红外数据库）。

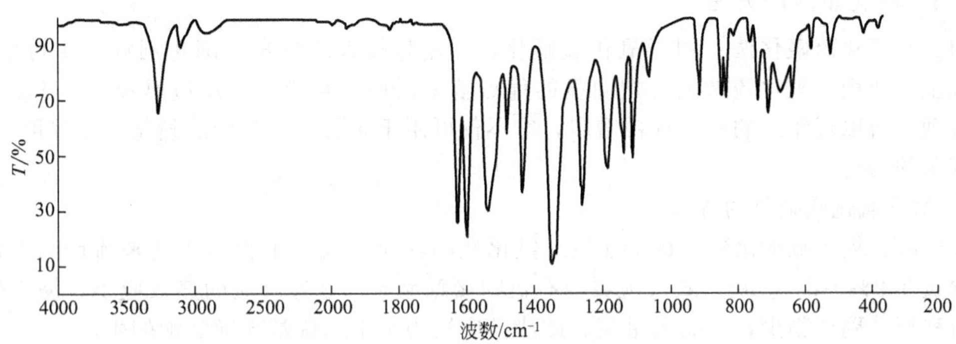

图 5-5　十二烷基苯磺酸钠的红外标准谱

更精确的鉴定还需进行质谱、核磁共振图谱（氢谱和碳谱）的鉴定。特别是未知化合物的开发，这些图谱是必需的。有兴趣的同学可以参考相关的专业资料。

5.3.7　技能考核要点

参照情境 1 的考核方式，考核方案如下。

在装有搅拌器、温度计、滴液漏斗和回流冷凝器的 250mL 四口瓶中，加入十二烷基苯 35mL (34.6g)，搅拌下缓慢加入质量分数 98%硫酸 35mL，温度不超过 40℃，加完后升温至 60～70℃，反应 2h。降温至 40～50℃，缓慢滴加适量水（约 15mL），倒入分液漏斗中，静止片刻，分层，放掉下层（水和无机盐），保留上层（有机相）。配制质量分数 15%氢氧化钠溶液 80mL，将其加入 250mL 四口瓶中约 60～70mL，搅拌下缓慢滴加上述有机相，控制温度为 40～50℃，用质量分数 15%氢氧化钠调节 pH=7～8，并记录质量分数 15%氢氧化钠总用量。于上述反应体系中，加入少量氯化钠，渗圈试验清晰后过滤，得到白色膏状产品。

技能考核要点可参考情境 1 或情境 2 技能考核表自行设计。

5.4　知识拓展

5.4.1　直链十二烷基苯的合成

工业上以 α-十二烯为原料合成十二烷基苯时生成的是十二烷 1 号位和 2 号位取代的混合

物（LAB和2-LAB），产物分离困难。如果要生产较为纯净的LAB，可以采用傅-克酰基化反应合成。即以月桂酰氯和苯为原料首先合成十二酰基苯，然后将羰基还原得到直链十二烷基苯，反应式如下。

$$C_6H_6 + C_{11}H_{23}COCl \xrightarrow{AlCl_3} C_6H_5COC_{11}H_{23} + HCl$$

傅-克酰基化反应

$$C_6H_5COC_{11}H_{23} \xrightarrow[\triangle]{N_2H_4 \cdot H_2O,\ KOH} C_6H_5CH_2—C_{11}H_{23}$$

黄鸣龙还原

5.4.2 关于磺化反应

5.4.2.1 磺化反应的方法

(1) 三氧化硫磺化法 用三氧化硫磺化，其用量接近理论量。磺化剂利用率可以高达90%以上。使用三氧化硫做磺化剂明显的优点就是反应不生成水，反应迅速，“三废”少，经济合理。所以近年来的应用日益增多，它不仅可用于脂肪醇、烯烃的磺化，而且可直接用于烷基苯的磺化。

① 用三氧化硫磺化的方式

a. 气体三氧化硫磺化法 直接使用三氧化硫的转化气或用干燥的空气来稀释三氧化硫，使其含量在2%～8%，用膜式反应器与有机物接触反应。这样反应的热效应小，易于控制，工艺流程短，副产物少，产品质量高。此法已广泛用于十二烷基苯磺酸钠的生产。

b. 液体三氧化硫法 此方法主要适合于不活泼液态芳烃的磺化，生成的磺酸在反应温度下须是液态，而且黏度不大。例如用硝基苯制间硝基苯磺酸。

$$C_6H_5NO_2 + SO_3(\text{液体}) \xrightarrow{95\sim120℃} m\text{-}NO_2C_6H_4SO_3H$$

c. SO_3-溶剂法 此方法应用广泛，优点是反应缓和而且容易控制，磺化收率高，它适用于原料或产物是固体的过程。

所用的溶剂有有机溶剂和无机溶剂两类。有机溶剂有二氯甲烷、二氯乙烷、四氯乙烷、硝基甲烷等。这些有机溶剂能溶解被磺化有机物，使有机物浓度被稀释，从而有利于抑制副反应的产生，使得磺化反应转化率提高。对有机溶剂的选择常常根据被磺化有机物的化学活泼性及反应条件来决定。

无机溶剂有三氧化硫和硫酸。硫酸可与三氧化硫混溶，并且能破坏磺化产物的氢键缔合，降低磺化反应物的黏度。所以，一般是向有机物中先加入硫酸，再通入气体或加入液体SO_3，逐步进行磺化。萘的二磺化多用此法。

$$C_{10}H_8 + SO_3 \xrightarrow[\text{或 }CH_2Cl_2]{H_2SO_4} 1,5\text{-}C_{10}H_6(SO_3H)_2$$

d. SO_3-有机配合物法 三氧化硫能与许多有机化合物生成配合物，其稳定性次序如下。

$$(CH_3)_3N \cdot SO_3 > C_5H_5N \cdot SO_3 > O(C_4H_8)O \cdot SO_3 > R_2O \cdot SO_3 > H_2SO_4 \cdot SO_3$$

有机配合物的稳定性都比发烟硫酸大，即 SO_3-有机配合物的反应活性比发烟硫酸小。所以，用 SO_3-有机配合物磺化，反应温和，有利于抑制副反应，可得到高质量的磺化产品；适用于活泼性大的有机物的磺化。应用最广泛的是 SO_3 与叔胺和醚的配合物。

② 三氧化硫磺化法应注意的问题　三氧化硫做磺化剂也存在一些缺点。首先，三氧化硫熔点为16.8℃，沸点为44.8℃，两者相差仅28℃，如此狭窄的液相区给使用上带来困难。其次，三氧化硫活泼性很高，反应非常激烈，放热量大（参见表5-5），这样很容易引起物料局部过热而焦化。所以在反应中应注意控制温度和加料顺序，并及时散热，以防止爆炸事故发生。另外，三氧化硫做磺化剂时。有机物转化率非常高，可达100%，这样所得磺酸黏度非常高，不利于散热，以致在反应过程中易产生过磺化，有副产物生成。同时三氧化硫本身也易发生聚合。

表5-5　烷基苯磺化反应热的相对值

磺化剂	反应热的相对值	磺化剂	反应热的相对值
100%硫酸	100	液态 SO_3	206
20%发烟硫酸	150	气态 SO_3＋空气	306
60%发烟硫酸	190		

（2）过量硫酸磺化法　被磺化物在过量硫酸或发烟硫酸中进行磺化的方法。这种方法适用而较广，在过量硫酸磺化中，若反应物在磺化温度下是液态的，一般是先在磺化锅中加入被磺化物，然后再慢慢加入磺化剂，以免生成较多的二磺化物。若反应物在磺化温度下是固态的，则先在磺化锅中加入磺化剂，然后在低温下加入被磺化物，再升温至反应温度。在制备多磺化时，常采用分段加酸法，目的是使每一个磺化阶段都能选择最适宜的磺化剂浓度和反应温度，从而使磺基进入所需位置，得到所需的磺化产物。

此磺化方法的缺点是生产能力较低，得到较多的酸性废液或废渣。

（3）共沸硫酸磺化法　共沸去水磺化法只适用于沸点较低易挥发的芳烃，例如苯和甲苯的磺化。苯的一磺化如果采用过量硫酸法，则需使用过量较多的发烟硫酸。为克服这一缺点，工业上多采用共沸去水磺化法。此方法是向浓硫酸中通入过量的过热苯蒸气，利用共沸原理，由未反应的苯蒸气带走反应所生成的水，从而保证磺化剂浓度不会下降太多，使硫酸利用率大大提高。从磺化锅逸出的苯蒸气与水经冷凝分离后，可回收苯循环利用。因为此方法利用苯蒸气进行磺化.工业上称“气相磺化”。

但应注意当磺化液中游离硫酸的含量下降到3%～4%时，应停止通苯，否则将生成大量的副产物二苯砜。

（4）氯磺酸磺化法　氯磺酸是一种强磺化剂，其结构式为：

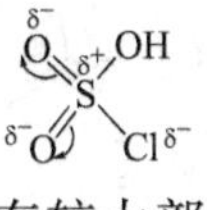

$$\overset{\delta^-}{O}\!=\!\overset{\delta^+}{S}(OH)(Cl^{\delta^-})\!=\!O^{\delta^-}$$

由于氯原子电负性较大，硫原子上带有较大部分正电荷，它的磺化能力很强，仅次于三氧化硫。

氯磺酸作磺化剂根据用量的不同可制芳磺酸或芳磺酰氯。通常是把有机物慢慢地加入到氯磺酸中，反过来加料会产生较多副产物。对于固体有机物则有时需使用溶剂。

用等物质的量或稍过量的氯磺酸磺化，所得产物是芳磺酸。例如：

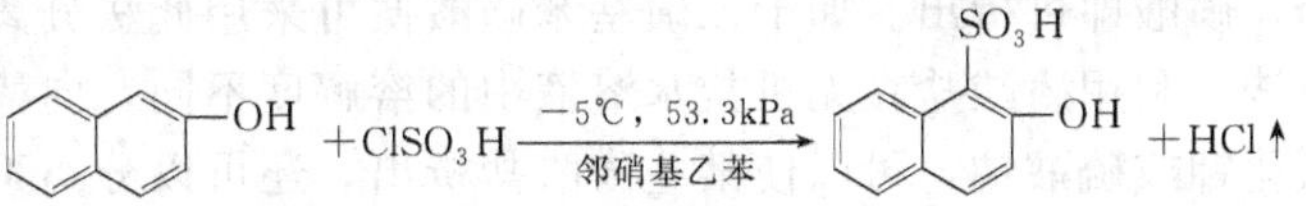

$$\text{2-萘酚(-OH)} + ClSO_3H \xrightarrow[\text{邻硝基乙苯}]{-5℃,\ 53.3kPa} \text{1-}SO_3H\text{-2-萘酚(-OH)} + HCl\uparrow$$

若用过量很多的氯磺酸磺化，所得产物是芳磺酰氯。

$$ArH + ClSO_3H \longrightarrow ArSO_3H + HCl$$

$$ArSO_3H + ClSO_3H \rightleftharpoons ArSO_2Cl + H_2SO_4$$

后一反应可逆，故氯磺酸的量要过量，一般达到 1：(4～5)(物质的量之比)，也可以来用化学方法移除硫酸。例如，在制苯磺酰氯时，除了氯磺酸以外，加入适量氯化钠，可使收率由 76%提高到 90%。氯化钠的作用是使硫酸转变为硫酸氢钠与氯化氢。另一方案是加入氯化钠和惰性溶剂（如 CCl_4），惰性溶剂的存在可降低氯磺酸的用量。

$$ArSO_3H + SOCl_2 \longrightarrow ArSO_2Cl + SO_2\uparrow + HCl\uparrow$$

若单独使用氯磺酸不能使磺基全部转化为磺酸氯，可加入一定量的氯化亚砜。

应当指出，氯磺酸遇水立即水解为硫酸和氯化氢，并且放出大量热，若向氯磺酸中突然加水会引起爆炸。因此，使用本法磺化时，原料、溶剂和反应器均须干燥无水。

$$ClSO_3H + H_2O \longrightarrow H_2SO_4 + HCl\uparrow$$

(5) 其他磺化法

① 烘焙磺化法　这种方法多用于芳香族伯胺的磺化，此方法可使硫酸的用量降低到接近理论量。将芳伯胺与等物质的量的硫酸混合制成芳胺硫酸盐，然后在高温下烘焙脱水，同时发生分子内重排，得到芳胺磺酸。磺基进入氨基的对位，当对位存在取代基时则进入邻位。例如，苯胺磺化得到对氨基苯磺酸。

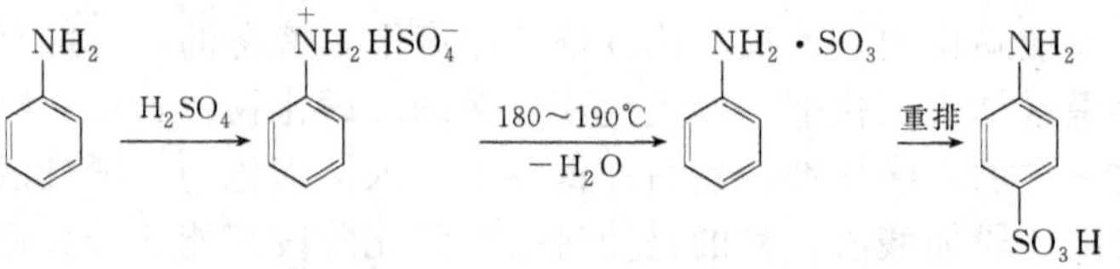

$$C_6H_5NH_2 \xrightarrow{H_2SO_4} C_6H_5\overset{+}{N}H_3HSO_4^- \xrightarrow[-H_2O]{180\sim190℃} C_6H_5NH_2\cdot SO_3 \xrightarrow{重排} p\text{-}H_2NC_6H_4SO_3H$$

② 用亚硫酸磺化法　这是一种利用亲核置换引入磺基的方法，用于将芳环上的卤素或硝基置换成磺基，通过这条途径可制得某些不易由亲电取代得到的磺酸化合物。例如：

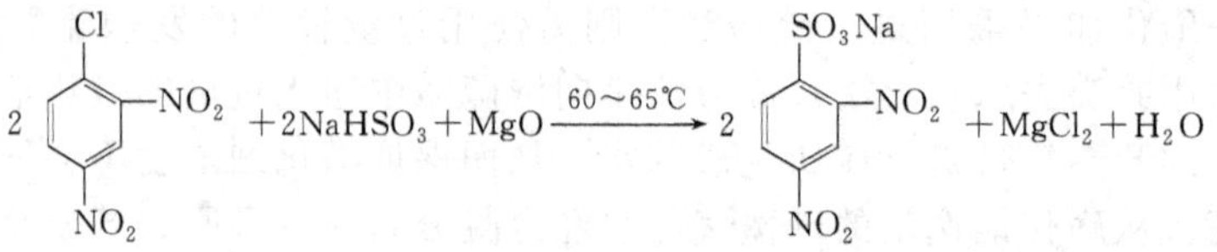

$$2\ \text{(2,4-二硝基氯苯)} + 2NaHSO_3 + MgO \xrightarrow{60\sim65℃} 2\ \text{(2,4-二硝基苯磺酸钠, }SO_3Na\text{)} + MgCl_2 + H_2O$$

亚硫酸盐磺化法也被用来精制苯系多硝基化合物。例如：在二硝基苯的三种异构体中邻二硝基苯、对二硝基苯的硝基易与亚硫酸钠发生亲核置换反应，生成水溶性的邻硝基或对硝基苯磺酸钠，间二硝基苯则保持不变，由此可精制提纯间二硝基苯。

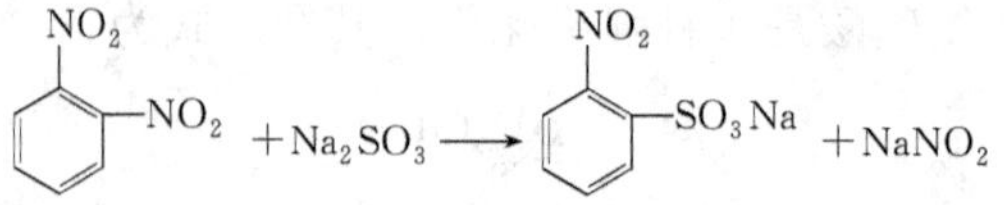

$$o\text{-}C_6H_4(NO_2)_2 + Na_2SO_3 \longrightarrow o\text{-}O_2NC_6H_4SO_3Na + NaNO_2$$

5.4.2.2 磺化反应后处理的方法

磺化产物的后处理有两种情况。一种是磺化后不分离出磺酸，接着进行硝化和氯化等反应；另一种是需要分离出磺酸或磺酸盐，再加以利用。磺化产物的分离可以利用磺酸或磺酸盐溶解度的不同来完成，分离方法主要有以下几种。

(1) 稀释酸析法　某些芳磺酸在 50%～80%硫酸中的溶解度很小，磺化结束后，将磺化液加水适当稀释，磺酸即可析出。如十二磺基苯磺酸便可采用此法分离。

(2) 直接盐析法　利用磺酸盐在无机盐水溶液中的溶解度不同，向稀释后的磺化产物中直接加入食盐、氯化钾或硫酸钠，可以使某些磺酸盐析出，还可以分离不同异构磺酸。

$$ArSO_3H + KCl \rightleftharpoons ArSO_3K + HCl$$

反应是可逆的，但只要加入适当浓度的盐水并冷却，就可以使平衡向右方进行。硝基苯磺酸、硝基甲苯磺酸、萘磺酸、萘酚磺酸等多用此法分离。

不同磺酸的盐的溶解度的差异可以用来分离某些异构磺酸。例如，2-萘酚磺化同时生成2-萘酚-6，8-二磺酸（G酸）和2-萘酚-3,6-二磺酸（R酸），根据G酸的钾盐溶解度较小，R酸的钠盐溶解度较小可以分离G酸和R酸。即向稀释的磺化液中加入KCl溶液，G酸即以钾盐的形式析出，在过滤后的母液中再加入NaCl，R酸即以钠盐形式析出。

采用KCl或NaCl盐析因产生的氯化氢对设备腐蚀严重，该法的应用受到限制。

（3）中和盐析法　稀释后的磺化产物用氢氧化钠、碳酸钠、亚硫酸钠、氨水或氧化镁进行中和，利用中和时生成的硫酸钠、硫酸铵或硫酸镁可使磺酸以钠盐、铵盐或镁盐的形式析出。从总的物料平衡看，节约了大量的酸碱，减轻了母液对设备的腐蚀。例如，用磺化-碱熔法生产2-萘酚时，可以用碱熔副产物 Na_2SO_3 来中和磺化产物，中和时生成的 SO_2 又可用于碱熔物酸化。

$$2ArSO_3H + Na_2SO_3 = 2ArSO_3Na + H_2O + SO_2$$

$$ArSO_3Na + 2NaOH \xrightarrow{碱熔} ArONa + Na_2SO_3 + H_2O$$

$$2ArONa + SO_2 + H_2O \xrightarrow{酸化} 2ArOH + Na_2SO_3$$

（4）萃取分离法　用有机溶剂将磺化产物萃取出来。例如，将萘高温磺化，稀释水解除去1-萘磺酸后的溶液，用叔胺的甲苯溶液萃取，叔胺与2-萘磺酸形成的配合物可被萃取到甲苯层中，分出有机层，用碱液中和，磺酸即转入水层，蒸发至干可得纯度达到86.8%的萘磺酸钠，叔胺和甲苯均可回收再用。

（5）脱硫酸钙法　当磺化液中含有大量废酸时，可先把磺化物在稀释后用 $Ca(OH)_2$ 的悬浮液进行中和，生成的磺酸钙能溶于水，而硫酸钙则沉淀下来。过滤后即可得到不含无机盐的磺酸钙溶液，再用 Na_2CO_3 处理，磺酸钙盐转化为钠盐，过滤除去碳酸钙后得到较为纯净的磺酸钠盐，经过离子交换树脂后，得到相应的磺酸。

$$(ArSO_3)_2Ca + Na_2CO_3 \longrightarrow 2ArSO_3Na + CaCO_3\downarrow$$

此法适合于多磺酸产物与废酸的分离，但由于操作复杂，劳动强度大，一般避免使用。

5.4.3　关于硫酸化方法

（1）高级醇的硫酸化　具有较长碳链的高级醇（$C_{12} \sim C_{18}$）经硫酸化可制备阴离子型表面活性剂。高级醇与硫酸的反应是可逆的：

$$ROH + H_2SO_4 \rightleftharpoons RO{-}SO_3H + H_2O$$

为防止逆反应，醇类的硫酸盐化常采用发烟硫酸、三氧化硫或氯磺酸作反应剂。

$$ROH + SO_3 \longrightarrow ROSO_3H$$

$$ROH + ClSO_3H \longrightarrow ROSO_3H + HCl$$

用氯磺酸硫酸盐化遇到的一个特殊问题是氯化氢的移除，因为反应物料逐渐变稠，所以解决的办法是选用比表面大的反应设备，以利于氯化氢的释出。

（2）天然不饱和油脂和脂肪酸的硫酸化　天然不饱和油脂或不饱和蜡经硫酸化后再中和所得产物总称为硫酸化油。天然不饱和油脂常用蓖麻籽油、橄榄油、棉籽油、花生油等；鲸油、鱼油等海产动物油脂作原料品质较差。硫酸化除使用硫酸以外，发烟硫酸、氯磺酸等均可使用。

$$CH_3(CH_2)_5\underset{\displaystyle OH}{\underset{|}{C}}HCH_2CH{=}CH(CH_2)_7\overset{\displaystyle O}{\overset{\|}{C}}OG \xrightarrow{H_2SO_4 \text{ 或 } SO_3} CH_3(CH_2)_5\underset{\displaystyle OSO_3H}{\underset{|}{C}}HCH_2CH{=}CH(CH_2)_7\overset{\displaystyle O}{\overset{\|}{C}}OG$$

蓖麻油（G代表甘油基）　　　　土耳其红油

由于硫酸化过程中易起分解、聚合、氧化等副反应，因此需要控制在低温下进行硫酸化。一般反应生成物中残存有原料油脂与副产物，组成复杂。例如：蓖麻油的硫酸化产物称红油，在蓖麻籽油的硫酸化产物中，实际上还含有未反应的蓖麻籽油、蓖麻籽油脂肪酸、蓖麻籽油脂肪酸硫酸酯、硫酸化蓖麻籽脂肪酸硫酸酯、二羟基硬脂酸、二羟基硬脂酸硫酸酯、二蓖麻醇酸、多蓖麻醇酸等。这种混合产物经中和以后，就成为市面上出售的土耳其红油。外形为浅褐色透明油状液体，它对油类有优良的乳化能力，耐硬水性较肥皂为强，润湿、浸透力优良。

不饱和脂肪酸的低级醇酯，它经过硫酸化后可得阴离子表面活性剂。例如油酸与丁醇反应制得的油酸丁酯在0～5℃与过量的20％发烟硫酸反应，然后加水稀释、破乳、分出油层、中和，即可得到磺化油AH，它是合成纤维的上油剂。

$$CH_3(CH_2)_7CH{=}CH(CH_2)_7COOC_4H_9 \xrightarrow[2,\ NaOH]{1,\ H_2SO_4\ 5℃} CH_3(CH_2)_7\underset{\displaystyle SO_3Na}{\underset{|}{C}}HCH_2(CH_2)_7COOC_4H_9$$

α-烯烃也能发生类似的反应。

5.4.4 工业上十二烷基苯磺酸钠生产典型的磺化工艺流程

工业上十二烷基苯用SO_3磺化时大多采用膜式反应器，膜式反应器有多种，升膜、降膜、单膜、双膜式。部分反应器见图5-6。

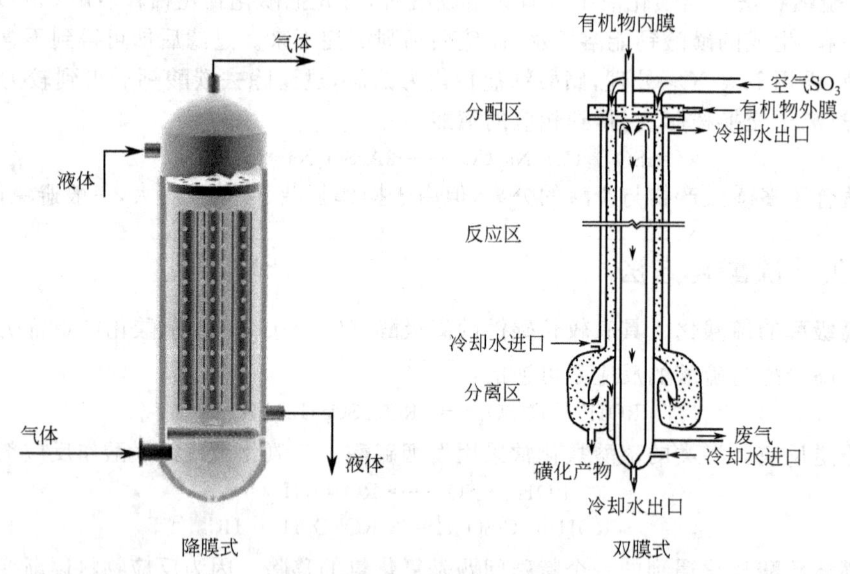

图5-6　SO_3磺化膜反应器

磺化是将有机原料用分布器均匀分布于直立管壁四周，呈现液膜状，自上而下流动。三氧化硫与有机原料在膜式反应器相遇而发生反应，至下端出口处反应基本完全。有机原料的磺化率自上而下逐渐提高，膜上物料黏度越来越大，三氧化硫气体浓度越来越低。

采用膜式反应器磺化，工艺流程图见图5-7。

工艺流程说明：原料烷基苯（或脂肪醇、脂肪醇醚、α-烯烃等）经原料泵进入磺化反应

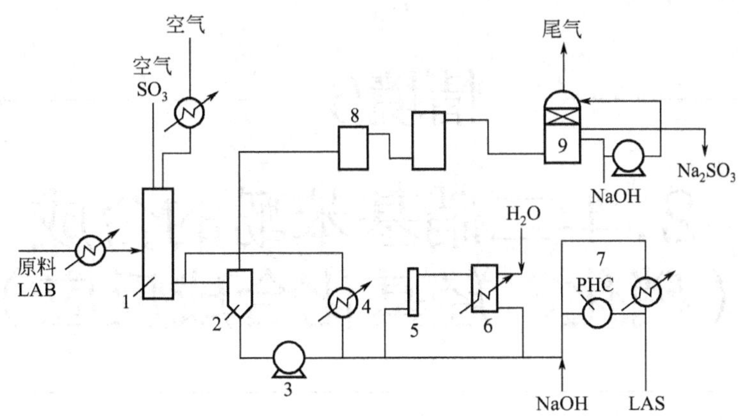

图 5-7　TO 式膜式反应器三氧化硫磺化工艺流程图

1—反应器；2—分离器；3—循环泵；4—冷却器；5—老化器；6—水化器；7—中和器；8—除雾器；9—吸收塔

器 1 与 SO_3 发生反应，磺化产物经循环泵、冷却器后，一部分回到反应器底部，用于磺酸的急冷，另一部分被送入老化器、水化器，经中和器可制得烷基苯磺酸钠（LAS）[或脂肪醇硫酸盐（AS）及脂肪醇醚硫酸盐（AES）。若制取 α-烯烃磺酸盐（AOS），则经中和后的物料还需通过水解器，将酯水解，然后用硫酸调整产品的 pH 值。尾气经除雾器除去酸雾，再经吸收后放空]。

练习与思考题

1. 十二烷基苯磺酸钠还有哪些合成方法？请查阅资料说明其中的一种。

2. 什么是磺化反应？有哪些磺化试剂？请举例说明。

3. 磺化反应的主要影响因素有哪些？各是怎样影响的？

4. 请举例说明烷基化反应的应用。

5. 试计算用 98％的浓硫酸磺化 2kmol 苯制备苯磺酸，问该硫酸的最低理论用量为多少？(已知苯的 π 值＝66.4％)

6. 间二甲苯用浓硫酸磺化在 150℃长时间一磺化，主要产物是什么？

7. 写出苯制备 4-氨基苯-1,3-二磺酸的合成路线。

情境6
2,4-二硝基苯酚的合成（硝化、羟基化合成反应）

学习目标与要求

知识目标

了解2,4-二硝基苯酚的合成路线及合成过程中的安全环保知识；掌握硝化反应、羟基化反应过程、分离过程的知识和产品鉴定的方法。

能力目标

能进行2,4-二硝基苯酚的资料检索，根据2,4-二硝基苯酚的合成路线及硝化、羟基化单元反应的特点制订合成反应的方案，并通过实验合成出合乎要求的产品。

情感目标

充分调动学生的学习积极性、创造性，增强化工合成职业素质养成，培养独立思考的习惯和团队合作的精神。

6.1 情境引入

实习生小张、小宋、小苏等三人轮岗到2,4-二硝基苯酚生产车间实习，由负责该工段生产的顾工程师指导他们。在实习期间，实习生们将要进行2,4-二硝基苯酚制备工艺的学习，参加模拟顶岗实习，在实验室条件下以小试的形式进行实践。

实习生们准时来到顾工的办公室，顾工交给他们一份拟订好的实习计划，上面列出了小张他们实习期间要完成的工作和注意事项。小宋打开了实习计划，浏览了上面的主要内容（与前面实习的内容大体相仿，不过产品换成了2,4-二硝基苯酚）。

6.2 任务解析

顾工检查了小张等资料检索情况。

小张：2,4-二硝基苯酚是一种重要的化工中间体，主要用于制染料（特别是硫化染料）、苦味酸和显影剂、农药、植物生长调节剂等。

小宋：本品属爆炸品，易燃，有毒。

小苏：资料上说，2,4-二硝基苯酚由氯苯硝化后水解得到。

顾工：生产的问题首先是合成路线的问题，然后是工艺的问题。合成路线解决的是生产的可能性，工艺则是合成路线的实现形式。而一个成熟产品的开发，除非已经成熟的项目，在大生产前必须经过产品的小试、中试和大生产的逐级放大的过程，以找出大生产中可能出现的问题。我们可以从小试开始了解2,4-二硝基苯酚产品开发的过程。

6.2.1　产品开发任务书

顾工拿出了一份公司2,4-二硝基苯酚的产品开发任务书，如表6-1。

表6-1　产品开发任务书

编号：××××××

项目名称	内容	技术要求		执行标准
		专业指标	理化指标	
2,4-二硝基苯酚小试试制	以生产原料进行2,4-二硝基苯酚小试合成，对合成工艺进行初步评估	中文名称：2,4-二硝基苯酚 英文名称：2,4-dinitrophenol 别名：2,4-二硝基酚 CAS号：51-28-5 分子式：$C_6H_4N_2O_5$ 分子量：186.11 优级品纯度：≥99%	外观：淡黄色固体 熔点：112～114℃ 溶解性：不溶于冷水，溶于乙醇、乙醚、丙酮、苯、氯仿 相对密度（水＝1）：1.7 相对密度（空气＝1）：6.4 稳定性：稳定，属爆炸品，易燃，有毒，能升华	GB/T 21886—2008
项目来源		(1)自主开发	(2)转接	
进度要求		1～2周		
项目负责人			开发人员	
下达任务人		技术部经理		日期：
		技术总监		日期：

注：一式三联。一联交技术总监留存，一联交技术部经理，一联交项目负责人。

顾工：在企业里，有关产品研发的项目必须经过主管部门批准后方可以进行试验。一般都需要下发正式的文件或任务书。在任务书中必须明确项目的内容、要求及相关标准。可以转接科研院所的项目也可以自行开发。

6.2.2　2，4-二硝基苯酚的合成路线设计

(1) 2,4-二硝基苯酚分子结构的分析

顾工：首先根据有机化合物的CAS号查阅2,4-二硝基苯酚的分子结构式。

OH　NO_2

NO_2

不难看出，目标化合物基本结构为苯酚的结构，在芳环的2、4号位上接有硝基。从基团（官能团）的位置看，两个硝基分别处于酚羟基的邻位和对位。

(2) 2,4-二硝基苯酚合成路线分析

顾工：通常采用逆向合成的方法进行路线设计。可以有两种路线：

分析1：

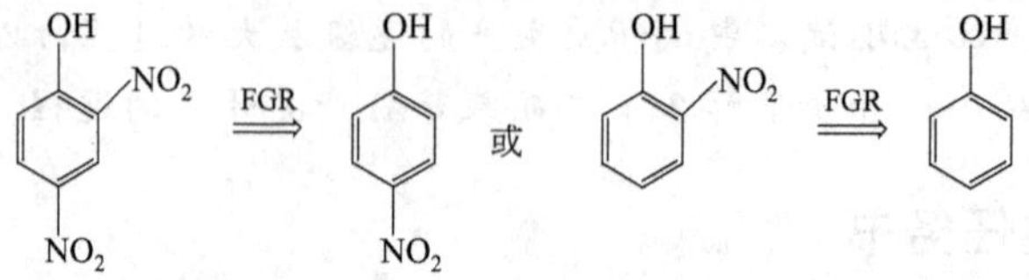

其中FGR表示逆向官能团除去（antithetical functional group removal，简称FGR），即将硝基（$-NO_2$）除去。相应的合成路线如下。

合成路线1：以苯酚为原料

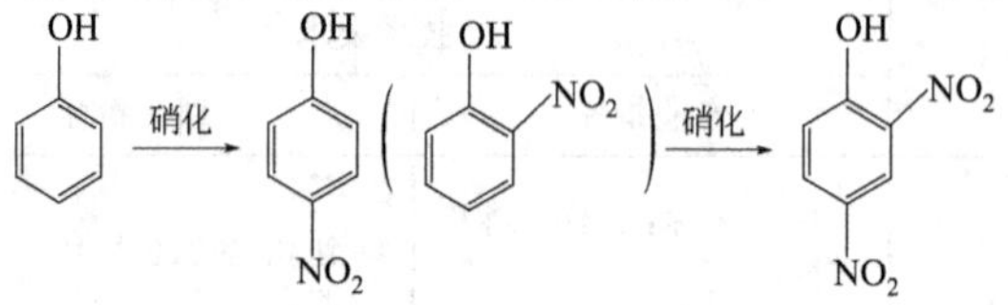

分析2：

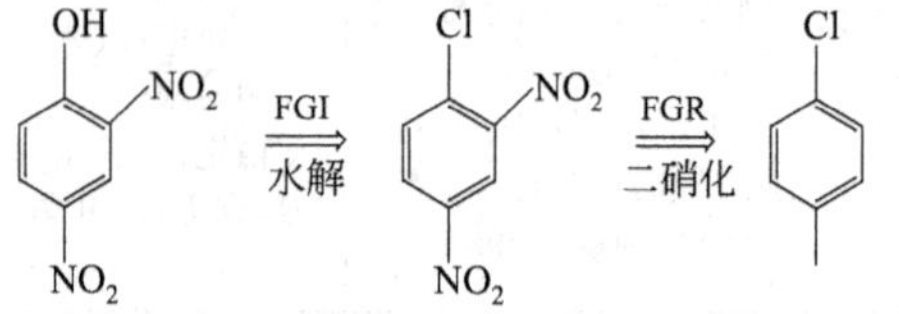

其中FGI表示逆向官能团互换（antithetical functional group interconvertion，简称FGI），即将羟基（$-OH$）变换成氯基（$-Cl$）。相应的合成路线如下。

合成路线2：以氯苯为原料，

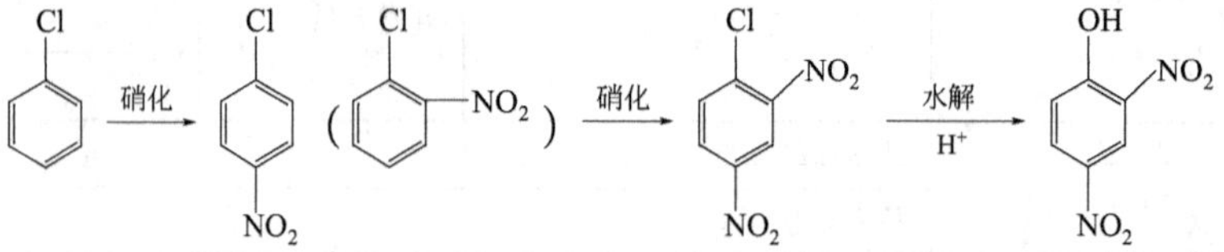

当然也可以第二种合成路线中的一硝化中间产物对硝基氯苯（或间硝基氯苯）为原料直接合成。需要说明的是，二硝基是一硝化基础上的连串反应，无需中间体的分离；2,4-二硝基氯苯碱性水解生成2,4-二硝基苯酚钠，然后酸化即可生成2,4-二硝基苯酚。

顾工：那么究竟选择哪条合成路线呢？请大家讨论一下。

小苏：我觉得第一条合成路线好，从苯酚出发，经过两步硝化就可以了。

小张：第二条路线好，原料简单，反应条件温和、放热量小、副反应少，后处理比较简单、转化率高。也是资料上推荐的路线。

顾工：要想从这些合成路线中确定最理想的一条路线，并成为工业生产上可用的工艺路线，则需要综合而科学地考察设计出每一条路线的利弊，择优选用。第一条路线由于硝化反应剧烈放热，温度难以控制，反应时有多种副反应发生，后处理步骤多且复杂，不可取。故选择第二条路线较好。

第二条路线主要涉及两个单元反应：硝化反应和水解（羟基化）反应。于是小试（或大生产）工艺即以氯苯为原料，通过与适当的硝化试剂发生硝化反应，然后再进行水解（羟基化）反应而获得目标化合物。

知识点拨

1. 硝化反应和硝化试剂

（1）硝化反应　将硝基引入有机化合物分子中的反应称为硝化反应。硝化反应是极其重要的单元反应。在硝化反应中，硝基往往取代有机化合物中的氢原子而生成硝基化合物：

$$ArH + HNO_3 \longrightarrow ArNO_2 + H_2O$$

除氢原子之外，有机化合物分子中的卤素、磺基、酰基和羧基等也可以被硝基所取代。随着与氢或其他被取代基团相连接的原子不同，硝化后的产物可有 *C*-硝基、*N*-硝基和 *O*-硝基化合物。硝化反应是包括范围极广的有机反应。芳烃、烷烃、烯烃以及它们的胺、酰胺、醇等衍生物都可以在适当的条件下进行硝化。

引入硝基的目的大体可以归纳为：

① 作为制备氨基化合物的一条重要途径；

② 利用硝基的极性，使芳环上的其他取代基活化进行；

③ 在染料合成中，利用硝基的极性，加深染料的颜色，有些硝基化合物可作为烈性炸药。

（2）硝化反应试剂　工业上常见的硝化试剂有各种浓度的硝酸、混酸、硝酸盐和过量硫酸、硝酸与乙酸或乙酸酐的混合物等。

通常的浓硝酸是具有最高共沸点的 HNO_3 和水的混合物，沸点为 120.5℃，含 68% 的 HNO_3，其硝化能力不是很强。浓硝酸主要应用于芳烃化合物的硝化。由于反应中生成的水使硝酸浓度降低，故往往要用过量很多倍的硝酸，且硝酸浓度降低，不仅减缓硝化反应速率，而且使氧化反应显著增加。目前仅用于少数硝基化合物的制备。

混酸是浓硝酸与浓硫酸的混合物，常用的比例为 1∶3（质量比），具有硝化能力强、硝酸的利用率高和副反应少的特点，它已成为工业上应用最广泛的硝化剂，特别适合于芳烃的硝化。混酸硝化的特点是：硝化能力强，反应速率快，生产能力高；硝酸用量接近于理论用量，几乎全被利用；硫酸的热容量大，可使硝化反应平稳进行；浓硫酸可以溶解多数有机物，以增加有机物与硝酸的接触，使硝化反应易于进行；混酸对铁的腐蚀性小，可采用普通碳钢或铸铁作为反应器，不过对于连续化装置则需采用不锈钢材质。混酸硝化反应的缺点是酸度大，对某些芳香族化合物的溶解性差，从而影响硝化结果。

硝酸钾（钠）可和硫酸作用可产生硝酸和硫酸盐，它的硝化能力相当于混酸。硝酸和乙酐的混合物也是一种常用的优良硝化剂，乙酐对有机物有良好的溶解度，作为去水剂十分有效，而且酸度小，所以特别适用于易被氧化或易为混酸所分解的芳香烃的硝化反应。此外，硝酸与三氟化硼、氟化氢或硝酸汞等组成的混合物也可作为硝化剂。

本情境可选择混酸作为硝化试剂。

知识点拨

2. 芳卤代烷的水解（羟基化）反应和水解试剂

（1）水解（羟基化）反应　向有机分子中引入羟基，得到醇、酚类化合物的反应，称为羟基化。醇、酚类化合物有广泛用途，在精细化工中具有广泛的用途，主要用于生产合成树脂、各种助剂、染料、农药、表面活性剂、香料和食品添加剂等。如 $C_1 \sim C_5$ 醇常在工业上用作溶剂，$C_6 \sim C_{12}$ 醇是增塑剂原料，C_{12} 以上醇主要用于合成表面活性剂。另外，通过酚羟基的转化反应还可以制得烷基酚醚、二芳醚、芳伯胺和二芳基仲胺等许多含其他官能团的重要中间体和产物。因此羟基化是一类非常重要的反应。本情境（2,4-二硝基氯苯）的水解属于芳卤代烷的水解。

芳卤化合物的水解反应属于取代反应。通式如下。

$$ArCl + H_2O \longrightarrow ArOH + HCl$$

芳卤 C—Cl 之间还有 p-π 共轭影响，水解较困难。当环上有吸电子基时，水解才容易发生。芳卤水解时一般在碱性条件下进行。

（2）芳卤羟基化试剂　芳卤羟基化试剂一般选择碱性水溶液。由于芳卤反应活性低，不能用碳酸钠水解，而要用强碱氢氧化钠。

6.2.3 单元反应过程分析

顾工：在确定反应路线，选择相应的原料和试剂后，要完成反应还必须制订详细的反应方案。这在工艺上就是明确相应的工艺控制点，显然这对于生产是非常关键的。而反应方案的制订就必须从反应的机理和反应影响因素等方面入手才能把握其要点。

6.2.3.1 氯苯硝化反应机理及影响因素分析

（1）氯苯硝化反应机理　选用混酸为硝化试剂时，氯苯硝化反应的反应式如下。

$$C_6H_5Cl + 2\,HNO_3 \xrightarrow{H_2SO_4} \text{2,4-}(NO_2)_2C_6H_3Cl$$

硝化是典型的亲电取代反应。近代研究普遍认为，参加硝化反应的亲电活泼质点是硝酰正离子（NO_2^+）。通常，硝化剂离解能力越大（即产生 NO_2^+ 的能力越大），则硝化能力越强。使用混酸作硝化剂时，有如下反应。

$$HNO_3 + 2H_2SO_4 \longrightarrow \overset{+}{N}O_2 + H_3O^+ + 2HSO_4^-$$

$$C_6H_5Cl + \overset{+}{N}O_2 \rightleftharpoons \underset{\pi\text{-配合物}}{[C_6H_5Cl\cdots\overset{+}{N}O_2]} \underset{}{\overset{慢}{\rightleftharpoons}} \underset{\sigma\text{-配合物}}{[H(NO_2)C_6H_5Cl]^+} \xrightarrow{快} O_2N\text{-}C_6H_4\text{-}Cl + H^+$$

反应的第一步是硝化剂的离解，产生硝酰正离子 NO_2^+；第二步是亲电活泼质点 NO_2^+ 向芳环上电子云密度较高的碳原子进攻，首先形成 π-配合物，而后转变成 σ-配合物，这是慢的一步；第三步 σ-配合物脱去一个质子，形成稳定的硝基化合物，这一步是很快的。其中形成 σ-配合物是硝化反应速率的控制步骤。二硝化的反应机理与一硝化反应机理类似。

非均相硝化反应主要在两相的界面处或酸相中进行，在有机相中反应极少（$<0.001\%$），可以忽略。近些年来，通过对芳烃类在不同条件下进行非均相硝化反应动力学的研究，认为可将非均相硝化反应分为三种类型：缓慢型、快速型和瞬间型。

① 缓慢型　也称动力学型。化学反应的速率是整个反应的控制阶段，这是由于在相界

面上反应的数量远远少于芳烃扩散到酸相发生反应的数量，甲苯在 62.4%～66.6% H_2SO_4 中的硝化属于这种类型，其动力学方程如下：

$$R_a = k\ [HNO_3]\ [T]_a$$

式中　R_a——单位体积的反应速率，mol/(L·s)；

k——均相反应的反应速率常数，L/(mol·s)；

$[HNO_3]$，$[T]_a$——硝酸浓度和酸相中的甲苯浓度，mol/L。

② 快速型　也称慢速传质型。其特征是反应主要在酸膜中或两相的边界层上进行，反应速率受传质控制。甲苯在 66.6%～71.6% H_2SO_4 中硝化属于这种类型，其动力学方程如下：

$$R_a = aK\ [T]_a$$

式中　a——单位酸相容积的交界面积，cm^2/cm^3；

K——总传质系数，cm/s。

③ 瞬间型　亦称快速传质型。其特征是反应速率快，以至于使处于液相中的反应物不能在同一区域共存，即反应在两相界面上发生。甲苯在 71.6%～77.4% H_2SO_4 中硝化时属于这种类型，其动力学方程式与传质和化学反应速率有关。

$$R_a = a\sqrt{Dk\ [HNO_3]}\ [T]_a$$

式中　D——甲苯在酸相中的扩散系数，cm^2/s。

图 6-1 是根据动力学实验数据按甲苯-硝化的初始反应速率对 lg$k$ 作图得到的曲线。甲苯在混酸中硝化，硫酸浓度因不断被生成的水稀释，因而对于每一个硝化过程来说，在变化到不同阶段可以属于不同的动力学类型。

(2) 氯苯硝化反应影响因素分析

① 被硝化物氯苯的反应性质　氯苯为无色透明液体，具有不愉快的苦杏仁味，熔点－45.2℃，沸点 132.2℃，相对密度（水＝1）1.10。

对于芳环上的亲电取代反应，被硝化物分子（苯环）结构上电子云密度增加对亲电反应有利，即越有利于硝化反应的进行；反之，对硝化反应不利。由于氯苯中氯原子的电负性较大，苯环上引入氯原子后可使苯环钝化，会导致硝化反应速率降低。

氯苯一硝化后，由于硝基是强烈的钝化基团，使得苯环的亲核活性显著下降，故氯苯二硝化较一硝化困难。同理，氯苯的三硝化比二硝化更困难。

由于芳环上的卤素为邻、对位定位基，故氯苯的一硝化产品几乎都是邻、对位异构体，二硝化的产品几乎全部为 2,4-二硝基物。

② 混酸的影响

a. 混酸的反应性质　根据酸碱质子理论，硫酸和硝酸相混合时，硫酸起酸的作用，硝酸起碱的作用，其平衡反应式为：

$$H_2SO_4 + HNO_3 \rightleftharpoons HSO_4^- + H_2NO_3^+$$

$$H_2NO_3^+ \rightleftharpoons H_2O + NO_2^+$$

$$H_2O + H_2SO_4 \rightleftharpoons H_3O^+ + HSO_4^-$$

总的反应式为：

$$2H_2SO_4 + HNO_3 \rightleftharpoons H_3O^+ + 2HSO_4^- + NO_2^+$$

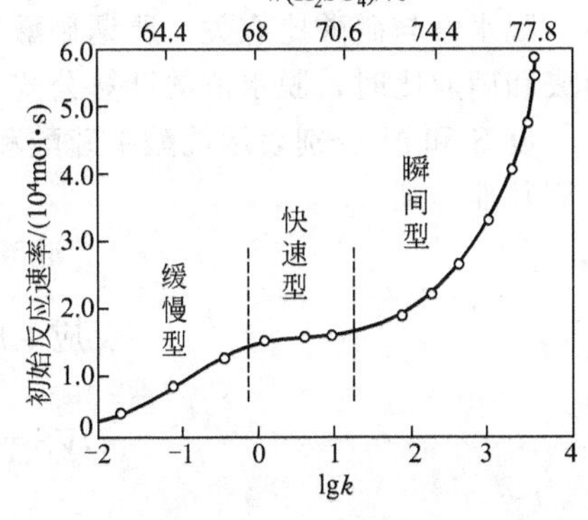

图 6-1　在无挡板容器中甲苯的初始反应速率与 lg$k$ 的变化关系（25℃，2500r/min）

因此在硝酸中加入强质子酸（例如硫酸）可以大大提高其硝化能力。在硫酸中加水，对生成 NO_2^+ 不利。因加入水后会促使 H_2SO_4 产生 HSO_4^- 及水合质子 H_3O^+，HSO_4^- 和 H_3O^+ 都会抑制 NO_2^+ 的生成。

实验表明，在混酸中硫酸浓度增高，有利于 NO_2^+ 的离解。硫酸浓度在75%～85%时，NO_2^+ 浓度很低，当硫酸浓度增高至89%或更高时，硝酸全部离解为 NO_2^+，从而硝化能力增强。参见表6-2。

表 6-2　由硝酸和硫酸配成混酸中 NO_2^+ 的含量

混酸中 HNO_3 含量/%	5	10	15	20	40	60	80	90	100
转化成 NO_2^+ 的 HNO_3/%	100	100	80	62.5	28.8	16.7	9.8	5.9	1

硝酸、硫酸和水的三元体系作硝化剂时，其 NO_2^+ 含量可用一个三角坐标图来表示。如图6-2所示。

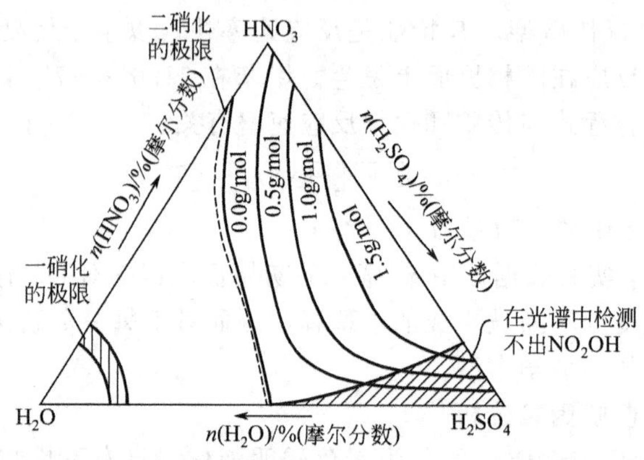

图 6-2　NO_2^+ 含量三元相图（单位：mol/1000g 溶液）

由图可见，随着混酸中水的含量的增加，NO_2^+ 的浓度逐渐下降，代表 NO_2^+ 可测出极限的曲线与可发生硝化反应所需要混酸组成极限的曲线基本重合。

b. 混酸硝化能力的表示

i. 硫酸的脱水值　简称脱水值，常用 DVS 表示（即 dehydrating value of sulfuric acid 的缩写），指硝化终了时，废酸中硫酸和水的计算质量之比。即

$$DVS=\frac{\text{废酸中硫酸的质量}}{\text{废酸中水的质量}}$$

脱水值与硝酸比有关。所谓硝酸比是指硝酸与被硝化物的物质的量之比。当已知混酸的组成和硝酸比时，脱水值的计算公式可推导如下。

设 S 和 N 分别表示混酸中硫酸和硝酸的质量分数。φ 表示硝酸比。若以100份混酸为计算基准，则

$$\text{混酸中的水}=100-S-N$$

$$\text{反应生成的水}=\frac{N}{\varphi}\times\frac{18}{63}=\frac{2}{7}\times\frac{N}{\varphi}$$

$$DVS=\frac{S}{(100-S-N)+\frac{2}{7}\times\frac{N}{\varphi}}$$

当 $\phi=1$ 时，即硝酸的量等于理论用量时，上式可简化为

$$DVS=\frac{S}{100-S-\frac{5}{7}N}$$

如果脱水值大，表示硝化能力强，适用于难硝化的物质，反之亦然。

ii. 废酸计算浓度　也称硝化活性因数，常用符号 FNA 表示（即 factor of nitration activity 的缩写）。指混酸硝化终了时，废酸中硫酸的计算浓度。若以 100 份混酸为计算基准，则当 $\varphi=1$ 时，

$$反应生成的水=\frac{18}{63}\times N=\frac{2}{7}N$$

$$废酸量=100-N+\frac{2}{7}N=100-\frac{5}{7}N$$

$$FNA=\frac{S}{100-\frac{5}{7}N}\times 100=\frac{140S}{140-N} \tag{6.1}$$

或

$$S=\frac{140-N}{140}\times FNA$$

当 $\phi=1$ 时，可得出 DVS 与 FNA 的互换关系式：

$$DVS=\frac{FNA}{100-FNA}$$

或

$$FNA=\frac{DVS}{1+DVS}\times 100\%$$

由式（6.1）知，当 FNA 和 DVS 为常数，S 和 N 为变数时，该式是一个直线方程。这表明满足相同废酸浓度的混酸组成是多种多样的，其实真正具有实际意义的混酸组成，仅是直线中的一小段而已。例如表 6-3 列出的三种混酸组成，FNA 和 DVS 值均相同。

表 6-3　氯苯一硝化时采用三种不同混酸的计算数据

硝酸比/ϕ=1.05		混酸Ⅰ	混酸Ⅱ	混酸Ⅲ
混酸组成/%	H_2SO_4	44.5	49.0	59.0
	HNO_3	55.5	46.9	27.9
	H_2O	0.0	4.1	13.1
FNA		73.7	73.7	73.7
DVS		2.80	2.80	2.80
1kmol 氯苯	所需混酸/kg	119	141	237
	所需 100%H_2SO_4/kg	53.0	69.1	139.8
	废酸量/kg	74.1	96.0	192.0

选样第一种混酸时硫酸用量最省，但是相比太小，而且在开始阶段反应过于激烈，容易发生多硝化和其他副反应；选择第三种混酸则生产能力低，废酸量大；因此具有实用价值的是第二种混酸。

实际生产中，对每一个被硝化对象，其适宜的 DVS 值或 FNA 值都由实验得出，一些重要硝化过程所用技术数据可查有关文献手册得到。

③ 传质的影响　由于氯苯与混酸不相溶，反应体系是非均相体系。非均相体系的反应速率往往受到相界面传质速率的影响较大，而传质速率与两相界面的大小和反应物向界面的扩散速率以及产物离开反应界面的速率密切相关。良好的搅拌装置能提高传质与传热效率，

保证硝化反应的顺利进行。工业上，搅拌器的转速是根据硝化釜的容积（1～4m^3）或直径（0.5～2m^3）大小而定，一般要求是100～400r/min；对于环式或泵式硝化器，其转速一般为2000～3000r/min。在硝化初期，由于酸相与有机相的密度相差悬殊，加上反应开始阶段反应最剧烈，放热量最大，尤其需要强烈的搅拌。

在间歇硝化过程中，反应的开始阶段，特别是加料阶段，因故中断搅拌会使两相很快分层，大量活泼的硝化剂在酸相中积累，一旦搅拌再次启动，就会突然发生剧烈反应，瞬间放出大量的热量，使温度失控引起事故。因此一旦停止搅拌，加料也必须停止。

④ 温度的影响　温度是控制化学反应的十分重要的条件，一般情况下，升高温度可加快反应的进行，降低温度可以降低反应速率。反应活性较高的化合物可以在较低的温度下进行硝化反应，而活性不高的化合物则需在较高的温度下进行硝化反应。但硝化温度较高时，往往会造成一些副反应的反应速率也大大加快，如在硝化时，氧化、多硝化、硝基置换其他官能团的副反应也随之增加，所以通常硝化反应要在较低温度下进行。由于一硝化后，硝基为吸电子基团，可使苯环钝化，因此二硝化温度通常要比一硝化反应温度高；依此类推，引入的硝基个数越多，硝化温度逐渐增高。对于易硝化和易被氧化的活泼芳烃如芳胺、*N*-酰基芳胺、酚类、酚醚等可在低温硝化（－10～90℃）；而对于含有硝基或磺基的芳香族化合物因比较稳定，较难硝化，所以硝化温度比较高（30～120℃）。另外，反应温度的改变还可影响硝化产物异构体的比例。

非均相系统的硝化，当升高温度时，混合液黏度降低、界面张力减小，扩散系数增高，被硝化物和产物在酸相中的溶解度增加，由 HNO_3 离解成 NO_2^+ 的量增多，硝化反应速率常数增大。有文献提出，温度每升高10℃，反应速率常数增加为原来的3倍。硝化反应是强烈的放热反应，温度升高，反应速率加快，放出的热量也增大，如不及时移出，势必又会使反应温度迅速上升（俗称“飞温”），引起更多副反应，还使硝酸分解产生大量红棕色的二氧化氮气体，轻则冲料，重则发生爆炸，因此温度要严格控制在规定的范围内。

在选择具体硝化反应的温度时，如果文献上已经有此反应的资料，则可参考文献上的反应温度；如果没有现成的资料，则可以参照结构类似物的反应温度，然后再进行适当的校正。资料表明，氯苯一硝化的温度在40℃左右，二硝化的温度则需要达到100～105℃。

⑤ 相比与硝酸比　相比是指混酸与被硝化物的质量比，有时也称为酸油比。适宜的相比是硝化反应顺利进行的保证，同时对减少硝化副产物的生成往往是有利的；但相比过大又会使设备生产能力下降及废酸量增加，反而对生产不利。

硝酸比是硝酸和被硝化物的摩尔比。对于一硝化反应，理论上硝酸和被硝化物是等摩尔的，但实际上硝酸的用量往往高于理论量。一般采用混酸为硝化剂时，易硝化的物质硝酸过量1%～5%，难硝化的物质需过量10%～20%或更多。

⑥ 硝化反应的加料方式　以混酸为硝化剂的硝化加料方式一般有正加法、反加法、并加法三种加料方式。

a. 正加法是将混酸逐渐加入到被硝化物中，其优点是反应比较缓和，可避免多硝化；缺点是反应速率比较慢。此法常用于被硝化物易硝化的过程。

b. 反加法是将被硝化物逐渐加入到混酸中，其优点是在反应过程中始终保持过量的硝酸与不足量的被硝化物，反应速率快。这种加料方式适用于制备多硝基化合物和难硝化的过程。

c. 并加法是将被硝化物与混酸按一定的比例同时加入到硝化反应器，常用于连续硝化的过程。

由于氯苯硝化的反应活性稍弱，最终产物为二硝基化合物，因此加料方式可以采用反加法，即将氯苯逐渐加入混酸中。

⑦ 硝化的副反应　由于被硝化物的性质不同，以及反应条件的选择或操作不当，还可能发生副反应。最常见的副反应有多硝化、氧化、生成有色配合物，另外还有脱烷基、置换、脱羧、开环和聚合等。在所有的副反应中，影响最大的是氧化副反应，常表现为生成一定量的硝基酚。

烷基苯硝化时，硝化液颜色常常会发黑发暗，特别是在接近硝化终点时，更容易出现这种现象。这是由于烷基苯与亚硝基、硫酸形成配合物的缘故。出现这种配合物往往是由于硝化过程中硝酸用量不足所致。一旦形成，在45～55℃以下及时补加一些硝酸就能将其破坏；但当温度高于65℃时，配合物就会自动产生沸腾，使温度上升到85～90℃，此时即使再补加硝酸也难以挽救，生成深褐色的树脂状物。

配合物的形式与已有取代基的结构、个数、位置等因素有关。一般不带任何取代基的苯不易形成配合物，带有吸电子基的苯衍生物次之，带有烷基的苯系芳香烃最容易发生这一反应，而取代基的链越长，越容易形成这种配合物。

许多副反应的发生还与反应体系中存在的氮的氧化物有关，因此，必须设法减少硝化剂中氮的氧化物，严格控制反应条件，防止硝酸分解，避免或减少副反应的发生。

6.2.3.2　2,4-二硝基氯苯水解反应机理及影响因素分析

(1) 水解反应机理　2,4-二硝基氯苯水解反应方程式：

$$\text{2,4-}(NO_2)_2C_6H_3Cl + 2NaOH\ (10\%水溶液) \xrightarrow[\text{常压}]{90\sim100℃} \text{2,4-}(NO_2)_2C_6H_3ONa + NaCl + H_2O$$

芳香族卤化物的水解是芳环上的亲核取代反应。以氯苯为例，因为氯原子电负性很大，与氯原子相连的芳环碳原子带有部分正电荷，水解时受到羟基氧负离子的亲核进攻，形成过渡状态，然后氯原子离去得到产物。

$$C_6H_5Cl\ (C^{\delta+}) + OH^- \longrightarrow C_6H_5OH + Cl^-$$

由于芳环为共轭体系，能将碳原子上电荷分散到其他碳原子上，故与卤原子相连的碳原子亲电性不太高，水解需要较为苛刻的条件，例如氯苯水解需要在高温高压及催化剂存在下才能进行。但当芳环上卤原子的邻位或对位接有强吸电子基团（如硝基）时，在吸电子基团的诱导下，苯环上与氯原子相连的碳原子上的电子云密度显著降低，使氯基的水解较易进行。

(2) 影响水解反应的因素　2,4-二硝基氯苯的水解反应不仅与2,4-二硝基氯苯的反应性质、碱的性质与用量有关，而且还与传质的影响、反应的温度等因素有关。

① 2,4-二硝基氯苯的反应性质　2,4-二硝基氯苯为淡黄色或黄棕色针状结晶，有苦杏仁味；熔点为53.4℃，沸点为315℃；溶解性：不溶于水，易溶于乙醇、乙醚；相对密度（水＝1）1.69，相对密度（空气＝1）6.98；稳定性：稳定；危险标记：15（有害品，远离食品）。

由于芳环上卤原子的邻位、对位均接有强吸电子基团（硝基），由于硝基的诱导下，苯环上与氯原子相连的碳原子上的电子云密度显著降低，因此2,4-二硝基氯苯较易水解，只需稍微过量的NaOH溶液和比较温和的反应条件，即可发生水解。

② 水解的温度和压力　资料表明，2,4-二硝基氯苯只需在常压、温度90～100℃即可发

生水解。温度低于90℃，水解反应不完全。温度过高，会造成2,4-二硝基氯苯的分解。

③ 传质的影响　2,4-二硝基氯苯不溶于水，碱性条件下水解时反应体系为非均相体系，传质的影响相对较为显著。良好的搅拌有利于增加溶解有苛性碱的水相与有机相的接触面积，有利于两相间传质的进行，对水解反应是有利的。

④ 碱及用量　最常用的碱是苛性钠。理论上，1mol卤化物水解需要2mol碱，但实际上碱的用量要略过量。由于碱为固体，为了提高反应速率，通常需要将碱配成溶液进行反应。

6.2.4 单元反应后处理策略分析

单元反应完成后，要将反应物中目标产物分离出来，才能完成合成的任务。由于反应物体系的构成千差万别，要进行分离时采用的策略是不尽相同的。

6.2.4.1 硝化产物的后处理

(1) 硝化反应结束后体系的组成及其状态　氯苯的硝化反应结束后产物的组成主要是2,4-二硝基氯苯、过量的混酸、水（反应生成）及副产物等。由于酸性水相与有机相两相不相容，故体系分层（上层为油相，下层为酸相），为非均相混合体系。其中二硝化产物主要分布在油相中。由于酸相（浓硫酸）能溶解部分有机物，故酸相中也有一定的产物分布。

(2) 分离策略　硝化产物的分离主要是利用硝化产物与废酸密度相差大并能分层的原理进行。必须指出，多数硝化产物在浓硫酸中有一定的溶解度，并且随硫酸浓度的加大而提高。为了减少有机物在酸相的溶解，可以采用加水稀释的方法。分离时加入少量的叔辛胺，可以加速硝化产物与废酸的分层。叔辛胺的用量是硝化物质量的0.0015%～0.0025%。

分出废酸以后的硝基物中，除含有少量无机酸外，还往往含有一些氧化副产物，主要是酚类。通常采用水洗、碱洗法使其变成易溶于水的酚盐等而被除去。这些方法的缺点是消耗多量的碱并产生大量含酚盐及硝基物的废水，需进行净化处理。废水中溶解和夹带的硝基物，一般可用被硝化物萃取的办法回收。但这种方法不能除去和回收废水中的酚盐。

利用混合磷酸盐的水溶液处理中性粗硝基物的"解离萃取法"，可使几乎所有的酚解离成酚盐，使酚的解离平衡移向右端（见下式），酚类即被萃取到水相中。水相再用一种对未解离酚具有高亲和力的有机溶剂反萃取（苯或甲基异丁基酮），使水相中的平衡移向左端，重新得到原来的磷酸盐可循环使用，有机溶剂除去回收酚后也可循环使用。此法的优点是不需消耗大量碱，可回收酚，缺点是投资费用较高，要求使用中性粗硝基物。

$$ArOH + PO_4^{3-} \rightleftharpoons ArO^- + HPO_4^{2-}$$

$$ArOH + HPO_4^{2-} \rightleftharpoons ArO^- + H_2PO_4^-$$

混合磷酸盐的适宜比例是$Na_2HPO_4 \cdot 2H_2O$ 64.2g/L，$Na_3PO_4 \cdot 12H_2O$ 21.9g/L。

必须注意的是，由于硝化产物只是生产的中间体，如果产物不纯导致最终产物的质量降低，则还必须进行纯化处理。

纯化时的策略与后处理分离的策略基本相同，但由于此时目标产物的含量已经足够高（易于处理），而杂质含量相对较低（难于分离），处理的重点在于将目标产物进行转化而分离。

6.2.4.2 水解反应后处理

(1) 水解反应结束后体系的状态及其组成　二硝化产物碱性水解后，产物为酚盐、无机盐（如NaCl）和水，由于酚盐和无机盐都可溶于水，所以物料体系由水解前的非均相体系转变为水解后的均相体系（溶液状态）。

（2）水解产物分离策略 二硝基氯苯水解结束时，产物以酚盐的形式存在，为了得到目的产物（2,4-二硝基苯酚），必须将酚盐进行酸化。反应式如下：

$$\text{2,4-}(NO_2)_2C_6H_3ONa + HCl \longrightarrow \text{2,4-}(NO_2)_2C_6H_3OH + NaCl$$

由于2,4-二硝基苯酚在冷水中的溶解度较低，酸化后将会以结晶的形式析出，因而可以很方便地进行分离。酸化后也可以采用加入有机溶剂萃取的方法进行分离，只不过这样会增加操作成本。

（3）关于产物的精制 由于目的产物是固体，因此可以考虑用重结晶的方法进行产物精制。选择溶剂可从能溶解的溶剂中筛选，优先考虑选用毒性较低的溶剂（比如95%乙醇）。

顾工讲解完，要小张等考虑如何制订2,4-二硝基苯酚的小试合成方案，在车间小试实验室实习时讨论。

6.3 工作过程指导

6.3.1 小试合成方案参考

小张等一行来到了主要的实习岗位——车间小试实验室。完成岗位安全教育后，顾工跟小张他们一起讨论2,4-二硝基苯酚的合成方案。

顾工：“作为新手，在制订合成工艺方案时要善于参考已有的文献方案。这是因为文献方案往往是经过锤炼的，参考的价值很高，合成时可以少走弯路。但这绝不是说依葫芦画瓢就可以了。因为文献的方案所用的原料、试验器材（设备）不尽相同，方案的细节或许有所隐藏，因此照搬文献方案试验有时得不到文献的结果。所以参考文献方案时要尽可能先读懂方案，然后再提取有价值的东西进行参考，形成自己的试验方案。这也是企业新项目上马必先经过小试验证的根本原因。”

顾工拿出了一份当初小试组试制2,4-二硝基苯酚的文献方案。

（1）2,4-二硝基氯苯的合成 在装有搅拌器、温度计、滴液漏斗和回流冷凝器的四口瓶中，加入混酸（组成为H_2SO_4 67%、HNO_3 30%、H_2O 3%）113g，控制温度为40～50℃。在1.5h内滴加氯苯25.5mL（0.25mol），加完后在此温度下搅拌15min。升温至105℃，搅拌1h后，冷却至70～80℃，把反应物倒入250mL冷水中，在30℃以下静置，分去废酸，用0.1%碳酸钠溶液在60～70℃下洗涤多次，再水洗至中性。冷却至10℃，过滤后得到产品45～48g。收率90%～95%。熔点48～51℃。

（2）2,4-二硝基苯酚的合成 在装有搅拌器、球形冷凝管，滴液漏斗和温度计的250mL三口烧瓶中，加入50mL水与30g 2,4-二硝基氯苯。在搅拌下加热到90℃。然后在2h内滴加35g35%苛性钠溶液，并且在100℃左右继续反应。经常取样检验，直到样品溶于水中，得到澄清的溶液为止。必要时可补加少量的碱，水解的持续时间为3～4h。

反应完毕，将物料冷却至20～25℃。然后倒入烧杯中，以浓盐酸酸化反应至对刚果红试纸呈酸性。过滤析出2,4-二硝基苯酚，水洗，在50℃左右干燥之。

顾工：“请大家讨论一下，以此文献方案为参考，如何制订小试合成方案？”

小张：“文献方案相对详尽，但有些细节尚不清楚。其一，如何配制混酸；其二，加完氯苯后如何控制升温的速率；其三，2,4-二硝基氯苯合成后处理及纯化过程不太清楚；其四，水解过程为什么不将碱液一次性加入。”

小苏：“我看资料上说，硝化反应后废酸仍有一定的硝化能力，应回收套用，但文献方案废酸无法回收了。”

顾工：“大家看得很仔细。很明显，文献的合成方案偏重于研究，不适合生产，因此也不能作为小试的试验方案。小试的目的是为大生产提供技术评估的依据，故制订方案时要立足于生产的需要。简单地说，原料要用生产的原料，工艺要适合生产的需要，所用设备的处理能力也必须与生产接近。”

小宋：“我明白了，小试与科研的区别在于，科研着重生产的可能性，而小试着重生产的实现性。”

顾工：“对，这里提几点建议，以便对大家制订小试方案时参考。”

6.3.2 小试方案建议

6.3.2.1 二硝基氯苯的合成

(1) 硝化反应体系的构建和监控

① 反应体系的构建要点

a. 由于氯苯与硝酸不相溶，反应体系为非均相体系，为了更好地将物料混合，反应器需要配置良好的搅拌。

b. 由于采用反加法进行加料操作，体系还需配有合适的加料装置，如恒压加样器（或加液漏斗），操作时先将混酸加入反应器中，氯苯由加样器逐渐加入。

c. 硝化时体系需要较好地控制反应温度，由于硝化反应放热，过高的温度会造成硝酸的分解，因此可以选择水浴或油浴加热装置（如二硝化时由于反应温度接近于水的沸点，通常应改用油浴加热）。为防止氯苯在较高温度下从体系中挥发出去，反应体系需要配有回流装置。但反应体系对水分的要求不高，普通回流装置即可满足要求。

② 硝化反应的控制策略　一硝化时，可以采用反加法加料。由于一硝化反应所需的温度较低，硝化反应是放热反应，开始加料时反应体系中硝酸过量较多，为控制反应温度相对平稳，所以开始加入氯苯的速度要相对慢一些，以利于热量散发，而加料后期，由于硝酸的消耗，氯苯加料速度则可以相对快一些。

因二硝化反应所需的温度较高，应尽量控制一硝化反应完成后再进行二硝化反应，这样可以更加平稳地控制反应，防止过多的副反应发生。

由于二硝化仍然是放热反应，如果反应时温度过高，则会导致硝酸分解，因此二硝化反应时应尽量避免造成硝酸的分解。特别是在二硝化反应初期，因反应体系中硝酸浓度相对较高，为防止硝酸的分解，应控制反应首先在相对较低的温度下进行，随着反应的进行，再逐渐升高温度。起始反应温度通常较正常反应温度低 5～10℃。

整个硝化反应过程中，反应体系应保持高速搅拌状态。

③ 硝化反应进程及终点的监控　生产上可以取样送交化验室进行分析。但小试时为了随时了解反应的进程，可以采用 TLC 法跟踪。当氯苯加完，随着反应的进行，由于混酸过量，氯苯的浓度逐渐下降，通过薄板点样层析后观察（展开剂可选石油醚/乙酸乙酯体系，可根据 R_f 值调节两者比例），可以很方便地发现反应液中氯苯的“点”逐渐消失。当层析板上氯苯的“点”消失时即为一硝化反应的终点。同样可以采用 TLC 法对二硝化反应进行跟踪。

(2) 硝化反应后处理分离方法　硝化反应后反应液是非均相体系，为了能回收反应的废酸，可直接静置分层而分出酸相。因酸相中产物的含量较大，故必须用适当的有机溶剂（如二氯甲烷）将产物尽量萃取完全。这样处理后的酸相才可以回收套用。油相中也含有部分酸相成分，需将酸性成分用稀碱水至中和中性。这些操作在小试合成时可以在分液漏斗进行。如果回收有机溶剂萃取的二硝基氯苯，则还需要浓缩装置（如旋转蒸发器）。

由于产物的熔点为48～51℃，分离过程要避免产物在洗涤过程中凝固析出。此时需要保持操作温度控制在其凝固点以上。生产中为保险起见，操作温度通常采用比凝固点高10～15℃。

当二硝基氯苯结晶析出后，可以采用抽滤的方法进行分离。

6.3.2.2　二硝基氯苯的水解

(1) 水解反应体系的构建和监控

① 水解反应体系的构建要点

a. 2,4-二硝基氯苯不溶于水，体系为非均相体系，为了提高传质、传热速率，反应体系必须有良好的搅拌。

b. 由于体系的温度接近于水的沸点，体系必须有适当的加热装置；同时为避免反应过程中水的损耗，体系要配备回流装置。

c. 在碱的加料方式上可以通过加样器加入，也可以考虑由回流口加入。

② 水解反应的控制策略　由于水解反应的产物 NaCl、2,4-二硝基苯酚均溶于热水，因此水解时加水量应适当放大，确保产物不以固体形式析出。加入水的量应与加入碱液而带入的水量一起计算总量。但加水量也不能过大，否则会造成碱浓度过稀，对水解反应不利。碱的浓度一般在30%左右。

由于过量过浓的碱可能引起副反应，宜将碱液逐渐加入2,4-二硝基氯苯中。由于2,4-二硝基苯酚能升华，故水解时碱的加入速度不能太慢，应控制加入速率应该与水解反应速率相当，使得生成的酚全部转化为酚钠而溶于水中，并略过量以保证水解速率。加料过程，控制水解pH在14左右。水解反应为吸热反应，高温对反应有利。另外，水解过程应充分搅拌。

③ 水解反应终点的控制　由于在反应温度下反应物硝基氯苯为油状液体，不溶于水，而水解产物能溶于水，故当反应物（油状物）消失时就达到反应的终点。

有资料表明，反应终点也可用气相色谱法或酸度计法控制。若用酸度计法控制时，终点pH值为13.17～13.47，在滴加碱液过程中，反应不完全，pH一直大于终点之pH值，当滴完碱液，随着反应的进行，pH值逐渐变小，最后恒定在13.17～13.47内的某一值，再继续反应60min，水解反应完全。整个水解反应时间为2h较合适。

(2) 水解反应后处理方法　水解产物（酚钠盐）需转化为酚才能从水相体系中析出。必须注意，酚钠盐有一定的溶解度，如果温度过低，酚钠盐可能因过饱和而析出。因此调酸过程中要保持一定的温度，以保证酚钠盐处于溶解状态。另外，调酸过程中要注意调酸速度不可过快，以避免产物因局部酸度过浓而不均匀析出（杂质含量高）。

酸化时一般采用浓盐酸，这是因为：其一，浓盐酸带入的水较少；其二，过量的浓盐酸也可以 HCl 的形式挥发出去，有利于提高2,4-二硝基苯酚的纯度。

必须注意，产物析出后须有一个低温“养晶”的过程，这样获得的晶体才能足够大，过滤引起的损失才能降到最低。

产物析出后可采用过滤的方法分理出粗品。

6.3.2.3　单元反应之间的衔接

由于硝化粗产物中可能含有较少量的混酸，如果直接将此粗产物用于下一步水解反应，则这部分酸会造成碱的损耗，对水解反应不利，因此二硝化产物要经除酸处理。

6.3.2.4 产物的纯化

产物的纯化采用重结晶的方法，重结晶溶剂可以选择95%乙醇。重结晶过程可以参考前面的情境内容。

6.3.3 绘制试验流程图

将复杂的试验方案用相对简单的流程图表示出来，可以更好地把握试验工艺，掌握试验进程，减少出错的机会，这在试验和生产上都是非常必要的。

小试流程图的要点在于突出其中的单元操作，使得在放大时能清晰地对应大生产的操作岗位。例如，本项目小试流程图（供参考）可以绘制如图6-3。

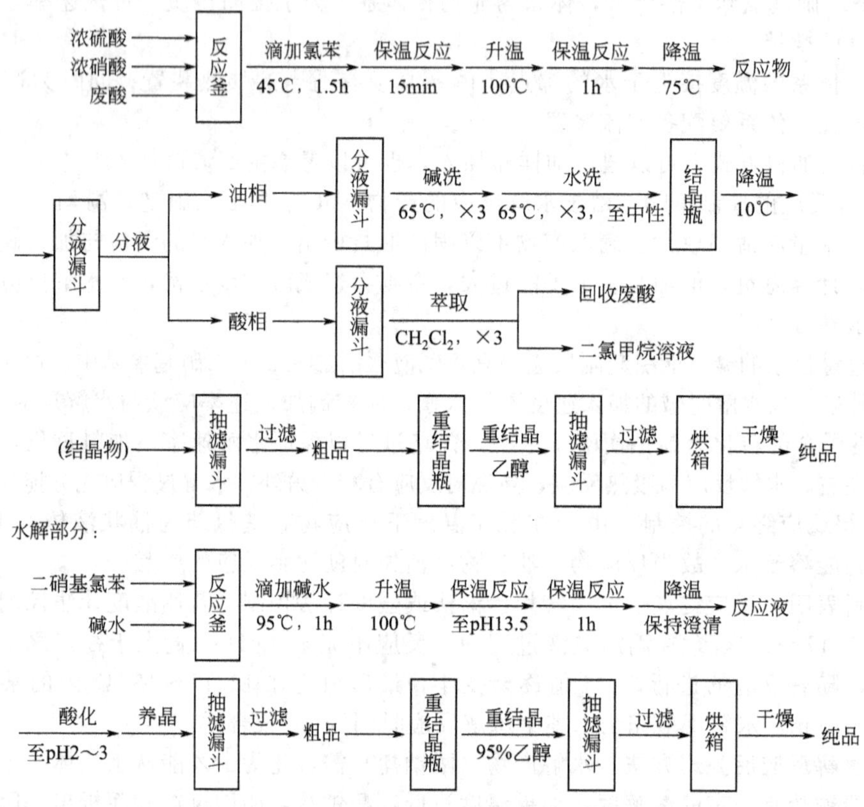

图6-3 2,4-二硝基苯酚小试流程图（供参考）

流程图中将主要岗位的特征仪器用方框表示，箭号方向表示物流的方向，操作内容一般写在箭号上方，主要的操作参数等可以写在箭号的下方。有时为了方便起见，如果操作的内容足以说明方框的内容，则方框的内容可以省略。

必须说明的是，制作的流程图必须与试验方案对应。在制订小试方案时，有时可以流程图代替。

6.3.4 小试试验装置

如果小试的规模不太大，就可以使用普通的实验室仪器。普通实验室仪器的优点是通用、适应面广。但必须注意，普通的实验仪器主要以玻璃仪器为主，不能承压，只适用于常压下进行的反应或操作。如果小试试验需要在压力下进行，则必须配套专门的耐压装置。本项目硝化及水解反应的小试装置完全可以采用实验室仪器，反应装置可参考如图 6-4（图中温度计插口未标出）。

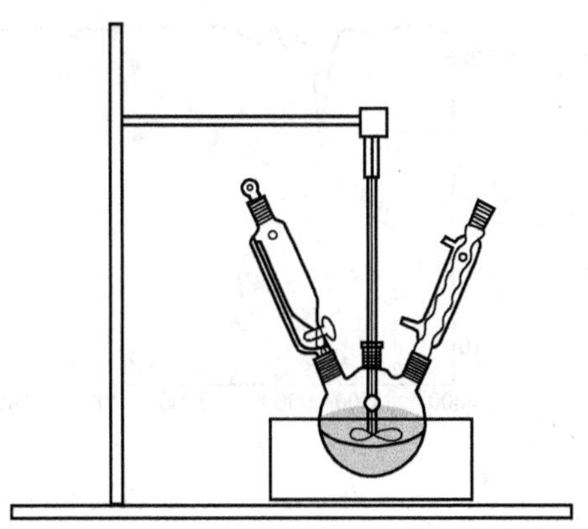

图 6-4 2,4-二硝基苯酚合成反应装置图

装置由四口烧瓶、搅拌器、加样器（即加液漏斗）、冷凝管、铁架台、恒温水浴（水解时可以换成电热煲或油浴）组成。四口烧瓶是发生反应的部位，搅拌由烧瓶正中的瓶口插入，采用机械搅拌。恒压加样器与回流冷凝管分别插在烧瓶的两侧的瓶口。温度计插在温度计专用插口上（该插口还可用于反应过程中及反应终点时进行取样）。

采用四口反应瓶是因为在反应的同时还需要进行搅拌、加样、测温以及回流；由于硝化反应为强放热反应，反应过程中应将反应热移出，以控制硝化反应温度，故硝化过程加温设备选用恒温水浴更为合适（如果用电热煲不仅不能将反应热移除，难以稳定地控制反应温度，而且在硝化时特别容易产生“飞温”）。因为反应体系对水的要求不严，采用普通的回流装置即可。为防止反应过程中产生的 NO_2 逸出，可在回流冷凝管末端加上干燥管密封。整套装置宜放置在通风橱中。

搭建一个合理、运行良好的小试反应装置是小试成功的保证，从技能考核角度看，也是岗位考核的重点内容之一。这种技能只能多加练习才能熟能生巧。

除反应装置外，后处理分离过程所涉及的仪器主要是单个（或套）仪器，如分液漏斗和过滤（或抽滤）装置。由于其使用相对简单，其使用和操作参见附录。

6.3.5 小试合成工艺的评估

参考情境 1 的方法进行评判。

6.3.6 产物的检测和鉴定

对于成熟产品的小试合成，大多有标准的检测方法（如药典或国家标准上规定的检测方法），通常在项目任务书中明确规定。2,4-二硝基苯酚的检测可以参考 GB/T 21886—2008 的检测方法。在企业中有专门的化验部门检测。

（1）产物的含量测定 采用气相色谱法，在毛细管柱上，经氢火焰离子化检测器检测，用峰面积归一法定量。

毛细管色谱柱：30m×0.25mm×0.25μm，固定相为（5%苯基）-甲基聚硅氧烷。

（2）产物熔点的测定 合成任务书上已经给出了目标化合物的熔点，因此合成出产物后必须对其熔点进行测定，而且熔程也要符合要求。熔点的测定主要有毛细管测熔点和显微镜测熔点。熔点测定，至少要有两次重复的数据，重复数据要相近，熔点取重复数据的平均值。

有关毛细管测熔点和显微镜测熔点的测定方法可以参考有关专业实验书。

2,4-二硝基苯酚的熔点：112～114℃。

（3）关于红外光谱分析 2,4-二硝基苯酚的红外标准谱如图 6-5。（来源：上海有机所红外数据库）。

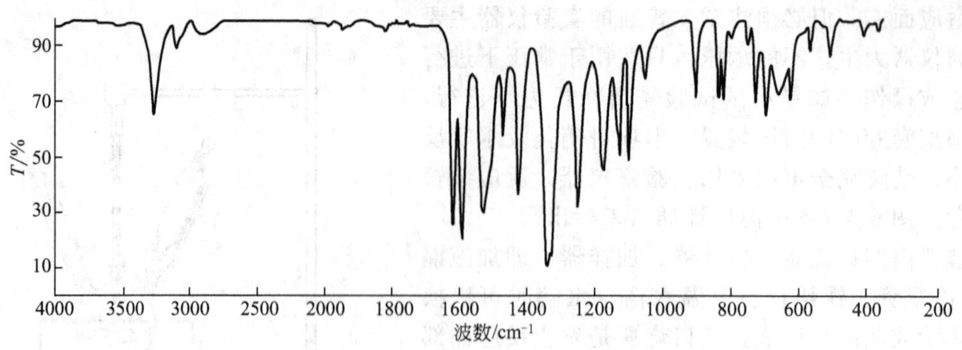

图 6-5 2,4-二硝基苯酚的红外标准谱

更精确的鉴定还需进行质谱、核磁共振图谱（氢谱和碳谱）的鉴定。特别是未知化合物的开发，这些图谱是必需的。有兴趣的同学可以参考相关的专业资料。

6.3.7 技能考核要点

参照情境 1 的考核方式，以本情境硝化反应产物 2,4-二硝基氯苯水解为例。

考核方案：在装有搅拌器、球形冷凝管，滴液漏斗和温度计的 250mL 三口烧瓶中，加入 50mL 水与 30g 2,4-二硝基氯苯。在搅拌下加热到 90℃。然后在 2h 内滴加 35g 35%苛性钠溶液，并且在 100℃左右继续反应。经常取样检验，直到样品溶于水中，得到澄清的溶液为止。必要时可补加少量的碱，水解的持续时间为 3～4h。

反应完毕，物料冷却到适当温度，勿使沉淀析出，用浓盐酸酸化反应至对刚果红试纸呈酸性，继续冷却至 20～25℃，稍搅拌，过滤析出 2,4-二硝基苯酚，水洗，在 50℃左右干燥。

技能考核要点可参考情境 1 或情境 2 技能考核表自行设计。

6.4 知识拓展

6.4.1 关于硝化反应

6.4.1.1 混酸配制

① 配酸计算　用几种不同的原料酸配制混酸时，可根据物料平衡的原理，即各种组分的酸在配制前后总量不变，建立物量平衡联立方程式，即可求出各原料酸的用量。

【例 6-1】 由硝基苯制备间二硝基苯时，需配制组成为 H_2SO_4 72%，HNO_3 26%，H_2O 2%的混酸 6000kg，需要 20%发烟硫酸，85%废酸及 98%的硝酸各多少千克。

解　设发烟硫酸、废酸与硝酸的需要量分别为 x、y、$z$kg。

三种酸总重：$x+y+z=6000$ ①

硝酸的平衡：$0.98z=6000\times0.26$ ②

硫酸的平衡：$(0.8+0.2\times98/80)x+0.85y=6000\times0.72$ ③

解①、②、③联立方程式，得 $x=2938.6$kg，$y=1469.6$kg，$z=1591.8$kg。

【例 6-2】 已知萘二硝化的 $DVS=3$，$\varphi=2.2$，相比=6.5，试计算应采用的混酸的组成。

解　以 lkmol 分子纯萘为计算基准。萘的千摩尔质量为 128kg/kmol，于是

混酸重：$G_{混}=128\times6.5=832\text{kg}=G(HNO_3)+G(H_2SO_4)+G(H_2O)$ ①

硝酸重：$G(HNO_3)=63\times2.2=138.6kg$

硝酸重：$G(H_2SO_4)=DVS\times[G(H_2O)+2\times18]=3G(H_2O)+108$　②

由①、②得 $G(H_2SO_4)=547kg,G(H_2O)=146.4kg$。

故混酸组成为：$w(H_2SO_4)=G(H_2SO_4)/G_{混}\times100\%=65.75\%,w(HNO_3)\%=G(HNO_3)G_{混}\times100\%=16.65\%,w(H_2O)=G(H_2O)G_{混}\times100\%=17.60\%$。

② 配酸工艺　配制混酸时，应考虑设备的防腐能力；有效的混合装置；及时导出混合热和稀释热，严格控制原料酸的加料顺序和加料速度；配酸温度在40℃以下等安全措施，以减少硝酸的分解和挥发以及避免意外事故的发生。

混酸的配制有间歇和连续两种方式。在间歇式配酸时，在无良好混合的条件下，严禁将水突然加入大量浓酸中，因易引起局部瞬间剧烈放热而造成喷酸或爆炸事故。通常应在有效的混合与冷却下，将浓硫酸先缓慢后渐快地加入水或废稀酸中，在40℃以下，最后先慢后快地加入硝酸，这种配酸方法是比较安全的。在连续式配酸时也应遵循这一原则。但间歇式配酸的生产效率较低，适于多品种小批量的生产；连续式的生产能力大，适用于大吨位的生产品种。配制的混酸若分析不合格，应补加相应的酸以调整组成达合格为止。

硫酸、硝酸均为强腐蚀性物质，其蒸气对人体的呼吸器官具有强烈的刺激作用，操作时不能与皮肤直接接触。如不慎溅到皮肤或眼睛上，应立即用大量水或弱碱冲洗，必要时去医院就医，如有酸喷出，必须用消防沙子填盖，不可用水冲洗。

6.4.1.2　其他硝化反应试剂

硝化剂通常是能够生成 NO_2^+ 的试剂。除常用的混酸硝化剂外，还有硝酸（从无水硝酸到稀硝酸都可以作为硝化剂）以及硝酸和其他质子酸、有机酸、酸酐及各种路易斯酸的混合物。此外还可使用氮的氧化物、有机硝酸酯等作为硝化剂。

(1) 硝酸　硝酸分子的氮、氧原子都处于同一平面，根据电子衍射研究表明，硝酸分子具有如下结构：

HO∶N⋰O / ⋱O

纯硝酸中有96%以上呈 HNO_3 分子状态，仅约3.5%的硝酸经分子间质子转移离解成硝酰正离子：

$$HNO_3+HNO_3\rightleftharpoons H_2NO_3^++NO_3^-$$

生成的 $H_2NO_3^+$ 进一步离解成硝酰正离子：

$$H_2NO_3^+\rightleftharpoons H_2O+NO_2^+$$

根据酸碱质子理论，硝酸具有两性的特征，它既是酸（能给出 H^+），又是碱（能接受 H^+）。硝酸对强质子酸和硫酸等起碱的作用，对水、乙酸则起酸的作用。当硝酸起碱的作用时，硝化能力就增强；反之，如果起酸的作用时，硝化能力就减弱。

但在稀硝酸硝化过程中，亲电质点是亚硝基正离子 NO^+。NO^+ 是由硝酸中存在的微量亚硝酸离解产生的。亚硝酸硝化的反应式如下：

$$Ar—H+HNO_2\longrightarrow Ar—NO+H_2O$$

$$Ar—NO+HNO_3\longrightarrow Ar—NO_2+NO+H_2O$$

与 NO_2^+ 相比，NO^+ 的亲电性要弱得多，所以稀硝酸只适用于反应活性较高的芳香族化合物（即芳环上带强供电子基）的硝化。

(2) 硝酸与乙酸酐（俗称醋酐）的混合硝化剂　这是仅次于硝酸和混酸常用的重要硝化剂，因硝酸带入的水及硝化反应生成的水与乙酸酐反应生成乙酸，使硝酸保持较高的浓度，

增大了硝酸离解为 NO_2^+ 的程度，因此硝化能力较强；同时由于硝酸没有被稀释，因此能有效避免氧化副反应（稀硝酸比浓硝酸氧化性强）；另外由于没有采用浓硫酸作溶剂，因此既减少甚至消除了废酸的产生，又能避免磺化副反应。硝酸与乙酸酐的混合硝化剂适用于易被氧化和易被浓硫酸磺化的硝化反应。它广泛地用于芳烃、杂环化合物、不饱和烃化合物、胺、醇以及肟等的硝化。

硝酸在乙酸酐中可以任意比例混溶，常用的是含硝酸 10%～30%的乙酸酐溶液，其配制应在使用前进行，以避免放置过久产生四硝基甲烷而导致爆炸。

$$4(CH_3CO)_2O+4HNO_3 \longrightarrow C(NO_2)_4+7CH_3COOH+CO_2\uparrow$$

（3）有机硝酸酯 用有机硝酸酯硝化时，可以使硝化反应在完全无水的介质中进行。这种硝化反应可分别在碱性介质中或酸性介质中进行，但极少采用这种硝化方法。

（4）氮的氧化物 氮的氧化物除了 N_2O 以外，都可以作为硝化剂，如三氧化二氮（N_2O_3），四氧化二氮（N_2O_4）及五氧化二氮（N_2O_5）。这些氮的氧化物在一定条件下都可以和烯烃进行加成反应。

（5）硝酸盐与硫酸 硝酸盐和浓硫酸作用产生硝酸与硫酸氢盐。实际上它是无水硝酸与硫酸的混酸：

$$H_2SO_4 + MNO_3 \longrightarrow MHSO_4 + HNO_3$$

M 为金属。常用的硝酸盐是硝酸钠、硝酸钾，硝酸盐与硫酸的配比通常是（0.1～0.4）∶1（质量比）左右。按这种配比，硝酸盐几乎全部生成 NO_2^+，所以最适用于如苯甲酸、对氯苯甲酸等难硝化芳烃的硝化。

硝酸盐（含微量亚硝酸盐）与稀硫酸作用产生稀硝酸（含微量亚硝酸）和硫酸氢盐，用其作硝化剂时实质就是稀硝酸硝化，适合于含有强供电子基的芳香族化合物的硝化，如苯酚硝化制邻硝基苯酚。但由于硝化过程中会带入硫酸氢盐，对硝化产物的分离和提纯不利，所以这种硝化剂应用较少。

事实上，具有 $X—NO_2$ 通式的化合物，都可以产生 NO_2^+。

$$X—NO_2 \rightleftharpoons X^- + NO_2^+$$

离解的难易程度，决定 $X—NO_2$ 分子中 X 的吸电子能力，X 的吸电子能力愈大，形成 NO_2^+ 的倾向亦愈大，硝化能力也愈强。X 的吸电子能力的大小，可由 X 的共轭酸的酸度来表示，结果见表 6-4。

表 6-4 按硝化强度次序排列的硝化剂

硝化剂	硝化反应时存在形式	X^-	HX
硝酸乙酯	$C_2H_5ONO_2$	$C_2H_5O^-$	C_2H_5OH
硝酸	$HONO_2$	HO^-	H_2O
硝酸-醋酐	CH_3COONO_2	CH_3COO^-	CH_3COOH
五氧化二氮	$NO_2 \cdot NO_3$	NO_3^-	HNO_3
氯化硝酰	NO_2Cl	Cl^-	HCl
硝酸-硫酸	NO_2OH_2	H_2O	H_3O^+
硝酰硼氟酸	NO_2BF_4	BF_4^-	HBF_4

（硝化剂栏内箭头自上而下：硝化能力增大）

由表可见，硝酸乙酯的硝化能力最弱，硝酰硼氟酸的硝化能力最强。一般说来，易于硝化的物质可选用活性较低的硝化剂，以避免过度硝化和抑制副反应的发生，例如对于酚、芳胺一类的物质宜选用弱硝化剂进行硝化；而难于硝化的物质就需选用具有较高活性的硝化剂，例如对于颇难硝化的苯甲酯，只有选用含硝基阳离子的结晶盐（如 NO_2BF_4、NO_2PF_6）作强硝化剂，才能得到高收率的硝化产物。

6.4.1.3　不同溶剂中的硝化

在不同溶剂中进行硝化，常能改变产物异构体的比例。带强给电子基的化合物如苯甲醚、乙酰苯胺等，在非质子极性溶剂中硝化，得到较多的邻位异构体；在质子极性溶剂中硝化，对位异构体较多。

各种硝化方法适用的溶剂有：a. 混酸硝化：二氯甲烷、一氯乙烷；b. 稀硝酸硝化：氯苯、邻二氯苯；c. 均相硝化：浓硫酸、醋酸、过量浓硝酸。因为卤代烃能破坏大气中的臭氧层，所以有机物硝化时要尽可能少用卤代烃作有机溶剂。

6.4.1.4　工业上硝化的方法和混酸硝化的流程

工业上硝化方法主要有以下几种：非均相混酸硝化法、稀硝酸硝化法、浓硝酸硝化法、浓硫酸介质中的均相硝化法、有机溶剂中的硝化法、气相硝化法等。

脂肪族化合物硝化时有氧化副反应，工业上很少采用。硝基甲烷、硝基乙烷、1-硝基丙烷和2-硝基丙烷四种硝基烷烃气相法生产过程，是20世纪30年代美国商品溶剂公司开发的。迄今该法仍是制取硝基烷烃的主要工业方法。工业上应用较多的是芳烃的硝化，利用硝化反应可制得多种硝基化合物，如硝基苯、硝基氯苯、1,4-二甲基-2-硝基苯等。另外，向芳环上引入硝基的最主要的作用是作为制备氨基化合物的一条重要途径，进而制备酚、氰化物等化合物。

工业上采用混酸硝化的流程如图6-6。

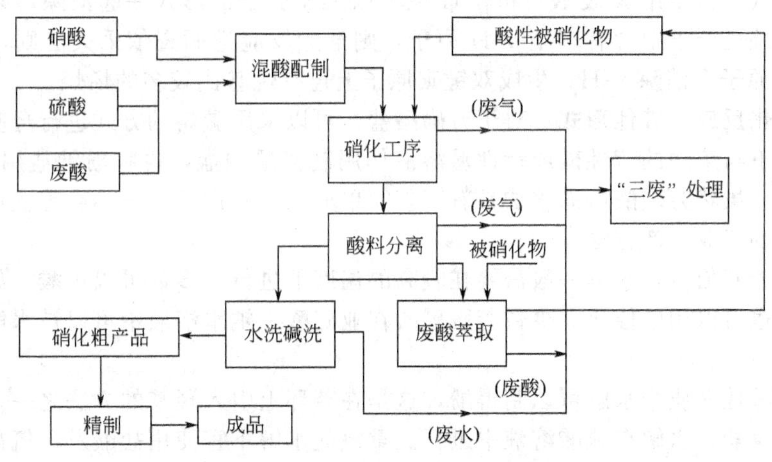

图6-6　工业上混酸硝化的流程示意图

6.4.2　关于羟基化反应

6.4.2.1　羟基化反应

在有机化合物分子引入羟基（—OH）制取醇、酚、烯醇体的化学反应称为羟基化反应。工业生产中向有机物分子中引入羟基的方法主要有：芳磺酸盐的碱熔、卤素化合物的水解、芳伯胺的水解、重氮盐的水解、硝基化合物的水解，另外还有烷基芳烃过氧化氢物的酸解、环烷的氧化——脱氢、芳羧酸的氧化——脱羧、芳环上直接引入羟基以及其他的一些方法等。

工业生产中利用羟基化可制得各种酚、醇及烯醇体等，产品大量用于生产染料、塑料、合成树脂、农药、医药、各种助剂、香料和食品添加剂等。另外，通过酚类可以进一步合成烷基酚醚、二芳醚、芳伯胺和二芳基仲胺等中间体。

6.4.2.2 常见羟基化反应的形式

(1) 卤化物的水解 卤化物中羟基置换卤素原子的反应简称水解。卤化物可以是脂肪族卤化物或芳香族卤化物。卤化物水解的通式可以简单表示为：

$$RX + H_2O \rightleftharpoons ROH + HX$$

$$ArX + H_2O \longrightarrow ArOH + HX$$

水解反应的方法很多，最常用的方法是碱性水解，其次是酸性水解，另外还有气固相接触催化水解和酶催化水解等方法。

卤化物的水解是亲核置换反应。脂肪族卤代烃水解的活泼次序是 RI＞RBr＞RCl，这是因为碳卤键键能 C—I＜C—Br＜C—Cl，碳卤键键能越小越易断裂，键的可极化性越大，越易受亲核试剂 H_2O 分子的进攻。脂肪族氟代烃 RF 的 C—F 键非常稳定，很难水解；而氯基则相当活泼，水解可得相应的醇或环醚；由于氯比溴价廉易得，所以工业上主要采用氯基水解引入羟基，仅在个别情况下使用溴基水解。氯化物常用的水解试剂是氢氧化钠及碳酸钠的水溶液或石灰乳。

卤代烷烃水解时，可能发生碱性脱氯化氢生成烯烃的副反应。

$$C_nH_{2n+1}Cl + NaOH \longrightarrow C_nH_{2n} + NaCl + H_2O$$

水解反应中 OH^- 攻击位置不是 α-碳原子上的氢（即 α-H），而是 β-碳原子上的氢（即 β-H），所以碱性脱氯化氢反应的活泼性随 β-H 的酸性增加而增加。水解反应的结果是卤代烷烃的卤原子（卤原子用 X 表示）和 β-H 原子以 HX 分子的形式一起消除，卤代烷烃变成烯烃。若卤代烷烃分子中含有多个 β-H 原子，则消除反应遵循查依采夫法则，即优先从含氢较少的 β-碳原子上消除 β-H，生成双键碳原子上连有烷基比较多的烯烃。

(2) 羟基化反应的其他形式 对于芳磺酸盐，可以采用碱熔的方式进行羟基化。即将芳磺酸盐在高温下与熔融的苛性碱或苛性碱溶液作用制得酚钠盐，再将酚钠盐用无机酸酸化，从而引入羟基。虽然芳磺酸盐碱熔法具有工艺简单成熟，对设备要求不高等优点，但该方法属于将要淘汰的工业生产方法。

对于多环芳基伯胺，水解一般需要在较高的温度下进行，多数可以用酸（如硫酸）作为催化剂，少数也可以用碱催化。少数芳胺磺酸在亚硫酸氢钠水溶液中可以被水解，使氨基置换为羟基。

重氮盐在酸性介质中水解可以制得酚，这是在芳环上引入羟基的方法之一。常用的重氮盐是重氮硫酸氢盐，水解在硫酸溶液中进行。重氮盐水解不宜使用盐酸及重氮盐酸盐，因为氯离子的存在，会导致重氮基被氯离子置换的副反应的发生；亦不宜使用重氮硝酸盐，因其水解时除生成酚外，还有硝基取代重氮基的副反应发生。

6.4.3 苯环上的取代基及其亲电取代定位规律

苯环上的氢原子可以被其他原子或基团取代，苯环上氢原子以外的其他原子或基团也可以被另外的原子或基团所取代（也可称为置换），所以用不同的苯衍生物进行芳环上的取代反应，就能制备许多不同的芳香族化合物。芳环上取代反应从取代机理上区分，分为亲电取代、亲核取代和自由基取代，其中以亲电取代最为重要和常见，亲核取代次之。

6.4.3.1 一元取代苯的亲电取代定位规律和定位基的分类

一元取代苯指苯环上已经具有一个取代基。在一元取代苯上引入新的取代基时，新取代基进入苯环的位置，主要由苯环上原有取代基的性质决定。苯环上原有的取代基称为定位基。定位基对新取代基进入苯环的位置以及对苯环取代反应活性的影响，称为苯环上的取代定位效应或定位规律。

常见的定位基可分为两类：

第一类为邻、对位定位基，使新引入的取代基主要进入其邻位和对位（邻、对位产物的总和大于60%），属于这类定位基的主要有：

$$\xrightarrow[\text{定位效应大致依次减弱}]{-O、-N(CH_3)_2、-NH_2、-OH、-OCH_3、-NHCOCH_3、-CH_3、-X\text{等}}$$

此类定位基的特点是：①定位基与苯环直接相连的原子上，一般只具有单键，有的带负电荷（$CH_2=CH-$例外）或具有孤电子对；②除卤原子外，一般是斥电子基，能使苯环上电子云密度增大，有利于亲电取代反应，即它有活化苯环的作用，所以称为活化基。

第二类为间位定位基，使新引入的取代基主要进入它的间位（间位取代产物大于40%），属于这一类定位基的主要有：

$$\xrightarrow[\text{定位效应大致依次减弱}]{-N(CH_3)_3、-NO_2、-CN、-SO_3H、-CHO、-COCH_3、-COOH、-COOCH_3、-CONH_2\text{等}}$$

此类定位基的特点是：①定位基与苯环直接相连的原子有不饱和键（$-CCl_3$ 例外）或带有正电荷；②是吸电子基，能使苯环上的电子云密度降低，不利于亲电取代反应，即它有钝化苯环的作用，所以称为钝化基。

一元取代苯的亲电取代定位规律能判断苯环发生亲电取代反应的主要产物，但要注意：①定位基的定位效应是指它们使新引入的基团主要进入苯环上的某个位置，而不是只进入这个位置；②同一个一元取代苯在不同亲电取代反应中，得到的二元取代产物异构体的比例不同；③同一个一元取代苯，进行同样的亲电取代反应，当反应条件不同时，二元取代产物异构体的比例也不同，但只要是苯环的亲电取代反应，一般不会改变原有取代基的定位效应。以上几点可由表6-5说明。

表6-5　各种一元取代苯在亲电取代反应中二元取代产物异构体的比例

亲电取代反应	反应物产率/%		
	邻位	对位	间位
甲苯硝化(0℃)	43	53	4
甲苯硝化(100℃)	13	79	8
甲苯磺化	32	62	6
硝基苯硝化	6.4	0.3	93.3

由此可见，对于一元取代苯的亲电取代反应，影响反应的因素往往是很复杂的，除了温度、催化剂对反应速率起着至关重要的作用外，原有取代基的类型、性质、空间位阻等决定了亲电取代反应产物中各种异构体的比例，另外反应介质对产物异构体的比例也有一定的影响。

6.4.3.2　二元取代苯的亲电取代定位规律

二元取代苯指苯环上已经具有两个取代基。当苯环上已有两个取代基存在时，第三个取代基进入苯环的位置，由原来两个取代基的类型、它们的相对位置和定位能力的相对强弱来决定。一般有下列情况。

(1) 两个取代基的定位作用一致时　第三个取代基进入苯环的位置（用箭头表示）按定位规律定位。例如：

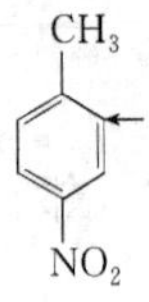

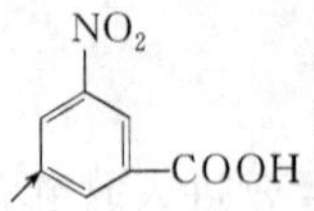

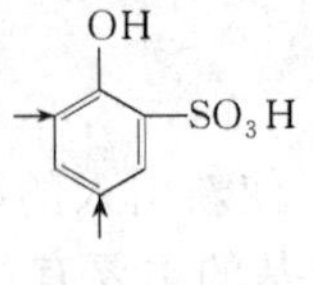

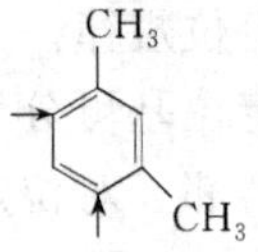

(1)　(2)　(3)　(4)

有时也受到其他因素的影响，例如式（4）所示，由于空间位阻效应的影响，两个甲基之间的位置就很难引入新的取代基。

(2) 两个取代基的定位作用不一致时　有两种情况。

① 两个取代基属于同一类型时，第三个取代基进入苯环的位置，主要由原有两个取代基中定位能力较强的取代基决定；如果原有两个取代基定位能力的强弱相差较小时，则得到多种异构产物的混合物。例如：

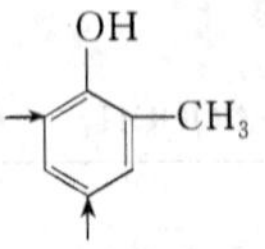

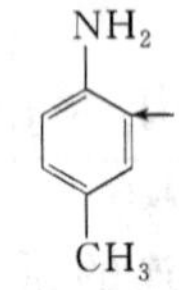

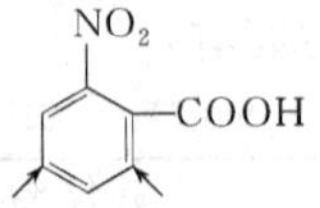

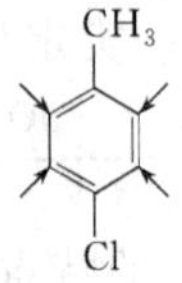

主要产物　主要产物　主要产物　混合物

思考：因硝基与羧基都是强的间位定位基，第三个其亲电取代产物是否为多种异构体的混合物？

② 两个取代基属于不同类型时，第三个取代基进入苯环的位置主要由邻、对位定位基决定。例如：

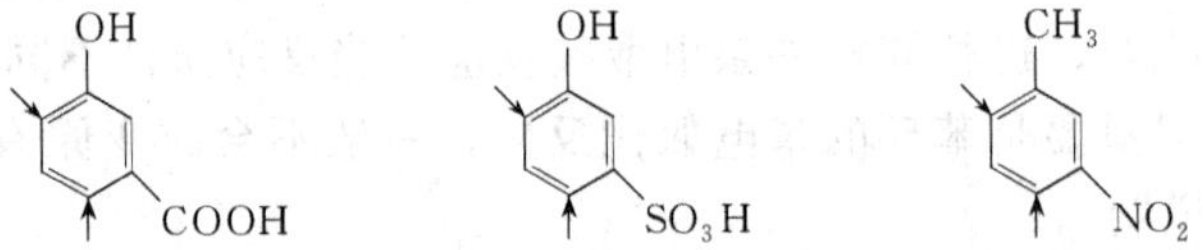

苯的亲电取代定位规律不仅可以用来解释某些实验事实，而且可以预测通过亲电取代反应在苯环上引入新取代基的位置，从而选择适当的合成路线，指导多元取代苯的合成。

【例 6-3】　由对硝基甲苯合成 2,4-二硝基苯甲酸。

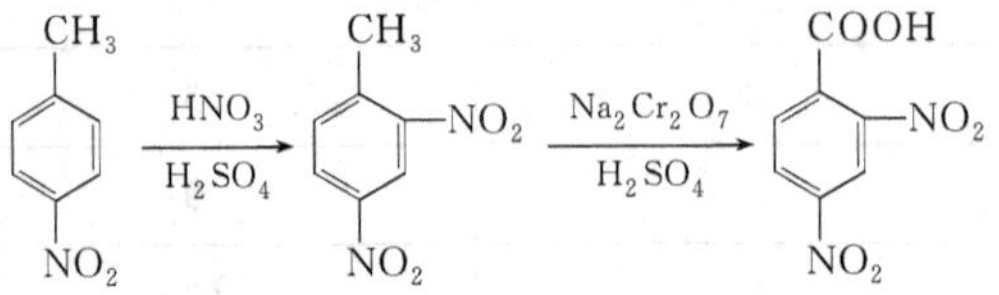

【例 6-4】　由苯合成间硝基对氯苯磺酸。

反应的第一步应该是卤化，因为氯基是邻、对位定位基，苯环上引入氯原子后，对磺酸基及硝基的引入可以起到定位的作用；反应的第二步应该是磺化，因为氯苯在较高温度磺化时，主要产物是以对位为主，如氯苯在 100℃时磺化，几乎都生成对氯苯磺酸；第三步是硝化。如果卤化后先硝化后磺化，硝化时得到的硝基氯苯中邻位、对位、间位三种异构体的组成分别为 33%～34%、65%～66%、1%，而要得到间硝基对氯苯磺酸，必须先将硝基氯苯异构体混合物进行精馏得到邻硝基氯苯，再将邻硝基氯苯进行磺化，这样会使间硝基对氯苯磺酸收率降低且产品成本增加。故应采取先磺化后硝化。

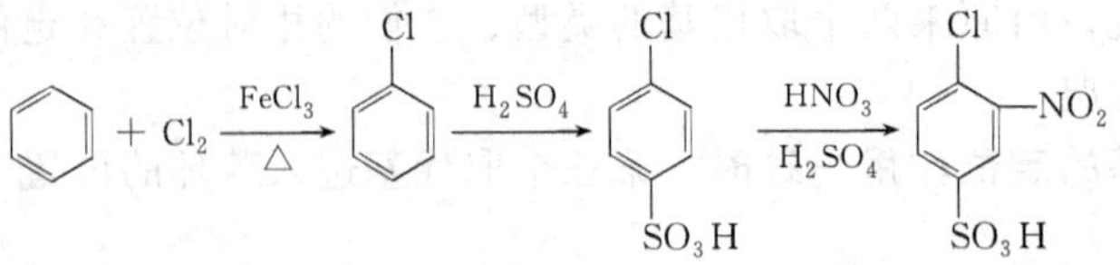

练习与思考题

1.什么是硝化反应？

2.硝化反应主要有哪些硝化剂？请举例说明。

3.硝化反应的主要影响因素有哪些？各是怎样影响的？

4.混酸硝化时为什么要严格控制反应温度及须始终保持良好的搅拌？

5.本情境中配制组成为 H_2SO_4（67%）、HNO_3（30%）、H_2O（3%）的混酸 1kg，请问需要 50%的发烟硫酸、80%的 HNO_3 各多少千克？配酸及硝化操作时，应注意哪些安全注意事项？

6.什么是羟基化反应？羟基化反应有何意义？

7.羟基化反应的主要影响因素有哪些？各是怎样影响的？

8.写出用浓硝酸硝化制备 1,4-二甲氧基-2-硝基苯的化学方程式，并简述其工艺过程。

9.写出萘的高温磺化-碱熔法生产 2-萘酚的化学反应式，并简述其工艺过程。

10.简述制备以下产品的合成路线

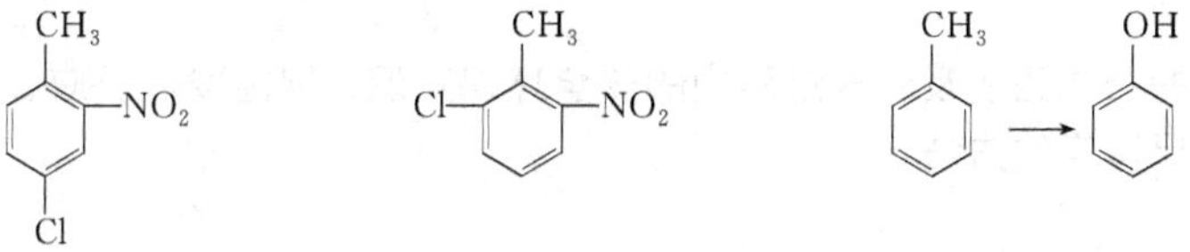

情境7 阿司匹林的合成（羧化反应、酰化反应）

学习目标与要求

知识目标

了解阿司匹林的合成路线及合成过程中的安全环保知识；掌握羧化反应、酰化反应过程、分离过程的知识和产品鉴定的方法。

能力目标

具备资料检索的能力，熟悉阿司匹林的有关合成路线和反应操作、控制的方法以及产品分离、鉴定的方法，能应用羧化、酰化等有机合成单元反应的原理，进行羧化、酰化反应方案的制订，完成羧化、酰化反应小试装置的搭建，并通过合成实验拿出符合要求的阿司匹林药物产品。

情感目标

充分调动学生的学习积极性、创造性，增强化工合成职业素质养成，使学生在学习过程中培养一种团结协作、严谨求实与锲而不舍的精神。

7.1 情境引入

实习生小夏、小李、小刘等三人轮岗到学校制药综合实训室-药物合成实训室进行实训实习，徐老师指导他们。

实习生们准时来到实训室，徐老师交给他们一份拟订好的实习计划，上面列出了小夏他们实习期间要完成的工作和注意事项。小夏打开了实习计划，浏览了上面的主要内容（与前面实习的内容大体相仿，不过产品换成了阿司匹林）。

7.2 任务解析

徐老师检查了小李等的资料检索情况。

小李：阿司匹林是医疗上一种常见的非处方药，它的学名叫乙酰水杨酸，是一种常见的解热镇痛药。

小夏：阿司匹林白色是结晶性粉末。无臭，微带酸味。微溶于水，溶于乙醇、乙醚、氯仿，也溶于较强的碱性溶液，同时分解。在潮湿空气易水解。

小刘：1898 年，德国著名化学家霍夫曼用水杨酸与醋酐反应，合成了乙酰水杨酸，

1899 年，德国拜耳药厂正式生产这种药品，取商品名为 Aspirin（阿司匹林）。

徐老师：了解了阿司匹林的性质、作用和合成历史，大家都说到了重点内容，我们也就从实验室小试合成阿司匹林开始这次实习。

7.2.1 产品开发任务书

徐老师拿出了一份学校阿司匹林的产品开发任务书，如表 7-1。

表 7-1 产品开发任务书

编号：××××××

项目名称	内容	技术要求		执行标准
		专业指标	理化指标	
阿司匹林（乙酰水杨酸）药品小试合成	以生产原料进行阿司匹林小试合成，对合成工艺进行初步评估。	通用名：阿司匹林片 化学名称：2-(乙酰氧基)苯甲酸 英文名称：2-(acetyloxy) benzoic acid 学名：乙酰水杨酸 CAS 号：50-78-2 分子式：$C_9H_8O_4$ 分子量：180.16 优级品纯度：≥99%	外观：白色结晶或结晶性粉末 熔点：135～140℃ 溶解性：能溶于乙醇、乙醚和氯仿，微溶于水，在氢氧化碱溶液或碳酸碱溶液中能溶解，但同时分解 稳定性：在干燥空气中稳定，在潮湿空气中缓缓水解成水杨酸和乙酸	标准编号 WS1-XG-031—2001
项目来源		(1)自主开发 (2)转接		
进度要求		1～2 周		
项目负责人			开发人员	
下达任务人		技术部经理	日期：	
		技术总监	日期：	

注：一式三联。一联交技术总监留存，一联交技术部经理，一联交项目负责人。

7.2.2 阿司匹林的合成路线设计

7.2.2.1 阿司匹林的分子结构分析

徐老师：首先需要搞清需要合成的物质是什么？特别是对于有机物而言，必须搞清楚其分子结构式，主要看分子的基本骨架结构，相关基团组成以及连接的方式等。可以根据阿司匹林的 CAS 号检索阿司匹林（乙酰水杨酸）的分子结构式：

COOH

$OCCH_3$

O

不难看出，目标化合物阿司匹林的分子基本结构为邻位取代的苯甲酸结构，在羧基的邻位是乙酰化的羟基（即乙酰氧基）。可对水杨酸（邻羟基苯甲酸）中的酚羟基进行 *O*-酰化得到。

7.2.2.2 阿司匹林合成路线设计

徐老师：从目标分子出发，运用逆向合成法往往可以设计出一些产物的不同合成路线，然后综合而科学地评价每一条路线的利弊，择优选用，确定合理的合成路线，并使之成为工业生产上可用的工艺路线。

对于阿司匹林（乙酰水杨酸），逆向合成设计如下：

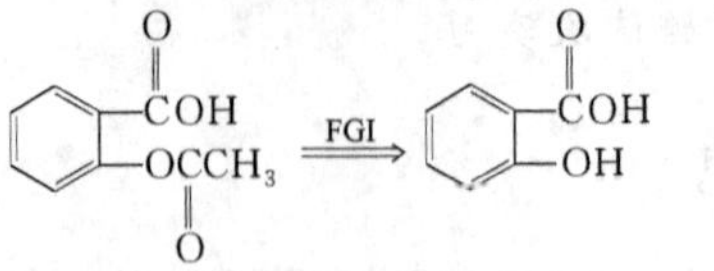

$$\text{(O)COH, OC(O)CH}_3 \xrightarrow{\text{FGI}} \text{(O)COH, OH}$$

由此，合成乙酰水杨酸可通过水杨酸乙酰化而得。

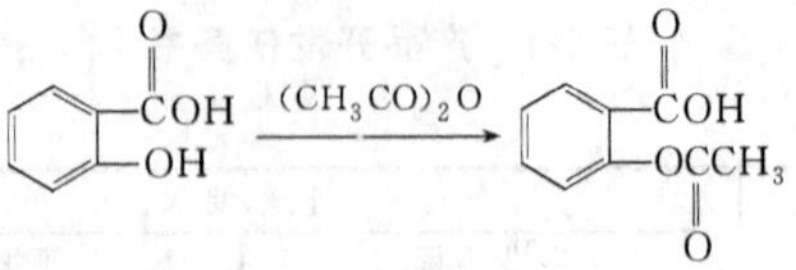

$$\text{(O)COH, OH} \xrightarrow{(CH_3CO)_2O} \text{(O)COH, OC(O)CH}_3$$

此工艺的关键是要有原料水杨酸，对水杨酸的逆向合成分析如下。

分析1：将苯环上羧基直接消除。

$$\text{(O)COH, OH} \xrightarrow{\text{Kolbe-Schmitt反应}} \text{OH}$$

于是合成1：直接利用Kolbe-Schmitt反应合成。

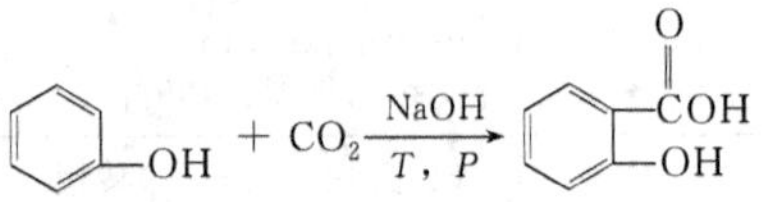

$$\text{OH} + CO_2 \xrightarrow[T,\ P]{NaOH} \text{(O)COH, OH}$$

分析2：将酚羟基转化为重氮基，再逆推到硝基；羧基逆推到甲基。

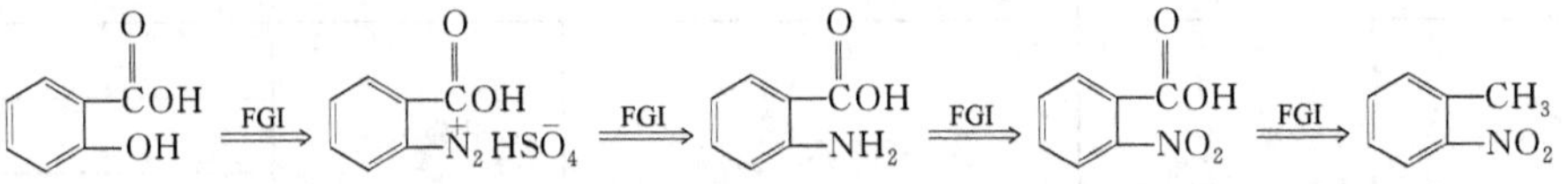

$$\text{(O)COH, OH} \xrightarrow{\text{FGI}} \text{(O)COH, }\overset{+}{N}_2HS\overline{O}_4 \xrightarrow{\text{FGI}} \text{(O)COH, NH}_2 \xrightarrow{\text{FGI}} \text{(O)COH, NO}_2 \xrightarrow{\text{FGI}} \text{CH}_3\text{, NO}_2$$

于是合成2：由邻硝基甲苯经氧化、还原、重氮化、重氮盐水解反应得到。

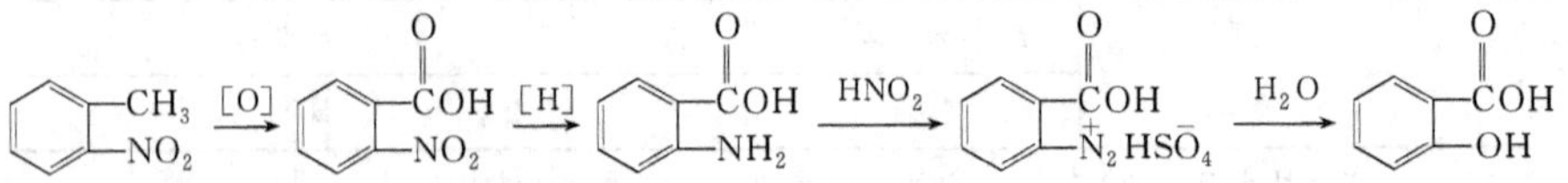

$$\text{CH}_3\text{, NO}_2 \xrightarrow{[O]} \text{(O)COH, NO}_2 \xrightarrow{[H]} \text{(O)COH, NH}_2 \xrightarrow{HNO_2} \text{(O)COH, }\overset{+}{N}_2HS\overline{O}_4 \xrightarrow{H_2O} \text{(O)COH, OH}$$

分析3：将酚羟基转化为磺酸基，羧基逆推到甲基。

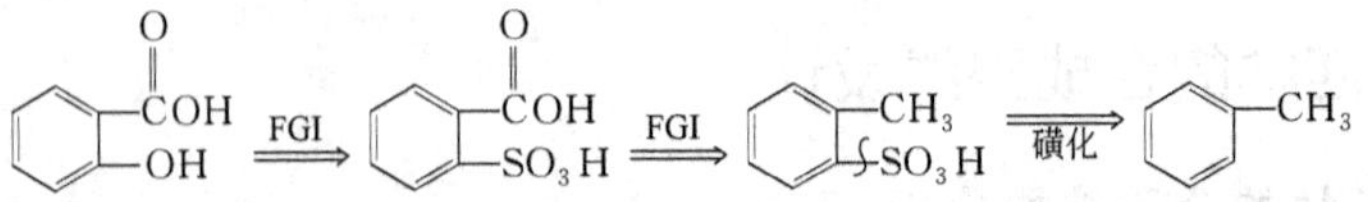

$$\text{(O)COH, OH} \xrightarrow{\text{FGI}} \text{(O)COH, SO}_3\text{H} \xrightarrow{\text{FGI}} \text{CH}_3\text{, SO}_3\text{H} \xrightarrow{\text{磺化}} \text{CH}_3$$

于是合成3：由甲苯经磺化、氧化、碱熔（羟基化）反应得到。

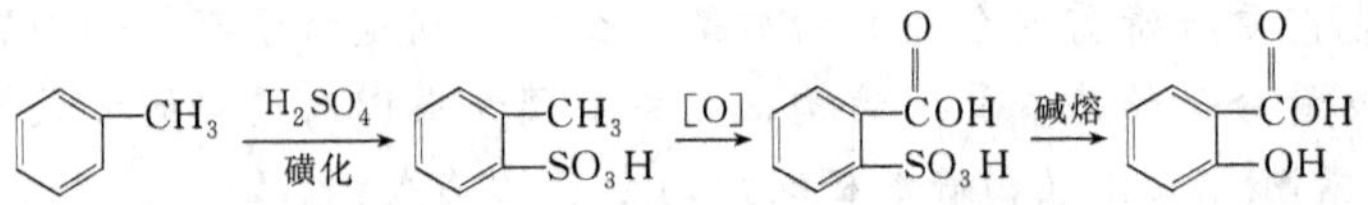

$$\text{CH}_3 \xrightarrow[\text{磺化}]{H_2SO_4} \text{CH}_3\text{, SO}_3\text{H} \xrightarrow{[O]} \text{(O)COH, SO}_3\text{H} \xrightarrow{\text{碱熔}} \text{(O)COH, OH}$$

徐老师：因此阿司匹林的多种合成路线主要在于不同原料合成制备得到水杨酸。那么究竟选择哪条合成路线合成水杨酸呢？大家讨论下。

小李：我觉得第一条路线好，一步就合成好了，而第二、三条路线的合成步骤都比较多。

小夏：同意。

徐老师：大家说的对。在上面三条水杨酸的合成路线中，路线1属于合成步骤少、收率高、成本低、“三废”处理少的合成路线。这也是生产上的合成路线。资料表明，目前乙酰水杨酸的生产的合成路线主要以苯酚为原料，经二氧化碳的羧化反应，生成水杨酸，经升华后得到升华水杨酸，再采用酰化法，将水杨酸和酰化剂进行酰化反应，最终得到乙酰水杨酸，即阿司匹林。

因此乙酰水杨酸的合成主要涉及两个反应：苯酚的羧化（Kolbe-Schmitt反应）和水杨酸的乙酰化反应。欲在合成中做好乙酰水杨酸的合成，就必须对Kolbe-Schmitt反应和乙酰化反应过程的情况作详细了解。

知识点拨

1. Kolbe-Schmitt 反应

干燥的酚钠或酚钾与 CO_2 在加温加压下生成羟基苯甲酸的反应称为 Kolbe-Schmitt 反应。反应式如下：

$$C_6H_5ONa + CO_2 \xrightarrow{T,\ p} o\text{-}HOC_6H_4COONa \xrightarrow{H^+} o\text{-}HOC_6H_4COOH$$

苯酚钠与 CO_2 在 0.5MPa、125～150℃ 下发生亲核加成，形成水杨酸的钠盐，最后酸化成水杨酸。通过 Kolbe-Schmitt 反应可在酚环上直接引入羧基。

知识点拨

2. 酰化反应和酰化剂

（1）酰化反应　在有机化合物分子中的氧、氮、碳、硫等原子上引入酰基的反应称为酰化反应。酰化反应可用下列通式表示：

$$R-\overset{\overset{\displaystyle O}{\|}}{C}-Z + G-H \longrightarrow R-\overset{\overset{\displaystyle O}{\|}}{C}-G + HZ$$

式中，RCOZ 为酰化剂，Z 代表 X、OCOR、OH、OR′、NHR′等。GH 为被酰化物。

（2）常用的酰化剂

① 羧酸，例如甲酸、乙酸、草酸等。

② 酸酐，例如乙酐、顺丁烯二酸酐、邻苯二甲酸酐以及二氧化碳（碳酸酐）和一氧化碳（甲酸酐）等。

③ 酰氯，例如光气（碳酸二酰氯）、乙酰氯、苯甲酰氯、苯磺酰氯、三聚氯氰、三氯化磷、三氯氧磷等。某些酰氯不易制成工业品，这时可用羧酸和三氯化磷或亚硫酰氯在无水介质中作酰化剂。

④ 羧酸酯，例如氯乙酸乙酯、乙酰乙酸乙酯等。

⑤ 酰胺，例如尿素、*N*,*N*′-二甲基甲酰胺等。

⑥ 其它，例如双乙烯酮、二硫化碳等。

不同的酰化试剂酰化能力不同。由于酰化是亲电取代反应，酰化剂是以亲电质点参加反应的。酰化剂的反应活性取决于酰基碳上部分正电荷的大小，正电荷越大，反应活性越强。R 相同的羧酸衍生物，离去基团 Z 的吸电能力越强，酰基碳上部分正电荷越大。所以反应活性：

酰氯＞酸酐＞酸

芳香族羧酸由于芳环的共轭效应，使酰基碳上部分正电荷被减弱。当离去基团 Z 相同，脂肪羧酸的反应活性大于芳香羧酸，高碳羧酸的反应活性低于低碳羧酸。

结合到情境 2 的知识，本情境的酰化试剂既要有较强的反应能力，又要有较高的反应收率，可选择乙酸酐作为乙酰化试剂。

7.2.3 单元反应过程分析

徐老师：在确定反应路线，选择相应的原料和试剂后，要完成反应还必须制订详细的反应方案。这在工艺上就是明确相应的工艺控制点，显然这对于生产是非常关键的。而反应方案的制订就必须从反应的机理和反应影响因素等方面入手才能把握其要点。

7.2.3.1 苯酚羧化反应机理及影响因素分析

苯酚的羧化（Kolbe-Schmitt 反应）反应式如下。

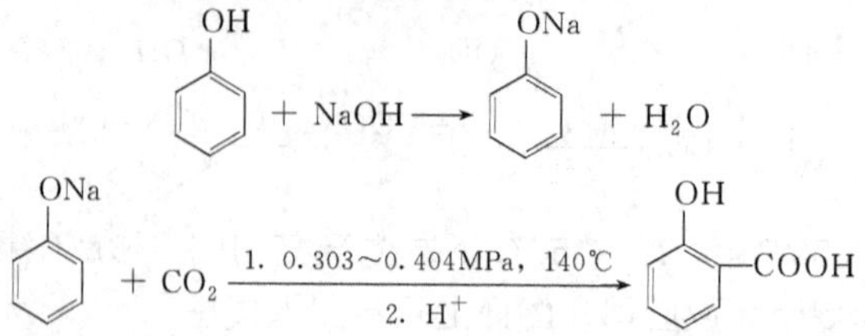

$$C_6H_5OH + NaOH \longrightarrow C_6H_5ONa + H_2O$$

$$C_6H_5ONa + CO_2 \xrightarrow[2.\ H^+]{1.\ 0.303\sim0.404MPa，140℃} o\text{-}HOC_6H_4COOH$$

按压力不同，可以分为常压法和中压法。常压法是将苯酚钠在苯酚中常压下通入干燥的二氧化碳气体进行羧化反应，此法收率 50%～70%。中压法是苯酚钠在中压条件下羧化，收率 98%以上。

(1) Kolbe-Schmitt 反应机理　CO_2 与酚钠的羧化反应为典型的气-固相反应，其反应历程如下：

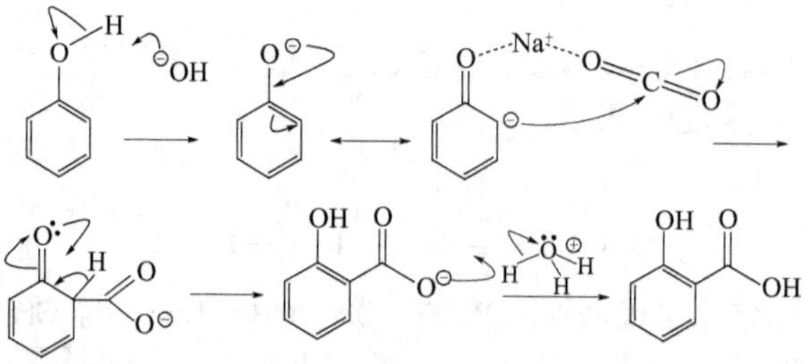

酚羟基首先与碱作用形成酚氧负离子，酚氧负离子发生烯醇式向酮式转变，而使酚羟基的邻位形成碳负离子，此碳负离子与 CO_2 发生亲核加成反应，并发生负电荷转移，形成羧基负离子，原负碳离子再由酮式向烯醇式转变，并发生质子迁移，重新形成酚羟基，羧基负离子从溶剂中获得质子变成羧基。整个转变过程中，碱金属离子起到空间定位的作用，对固定 CO_2 的空间位置非常关键。

碱金属对羧化反应的位置有很大影响，在可比较的条件下，酚钠羧化得到水杨酸，而酚钾则得到对位羧化产物（SA）和二元羧化产物（POB）的混合物：

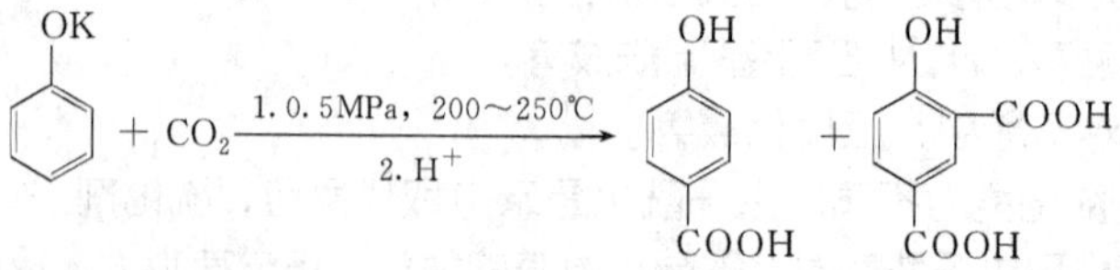

$$C_6H_5OK + CO_2 \xrightarrow[2.\ H^+]{1.\ 0.5MPa，200\sim250℃} p\text{-}HOC_6H_4COOH + HOC_6H_3(COOH)_2$$

(2) 羧化反应的影响因素分析

① 原料的反应性质

a. 苯酚（C_6H_6O，PhOH）　又名石炭酸、羟基苯，是最简单的酚类有机物，一种弱酸。熔点 42～43℃，沸点 182℃，常温下为一种无色晶体，有毒，有腐蚀性，常温下微溶于水，易溶于有机溶液；当温度高于 65℃时，能跟水以任意比例互溶，其溶液沾到皮肤上用酒精洗涤。暴露在空气中呈粉红色。

苯酚的酚羟基为供电子基团，可以增强邻位（及对位）碳原子的亲核能力。苯环上没有其他取代基，因此空间位阻较小，有利于亲核反应的进行，但如果反应条件控制不好，也能发生对位的羧化，或者二元羧化。

显然，如果酚环上连有邻对位定位基，则可使酚的羧化得到高的产率；而当酚环上连有间位定位基时，在某些情况下则不能发生羧化反应，如硝基酚的异构体均未能得到羧化产物。

b. 二氧化碳（CO_2）　二氧化碳常温下是一种无色无味、不助燃、不可燃的气体，密度比空气大，略溶于水，与水反应生成碳酸。二氧化碳压缩后俗称为干冰。属于碳氧化物之一，是一种无机物，不可燃，通常不支持燃烧，无毒性。

二氧化碳分子中C原子以sp杂化轨道分别与两个氧原子形成δ键，C原子上两个未参加杂化的p轨道与sp杂化轨道成直角，并且从侧面同氧原子的p轨道分别肩并肩地发生重叠，生成两个π离域键。因此缩短了碳-氧原子间的距离，使CO_2中碳氧键具有一定程度的三键特征。分子为直线形，因结构对称而为非极性分子。CO_2的性质一般较稳定，但由于氧原子的电负性较碳原子大，故二氧化碳中心碳原子上有较强的正电性，活化条件下能发生亲电反应。

② 压力和温度的影响　据报道，在给定的温度下，压力在某个最小值以上，此时压力的变化对羧化反应几乎没有影响。从反应机理来解释，所谓压力“最小值”实际是碱金属盐与二氧化碳形成的螯合物在操作温度下的分解压力。Davies指出苯酚钠与二氧化碳的螯合物在140℃时，其分解压力为（$3.03\sim4.04)\times10^5$Pa，也就是说，苯酚羧化时，控制反应温度140℃，则压力在（$3.03\sim4.04)\times10^5$Pa以上变化时，对产率的影响不大。但在某些情况下，增加二氧化碳的压力可加快反应速率，因而能在给定时间内增加产率。在高温下增加压力，还会导致二元羧化产物的增加。

与压力相比，温度对羧化反应的影响要大得多，它不但影响反应速率，还要影响羧化反应的位置。温度升高会导致对位异构体的增加和二元羧化产物的增加。研究表明，羧化反应的温度对产物的生成有较大的影响，当反应温度低于130℃时，主要生成对位羧酸，当温度高于220℃时主要生成二羧基化合物，当温度在130～220℃主要产物则为邻位羧酸。

③ 水的影响　一般来说，水对酚的羧化有抑制作用，故在羧化反应中如使用潮湿的酚盐或含水的二氧化碳，均会导致产率下降。其原因可能是由于水与酚钠生成螯环的倾向比二氧化碳大，因而阻止了二氧化碳与酚钠形成螯环中间体；而且当水存在时也会发生酚钠的水解，这时通入二氧化碳，即生成了游离酚和碳酸氢钠。

④ 溶剂的影响　如果在反应体系中加入溶剂，则可以利用搅拌使得固体反应物悬浮而促进反应的进行。由于羧化反应温度较高，故溶剂的沸点首先要能满足反应的要求，其次要求溶剂对反应无不利的影响。资料表明，反应体系可采用二甲苯、沸程为200～360℃的煤油或氢化三联苯为溶剂。从原料来源的方便性考虑，可选择煤油作为反应的溶剂。也可以苯酚为溶剂。

⑤ 副反应　主要是生成二元羧化产物。

7.2.3.2　水杨酸的乙酰化反应机理及影响因素分析

（1）酰化反应的机理　酰化反应是酰基上的亲核取代反应，机理如下：

① $R-\overset{\delta^+}{C}(=\ddot{O}:^{\delta^-})-L + Nu^- \underset{}{\overset{\text{亲核加成}}{\rightleftharpoons}} R-C(-\ddot{O}:^-)(-L)-Nu$

sp² 杂化

Nu进攻时障碍小

② $R-C(-\ddot{O}:^-)(-L)-Nu \xrightarrow{\text{消除反应}} R-C(=\ddot{O}:)-Nu + L^-$

其中：

L（离去基团）：—Cl、 $—O—\overset{O}{\overset{\|}{C}}R$ 、—OR′、—NH_2

Nu（亲核试剂）：$H_2\ddot{O}(HO^-)$、$R'\ddot{O}H$、$\ddot{N}H_3$

反应是分步完成的：先亲核加成，后消除，最终生成取代产物。水杨酸的乙酰化反应机理与上述机理相同。

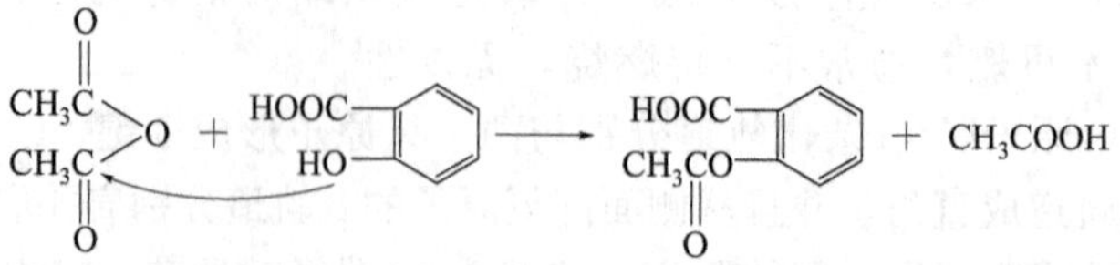

$$(CH_3CO)_2O + HOOC{-}C_6H_4{-}OH \longrightarrow HOOC{-}C_6H_4{-}OCOCH_3 + CH_3COOH$$

反应不可逆。为了加快反应速率，可用酸性或碱性催化剂进行催化。酸性催化剂如硫酸、高氯酸、氯化锌、三氯化铁、对甲苯磺酸等；碱性催化剂如吡啶、无水乙酸钠及二甲基苯胺等。酸性催化剂的作用比碱性催化剂的强。目前工业上使用最多的是浓硫酸。用量为反应物的1%～3%（质量比）。参见情境2。

(2) 水杨酸的乙酰化反应的影响因素

① 水杨酸的反应性质　水杨酸为白色结晶性粉末，无臭，味先微苦后转辛。熔点157～159℃，在光照下逐渐变色。相对密度1.44。沸点约211℃/2.67kPa。76℃升华。常压下急剧加热分解为苯酚和二氧化碳。

水杨酸参与乙酰化时提供的是酚羟基。由于苯环的影响，酚羟基氧原子上电子云密度较一般的醇羟基氧为低，因此酚羟基氧亲核能力相对较弱。另外，苯环上由于羧基是吸电子基团，进一步降低了酚羟基的反应活性。

在有机反应中，当底物的反应活性较弱时，则要求对应的试剂的活性相对较强，才能保证反应在一个较为适中的条件下进行。因此选择乙酸酐做乙酰化试剂是相对合适的。

② 乙酸酐的反应性质　乙酸酐为无色透明液体，有刺激性气味（类似乙酸），其蒸气为催泪毒气。熔点−73.1℃，沸点138.6℃。相对密度（水＝1）1.08；相对密度（空气＝1）3.52。溶于苯、乙醇、乙醚；稍溶于水。性质较稳定。

乙酸酐是较强的乙酰化试剂，反应活性大，且反应无水生成，因此反应不可逆。

③ 反应温度　乙酰化反应的温度一般控制在20～90℃。过低的温度使反应不完全，温度升高，可使主反应加快，而副反应的速率也加快。但温度过高时，副反应的种类和数量将急剧上升，如水杨酸能够2分子结合成水杨酰水杨酸，同时，水杨酸也能与阿司匹林作用生成乙酰水杨酰水杨酸，这两个反应都是随着温度的升高而加快。

$$2\,HO{-}C_6H_4{-}COOH \xrightarrow{\triangle} HO{-}C_6H_4{-}CO{-}O{-}C_6H_4{-}COOH + H_2O$$

$$CH_3COO{-}C_6H_4{-}COOH + HO{-}C_6H_4{-}COOH \xrightarrow{\triangle} CH_3COO{-}C_6H_4{-}CO{-}O{-}C_6H_4{-}COOH$$

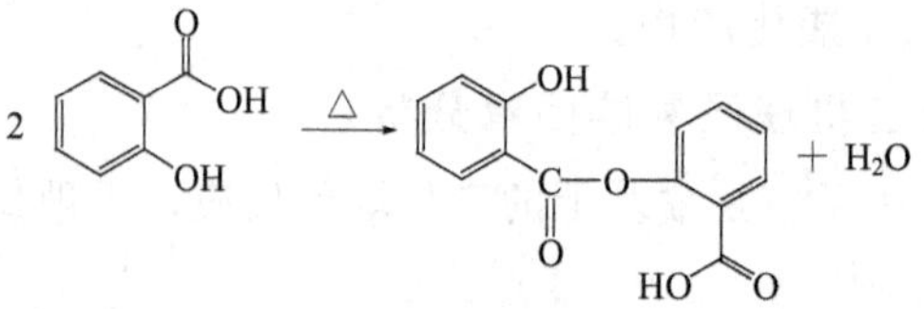

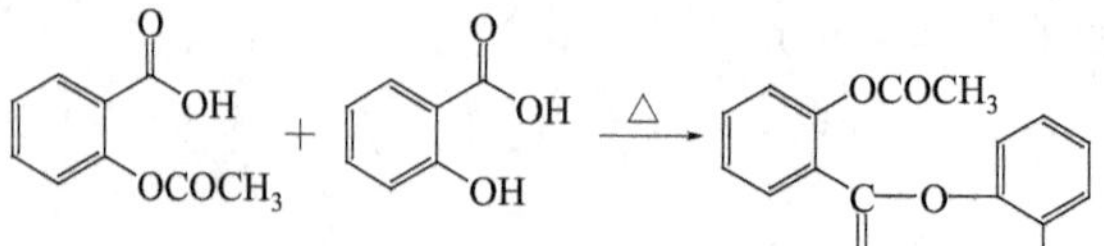

当温度升到90℃时，2分子阿司匹林分解得到水杨酰水杨酸和乙酸酐，这是一个不可逆的反应，而且随着温度的升高而加快分解速率。

$$2\ o\text{-}CH_3COOC_6H_4COOH \longrightarrow o\text{-}HOC_6H_4\text{-}COO\text{-}C_6H_4COOH\text{-}o + (CH_3CO)_2O$$

反应中控制稍低的温度较有利。一般 70～80℃即可。

④ 催化剂的影响　如果采用浓硫酸作催化剂，产率一般在 75%左右，虽然反应速率较快，但副反应也多，而使产品色泽深，对设备腐蚀性也较严重，对环境污染大。生产上也用醋酸钠做催化剂，用量一般在 5%～8%左右。虽然产品质量有所提高，但反应时间相对较长。也有用固体杂多酸作为催化剂的报道。

⑤ 反应物料的配料比　从反应计量系数上看，水杨酸与乙酸酐的摩尔比应为 1∶1，但为了使水杨酸充分转化，应使乙酸酐过量 10%以上。

⑥ 水分的影响　反应条件下，水分会使乙酐水解成乙酸，故酰化反应合成阿司匹林的过程要求无水操作，即使有少量的水分也会对反应结果产生很大的影响。

⑦ 传质的影响　由于水杨酸溶解于乙酸酐中，故反应是均相体系，传质对反应影响不太大。反应物量少时，只需摇匀即可。反应物量多时，适当搅拌对反应有利。但反应后期乙酸酐转化为乙酸后，对产物乙酰水杨酸的溶解度不是很大，稍低的温度将会析出。

⑧ 副反应　乙酰化过程中副产物主要是水杨酰水杨酸、乙酰水杨酰水杨酸、乙酰水杨酸酐等。

7.2.4 单元反应后处理策略分析

单元反应完成后，要将反应物中目标产物分离出来，才能完成合成的任务。由于反应物体系的构成千差万别，要进行分离时采用的策略是不尽相同的。

7.2.4.1 *C*-羧化产物的后处理

(1) 体系的组成及其状态　羧化反应结束后，体系为非均相悬浮混合体系，溶剂中固体悬浮物主要是产物水杨酸单钠盐、二钠盐及少量未反应的酚钠等。

(2) 分离策略　悬浮物可以直接过滤出来。由于水杨酸单钠盐能溶于水，反应结束后加水溶解，单钠盐等进入水相并形成溶液。体系分液后分出下层水层，酸化，将单钠盐转化为水杨酸。水杨酸微溶于水，故从溶液中析出。冷却结晶，过滤即得到产物水杨酸粗品。

酚类物质处理过程中易产生有色物质，需要进行脱色处理。应考虑在结晶前进行脱色，这样结晶时就可避免有色物质随结晶析出。为尽可能脱除有色物质，应控制在微酸性介质中脱色。

7.2.4.2 酰化产物的后处理

(1) 酰化反应结束后体系的组成及状态　如采用浓硫酸为催化剂，则反应结束后体系主要由乙酰水杨酸、乙酸、剩余的乙酸酐、少量浓硫酸及副产物组成，体系在反应温度下基本为均相体系，但温度下降后因产物在乙酸中的溶解度不是很大而析出。

(2) 分离策略　体系中析出的乙酰水杨酸可以直接分离出来。因溶液中仍然含有一定量的乙酰水杨酸，如需要分离，可以有两种策略：其一，因乙酰水杨酸常温下为固体，故总体上可通过除溶剂结晶的方法分离；其二由于反应物中乙酰水杨酸不溶于水，而其物质均能溶于水，故可以加水的办法使得乙酰水杨酸沉淀析出。

如采用除溶剂的方法，必须要考虑催化剂对产物分离造成的影响。采用浓硫酸做催化剂，由于产物与浓硫酸均为酸性，似乎没有特别好的除浓硫酸的方法（主要除去浓硫酸的酸性）。而采用乙酸钠作催化剂，则除溶剂的过程对产物影响不大。

如采用水析法，考虑到加水时会造成剩余的乙酸酐水解放热以及浓硫酸稀释时产生大量的热量，故加水前应将反应物用冰水充分冷却，否则在酸性介质中易造成产物的水解。最好使用冰水。

7.2.4.3 关于产物的精制

关于阿司匹林的精制，有以下两种方法。

(1) 重结晶纯化 可用甲苯结晶2次，再用环己烷洗涤，于60℃真空干燥数小时。亦可用异丙醇、乙醚/石油醚（沸点60～90℃），乙醇/水（可加入少量乙醚）重结晶。

(2) 化学法纯化 粗品乙酰水杨酸可用碱处理，将产物变为钠盐溶解，然后再加酸还原析出即可达到精制的目的。由于乙酰基能被强碱水解，故应选用弱碱，如 $NaHCO_3$。酸化时可用浓盐酸酸化，这样可以避免过多的水带入。但此法消耗碱和酸，增加了产品的成本。

徐老师讲解结束后，要求小李他们考虑阿司匹林小试合成的方案制订，在小试实训时讨论。

7.3 工作过程指导

7.3.1 制订小试合成方案要领

小李等一行来到了学校药物合成实训室。完成岗位安全教育后，徐老师跟小李他们一起讨论阿司匹林的合成方案。

徐老师拿出了一份当初小试组试制阿司匹林的文献方案。

(1) 合成部分

① 羧化反应 在1L高压釜中投入苯酚47g (0.5mol)、NaOH溶液 [20.5gNaOH (0.5mol) +30mL水]，煤油作为溶剂、添加剂，在惰性气体保护下，升温到120℃脱水1h。脱水完毕，通入净化无水的 CO_2，逐渐升温至140～145℃在 5×10^5Pa下进行羧化反应。

反应到达终点后，将物料冷却至室温，将反应物倒入水中，静置分层。分去溶剂油后，下层液用30%的盐酸在不断搅拌下中和至pH值至6，加活性炭60℃进行脱色除杂，趁热滤去活性炭，所得精制液继续用酸酸化至有水杨酸析出，冷却，过滤，干燥得粗品水杨酸。可用过热水蒸气（170～180℃）蒸馏精制，得到无色结晶，熔点156℃。

② 酰化反应部分 开酰化釜搅拌，在酰化釜中加入乙酸酐237g (2.33mol)、水杨酸200g (1.45mol)、浓硫酸75mL，搅拌升温，81～82℃反应40～60min，降温至48℃，再加入100g水杨酸 (0.725mol)，升温至81～82℃保温反应2h。检查游离水杨酸合格后，将反应液抽入结晶釜，降温至13℃，析出结晶，过滤，水洗，甩干，干燥，得阿司匹林粗品。

(2) 精制 将饱和 $NaHCO_3$ 溶液加入脱色釜，开脱色釜搅拌，向脱色釜中缓慢加入阿司匹林粗品，搅拌至无 CO_2 气泡产生，将物料由脱色釜经过滤器抽入结晶釜，向结晶釜加盐酸水溶液，至pH<2，结晶，冷水洗涤，过滤，干燥。

徐老师："请大家讨论一下，以此文献方案为参考，如何制订小试合成方案?"

小李："文献方案相对详尽，但有些细节尚不清楚。反应过程中温度的控制不太明确，如为何分次加料，升温速率如何控制等。"

小夏："我看资料上说，阿司匹林的酰化反应使用维生素C作为催化剂，必须用浓硫酸吗?"

徐老师："非常好，大家的资料准备得非常充分。很多专利、期刊论文、专著、教科书等文献中有关于阿司匹林的合成方法，而小试的目的是为大生产提供参数依据，小试方案在制订过程中一定要立足于生产，因此我们需要对比、归纳、总结，选择或制订出真正适合放大到工业生产又符合我们生产条件的方案。"

徐老师："这里再提几点建议，以便对大家制订小试方案时参考。"

7.3.2　单元反应体系构建和后处理纯化建议

7.3.2.1　水杨酸的合成（羧化反应）

(1) 羧化反应体系的构建和监控

① 羧化反应体系的构建要点　如采用煤油为反应介质，因反应中有 CO_2 气体参与，故反应为非均相反应体系，宜选用高压反应釜系统作为反应的合成装置。

② 羧化反应控制策略　制备酚钠盐时，脱水要充分，否则对羧化造成的影响很大，可考虑用减压脱水的方法对酚钠盐充分脱水。因为酚易被氧化，成盐反应时要在惰性气 N_2 保护下进行。

羧化反应时可以用煤油作溶剂。由于 CO_2 本身起到惰性气的作用，因此不必另外用 N_2 保护，只需将 N_2 充分置换即可。

③ 羧化反应进程及终点的控制　加压反应中，随着反应的进行，气体的压力不断降低，为加快反应速率，可补充 CO_2，当釜压力不再降低时，维持一段时间即可达到终点。

(2) 羧化反应后处理分离方法　反应后溶液体系冷却，加水，静置水油分层，向水层中加酸调酸度，在微酸下先加活性炭脱色，过滤，滤液冷却，加酸结晶，过滤，滤饼得粗产品。

分离装置主要采用分液漏斗、热过滤装置。

(3) 水杨酸的纯化精制　纯化的方法有多种，可以用水蒸气蒸馏纯化，也可以用水（室温时溶解度为 0.22%，100℃时为 6.7%），绝对甲醇或环己烷重结晶，可以利用水杨酸在常压下 76℃即升华的性质进行精制。装置及操作参见附录。

若水杨酸的纯度较高，可不经过精制而直接用于下一步反应。

7.3.2.2　阿司匹林的合成（乙酰化反应）

(1) 乙酰化反应体系的构建和监控

① 酰化反应体系的构建

a. 反应需要加热，且控制温度在 90℃以内，宜选用水浴装置；

b. 如果采用烧瓶为反应器，则要配置搅拌装置和带干燥器的回流装置。

② 乙酰化反应控制策略　反应前准备时要将仪器全部干燥，药品也要实现经干燥处理，醋酐要使用新蒸馏的（收集 138～140℃的馏分）。

由于水杨酸的酚羟基活性较弱，乙酰化时需加催化剂，反应温度应控制在 85℃左右为宜。反应时乙酸酐既作反应物，又做溶剂，故乙酸酐须适当过量。生产上，乙酸酐的加入量并非大过量（有时还要加入上一批回收处理后的料液），为保证乙酸酐的溶解余量，加入水杨酸时可分批加入，生产中第一批加入量为总量的 2/3，剩余的 1/3 的量在第二次加入。随着反应的进行，乙酸和乙酰水杨酸含量将逐渐增加，反应的溶剂即变为乙酸和乙酸酐的混合物。由于乙酰水杨酸在乙酸中溶解度不大，将有晶体析出，此时投入第二批水杨酸，则生成的乙酰水杨酸可以未溶解的水杨酸为晶核析出，造成产品不纯且收率下降。故应适当降温后，使得较多的乙酰水杨酸析出，再投入第二批水杨酸反应。因为反应温度低，水杨酸有充分时间溶解。继续升温后，生成的乙酰水杨酸则以析出的晶体为晶核继续结晶。反应过程中搅拌即可。反应结束后反应物应立即处理。

③ 酰化反应终点的控制　由水杨酸制备阿司匹林的乙酰化反应是利用快速的测定法来确定反应终点的。利用水杨酸属酚类物质可与三氯化铁发生颜色反应的特点，取反应液加入盛有 3mL 水的试管中，加入 1～2 滴 1% $FeCl_3$ 溶液，观察有无颜色反应（紫色）。当测定

游离水杨酸含量≤0.15%方可停止反应（可对照标准品比色）。也可用高效液相色谱进行含量分析。

(2) 乙酰化反应后处理方法 乙酰化反应结束后，可降温至较低温度（生产上在13℃左右，不可太低）使得乙酰水杨酸充分结晶析出，然后将乙酰水杨酸晶体过滤出来（生产上采用离心甩滤），滤液可套用。如果要将滤液中产物分离出来，可向滤液加入冷水（或冰水）使产物析出沉淀，过滤，得滤饼为粗产品。

7.3.2.3 单元反应之间的衔接

生产阿司匹林所用的水杨酸须经减压升华精制，以保障乙酰化产品的质量。

7.3.2.4 产物的纯化

对于药物的重结晶纯化应尽量采用无毒的溶剂。这里建议大家采用乙醇/水的混合溶剂。如水杨酸含量较高，可少加一些乙醚作为第三溶剂（用量为乙醇的80%）。重结晶过程操作可参考附录中内容。

7.3.3 绘制试验流程图

本项目小试流程图（供参考）可以绘制如图7-1。

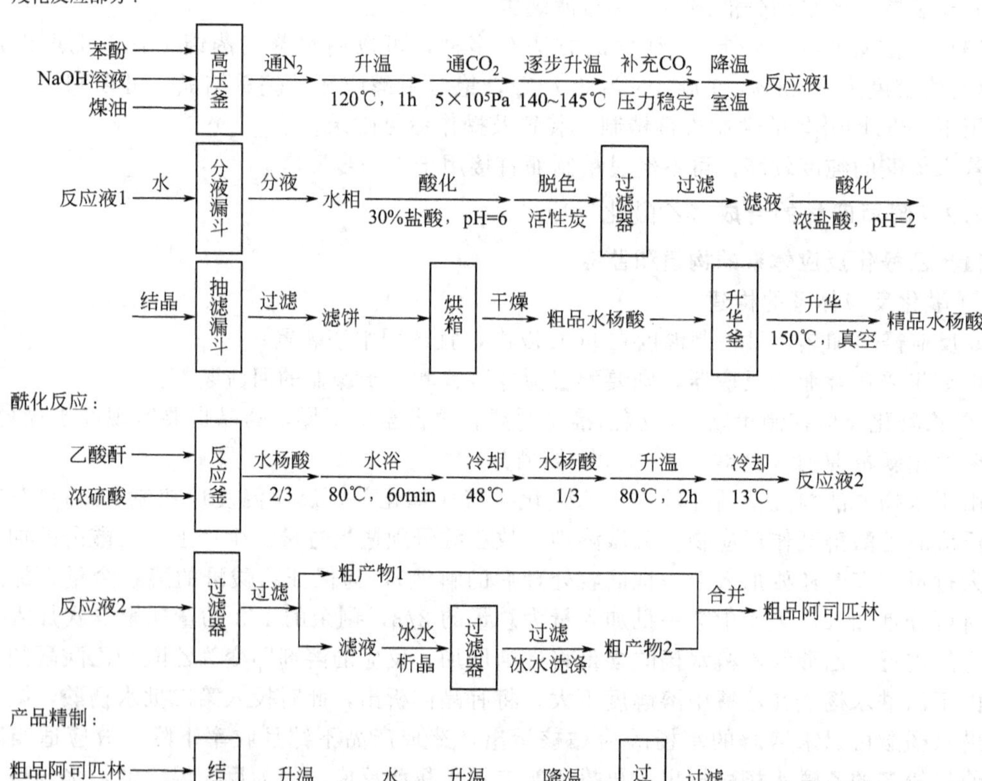

图7-1 乙酰水杨酸合成小试流程图

必须说明的是，制作的流程图必须与试验方案对应。在制订小试方案时，有时可以流程图代替。

7.3.4 小试试验装置

本项目羧化反应可采用如图 7-2 的高压反应釜系统。

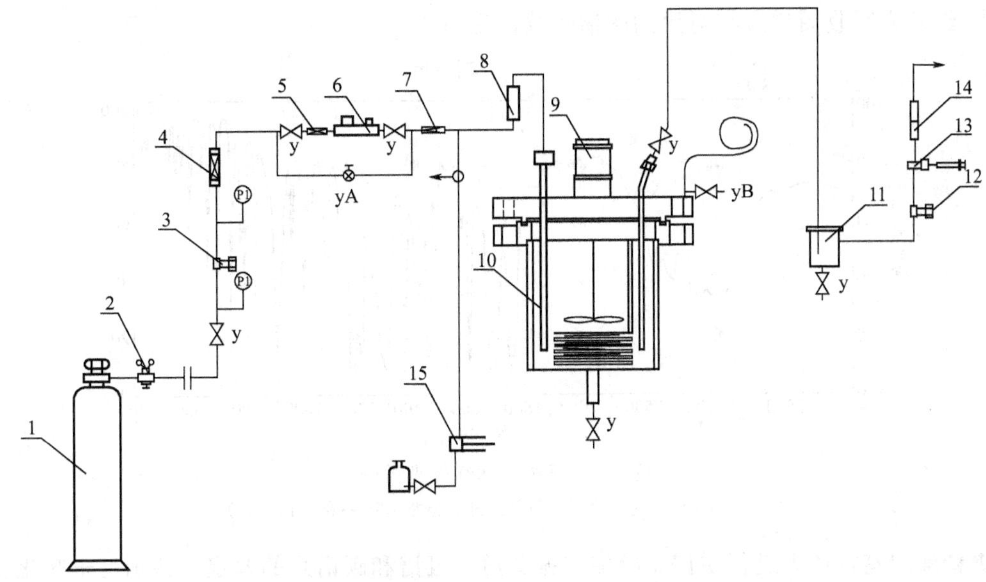

图 7-2 羧化高压反应釜系统装置流程

P1—压力表；y—截止阀；yA—调节阀；yB—安全阀；1—气体钢瓶；2—减压阀；3—稳压阀；4—干燥器；5—过滤器；6—质量流量计；7—止逆阀；8—缓冲器；9—马达；10—反应釜；11—气液分离器；12—背压阀；13—取样器；14—转子流量计；15—液体加料泵

液体物料由加样泵 15 进入反应釜，气源气经气路系统进入反应釜。尾气由排气气路排出。反应釜配置加热系统、冷却系统及搅拌系统。反应结束后，反应物料可由反应釜出料管中放出。

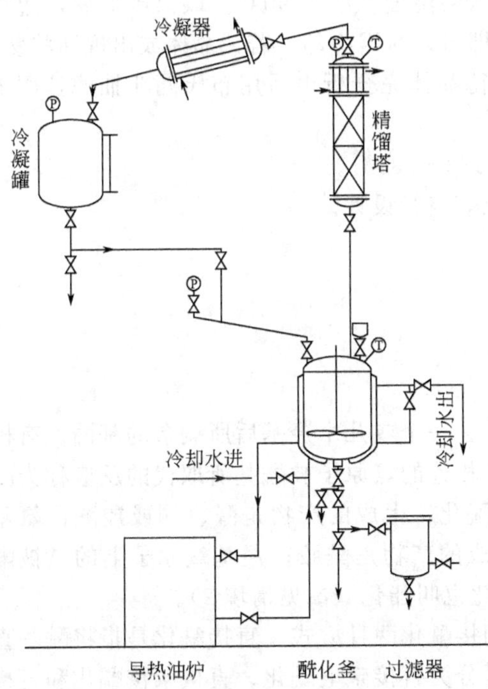

图 7-3 乙酰化反应装置图

本项目酰化反应的小试装置可采用图 7-3。

装置由反应釜、搅拌器、精馏塔、冷凝器、接收罐、恒温水浴、过滤器组成。水浴用来对反应釜加温，搅拌装置可以加快反应，冷凝器可使得挥发性物料返回反应体系。

7.3.5 小试合成工艺的评估

可对工艺路线的收率及产品单耗进行评判。参考情境 1。

7.3.6 产物的检测和鉴定

（1）阿司匹林的检测 阿司匹林产品含量测定，可以参考《中国药典》2015 年版二部的检测方法，另可参考 SN/T 1922—2007 的检测方法。也可采用高效液相色谱法检测：用十八烷基硅烷键合硅胶为填充剂；以乙腈-四氢呋喃-冰醋酸-水（20∶5∶5∶70）为流动相；检测波长为 303nm，可同时测定水杨酸和乙酰水杨酸的含量。在企业中有专门的化验部门检测。

(2) 产品的鉴定

① 阿司匹林的熔点鉴定：135～140℃。

② 红外光吸收图谱应与对照的图谱一致，见图 7-4。

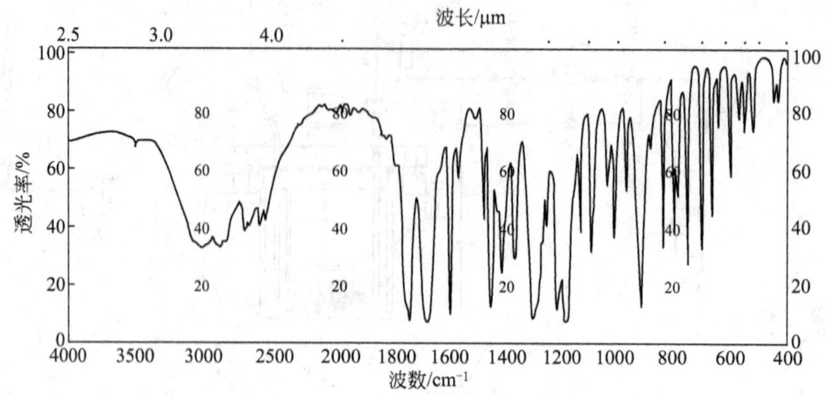

图 7-4 阿司匹林红外光谱图

（来源：药典委员会编写《药品红外光谱集》第一卷（1995））

更精确的鉴定还需进行质谱、核磁共振图谱（氢谱和碳谱）的鉴定。特别是未知化合物的开发，这些图谱是必需的。有兴趣的同学可以参考相关的专业资料。

7.3.7 技能考核要点

参照情境 1 的考核方式，以本情境酰化反应为例，考核方案如下。

在 125mL 的锥形瓶中加入 2g 水杨酸、5mL 乙酸酐、5 滴浓硫酸，小心旋转锥形瓶使水杨酸全部溶解后，在水浴中加热 5～10min，控制水浴温度在 85～90℃。取出锥形瓶，边摇边滴加 1mL 冷水，然后快速加入 50mL 冷水，立即进入冰浴冷却。若无晶体或出现油状物，可用玻棒摩擦内壁（注意必须在冰水浴中进行）。待晶体完全析出后用布氏漏斗抽滤，用少量冰水分二次洗涤锥形瓶后，再洗涤晶体，抽干。

将粗产品用乙醇/水重结晶提纯。纯品测熔点 133～135℃。

技能考核要点可参考情境 1 或情境 2 技能考核表自行设计。

7.4 知识拓展

7.4.1 酰化反应概述

酰基是指从含氧的无机酸或有机酸的分子中除去一个或几个羟基后所剩余的基团。有机化合物分子中与碳原子、氮原子、氧原子或硫原子相连的氢原子被酰基所取代的反应称为酰化反应。碳原子上的氢被酰基取代的反应叫做 *C*-酰化，生成的产物是醛、酮或羧酸；氨基氮原子上的氢被酰基取代的反应叫做 *N*-酰化，生成的产物是酰胺；羟基氧原子上的氢被酰基取代的反应叫做 *O*-酰化，生成的产物是酯，因此也叫酯化（参见情境 2）。

有机化合物分子中酰基的引入有直接酰化和间接酰化两种方式。直接酰化是指将酰基直接引入到有机化合物分子中，由反应机理的不同可分为直接亲电酰化、直接亲核酰化和直接自由基酰化。

酰化所用的试剂称为酰化剂，常用的酰化剂有羧酸、酸酐、酰卤、羧酸酯和酰胺等。酰化反应可用下列通式表示：

$$R-\overset{O}{\overset{\|}{C}}-Z + G-H \longrightarrow R-\overset{O}{\overset{\|}{C}}-G + HZ$$

式中的 RCOZ 为酰化剂，Z 代表 X、OCOR、OH、OR′、NHR′等。最常用的酰化剂是羧酸、酸酐和酰氯。GH 为被酰化物，G 代表 ArNH、R′NH、R′O、ArO、Ar 等。

酰化反应的难易与酰化剂的亲电性、被酰化物的亲核能力及空间效应有密切关系。这是由于酰化是亲电取代反应，酰化剂是以亲电质点参加反应的。

酰化剂的反应活性取决于羰基碳上部分正电荷的大小，正电荷越大，反应活性越强。R 相同的羧酸衍生物，离去基团 Z 的吸电子能力越强，酰基上部分正电荷越大。所以反应活性：

酰氯＞酸酐＞酸

芳香族羧酸由于芳环的共轭效应，使酰基碳上部分正电荷被减弱。当离去基团 Z 相同时，脂肪羧酸的反应活性大于芳香羧酸，高碳羧酸的反应活性低于低碳羧酸。

被酰化基团反应活性取决于官能团上孤对电子的活性。

对于活泼的酰化物要采用弱的酰化试剂，而不活泼的酰化物要采用强的酰化试剂。

7.4.2 O-酰化反应

氧原子上的酰化反应是指醇或酚分子中的羟基氢原子被酰基所取代而生成酯的反应，因此又叫酯化反应。

在氧原子上引入酰基的反应多属于直接亲电酰化反应。其反应难易程度取决于醇或酚的亲核能力、位阻及酰化剂的活性。

7.4.2.1 醇的 *O*-酰化

醇的 *O*-酰化可得酯，其反应难易取决于醇的亲核能力及酰化剂的活性。

一般情况下伯醇易于反应，仲醇次之，而叔醇则由于立体位阻较大且在酸性介质中又易于脱去羟基而形成叔碳正离子，使酯化难以完成。

伯醇中的苄醇、烯丙醇虽然不是叔醇，但由于易于脱羟基形成稳定的碳正离子，所以也表现出与叔醇相类似的性质。

对于醇的酰化常采用的酰化剂有羧酸、羧酸酯、酸酐、酰氯、酰胺、烯酮等。

7.4.2.2 酚的 *O*-酰化

酚羟基由于受芳环的影响使羟基氧的亲核性降低，其酰化比醇要困难，多采用较强的酰化剂（如酰氯、酸酐以及一些特殊的试剂）来完成这一反应。

(1) 酰氯为酰化剂 酰氯在碱性催化剂（氢氧化钠、碳酸钠、三乙胺、吡啶等）存在下可使酚羟基酰化，如：

$$HO-C_6H_3(C(CH_3)_3)-OH \xrightarrow{(CH_3)_3CCOCl/Py} (CH_3)_3C\overset{O}{\overset{\|}{C}}-O-C_6H_3(C(CH_3)_3)-OH$$

采用酰氯与吡啶的方法来制备位阻大的酯时其效果不甚理想，若加入氰化银可使反应得到较好的结果。

$$\text{2,6-}(CH_3)_2C_6H_3\text{—COCl} + \text{HO—}C_6H_3\text{-2,6-}(CH_3)_2 \xrightarrow{AgCN} \text{2,6-}(CH_3)_2C_6H_3\text{—COO—}C_6H_3\text{-2,6-}(CH_3)_2$$

也可采用间接的方法。即羧酸加氧氯化磷、氯化亚砜等氯化剂一起反应进行酰化。如

$$\begin{matrix} CH_2\text{—COOH} \\ | \\ CH_2\text{—COOH} \end{matrix} + 2\ C_6H_5OH \xrightarrow{POCl_3} \begin{matrix} CH_2\text{—COOC}_6H_5 \\ | \\ CH_2\text{—COOC}_6H_5 \end{matrix} + H_3PO_3 + 3HCl$$

(2) 酸酐为酰化剂 应用酸酐对酚酰化，其条件与醇的酰化相似，加入硫酸或有机碱等催化剂以加快反应速率，如反应激烈可用石油醚、苯、甲苯等惰性溶剂稀释。

$$Ac_2O + \text{HO—}C_6H_4\text{—OH} \xrightarrow{\text{浓 }H_2SO_4} \text{AcO—}C_6H_4\text{—OAc}$$

在一些用羧酸酰化酚羟基的反应中，有的采取加入三氟乙酐、三氟甲基磺酸酐、氯甲酸酯、磺酰氯、草酰氯的方法，实际上是在反应系统中首先形成混合酸酐——活性中间体，再与酚作用。此法在一些有位阻的羧酸和酚的反应中得到了较好的结果。

(3) 其他酰化剂 酚羟基的酰化还可直接采用羧酸在多聚磷酸（PPA）以及 DCC 催化剂存在下进行，亦有采用 H_3BO_3-H_2SO_4 混合酸催化共沸脱水的方法可使收率接近理论量。

此外，醇、酚羟基同时存在于分子中，如欲选择性酰化酚羟基，可用 3-乙酰基-1,5,5-三甲基乙内酰脲［Ac-TMH］作为特殊酰化试剂。

选择性酰化酚羟基还可采用相转移催化反应，收率高，可在室温下进行。

7.4.3 N-酰化反应

7.4.3.1 *N*-酰化

氨基氮原子上的氢被酰基取代的反应叫做氮酰化（*N*-酰化），生成的产物是酰胺。制备酰胺应用最广的方法是在伯胺、仲胺的 N 上进行酰化，就亲核性而言，胺比醇易于酰化，但有位阻的仲胺则要困难一些。其反应历程由于酰化剂的不同可分 S_N1、S_N2 两种。

反应以哪种机理进行取决于所用酰化剂，只有当离去基 X^- 相当稳定时（如 BF_4^-），才以 S_N1 机理进行，而在大多数情况下是按 S_N2 历程进行的，中间历经一个四面体过渡态，反应的速率决定于此四面体的生成速度以及离去基 X^- 的稳定性。胺的碱性增高有利于反应速率的加快，但对有支链的仲胺由于空间位阻加大可使反应减慢。

N-酰化分为永久性酰化和临时性酰化两种。永久性酰化是将酰基保留在最终产物中以赋予产物某些特定性能；临时性酰化也称保护性酰化，其目的是为保护氨基而临时在氨基上引入一个酰基，而在预定反应完成后再水解除去临时引入的酰基。二者在原理和方法上无甚区别，只是临时性酰化要求操作方便、物料价廉而且酰基易于水解除去。

7.4.3.2 *N*-酰化剂

N-酰化的酰化剂有羧酸、羧酸酯、酸酐、酰卤、酰胺及其他羧酸衍生物。

常用酰化剂的反应活性顺序如下：

$$RCOBF_4 > RCOX > (RCO)_2O > RCON_3 > RCOOR' > RCONR'_2 > RCOOH > RCOR'$$

7.4.3.3 *N*-酰化反应历程

N-酰化属于酰化剂对官能团上氢的亲电取代反应。*N*-酰化反应历程如下：

$$R\ddot{N}H_2 + Z-\underset{\underset{O}{\|}}{C}-R' \rightleftharpoons R-\overset{H}{\underset{H}{\overset{|+}{N}}}-\overset{Z}{\underset{O^-}{\overset{|}{\underset{|}{C}}}}-R' \rightleftharpoons RNH-\underset{\underset{O}{\|}}{C}-R' + HZ$$

式中Z可以是OH、OCOR′、Cl或OC_2H_5等。氨基氮原子上的电子云密度越大，空间位阻越小，反应活性越强。胺类化合物的酰化活性，其一般规律为：伯胺＞仲胺＞脂肪族胺＞芳香族胺；无空间阻碍的胺＞有空间阻碍的胺。芳环上有给电子基团时，反应活性增加；反之，有吸电子基团时，反应活性下降。

羧酸、酸酐和酰氯都是常用的酰化剂，当它们具有相同的烷基R时，酰化反应活性的大小次序为：

$$R-\overset{\delta_1^+}{C}(=O)OH < R-\overset{\delta_2^+}{\underset{\underset{O}{\|}}{C}}-O-\underset{\underset{O}{\|}}{C}-R < R-\overset{\delta_3^+}{C}(=O)Cl$$

因为酰氯中氯原子的电负性最大，酸酐的氧原子上又连接了一个吸电子的酰基，因而吸电子的能力较酸为强。因此，这三类酰化剂的羰基碳原子上的部分正电荷大小顺序为：

$$\delta_1^+ < \delta_2^+ < \delta_3^+$$

其反应活性随R碳链的增长而减弱。因此，如要引入长碳链的酰基，必须采用比较活泼的酰氯作酰化剂；引入低碳链的酰基可采用羧酸（甲酸或乙酸）或酸酐作酰化剂。

对于同一类型的酰氯，当R为芳环时，由于它的共轭效应，使羰基碳原子上的部分正电荷降低，因此芳香族酰氯的反应活性低于脂肪族酰氯（如乙酰氯）。

对于酯类，凡是由弱酸构成的酯（如乙酰乙酸乙酯）可用作酰化剂，而由强酸形成的酯，因酸根的吸电子能力强，使酯中烷基的正电荷增大，因而常用作烷化剂，而不是酰化剂，如硫酸二甲酯等。

7.4.3.4　*N*-酰化方法

（1）用羧酸的*N*-酰化　用羧酸对胺类进行酰化的反应是一个可逆反应。酰化反应通式为

$$RNH_2 + RCOOH \longrightarrow RNHCOR + H_2O$$

由于羧酸是一类较弱的酰化剂，一般只适用于碱性较强的胺类进行酰化。为了使反应进行到底，可使用过量的反应物，通常是用过量的羧酸，并同时不断移去反应生成的水。移去反应生成水的方法常常是在反应物中加入甲苯或二甲苯进行共沸蒸馏脱水，也可采用化学脱水剂如五氧化二磷、三氯氧磷等移去反应生成的水。如果羧酸和胺类均为不挥发物，则可在直接加热反应物料时蒸出水分；如果胺类为挥发物，则可将胺通入到熔融的羧酸中进行反应。另外，也可将胺及羧酸的蒸气通入温度为280℃的硅胶或温度为200℃的三氧化二铝上进行气固相酰化反应。

为了加速*N*-酰化反应，有时需加入少量强酸作为催化剂，例如苦味酸、盐酸或氢碘酸，使反应速率加快。

用于*N*-酰化的羧酸主要是甲酸或乙酸，用乙酸作酰化剂时，一般采用冰醋酸，乙酸的浓度过低对反应不利。为了防止羧酸的腐蚀，要求使用铝制反应器或搪玻璃反应器。

（2）用酸酐的*N*-酰化　酸酐对胺类进行酰化反应的通式为

$$RNH_2 + (R'CO)_2O \longrightarrow RNHCOR' + R'COOH$$

这一反应是不可逆的，反应中没有水生成。酸酐的酰化活性较羧酸强，最常用的酸酐是

乙酐，在20～90℃反应即可顺利进行，乙酐的用量一般过量5%～10%。乙酐在室温下的水解速率很慢，因此对于反应活性较高的胺类，在室温下用乙酐进行酰化时，反应可以在水介质中进行，因为酰化反应的速率大于乙酐水解的速率。

用酸酐对胺类进行酰化时，一般可以不加催化剂。如果是多取代芳胺，或者带有较多吸电子基，以及位阻较大的芳香胺类，需要加入少量强酸作催化剂，以加速反应。

对于二元胺类，如果只酰化其中一个氨基时，可以先用等摩尔比的盐酸，使二元胺中的一个氨基成为盐酸盐加以保护，然后按一般方法进行酰化。例如，间苯二胺在水介质中加入适量盐酸后，再于40℃用乙酐酰化，先制得间氨基乙酰苯胺盐酸盐。经中和可得间氨基乙酰苯胺，它是一个有用的中间体。

$$C_6H_4(NH_2)_2 + HCl \rightleftharpoons C_6H_4(NH_2 \cdot HCl)(NH_2) \xrightleftharpoons{(CH_3CO)_2O} C_6H_4(NH_2 \cdot HCl)(NHCOCH_3)$$

将H-酸悬浮在水中，用NaOH调节pH值为6.7～7.1，在30～50℃滴加稍过量的乙酸酐，可制得*N*-乙酰基-H-酸。

$$\text{H-酸(OH, } NH_2\text{, } NaO_3S\text{, } SO_3Na) \xrightarrow{(CH_3CO)_2O} \text{(OH, } NHCOCH_3\text{, } NaO_3S\text{, } SO_3Na)$$

2-萘酚用乙酸酐进行乙酰化时，可以在碱性水溶液中进行。

$$C_{10}H_7\text{—}OH \xrightarrow[H_2O]{NaOH} C_{10}H_7\text{—}ONa \xrightarrow[\text{室温}]{(CH_3CO)_2O} C_{10}H_7\text{—}OCOCH_3$$

(3) 用酰氯的*N*-酰化 常用的酰化剂中酰氯的活性是最强的，适用于活性低的氨基或羟基的酰化。常用的酰氯有脂肪酰氯、芳香酰氯、光气以及三聚氯氰等。用酰氯酰化的反应通式为

$$RNH_2 + R'COCl \longrightarrow RNHCOR' + HCl$$

反应是不可逆的。反应过程中常伴有热量产生，有时甚为剧烈。因此，酰化反应多在室温进行，有时要在0℃或更低的温度下反应。用量一般只需稍超理论用量即可。

酰化反应中放出的氯化氢能与游离胺化合成盐，从而降低酰化反应速率。因此，反应时需要加入碱性物质，如NaOH、Na_2CO_3、$NaHCO_3$、CH_3COONa、$N(C_2H_5)_3$等，以中和生成的氯化氢，使氨基保持游离状态，从而提高酰化反应的收率。这类碱性物质常称为缚酸剂。但如果介质的碱性太强会造成酰氯的水解，消耗量也增加。

酰化产物多为固态，用酰氯的*N*-酰化须在溶剂中进行。常用的溶剂有水、氯仿、乙酸、二氯乙烷、苯、甲苯、吡啶等，其中吡啶既可以做溶剂又可为缚酸剂，而且还能与酰氯形成配合物，增强其酰化能力。

对于芳胺而言，可用酰氯、酸酐或冰醋酸加热来进行酰化。使用冰醋酸试剂易得，价格便宜，但反应速率慢，需要较长的反应时间；用冰醋酸和乙酸酐的混合物，反应就快得多。醋酐一般来说是比酰氯更好的酰化试剂。用游离胺与纯乙酸酐进行酰化时常伴有二乙酰化物的生成，但在醋酸-醋酸钠的缓冲溶液中进行酰化，由于酸酐的水解速率比酰化速率慢，可以获得高纯度的产物。

(4) 用其他酰化剂的*N*-酰化 比较重要的其他酰化剂有：乙烯酮类和三聚氯氰。

① 用二乙烯酮酰化 二乙烯酮又称双乙烯酮，分子结构式是：

$$\begin{array}{l} CH_2\text{=}C\text{—}CH_2 \\ \quad\;\; | \quad\;\;\; | \\ \quad\;\; O\text{—}C\text{=}O \end{array}$$

是用丙酮或脂肪酸在700～800℃高温下裂化成乙烯酮，再在－15℃下用二乙烯酮吸收，在室温下双聚合来生产的。

二乙烯酮非常活泼，在0～20℃就可以起酰化反应，大多数芳胺，如苯胺、邻甲苯胺、邻甲氧基苯胺等都可以在水介质中用二乙烯酮进行酰化。用二乙烯酮酰化，可在低温下进行，二乙烯酮用量为理论量的1.05倍，收率一般均高于95%。

② 用三聚氯氰酰化　三聚氯氰分子中有三个可取代的活泼氯原子，其分子结构是：

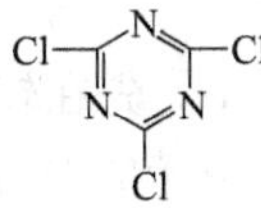

(2,4,6-三氯-1,3,5-三嗪结构式：Cl、Cl、Cl，N、N、N)

三聚氯氰分子上三个与氯原子相连的碳原子都可以参与反应，但它们的反应活性不同。由于它们是连接在共轭体系中，第一个氯原子被亲核试剂取代后，其余两个氯原子的反应活性将明显下降。同理，两个氯原子被取代后，第三个氯原子的反应活性将进一步下降。利用这个规律，控制适当的条件，可以用三种不同的亲核试剂置换分子中的三个氯原子。

三个氯原子逐个取代主要通过反应温度进行控制。在水介质中反应活性表现在温度上的差异，一般情况，第一个氯原子在0～5℃就可以反应，第二个在40～45℃比较合适，第三个则需90～95℃才能反应。在某些有机溶剂中反应温度可以提高。

三聚氯氰在水中溶解度较小，多数反应是将三聚氯氰悬浮在水介质中参加反应，必要时可以加表面活性剂或相转移催化剂。也可以在有机溶剂如丙酮-水、氯仿-水、二噁烷及二氯乙烯等中进行反应。

在水介质中酰化要考虑酰化剂的水解，因为水也是亲核试剂。三聚氯氰在中性介质中比较稳定，随着介质酸度和碱度的增加，氯的反应活性增加，水解速率也增加。碱度增加使羟基负离子增加，从而加快水解。酸度对反应活性的促进，是由于质子与环上氮原子结合，增加了氮原子的吸电子性，从而增加了碳原子上的部分正电荷，使反应活性加大。

与胺类可以进行酰化反应。被酰化的胺类可以是脂肪族胺或芳香族胺。这类酰化反应主要用于生产活性染料、荧光增白剂，以及一些高效农药，如农药除草剂西玛津，荧光增白剂VBL，染料活性艳红X-B等。

③ 用光气酰化　光气是碳酸的酰氯，由于羰基的作用使得两个氯都比较活泼，既可以和氨基作用，得到脲的衍生物。也可以和羟基作用。

$$2RNH_2 + COCl_2 \longrightarrow RNHCONHR + 2HCl$$

光气与一分子胺或酚作用得到相应的甲酰氯RNHCOCl或ArOCOCl，得到的取代的甲酰氯与第二分子胺或酚作用则得到不对称的光气衍生物。

用光气作酰化剂制造的产品主要有三类：一是脲衍生物；二是氨基甲酸衍生物；三是异氰酸酯类。

在水溶液中于较低温度下向芳胺中通入光气，可得到脲衍生物。例如猩红酸：

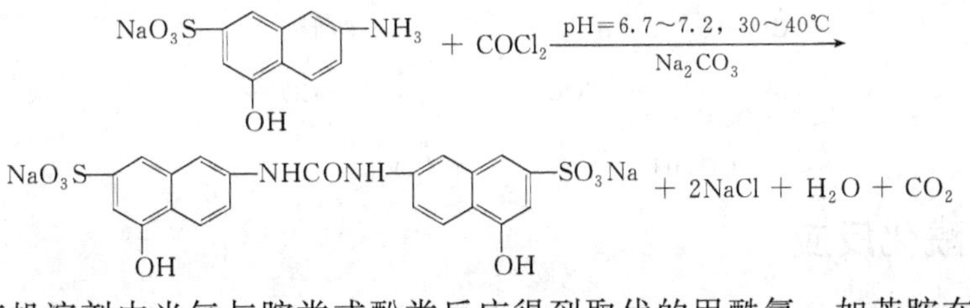

$$NaO_3S\text{-}C_{10}H_5(OH)\text{-}NH_2 + COCl_2 \xrightarrow[Na_2CO_3]{pH=6.7\sim7.2,\ 30\sim40^{\circ}C} NaO_3S\text{-}C_{10}H_5(OH)\text{-}NHCONH\text{-}C_{10}H_5(OH)\text{-}SO_3Na + 2NaCl + H_2O + CO_2$$

低温下在有机溶剂中光气与胺类或酚类反应得到取代的甲酰氯。如芳胺在甲苯或氯苯中低温通入光气则发生以下反应。

$$ArNH_2 + COCl_2 \xrightarrow[\text{氯苯}]{0℃} ArNHCOCl + HCl$$

酚类也有类似反应。把酚类溶解在甲苯或四氯化碳中低温通入光气，然后在−5～0℃加入稀氢氧化钠溶液则发生酰化。

$$\text{(3-R-苯酚)} + COCl_2 \xrightarrow{NaOH} \text{(3-R-C}_6\text{H}_4\text{OCOCl)} + HCl$$

合成异氰酸酯是将胺类溶解在有机溶剂中，先在较低温度下通入光气，再在较高温度下脱除氯化氢。例如，在80℃将光气通入十八胺与氯苯的混合物中，然后在130℃左右脱除氯化氢。

$$C_{18}H_{37}NH_2 + COCl_2 \longrightarrow C_{18}H_{37}NHCOCl \xrightarrow{\triangle} C_{18}H_{37}NCO$$

7.4.3.5 *N*-酰化终点的控制

在芳胺的酰化产物中，未反应的芳胺能发生重氮化，而酰化产物则不能。利用这一特性可在滤纸上作渗圈试验，定性检查酰化终点。利用重氮化方法还可以进行定量测定，用标准亚硝酸钠溶液滴定未反应的芳胺，控制其含量在0.5%以下。

7.4.3.6 酰基的水解

酰胺在一定条件下水解生成相应的羧酸和胺：

$$RNHCOR' + H_2O \longrightarrow RNH_2 + R'COOH$$

水解反应生成的胺就是原来的胺。因此，将氨基化物酰化成为酰胺是保护氨基的最好方法，已得到普遍应用，它能防止氧化和烃化等反应。

酰化物水解可以在稀酸中水解，也可以在稀碱中水解。碱性水解对设备腐蚀性小.但水解后生成的胺类在碱性介质中高温下易被氧化，不如在酸中稳定，但稀酸对设备的腐蚀性比碱严重得多。水解反应一般在回流温度下进行。酸性水解大多采用稀盐酸溶液，有时加入少量硫酸以加速水解，碱性水解常采用氢氧化钠水溶液，对不溶的胺，可用氢氧化钠的醇-水溶液。选择水解介质，要注意各类酰化物在不同介质中的水解活性，在酸性介质中不同酰化物的反应活性是：

$$C_6H_5\text{—NHCO} > C_6H_5\text{—NHSO}_2\text{—}C_6H_5 > C_6H_5\text{—NHCO—}C_6H_5$$

在碱性条件下磺酰胺不易水解，这是由于在磺酰基的作用下，氮原子的酸性增加，在碱的作用下可以给出质子，形成较稳定的N—S键，利用这一规律可以进行选择性水解。

7.4.3.7 羧酸酰氯的制法

羧酸酰氯可以由羧酸与稍过量的氯化亚砜作用制得，也可以由光气或三氯化磷制得。例如：

$$HO\text{—}C_6H_4\text{—}COOH + SOCl_2 \xrightarrow{80℃} \xrightarrow{140℃} HO\text{—}C_6H_4\text{—}COCl + SO_2 + HCl$$

$$C_6H_5COOH + COCl_2 \longrightarrow C_6H_5COCl + CO_2 + HCl$$

7.4.4 C-酰化反应

C-酰化指的是碳原子上的氢被酰基取代的反应。*C*-酰化反应主要用于制备芳酮、芳醛和羟基芳酸。

7.4.4.1 *C*-酰化制芳酮

酰氯、酸酐、羧酸、烯酮等酰化剂在Lewis酸或质子酸催化下，对芳烃进行亲电取代生成芳酮的反应，称作Friedel-Crafts酰化反应。

$$C_6H_6 + RCOX \xrightarrow{AlCl_3} C_6H_5\text{—}\overset{O}{\overset{\|}{C}}\text{—}R + HX$$

（1）Friedel-Crafts酰化

① 反应历程 Friedel-Crafts酰化反应历程主要是催化剂与酰化剂首先作用，生成酰基正离子活性中间体，进攻芳环上电子云密度较大的碳，取代该碳上的氢，生成芳酮。

$$R\text{—}\overset{O}{\overset{\|}{C}}\text{—}Cl + AlCl_3 \longrightarrow R\text{—}\overset{O^+\text{—}AlCl_3}{\overset{\|}{C}}\text{—}Cl \rightleftharpoons R\text{—}\overset{O}{\overset{\|}{C}}{}^+ + AlCl_4^-$$

$$C_6H_6 + R\text{—}\overset{O}{\overset{\|}{C}}{}^+ \longrightarrow [\sigma\text{-配合物}] \longrightarrow C_6H_5\text{—}\overset{O}{\overset{\|}{C}}\text{—}R + H^+$$

$$C_6H_5\text{—}\overset{O}{\overset{\|}{C}}\text{—}R \xrightarrow{AlCl_3} C_6H_5\text{—}\overset{O\cdot AlCl_3}{\overset{\|}{C}}\text{—}R$$

σ-配合物

$$H^+ + AlCl_4^- \longrightarrow HCl + AlCl_3$$

这种直接酰化的反应，在酰基化中不发生烃基的重排。反应后生成的酮和三氯化铝以配合物的形式存在，需要稀酸处理才能得到游离的酮（水解时放出大量的热量，需要特别小心!）。因此Friedel-Crafts酰基化反应与烷基化反应不同，$AlCl_3$的用量必须超过反应物的物质的量。若用酸酐作酰化剂，因为酸酐分子中含两个羰基，一分子酸酐可与两分子$AlCl_3$形成配合物，所以$AlCl_3$的用量与酸酐的用量的摩尔比应大于2。

$$R\text{—}\overset{O\rightarrow AlCl_3}{\overset{\|}{C}}\text{—}O\text{—}\underset{O\rightarrow AlCl_3}{\underset{\|}{C}}\text{—}R$$

② 反应影响因素

a. 酰化剂 酰卤和酸酐是最常用的酰化剂。各种酰化剂的反应活性顺序为：

酰卤＞酸酐＞羧酸

酰卤的酰基相同，则含有不同卤素的酰卤的反应活性顺序为

RCOI＞RCOBr＞RCOCl＞RCOF

在酰卤中酰氯用得较多。脂肪族酰卤中烃基的结构对反应影响较大，当酰基的α-碳原子是叔碳时，容易在$AlCl_3$作用下形成叔碳正离子而使反应所得产物主要是烷基化物。

$$(CH_3)_3C\overset{O}{\overset{\|}{C}}Cl \xrightarrow{AlCl_3} CH_3\text{—}\underset{CH_3}{\overset{CH_3}{C}}\text{—}\overset{Cl}{C}{=}O\rightarrow AlCl_3 \xrightarrow{-CO} CH_3\text{—}\underset{CH_3}{\overset{CH_3}{C^+}} \xrightarrow[AlCl_3]{C_6H_6} C_6H_5\text{—}C(CH_3)_3$$

常用的酸酐多数为二元酸酐，如丁二酸酐、顺丁烯二酸酐、邻苯二甲酸酐及它们的衍生物。用邻苯二甲酸酐进行环化的碳酰化是一类重要的反应。酰化产物经脱水闭环便制成蒽醌、2-甲基蒽醌、2-氯蒽醌等中间体。例如，以邻苯甲酰基苯甲酸合成为例，其反应式：

$$\text{邻苯二甲酸酐} + C_6H_6 \xrightarrow{AlCl_3} \text{邻(苯甲酰基}\cdot AlCl_3\text{)苯甲酸-}OAlCl_2 \xrightarrow{\text{稀 }H_2SO_4} \text{邻苯甲酰基苯甲酸} + Al_2(SO_4)_3 + 5\,HCl$$

二元酸酐可用于制备芳酰脂肪酸，该酸经锌汞齐-盐酸还原可得长链羧酸，接着进行分子内酰化即得环酮。

$$C_6H_6 + \text{丁二酸酐} \xrightarrow[\text{回流 1.5h}]{AlCl_3} C_6H_5COCH_2CH_2COOH \xrightarrow{Zn\text{-}Hg/HCl} C_6H_5CH_2CH_2CH_2COOH \xrightarrow{HF} \text{1-四氢萘酮}$$

羧酸可以直接用作酰化剂，但不宜用 $AlCl_3$ 作催化剂，一般用硫酸、磷酸，最好是氟化氢。

$$\text{邻苯甲酰基苯甲酸} \xrightarrow[130\sim140℃]{98\%H_2SO_4} \text{蒽醌 } (98\%)$$

酯也可用作酰化剂，但用得较少。

b. 被酰化物的结构　与 Friedel-Crafts 烷基化反应相似，芳环上进行酰基化反应的活性和烷基化反应一样。当芳环上具有邻、对位定位基时，酰基主要进入对位，若对位被占，则进入邻位。

与烷基化反应不同的是，酰基化反应在进行一取代后，就可以停止下来。所以 Friedel-Crafts 反应用于合成芳酮比合成芳烃更为有利，产品亦易于纯化。

多 π 电子的杂环（如呋喃、噻吩、吡咯等）容易进行酰基化反应；缺 π 电子的杂环（如吡啶、嘧啶等）则很难进行酰化反应。

$$\text{噻吩} + (CH_3CO)_2O \xrightarrow[\text{回流}]{H_3PO_4} \text{2-噻吩基}-\overset{O}{\overset{\|}{C}}-CH_3 \quad 79\%$$

c. 催化剂　催化剂的选择常根据反应条件来确定。由于芳环上碳原子的给电子能力比氨基氮原子和羟基氧原子弱，故需要使用强催化剂催化。催化剂的作用是通过增强酰基碳原子的正电荷，来增强进攻质点的反应能力。当酰化剂为酰氯和酸酐时，常以 Lewis 酸如 $AlCl_3$、BF_3、$SnCl_4$、$ZnCl_2$ 等为催化剂；若酰化剂为羧酸，则多选用 H_2SO_4、HF 及 H_3PO_4 等为催化剂。Lewis 酸的催化活性大小次序为

$$AlBr_3 > AlCl_3 > FeCl_3 > ZnCl_2 > SnCl_4 > CuCl_2$$

无水 $AlCl_3$ 的优点是价廉易得、催化活性高，技术成熟；缺点是产生大量的含铝盐废液，对于活泼的芳香族化合物的 *C*-酰化时容易引起副反应。反应温度也不宜太高，用量一般要过量 10%～50%。

无水 $ZnCl_2$ 为温和的催化剂，可催化芳环上含有羟基、甲氧基等活化基团的芳烃的 *C*-酰化。例如间苯二酚与乙酸的反应。

$$\text{间苯二酚} + CH_3COOH \xrightarrow[115\sim120℃]{ZnCl_2} \text{2,4-二羟基苯乙酮 }(COCH_3) + H_2O$$

质子酸的催化活性大小次序为

$$HF > H_2SO_4 > H_3PO_4$$

$$\text{C}_6\text{H}_5\text{CH}_2\text{CH}_2\text{CH}_2\text{COCl} \xrightarrow[\text{回流}]{AlCl_3,\ CS_2} \xrightarrow{HCl,\ H_2O} \alpha\text{-四氢萘酮}$$

d. 溶剂　在 Friedel-Crafts 反应中，芳酮-$AlCl_3$ 配合物大部分都是固体或黏稠的液体，为了使反应具有良好的流动性，反应能顺利进行，除了利用过量的原料来稀释反应液，还可以使用一些有机溶剂。

过量的反应原料通常是作为底物的低沸点芳烃，这样的酰化反应一般都可以获得很好的反应收率，而且芳烃可以回收，生产上非常方便。也可以用过量的酰化剂稀释反应液，但必须确保过量的酰化剂不引起副反应。

常用的溶剂有二硫化碳、硝基苯、四氯化碳、二氯甲烷、石油醚等。二硫化碳不能溶解 $AlCl_3$，反应为非均相反应；因本身不稳定，且常含有其他硫化物而有恶臭，故只用于温和条件的反应。硝基苯可与 $AlCl_3$ 形成复合物，该复合物能溶于硝基苯而呈均相，但硝基苯复合物的活性低，所以只适用于较易酰化的反应。用氯代烷作溶剂时，虽不能溶解 $AlCl_3$，但能溶解 $AlCl_3$ 与酰氯形成的复合物，因此也是均相反应；反应时温度不宜过高，以免在高温下参与芳环的取代反应。石油醚也不能溶解 $AlCl_3$，但它相当稳定，在酰化反应中也有一定的应用。

溶剂的选择十分重要，它不仅可以影响反应的收率，而且可能影响配基引入的位置（见表 7-2）。例如：

$$\text{C}_6\text{H}_5\text{CH}_3 + \text{C}_6\text{H}_5\text{COCl} \xrightarrow[\text{溶剂}]{AlCl_3} o\text{-CH}_3\text{C}_6\text{H}_4\text{-CO-C}_6\text{H}_5 + p\text{-CH}_3\text{C}_6\text{H}_4\text{-CO-C}_6\text{H}_5$$

表 7-2　溶剂对甲苯与苯甲酰氯反应的影响

溶剂	邻甲基二苯甲酮：对甲基二苯甲酮
二氯乙烷	1∶9.3
苯甲酰氯	1∶9.6
硝基苯	1∶12.7

这可能是由于溶剂的极性引起。二氯乙烷为非极性溶剂，而硝基苯为强极性溶剂，而强极性溶剂中，甲基对位 *C*-酰化的比例有所提高。

（2）Hoesch 反应　腈类化合物与氯化氢在 Lewis 酸催化剂 $ZnCl_2$ 的存在下与具有羟基或烷氧基的芳烃进行反应可生成相应的酮亚胺，再经水解则得具有羟基或烷氧基的芳香酮，此反应称为 Hoesch 反应。这是一个以腈为酰化剂间接将酰基引入酚或酚醚的芳环上的重要方法。

$$1,3\text{-}(RO)_2\text{C}_6\text{H}_4 + R'CN \xrightarrow[ZnCl_2]{HCl} 2,4\text{-}(RO)_2\text{C}_6\text{H}_3\text{-C}(R')\text{=}\overset{+}{N}H_2\overset{-}{Cl} \xrightarrow{H_2O} 2,4\text{-}(RO)_2\text{C}_6\text{H}_3\text{-CO-}R'$$

$R=H,\ Alk;\ R'=Alk,\ Ar$

Hoesch 反应可看成是 Friedel-Crafts 酰基化反应的特殊形式。其反应机理初步认为是腈首先与氯化氢结合，在无水氯化锌催化下形成具有碳正离子的活性中间体，进攻芳环后经 σ-

配合物转化为酮亚胺，经水解得酮。

$$R'CN + HCl \xrightarrow{ZnCl_2} [R'C \equiv \overset{+}{N}H \longleftrightarrow R'\overset{+}{C}{=}NH]\,\overset{-}{Cl}$$

$$\text{2,4-(RO)}_2C_6H_4 \xrightarrow{R'\overset{+}{C}{=}NH\ \overset{-}{Cl}} \text{(RO)}_2C_6H_4^{+}(H)\text{—}C(R'){=}\overset{+}{N}H_2\overset{-}{Cl} \longrightarrow \text{2,4-(RO)}_2C_6H_3\text{—}C(R'){=}\overset{+}{N}H_2\overset{-}{Cl} \xrightarrow{H_2O} \text{2,4-(RO)}_2C_6H_3\text{—}\overset{O}{\overset{\|}{C}}\text{—}R$$

该反应一般适用于由间苯二酚、间苯三酚和酚醚以及某些杂环（如吡咯等）制备相应的酰化产物。腈化物（RCN）中的 R 可以是芳基、烷基、卤代烃基，其中以卤代烃基腈活性最强，可用于烷基苯、卤苯等酰化物的制备。芳腈的反应性低于脂肪腈。

催化剂一般用无水氯化锌，有时也用三氯化铁等。溶剂以无水乙醚最好，冰醋酸、氯仿-乙醚、丙酮、氯苯等也可使用。反应一般在低温下进行。

7.4.4.2 *C*-酰化制芳醛

工业上有实际意义的引入甲酰基的反应是 Gattermann-Koch 反应、Vilsmeier-Haauc 反应、Reimer-Tiemann 反应等。

（1）Gattermann-Koch 反应 在 Lewis 酸及加压情况下，在芳香化合物与等物质的量的一氧化碳和氯化氢的混合气体发生作用可以生成相应的芳香醛的反应叫 Gattermann-Koch 反应。

$$C_6H_6 + CO + HCl \xrightarrow[\triangle]{AlCl_3,\ Cu_2Cl_2} C_6H_5CHO$$

反应所用催化剂除以 $AlCl_3$ 作主催化剂外，还要加辅助催化剂如 $CuCl_2$、$NiCl_2$、$CoCl_2$、$TiCl_4$ 等。反应一般在常压下进行，产率在 30%～50%之间，若在加压（以 3.5MPa 左右为宜）下进行，产率可提高到 80%～90%，温度一般以 25～30℃为宜。

此反应主要用于烷基苯、烷基联苯等具有推电子取代基的芳甲醛的合成。氨基取代苯因其化学性质太活泼，易在该反应条件下与生成的芳醛缩合成三芳基甲烷衍生物。单取代的烷基苯在进行甲酰化时，几乎全部生成对位产物。该法不适用于酚及酚醚的甲酰化。

（2）Vilsmeier-Haack 反应 以 *N*-取代的甲酰胺为甲酰化试剂在三氯氧磷作用下，在芳核（或杂环）上引入甲酰基的反应称为 Vilsmeier-Haack 反应，是芳烃甲酰化应用较为普遍的方法之一。

$$Ar\text{—}H + H\text{—}\overset{\|}{\underset{O}{C}}\text{—}NR_2 + POCl_3 \xrightarrow{C\text{-甲酰化}} Ar\text{—}\overset{H}{\underset{O\text{—}POCl_2}{C}}\text{—}NR_2 + HCl\uparrow$$

$$Ar\text{—}\overset{H}{\underset{O\text{—}POCl_2}{C}}\text{—}NR_2 + 3H_2O \xrightarrow{\text{水解}} Ar\text{—}\overset{H}{\underset{O}{\overset{|}{\underset{\|}{C}}}} + H_3PO_4 + HCl + R_2NH\cdot HCl$$

反应机理一般认为是甲酰胺与三氯氧磷生成加成物，然后进一步离解为具有碳正离子的活性中间体，再对芳环进行亲电取代反应，生成 σ-氯胺后很快水解成醛。

Vilsmeier 反应只适用于芳环上或杂环上电子云密度较高的活泼化合物的 *C*-甲酰化制芳醛。例如，*N*,*N*-二烷基芳胺、多环芳经、酚类、酚醚以及噻吩和吲哚衍生物等的 *C*-甲酰化。

（3）Reimer-Tiemann 反应 将酚及某些杂环化合物与碱金属的氢氧化物溶液和过量的氯仿一起加热形成芳醛的反应，称 Reimer-Tiemann 反应。

$$\text{苯酚} + CHCl_3 \xrightarrow{10\%\ NaOH} \text{水杨醛} + \text{对羟基苯甲醛}$$

水杨醛 20% ～ 35%　　对羟基苯甲醛 8% ～ 12%

其反应过程是氯仿在碱的作用下首先生成二氯碳烯，而后对芳环进行亲电进攻得二氯甲基，经水解得芳醛。常用的碱溶液是 NaOH、K_2CO_3、Na_2CO_3 水溶液，产物一般以邻位为主。如果两个邻位都被占据，则以对位产物为主。不能在水中反应的化合物可以在吡啶中进行，此时只得邻位产物。

7.4.5　工业上常见的阿司匹林生产工艺流程简图

工业上常见的阿司匹林生产工艺流程简图如图 7-5，仅供制订小试方案时参考。

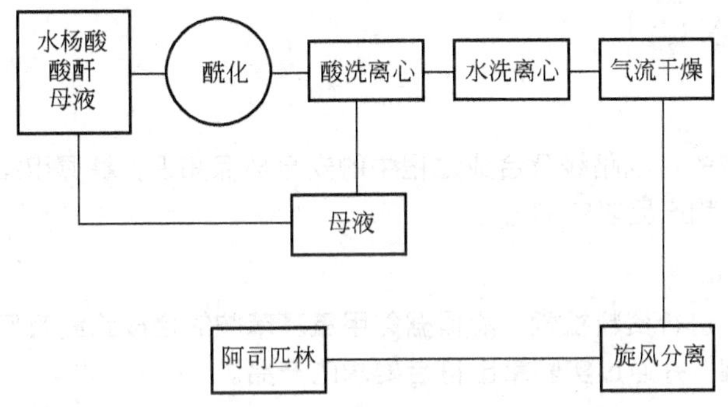

图 7-5　工业上常见的阿司匹林生产工艺流程简图

练习与思考题

1. 什么是酰化反应？具体有哪些类型？各生成什么产物？

2. 酰化剂的种类有哪些？影响酰化反应的主要因素有哪些？

3. 什么是苯环上的羧化（Kolbe-Schmitt）反应？通过该反应可往有机化合物分子中引入什么基团？

4. 影响苯环上的羧化反应的主要因素有哪些？

5. 还有很多化工产品是通过酰化反应进行生产的，请查阅资料解决下面问题：

（1）简述乙酰苯胺的合成路线，并简述其工艺过程。

（2）简述对乙酰氨基酚的合成路线，并写出相应的反应方程式。

（3）写出 α-萘乙酮的合成路线及方法。

6. 用酰氯进行 N-酰化时为什么要加入碱性物质？

情境8

染料中间体邻甲氧基苯胺的合成（甲氧基化、还原反应）

学习目标与要求

知识目标

了解邻甲氧基苯胺的合成路线及合成过程中的安全环保知识；掌握甲氧基化反应、还原反应过程、分离过程的知识和产品鉴定的方法。

能力目标

能对邻甲氧基苯胺进行资料检索，能根据邻甲氧基苯胺的合成路线及甲氧基化反应、还原反应的特点制订合成方案，并通过实验拿出符合要求的产品。

情感目标

充分发挥学生的主观能动性和创造性，促使学生化工合成职业素质的养成，培养学生独立思考的能力和团队合作的精神。

8.1 情境引入

实习生小李、小周和小赵来到邻甲氧基苯胺生产工段实习，由负责该工段生产的田工程师指导他们。在实习期间，实习生们将要进行邻甲氧基苯胺制备工艺的学习，参加模拟顶岗实习，在实验室条件下以小试的形式进行实践。

实习生们准时来到田工的办公室，田工交给他们一份拟订好的实习计划，上面列出了小李他们实习期间要完成的工作和注意事项。小李他们打开了实习计划，浏览了上面的主要内容，与前面实习的内容相仿，不过产品换成了邻甲氧基苯胺。

8.2 任务解析

田工检查了小李等资料检索情况。

小李："邻甲氧基苯胺为浅黄色油状液体，是一种重要的医药和染料中间体。"

小周："本品可用于食品工业制取香兰素。"

小赵："资料上说，邻甲氧基苯胺可以邻硝基氯苯为原料经甲氧基化和还原反应合成。"

田工："生产的问题首先是合成路线的问题，然后是工艺的问题。我们可以从小试开始了解邻甲氧基苯胺产品开发的过程。”

8.2.1　产品开发任务书

田工拿出了一份公司邻甲氧基苯胺的产品开发任务书，如表8-1。

表8-1　产品开发任务书

编号：××××××

<table>
<tr><th rowspan="2">项目名称</th><th rowspan="2">内容</th><th colspan="2">技术要求</th><th rowspan="2">执行标准</th></tr>
<tr><th>专业指标</th><th>理化指标</th></tr>
<tr><td>邻甲氧基苯胺的小试合成</td><td>以生产原料进行邻甲氧基苯胺小试合成，对合成工艺进行初步评估</td><td>中文名称：邻甲氧基苯胺（或邻氨基苯甲醚）
英文名称：o-methoxyaniline
CAS No.：90-04-0
分子式：C_7H_9NO
分子量：123.15
优级品纯度：≥99%</td><td>外观：浅黄色油状液体
熔点：6.2℃
沸点：225℃
相对密度（水=1）：1.10
饱和蒸气压：0.53kPa/90℃
溶解性：微溶于水，溶于乙醇、乙醚、稀酸</td><td>HG/T 2669—1995</td></tr>
<tr><td colspan="2">项目来源</td><td colspan="3">(1)自主开发　　　　(2)转接</td></tr>
<tr><td colspan="2">进度要求</td><td colspan="3">1～2周</td></tr>
<tr><td colspan="2">项目负责人</td><td></td><td>开发人员</td><td></td></tr>
<tr><td colspan="2" rowspan="2">下达任务人</td><td colspan="2">技术部经理</td><td>日期：</td></tr>
<tr><td colspan="2">技术总监</td><td>日期：</td></tr>
</table>

注：一式三联。一联交技术总监留存，一联交技术部经理，一联交项目负责人。

田工：在企业里，有关产品研发的项目必须经过主管部门批准后方可以进行试验。一般都需要下发正式的文件或任务书。在任务书中必须明确项目的内容、要求及相关标准。可以转接科研院所的项目也可以自行开发。

8.2.2　邻甲氧基苯胺的合成路线设计

(1) 邻甲氧基苯胺分子结构的分析　首先根据有机化合物的CAS号查阅邻甲氧基苯胺的分子结构式。

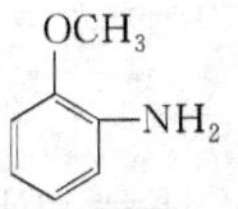

OCH_3

NH_2

目标化合物基本结构比较简单，苯环上的甲氧基和氨基处于相邻位置，甲氧基和氨基均为邻、对位定位基。

(2) 邻甲氧基苯胺合成路线分析　采用逆向合成法对于邻甲氧基苯胺的合成路线分析如下：

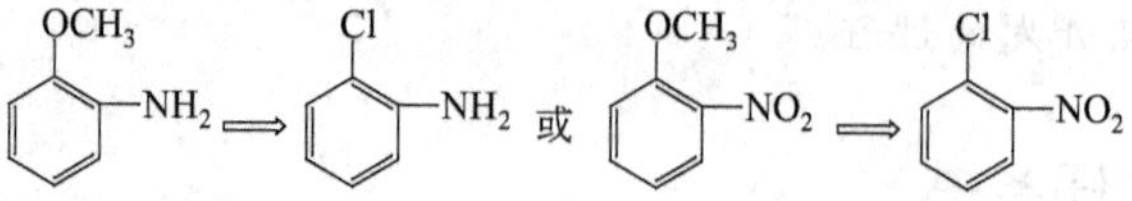

对应的合成路线就有两种。

第一种路线：先甲氧基化后还原路线。

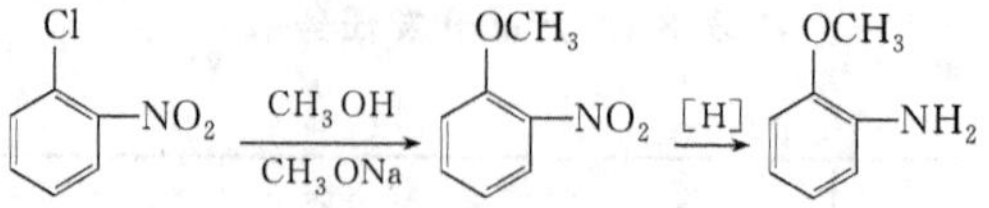

第二种路线：先还原后甲氧基化路线。

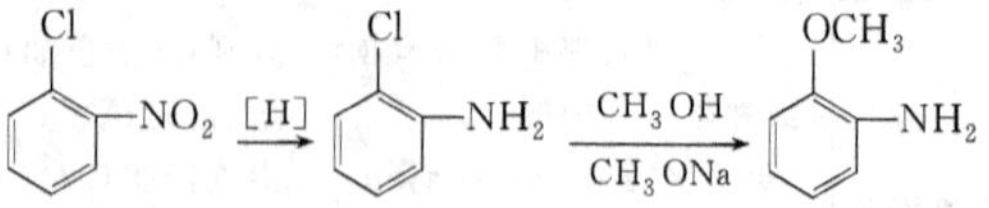

田工：那么究竟选择哪条合成路线呢？请大家讨论一下。

小李：我觉得两条路线差不多，随便哪条都可以。

小赵：从反应机理上看，甲氧基化反应是苯环上的亲核取代反应，苯环上接有吸电子基团（—NO_2）对反应有利，而接有给电子基团（—NH_2）则对反应不利，因此路线 1 要优于路线 2。

田工：要想从这些合成路线中确定最理想的一条路线，并成为工业生产上可用的工艺路线，则需要综合而科学地考察设计出的每一条路线的利弊，择优选用。如小赵所说第一条路线更合理。故小试合成选择第一条路线较好。

这里主要涉及两个单元反应：甲氧基化和还原反应。欲在合成中做好甲氧基化反应和还原反应，就必须对甲氧基化反应和还原反应过程的情况作详细了解。

知识点拨

1. 甲氧基化反应和甲氧基化试剂

（1）甲氧基化反应　在有机化合物分子中引入甲氧基（—OCH_3）的反应称为甲氧基化反应。脂肪族卤代烷与甲醇钠作用，卤素被甲氧基取代生成醚，反应式如下。

$$RX + CH_3ONa \longrightarrow ROCH_3 + NaX$$

卤代烷、烯丙基型卤化物、卤化苄、α-卤代酸等都可以和甲醇钠反应，生成相应的醚，这是制备甲基醚的主要方法。醇和酚羟基上的氢也可被甲基取代，羟基即转变为甲氧基，这也是制备甲基醚的重要方法。

（2）甲氧基化试剂　甲醇、甲醇钠（或钾）都可作为甲氧基化试剂。由于甲醇钠（或钾）的成本太高，在要求不太高的情况下（特别是水对反应的影响不是太大的情况下），通常采用甲醇与 NaOH（或 KOH）反应而得。

$$CH_3OH + NaOH \rightleftharpoons CH_3ONa + H_2O$$

该反应为可逆平衡反应，要使平衡向正方向移动可增加甲醇和碱的浓度。甲醇有毒，操作中要注意个人防护。

知识点拨

2. 还原反应、还原方法和还原剂

广义地讲，在还原剂的作用下，有机物得到电子或电子云密度增加的反应称为还原反应。狭义地讲，能使有机物分子中氢原子数增加、氧原子数减少或两者兼而有之的反应称为还原反应。

还原反应根据所采用的方法不同可分为几种情况。

（1）化学还原法　指使用化学物质作为还原剂的还原方法。化学还原剂分为无机还原剂和有机还原剂，前者应用更为广泛。

常用的无机还原剂有以下三类。

① 活泼金属及其合金，如 Fe、Zn、Na 等能使有机物分子中增加氢原子。

② 低价元素的化合物，它们多数是比较温和的还原剂，如 Na_2S、$Na_2S_2O_3$、$FeCl_2$、$SnCl_2$ 等。

③ 金属氢化物，它们的还原作用都很强，如 $LiAlH_4$、$NaBH_4$、$LiBH_4$ 等。

常用的有机还原剂有烷基铝（异丙醇铝、叔丁醇铝等）、有机硼烷、甲醛、葡萄糖等。

（2）催化氢化法　在催化剂存在下，氢对不饱和化合物的加成反应。它是有机化合物还原的诸多方法中最方便的方法之一。催化加氢的反应主要有几种类型。

① 碳-碳双键及芳环的催化加氢　含碳-碳双键或三键的化合物可进行加氢反应，使得双键变成单键，三键变为双键。

$$—C\equiv C— + H_2 \longrightarrow —C=C—$$

$$\rangle C=C\langle + H_2 \longrightarrow \rangle C—C\langle$$

$$\text{(环戊二烯)} + H_2 \longrightarrow \text{(环戊烯)}$$

$$\text{(呋喃)} + 2H_2 \xrightarrow{\text{骨架镍}} \text{(环戊烯)}$$

加氢的活性与分子结构有关，分子越简单，即双键碳原子上取代基越少，则活性越高。

$$CH_2=CH_2 > RCH=CH_2 > RCH=CHR > R_2C=CH_2 > R_2C=CHR > R_2C=CR_2$$

芳环加氢可变成相应的脂环化合物。

$$\text{(苯)} + H_2 \xrightarrow{Ni\text{-}Al_2O_3} \text{(环己烷)}$$

② 含氧化合物的催化加氢　在醛、酮、酸、酯等化合物的分子中均含有不饱和碳-氧双键（羰基），因而也可以发生催化加氢反应，产物可为醇。

$$RCOOH + 2H_2 \xrightarrow{Cu\text{-}Cr\text{-}O} RCH_2OH + H_2O$$

$$RCOOR' + 2H_2 \xrightarrow{Cu\text{-}Cr\text{-}O} RCH_2OH + R'OH$$

③ 含氮化合物的催化加氢　含酰胺、氰、硝基等基团的化合物中也含不饱和双键或三键，也可以进行加氢反应，产物为胺类。

$$N\equiv C(CH_2)_4C\equiv N + 4H_2 \xrightarrow{\text{骨架镍}} H_2N(CH_2)_6NH_2$$

另外，在加氢反应过程中同时发生裂解，有小分子产物生成，或者生成分子量较小的两种产物。这个过程称为氢解。

$$C_6H_5—CH_3 + H_2 \xrightarrow{Al_2O_3\text{-}Cr_2O_3} C_6H_6 + CH_4$$

（3）电解还原法　有机化合物从电解槽的阴极上获得电子而完成的还原反应。

知识点拨

3. 硝基还原为氨基的方法

有多种方法可以将硝基还原为氨基，可分为化学还原法、催化加氢还原法及电解还原法。

（1）化学还原法　化学还原法主要有在电解质溶液中的铁屑还原法和硫化物还原法。在电解质溶液中用铁屑还原硝基化合物是一种古老的方法。铁屑价格低廉、工艺简单、适用范围广、副反应少、对反应设备要求低，无论国内或国外都曾长期采用铁屑法生产芳胺。由于铁屑法排出大量含苯胺的铁泥和废水，从环境保护和减轻劳动强度出发，该法基本上已被加氢还原法所取代。但对不少生产吨位较小的芳胺，尤其是生产含水溶性基团的芳胺，铁屑还原法仍是硝基还原的一种重要方法。

还有一些化学还原方法的报道，如水合肼还原法，可在微波无溶剂条件下以氧化铝为载体，用肼对芳香族硝基化合物的还原，也可在催化剂 $NiCl_2/Zn$（1∶2）存在下，利用水合肼对硝基化合物还原。这类还原方法因成本等因素，目前使用并不普遍。

（2）催化加氢还原法

① 气相加氢　气相催化加氢是指反应物在气态下进行的加氢反应。适用于易汽化的有机化合物的加氢，气相催化加氢实际上是气-固相反应。含铜催化剂是普遍使用的一类，最常用的是铜-硅胶载体型催化剂及铜-浮石、$Cu-Al_2O_3$ 等。此法不需使用溶剂，铜催化剂价廉易得，生产稳定、安全性高、易实现自动化，在一定的氢气压力下进行。实验是在中性条件下进行的，因此对那些带有在酸性或碱性条件下易水解的基团的化合物，可用此法还原，并有污染小等特点。但这种方法对仪器设备要求较高，既要加压设备，又要求仪器密闭，操作要求严格。另外，催化氢化法的还原选择性较差，仅适用于沸点低、容易汽化且稳定的芳香族硝基化合物的还原，当硝基化合物分子中含有其他易被氢化的基团，如碳-碳双键时，也不能采用此法。

② 液相加氢　液相催化加氢是指将氢气鼓泡到含有催化剂的液相反应物中进行加氢的操作方法。常用于一些不易汽化的高沸点原料的加氢还原。液相加氢还原是一种比较先进的生产工艺，因该法具有温度低，易实现分离（分离催化剂后只有芳胺与水），几乎无“三废”排放，且不受硝基物沸点的限制，因此适用范围更广。与气相加氢相比，液相法避免了采用大量过量氢气使反应物汽化的预蒸发过程，经济上较合理，因而在工业生产中具有广泛的用途。

但因在生产过程中选用了易燃的催化剂 Raney Ni 或贵金属系铂、钯、铑等作为催化剂，故生产安全性有时不高，生产成本高，限制了其推广与应用。

（3）电解还原法　芳香族硝基化合物通常在无机酸电解液、溶剂、润滑剂、促进剂（常用 $SnCl_2$、$CuCl_2$、$TiCl_2$ 等）作用下，在阴极（材质常为 Cu、Ni、Pb 等）离解产生了原子氢，进而对硝基化合物进行还原制得芳胺。

本情境可采用液相催化加氢法还原。

8.2.3　单元反应过程分析

田工：在确定反应路线，选择相应的原料和试剂后，要完成反应还必须制订详细的反应方案。这在工艺上就是明确相应的工艺控制点，显然这对于生产是非常关键的。而反应方案的制订就必须从反应的机理和反应影响因素等方面入手才能把握其要点。

8.2.3.1 邻硝基氯苯的甲氧基化反应机理及影响因素分析

(1) 邻硝基氯苯的甲氧基化反应机理 邻硝基氯苯的甲氧基化反应式如下。

$$\text{(邻硝基氯苯)}-Cl + NaOCH_3 \longrightarrow \text{(邻硝基苯)}-OCH_3 + NaCl$$

该反应是苯环上的亲核取代反应，历程如下（参见情境5）：

$$\text{(邻硝基氯苯, C}^{\delta+}\text{)} + {}^{-}OCH_3 \longrightarrow \text{(邻甲氧基硝基苯)} + Cl^-$$

CH_3ONa 为强亲核试剂，亲核质点为 CH_3O^-（烷氧负离子）。由于邻硝基氯苯中氯原子的电负性很大，会使苯环上与氯原子相连的碳原子带部分正电荷。该碳原子能受到亲核质点烷氧负离子的亲核进攻，先生成加成产物芳负离子（也可称为配合物负离子）；芳负离子再消除氯基，生成亲核取代产物邻甲氧基硝基苯。生成芳负离子的一步反应速率慢，芳负离子脱去氯基的一步反应速率快，第一步为反应速率控制步骤。反应历程为芳香族亲核取代反应中的加成-消除历程，因为该反应历程的反应速率控制步骤必须有底物分子与亲核试剂分子参与，故为双分子历程。

由于邻硝基氯苯中苯环为环状共轭体系，能将与氯原子相连的带部分正电荷的碳原子上的正电荷分散到苯环其他碳原子上，故与氯原子相连的碳原子所带正电荷不多，亲核质点 CH_3O^- 向该碳原子发动亲核进攻比较困难，甲氧基化时需要较为苛刻的反应条件。

(2) 影响甲氧基化反应的因素

① 邻硝基氯苯的反应性质 邻硝基氯苯为黄色结晶，熔点32.5℃，沸点245.5℃；相对密度（水=1）1.30；不溶于水，溶于乙醇、苯；一般状况下性质较稳定。有毒。

由于苯环上接有吸电子基团硝基，苯环上的电子云密度降低，相对提高了苯环上与氯原子相连的碳原子的正电性，该碳原子亲电性增强，有利于甲氧基团（即 CH_3O^-）对该碳原子的亲核进攻，使得邻硝基氯苯的甲氧基化能力有所提高。

② 氢氧化钠浓度的影响 氢氧化钠与甲醇作用生成甲醇钠，由于反应可逆，氢氧化钠的浓度越高对生成甲醇钠越有利。水的存在不利于甲醇钠的生成，同时也可能引起水解的副反应，对甲氧基化不利。可以考虑用固体氢氧化钠参加反应。

③ 原料配比的影响 理论上，甲醇钠与邻硝基氯苯的物质的量之比为1∶1，考虑到水分的影响，甲醇钠的比例应略过量。

④ 溶剂的影响 甲氧基化反应通常用无水甲醇作为溶剂，一方面甲醇的极性很高，可以溶解甲醇钠和邻硝基氯苯，另一方面甲醇是低沸点的溶剂，反应后可以很方便地分离。

⑤ 温度、压力的影响 由于邻硝基氯苯的亲电性较低，甲氧基化反应需要较高的温度，另一方面，甲醇钠的碱性较强，相对有利于甲氧基化反应的进行，因此反应温度是这两种因素综合作用的结果。资料表明，邻硝基氯苯的甲氧基化反应温度控制在100℃左右较为合适。

由于在常压下甲醇的沸点为64.7℃，因此反应必须在加压下进行。在100℃时，相应的甲醇蒸气的压力应在0.3MPa左右。

⑥ 主要的副反应 在强碱存在下，反应体系中水的存在可能使邻硝基氯苯发生水解，产生副产物邻硝基苯酚。

8.2.3.2 邻硝基苯甲醚还原反应的机理及影响因素分析

邻硝基苯甲醚还原反应式如下。

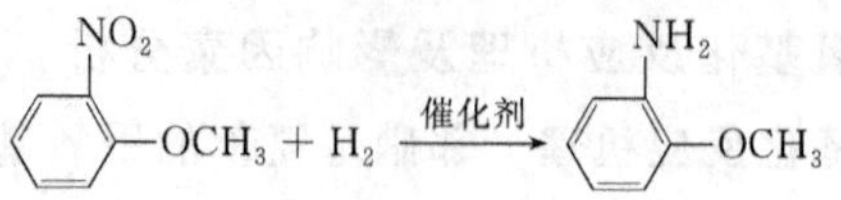

$$\text{2-nitroanisole } (NO_2, -OCH_3) + H_2 \xrightarrow{\text{催化剂}} \text{2-aminoanisole } (NH_2, -OCH_3)$$

(1) 催化加氢还原基本过程 加氢还原和一般催化反应一体包括以下三个基本过程：

① 反应物在催化剂表面的扩散、物理和化学吸附；

② 吸附配合物之间发生化学反应；

③ 产物的解析和扩散，离开催化剂表面。

由于在催化剂表面上的加氢还原反应速率很快，所以催化反应速率往往由化学吸附配合物的生成速率所决定。

(2) 加氢催化剂 在催化加氢还原反应中，催化剂的性能是影响反应的主要因素，其对反应的温度、压力、反应活性、反应的选择性、产物质量和收率有着显著的影响。

常用的加氢还原催化剂是过渡元素的金属、氧化物、硫化物以及甲酸盐等，可分为贵金属系和一般金属系。贵金属如铂、钯、铑、铱、锇、钌等，其特点是催化活性高，反应条件温和，适用于中性或酸性反应。虽然铂的活性最好，但其价格相对较高，限制了它的应用。钯的活性介于铂和镍之间，其中以 Pd/C 催化剂较常用，价格较便宜。金属铑催化剂在氯代硝基芳烃的催化加氢过程中可使脱氯现象大为减少，但可使苯环加氢。表 8-2 是各类加氢还原催化剂按制法分类的概况。

表 8-2 各类加氢还原催化剂

种类	常用的金属	制法概要	举例
还原型	Pt、Pd、Ni	金属氧化物用氢还原	铂黑、钯黑
甲酸型	Ni、Co	金属甲酸热分解	镍粉
骨架型	Ni、Cu	金属与铝的合金用氢氧化钠溶出铝	骨架镍
沉淀型	Pt、Pd、Rh	金属盐水溶液用碱沉淀	胶体钯
硫化物型	Mo	金属盐水溶液用硫化氢沉淀	硫化钼
氧化物型	Pt、Pd、Re、Cu	金属氯化物以硝酸钾熔融分解	PtO_2
载体型	Pt、Pd、Ni	用活性炭、二氧化硅等浸渍金属盐再还原	Pd/C、Cu/SiO_2
络合型	Rh、Ru	金属盐与配体化合物作用	$Rh(CO)_n$、$RhCl(PPh_3)_3$
纳米级金属	Rh、Ru、Pd、Pt、Fe、Co、Ni	惰性气体蒸发，原位加压	纳米级金属或者载于沸石、SiO_2、纳米碳管上

金属催化加氢的活性有如下顺序：Pt＞Pd＞Rh＞Ni。以 Pt/C 为例，活性炭目数在 100～150 目，比表面积在 700～1000m^2/g 时效果较好。有机物的结构与加氢活性有一定关系，在大部分情况下，醛基、硝基和氰基较易加氢，而芳环较难加氢。在中性介质中，用骨架镍作催化剂，芳香硝基化合物的还原速率有以下顺序。

$$\text{硝基苯} < \text{间硝基苯胺 } (NO_2, -NH_2) < \text{对硝基苯胺 } (NO_2, NH_2) < \text{邻硝基苯胺 } (NO_2, -NH_2)$$

必须注意的是，加氢还原反应中应控制有机物纯度，因有机物中的微量杂质易引起催化剂中毒，活性下降。如在硝基苯的气相加氢中，为避免噻吩对 Cu-SiO_2 催化剂的毒害，宜采用由石油苯制得的硝基苯。此外，硝化产物中往往含有少量硝基酚杂质对催化剂也有显著的毒化作用。在 Pd/C 催化剂上进行二硝基甲苯液相加氢还原时，硝基酚含量应控制在 200mg/kg 以下。

(3) 催化加氢反应的影响因素

① 原料的性质

a. 氢气　氢气是无色无味的气体，标准状况下密度是 0.09g/L（最轻的气体），难溶于水。在−252℃，变成无色液体，−259℃时变为雪花状固体。

氢气常温下性质稳定，在点燃或加热的条件下能跟许多物质发生化学反应。氢气与电负性较强的元素（如卤素）反应，在这些化合物中氢的氧化态为+1。氢也与电负性较低的元素（如活泼金属）生成氢化物，这时氢的氧化态通常为−1。氢与氟、氧、氮成键时，可生成一种较强的非共价的氢键。氢气被钯或铂等金属吸附后具有较强的活性（特别是被钯吸附）。金属钯对氢气的吸附作用最强。在有机合成中，氢用于合成甲醇、合成人造石油和不饱和烃的加成等。当空气中的体积分数为 4%～75%时，遇到火源，可引起爆炸。

提供氢源的主要途径有食盐水电解、天然气转化、水煤气净化以及水的电解等。氯碱工业的食盐电解所产生的氢是目前工业上最广泛使用的氢源。

b. 邻硝基苯甲醚的性质　邻硝基苯甲醚为无色结晶或微红色液体，熔点 9.6℃，沸点 276.8℃，相对密度（水=1）：1.26，不溶于水，溶于乙醇、乙醚等多数有机溶剂，化学性质较稳定，属于有毒化学品。

对于不同结构的芳香族硝基化合物，采用铁屑还原时，反应条件不同。具有类似结构（Ⅰ）的化合物，取代基的吸电子效应使硝基中的氮原子上的电子云密度降低，亲电能力增加，有利于还原反应的进行，反应温度可较低。具有类似结构（Ⅱ）的化合物，取代基的给电子效应使硝基中的氮原子上的电子云密度增加，使氮原子的亲电能力减弱，不利于还原反应的进行。

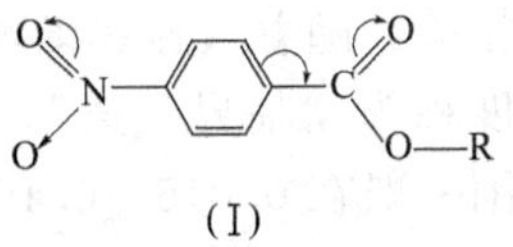

O N O C O O—R　　O N O R

(Ⅰ) 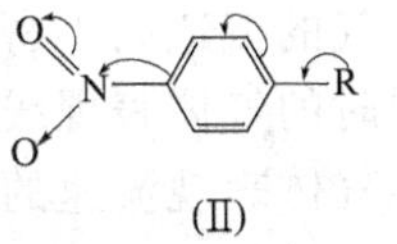　　(Ⅱ)

显然，邻硝基苯甲醚结构类似（Ⅱ），相对需要有较强的还原反应条件。

② 温度　加氢还原反应一般为放热反应，放出热量可能使反应温度升高，引发其他的副反应而降低反应的选择性；通常加氢还原的温度愈高，反应速率愈快；但在液相加氢反应中，在某一温度范围内，反应速率会随着温度的上升而显著加快，若再提高温度，则反应速率的变化不大，例如间二硝基苯液相加氢为间苯二胺：

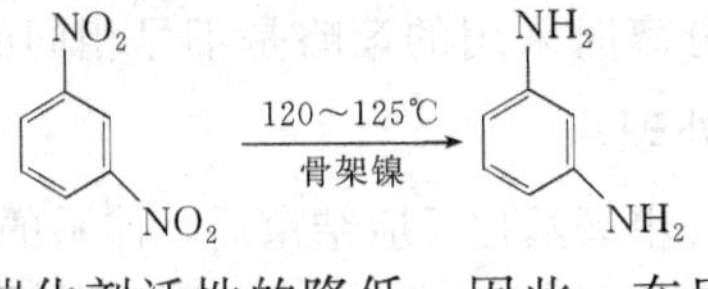

NO_2　NO_2　$\xrightarrow[\text{骨架镍}]{120\sim125℃}$　NH_2　NH_2

同时，温度过高可能导致催化剂活性的降低。因此，在反应速率达到要求时，应尽量采用较低的温度。气相催化加氢反应温度达到原料的沸点即可，液相催化加氢反应温度不易过高，均相催化加氢一般需要相对较高的反应温度。

③ 压力　一般情况下，氢气压力越大反应速率越大，就压力而言，加氢反应为一级反应。当上升到一定压力值时，反应速率几乎不再受压力影响。所以，应根据生产情况选择合适的压力，均相催化一般需要压力较高，对设备要求苛刻。

压力对加氢反应有很大的影响，在气相加氢时，提高压力相当于增大氢的浓度，因此反应速率可按比例加快；对于液相加氢，实际上是溶解在液相中的那部分氢参加反应，根据测定，在不太高的氢气压力下，液体中氢的浓度符合亨利定律，因此提高氢气压力反应速率也会明显加快。加氢还原中所使用的压力与所选用催化剂的活性也有密切关系，几种催化剂的液相加氢压力比较如下：

铂黑	常压加氢
5%钯-炭	常压～0.5MPa
骨架镍	2～5MPa

但压力加大往往会导致选择性下降。

④ 反应介质　气相催化加氢或原料为液体的液相催化加氢可不需要溶剂，但大多数催化加氢或均相催化加氢需要合适的溶剂，对溶剂的要求是在催化加氢条件下稳定性好，如水、甲醇、乙醇、异丙醇、四氢呋喃等，生产氢化偶氮苯类化合物一般可选用较低极性的有机溶剂如甲苯、二甲苯、环己烷等。

⑤ 反应方式　从加氢还原的基本过程可知：催化加氢经历了反应物分子扩散、吸附于催化剂表面进而在催化剂表面发生化学反应的过程，因此液相加氢为气-固-液三相系统的多相催化反应，而气相加氢为气-固相催化反应，当选用高活性催化剂时，加氢还原的化学反应速率要比反应物扩散速率大得多，这时加强传质对加快反应速率有决定意义。

在液相加氢的釜式反应器中，搅拌效率的高低涉及密度较大的催化剂能否均匀地分散在反应介质中发挥应有的催化效果，因此搅拌器的选型与设计是一个关键问题。涡轮式搅拌器能达到使气相分散、固相悬浮的较好效果，文献中介绍的“气泵涡轮式”搅拌器在高速旋转时，能把液面上的气体通过空心轴或套管，自动抽吸到液相内，使氢气在气-液两相内循环流动，所以这种搅拌器能提高液相内的含气量和强化气-液间的传质过程，其次还发现当搅拌的转速较低时，加氢速度随搅拌转速的增加而增加。

在液相加氢鼓泡塔式反应器中，塔内物料传质条件是靠高速氢气流建立的，气、液、固三相物料的流动状态与氢气的流速大小密切相关，随着气速逐渐增大，固体颗粒由静止到浮动，当固体开始全部悬浮时的气体表现线速度称为“临界气速”，生产上操作的气速应使反应物料作湍流运动为宜，气体表观流速的范围一般在0.015～0.10m/s。

⑥ 副反应　一般来说，催化加氢反应的转化率较高，产物较纯。副反应主要是加氢过程中的氢解及生成羟胺等，但因影响较小，可以忽略处理。

8.2.4 单元反应后处理策略分析

单元反应完成后，要将反应物中目标产物分离出来，才能完成合成的任务。由于反应物体系的构成千差万别，要进行分离时采用的策略是不尽相同的。

8.2.4.1 甲氧基化反应的后处理

（1）体系的组成及其状态　甲氧基化反应结束后，体系的主要组成为：邻硝基苯甲醚、甲醇、氯化钠、水、过量未反应的甲醇钠等，其中氯化钠为固体，体系为非均相混合体系。邻硝基苯甲醚溶解在甲醇中。

（2）产物的分离策略　首先考虑回收多余的原料。原料中甲醇钠剩余较少，没有回收的价值，甲醇剩余很多，应考虑回收甲醇。

目标产物邻硝基苯甲醚不溶于水，而其他物质均能溶于水，因此可以向体系中加入水，即可很方便地将产物分离出来。为了更好地进行溶解，可以考虑加入热水或升温溶解。

甲醇钠的碱性对分离过程可能产生影响，分离前可以用弱酸中和处理（不中和对分离过程影响不大）。

8.2.4.2 加氢还原反应结束时反应后处理

(1) 体系的组成及其状态 还原反应结束后，釜内体系的组成主要为：邻甲氧基苯胺、乙醇、催化剂及剩余的氢。体系为非均相体系。邻甲氧基苯胺溶解在乙醇中，催化剂分散在溶液中。

(2) 产物分离策略 多余的氢气可在安全的条件下排出体系，然后将回收催化剂，由于产物较纯，将溶剂除去即可。

8.2.4.3 关于产物的精制

由于目的产物是低熔点高沸点的有机物，可以采用减压蒸馏的方法进行纯化。也可以考虑用层析的方法进行纯化精制。但由于层析法时间较长，建议用减压蒸馏的方法进行纯化。

田工讲解完，要小张等考虑邻甲氧基苯胺的小试合成方案的制订，在车间小试实验室实习时讨论。

8.3 工作过程指导

8.3.1 制订小试合成方案要领

小李等一行来到了主要的实习岗位——车间小试实验室。完成岗位安全教育后，田工跟小李他们一起讨论邻甲氧基苯胺的合成方案。

田工：“作为新手，在制订合成工艺方案时要善于参考已有的文献方案。这是因为文献方案往往是经过锤炼的，参考的价值很高，合成时可以少走弯路。但这绝不是说依葫芦画瓢就可以了。因为文献的方案所用的原料、试验器材（设备）不尽相同，方案的细节或许有所隐藏，因此照搬文献方案试验有时得不到文献的结果。所以参考文献方案时要尽可能先读懂方案，然后再提取有价值的东西进行参考，形成自己的试验方案。这也是企业新项目上马必先经过小试验证的根本原因。”

田工拿出了一份当初小试组试制邻甲氧基苯胺的文献方案。

(1) 甲氧基化反应 在装有搅拌器的压热釜中，加入甲醇 24.3g (0.758mol)。搅拌下，再加入由 2.6g 氢氧化钠配成的 80%的碱溶液。控制温度不超过 40℃。分析甲醇钠浓度为 80～83g/L。分析合格后将反应液冷却至 25℃，加入 8.2g (0.054mol) 邻硝基氯苯。加热至 98～104℃，釜内压力 0.28～0.32MPa 下连续搅拌，反应 4h 反应结束，反应液降温至 25℃以下。蒸馏多余的甲醇，当釜内温度升至 90℃时停止蒸馏，加入 70℃热水，静置后分层。有机层水洗至中性。待用。

(2) 硝基还原反应 取邻甲氧基硝基苯 70g 放于高压釜中，以乙醇为溶剂，加入若干雷尼镍催化剂。通入氮气置换空气两次，再用氢气置换氮气 2 次；在隔绝空气条件下，控温 100℃ 反应，间歇通氢，直到氢压不再变化为止。在氮氛保护下，取出釜内反应液，滤出催化剂。减压蒸馏，收集 117～121℃的馏分 (0.0263MPa)。

田工：“请大家讨论一下，以此文献方案为参考，如何制订小试合成方案？”

小李：“文献方案相对详尽，但有些细节尚不清楚。其一，甲氧基化反应时反应釜内压力和温度如何控制？其二，加氢还原反应如何控制反应速率？”

小赵：“如何置换反应釜的空气？”

田工：“大家看得很仔细。加压反应是生产上非常常见的反应形式，用得较多的就是加氢还原反应。因为加氢还原既没有环境污染，又可以在原料上节省很大成本，属于绿色环保工艺，在现代化工生产中应优先考虑。但因为氢气与空气的混合物容易发生爆炸，故加氢还原在生产上有一定的危险性，故在加氢前置换空气是确保生产安全的必需的操作。这在小试中也同样重要。”

小周：“就是说，小试也可以给出生产工艺的安全性测试的必要的数据。”

田工：“对。这里提几点建议，以便对大家制订小试方案时参考。”

8.3.2 单元反应体系构建和后处理纯化建议

8.3.2.1 邻硝基苯甲醚的合成

(1) 甲氧基化反应体系的构建和监控

① 反应体系构建要点

a. 可以直接采用新制的甲醇钠溶液为原料进行反应，这样可以大大节约反应时间。

b. 邻硝基氯苯溶于甲醇，可直接将它加入甲醇钠的甲醇溶液中，然后加压进行反应。

c. 生产上加压反应前原则上都需要将反应釜内空气置换出来，这样釜内的压力才能和甲醇的沸点对应。而甲醇沸点较低，因此可首先利用甲醇蒸气将釜内空气赶出，然后再进行加压。

② 反应控制策略　芳环上的亲核反应比较困难，故反应以控制反应温度为主，控制反应压力为辅。实际反应时间也相应较长。

间歇式反应结束后可在反应釜进行适当处理，然后转入分离系统。需要注意的是，当反应釜降温时，釜上压力也随之下降，当温度低于甲醇沸点时，釜内将呈负压，此时要考虑空气进入的可能，如吸入空气有可能造成不必要的麻烦，可考虑通入一定压力的惰性气体（如 N_2）保压。

③ 反应终点的控制　可测定反应体系中甲醇钠的浓度。当甲醇钠浓度降低到一定程度，较长时间维持不变时，反应即达终点。也可取样用薄层色谱或气相色谱（或高效液相色谱）等来判定产物含量。

(2) 甲氧基化反应后处理分离方法　可采用过滤的方法将邻硝基苯甲醚分离。

8.3.2.2 邻硝基苯甲醚的还原

(1) 加氢还原反应体系的构建和监控

① 还原反应体系构建要点

a. 加氢加压的体系必须充分考虑安全生产的要求。

b. 对于简单的加压反应，一般可将所有物料投入反应釜后，在置换空气后再升温加压反应。

c. 置换空气时可先用惰性气体置换空气，再用氢气置换惰性气体。

② 还原反应控制策略　随着反应的进行，反应液中氢的浓度随之降低，氢的压力也将下降，为维持反应速率，宜继续加氢，即间歇式加氢，并维持一定的温度和压力即可。

③ 还原反应终点控制　当釜内氢的压力不再变化时，反应结束。也可采用薄层色谱或气相色谱（或高效液相色谱）等对反应进行跟踪。

(2) 还原反应后处理方法　首先可过滤分离催化剂，再用蒸馏的方法进行浓缩以除去溶剂乙醇，即可得到邻甲氧基苯胺粗品。

8.3.2.3 单元反应之间的衔接

在催化加氢反应中有水生成，故对甲氧基化产物邻硝基苯甲醚的水分无特别要求，但因加氢催化剂比较容易中毒，故邻硝基苯甲醚可适当提纯。如果纯度足够，则可直接用于加氢反应。

8.3.2.4 产物的纯化

由于目的产物是低熔点高沸点的有机物，可以采用减压蒸馏的方法进行纯化。

① 减压蒸馏的参数：压力 $p=0.0263\text{MPa}$，沸程范围：$T=117\sim121℃$。

② 减压蒸馏装置及操作参见附录。

8.3.3 绘制试验流程图

将复杂的试验方案用相对简单的流程图表示出来，可以更好地把握试验工艺，掌握试验进程，减少出错的机会，这在试验和生产上都是非常必要的。

小试流程图的要点在于突出其中的单元操作，使得在放大时能清晰地对应大生产的操作岗位。例如，本项目小试流程图可以绘制如图 8-1（供参考）。

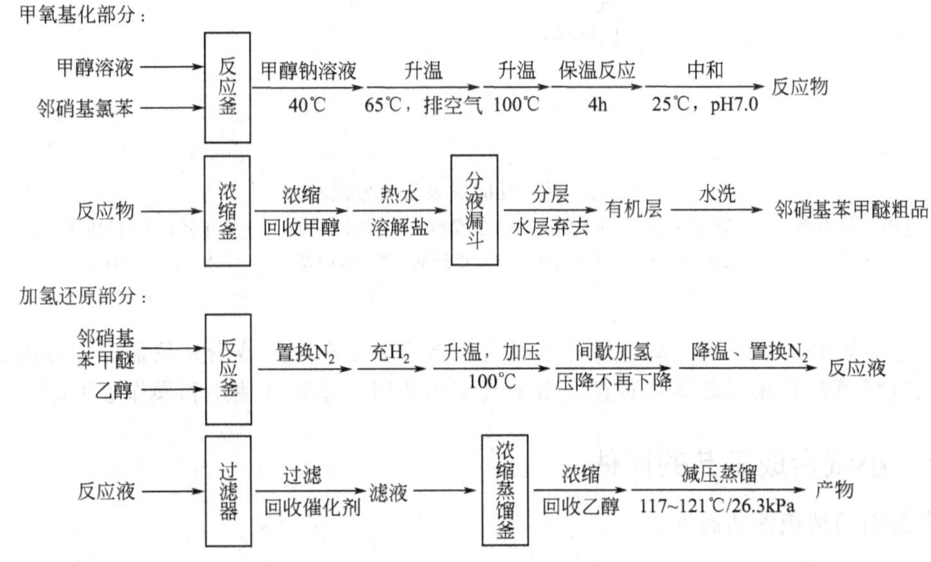

图 8-1 邻甲氧基苯胺小试流程图（供参考）

必须说明的是，制作的流程图必须与试验方案对应。在制订小试方案时，有时可以流程图代替。

8.3.4 小试试验装置

小试试验需要在压力下进行，则必须配套专门的耐压装置。本项目需要用低压反应釜，反应装置可参考如图 8-2。

压力釜可拆卸上盖，可将固体原料直接加入。液体原料通过液体加料泵 15 打入低压反应釜 10 中。气源经减压、过滤、干燥、流量计量后通入反应釜中进行反应。可通过取样器 13 监控反应的进行程度。合格的产品可以由气液分离器 11 排出。

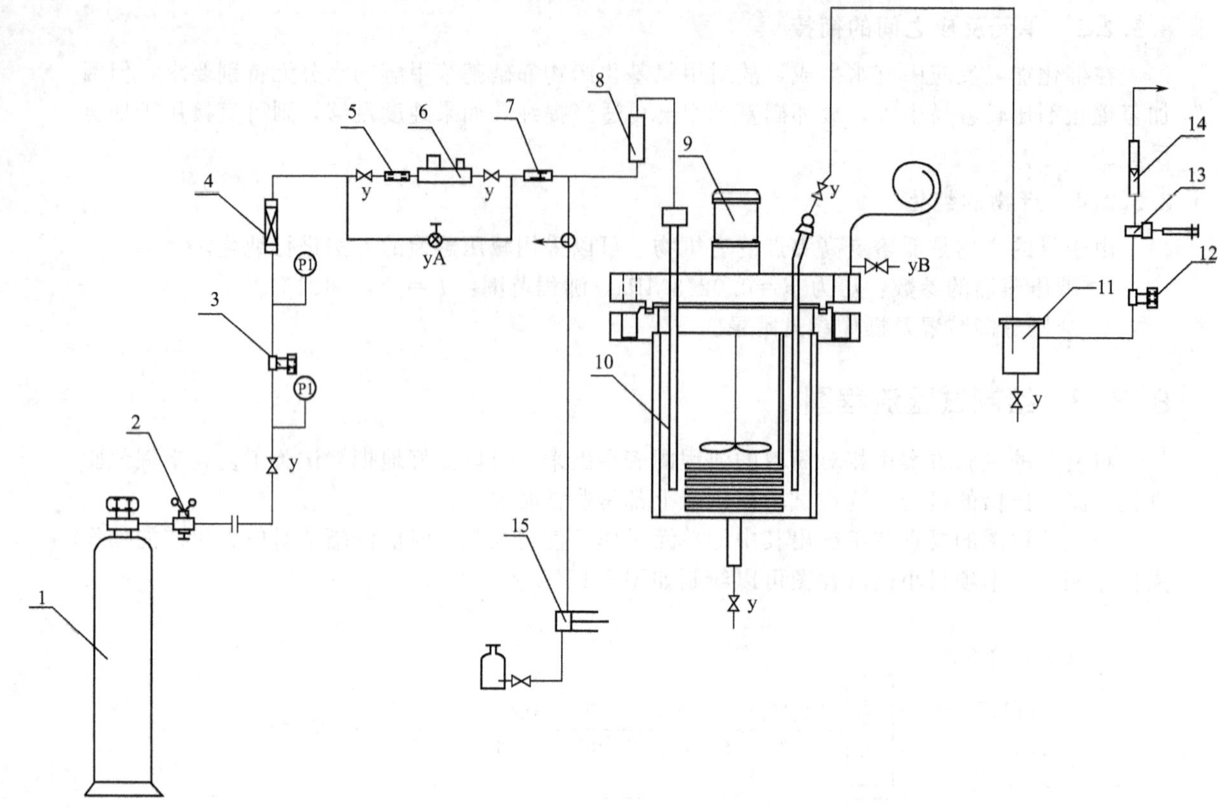

图 8-2　低压反应釜系统装置流程

P1—压力表；y—截止阀；yA—调节阀；yB—安全阀；1—气体钢瓶；2—减压阀；3—稳压阀；4—干燥器；5—过滤器；6—质量流量计；7—止逆阀；8—缓冲器；9—马达；10—反应釜；11—气液分离器；12—背压阀；13—取样器；14—转子流量计；15—液体加料泵

除反应装置外，后处理分离过程所涉及的仪器主要是单个（或套）仪器，如分液漏斗和蒸馏（水蒸气蒸馏和减压蒸馏）装置。由于其使用相对简单，其使用和操作参见附录。

8.3.5 小试合成工艺的评估

参考前面的情境评估的方法。

8.3.6 产物的检测和鉴定

邻甲氧基苯胺的检测可依据 HG/T 2669—1995 进行。

含量测定：气相色谱法，采用峰面积归一化定量。检测器：氢火焰离子化检测器；色谱柱：内径 0.32mm，长 30m，膜厚 0.25μm 毛细管柱；固定相：(5%苯基）甲基聚硅氧烷。

物性检测数据：熔点 6.2℃，沸点 225℃。

企业可根据标准品的气相色谱进行定量检测。邻甲氧基苯胺的红外标准谱如图 8-3。(来源：中科院上海有机化学研究所)。

说明：图中苯环骨架振动在 1600cm^{-1}，1580cm^{-1} 附近有吸收；3200～3300cm^{-1} 为氨基的振动吸收峰；2800～2900cm^{-1} 为甲氧基团的伸缩峰。

更精确的鉴定还需进行质谱、核磁共振图谱（氢谱和碳谱）的鉴定。特别是未知化合物的开发，这些图谱是必需的。有兴趣的同学可以参考相关的专业资料。

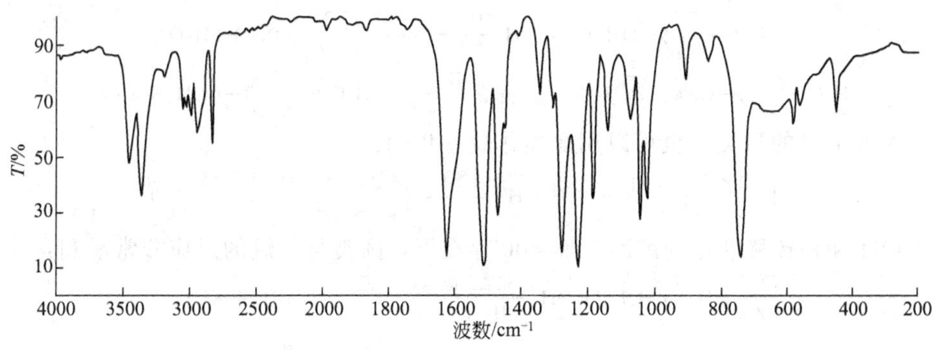

图 8-3　邻甲氧基苯胺的红外标准谱

8.3.7　技能考核要点

参照情境 1 的考核方式，以本情境还原反应为例。

(1) 考核方案　在装有搅拌器、回流冷凝器的四口瓶中，加去离子水 170mL、铁屑 12.7g (0.226mol)、甲酸 0.15g，将反应液加热至沸腾，铁屑进行预蚀 1h，搅拌下向四口瓶中慢慢加入 9.35g (0.061mol) 邻硝基苯甲醚，回流搅拌 2h，气相色谱检测邻硝基苯甲醚含量符合要求。加氢氧化钠水溶液中和至中性。进行水蒸气蒸馏，馏出物分出油层，水层经食盐盐析还可得到一部分油层，两部分油层合并进行减压蒸馏，收集 117～121℃ 的馏分 (0.0263MPa)。产品收率约为 70%（以邻硝基氯苯计算）。

(2) 技能考核要点　可参考情境 1 或情境 2 技能考核表自行设计。

8.4　知识拓展

8.4.1　关于 O-烷基化反应

醇羟基或酚羟基中的氢被烷基所取代生成醚类化合物的反应称为 *O*-烷基化反应。

8.4.1.1　卤烷的 *O*-烷基化

用卤烷的 *O*-烷基化是亲核取代反应。对于被烷化的醇或酚来说，它们的阴离子 RO^- 的活泼性远远大于醇或酚本身的活性。因此，在反应物中总是要加入碱性剂，例如金属钠、氢氧化钠、氢氧化钾、碳酸钠或碳酸钾等，以生成 RO^- 阴离子。

$$R—OH + NaOH \rightleftharpoons R—O^- + Na^+ + H_2O$$

$$R—O^- + Na^+ + Ar—X \xrightarrow{O\text{-烷化}} R—O—Ar + NaX$$

当醇和卤素化合物都很不活泼时，要将醇先制成无水醇钠，然后与卤烷作用，以避免水解副反应。如果醇和卤烷都比较活泼，*O*-烷基化反应也可以在氢氧化钠水溶液中进行。醇羟基的反应活性随碳链的增长而降低。酚羟基具有一定的酸性，一般可以用碳酸钠或碳酸钾作缚酸剂。

当烷基相同时，各种卤烷的活泼性次序是：

$$R—I > R—Br > R—Cl$$

由于氯烷价廉易得，工业上一股使用氯烷作烷基化剂。如果氯烷不够活泼，可加入适量碘化钾（约为氯烷物质的量的 1/10～1/5）进行催化，它的作用是先通过卤素交换反应把氯烷转化为碘烷，再进行 *O*-烷基化。

利用氯烷的 *O*-烷基化反应可以制备一系列的二烷基醚和烷基芳基醚。现举例如下：

$$HO-C_6H_4-OH + 2NaOH \xrightarrow[35℃]{H_2O} NaO-C_6H_4-ONa + 2H_2O$$

$$NaO-C_6H_4-ONa + 2CH_3Cl \xrightarrow[70\sim120℃,\ 1.5MPa]{NaOH} H_3CO-C_6H_4-OCH_3 + 2NaCl$$

对于某些活泼的酚类，也可以用醇类作烷基化剂：

$$C_{10}H_7-OH + C_2H_5OH \xrightarrow{H_2SO_4} C_{10}H_7-OC_2H_5 + H_2O$$

在 KOH 和相转移催化剂聚乙二醇-400 存在下，酚类与卤烷的反应非常顺利：

$$C_6H_5-OH + CH_3I + KOH \xrightarrow[CH_2Cl_2,\ H_2O]{聚乙二醇\text{-}400} C_6H_5-OCH_3 + KI + H_2O$$

产率达 100%

$$C_6H_5-OH + C_8H_{17}Br + KOH \xrightarrow[10℃,\ 30min]{聚乙二醇\text{-}400} C_6H_5-OC_8H_{17} + KBr + H_2O$$

产率达 94%

许多芳醚的制备不宜采用烷氧基化的合成路线，而需要采用酚羟基化（即 *O*-烷基化）的合成路线。例如 2-萘乙醚的制备，如采用烷氧基化的合成路线，就要用到 2-氯萘做原料，而该原料不仅难以得到，且其上的氯原子也很不活泼；若采用 *O*-烷基化，则原料 2-萘酚很容易得到。芳环上的羟基一般不够活泼，所以需要使用活泼的烷基化剂，例如氯甲烷、氯乙烷、氯乙酸、硫酸酯、对甲苯磺酸酯和环氧乙烷等，只有在个别情况下才使用甲醇和乙醇等弱烷基化剂。

8.4.1.2 用酯的 *O*-烷基化

硫酸酯及磺酸酯均是良好的烷基化剂。在碱性催化剂存在下硫酸酯与酚、醇在室温下即能顺利反应，并以良好产率生成醚类。

$$C_6H_5-OH + (CH_3)_2SO_4 \xrightarrow[10℃]{NaOH} C_6H_5-OCH_3 + CH_3OSO_3Na$$

$$C_6H_5-CH_2CH_2OH + (CH_3)_2SO_4 \xrightarrow[NaOH]{(n\text{-}C_4H_9)_4N^+I^-} C_6H_5-CH_2CH_2OCH_3 + CH_3OSO_3Na$$

8.4.1.3 醇或酚直接脱水成醚

醇或酚的脱水是合成对称醚的通法。醇的脱水反应通常在酸性催化剂存在下进行，常用的酸性催化剂有浓硫酸、浓盐酸、磷酸、对甲苯磺酸等。

二元醇进行酸催化脱水或催化脱水均可合成环醚，如 1,4-丁二醇在硫酰胺催化下进行分子内的脱水，生成四氢呋喃，产率达 92%。

$$HO(CH_2)_4OH \xrightarrow{(NH_2)_2SO_2} \text{四氢呋喃} + H_2O$$

特殊的制醚方法主要有威廉森（Williamson）合成法，这个方法可用来合成单醚或混醚，但主要用来合成混醚。其方法是用卤烷与醇钠反应：

$$C_2H_5O^-Na^+ + CH_3I \longrightarrow C_2H_5OCH_3 + NaI$$

8.4.1.4 用环氧乙烷的 *O*-烷基化

环氧化合物易与醇发生开环反应，生成羟基醚。开环反应可用酸或碱催化，但往往生成不同的产品，酸与碱催化开环的反应过程是不相同的：

$$\underset{\backslash O /}{RCH-CH_2} \xrightarrow{H^+} [R\overset{+}{C}HCH_2OH] \xrightarrow{R'OH} \underset{OR'}{RCHCH_2OH} + H^+$$

$$\underset{\backslash O /}{RCH-CH_2} \xrightarrow{-OR'} \left[\underset{O^-}{RCHCH_2OR'}\right] \xrightarrow{R'OH} \underset{OH}{RCHCH_2OR'} + R'O^-$$

此种反应在工业上的应用之一是由醇类与环氧乙烷反应生成各种乙二醇醚。

$$ROH + \underset{\diagdown O \diagup}{CH_2{-}CH_2} \longrightarrow ROCH_2CH_2OH$$

反应常用 BF_3-乙醚配合物作为催化剂。当 R 为甲基、乙基或丁基时，可相应制取乙二醇单甲醚、乙二醇单乙醚及乙二醇单丁醚等，这些产品都是重要的溶剂。高级脂肪醇和烷基酚与环氧乙烷加成生成的聚醚是非离子表面活性剂的重要品种，反应一般用碱催化。例如用十二醇为原料，通过控制环氧乙烷聚合度为 20～22 的聚醚，是一种优良的非离子表面活性剂，商品名为乳化剂 O 或匀染剂 O。

$$C_{12}H_{25}OH + n\ \underset{\diagdown O \diagup}{CH_2{-}CH_2} \xrightarrow{NaOH} C_{12}H_{25}O(CH_2CH_2O)_nH$$

$$n=20\sim22$$

将辛基苯酚与其质量分数为 1%的氢氧化钠水溶液混合，真空脱水，氮气置换，于 160～180℃通入环氧乙烷，中和漂白，得到聚醚产品辛基酚聚氧乙烯醚，其商品名为 OP 型乳化剂。

$$C_8H_{17}{-}C_6H_4{-}OH + n\ \underset{\diagdown O \diagup}{CH_2{-}CH_2} \longrightarrow C_8H_{17}{-}C_6H_4{-}O(CH_2CH_2O)_nH$$

高级脂肪酸也能与环氧乙烷作用而生成聚醚类聚氧乙烯型非离子表面活性剂。例如，硬脂酸在氢氧化钾作用下制备脂肪酸聚醚：

$$C_{17}H_{35}COOH + n\ \underset{\diagdown O \diagup}{CH_2{-}CH_2} \xrightarrow{KOH} C_{17}H_{35}COO(CH_2CH_2O)_nH$$

8.4.2 关于还原反应

8.4.2.1 概述

还原反应在精细有机合成中占有重要的地位。广义地讲，在还原剂的作用下，有机物得到电子或电子云密度增加的反应称为还原反应。狭义地讲，能使有机物分子中氢原子数增加、氧原子数减少或两者兼而有之的反应称为还原反应。

8.4.2.2 铁屑还原法的适用范围

铁屑在酸或盐类电解质的水溶液中是一种强还原剂，可将硝基还原为氨基而对其他取代基不产生影响。铁屑还原法的适用范围较广，凡能用各种方法使芳胺与铁泥分离的芳胺均可采用铁屑还原法生产。因此，该方法的适用范围在很大程度上并非取决于还原反应本身，而是取决于还原产物的分离。还原产物的分离可采用不同的分离方法。

① 容易随水蒸气蒸出的芳胺，如苯胺、邻甲苯胺、对甲苯胺、邻氯苯胺、对氯苯胺等，还原反应结束后可用水蒸气蒸馏法将它们从反应混合物中蒸出。

② 易溶于水且可以蒸馏的芳胺，如间苯二胺、对苯二胺、2,4-二氨基甲苯等，可用过滤法使产物与铁泥分开，再浓缩母液，对母液进行真空蒸馏得到芳胺。

③ 能溶于热水的芳胺，如邻苯二胺、邻氨基苯酚、对氨基苯酚等，用热滤法使产物与铁泥分开，冷却滤液，使产物结晶析出。

④ 含氨基或磺酸基等水溶性基团的芳烃，如 1-氨基萘-8-磺酸（周位酸）、1-氨基萘-5-磺酸（劳伦酸）等，可将还原产物中和至碱性，使氨基萘磺酸溶解，滤去铁泥，再用盐析法析出产品。

⑤ 难溶于水而挥发性又很小的芳胺，如 1-萘胺、2,4,6-三甲基苯胺，在还原后用溶剂将芳胺从铁泥中萃取出来。

一般认为铁屑还原法仅适用于硝基的完全还原，近年来发表的文献中报道了二硝基苯衍生物用铁屑还原法在适当条件下只还原一个硝基。多硝基有机物的部分还原一般要采用硫化物做还原剂。

铁屑和酸（如硫酸、盐酸、醋酸等）共存时或在盐类电解质（如 $FeCl_2$、NH_4Cl 等）的水溶液中对于硝基是一种强还原剂，可以将硝基还原成氨基。芳香族硝基化合物用铁屑还原时，可能有两种反应历程，一种是根据所生成的中间产物提出的化学历程，另一种是按照电子理论提出的电子历程。

(1) 铁屑在电解质溶液中使芳香族硝基化合物还原的反应历程 铁屑在金属盐如 $FeCl_2$、NH_4Cl 等存在下在水中使硝基化合物还原，由下列两个基本反应来完成：

$$ArNO_2 + 3Fe + 4H_2O \xrightarrow{FeCl_2} ArNH_2 + 3Fe(OH)_2$$

$$ArNO_2 + 6Fe(OH)_2 + 4H_2O \longrightarrow ArNH_2 + 6Fe(OH)_3$$

生成的二价铁和三价铁按下式转变成黑色的磁性氧化铁（Fe_3O_4）：

$$Fe(OH)_2 + 2Fe(OH)_3 \longrightarrow Fe_3O_4 + 4H_2O$$

$$Fe + 8Fe(OH)_3 \longrightarrow 3Fe_3O_4 + 12H_2O$$

整理上述反应式得到总还原方程式：

$$4ArNO_2 + 9Fe + 4H_2O \longrightarrow 4ArNH_2 + 3Fe_3O_4$$

(2) 铁屑在盐酸中使芳香族硝基化合物还原的反应历程 在电解质溶液中的铁屑还原反应是个电子得失的转移过程。铁屑是电子的供给者，电子向硝基转移，使硝基化合物产生负离子自由基，然后与质子供给者（如水）提供的质子结合形成还原产物。其过程如下：

$$ArNO_2 \longrightarrow ArNO \longrightarrow ArNOH \longrightarrow ArNH_2$$

N 原子得到电子，其化合价由 $+3 \rightarrow +1 \rightarrow -1 \rightarrow -3$ 变化，中间产物 ArNO、ArNOH 比底物 $ArNO_2$ 更容易被还原，所以不易分离，难以检测。

(3) 铁屑的组成与细度 铁屑的物理状态和化学状态对反应有很大的影响。工业上常用洁净、粒细、质软的灰铸铁作还原剂，而熟铁粉、钢粉及化学纯的铁粉效果极差。因为灰铸铁中富含碳，并含有少量的硅、锰、磷等元素，在电解质水溶液中可形成很多微电池，促进铁的电化学腐蚀，有利于还原反应的进行。另一方面，灰铸铁脆性大，在搅拌过程中易被粉碎，增大了与反应物的接触面积，有利于还原反应的进行。1mol 硝基物理论上需要 2.25mol 的铁屑（9÷4=2.25），实际用量为 3～4mol，过量多少与铁屑质量及粒度大小有关。铁屑细度一般以 60～100 目为宜。

铁屑在还原前，通常需要用电解质进行预蚀处理。如工业上使用 $FeCl_2$ 电解质时，是通过加入少量稀盐酸和铁屑来制成，又称为“铁屑的预蚀”过程。

(4) 电解质 电解质实质上是铁屑还原的催化剂，电解质的存在可促进铁屑还原反应的进行。因为向水中加入电解质可以提高溶液的导电能力，加速铁的预蚀，利于还原反应的进行。铁的还原速率取决于电解质的性质和浓度。表 8-3 列出了不同电解质对还原速率的影响。

表 8-3 铁在不同电解质中还原硝基苯的收率

电解质	苯胺收率/%	电解质	苯胺收率/%	电解质	苯胺收率/%
NH_4Cl	95.5	$CaCl_2$	81.3	Na_2SO_4	42.4
$FeCl_2$	91.3	$MgCl_2$	68.5	CH_3COONa	10.7
$(NH_4)_2SO_4$	89.2	NaCl	50.4	NaOH	0.7
$BeCl_2$	87.3				

注：电解质浓度 0.78mol/L，还原时间 30min。

从表 8-3 中可知，当其他条件相同时，所使用的电解质中，以使用 NH_4Cl 的还原速率最快，氯化亚铁次之；酸性越强，对还原反应越有利。工业生产上常使用 NH_4Cl 和 $FeCl_2$ 为电解质。但在某些情况下，也需要选用其他电解质，如对硝基-*N*-乙酰苯胺还原时，为了防止酰基水解，宜用醋酸亚铁作电解质。适当增加电解质浓度，可使还原速率加快，但还原速率增加有一极限值。通常每 1mol 硝基化合物大约需要 0.1～0.2mol 的电解质，其浓度在 3%左右。

(5) 溶剂　用铁屑还原硝基物时，可用甲醇、乙醇、冰醋酸和水等作为溶剂。用冰醋酸作为溶剂时，反应速率快，产物容易分离，但产物中含有大量氨基酰化物。

$$ArNO_2 + 3Fe + 7CH_3COOH \longrightarrow ArNHCOCH_3 + 3(CH_3COO)_2Fe + 3H_2O$$

用乙醇作为溶剂时，酰化物的含量可显著减少，但还原速率明显减慢。

最常用的溶剂是水，而水同时又是还原反应中氢的来源。为了保证有效的搅拌，加强反应中的传热和传质，水一般是过量的。但水量过多时，将降低设备的生产能力和电解质的浓度，一般采用硝基物与水的物质的量之比为 1∶(50～100)。对于一些活性较低的化合物，可加入甲醇、乙醇等能与水相混的溶剂，以利于反应进行。

(6) 温度　硝基还原时，反应温度通常为 90～102℃，即接近反应液的沸腾温度。由于铁屑还原是强烈的放热反应，如果加料太快，反应过于激烈，会导致暴沸溢料。所以，反应开始阶段靠自身反应热保持沸腾，反应后期采用直接用水蒸气保持反应物料沸腾。

8.4.2.3　锌粉还原

锌粉的还原能力与反应介质的酸碱性有关。它在中性、酸性及碱性条件下均具有还原能力，可以还原硝基、亚硝基、羰基、腈基、碳-碳不饱和键等多种官能团。在不同介质中得到的还原产物也不同。

在中性及弱碱性介质中，锌粉可将硝基化合物还原到羟胺阶段。

锌的酸性还原可在盐酸、硫酸、醋酸中进行。锌汞齐（Zn-Hg）在浓盐酸存在的条件下，能将醛、酮中的羰基直接还原成亚甲基，此即克莱门森（Clemmensen）还原。克莱门森还原在有机合成中常用于制备直链烷基苯。值得指出的是，本法宜用于对酸稳定的羰基化合物的还原，若被还原物为对碱稳定的碳基化合物，可改用 Wolff-Kishner-黄鸣龙法进行还原。锌粉在酸性介质中还可将—NO_2 和—CN 分别还原为—NH_2 与—CH_2NH_2，也用于碳-碳不饱和键的还原。

锌在碱性介质（如 NaOH 溶液）中可使芳香族硝基化合物发生双分子还原，生成氧化偶氮化合物、偶氮化合物及氢化偶氮化合物。它也可以将酮基还原成羟基或亚甲基。而氢化偶氮化合物极易在酸中发生分子内重排生成联苯胺系衍生物，它们是制造偶氮染料的重要中间体。下面着重讨论在碱性介质中的锌粉还原。

反应历程：硝基化合物在碱性介质中用锌粉还原生成氢化偶氮化合物的过程可分为两步。

硝基化合物首先被还原成亚硝基、羟氨基化合物，再在碱性介质中反应得到氧化偶氮化合物。

$$\left.\begin{array}{l} ArNO_2 \xrightarrow{H_2} ArNO \\ ArNO_2 \xrightarrow{2H_2} ArNHOH \end{array}\right] \xrightarrow{-H_2O} \underset{\displaystyle\downarrow \atop \displaystyle O}{Ar{-}N{=}N{-}Ar}$$

氧化偶氮化合物进一步还原成氢化偶氮化合物。

$$Ar-\underset{\downarrow \atop O}{N}=N-Ar \xrightarrow[-H_2O]{H_2} Ar-N=N-Ar \xrightarrow{H_2} Ar-NH-NH-Ar$$

在还原过程中要避免羟胺化合物积累，否则会产生以下副反应。

$$3ArNHOH \xrightarrow{OH^-} Ar-\overset{O \atop \uparrow}{N}=N-Ar + ArNH_2 + 2H_2O$$

氢化偶氮化合物在酸性介质中进行重排，得到联苯胺系化合物。该重排反应属于分子内重排，首先是氢化偶氮苯质子化，在N—N键断裂的同时，一个苯环作为电子对给予体与另一苯环形成配合物，通过对位偶合生成联苯胺，在配合物中一个苯环对另一个苯环旋转，形成重排产物。

$$C_6H_5NH-NHC_6H_5 \xrightarrow{2H^+} C_6H_5\overset{+}{N}H_2-\overset{+}{N}H_2C_6H_5 \longrightarrow NH_2-C_6H_4-C_6H_4-NH_2$$

上式的反应速率与酸的浓度平方成正比。

总反应式为：

$$2ArNO_2 + 5Zn + H_2O \xrightarrow{NaOH} ArNH-NHAr + 5ZnO$$

$$\downarrow H^+$$

$$H_2N-Ar-Ar-NH_2$$

8.4.2.4 硫化物还原

硫化物还原的特点是反应比较温和，主要用于硝基化合物的还原，可使多硝基化合物中的硝基选择性地部分还原，或只还原硝基偶氮化合物中的硝基而不影响偶氮基，可从硝基化合物获得不溶于水的胺类。含有醚、硫醚等对酸敏感基团的硝基化合物，不宜用铁屑还原时，可应用硫化物还原。采用硫化物还原，产物分离比较方便。但收率一般较低，废水处理比较麻烦。目前此法在工业上仍有一定应用，不过有的产物的硫化物还原已逐步为加氢还原所代替。

常用的硫化物主要有：硫化钠（Na_2S）、硫氢化钠（NaHS）、硫化铵[$(NH_4)_2S$]和多硫化钠（Na_2S_x）。

(1) 还原反应的机理 在硫化物还原中，硫化物是电子供给者，水或醇是质子供给者，还原反应后硫化物被氧化成硫代硫酸盐。硫化钠在水-乙醇介质中还原硝基物时，反应中生成的活泼硫原子将快速与 S^{2-} 生成更活泼的 $S_2{}^{2-}$，使反应大大加速，因此，这是一个自动催化反应。其反应历程为：

$$ArNO_2 + 3S^{2-} + 4H_2O \longrightarrow ArNH_2 + 3S^0 + 6OH^-$$

$$S^0 + S^{2-} \longrightarrow S_2^{2-}$$

$$4S^0 + 6OH^- \longrightarrow S_2O_3^{2-} + 2S^{2-} + 3H_2O$$

还原总反应式为：

$$4ArNO_2 + 6S^{2-} + 7H_2O \longrightarrow 4ArNH_2 + 3S_2O_3^{2-} + 6OH^-$$

用硫氢化钠溶液还原硝基苯是一个双分子反应，最先得到的还原产物是苯基羟胺，进一步再被 HS_2^- 和 HS^- 还原成苯胺。

(2) 影响因素

① 被还原物的性质 对于不同结构的芳香族硝基化合物，取代基的吸电子效应使硝基中的氮原子上的电子云密度降低，亲电能力增加，有利于还原反应的进行；取代基的给电子

效应使硝基中的氮原子上的电子云密度增加，使氮原子的亲电能力减弱，不利于还原反应的进行。

芳环上取代基的极性对硝基还原反应速率有很大的影响，引入吸电子基团可以加速反应，引入供电子基团则阻碍反应。例如间硝基苯胺的还原速率要比间二硝基苯的还原速率慢1000倍以上。带有—OH、—OR等供电子基团的不对称的间二硝基苯衍生物采用硫化物还原时，都是供电基的邻位硝基首先被还原。

$$\text{2-}OCH_3\text{-1,5-}(NO_2)_2C_6H_3 \xrightarrow{NaHS} \text{2-}OCH_3\text{-5-}NO_2C_6H_3NH_2$$

因此，可选择适当的条件达到多硝基物的部分还原的目的。

② 反应介质的碱性　使用不同的硫化物时，反应体系中介质的碱性各不相同，如表8-4所示。

表8-4　不同硫化物在0.1mol/L水溶液中的pH值

硫化物	pH	硫化物	pH	硫化物	pH
Na_2S	12.6	Na_2S_4	11.8	$(NH_4)_2S$	<11.2
Na_2S_2	12.5	Na_2S_5	11.5	$(NH_4)HS$	8.2
Na_2S_3	12.3	NaHS	10.2		

硫化钠作还原剂时，随着反应的进行，不断有氢氧化钠生成，从而使反应介质的pH值不断升高，将发生双分子还原，生成氧化偶氮化合物、偶氮化合物和氢化偶氮化合物等副产物。为了避免副反应的发生，在反应体系中要加入氯化铵、硫酸镁、氯化镁、碳酸氢钠等物质来降低介质的碱性。

用硫化钠、硫氢化钠和二硫化钠使硝基物还原的方程式分别为；

$$4ArNO_2 + 6Na_2S + 7H_2O \longrightarrow 4ArNH_2 + 3Na_2S_2O_3 + 6NaOH$$

$$4ArNO_2 + 6NaHS + H_2O \longrightarrow 4ArNH_2 + 3Na_2S_2O_3$$

$$ArNO_2 + Na_2S_2 + H_2O \longrightarrow ArNH_2 + Na_2S_2O_3$$

硫化钠作还原剂时，随着反应的进行，不断有氢氧化钠生成，从而使反应介质的pH值不断增加，因而将发生双分子还原，生成氧化偶氢化合物、偶氯化合物和氢化偶氢化合物等副产物。为了避免副反应的发生，在反应体系中要加入氯化铵、硫酸镁、氮化镁、碳酸氢钠等物质来降低介质的碱性。

二硫化钠作还原剂时，反应过程中没有氢氧化钠生成，可避免双分子还原副反应的发生。但三硫化钠以上的多硫化物作还原剂时，反应过程中有硫析出，影响产品分离，实用价值不大。对于需要控制碱性的还原反应，一般采用二硫化钠为还原剂。

8.4.2.5　其他还原方法

(1) 金属氢化物还原　金属氢化物还原剂在精细化工中的应用近期发展十分迅速，其中研究及应用最广的是氢化铝锂（$LiAlH_4$）和硼氢化钠（$NaBH_4$）。这类还原剂的特点是选择性好、反应速率快、副反应少、反应条件温和、产品收率高。

各种金属氢化物的还原能力不同，氢化铝锂是最强的还原剂，它几乎能将所有的含氧不饱和基团如 $>C{=}O$、$-\overset{O}{\overset{\|}{C}}-Cl$、$-\overset{O}{\overset{\|}{C}}-OH$、$-\overset{O}{\overset{\|}{C}}-OR'$、$-\overset{O}{\overset{\|}{C}}-O-\overset{O}{\overset{\|}{C}}-$、$-\underset{\;}{CH}\overset{O}{—}CH-$ 等还原成

相应的醇；将脂肪族含氮的不饱和基团如 $-\overset{O}{\overset{\|}{C}}-N\langle$ 、$-C{\equiv}N$ 、$-C-NO_2$ 、$-C{=}NOH$ 等还原成相应的胺：将芳香族硝基化合物、氧化偶氮化合物和亚硝基化合物等还原成相应的偶氮化合物，将二硫化物和磺酸衍生物还原成硫醇；将亚砜还原成硫醚。一般不能还原碳-碳双键和三键。

氢化铝锂在水、酸、硫醇等含活泼氢的化合物中发生水解，它的还原反应常以无水乙醚、四氢呋喃为溶剂。

硼氢化钠是另一种重要的还原剂，它的还原作用较氢化铝锂缓和，仅能将羰基化合物和酰氯还原成相应的醇.而不能还原硝基、腈基、酰胺和烷氧羰基，因而可作为选择性还原剂。硼氢化钠在常温下对水、醇等均稳定，所以可在水、甲醇或乙醇中进行还原。金属氢化物作为还原剂具有很多优点，但价格太高，工业上应用少。但这种方法仍值得重视。

(2) 醇铝还原 醇铝也称为烷基铝、氧基铝，这是一类重要的有机还原剂，具有高选择性，反应速率快、作用缓和、副反应少、收率高等优点。它是将羰基化合物还原成为相应醇的专一性很高的试剂，仅能使羰基还原成羟基，对于硝基、氯基、碳-碳双键和三键等均无还原能力。较常用的还原剂是异丙醇铝 [$Al(OCHMe_2)_3$] 和乙醇铝 [$Al(OEt)_3$]。使用醇铝进行还原是负氢离子的转移过程。在还原羰基化合物时，醇铝中铝原子与羰基中氧原子以配位键形式结合，形成过渡态六元环，然后负氢离子从烷氧基向羰基转移，铝氧键断裂，生成还原产物。

(3) 硼烷还原 硼烷的还原作用近年来发展很快。二硼烷（B_2H_6）是一种相当强的还原剂，具有很高的选择性。在很温和的条件下，可迅速还原羧酸、醛、酮和酰胺成相应的醇和胺，而对于硝基、酯基、腈基、酰氯基等均无还原能力。

(4) 电解还原 电解还原一般是在水或水-醇溶液中进行，可得到不同的还原产物，如将硝基化合物还原成亚硝基化合物或氨基化合物。芳香族硝基化合物可按下式还原成胺：改变电极电位或溶液的 pH 值能分别得到羟氨基化合物、氧化偶氮化合物、偶氮化合物等。

$$ArNO_2 + 6H^+ + 6e \longrightarrow ArNH_2 + 2H_2O$$

影响产品质量和收率的因素很多，其中包括电流密度、温度、电极组成、溶剂等。常用的阴极电解液是无机酸的水溶液或水-乙醇溶液，常用的溶液有氯化铜、盐酸等，阴极材料有铜、铁、铅、碳等。

8.4.3 邻甲氧基苯胺的生产工艺流程

生产上的工艺流程简图如图 8-4 所示，仅供制订小试方案时参考。

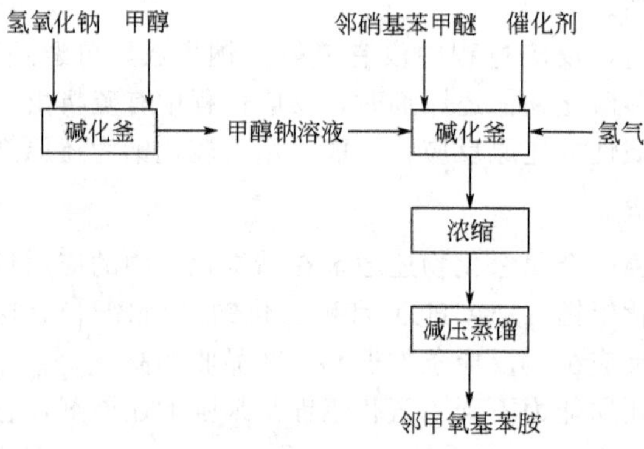

图 8-4 邻甲氧基苯胺生产流程简图

练习与思考题

1. 工业上邻甲氧基苯胺还有哪些合成方法？请查阅资料说明其中的一种。
2. 什么是甲氧基化反应？请查阅甲氧基化反应的应用实例说明。
3. 什么是还原反应？请举例说明。
4. 还原反应中还原剂有哪些？还原反应的主要影响因素有哪些？各是怎样影响的？
5. 请举例说明有关还原剂的应用范围。
6. 写出制备以下产品的合成路线和工艺过程。

Cl（氯苯） $\longrightarrow$ OCH_3、NH_2、NO_2（2-甲氧基-5-硝基苯胺）

情境9 化工中间体邻氨基苯甲酸的合成（胺化、霍夫曼降解反应）

学习目标与要求

知识目标

理解胺化、霍夫曼降解反应的分类、特点，邻氨基苯甲酸的应用，掌握邻氨基苯甲酸合成方法，反应过程、分离过程知识等；了解邻氨基苯甲酸产品检测的方法及合成过程中的安全环保知识。

能力目标

能进行邻氨基苯甲酸的资料检索，能根据胺化反应的特点初步制订胺化反应的方案；能根据邻氨基苯甲酸小试工艺规程操作装置。

情感目标

通过分组学习和讨论体会团队分工合作的精神；通过合成工作中的岗位要求培养学生对工作岗位职责的理解；通过积极的自评、互评、教师评价等多种方式，让学生建立对生产邻氨基苯甲酸产品的信心，培养学生对邻氨基苯甲酸产品的兴趣。

9.1 情境引入

实习生小李、小周和小赵来到邻氨基苯甲酸实习车间，由负责该工段生产的陈老师指导他们。在实习期间，实习生们将进行邻氨基苯甲酸制备工艺的学习，参加模拟顶岗实习，在实验室条件下以小试的形式进行实践。

实习生们准时来到陈老师的办公室，陈老师交给他们一份拟订好的实习计划，上面列出了小李他们实习期间要完成的工作和注意事项。小李他们打开了实习计划，浏览了上面的主要内容，与前面实习的内容相仿，不过产品换成了邻氨基苯甲酸。

9.2 任务解析

陈老师检查了实习同学们的资料准备情况。

小李：邻氨基苯甲酸为白色至浅黄色结晶性粉末。味甜。在甘油、乙醇或乙醚溶液中显紫色荧光。能升华。易溶于乙醇、乙醚、热氯仿和热水，微溶于苯，难溶于冷水。相对密度

(d_{20}) 1.412。熔点144～146℃。低毒。

小周：资料表明，邻氨基苯甲酸由苯酐与氨进行酰胺化反应，生成邻甲酰氨基苯甲酸钠，经次氯酸钠降解反应，生成邻氨基苯甲酸钠，最后中和而得。

小赵：邻氨基苯甲酸是合成染料、医药、农药、香料的中间体，还用于其他有机合成。根据《危险化学品安全管理条例》（国务院令第445号）、《易制毒化学品管理条例》，本品属于一类易制毒化学品，受公安部门管制。

陈老师：易制毒化学品是指国家规定管制的可用于制造毒品的前体、原料和化学助剂等物质。对于易制毒化学品的生产必须经过申请审批取得生产许可权后方可以生产，且这类物品的销售和购买都有严格的监控措施。但由于本品是多种化学品生产的必需的中间体，因此开发本品的生产工艺还是具有较高的价值。现在我们从小试开始了解邻氨基苯甲酸产品开发的过程。

9.2.1 产品开发任务书

陈老师拿出当初邻氨基苯甲酸产品开发任务书，见表9-1。

表9-1　邻氨基苯甲酸产品开发任务书

编号：××××××

项目名称	内容	技术要求		执行标准
		专业指标	理化指标	
邻氨基苯甲酸产品的小试合成	以生产原料进行邻氨基苯甲酸小试合成，对合成工艺进行初步评估	中文名称：邻氨基苯甲酸；2-氨基苯甲酸 英文名称：*o*-aminobenzoic acid CAS号：118-92-3 分子式：$H_2NC_6H_4COOH$ 分子量：137 优级品纯度：≥99%	外观：白色至淡黄色片状结晶 熔点：146～147℃ 溶解性：溶于热水、乙醇和乙醚 相对密度：1.412 稳定性：蒸馏时分解成二氧化碳和苯胺 其他：具有中等毒性，可燃，可升华，摩擦发光	Q/DLB 001—2006
市场服务对象		×××制药公司		
进度要求		1～2周		
项目负责人			开发人员	
下达任务人		技术部经理	日期：	
		技术总监	日期：	

注：一式三联。一联交技术总监留存，一联交技术部经理，一联交项目负责人。

9.2.2 邻氨基苯甲酸的合成路线设计

（1）2,4-二硝基苯酚分子结构的分析

陈老师：首先根据有机化合物的CAS号查阅邻氨基苯甲酸的分子结构式。

COOH
NH_2

目标化合物基本结构为苯环，在苯环上接有氨基和羧基。从基团（官能团）的位置看，氨基和羧基处于邻位。

(2) 邻氨基苯甲酸合成路线分析

陈老师：从邻氨基苯甲酸的结构可以看出，合成邻氨基苯甲酸实际上就是要在苯环相邻的两个碳原子上引入氨基和羧基。

芳环上基团的引入无非是直接引入和间接引入。能在苯环上直接引入的基团主要有—X（卤素）、$—NO_2$、$—SO_3H$、—R（烃基）、—COR（酰基）等。间接引入的基团是将直接引入的基团设法转化为目标基团。

氨基和羧基一般不直接引入芳环。通常苯环上氨基的引入可采用硝基还原方式间接引入，而羧基也可通过烃基的氧化间接引入。分析如下。

分析 1：设计时的一个问题是先引入$—NH_2$ 还是—COOH，因为两者的“前体”对应为$—NO_2$，$—CH_3$，甲基是邻对位定位基，硝基是间位定位基，两者处于邻位，故应由甲基定位硝基。于是逆向推导如下：

COOH NH$_2$ ⟹(FGI) COOH NO$_2$ ⟹(FGI) CH$_3$ NO$_2$ ⟹(FGR) CH$_3$

相应合成路线 1：由甲苯硝化得到邻硝基甲苯，再经氧化得邻硝基苯甲酸，再还原得到邻氨基苯甲酸。

$$\text{C}_6\text{H}_5\text{CH}_3 \xrightarrow[H_2SO_4]{HNO_3} o\text{-CH}_3\text{C}_6\text{H}_4\text{NO}_2 \xrightarrow{[O]} o\text{-HOOCC}_6\text{H}_4\text{NO}_2 \xrightarrow{[H]} o\text{-HOOCC}_6\text{H}_4\text{NH}_2$$

这看上去是一条不错的合成路线。但问题在于由甲苯合成邻硝基甲苯时产物为邻位和对位的混合物（邻硝基甲苯约占三分之二），从而影响了整个合成路线的收率。

分析 2：对于芳环上邻位衍生物的合成，可看作苯环邻位活化后基团的变换，故可以考虑从邻位取代的原料出发进行合成，如从廉价的邻苯二甲酸酐（从这个意义上像喹啉等都可以考虑）。逆向推导如下。

COOH NH$_2$ ⟹(FGI, 霍夫曼重排) COOH CONH$_2$ ⟹ 邻苯二甲酸酐 + NH_3

这里利用了酰胺的霍夫曼重排，将$—NH_2$ 转化为$—CONH_2$，而酰胺可以从羧酸合成。当苯环上邻位有两个羧酸时，很容易想到活性更高的邻苯二甲酸酐。

相应合成路线 2：由苯酐与氨进行胺化反应，生成邻甲酰氨基苯甲酸钠，经次氯酸钠降解反应，生成邻氨基苯甲酸钠，最后中和而得。

$$\text{邻苯二甲酸酐} \xrightarrow{\text{胺化}} o\text{-C}_6\text{H}_4(\text{CONH}_2)(\text{CONa}\text{=O}) \xrightarrow{NaClO} o\text{-C}_6\text{H}_4(\text{NH}_2)(\text{CONa}\text{=O}) \xrightarrow{H^+} o\text{-C}_6\text{H}_4(\text{NH}_2)(\text{COH}\text{=O})$$

与邻苯二甲酸酐相似的是邻苯二甲酰亚胺，由此出发也可以合成邻氨基苯甲酸。

合成路线 3：即由邻苯二甲酰亚胺用烧碱和次氯酸钠溶液处理而制得：

$$\text{邻苯二甲酰亚胺} \xrightarrow{NaOH} o\text{-C}_6\text{H}_4(\text{CONH}_2)(\text{CONa}\text{=O}) \xrightarrow{NaClO} o\text{-C}_6\text{H}_4(\text{NH}_2)(\text{CONa}\text{=O}) \xrightarrow{H^+} o\text{-C}_6\text{H}_4(\text{NH}_2)(\text{COH}\text{=O})$$

实际上，合成路线3与合成路线2非常相近，只不过合成路线2的起始出发物邻苯二甲酸酐更为常用。

小李：邻苯二甲酰亚胺可以从邻苯二甲酸酐合成，两者实际上是殊途同归。

陈老师：当合成路线不止一条时，需要综合而科学地考察设计出的每一条路线的利弊，择优选用。很显然，合成路线2相对是合理的路线，这也是生产上的合成路线。小试合成就选择该路线。

这里主要涉及两个单元反应：胺化反应和霍夫曼重排反应。欲在小试合成中做好这两个反应，就必须对胺化反应和霍夫曼重排反应过程的情况作详细了解。

知识点拨

1. 胺化反应

胺化也称氨解或氨基化，是指含有不同活性官能团的有机物与胺化剂作用，生成胺类的化学过程。例如苯系芳烃胺化可制备苯胺。反应通式如下：

$$R—Y+NH_3 \longrightarrow R—NH_2+HY$$

其中氨解指的是氨与有机化合物发生复分解而生成伯胺的反应，氨与双键加成反应只能叫胺化而不能叫氨解。

胺化按被置换基团的不同，可分为卤化物的胺化，羟基化合物的胺化，羰基化合物的胺化，磺酸基化合物的胺化和硝基化合物的胺化。

知识点拨

2. 胺化试剂

胺化反应常用液氨、氨水、气态胺或其他含氨基化合物作胺化剂。

（1）液氨　氨在常温、常压下是气体。将氨在加压下冷却，使氨液化即可装入钢瓶，以便贮存、运输。钢顶上装打两个阀门，一个阀门在液面上，用来引出气态氨：另一个阀门用管子插入液氨中，用于引出液氨。

液氨的临界温度是132.9℃，这是氨能保持液态的最高温度。但是，液氨在高压下可溶解于许多液态有机化合物中。因此，如果有机化合物在反应温度下是液态的，或者氨解反应要求在无水有机溶剂中进行，则需要使用液氨作氨解剂。这时即使氨解温度超过132.9℃，氨仍能保持液态。另外，有机反应物在过量的液氨中也有一定的溶解度。

液氨主要用于需要避免水解副反应的氨解过程。例如：2-氰基-4-硝基氯苯氨解制2-氰基-4-硝基苯胺时，为了避免氰基的水解，要用液氨在氯苯溶剂中进行氨解。

$$\text{(2-Cl, 1-CN, 4-}NO_2\text{ benzene)} + 2NH_3 \xrightarrow[\text{高温、高压}]{\text{液氨，有机溶剂}} \text{(2-}NH_2\text{, 1-CN, 4-}NO_2\text{ benzene)} + NH_4Cl$$

用液氨进行氨解的缺点是：操作压力高，过量的液氨较难再以液态氨的形式回收。

（2）氨水　氨水又称阿摩尼亚水，为无色透明液体，是氨气的水溶液。主要成分为 $NH_3 \cdot H_2O$，有强烈的刺激性气味。氨水受热或见光易分解，极易挥发出氨气。浓氨水对呼吸道和皮肤有刺激作用，并能损伤中枢神经系统。氨水具有弱碱性。氨在水中的溶解度见表 9-2。

表 9-2　氨在水中的溶解度（0.1MPa）

温度/℃	0	10	20	30	40	50	60	70	80	90
gNH_3/100g 溶液	47.4	40.7	34.1	29.0	25.3	22.1	19.3	16.2	13.3	10.2

为了减少和避免氨水在贮存运输中的挥发损失，工业氨水的浓度一般为 25%。在压力下，氨在水中的溶解度增加。因此，使用氨水的氨解反应可在高温、高压下进行。这时甚至可以向 25%氨水中通入一部分液氨或氨气以提高氨水的浓度。

对于液相胺化过程，氨水是使用最广泛的胺化剂，它的优点是操作方便，过量的氨可用水吸收，回收的氨水可循环套用，适用面广。另外，氨水还能溶解芳磺酸盐以及氯蒽醌氨解时所用的催化剂（铜盐或亚铜盐）和还原抑制剂（氯酸钠、间硝基苯磺酸钠）。氨水的缺点是对某些芳香族被胺化物溶解度小，水的存在有时会引起水解副反应。

用氨水进行的氨解过程，应该解释为是由 NH_3 引起的，而不是由 NH_4OH（即 $NH_3 \cdot H_2O$）引起的。因为水是很弱的“酸”，它和 NH_3 的氢键缔合作用很不稳定，而氢氧化铵是弱碱，它在氨水中的存在量极少。

$$NH_3 + H_2O \rightleftharpoons NH_3 \cdot H_2O \rightleftharpoons NH_4^+ + OH^-$$

由于 OH^- 的存在，在某些氨解反应中会同时发生水解副反应。

（3）其他胺化剂　其他胺化剂主要有气态氨、含氨基化合物等。气态氨用于气固相接触催化氨解和胺化。含氨基的化合物如尿素、碳酸氢铵、羟胺和芳胺等，只用于个别氨解和胺化反应。

本情境中可以选氨水作胺化剂。

知识点拨

3. 霍夫曼重排反应

酰胺与次氯酸钠（或次溴酸钠）反应，失去羰基，生成减少一个碳原子的伯胺，这一反应称霍夫曼重排，由于反应生成少 1 个碳原子的胺，该反应又称霍夫曼降解。反应通式如下。

$$R—CONH_2 + NaOX + 2NaOH \longrightarrow R—NH_2 + Na_2CO_3 + NaX + H_2O$$

霍夫曼重排是制备伯胺的一种重要方法，使用范围很广，反应物可以是脂肪族、脂环族及芳香族的酰胺。因霍夫曼重排制胺的产率高（以低级脂肪酰胺制备胺的产率最高）、纯度高，工业生产中经常使用。

9.2.3　单元反应过程分析

陈老师：在确定反应路线，选择相应的原料和试剂后，要完成反应还必须制订详细的反应方案。这在工艺上就是明确相应的工艺控制点，显然这对于生产是非常关键的。而反应方案的制订就必须从反应的机理和反应影响因素等方面入手才能把握其要点。

9.2.3.1　苯酐的胺化反应机理及影响因素分析

苯酐与氨的反应式如下。

$$C_6H_4(CO)_2O + 2NH_3 \longrightarrow C_6H_4(CONH_2)(CONH_4)$$

因霍夫曼降解时是以邻氨基甲酰苯甲酸钠为底物，故需要将胺化反应的产物邻氨基甲酰苯甲酸铵与氢氧化钠反应转化为钠盐。

$$C_6H_4(COONH_4)(CONH_2) + NaOH \longrightarrow C_6H_4(COONa)(CONH_2) + NH_3 + H_2O$$

（1）苯酐的胺化反应机理　酸酐的氨解是酰基上的亲核取代反应，其历程遵循酰基亲核反应共同的加成-消除的反应机制。

$$C_6H_4(C^{\delta+}{=}O^{\delta-})(CO)O + :NH_3 \longrightarrow [\text{过渡配合物}] \longrightarrow C_6H_4(C(=O){-}NH{-}H)(C(=O){-}O{-}H)$$

首先是氨的氮原子上孤对电子对酸酐的碳酰基中带部分正电荷的碳原子作亲核进攻，形成过渡配合物，然后酸酐键断裂，而形成羧酰胺和羧酸。反应不可逆，收率较高。

碳酰基是吸电子基，它使酰胺分子中氨基氮原子上的电子云密度降低，不容易再与亲电的酰化剂质点相作用，即不容易生成 N,N-二酰化物。所以，在一般情况下容易制得较纯的酰胺，这和 N-烷基化反应是不一样的。

由于苯酐氨解时产生一分子羧酸，能与氨进一步结合形成铵盐。但由于该羧酸的酸性较弱，氨也是弱碱性，转盐时与 NaOH 反应，很容易生成邻氨基甲酰苯甲酸钠。

由于氨水呈碱性，可使苯酐发生部分水解。

$$C_6H_4(CO)_2O + H_2O \longrightarrow C_6H_4(C(=O){-}OH)_2$$

因氨是强亲核性试剂，氨解的速率远大于水解的速度。如果反应时体系内氨过量较多且浓度较高的话，可将水解副反应降到很低的程度。

（2）苯酐胺化的影响因素

苯酐的胺化反应主要受反应物（苯酐、胺化剂）、传质、温度等因素的影响。

① 苯酐的反应性质　邻苯二甲酸酐俗称苯酐，英文简写为 PA。它是白色鳞片状固体及粉末，或白色针状晶体，相对密度 1.527（4℃），熔点 130.8℃，沸点 284.5℃，易升华，稍溶于冷水，易溶于热水并水解为邻苯二甲酸，溶于乙醇、苯和吡啶，微溶于乙醚。

酸酐的分子结构可以看作羰基和酯基相连，由于酯基的吸电子性，酸酐的羰基碳正电性有所增加，有利于亲电反应的进行，故苯酐在氨解中反应活性较高。

由于羰基双键能与苯环电子云形成共轭，使羰基碳上电性部分转移到苯环上，故苯酐的活性较乙酐为低。

② 氨水的性质　参见知识点拨 2。为了加快氨解速率，并使氨解反应完全，降低反应温度，提高生产能力，一般可以选用较浓的氨水。但是由于受到氨在水中溶解度的限制，配制

高浓度的氨水需要在压力下向反应器中加一部分液氨或氨气；同时在相同温度下，氨的浓度越高，其蒸气压越大。故工业氨解时常用 25%的工业氨水。实际氨解时应根据氨解的难易程度及设备的耐压能力确定氨水的浓度。

③ 胺比及转盐　胺化反应时氨与底物的物质的量之比称为胺比。从反应计量系数看，氨与苯酐的物质的量之比约为 2∶1，产物分子中形成一个酰氨基和一个羧基铵盐。但实际上胺化反应时氨水的用量要超过理论用量的好几倍或更多。

一般来说，加大氨水的用量可提高底物在氨水中的溶解度，改善反应物的流动性，提高反应速率，减少仲胺副产物的生成。但过量的氨水会增加回收的负荷并降低生产能力。一般间歇氨解时氨的用量是 6～15mol，连续氨解时为 10～17mol。

从计量系数上看，转盐时 NaOH 的加入量与苯酐的物质的量相当，即按 1∶1 加入，但为了使铵盐完全转化，NaOH 的量应稍过量。

④ 温度　一般而言，升高温度可以增加有机物在氨水中的溶解度和加快反应速率，对缩短反应时间有利，但温度过高，也会增加副反应的发生，甚至出现焦化现象，同时压力也将升高。

氨解反应是一个放热反应，其反应热约为 93.8kJ/mol，反应速率过快，将使反应热的移除困难，因此对每一个氨解反应都规定有最高允许温度。例如，邻硝基苯胺在 270℃氨解时分解，因此连续氨解温度不允许超过 240℃。

苯酐的氨解比较容易，反应放热，并且氨水易挥发，故要控制反应平稳地进行，反应温度不宜过高。一般地，当温度超过 50℃时苯酐水解速度将有较大幅度的提高。

⑤ 传质的影响　搅拌效应对氨解反应速率的影响有三种情况：a. 两者呈线性关系；b. 无搅拌时反应速率很慢，有搅拌时初期反应速率增加很快，达到一定转速后两者呈线性关系；c. 反应速率与搅拌速率无关。对难溶底物的氨解，大多属于第二种情况，轻微的搅拌可明显提高反应速率。

由于苯酐常温下是固体，微溶于低温的氨水，故搅拌可提高反应速率，同时有利于苯酐的溶解和反应热的传递。

⑥ 主要副反应　主要是苯酐的水解。参见氨解机理部分。转盐时如果 NaOH 过量很多，将可能造成酰胺的水解。

9.2.3.2 霍夫曼重排反应机理及影响因素分析

苯酐氨解后生成邻氨基甲酰苯甲酸钠，该物质在碱性条件下与次氯酸钠发生霍夫曼降解反应的反应式如下。

$$C_6H_4(CONH_2)(COONa) + NaClO + 2NaOH \longrightarrow C_6H_4(NH_2)(COONa) + Na_2CO_3 + NaCl + H_2O$$

(1) 霍夫曼重排反应机理　酰胺霍夫曼重排反应的历程如下。

$$RC(=O)-\ddot{N}H-H \xrightarrow{NaO^-X^+} RC(=O)-N(X)H \xrightarrow{NaOH} RC(=O)-N^-X \longrightarrow RC(=O)-\ddot{N}: \longrightarrow R-N=C=O \xrightarrow[NaOH]{H_2O}$$

酰基氮烯　　异氰酸酯

$$R-N=C(OH)-OH \longrightarrow R-NH-C(=O)-OH \rightleftharpoons R-\overset{+}{N}H(H)-C(=O)-O^- \longrightarrow RNH_2 + CO_2$$

氨基甲酸

历程步骤：①酰胺的卤代，即氮原子上的氢被卤素取代，得到 N-卤代酰胺的中间体（如无碱存在，可以分离出来）。②N-卤代酰胺的N上有两个吸电子基团（卤素和酰基），N原子上的氢具有酸性，在碱作用下，脱去卤化氢，得到一个缺电子的氮原子（氮原子最外层只有六个电子）的中间体酰基氮烯。酰基氮烯很不稳定，容易发生重排。③烷基带着一对电子转移到缺电子的氮原子上，生成异氰酸酯。④异氰酸酯易水解，通过水与羰基的亲核加成、质子转移、互变异构、分子内盐和脱羧而生成伯胺（CO_2 在碱性条件下生成碳酸根离子）。通常认为卤素负离子的离去和烷基的重排是同时发生的，R提供了邻基参与效应。

各步反应均为一级不可逆反应，过程虽然复杂，但霍夫曼降解反应具有很高的产率。如果酰胺的 α-碳是手性碳，反应后手性碳的构型保持不变。总体上看，霍夫曼降解反应属于氧化还原反应，过程以放热效应为主。

因氨的还原性较高，也可以发生被次氯酸钠氧化：

$$NaClO(\text{少量}) + 2NH_3 = N_2H_4 + NaCl + H_2O$$

$$3NaClO(\text{足量}) + 2NH_3 = N_2 + 3NaCl + 3H_2O$$

故反应过程中应没有游离氨的存在。

(2) 霍夫曼重排反应的影响因素

① 酰胺的反应性质　邻氨基甲酰苯甲酸钠含酰氨基，可以发生霍夫曼降解反应。相比于脂肪酰胺，霍夫曼降解反应的活性较低。

② 次氯酸钠的反应性质　次氯酸钠可用于霍夫曼降解反应，次氯酸钠比次溴酸钠价格便宜，工业生产中一般考虑使用次氯酸钠。但相对于次氯酸钠，次溴酸钠反应活性较高，且较稳定。由于次氯酸钠稳定性不高，使用时最好现配现用，以保证次氯酸钠的有效氯≥10%。

固态次氯酸钠为白色粉末，在空气中不稳定，受热后迅速自行分解，放出氧气；次氯酸钠在碱性状态时较稳定。一般工业品是无色或淡黄色液体，易溶于冷水生成烧碱和次氯酸，次氯酸再分解生成氯化氢和新生氧，是强氧化剂。

③ 反应介质条件及加料方式　霍夫曼重排反应是在碱性水溶液中进行的。从反应机理看，每消耗1mol次氯酸钠，需要2mol氢氧化钠，故碱性条件是必需的，且需足量。

因次氯酸钠的氧化性，加料方式上以次氯酸钠加入到酰胺溶液中为宜，这样使得加入到酰胺溶液中不会有多余的次氯酸钠。但也有将底物加入次氯酸钠溶液的报道。

④ 物料比　从反应机理上看，邻氨基甲酰苯甲酸钠与次氯酸钠的物质的量之比应为1∶1，考虑到次氯酸钠容易分解而损耗，实际加量应略过量。因次氯酸钠氧化性强，过量不应太多。

⑤ 温度　由于反应过程中能形成性质很活泼的中间体酰基氮烯，故霍夫曼降解反应开始时温度要低。起始温度一般在0℃以下，反应因放热升温，但不宜超过20℃。低温也有利于次氯酸钠的稳定。反应后期，由于中间体氨基甲酸酯重排需要较高的反应温度，故后期反应要在较高温度下进行，一般在70℃以上。

⑥ 搅拌　由于是均相反应体系，搅拌对反应的影响不太大。但搅拌可以更好地控制反应热量的传递，特别是重排阶段，相对稳定的温度对重排反应有利。

⑦ 副反应　一般认为，霍夫曼降解反应具有很高的产率，副反应相对较少。但必须注意，一旦反应条件控制不好，由于反应过程复杂，特别是有活性较高的中间体的形成，将会发生很多副反应。

9.2.4 单元反应后处理策略分析

单元反应完成后，要将反应物中目标产物分离出来，才能完成合成的任务。由于反应物体系的构成千差万别，要进行分离时采用的策略是不尽相同的。

9.2.4.1 胺化反应（及转盐）的后处理

(1) 体系的组成及状态 胺化反应及转盐结束后体系主要为邻氨基甲酰苯甲酸钠、过量的氨、少量钠的水溶液。因氨的存在，溶液中也有少量的游离碱、邻氨基甲酰苯甲酸及邻苯二甲酸铵盐的存在。

(2) 产物分离策略 由于目标产物为固体，主要杂质氨为气体，因此将水溶液浓缩至干即可分离出粗产物。

9.2.4.2 霍夫曼降解反应的后处理

(1) 体系的组成及状态 霍夫曼降解反应后的反应体系中主要组成为邻氨基苯甲酸钠、碳酸钠、氯化钠、过量的氢氧化钠、水以及少量副产物等，以溶液的形式存在。

(2) 产物分离策略 目标产物为邻氨基苯甲酸，故需要将其钠盐中和转化。当溶液中邻氨基苯甲酸分子处于等电荷状态时（即等电点，p*I*），邻氨基苯甲酸的溶解度最低，将从溶液中析出，

$$C_6H_4(NH_2)CONa(=O) \xrightarrow{H^+} C_6H_4(NH_2)COH(=O) \rightleftharpoons C_6H_4(NH_3^+)CO^-(=O)$$

此时 pH≈3～4。特别要注意，酸化时不能酸化过头，因为过量的酸会使得邻氨基苯甲酸重新溶解。

$$C_6H_4(NH_3^+)CO^-(=O) \xrightarrow{H^+} C_6H_4(NH_3^+)COH(=O)$$

需要注意的是，当溶液酸化至 pH 在中性时，碳酸钠转化为碳酸氢钠，继续酸化将释放出 CO_2 而转化。显然，碳酸氢钠的转化将会造成酸的消耗。

9.2.4.3 关于产物的精制

一般考虑用重结晶或真空升华方法精制。

陈老师讲解完，要同学们考虑邻氨基苯甲酸小试合成方案的制订，在车间小试实验室实习时讨论。

9.3 工作过程指导

9.3.1 制订小试合成方案要领

陈老师拿出了一份当初小试组试制邻氨基苯甲酸的文献方案。

在装有搅拌器的四口瓶中，加入 25% 氨水（密度 0.9072g/mL，25℃）36mL (0.24mol)，在此溶液中加入邻苯二甲酸酐 6g (0.04mol)。逐渐升温到 30℃左右，搅拌，直至全部溶解，保温 30min。加入 50% NaOH3.23g，再升温至 60℃，浓缩至干，得约 7.25g 产品。

将所得产物溶于约 20mL 水中，加入 NaOH1.6g。物料冷却至－5～0℃。加入新制备的次氯酸钠溶液。自然升温至 20℃，维持约 45min，加入二次碱，加热至 70℃，维持 20min。

加入 2mL 饱和亚硫酸氢钠溶液，振摇后抽滤。用浓盐酸调 pH 值为 6.5。继续用冰醋酸调节至 pH 值为 4。析出沉淀，过滤得到邻氨基苯甲酸。收率为 88%。

次氯酸钠溶液配制：在 150 mL 锥形瓶中，加入 50%氢氧化钠 12 mL，水 20 mL，混合溶解后，置于冰盐浴中冷至 0℃以下。一次通入氯气 0.94L（0.042mol），摇匀，使氯全部作用制成次氯酸钠溶液，置于冰盐浴中冷却备用。

陈老师：“请大家讨论一下，以此文献方案为参考，如何制订小试合成方案?”

小李：“文献方案相对详尽，但有些细节尚不清楚。其一，氨水的加入比例是如何确定的；其二，加完氨水后如何控制升温的速率；其三，霍夫曼降解反应后为何要加亚硫酸氢钠；其四，反应液用浓盐酸中和至中性后，为何不继续用盐酸而用冰醋酸调节 pH 等。”

小周：“资料上说，胺化反应后氨水应回收套用，但文献方案氨水无法回收了。”

陈老师：“大家看得很仔细。生产上成熟的工艺都是经过小试的试验的基础上千锤百炼而成的，每一次试验都是针对某一项具体的目的而试，不需要穷尽生产中所有的问题。比如氨水过量多少、霍夫曼异构化时间等都需要试验确定。”

小赵：“明白了。”

陈老师：“这里提几点建议，以便对大家制订小试方案时参考。”

9.3.2 单元反应体系构建和后处理纯化建议

9.3.2.1 苯酐胺化反应

(1) 反应体系构建要点

① 反应温度需控制平稳，宜采用水浴控制反应温度；

② 由于氨水易挥发，反应体系需配有回流装置，回流装置出口可以考虑接尾气吸收装置；

③ 反应体系要能中间加料，宜采用多口反应瓶。

(2) 胺化反应控制策略 苯酐的胺化反应主要防止氨水中水带来的水解副反应，因此反应需要控制在较低的温度下进行。由于苯酐不溶于冷水，苯酐应研磨至细后加入到过量的氨水中。反应时逐渐升温反应，由于氨水浓度较高，可很好地抑制水解的速率。当固体物全部溶解后，还应继续反应一段时间才行。

转盐反应相对简单，将气态氨从体系中拔出后，则转盐较彻底。但加入 NaOH 的量不宜多，否则浓缩时的高温可能造成酰胺的水解。

(3) 胺化反应终点的控制 苯酐的胺化反应较快，当原料苯酐溶解完全后继续反应一段时间就能完成。可以测定体系的 pH 值，当 pH 值不再下降时，反应即到终点。也可以用气相色谱对反应进行跟踪。

(4) 胺化反应后处理方法 转盐后可采用蒸馏的方法蒸出氨水，直至固体产物析出。

9.3.2.2 霍夫曼重排反应

(1) 霍夫曼重排反应体系的构建和监控

① 霍夫曼重排反应体系的构建要点

a. 反应初期在低温下进行，故需要配置冰盐浴冷却；

b. 反应后期需要较高温度，故需要配置水浴装置；

c. 为避免反应过程中反应物料的挥发，体系要有回流装置。体系无需避水，普通的回流装置即可；

d. 考虑到加样、测温、搅拌的需要，反应瓶宜选用多口反应瓶。

② 霍夫曼重排反应的控制策略　前期在低温下反应，时间可以长一些，以利于中间体的转化；后期加温速度要快，避免副反应的发生。由于次氯酸钠具有氧化性，而产物胺一般都有还原性，故次氯酸钠的用量不能太多，太多将极大地影响产率。生产上次氯酸钠一般要现制现用，如果时间过长，应当测定有效氯含量后再用。过量的次氯酸钠可用亚硫酸氢钠等还原剂猝灭掉。实验室可以用次溴酸钠代替。

③ 霍夫曼重排反应终点的控制　可以通过高效液相色谱对反应进行跟踪。

(2) 反应液酸化过程及控制　霍夫曼反应结束后，先用浓盐酸中和反应液至中性，再用醋酸酸化至 3～4。醋酸中和碱生成的醋酸钠与醋酸一起构成缓冲体系，有利于邻氨基苯甲酸的沉淀。在中和过程中如果有沉淀，可过滤除去。

9.3.2.3　各单元反应的衔接

因为胺化反应产率较高，转盐完全后，即可进行霍夫曼重排反应。

9.3.2.4　纯化精制的方法

采用重结晶方法纯化，选择水作溶剂。

9.3.3　绘制试验流程图

将复杂的试验方案用相对简单的流程图表示出来，可以更好地把握试验工艺，掌握试验进程，减少出错的机会，这在试验和生产上都是非常必要的。

小试流程图的要点在于突出其中的单元操作，使得在放大时能清晰地对应大生产的操作岗位。本项目小试流程图（仅供参考）可以绘制如图 9-1。

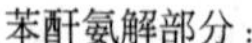

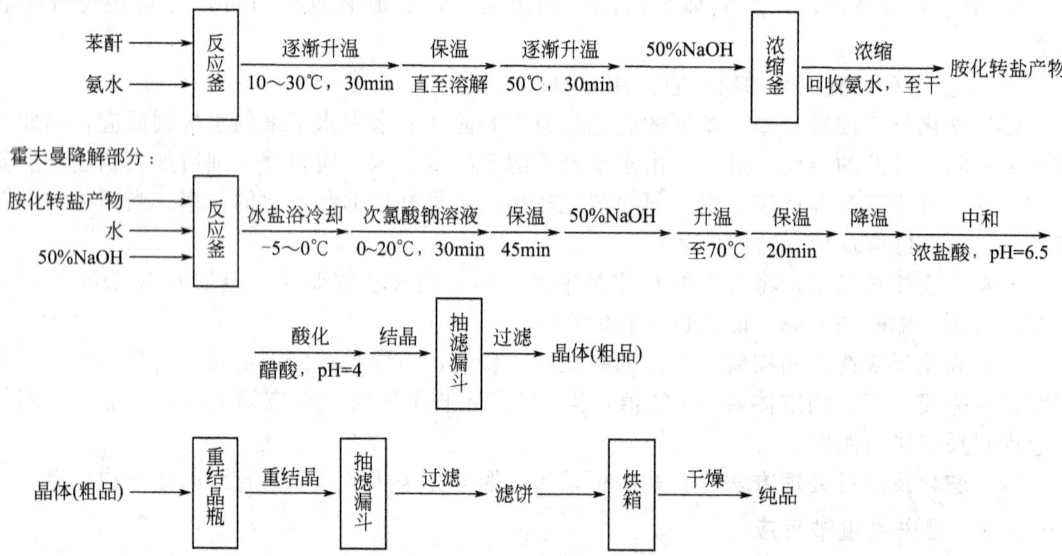

图 9-1　本项目小试流程图（仅供参考）

9.3.4　小试试验装置及其操作

如果小试的规模不太大，就可以使用普通的实验室仪器。普通实验室仪器的优点是通用、适应面广。但必须注意，普通的实验仪器主要以玻璃仪器为主，不能承压，只适用于常

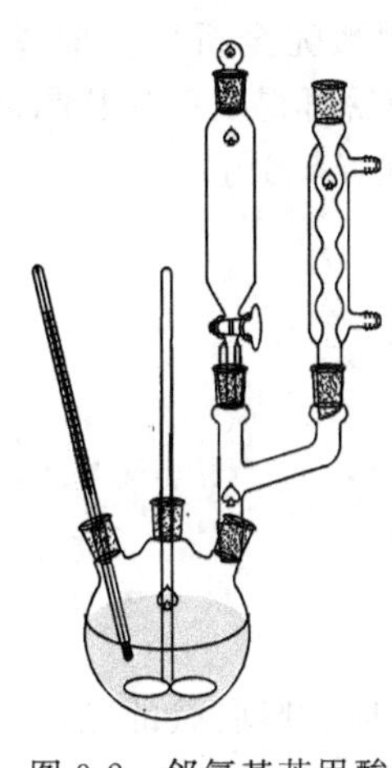
图 9-2　邻氨基苯甲酸合成反应装置

压下进行的反应或操作。如果小试试验需要在压力下进行，则必须配套专门的耐压装置。本项目胺化及霍夫曼重排反应的小试装置完全可以采用实验室仪器，反应装置可参考如图 9-2。

9.3.5　小试合成工艺的评估

参照情境 1，可对工艺路线的收率及产品单耗进行评判。

9.3.6　产物的检测和鉴定

邻氨基苯甲酸的含量可用高效液相色谱测定。色谱柱：Phenomenex C_{18} Gemini（250mm × 4.6mm，5μm），流动相为甲醇-0.5% 磷酸二氢钾溶液（45∶55），用三乙胺调 pH 到 3.0，流速：1.0mL/min；检测波长：243nm。

邻氨基苯甲酸的鉴定如下。

（1）邻氨基苯甲酸的熔点　146～147℃。

（2）红外光谱分析　本品的标准红外谱图如图 9-3。

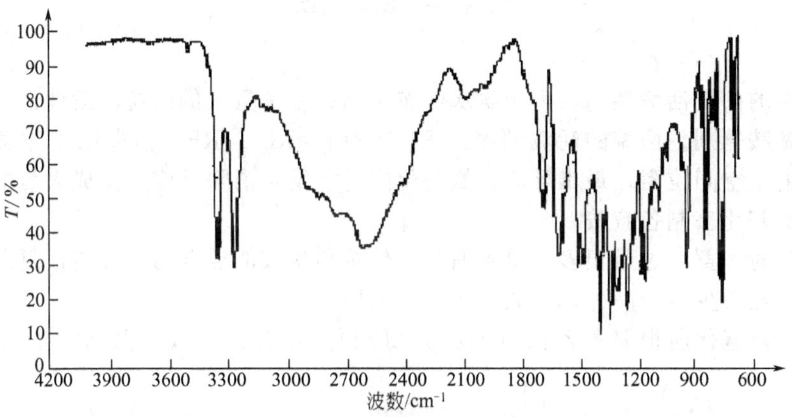

图 9-3　邻氨基苯甲酸红外谱图

更精确的鉴定还需进行质谱、核磁共振图谱（氢谱和碳谱）的鉴定。特别是未知化合物的开发，这些图谱是必需的。有兴趣的同学可以参考相关的专业资料。

9.3.7　技能考核要点

参照情境 1 的考核方式，本情境考核方案如下。

在四口反应瓶中加入新制的次溴酸钠溶液（由 7.2g 溴、7.5g 氢氧化钠，加 30mL 水 0℃下配制），冰盐浴冷却至－5℃，搅拌下慢慢加入 6g 粉状邻苯二甲酰亚胺，迅速加入预先冷至 0℃的 25g22%氢氧化钠溶液。移走冰盐浴，室温下反应。反应液温自动上升，在 15～20min 内使逐渐升温达 20～25℃（必要时加以冷却，尤其在 18℃左右往往有温度的突变，须加以注意!），在该温度保持 10min，再使其在 25～30℃反应 0.5h。此时反应液呈一澄清的淡黄色溶液。

然后在水浴上加热至 70℃，维持 2min。加入 2 mL 饱和亚硫酸氢钠溶液，摇振后抽滤。将滤液转入烧杯，置于冰浴中冷却。在搅拌下慢慢加入浓盐酸使溶液恰成中性（用试纸检验，约需 15 mL)，然后再慢慢加入 6～6.5 mL 冰醋酸，使邻氨基苯甲酸完全析出。抽滤，用少量冷水洗涤。粗产物用热水重结晶，并加入少量活性炭脱色，干燥后可得白色片状晶体 3～3.5g，熔点 144～145℃。纯邻氨基苯甲酸熔点为 145℃。本实验约需 5～6 h。

技能考核要点可参考情境 1 或情境 2 技能考核表自行设计。

9.4 知识拓展

9.4.1 常见氨基化（胺化）方法

9.4.1.1 卤化物的氨基化

(1) 脂肪族卤化物的氨基化 脂肪族卤化物的氨基化属亲核置换反应。脂肪胺的碱性大于氨，反应生成的胺容易与卤烷继续反应，得到伯胺、仲胺和叔胺的混合物。

$$RX \xrightarrow{NH_3} RNH_2 \cdot HX$$

$$RX \xrightarrow{RNH_2} R_2NH \cdot HX$$

$$RX \xrightarrow{R_2NH} R_3N \cdot HX$$

分子量小的卤烷活泼性高，可用氨水做胺化剂；分子量大的卤烷活泼性低，要用液氨或氨的醇溶液做胺化剂。卤烷的活泼顺序是 RI ＞RBr＞RCl＞RF，伯卤烷比仲卤烷容易氨基化，叔卤烷由于空间位阻，最难反应，氨基化同时会发生消除反应，生成大量的烯烃，不宜用叔卤代烷氨基化来制备叔胺。

制备伯胺时，氨水过量很多，得到伯胺、仲胺和叔胺的混合物，分离很复杂，因此，除乙二胺、氨基乙酸少数产品外，多数脂肪胺不采用此法生产。

氯乙酸经氨基化所得氨基乙酸（又称甘氨酸），是有机合成、医药、生物化学的重要原料。

$$ClCH_2COOH \xrightarrow[30\sim50℃、常压]{NH_3} H_2NCH_2COOH$$

当用氨水做胺化剂时冰氯乙酸和氨的摩尔比需要高达 1∶60 才能将仲胺和叔胺的生成量降低到 30%以下。如果在反应液中加入六亚甲基四胺（乌洛托品）作催化剂可以减少氨的用量，并减少仲胺和叔胺的生成量。此法的优点是工艺过程简单，基本上无公害。缺点是催化剂乌洛托品不能回收。

(2) 芳香族卤化物的氨基化 芳香族卤化物的氨基化比卤烷困难，常常要在高温、催化剂和强胺化剂条件下才能反应，当芳环上带有吸电子基团时反应容易得多。当芳环上没有强吸电子基（例如硝基、磺基或氰基）时，卤基不够活泼，它的氨基化需要很强的反应条件并且要用铜盐或亚铜盐做催化剂。当芳环上有强吸电子基时卤基比较活泼可以不用铜催化剂，但仍需在高温高压下氨解。

卤原子活泼性：—F ＞—Cl≈—Br＞—I。这是因为亲核试剂加成形成 σ-配合物是反应速率的控制阶段，氟的电负性最强，最容易形成 σ-配合物。

卤基的催化氨基化反应速率与卤化物的浓度和铜离子的浓度成正比。反应速率虽然与氨水的浓度无关，但是增加氨的含量可降低副产物酚的生成，增加氨的用量还可减少二芳胺的生成。如：

$$\text{2-氯蒽醌} + 2NH_3 \xrightarrow{CuSO_4} \text{2-氨基蒽醌} + NH_4Cl$$

芳环上有强吸电子基的非催化氨基化，广泛应用于制取硝基苯胺及其衍生物，如：

$$\text{邻氯硝基苯} + 2NH_3 \longrightarrow \text{邻硝基苯胺} + NH_4Cl$$

溶剂的性质对多卤蒽醌的氨解产物结构有重要的影响。例如，1,2,3,4-四氟蒽醌与氢化哌啶在苯（非极性溶剂）中80℃反应，得到86%的1-氢化吡啶基衍生物；改用二甲基亚砜做溶剂（强极性溶剂），则得到82%的2-氢化吡啶基衍生物。

9.4.1.2　羟基化合物的氨基化

(1) 醇类的氨基化　醇类与氨在催化剂作用下生成胺类是目前制备低级胺类常用的方法。如由甲醇制备甲胺。大多数情况下醇的氨基化要求较强烈的反应条件，需要加入催化剂（如 Al_2O_3）和较高的反应温度。

$$RCH_2OH + NH_3 \underset{\triangle}{\overset{Al_2O_3}{\rightleftharpoons}} RCH_2NH_2 + H_2O$$

反应生成的伯胺与原料醇进一步反应生成仲胺直至生成叔胺。

$$RCH_2OH + RCH_2NH_2 \rightleftharpoons RCH_2NHCH_2R + H_2O$$

$$RCH_2OH + RCH_2NHCH_2R \rightleftharpoons (RCH_2)_3N + H_2O$$

所得的产物是伯胺、仲胺和叔胺的混合物。采用过量的醇，可生成较多的叔胺，采用过量的氨，则生成较多的伯胺。

醇类的氨基化常在气相、350～500℃和1～15MPa压力下通过脱水催化剂催化下完成，如甲醇（或乙醇）与氢与氨在固体酸性脱水催化剂（如氧化铝）存在下，于高温氨基化得一甲胺、二甲胺及三甲胺的混合物，采用连续精馏可分离产物。高级脂肪醇类的氨解，最好在加压系统中进行，如将十六醇和氨通过装有氧化铝并保持380～400℃的催化反应器，在12.5MPa压力下可制得十六胺。

醇类在脱氧催化剂上进行的氨解是另一重要过程，脱氢催化剂主要采用载体型镍、钴、铁、铜，也可采用铂、钯，氢用于催化剂的活化。例如，在 CuO/Cr_2O_3 及氢的存在下，一些长链脂肪醇与二甲胺反应可得到高收率的叔胺。

$$ROH + (CH_3)_2NH \xrightarrow[220\sim235℃]{H_2/CuO,\ Cr_2O_3} RN(CH_3)_2$$

收率 96%～97%

$R = C_8H_{17}$、$C_{12}H_{25}$ 或 $C_{17}H_{33}$。

通过反应条件的控制，如温度、氨比及压力等，可控制产物组成的分布。

(2) 苯系酚类的氨基化　苯系一元酚的羟基不够活泼，它的氨解需要很强的反应条件。苯系多元酚比较活泼，可在较温和的条件下氨解，但没有工业应用价值。苯系一元酚的氨基化主要用于苯胺和间甲苯胺的生产。

工业上由苯酚制取苯胺的方法称为赫尔（Hallon）合成苯胺法。苯酚气相氨基化合成苯胺的氨解过程为

$$C_6H_5OH + NH_3 \overset{H_2}{\rightleftharpoons} C_6H_5NH_2 + H_2O$$

反应是可逆的，采用过量的氨和较低温度有利于反应进行，生成的苯胺可进一步生成二苯胺（占苯胺的1%～2%）。

$$C_6H_5NH_2 \underset{}{\overset{H_2}{\rightleftharpoons}} C_6H_5\text{—NH—}C_6H_5 + NH_3$$

过量的氨可防止二苯胺的生成。催化剂可用 $Al_2O_3 \cdot SiO_2$ 或 $MgO \cdot B_2O_3 \cdot Al_2O_3 \cdot TiO_2$，也可用含有 CeO_2、VO_3 或 WO_3 等组分的催化剂。反应一般在425℃和20MPa下进行，氢用于催化剂的活化。

(3) 萘酚衍生物的氨解 萘环上β-位的氨基一般不能用硝化还原法、氯化-氨解法或磺化-氨解法来引入。但是，萘环上β-位的羟基却容易通过磺化碱熔法来引入。因此，将萘环β-位羟基转化为β-位氨基的方法就成为从2-萘酚制备2-萘胺衍生物的主要方法。

萘系羟基衍生物在亚硫酸盐存在下的氨解反应称为赫勒反应。例如，

$$\text{(OH)}(NaO_3S)C_{10}H_5\text{—OH} \xrightarrow{NH_3 \cdot (NH_4)HSO_4} \text{(OH)}(NaO_3S)C_{10}H_5\text{—NH}_2$$

蒽醌环上的氨基一般可以通过硝基还原法、氯基氨解法或硝基氨解法来引入。一个特殊的例子是从1,4-二羟基蒽醌的氨解制1,4-二氨基蒽醌。它的氨解条件比较特殊。它要求将1,4-二羟基蒽醌在20%氨水中先用强还原剂保险粉（$Na_2S_2O_4$）还原成隐色体，然后在94～98℃、0.37～0.41MPa进行氨解，得到的产品是1,4-二氨基蒽醌的隐色体。

9.4.1.3 羰基化合物的氨基化

在加氢催化剂存在下，醛和酮等羰基化合物发生氢化胺化反应，得到脂肪胺。

$$RCHO + NH_3 \longrightarrow RCH(OH)NH_2 \xrightarrow[-H_2O]{+H_2} RCH_2NH_2$$

反应生成的伯胺同样也能与原料醛反应，生成仲胺，甚至还能进而生成叔胺。通过调节原料中氨和醛的摩尔比，可以使某一种胺成为主要产物。反应可以在气相进行，也可在液相进行。例如：将乙醛、氨、氢的气态混合物以物质的量的比为1∶(0.4～3)∶5，在100～200℃通过镍-铬催化剂，可得一乙胺、二乙胺和三乙胺的混合物，收率按乙醛投料量计为90%～95%。如果用大大过量的氨，便可由乙醛制备乙胺。

$$CH_3CH{=}O \xrightarrow{+NH_3} CH_3CH(NH_2)\text{—OH} \xrightarrow{-H_2O} CH_3CH{=}NH \xrightarrow{H_2} CH_3CH_2NH_2$$

此外羧酸或羧酸衍生物经氨解生成酰胺后，再经霍夫曼重排反应可以制备胺类。

9.4.1.4 磺酸基和硝基化合物的氨基化

(1) 磺酸基的氨基化 磺基被氨基的置换只限于蒽醌系列。蒽醌磺酸与氨反应时所生成的亚硫酸盐将导致生成可溶性的还原产物，使氨基蒽醌的产率和质量下降，因此，在磺基的氨解中需要有氧化剂存在，例如间硝基苯磺酸、砷酸、硝酸盐等，最常用的氧化剂是间硝基苯磺酸（防染盐），但这些氧化剂会使废水的COD和毒性有所提高。

$$3\ (H_4NO_3S)(SO_3NH_4)C_{14}H_6O_2 + 12NH_3 + 2\ (NO_2)C_6H_4(SO_3Na) + 2H_2O \xrightarrow[180\sim184℃,3.8\sim4MPa]{24\%NH_3,\text{胺比}17}$$

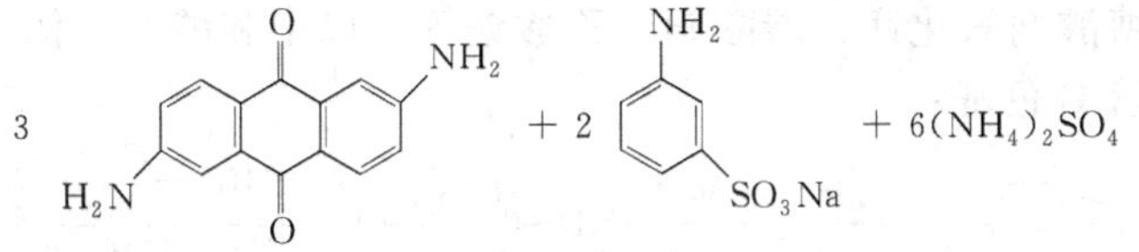

$$3\ \text{(2,6-二氨基蒽醌)} + 2\ \text{(3-氨基苯磺酸钠)} + 6(NH_4)_2SO_4$$

(2) 硝基化合物的氨基化　硝基氨基化主要用于硝基蒽醌合成氨基蒽醌。

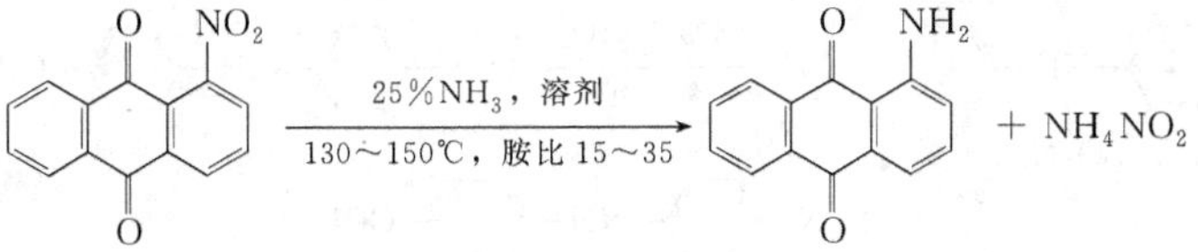

$$\text{1-硝基蒽醌} \xrightarrow[130\sim150℃，胺比\ 15\sim35]{25\%NH_3，溶剂} \text{1-氨基蒽醌} + NH_4NO_2$$

如果氨基化过程中亚硝酸铵大量积累，干燥受热会有爆炸危险，为防止事故，可采用过量氨水，出料后用水冲洗反应器。

碱性介质中，当苯系化合物中至少存在两个硝基，萘系化合物中至少有一个硝基时，可发生亲核取代生成伯胺。如：

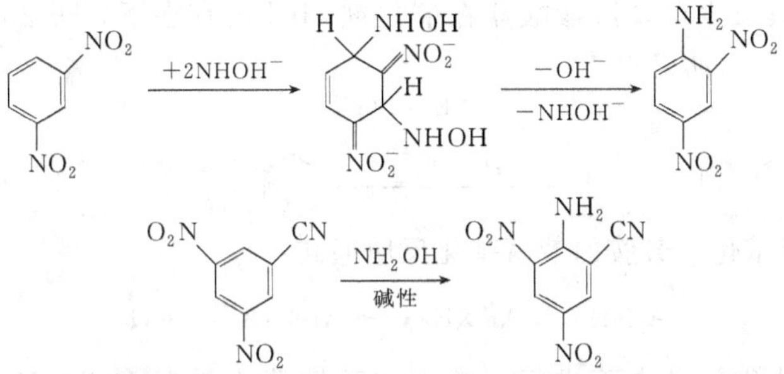

$$\text{间二硝基苯} \xrightarrow{+2NHOH^-} \text{中间体}(NHOH,\ NO_2^-) \xrightarrow[-NHOH^-]{-OH^-} \text{2,4-二硝基苯胺}$$

$$\text{3,5-二硝基苯甲腈} \xrightarrow[碱性]{NH_2OH} \text{2-氨基-3,5-二硝基苯甲腈}$$

9.4.1.5　芳环上的直接氨基化

苯或其同系物与氨在高温、催化剂存在下，可气相催化氨基化生成苯胺，但此方法未工业化。用羟氨或氨基钠做胺化剂是重要的氨基化方法。以羟胺为胺化剂时，按反应条件可分为酸式和碱式两种；按机理又可以分为亲电胺化和亲核胺化两种方法。

(1) 用羟胺的亲电胺化（酸式）　在浓硫酸介质中（有时加钒盐或钼盐催化剂），芳香族原料在 100～160℃与羟胺反应可以向芳环上直接引入氨基。

$$ArH + NH_2OH \longrightarrow ArNH_2 + H_2O$$

它是一个亲电取代反应。当引入一个氨基后，反应容易继续进行下去，可以在芳环上引入多个氨基。

(2) 用羟胺的亲核胺化（碱式）　当芳环上有强吸电子基团（如苯系至少 2 个硝基，萘系至少 1 个硝基），它在碱性介质中可以在温和条件下与羟胺发生亲核取代反应。由于强吸电子基团的作用，使得邻位和对位碳原子活化（体现“核”的性质），这时羟胺是以亲核试剂进攻芳环的，氨基进入吸电子基的邻位或对位。例如：

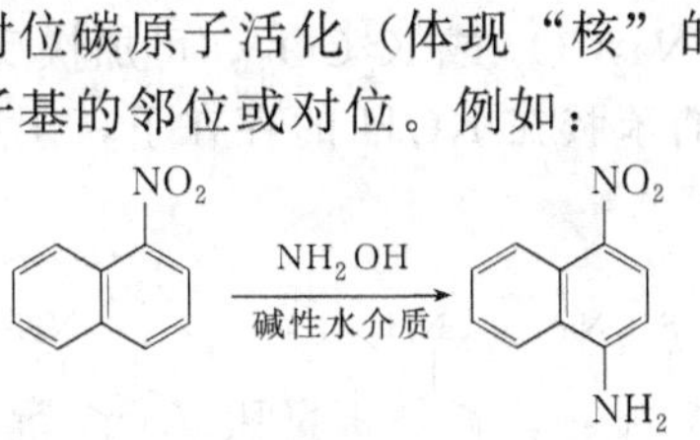

$$\text{1-硝基萘} \xrightarrow[碱性水介质]{NH_2OH} \text{4-硝基-1-萘胺}$$

9.4.1.6　芳氨基化

芳氨基化是指芳胺与卤化物、酚类、芳磺酸、芳胺等含活泼基团的芳香族化合物作用，制取二芳胺的反应。

(1) 芳香族卤化物的芳氨基化　芳香族卤化物的芳氨基化反应通式：

$$ArX + Ar'NH_2 \longrightarrow ArNHAr' + HX$$

反应中常加入缚酸剂氧化镁、碳酸钠、乙酸钠等，以中和酸性。例如，对硝基氯苯经下列路线可制得安安蓝 B 色基：

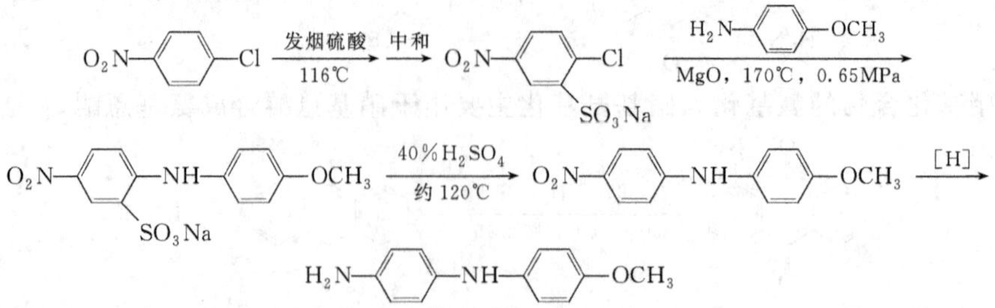

引入磺基是为了提高氯原子的活泼性及增加水溶性。

(2) 芳香族羟基物的氨基化 芳香族羟基物的氨基化反应通式：

$$ArOH + Ar'NH_2 \longrightarrow ArNHAr' + H_2O$$

如 2-萘酚与苯胺及少量苯胺盐酸盐在催化剂 HCl 的存在下，于 200～260℃常压回流，可得到 *N*-苯基-2-萘胺（防老剂 J）

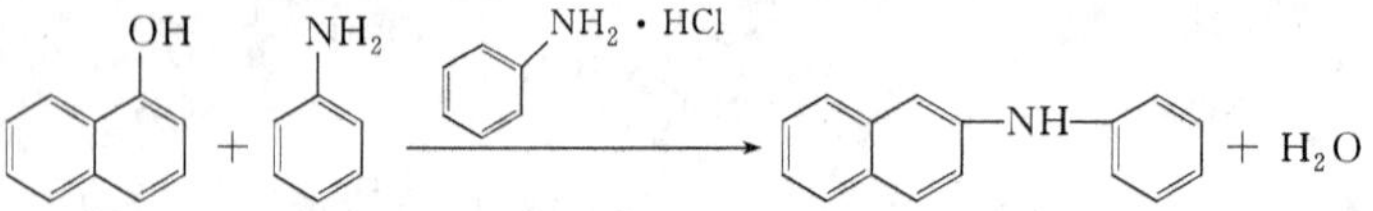

(3) 芳胺的芳氨基化 芳胺的芳氨基化反应通式：

$$ArNH_2 + Ar'NH_2 \longrightarrow ArNHAr' + NH_3$$

反应需在酸性催化剂存在下进行，常用的酸性催化剂有 HCl、H_2SO_4、$NaHSO_3$ 等。若是两种不同的芳胺进行氨基化反应，应使沸点较低的芳胺过量，以缩短反应时间，促使另一种芳胺反应完全。

如：周位酸、苯胺及浓硫酸按物质的量的比为 1∶(7～8)∶(0.3～0.4)，在少量水的存在下，于 160℃回流 12h，可得到苯基周位酸。

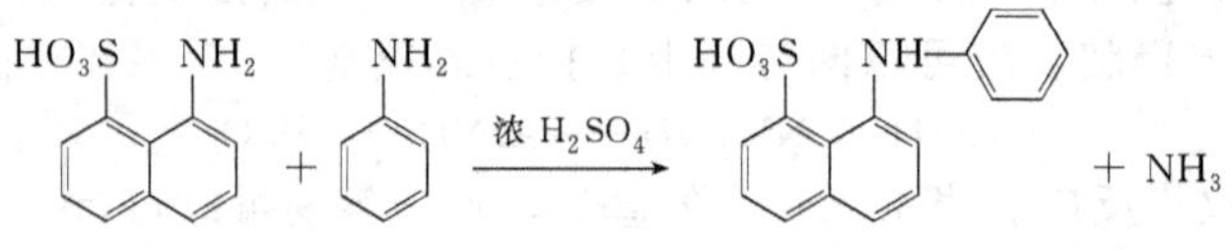

（周位酸）

(4) 芳环上磺酸基的芳氨基化 杂环和蒽醌环上磺酸基比较容易置换，苯和萘环上较难置换，在氢氧化钠和氢氧化钾存在下，不断除去反应生成的水，才可实现苯和萘环上磺酸基的芳氨基化。加入 KF、KCl、Na_2CO_3 或 K_2CO_3，可加快反应速率。

例如，2-萘磺酸钠与过量的苯胺在 KOH 的存在下，于 230℃反应 6h，可得 *N*-苯基-2-萘胺，其收率为 92%。

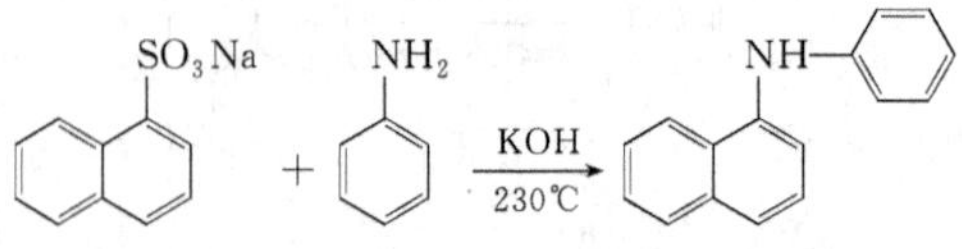

9.4.2 其他氨解方法

9.4.2.1 水解法

① 通过异氰酸酯、脲、氨基甲酸酯以及 *N*-取代酰亚胺的水解，可获得纯伯胺。反应既

可酸催化，也可碱催化。氢氧化钠和氢卤酸是常用的试剂。

$$RNCO + H_2O \longrightarrow RNH_2 + CO$$

$$(RNH_2)_2CO + H_2O \longrightarrow 2RNH_2 + CO_2$$

$$RNH_2COOR' + H_2O \longrightarrow RNH_2 + CO_2 + R'OH$$

在酸或碱催化下，水分子加成到异氰酸酯的 C=N 双键上得到 *N*-取代氨基甲酸，进而裂解成胺和 CO_2。

② 氰酰胺、对亚硝基-*N*,*N*-二烷基苯胺及季亚胺盐的水解，则可得纯仲胺。反应可在酸或碱催化下完成。

$$RNR'CN + 2H_2O \longrightarrow RNHR' + CO_2 + NH_3$$

叔胺与溴化氰反应制得氰酰胺，故可以利用此反应由叔胺制备仲胺。

$$2R_3N + BrCN \longrightarrow R_2N{-}CN + R_4\overset{+}{N}\text{-}\overset{-}{Br}$$

席夫碱利用卤代烷烷基化生成季亚胺盐进一步水解亦可得到仲胺。

$$ArCH{=}NR \xrightarrow{R'X} [ArCH{=}NRR']^+X^- \xrightarrow{H_2O} RNHR'$$

当 R′=Me 时，产率良好，不经分离便可直接烷化。碘代甲烷是最好的烷化剂。

9.4.2.2　加成法

(1) 不饱和化合物与胺的反应　不饱和化合物与伯胺、仲胺或氨反应是合成胺类的一种简便的方法。但不饱和烃（如乙烯）具有较强的亲核性，它们与胺的加成反应较难进行，必须在催化剂存在及较苛刻的条件下才能进行。例如乙烯与氢化吡啶以钠为催化剂于 100℃，1.1MPa 下生成 *N*-乙基哌啶。

$$CH_2{=}CH_2 + \text{哌啶(NH)} \xrightarrow[100℃,\ 1.1MPa]{Na} \text{哌啶}N{-}CH_2CH_3 \quad 77\%\sim83\%$$

在碱金属存在下，共轭二烯与胺的加成比较容易进行。例如苯乙烯与胺反应制得 *N*-取代苯乙烯胺，当苯环上乙烯基的邻位或对位存在吸电子基团时，则反应无需加入催化剂即可进行。

$$C_6H_5CH{=}CH_2 + R^1R^2NH \longrightarrow C_6H_5CH{=}CHNR^1R^2$$

(2) 含氧或氮的环构化合物与胺反应　环氧乙烷与胺反应可得到氨基乙醇。反应在加压下完成，能与环氧乙烷继续发生连串反应得到二乙醇胺。控制反应的配比及反应条件，可做到以某一种产品为主。

$$\text{环氧乙烷} + NH_3 \longrightarrow H_2C(OH){-}CH_2NH_2 \xrightarrow{\text{环氧乙烷}} NH(C_2H_4OH)_2$$

环亚乙基亚胺与氨反应较难进行，需以 $AlCl_3$ 作催化剂。例如将环亚乙基亚胺慢慢加入到含有 $AlCl_3$ 的二正丁胺的苯溶液中，加热下反应，得到 *N*,*N*-二正丁基乙二胺。

$$\text{环亚乙基亚胺} + n\text{-}(C_4H_9)_2NH \xrightarrow[\triangle]{AlCl_3,\ C_6H_6} n\text{-}(C_4H_9)_2NC_2H_4NH_2 \quad 77\%\sim89\%$$

9.4.2.3　重排反应法

除霍夫曼重排外，还有 Curtius 重排、Lossen 重排、施密特重排、联苯胺重排可用于制备胺。

Curtius 重排：酰基叠氮化物在惰性溶剂中加热分解生成异氰酸酯，进一步水解生成胺。

$$R-\overset{\overset{\displaystyle O}{\|}}{C}-Cl + NaN_3 \longrightarrow R-\overset{\overset{\displaystyle O}{\|}}{C}-N_3 \xrightarrow[-N_2]{\triangle} R-N=C=O \xrightarrow{H_2O} R-NH_2 + CO_2$$

Lossen 重排：异羟肟酸或其酰基化物在单独加热或在碱、脱水剂（如五氧化二磷、乙酸酐、亚硫酰氯等）存在下加热发生重排生成异氰酸酯，再经水解、脱羧得伯胺。

$$R-\overset{\overset{\displaystyle O}{\|}}{C}-NH-OH \xrightarrow{-H_2O} R-N=C=O \xrightarrow{H_2O} RNH_2 + CO_2$$

施密特重排：指的是叠氮酸和羧酸在路易斯酸或硫酸的催化下重排生成异氰酸酯并水解生成少一碳伯胺的反应。

$$R-\overset{\overset{\displaystyle O}{\|}}{C}-OH + HN_3 \xrightarrow{H_2SO_4} R-\overset{\overset{\displaystyle O}{\|}}{C}-N_3 \xrightarrow[-N_2]{\triangle} R-N=C=O \xrightarrow{H_2O} R-NH_2 + CO_2$$

联苯胺重排：即 1,2-二芳基肼类在酸催化下重排为 4,4′-二氨基联苯的反应。

$$C_6H_5-NH-NH-C_6H_5 \xrightarrow{H^+} H_2N-C_6H_4-C_6H_4-NH_2$$

上述重排中，以霍夫曼重排最为重要。

9.4.3 邻氨基苯甲酸工业化合成参考流程

邻氨基苯甲酸工业化合成参考流程如图 9-4，仅供制订小试方案时参考。

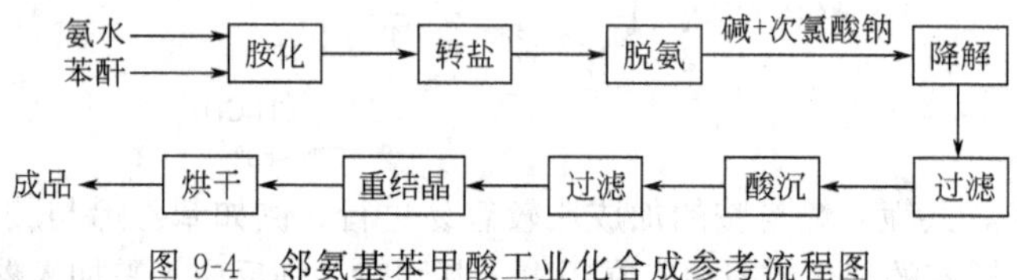

图 9-4 邻氨基苯甲酸工业化合成参考流程图

练习与思考题

1. 什么是胺化反应？胺化反应常用的胺化剂有哪些？各有何特点？
2. 胺化反应的主要影响因素有哪些？各是怎样影响的？
3. 常用的胺化方法有哪些？通过胺化反应可制得哪些化合物？
4. 通过胺化制取的脂肪胺有何特点？
5. 用化学方程式表示由苯制取苯胺的两条合成路线。
6. 写出由丙烯制取 2-烯丙胺的合成路线，并做简要说明。
7. 写出由对硝基氯苯制备 2-氯-4-硝基苯胺的合成路线。
8. 写出由蒽醌制备 1-氨基蒽醌的三条合成路线。
9. 霍夫曼重排反应在制取胺时最大的优点是什么？主要影响因素是什么？
10. 写出由乙烯制备以下脂肪胺的合成路线和各步反应的名称。

(1) $CH_3CH_2NH_2$

(2) $HOCH_2CH_2NH_2$

(3) $H_2NCH_2CH_2NH_2$

情境10

涂料助剂季戊四醇的合成（缩合、还原反应）

学习目标与要求

知识目标

了解季戊四醇的合成路线及合成过程中的安全环保知识；掌握醛缩合、还原反应过程、分离过程的知识和产品鉴定的方法。

能力目标

能对季戊四醇进行资料检索，能根据季戊四醇的合成路线及羟醛缩合、还原反应的特点制订合成方案，并通过实验拿出符合要求的产品。

情感目标

充分调动学生的学习积极性、创造性，增强化工合成职业素质养成，使学生在学习过程中培养团结协作、严谨求实与锲而不舍的精神。

10.1 情境引入

实习生小王、小张和小林三人来到季戊四醇生产工段实习，本工段负责生产的徐工接待了他们，在实习期间，实习生们将要完成季戊四醇制备工艺的学习，参加模拟顶岗实习，在实验室条件下以小试的形式进行实践。

实习生们准时来到徐工的办公室，徐工交给他们一份拟订好的实习计划，上面列出了小王他们实习期间要完成的工作和注意事项。小王打开了实习计划，浏览了上面的主要内容（与前面实习的内容大体相仿，不过产品换成了季戊四醇）。

10.2 任务解析

徐工检查了小王等资料检索情况。

小王：“季戊四醇，别名四羟甲基甲烷、四羟甲基烷、单季戊四醇，常温下为白色粉末状结晶，熔点261～262℃，沸点276℃（4.0kPa），相对密度1.399（25/4℃），溶于水、乙醇、甘油、乙二醇、甲酰胺。不溶于丙酮、苯、四氯化碳、乙醚和石油醚等。可燃，易被一般有机酸酯化。”

小张：“本品大量用于涂料工业生产醇酸树脂，合成高级润滑剂、增塑剂、表面活性剂以及医药、炸药等原料。"

小林："资料上说，季戊四醇以甲醛和乙醛为原料，在碱催化剂存在下缩合反应而得。"

徐工："大家说得不错。现在我们从小试开始了解季戊四醇产品开发的过程。"

10.2.1 产品开发任务书

徐工拿出了一份公司邻甲氧基苯胺的产品开发任务书，如表10-1。

表10-1 季戊四醇产品开发任务书

编号：××××××

项目名称	内容	技术要求		执行标准
		专业指标	理化指标	
季戊四醇产品小试试制	以生产原料进行季戊四醇小试合成，对合成工艺进行初步评估	中文名称：季戊四醇 英文名称：pentaerythritol(缩写为PER) 别名：四羟甲基烷 CAS号：115-77-5 分子式：$C_5H_{12}O_4$ 分子量：136.15	外观：该产品为白色粉末状结晶 熔点：261～262℃ 沸点：276℃(4.0kPa) 相对密度：1.399(25℃/4℃) 燃点：<370℃ 溶解性：溶于水、乙醇、甘油、乙二醇、甲酰胺等	GB/T 7815—2008
市场服务对象		×××化工公司		
进度要求		1～2周		
项目负责人			开发人员	
下达任务人		技术部经理	日期：	
		技术总监	日期：	

注：一式三联，一联交技术总监留存，一联交技术部经理，一联交项目负责人。

徐工：在企业里，有关产品研发的项目必须经过主管部门批准后方可以进行试验。一般都需要下发正式的文件或任务书。在任务书中必须明确项目的内容、要求及相关标准。可以转接科研院所的项目也可以自行开发。

10.2.2 季戊四醇的合成路线设计

(1) 季戊四醇的分子结构分析

徐工：首先根据季戊四醇的CAS号查阅其分子结构式。

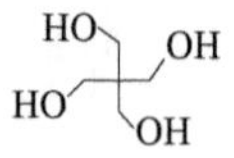

HO OH HO OH

目标化合物基本结构为含季碳原子的多元醇，具有一定的对称性。

(2) 季戊四醇的合成法路线分析

徐工：采用逆向合成法对于季戊四醇的合成路线分析如下。

如果在季戊四醇的中心作任一切断：

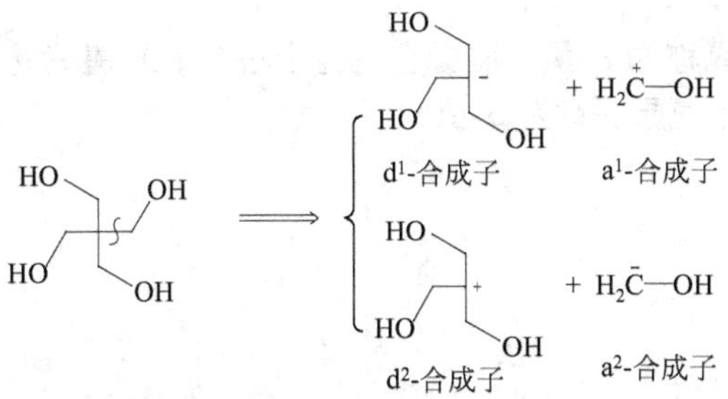
d¹-合成子
a¹-合成子
d²-合成子
a²-合成子

所得的合成子 d^1 或 a^2 均很难找到对应的等价试剂。因此逆向合成设计时可考虑将季戊四醇的一个羟甲基转换为羰基，则目标化合物转化为 β-取代醛的结构（属于1,3-二官能团化合物）：

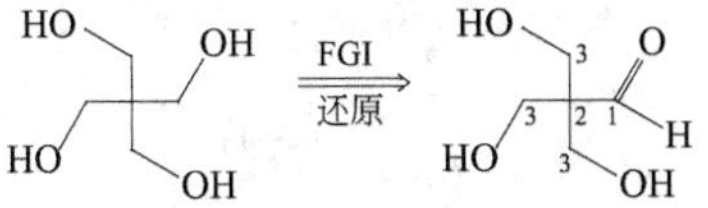
FGI
还原

依次切断3个羟甲基，则对应合成子等效试剂为甲醛和乙醛。

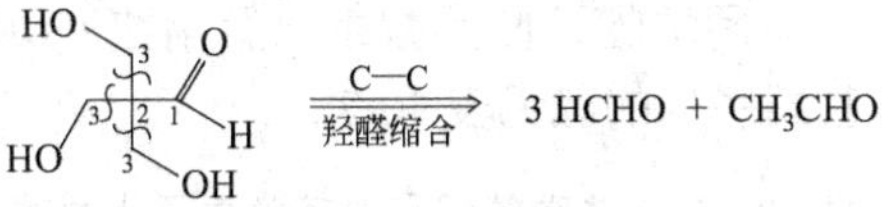
C—C
羟醛缩合
3 HCHO + CH₃CHO

相应的合成路线如下：

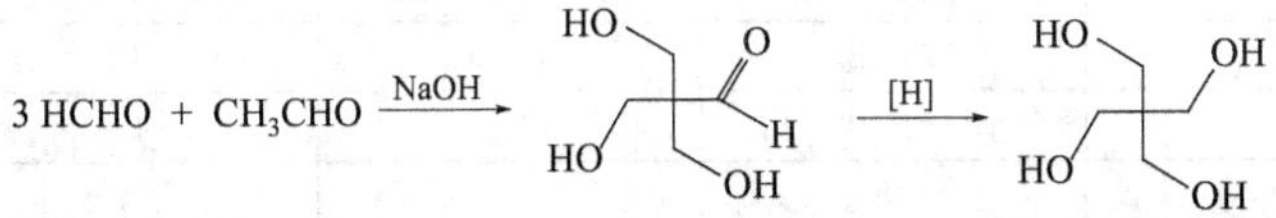
3 HCHO + CH₃CHO
NaOH
[H]

徐工：目前季戊四醇的生产路线采用的正是上述合成路线。但即便同样的合成路线，由于采用的原料不同，实现的工艺手段不同，相应的生产方法也一样。传统生产方法“钠法”、“钙法”两种，但存在副产物甲酸钠量大、腐蚀性强、设备腐蚀严重、生产过程中有机废水排放量大、对环境污染大等不足之处，因此还开发了离子交换树脂催化法、混合碱法、缩合加氢法、连续法合成工艺、电渗析法合成方法等。这些方法中又以混合碱法和缩合加氢法最为绿色环保。

小张：季戊四醇生产中羟醛缩合部分改进的余地似乎不大，关键是还原部分。

徐工：对！传统工艺最大的弱点在于副产物甲酸钠的用途不太大，从原子经济的角度看浪费太多。但从工艺设计的角度看，这种工艺的独到之处在于它非常巧妙地利用了原料（甲醛）的不同反应特性，在“一锅法”中完成了两步反应。

这里主要涉及两个单元反应：羟醛缩合反应和还原反应（康尼查罗反应）。欲在合成中做好羟醛缩合反应和康尼查罗反应，就必须对反应过程的情况作详细了解。

知识点拨

1. α-碳和α-氢

有机化学中，常用α、β、γ等来标记原子顺序，α位是“第一个”的意思。与官能团相连的第一个碳叫α-碳，第二个叫β-碳，第三个叫γ-碳，以此类推。在羰基化合物中，α-碳是指与羰基相连的第一个碳。

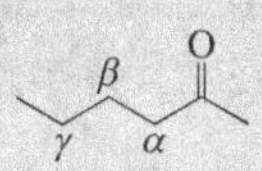
β
γ
α

α-碳原子上连接的氢称为 α-氢。比如在乙醛分子中，羰基旁边的甲基碳原子为 α-碳原子，甲基碳上连着的 3 个氢原子均为 α-氢原子

$$\begin{array}{c} \alpha\text{-H} \\ \text{H}\quad\text{O} \\ \alpha\text{-H}\ \ |\alpha\ \ \| \\ \text{H—C—C—H} \\ | \\ \text{H} \\ \alpha\text{-H} \end{array}$$

再如苯甲醛分子中，羰基连着的苯环上的碳原子也称为 α-碳原子，但该碳原子上没有氢。因此苯甲醛为不含 α-氢的醛。

$$C_6H_5\overset{\alpha}{-}\overset{O}{\overset{\|}{C}}-H$$

一般来说，α-氢的性质比较活泼。羰基化合物的 α-氢具有酸性，在碱的作用下能脱去。碳氢酸的酸性（脱质子能力）可用酸的酸度系数或离解常数（pK_a）表示，pK_a 值越小则酸性越强。一些碳氢酸和对其脱质子化的碱见表 10-2。

表 10-2 一些碳氢酸和对其脱质子化的碱

碳氢酸	pK_a	碱	共轭酸的 pK_a	来源
R-H	约 42	BuLi	42	易获得
Ar-H	约 40	ArLi	约 40	PhLi 易获得
$CH_2=CHCH_3$	38			
$MeSOCH_3$(DMSO)	35	$MeSOCH_2^-$	35	DMSO + Na
Ph_3CH	30	Ph_3C^-	30	
CH_3CN	25			
CH_3CO_2Et	25			
CH_3COR	20			
CH_3COAr	19	t-BuOK	19	易获得
$Ph_3P^+-CH_3$	18	EtO^-，MeO^-	18	ROH + Na
$ClCH_2COR$	17			
$PhCH_2COPh$	16	HO^-	16	易获得
$MeCOCH_2CO_2Et$	11			
CH_3NO_2	10	PhO^-	10	易获得
$EtO_2C\ CH_2CN$	9			
$Ph_3P^+CH_2CO_2Et$	6	$NaHCO_3$	6	易获得

知识点拨

2. 关于缩合反应和羟醛缩合（Aldol 缩合）

缩合（condensation）是精细有机合成地位非常重要的一类单元反应。缩合反应的含义非常广泛，很难像氯化、硝化、氧化、还原等反应下一个确切的定义。一般来说，缩合是指两个或两个以上分子通过生成新的碳-碳、碳-杂原子或杂原子-杂原子键，从而形成较大的单一分子的反应。缩合反应可以是加成缩合（无小分子脱除），也可以伴随着脱去某一简单分子，如 H_2O、HX、ROH、NH_3 等。

含有α-氢的醛或酮，在酸或碱的催化下生成β-羟基醛或酮类化合物的反应统称为羟醛缩合（或 Aldol 缩合）反应。反应通式如下。

$$RCH_2\overset{O}{\overset{\|}{C}}R' + RCH_2\overset{O}{\overset{\|}{C}}R' \xrightleftharpoons{H^+ 或 B^-} RCH_2\overset{OH}{\overset{|}{\underset{R'}{\underset{|}{C}}}}-\overset{O}{\overset{\|}{\underset{R}{\underset{|}{CH}}C}}R'$$

β-羟基醛（酮）

羟醛缩合反应可分为同分子醛、酮自身缩合和异分子醛、酮交叉缩合两大类，它们在工业上都有重要用途。

羟醛缩合反应可被酸或碱催化，且催化剂对反应影响较大，通常碱催化剂应用较多。所使用的碱可以是弱碱（如 NaOAc、$NaHCO_3$、Na_2CO_3、Na_3PO_4 等），也可以是强碱［如 NaOH、KOH、NaOEt、NaOMe、$Al(t\text{-}BuO)_3$ 等］，以及碱性更强的 NaH 和 $NaNH_2$ 等。强碱一般用于活性差、位阻大的反应物之间的缩合（如酮酮缩合），并在非质子溶剂中进行。碱的用量和浓度对产物的收率及质量均有影响。浓度太小、反应速率慢；浓度过大或用量太多，易引起树脂化副反应。

羟醛缩合所用的酸催化剂有盐酸、硫酸、对甲苯磺酸、阳离子交换树脂、三氟化硼等路易斯酸。但其应用不如碱广泛。

本情境为方便起见，可选用 NaOH 作催化剂。

知识点拨

3. 康尼查罗反应

康尼查罗反应是指不含α-氢原子的脂肪醛、芳醛或杂环醛类在浓碱作用下醛分子自身同时发生氧化与还原反应，生成相应的羧酸（在碱溶液中生成羧酸盐）和醇的有机歧化反应。下面的反应都属于康尼查罗反应。

$$2\ HCHO \xrightarrow{NaOH} CH_3OH + HCOOH$$

$$2\ C_6H_5\text{—}CHO \xrightarrow{NaOH} C_6H_5\text{—}CH_2OH + C_6H_5\text{—}COOH$$

$$2\ C_4H_3O\text{—}CHO \xrightarrow{NaOH} C_4H_3O\text{—}CH_2OH + C_4H_3O\text{—}COOH$$

因甲醛的还原能力较强，甲醛和与其他不含α-氢原子的醛作用时，甲醛总是被氧化成甲酸，其他醛被还原为相应的醇。如：

$$HCHO + CH_3CHO \xrightarrow{NaOH} HCOOH + CH_3CH_2OH$$

10.2.3 季戊四醇合成过程单元反应过程分析

徐工：在确定反应路线，选择相应的原料和试剂后，要完成反应还必须制订详细的反应方案。这在工艺上就是明确相应的工艺控制点，显然这对于生产是非常关键的。而反应方案的制订就必须从反应的机理和反应影响因素等方面入手才能把握其要点。

10.2.3.1 甲醛乙醛羟醛缩合反应

过量的甲醛与乙醛在氢氧化钠为催化剂的条件下进行羟醛缩合，反应式如下。

$$CH_3CHO + HCHO \xrightleftharpoons{OH^-} HOCH_2CH_2CHO$$

$$HOCH_2CH_2CHO + HCHO \xrightleftharpoons{OH^-} (HOCH_2)_2CHCHO$$

$$(HOCH_2)_2CHCHO + HCHO \xrightleftharpoons{OH^-} (HOCH_2)_3CCHO$$

(1) 甲醛乙醛羟醛缩合反应的机理 在反应中，乙醛含有 α-氢，首先在强碱催化下生成负碳离子，

$$CH_3CHO + OH^- \xrightleftharpoons{慢} \left[\overset{-}{C}H_2CHO \longleftrightarrow CH_2{=}CH{-}O^-\right] + H_2O$$

生成的负碳离子很快与甲醛的羰基发生亲核加成而得到产物 β-羟甲基乙醛。

$$H{-}CHO + \overset{-}{C}H_2CHO \xrightleftharpoons{快} H{-}\underset{H}{\overset{O^-}{C}}{-}CH_2CHO \xrightleftharpoons{+H_2O} H{-}\underset{H}{\overset{OH}{C}}{-}CH_2CHO + OH^-$$

反应中，乙醛提供负碳离子，称为亚甲基组分；甲醛提供羰基，称为羰基组分。β-羟基丙醛也含有 α-氢，在碱的作用下继续生成负碳离子，继续与甲醛的羰基发生亲核加成而得到产物二羟甲基乙醛，二羟甲基乙醛仍含有 α-氢，继续反应得到产物三羟甲基乙醛。

$$\underset{CH_2OH}{CH_2}{-}CHO + OH^- \xrightleftharpoons{慢} \left[\underset{CH_2OH}{\overset{-}{C}H}{-}CHO \longleftrightarrow \underset{CH_2OH}{CH}{=}CH{-}O^-\right] + H_2O$$

$$H{-}CHO + \underset{CH_2OH}{\overset{-}{C}H}{-}CHO \xrightleftharpoons{快} H{-}\underset{H}{\overset{O^-}{C}}{-}\underset{CH_2OH}{CH}{-}CHO \xrightleftharpoons{+H_2O} HOCH_2{-}\underset{CH_2OH}{CH}{-}CHO + OH^-$$

$$HOCH_2{-}\underset{CH_2OH}{CH}{-}CHO + OH^- \xrightleftharpoons{慢} \left[HOCH_2{-}\underset{CH_2OH}{\overset{-}{C}}{-}CHO \longleftrightarrow HOCH_2{-}\underset{CH_2OH}{C}{=}CH{-}O^-\right] + H_2O$$

$$H{-}CHO + \underset{CH_2OH}{\overset{CH_2OH}{\overset{-}{C}}}{-}CHO \xrightleftharpoons{快} H{-}\underset{H}{\overset{O^-}{C}}{-}\underset{CH_2OH}{\overset{CH_2OH}{C}}{-}CHO \xrightleftharpoons{+H_2O} HOCH_2{-}\underset{CH_2OH}{\overset{CH_2OH}{C}}{-}CHO + OH^-$$

各步反应都是平衡反应。决定反应速率的是 α-氢的解离步骤。最终反应产物由各平衡反应的平衡常数决定。反应热效应不大。

(2) 影响甲醛乙醛羟醛缩合反应的因素

① 反应原料的性质

a. 甲醛的反应性质　甲醛是一种无色，有强烈刺激性气味的气体。熔点－118℃，沸点－19.5℃。易溶于水、醇和醚。通常以水溶液形式出现，35%～40%的甲醛水溶液叫做福尔马林。甲醛有毒性，使用时注意。

甲醛是结构最简单的醛类，羰基的空间位阻很小，故羰基碳原子的亲电性非常强，性质

非常活泼。甲醛不含 α-氢，与含 α-氢的羰基化合物缩合时不会发生交叉缩合，可得到较高收率的产物。

b. 乙醛的反应性质　乙醛又名醋醛，是无色、有刺激性气味的液体，熔点 −121℃，沸点 20.8℃，相对密度 0.7834（18/4℃），可溶于水、乙醇、乙醚、丙酮和苯。易燃，易挥发。

乙醛由于羰基碳原子上接有供电子基团甲基，羰基碳的亲电性有所减弱，活性不及甲醛。甲基上三个氢都是 α-氢，在碱性条件下都能解离，形成亲核能力很强的碳负离子，因而缩合反应的能力较强。

缩合后，由于羟甲基羟基氧的吸电子能力强，羟甲基的碳原子呈一定的正电性，对 α-氢的解离有利，因此缩合产物的反应能力有所提高。

② 碱催化剂的影响　从反应机理上看，乙醛的 α-C 在碱作用下脱 α-H 是一个平衡反应，碱的浓度越高，产生的碳负离子越多，因此提高碱的加入量对羟醛缩合有利。但碱的浓度过高，将引起甲醛的康尼查罗反应及其他副反应，故碱的加入量要适当增加。一般来说，缩合时要控制介质 pH 值在 13 左右，故碱的加入量要与之相适应。

③ 反应介质　所有反应物都溶于水，可以水作为反应介质，反应体系为均相体系。

④ 加料方式　因乙醛在碱性条件下能发生自缩合，因此碱不能直接与乙醛混合；甲醛在低温时康尼查罗反应速率不大，故可以先将碱加入到甲醛溶液中，然后再加入乙醛溶液，也可以向甲醛溶液中同时加入碱和乙醛溶液。

⑤ 配料比　由于羟醛缩合反应是平衡反应，故适当提高某一反应物浓度可以让平衡向正方向移动。这里由于乙醛含 α-H，如果乙醛过量会导致自身缩合的问题，故只能提高不含 α-氢的甲醛的用量。按照缩合反应计量系数看，甲醛：乙醛的摩尔比应该在 3：1 左右，实际比例可达（13～15）：1 左右。过量的甲醛也为下一步康尼查罗反应的原料。

⑥ 反应温度　资料表明，羟醛缩合的热效应不太大，降低温度对正反应有利。提高反应温度可以提高反应速率，但造成的其他副反应也多，比如温度较高时羟甲基乙醛脱水生成丙烯醛。

$$HOCH_2CH_2CHO \xrightarrow{\triangle} CH_2{=}CHCHO + H_2O$$

故适当的低温对反应是必要的。一般来说，缩合反应时，控制反应温度在 20～25℃为宜。

⑦ 反应压力　缩合反应一般在常压下进行，但甲醛和乙醛的蒸气压均很高，适当增加压力对缩合反应进行是有利的。

⑧ 传质的影响　虽然反应体系为均相体系，但为防止加料时体系中局部浓度的差异，反应时适当搅拌对反应有利。

⑨ 副反应　在强碱条件下主要的副反应如下：

$$2HCHO + NaOH \longrightarrow HCOONa + CH_3OH$$

$$2CH_3CHO \xrightarrow{OH^-} CH_2CH(OH)CH_2CHO$$

$$CH_3OH + HCHO \xrightarrow{OH^-} CH_2{=}CHCHO \xrightarrow{CH_3OH + 2HCHO} CH_3OCH_2C(CH_2OH)_2CHO$$

10.2.3.2 三羟甲基乙醛的还原反应

三羟基乙醛在强碱条件下与甲醛发生作用，被还原为季戊四醇（PER），反应式如下。

$$(HOCH_2)_3CHO + HCHO + NaOH \longrightarrow C(CH_2OH)_4 + HCOONa$$

(1) 康尼查罗反应机理

一般认为康尼查罗反应机理包括 OH^- 与醛羰基的亲核加成和质子的转移两部分。目前有两种看法，一种认为 OH^- 和羰基进行亲核加成，产生氧负离子，由于氧负离子的强供电子性能，使羰基碳原子带高密度电荷，排斥电子的能力加强，使碳上的氢带着一对电子以负离子形式转移到另一醛分子的羰基碳原子上。

$$R-\overset{\overset{\large O}{\|}}{C}-H \xrightarrow[快]{OH^-} \underset{(\text{i})}{R-\overset{O^-}{\overset{|}{\underset{OH}{\underset{|}{C}}}}-\!:H} + \overset{H}{\overset{|}{\underset{O}{\underset{\|}{C}}}}-R \xrightarrow{慢} RCOOH + RCH_2O^- \longrightarrow RCOOH^- + RCH_2OH$$

另一种历程则认为醛在碱作用下，生成氧负离子后，在强碱中可再失去一个质子生成双氧负离子。

$$R-\overset{\overset{\large O}{\|}}{C}-H \xrightarrow[快]{OH^-} \underset{(\text{i})}{R-\overset{O^-}{\overset{|}{\underset{OH}{\underset{|}{C}}}}-H} \xrightarrow{OH^-} \underset{(\text{ii})}{R-\overset{O^-}{\overset{|}{\underset{O^-}{\underset{|}{C}}}}-H} + H_2O$$

由于双氧负离子的强排斥电子性能，非常有利于碳上的氢带着它的电子以氢负离子转移出去。

$$\underset{(\text{ii})}{R-\overset{O^-}{\overset{|}{\underset{O^-}{\underset{|}{C}}}}-\!:H} + \overset{H}{\overset{|}{\underset{O}{\underset{\|}{C}}}}-R \xrightarrow{慢} R-\overset{O^-}{\overset{|}{\underset{O}{\underset{\|}{C}}}} + \underset{(\text{由溶剂得到质子})}{H-\overset{H}{\overset{|}{\underset{O^-}{\underset{|}{C}}}}-R}$$

两种历程中，氢负离子的迁移都是关键步骤。显然给出氢负离子的能力（ⅱ）比（i）要强得多。反应为放热反应，不可逆。

(2) 影响还原反应的因素

① 原料的性质

a. 甲醛的反应性质　由于甲醛空间位阻小，优先与碱反应，在甲醛参与的异分子康尼查罗反应中甲醛总是被氧化成甲酸。如果甲醛过量，则会发生甲醛同分子之间的康尼查罗反应。

b. 三羟甲基乙醛的反应性质　由于空间位阻较大，与碱反应性很低，故在反应中被还原为季戊四醇。

② 碱的影响　康尼查罗反应机理说明，在碱浓度相对低时，反应按（i）进行；碱浓度较高时，作用物通过（ⅱ）进行。适当提高碱的浓度可使反应通过（ⅱ）进行，有利于加快反应速率。但如果碱浓度太高，反应放出的热量来不及散发，导致温度急剧升高，引起一些副反应，如醛的树脂化等，从而使产量降低。

在康尼查罗反应中，甲醛氧化为甲酸，需要消耗掉相应的碱，故碱的量应超过生成的甲酸的量，才能保证还原反应的彻底进行。一般控制碱的量为三羟甲基乙醛的量的 1.3～1.5 倍。

③ 物料配比　从反应系数看，甲醛与三羟甲基乙醛的量之比应该在 1∶1 左右。但要使三羟甲基乙醛全部还原，甲醛的量应过量。因缩合反应中，甲醛的大过量，缩合完成后也能保证还原的充分进行。

④ 反应温度的影响　由于氧化还原反应是放热反应，故适当降低温度对反应有利。但温度过低，反应速率降低，反应时间延长，转化效率降低。由于此时体系中乙醛已经全部变为三羟甲基乙醛，反应温度应较缩合反应时高。生产上一般控制在 30～45℃左右。如果温

度过高，将会导致甲醛本身的康尼查罗反应，生成大量的甲酸，使得反应体系中碱的浓度急剧下降，极大地影响季戊四醇的产率。反应温度平稳对反应有利。

⑤ 压力的影响 常压下反应即可进行，与缩合时一样，加压对反应有利（提高了甲醛的浓度）。

⑥ 传质的影响 传质效果好能促进反应热量散发，对保持反应温度平稳有利。均相体系，适当搅拌有利。

⑦ 副反应 因为反应温度较缩合时高，可引起更多甲醛的副反应。

$$HCHO + H_2O \longrightarrow HOCH_2OH$$

$$3\ HCHO \longrightarrow \text{(三聚甲醛，环状 } (CH_2O)_3\text{)}$$

$$(n+2)HCHO + H_2O \longrightarrow HOCH_2O\text{-}\!\!\left[CH_2O\right]\!\!_n\text{-}CH_2OH$$

此外还有季戊四醇缩醚类的生成及双季戊四醇或多季戊四醇的生成。

$$CH_3OH + C(CH_2OH)_4 \longrightarrow \underset{\text{季戊四醇甲醇醚}}{(HOCH_2)_3CCH_2OCH_3} + H_2O$$

$$C(CH_2OH)_4 + CH_2{=}CHCHO \longrightarrow (HOCH_2)_3CCH_2O{-}CH_2CH_2CHO \xrightarrow{2HCHO}$$

$$(HOCH_2)_3CCH_2O{-}CH_2\underset{CH_2OH}{\overset{CH_2OH}{C}}CHO \xrightarrow{HCHO} \underset{\text{双季戊四醇}}{(HOCH_2)_3CCH_2O{-}CH_2C(CH_2OH)_3}$$

$$5C(CH_2OH)_4 \longrightarrow C(CH_2OH)_3CH_2OCH_2C(CH_2OH)_3 + C(CH_2OH)_3CH_2OCH_2(CH_2OH)_2C{-}CH_2{-}O{-}CH_2C(CH_2OH)_3 + 3H_2O$$

一般认为，甲醛过量对抑制双季戊四醇的形成有利。

10.2.4 单元反应后处理策略分析

单元反应完成后，要将反应物中目标产物分离出来，才能完成合成的任务。由于反应物体系的构成千差万别，要进行分离时采用的策略是不尽相同的。

10.2.4.1 羟醛缩合反应的后处理

羟醛缩合反应后体系中主要组成为三羟甲基乙醛、过量的甲醛及氢氧化钠，此组成可满足康尼查罗反应的要求，故羟醛缩合反应结束后无需分离处理直接转入康尼查罗反应即可。

10.2.4.2 康尼查罗反应的后处理

(1) 体系的组成及其状态 反应结束后产物的组成主要是季戊四醇、甲酸盐、过量的甲醛、剩余的碱、少量双季戊四醇及其他副产物的水溶液，为均相混合体系。

(2) 分离策略 分离时一般都需要将体系中的酸、碱中和，以避免酸碱对产物或分离过程造成的影响。此外还需要尽可能回收过量的原料，处理过程中还需注意尽量避免引入新的组分。鉴于此，对本次分离过程分析如下。

① 如何中和体系中的碱 分离体系中含有甲酸钠，需要中和氢氧化钠，考虑到需要避免引入新的组分，故可以用甲酸来中和；事实上，因为甲醛本身在碱性条件下也能发生康尼查罗反应，故可利用康尼查罗反应让甲醛转化为甲酸以减少甲酸的用量。

② 如何回收甲醛 常温下甲醛为气体，可通过蒸馏（或减压蒸馏）回收。

③ 如何分离季戊四醇和甲酸盐（钠） 常温下季戊四醇和甲酸盐（钠）都是固体，且甲酸钠的量（中和以后）甚至超过季戊四醇，要从溶液中结晶出来，只能在一种情况才能分离出来，即在一种溶解度特别大，而另一种溶解度比较小的情况下，结晶时，溶解度较小的

结晶析出，溶解度较大的留在溶液中。所幸的是，甲酸钠的溶解度较大（表 10-3），季戊四醇的溶解度较小［5.6 g/100 mL 水（15℃）］，刚好满足分离的要求。

表 10-3 甲酸钠的溶解度 单位：g/100mL 水

温度/℃	0	10	20	30	40	60	80	90	100
甲酸钠	43.9	62.5	81.2	102	108	122	138	147	160

因为甲酸盐是电解质，在水溶液中能够电离成甲酸离子和钠离子，而季戊四醇不能电离，故也可以考虑利用离子交换树脂将甲酸盐脱盐除去。这种分离方法除盐效果较好，但要消耗一定量的化工原料（主要用于树脂再生）。

也有化学方法进行分离的报道，比如利用苯甲醛能和季戊四醇反应形成缩醛性质，分离出缩醛后于稀酸中加热分解，再用乙醚提取出季戊四醇。这种方法制得的季戊四醇含量较高（可达 98.7%），但成本较高。

10.2.4.3 关于产物的精制

对固体产品的纯化通常用重结晶法和升华法。粗品季戊四醇（PER）中主要杂质是双季戊四醇（DPE）。重结晶法是分离 PER、DPE 最常用、最经济的方法。但因季戊四醇和双季戊四醇能形成复合物，重结晶效果有一定的局限性。重结晶的溶剂可以选择水或者醇类溶剂；可用的醇为一元醇如（甲醇、乙醇、正丙醇、异丙醇、丁醇、正戊醇、己醇等）、二元醇如（乙二醇和三元醇如甘油）等。升华法主要利用 PER、DPE 的升华温度不同而进行分离。由于升华法能耗较大，故利用此法纯化前应进行预处理。常将两种方法联合使用。

徐工讲解完，要求同学们先考虑一下季戊四醇小试合成方案的制订工作，小试实验时讨论。

10.3 工作过程指导

10.3.1 制订小试合成方案要领

小张等一行来到了主要的实习岗位——车间小试实验室。完成岗位安全教育后，徐工跟同学们一起讨论季戊四醇的合成方案。

徐工拿出了一份当初小试组试制季戊四醇的文献方案。

将装有搅拌器、两个滴液漏斗和温度计的 500mL 四口烧瓶置于可调温水浴中，向烧瓶中加入一定量的 20%甲醛水溶液，启动搅拌，分别将两个滴液漏斗中的混合碱溶液和乙醛溶液低于 15℃加到甲醛水溶液中，甲醛：乙醛：碱＝8：1：1.3。滴加完毕，逐步将溶液升温到某一温度，并保温一段时间。反应完毕后滴加少量的甲酸中和溶液至 pH＝7。利用蒸馏方式回收反应液中残留的甲醛，再将余下的液体进行减压浓缩至甲酸钠含量为 15% 左右，冷却至 20～25℃，结晶得季戊四醇粗品。经真空抽滤分离出固体晶体，用少量蒸馏水洗涤 3～5 次后置于干燥箱中干燥，即可得到白色粉末状产品。

徐工：“请大家讨论一下，以此文献方案为参考，如何制订小试合成方案?”

小张：“文献方案有较多细节尚不清楚。甲醛的用量，混合碱的种类、用量，乙醛的用量，反应的温度，反应的时间等等都没有说明!”

小林：“反应的终点的控制也不清楚。”

徐工：“大家看得很仔细。小试试验的一个基本目的就是寻找工艺的最优条件，特别是工艺温度、反应物料配比以及催化剂的种类等，这在生产上往往需要大量的试验才能获得。

为了简化试验，往往需要明确一些简单、必要的基础实验条件的前提下（比如使用的催化剂），改变其他工艺条件参数（比如物料比、温度等）获得。”

小王：“就是说，小试时反应的温度和反应时间都可以人为设定，然后根据实验结果选择最优。”

徐工：“对。这里提几点建议，以便对大家制订小试方案时参考。”

10.3.2 单元反应体系构建和监控建议

10.3.2.1 甲醛乙醛羟醛缩合反应的构建与监控

(1) 体系构建要点 将甲醛加在反应瓶中，乙醛用加样器加入，碱溶液可以加入到甲醛中或者由加样器在加乙醛的同时单独加入；反应控制的温度范围要配有水浴装置；反应需配置搅拌；因甲醛、乙醛易挥发，体系要配有回流装置并需要尾气吸收装置。

(2) 反应控制策略 因为在碱的作用下乙醛能引起自身缩合，甲醛也可以发生自身的康尼查罗反应，故碱在乙醛加入到甲醛的同时再加入为宜，反应的初期也只能在较低的温度下进行。为了保证反应时有足够的负碳离子浓度，乙醛的浓度不宜过低，一般在10%以上；体系中碱的浓度要较高，控制介质pH=13以上；为了获得较快的反应速率，反应时甲醛的浓度不宜太低，一般在20%以上，甲醛浓度过高副反应增加，甲醛浓度过低，反应液体积增加，产率下降。控制投料速度不宜太快，过快则导致副反应增加，过慢影响反应速率。反应时注意温度的控制。

(3) 反应终点的控制 因反应是平衡反应，反应时间长一些对达到平衡有利。加料完毕后反应2～3h，可以通过测定乙醛的含量来判定反应终点。乙醛的含量可以通过高效气相色谱来测定。

10.3.2.2 康尼查罗反应的构建与监控

(1) 体系构建要点 康尼查罗反应是羟醛缩合反应的继续，在缩合反应的基础上继续升温即可引起康尼查罗反应，但需注意体系中碱的含量。

(2) 康尼查罗反应的控制策略 体系中康尼查罗反应是在缩合完成后进行的，故体系中几乎不含乙醛，故反应可以适当升高温度。因康尼查罗反应本身放热，故反应的温度不必太高。因康尼查罗反应中产生甲酸消耗碱，故反应过程中要控制好反应液pH值，一般以pH不低于9为宜。

由于甲醛也能发生康尼查罗反应，但甲醛的氧化能力不及三羟甲基乙醛，故需要更高的反应温度。如反应温度较高时，甲醛的康尼查罗反应速率将提高很快，此时生成甲酸的速度将过快，会造成介质pH值骤降，反过来影响三羟甲基乙醛的还原。

(3) 反应终点的控制 一般反应1.5～2h即可达到终点。可通过高效液相色谱测定反应液中三羟甲基乙醛及季戊四醇的含量来判断。

(4) 反应后处理方法 康尼查罗反应结束后，需要用甲酸中和体系中剩余的碱。此时可继续升温至55～65℃，保温1～1.5h，利用甲醛的自身康尼查罗反应产生一部分甲酸，从而降低外加甲酸的用量。中和至pH=6.5左右。再用减压蒸馏的方式进行浓缩，控制浓缩液相对密度在1.22～1.24（约浓缩至1/4，V/V），降温结晶，过滤即得粗产物。

10.3.2.3 缩合反应与康尼查罗反应的衔接

显然，羟醛缩合所得三羟甲基乙醛在甲醛过量、强碱存在的条件下，会“连串地”发生康尼查罗反应，缩合反应无需分离，缩合反应投料时即可将还原反应所需甲醛及碱的量计算在内。

10.3.2.4 季戊四醇的纯化精制

季戊四醇的纯化方法如下：可将粗品混合物（熔点一般在190～210℃），在240～270℃，0～4.67kPa条件下升华，PER由于质量较轻，先升华，残余物主要为DPE。在真空下初步分离的升华物粗PER重结晶（60～75℃），可得纯度较高的PER（熔点为245～260℃）。

实验室可将季戊四醇在等体积甲醇中回流一段时间后冷却，所得沉淀在90℃下干燥，再在稀盐酸中结晶，200℃真空升华纯化。

10.3.3 绘制试验流程图

徐工：在确定出实验方案后，将复杂的试验方案用相对简单的流程图表示出来，可以更好地把握试验工艺，掌握试验进程，减少出错的机会，这在试验和生产上都是非常必要的。

小试流程图的要点在于突出其中的单元操作，使得在放大时能清晰地对应大生产的操作岗位。例如，本项目小试流程图可以绘制如图10-1（供参考）。

因反应系一锅法完成，缩合与康尼查罗合并。

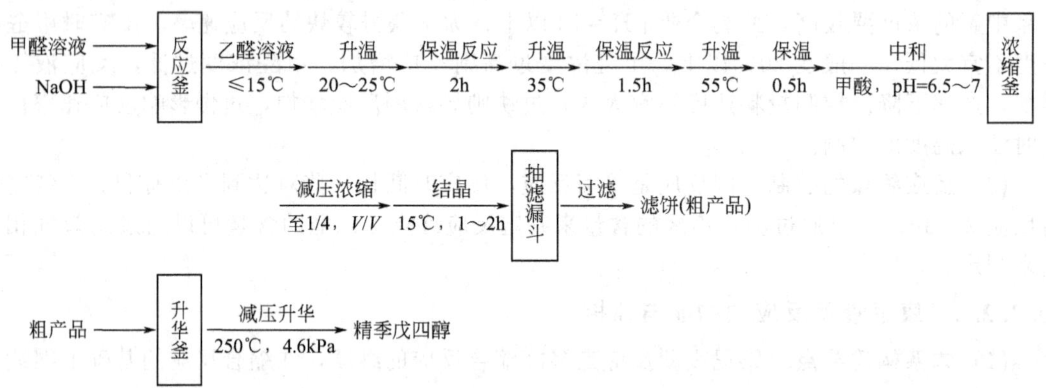

图10-1 季戊四醇小试流程图

流程图中将主要岗位的特征仪器用方框表示，箭号方向表示物流的方向，操作内容一般写在箭号上方，主要的操作参数等可以写在箭号的下方。有时为了方便起见，如果操作的内容足以说明方框的内容，则方框的内容可以省略。

必须说明的是，制作的流程图必须与试验方案对应。在制订小试方案时，有时可以流程图代替。

10.3.4 季戊四醇的合成装置

反应装置参考图10-2（温度计插口未画出）。

图中，四口瓶为反应场所，滴液漏斗用来连续加料，搅拌器可以使传质均匀，温度计用来监控反应的温度，冷凝管可以使反应中挥发性物质冷凝重新返回到体系中。为防甲醛、乙醛逸出体系，安装尾气吸收装置。

10.3.5 小试合成工艺的评估

参考情境1的评估方法。

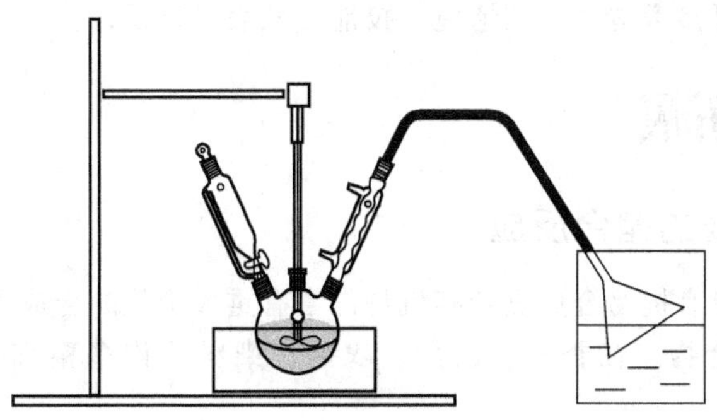

图 10-2 季戊四醇反应装置

10.3.6 产物的检测和鉴定

（1）季戊四醇的检测方法 参考 GB/T 7815—2008 的检测方法。

（2）季戊四醇的鉴定

① 熔点 该产物熔点为 261～262℃。

② 红外光谱法 标准红外谱图如图 10-3（源自中科院上海有机所）。

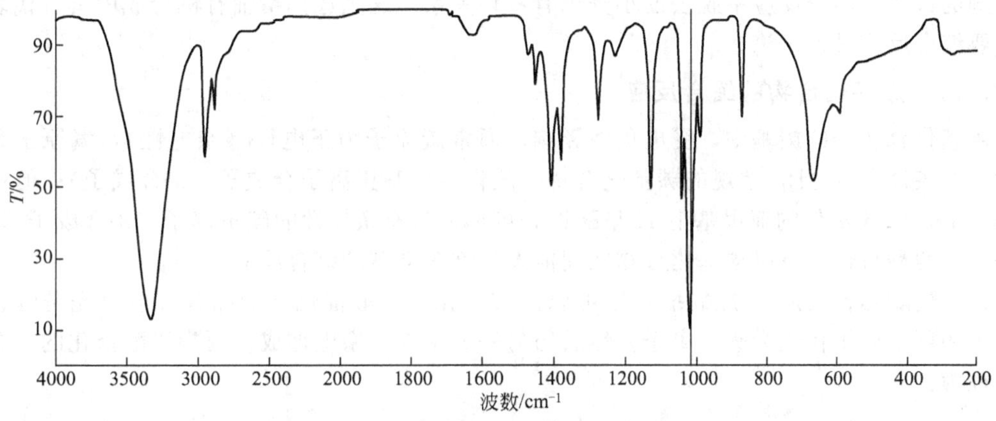

图 10-3 季戊四醇的红外标准图谱

产品通过与标准谱图对照，分析产品的组成。

更精确的鉴定还需进行质谱、核磁共振图谱（氢谱和碳谱）的鉴定。特别是未知化合物的开发，这些图谱是必需的。有兴趣的同学可以参考相关的专业资料。

10.3.7 技能考核要点

参照情境 1 的考核方式，以本情境还原反应为例，技能考核方案如下。

（1）考核方案 在 250mL 四口烧瓶内，首先加入底水 20mL、37% 甲醛（相对密度 0.82）50mL，然后在搅拌之下同时加入 20%乙醛和 10%液碱，使得甲醛∶乙醛∶碱＝8∶1∶1.4，0.5h 加完。水浴控制温度在 20～25℃，恒温 2.5h，升温至 35℃，恒温 1.5h。升温至 55℃，恒温 0.5h。甲酸中和 pH 至 6.5～7。减压浓缩，真空度 30.6～32kPa（230～240mmHg），65℃，浓缩液相对密度 1.22～1.24。自然冷却至 15℃，结晶析出，过滤并水洗得粗品季戊四醇。高效液相色谱测定季戊四醇含量。

(2) 考核要点 可参考情境1或情境2技能考核表自行设计。

10.4 知识拓展

10.4.1 几个重要的缩合反应

缩合反应为是简单有机物合成复杂有机物的富有重大价值的合成手段，反应物包括脂肪族、芳香族和杂环化合物。在香料、医药、农药、染料等许多精细化工生产中得到广泛应用。

缩合反应可具有以下特征：①在分子内或分子间彼此不相连的两个原子间形成新的化学键；②反应过程中伴随有失去简单的无机物或有机物；③缩合反应的产物往往具有较原始反应物更为复杂的分子结构。

缩合反应的类型很多，有下列分类方法：①依参与缩合反应的分子的异同；②依缩合反应发生于分子内或分子间；③依缩合反应产物是否成环；④依缩合反应的历程；⑤依缩合反应中脱去的小分子。

许多缩合反应需在缩合剂或催化剂如酸、碱、盐、金属、醇钠等存在下才能顺利进行，缩合剂的选择与缩合反应中脱去的小分子有密切关系。这里选择精细有机合成中具有代表性的重要缩合反应进行讨论。

10.4.1.1 羰基化合物的缩合反应

羰基化合物中的羰基中，受电负性影响，通常碳原子为正电性（亲电性），氧原子为负电性（亲核性），因此，常规的羰基化合物一般作为酰基正离子合成子（a-合成子）；但在强碱作用下，羰基 α-位的亚甲基上 H 呈酸性，可形成具有亲核性的碳负离子（d-合成子）。正是基于这两种特性，所以羰基化合物之间能发生许多类型的缩合反应。

(1) 醛酮缩合反应 羟醛缩合也可以由酸催化。在酸催化下的缩合反应首先是醛、酮分子中的羰基质子化成为碳正离子，然后与另一分子发生亲电加成。丙酮以酸催化的缩合反应历程为：

$$CH_3-\underset{\underset{CH_3}{|}}{C}=O + H^+ \xrightleftharpoons{快} \left[CH_3-\underset{\underset{CH_3}{|}}{C}=\overset{+}{O}H \longleftrightarrow CH_3-\underset{\underset{CH_3}{|}}{\overset{+}{C}}-OH \right]$$

$$CH_3-\underset{\underset{CH_3}{|}}{\overset{\overset{OH}{|}}{C^+}} + CH_2=\overset{\overset{OH}{|}}{C}-CH_3 \xrightleftharpoons{慢} CH_3-\underset{\underset{CH_3}{|}}{\overset{\overset{OH}{|}}{C}}-CH_2-\overset{\overset{\overset{+}{O}H}{\|}}{C}-CH_3 \rightleftharpoons CH_3-\underset{\underset{CH_3}{|}}{\overset{\overset{OH}{|}}{C}}-CH_2-\overset{\overset{O}{\|}}{C}-CH_3 + H^+$$

$$\rightleftharpoons CH_3-\underset{\underset{CH_3}{|}}{\overset{\overset{\overset{+}{O}H_2}{|}}{C}}-CH_2-\overset{\overset{O}{\|}}{C}-CH_3 \xrightleftharpoons{-H_2O,\ -H^+} CH_3-\underset{\underset{CH_3}{|}}{C}=CH-\overset{\overset{O}{\|}}{C}-CH_3$$

如果醛分子中含有两个以上的活泼 α-氢，而且反应温度较高、催化剂的碱性较强，则 β-羟基丁醛可以进一步发生消去反应，脱去一分子水而生成 α,β-不饱和醛。例如：

$$CH_3\underset{\underset{OH}{|}}{C}HCH_2CHO \xrightarrow[-H_2O]{\triangle或酸催化} CH_3CH=CHCHO$$

在实际过程中，消除脱水反应是另外在酸催化剂（如硫酸、草酸等）存在下完成的。

(2) 同分子醛、酮自身缩合 羟醛自身缩合在有机合成上的特点是可使产物的碳链长度增加一倍，工业上可利用这种缩合反应来制备高级醛。这类反应的重要实例是乙醛的自缩脱水得 α,β-丁烯醛，然后催化加氢得正丁醛或正丁醇。

$$CH_3CH{=}CHCHO \xrightarrow{\text{催化}+H_2} CH_3CH_2CH_2CHO \xrightarrow{\text{催化}+H_2} CH_3CH_2CH_2CH_2OH$$

接着正丁醛自缩、脱水、加氢可制得 2-乙基己醇（异辛醇），它在工业上大量用于合成邻苯二甲酸二异辛酯，作为聚氯乙烯的增塑剂。

$$CH_3CH_2CH_2CHO \xrightarrow{OH^-} CH_3CH_2CH_2\underset{OH}{CH}\underset{CH_2CH_3}{CH}CHO \xrightarrow{-H_2O} CH_3CH_2CH_2CH{=}\underset{CH_2CH_3}{C}CHO$$

$$\xrightarrow[\text{Ni 催化剂}]{+H_2} CH_3CH_2CH_2CH_2\underset{CH_2CH_3}{CH}CH_2OH$$

(3) 异分子醛、酮交叉缩合　异分子醛交叉缩合的情况比较复杂，如果异分子醛均含 α-H，反应可能生成四种羟基醛，没有实际应用价值。不含 α-H 的醛不能发生同分子醛的自身缩合反应，但当不含 α-H 的醛与含 α-H 的醛或酮交叉缩合，产物主要是 β-羟基醛。

羟醛交叉缩合反应的典型代表是用一个芳香族醛和一个脂肪族醛、酮反应，在氢氧化钠的水或乙醇溶液中进行，得到产率很高的 α,β-不饱和醛或酮，这种反应称为克莱森-斯密特（Claisen-Schmidt）缩合反应。例如苯甲醛和乙醛在低温和稀碱液中缩合得到两种羟醛，一种是乙醛自身缩合的产物，另一种是混合缩合产物，但这两种产物经过一段时间后，能形成一平衡体系，而且混合缩合产物的羟基同时受苯基和醛基的作用，容易生成由苯环、烯键和羰基组成共轭体系的稳定产物，所以最终生成的全是肉桂醛。

$$C_6H_5CHO + CH_3CHO \xrightarrow{OH^-} \begin{cases} \xrightleftharpoons{k_1} CH_3\underset{OH}{CH}CH_2CHO \\ \quad\updownarrow \\ \rightleftharpoons C_6H_5\underset{OH}{CH}CH_2CHO \xrightarrow{k_2} C_6H_5CH{=}CHCHO + H_2O \end{cases}$$

肉桂醛是合成香料的重要产品之一，具有似肉桂、桂皮油气息，香气强烈持久。

芳香族醛若与不对称酮缩合，而且不对称酮中的 α-位没有活泼氢，则缩合反应不论用酸或碱催化均得同一产品：

$$p\text{-}O_2NC_6H_4CHO + C_6H_5COCH_3 \xrightarrow[H_2SO_4,\ CH_3COOH]{NaOH,\ EtOH} p\text{-}O_2NC_6H_4CH{=}CH{-}CO{-}C_6H_5$$

10.4.1.2　曼尼希缩合

甲醛与含有活泼氢的化合物及氨、仲胺或伯胺同时进行缩合反应，活泼氢被氨甲基所取代，称为氨甲基化反应，又称为曼尼希（Mannich）反应，其通式如下：

$$R'H + HCHO + R_2NH \longrightarrow R'CH_2NR_2 + H_2O$$

生成的产物称为曼尼希碱。常用的含活泼氢化合物为酮、醛、酸、酯、腈、硝基烷烃等，甚至端炔烃与邻对位未被基团占据的酚类、一些杂环化合物等也可发生该类缩合。甲醛可以用甲醛水溶液、三聚甲醛或多聚甲醛。曼尼希反应多在弱酸溶液中进行，但亦可被碱催化。利用这种缩合反应可以在许多含有活泼氢的化合物中引入一个或多个氨甲基，操作简单，反应条件温和，不少曼尼希碱或其盐都是中间体，例如：

$$C_6H_5COCH_3 + HCHO + \text{哌啶}\cdot HCl \xrightarrow{HCl,\ EtOH} C_6H_5COCH_2CH_2N(\text{哌啶})\cdot HCl$$

医药苯海索中间体

$$\text{吲哚} + HCHO + NH(CH_3)_2 \xrightarrow[35℃]{CH_3COOH} \text{3-}CH_2N(CH_3)_2\text{-吲哚}$$

色氨酸中间体

曼尼希碱受热易分解出氨或胺，它的季铵盐较其本身更易分解，可在温和的条件下不断提供反应所需的α,β-不饱和羰基化合物，后者在镍催化剂作用下，可加氢还原为比原反应物增加一个碳原子的同系物：

$$C_6H_5COCH_3 + HCHO + NHR_2 \xrightarrow{H^+} C_6H_5COCH_2CH_2NR_2 \xrightarrow[-R_2NH]{\triangle}$$

$$C_6H_5COCH{=}CH_2 \xrightarrow[Ni]{H_2} C_6H_5COCH_2CH_3$$

当用一般烷基化方法要在芳环上引入甲基出现困难时，便可通过曼尼希碱，再进行氢解，就可顺利地引入一个甲基。例如制备维生素 K 中间体 2-甲基萘醌：

$$\text{1-萘酚} + HCHO + NHR_2 \longrightarrow \text{2-}CH_2N(CH_3)_2\text{-1-萘酚} \xrightarrow[Ni]{H_2} \text{2-}CH_3\text{-1-萘酚} \xrightarrow[CH_3COOH]{CrO_3} \text{2-甲基-1,4-萘醌}$$

10.4.1.3 醛酮与醇的缩合反应

醛、酮在酸性催化剂作用下，很容易和两分子醇缩合，并失水变为缩醛或缩酮类化合物，其反应通式如下：

$$RR'C{=}O + 2R''CH_2OH \overset{H^+}{\rightleftharpoons} RR'C(OCH_2R'')_2 + H_2O$$

当 $R'=H$ 时，为缩醛；当 $R'=R$ 时，为缩酮；当两个 R''一起共同构成$—CH_2CH_2—$时（成环），为茂烷类；构成$—CH_2CH_2CH_2—$时（成环），为噁烷类。这种缩合反应需用无水醇类和无水酸作催化剂，常用的是干燥 HCl 气体或对甲苯磺酸，也有采用草酸、柠檬酸、磷酸或阳离子交换树脂等。在制备缩醛二乙醇时，常常利用乙醇、水和苯的共沸原理，帮助去除反应生成的水。形成缩醛要经过许多中间步骤，其反应历程如下：

$$RHC{=}O + H^+ \rightleftharpoons \left[RHC{=}\overset{+}{O}H\right] \overset{R'OH,\ H^+}{\rightleftharpoons} R\text{—}CH(OR')\text{—}OH \overset{H^+}{\rightleftharpoons} \left[R\text{—}CH(OH)\text{—}\overset{+}{O}HR'\right]$$

$$\rightleftharpoons \left[R\text{—}CH(OR')\text{—}\overset{+}{O}H_2\right] \overset{-H_2O}{\rightleftharpoons} RHC{=}\overset{+}{O}R' \overset{R'OH,\ -H^+}{\rightleftharpoons} R\text{—}CH(OR')\text{—}OR'$$

上列各个反应步骤均是可逆反应，说明酸催化下可以生成缩醛，但缩醛也可被酸分解为原来的醛和酸。一般为了使平衡有利于缩醛的生成，必须及时去除反应生成的水。

酮在上述反应条件下，通常不能生成缩酮，主要是因为平衡反应偏向于反应物方向。为了制备缩酮更应设法把反应生成的水去除，使平衡移向缩酮产物。除此之外，另一种制备缩酮的方法是不用醇，而用原甲酸酯进行反应，可以得到较高的产率。例如酮和原甲酸乙酯的反应式如下：

$$R_2C{=}O + HC(OC_2H_5)_3 \longrightarrow R_2C(OC_2H_5)_2 + HCOOC_2H_5$$

醛和酮的二醇缩合在工业上有重要用途，如性能优良的维尼纶合成纤维，就是利用上述缩合原理，使水溶性聚乙烯醇在硫酸催化下与甲醛反应，生成缩醛，变为不溶于水的物质。精细有机合成中也常用此类反应来制备缩羰基类化合物，这是一类合成香料。例如，柠檬醛和原甲酸三乙酯在对甲苯磺酸催化下可以缩合成二乙缩柠檬醛：

$$\text{柠檬醛(CHO)} + HC(OC_2H_5)_3 \xrightarrow[\text{无水}C_2H_5OH]{CH_3-C_6H_4-SO_3H} \text{柠檬醛基}-CH(OC_2H_5)_2 + HCOOC_2H_5$$

收率可达85%～92%。又如，乙酰乙酸乙酯和乙二醇在柠檬酸催化下，用苯作溶剂和脱水剂，可缩合成苹果酯（2-甲基-2-乙酸乙酯-1,3-二氧茂烷）：

$$CH_3COCH_2COOC_2H_5 + \underset{OH\ \ OH}{CH_2CH_2} \xrightarrow[\text{苯}]{\text{柠檬酸}} \text{(2-甲基-1,3-二氧茂烷-2-基)}CH_2COOC_2H_5 + H_2O$$

10.4.1.4 酯的缩合反应

酯缩合反应是指以羧酸酯为亲电试剂，在碱性催化剂作用下，与含活泼甲基或亚甲基羰基化合物的负碳离子缩合而生成β-羰基类化合物的反应，总称为克莱森（Claisen）缩合反应。其反应通式如下：

$$RCOOC_2H_5 + H-\underset{R'}{\overset{COR''}{CH}} \longrightarrow RCO-\underset{R'}{\overset{COR''}{CH}} + C_2H_5OH$$

式中，R、R′可以是氢、脂肪族基、芳香族基或杂环基；R″可以是任意一种有机基团。酯是以酰基形式进入反应产物的分子。该缩合反应需用RONa、$NaNH_2$、NaH等强碱催化剂。克莱森缩合是制取β-酮酸酯和β-二酮的重要方法。

参与反应的酯可以是相同的酯，也可以是不同的酯。相同酯之间的缩合称为酯的自身缩合，不同酯之间的缩合称为酯的交叉缩合。

(1) 酯的自身缩合　最简单的典型实例是两分子乙酸乙酯在无水乙醇钠的催化作用下，生成乙酰乙酸乙酯：

$$CH_3C(=O)OC_2H_5 + HCH_2C(=O)OC_2H_5 \xrightarrow{C_2H_5ONa} CH_3\overset{O}{\overset{\|}{C}}-CH_2-\overset{O}{\overset{\|}{C}}-OC_2H_5 + C_2H_5OH$$

乙酰乙酸乙酯是重要的精细化工产品，广泛用于染料、医药、农药、香料及光学品的中间体合成。其合成反应的历程为：

$$C_2H_5O^-Na^+ + HCH_2\overset{O}{\overset{\|}{C}}-OC_2H_5 \rightleftharpoons C_2H_5OH + Na^{+-}CH_2\overset{O}{\overset{\|}{C}}-OC_2H_5$$

$$CH_3C(=O)OC_2H_5 + {}^-CH_2\overset{O}{\overset{\|}{C}}-OC_2H_5 \rightleftharpoons CH_3-\underset{OC_2H_5}{\overset{O^-}{C}}-CH_2COOC_2H_5 \rightleftharpoons CH_3\overset{O}{\overset{\|}{C}}-CH_2-\overset{O}{\overset{\|}{C}}-OC_2H_5 + {}^-OC_2H_5$$

(2) 酯的交叉缩合 异酯缩合时，如果两种酯都有活泼 α-氢，则理论上就可得到四种不同的产物，没有实用价值。如果其中一种酯不含 α-氢，则缩合时有可能只生成单一产物。常用的不含 α-氢的酯有甲酸酯、苯甲酸酯、乙二酸酯和碳酸二乙酯等。芳香酸酯中的羰基不够活泼，缩合时要用较强的碱如 NaH，才有足够浓度的负碳离子，以保证缩合反应顺利进行，如苯甲酸甲酯与丙酸乙酯在 NaH 催化下的缩合：

$$C_6H_5COOCH_3 + CH_3CH_2COOC_2H_5 \xrightarrow{NaH} C_6H_5CO\overset{-}{C}(CH_3)COOC_2H_5 \xrightarrow{H^+} C_6H_5COCH(CH_3)COOC_2H_5$$

乙二酸酯由于一个酯基的诱导作用，增加了另一羰基的亲电性能，所以比较容易和别的酯发生缩合反应：

$$C_2H_5OOC{-}COOC_2H_5 + CH_3CH_2COOC_2H_5 \xrightarrow{C_2H_5ONa} \xrightarrow{H^+} CH_3CH(COOC_2H_5)COCOOC_2H_5$$

乙二酸二乙酯的缩合产物还有一个 α-羰基酸酯的基团，经加热便脱去一分子的一氧化碳，成为取代的丙二酸酯。例如用作医药苯巴比妥的中间体苯基取代丙二酸酯，不能通过溴苯进行芳基化来制取，但可以用此法合成：

$$C_6H_5CH_2COOC_2H_5 + (COOC_2H_5)_2 \xrightarrow[-C_2H_5OH]{C_2H_5ONa} \xrightarrow{H^+} C_6H_5CH(COOC_2H_5)COCOOC_2H_5 \xrightarrow[-CO]{170℃} C_6H_5CH(COOC_2H_5)COOC_2H_5$$

(3) 酯-酮缩合 如果反应物酯和酮都含有 α-氢，则酮的活性大，强碱性催化剂使酮优先脱质子形成碳负离子，然后与羰基碳原子发生亲核加成反应和脱烷氧基负离子反应而生成 β-二羰基化合物。例如，丙酮在甲醇钠的催化下与甲氧基乙酸甲酯缩合可制得 1-甲氧基-2，4-戊二酮。

$$CH_3OCH_2{-}\underset{\|}{\overset{}{C}}(=O){-}OCH_3 + H{-}CH_2COCH_3 \xrightarrow[60\sim65℃]{CH_3ONa/C_6H_4(CH_3)_2} CH_3OCH_2{-}CO{-}CH_2{-}CO{-}CH_3 + CH_3OH$$

在上述反应中酯的羰基碳原子是亲电试剂，如果酯的亲电活性太低，则可能发生酮酮自身缩合反应。另外，酯 α-氢酸性如果比酮 α-氢高，则可能发生酯酯自身缩合和 Knoevenagel 反应。如果酯不含有活泼 α-氢，则容易得到单一的产物。

10.4.2 关于逆向合成切断的策略

本情境中，逆向合成切断应用的策略是回推到适当阶段再切断。这种逆向合成切断在涉及分子重排时常常很有用。

【例 10-1】 设计（螺[4.5]癸-6-酮）合成路线。

分析：如果我们对频哪醇（四甲基乙二醇）重排反应生成频哪酮熟悉，

$$(CH_3)_2C(OH){-}C(OH)(CH_3)_2 \xrightarrow[-H_2O]{H^+} CH_3{-}CO{-}C(CH_3)_3$$

那么，由于化合物是个叔烷基酮，故可能是经过频哪醇重排而形成。

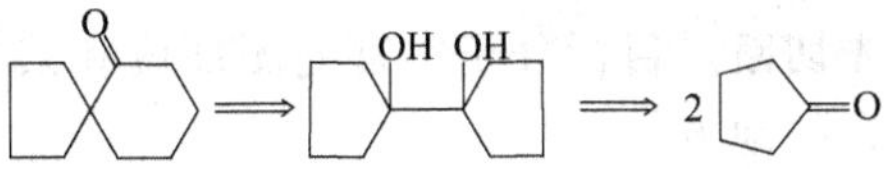

合成：

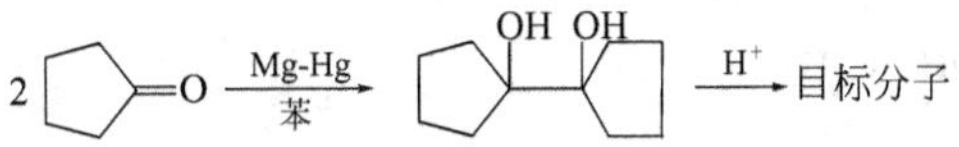

逆向合成的其他策略还有下面几种。

（1）优先考虑骨架的形成　有机化合物是由骨架和官能团两部分组成的，在合成过程中，总存在着骨架和官能团的变化，一般有这四种可能：①骨架和官能团都无变化，仅变化官能团的位置；②骨架不变而官能团变化；③骨架变而官能团不变；④骨架、官能团都变。这四种变化对于复杂有机物的合成来讲最重要的是骨架由小到大的变化。解决这类问题首先要正确地分析、思考目标分子的骨架是由哪些碎片（即合成子）通过碳-碳成键或碳-杂原子成键而一步一步地连接起来的。如果不优先考虑骨架的形成，那么连接在它上面的官能团也就没有归宿。但是，考虑骨架的形成却又不能脱离官能团。因为反应是发生在官能团上，或由于官能团的影响所产生的活性部位（例如羰基或双键的 α-位）上。因此，要发生碳-碳成键反应，碎片中必须要有成键反应所要求存在的官能团。例如：醛基是合成下面目标分子的必备官能团。

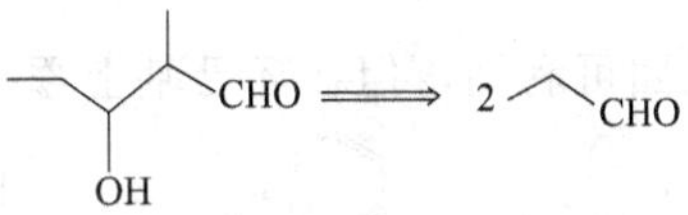

一般说来，在考虑碳架的建立时，必须考虑通过什么反应形成新的碳-碳键，这与官能团的转换是密切相关的。通常要尽可能选择靠近官能团的位置形成新的碳-碳键，以有利于合成反应的进行。

（2）碳-杂键优先切断　碳与杂原子所成的键，往往不如碳-碳键稳定，并且，在合成时此键也容易生成。因此，在合成一个复杂分子的时候，将碳-杂键的形成放在最后几步完成是比较有利的。一方面避免这个键受到早期一些反应的侵袭；另一方面又可以选择在温和的反应条件下来连接，避免在后期反应中伤害已引进的官能团。合成方向后期形成的键，在分析时应该先行切断。

【例 10-2】　设计 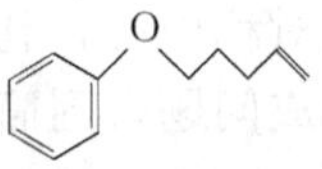　　　　的合成路线。

分析：切断分子中的 C—O 键，并进行官能团的转换。

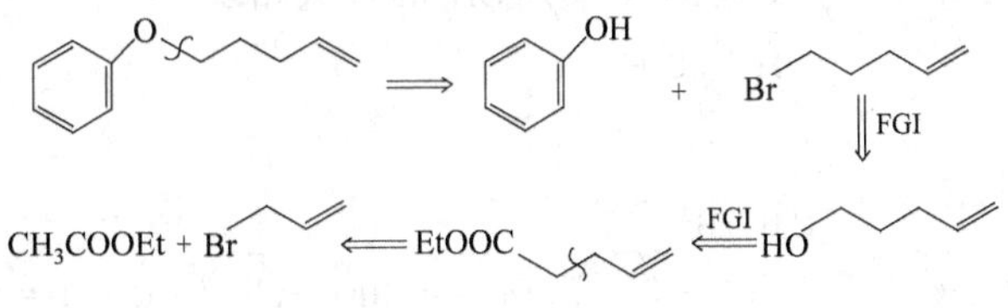

合成：

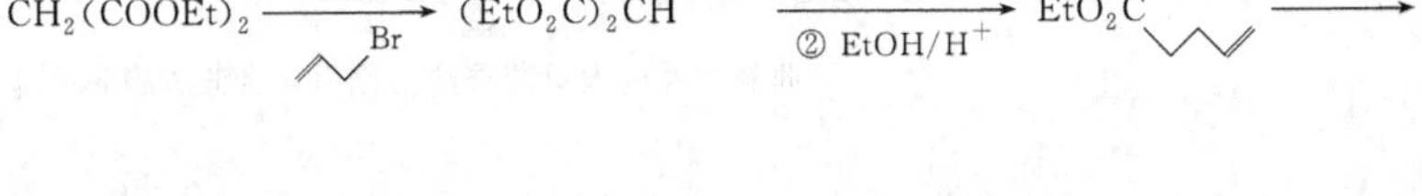

$$CH_2(COOEt)_2 \xrightarrow[\text{allyl Br}]{EtONa} (EtO_2C)_2CH\text{(allyl)} \xrightarrow[\text{② } EtOH/H^+]{\text{① } H^+/H_2O} EtO_2C\text{(CH}_2\text{)}_2\text{CH=CH}_2 \xrightarrow{LiAlH_4}$$

$$HO\text{(CH}_2)_4CH{=}CH_2 \xrightarrow{PBr} Br\text{(CH}_2)_4CH{=}CH_2 \xrightarrow{C_6H_5ONa} \text{目标分子}$$

(3) 目标分子活性部位先切断 目标分子中官能团部位和某些支链部位可先切断，因为这些部位是最活泼、最易结合的地方。

【例 10-3】 设计 $CH_3CH(OH)—C(CH_3)(C_2H_5)—CH_2OH$ 的合成路线。

分析：

$$TM \overset{FGI}{\Longrightarrow} CH_3—\underset{\underset{O}{\|}}{C}—C(CH_3)(C_2H_5)—COOEt \Longrightarrow C_2H_5Br + CH_3I + CH_3\overset{\overset{O}{\|}}{C}CH_2CO_2Et$$

合成：

$$CH_3\overset{\overset{O}{\|}}{C}CH_2CO_2Et \xrightarrow[\text{② } C_2H_5Br]{\text{① EtONa}} CH_3—\underset{\underset{O}{\|}}{C}—CH(C_2H_5)—CO_2Et \xrightarrow[\text{② } CH_3I]{\text{① EtONa}} CH_3\underset{\underset{O}{\|}}{C}—C(CH_3)(C_2H_5)—CO_2Et \xrightarrow{LiAlH_4} TM$$

(4) 添加辅助基团后切断 有些化合物结构上没有明显的官能团指路，或没有明显可切断的键。在这种情况下，可以在分子的适当位置添加某个官能团，以利于找到逆向变换的位置及相应的合成子。但同时应考虑到这个添加的官能团在正向合成时易被除去。

【例 10-4】 设计（环己基苯）的合成路线

分析：分子中无明显的官能团可利用，但在环己基上添加一个双键可帮助切断。

$$\text{环己基苯} \overset{FGA}{\Longrightarrow} \text{1-苯基环己烯} \overset{FGA}{\Longrightarrow} \text{1-苯基环己醇(OH)} \Longrightarrow \text{环己酮} + C_6H_5MgBr$$

合成：

$$C_6H_5Br \xrightarrow[Et_2O]{Mg} C_6H_5MgBr \xrightarrow{\text{环己酮}} \text{1-苯基环己醇(OH)} \xrightarrow[\text{② } H_2/Pd\text{-}C]{\text{① } H_3PO_4} \text{目标分子}$$

(5) 利用分子的对称性 有些目标分子具有对称面或对称中心，利用分子的对称性可以使分子结构中的相同部分同时接到分子骨架上，从而使合成问题得到简化。

【例 10-5】 设计 $HO—C_6H_4—CH(C_2H_5)—CH(C_2H_5)—C_6H_4—OH$ 的合成路线。

分析：

$$HO—C_6H_4—CH(C_2H_5)—CH(C_2H_5)—C_6H_4—OH \Longrightarrow 2HO—C_6H_4—CH(C_2H_5)—Cl \Longrightarrow$$

$$HO—C_6H_4—CH{=}CH—CH_3 \Longrightarrow CH_3O—C_6H_4—CH{=}CH—CH_3$$

茴香脑［以大豆茴香油为原料，含茴香脑 80%］

合成：

$$2CH_3O\text{—}C_6H_4\text{—}CH{=}CHCH_3 \xrightarrow[5\sim10℃]{\text{苯，干燥氯化氢}} 2CH_3O\text{—}C_6H_4\text{—}\underset{\underset{Cl}{|}}{CH}CH_2CH_3$$

$$\xrightarrow[85\sim90℃]{Fe} CH_3O\text{—}C_6H_4\text{—}\overset{C_2H_5}{\underset{H}{C}}\text{—}\overset{H}{\underset{C_2H_5}{C}}\text{—}C_6H_4\text{—}OCH_3 \xrightarrow{HI} TM$$

有些目标分子本身并不具有对称性，但是经过适当的变换或切断，即可以得到对称的中间物，这些目标分子存在着潜在的分子对称性。

【例 10-6】 设计 $(CH_3)_2CHCH_2\overset{O}{\overset{\|}{C}}CH_2CH_2CH(CH_3)_2$ 的合成路线。

分析：分子中的羰基可由炔烃与水加成而得，则可以推得一对称分子。

$$(CH_3)_2CHCH_2\overset{O}{\overset{\|}{C}}CH_2CH_2CH(CH_3)_2 \xRightarrow{FGI} (CH_3)_2CHCH_2 \nmid C{\equiv}C \nmid CH_2CH(CH_3)_2$$

$$\Longrightarrow 2(CH_3)_2CHCH_2Br + HC{\equiv}CH$$

合成：

$$HC{\equiv}CH + 2(CH_3)_2CHCH_2Br \xrightarrow{NaNH_2/\text{液}\ NH_3} (CH_3)_2CHCH_2C{\equiv}CCH_2CH(CH_3)_2 \xrightarrow[HgSO_4]{\text{稀}\ H_2SO_4} \text{目标分子}$$

10.4.3 季戊四醇生产典型流程图

季戊四醇生产典型流程图如图 10-4，仅供小试合成时参考。

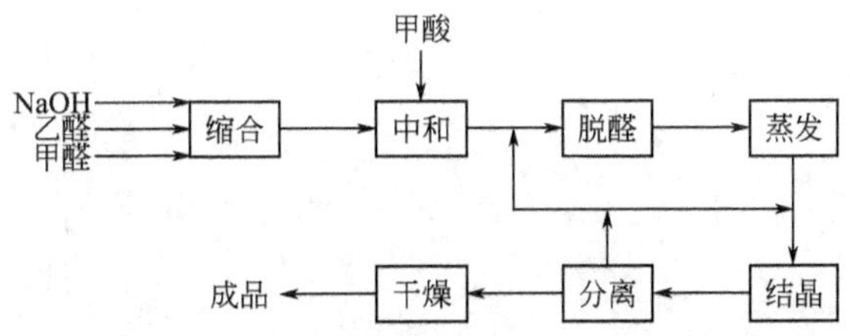

图 10-4　季戊四醇生产典型的流程图

练习与思考题

1. 什么是缩合反应？什么是成环反应？
2. 丙醛在稀氢氧化钠溶液中的缩合为例，说明羟醛缩合的反应历程。
3. 写出下列反应主要产物，并注明反应名称。

(1) $CH_3\overset{O}{\overset{\|}{C}}CH_3 + HCHO \xrightarrow[40\sim42℃]{\text{稀}\ NaOH}$

(2) $C_6H_5CHO + CH_3COC_6H_5 \xrightarrow[15\sim31℃]{NaOH/EtOH}$

(3) $C_6H_5CHO + CH_3COCH_2CH_3 \xrightarrow[H_2O]{NaOH/EtOH}$

（4）$C_6H_5COCH_3 + CNCH_2COOH \xrightarrow[HOAc]{NH_4Ac}$

4.查阅资料，设计下列物质的合成路线。

（1）$CH_3CH_2CH(OH)CH(CHO)CH_2CH_3$

（2）$CH_3\overset{O}{\overset{\|}{C}}CH_2—CH_2\overset{O}{\overset{\|}{C}}CH_3$

情境11

香料香豆素的合成（珀金反应、环合反应）

学习目标与要求

知识目标

了解香豆素的合成路线及合成过程中的安全环保知识；掌握珀金反应、环合（内酯化）反应过程、分离过程的知识和产品鉴定的方法。

能力目标

能对香豆素进行资料检索，能根据香豆素合成路线及珀金反应、环合反应的反应特点制定合成方案，并通过实验拿出符合要求的产品。

情感目标

充分调动学生的学习积极性、创造性，增强化工合成职业素质养成，使学生在学习过程中培养团结协作、严谨求实与锲而不舍的精神。

11.1 情境引入

实习生小李、小周、小苏等三人轮岗到香豆素生产车间实习，这一回由孙工程师指导他们。在实习期间，实习生们将要完成香豆素制备工艺的学习，参加模拟顶岗实习，在实验室条件下以小试的形式进行实践。

实习生们准时来到孙工的办公室，孙工交给他们一份拟订好的实习计划，上面列出了小李他们实习期间要完成的工作和注意事项。小李打开了实习计划，浏览了上面的主要内容（与前面实习的内容大体相仿，不过产品换成了香豆素）。

11.2 任务解析

孙工检查了小李等资料检索情况。

小李：香豆素化学名称为1-苯并吡喃-2-酮，CAS号是91-64-5。香豆素熔点71℃，具有强烈的新鲜干草香气，类似黑豆、巧克力香气。在自然界中存在于天然的黑香豆、肉桂、薰衣草等植物中。

小周：Boulet 1825年发现了香豆素。全球年产合成香豆素约2000t左右，主要应用在香皂、化妆品和烟用香精中，在橡胶、医药、电镀等制品中，可用作去臭剂、增香剂和光亮剂，用途极为广泛。

小苏：香豆素的生产有Perkin法、丙二酸法、拉西格法、勃力通法、拉西格法、苯酚丙烯酸酯法、毕却曼法、邻氯苯甲醛法等。

孙工：香豆素的生产方法较为成熟，各种方法依然在生产中都有应用。我们从小试开始了解香豆素产品开发的过程。

11.2.1 产品开发任务书

孙工拿出了一份公司香豆素的产品开发任务书，如表11-1。

表11-1 产品开发任务书

编号：××××××

项目名称	内容	技术要求		执行标准
		专业指标	质量标准	
香豆素产品小试制	以生产原料进行香豆素小试合成，对合成工艺进行初步评估	中文名称：香豆素 英文名称：coumarin 化学名称：1,2-苯并吡喃酮或氧杂萘邻酮 CAS号：91-64-5 分子式：$C_9H_6O_2$ 分子量：146.15	色状：白色晶体 香气：甜的黑香豆样香气 溶解度(25℃)：不溶于水，较易溶于热水。试样1g全溶于90%(体积分数)乙醇8mL中 熔点：69～71℃ 沸点：301.7℃	行业标准编号QB/T 2544—2011
市场服务对象		×××化工公司		
进度要求		1～2周		
项目负责人			开发人员	
下达任务人		技术部经理	日期：	
		技术总监	日期：	

注：一式三联。一联交技术总监留存，一联交技术部经理，一联交项目负责人。

孙工：在企业里，有关产品研发的项目必须经过主管部门批准后方可以进行试验。一般都需要下发正式的文件或任务书。在任务书中必须明确项目的内容、要求及相关标准。可以转接科研院所的项目也可以自行开发。

11.2.2 香豆素的合成路线设计

11.2.2.1 香豆素分子结构的分析

孙工：首先根据有机化合物的CAS号查阅香豆素的分子结构式。

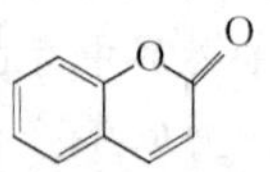

目标化合物基本结构为苯并环结构（氧杂萘环），其中并环由不饱和内酯构成。

知识点拨

杂环化合物概述

杂环化合物是分子中含有杂环结构的有机化合物。构成环的原子除碳原子外，还至少含有一个杂原子，是数目最庞大的一类有机化合物。最常见的杂原子是氮原子、硫原子、氧原子。

杂环分类有多种，按杂环原子数不同，分为五元、六元、七元杂环及苯并杂环化合物等。其中五元杂环化合物有：呋喃、噻吩、吡咯、噻唑、咪唑等。六元杂环化合物有：吡啶、吡嗪、嘧啶、哒嗪等。稠杂环化合物有：吲哚、喹啉、蝶啶、吖啶等。

呋喃　噻吩　吡咯　噁唑　噻唑　吡唑　咪唑

吡啶　哒嗪　嘧啶　吡嗪　苯并呋喃　苯并噻吩　苯并吡咯(吲哚)

苯并噁唑　苯并噻唑　苯并咪唑　喹啉　异喹啉　吖啶

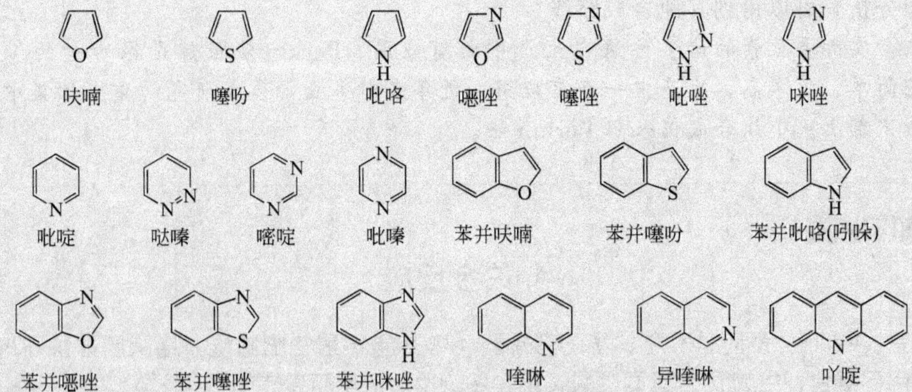

杂环的成环规律和碳环一样，最稳定、最常见的杂环也是五元或六元的。按芳香特征，可分为脂杂环和芳杂环两大类。没有芳香特征的杂环化合物称为脂杂环化合物，具有芳香特征的杂环化合物称为芳杂环化合物，平时也简称杂环化合物。芳杂环化合物可以分为单杂环和稠杂环两大类，稠杂环是由苯环与单杂环或两个或多个单杂环稠并而成的。

11.2.2.2　香豆素的合成法路线分析

孙工：通常采用逆向合成的方法对香豆素合成路线设计分析如下。

香豆素合成的主要难度是如何成环。对于苯并环的合成往往以苯的邻位衍生物为基础合成。在其分子结构中明显的是内酯官能团和双键。因此逆向切断即从此入手。

拆开内酯环，得到 α,β-不饱和酸衍生物，继续拆开双键，可得芳醛和乙酸酐。

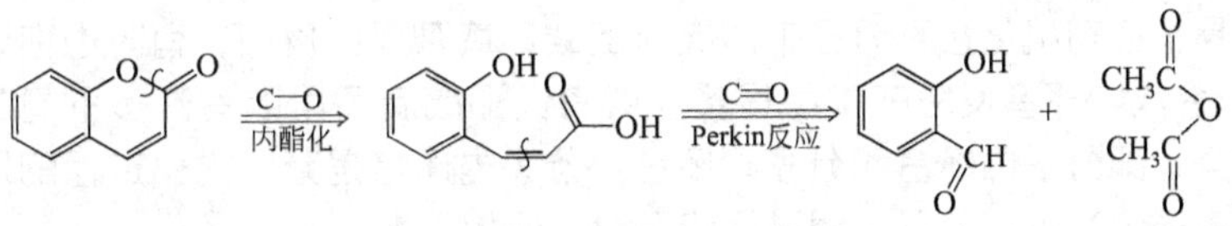

相应的合成路线是以水杨醛、乙酸酐为原料，通过珀金（Perkin）反应制得香豆素。

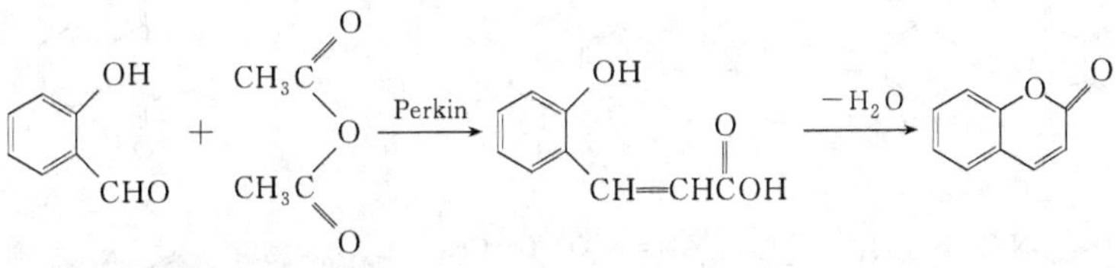

由于成酯的方法除了醇酸酯化合成外还可以用酯交换反应合成，所以拆开内酯键后，还可以得到邻乙酰基水杨醛。

对于切断香豆素的双键，可以用诺文葛尔反应合成。于是可以通过丙二酸二乙酯的方法进行合成。

类似分析，可以得到其他合成路线。

孙工：实际香豆素的诸多方法在生产中都有应用。Perkin 法虽然是很古老的工艺，但因其工艺简单、收率高，生产中一直有应用，近年来对香豆素合成研究的重点仍集中在珀金反应的催化剂上。小试合成仍采用 Perkin 法。

知识点拨

1. 珀金反应

珀金（Perkin）反应是不含 α-氢的芳香醛（或不含 α-氢的脂肪醛）与脂肪酸酐在碱性催化剂作用下缩合，生成 β-芳基丙烯酸类化合物的反应。反应通式如下：

$$ArCHO + (RCH_2CO)_2O \longrightarrow ArCH{=}C(R){-}COOH + RCH_2COOH$$

反应实质是酸酐的亚甲基与醛进行羟醛缩合。碱性催化剂一般是与所用脂肪酸酐相应的脂肪酸盐，有时使用三乙胺可获得更好的收率。羧酸盐属弱碱性催化剂，反应温度要求较高（150～200℃）。水杨醛与乙酸酐缩合即是珀金反应的一种。

知识点拨

2. 环合反应概述

环合反应是指在有机化合物分子中形成新的碳环或杂环的反应，有时也称闭环或“成环缩合”。在有机合成中环合反应的类型很多，或者说形成新环可以有许多不同的形式，概括起来分为两大类，即分子内环合和分子间环合。分子内环合是分子内部进行的环合，分子间环合是两个（或多个）不同分子之间进行的环合。例如：

苯并三氮唑(中间体，试剂)

成环缩合反应是通过形成新的碳-碳键、碳-杂键或杂-杂键三个类型完成的。其反应历程包括亲电环合、亲核环合、自由基环合及协同效应等历程。环合反应的类型很多，而且所用的反应试剂也是多种多样的，因此不能像其他单元反应那样，写出一个反应通式，也不能提出一般的反应历程和比较系统的一般规律，但是根据大量事实可以归纳出以下规律。

① 成环缩合形成的新环大多是具有芳香性的六元碳环以及五元或六元杂环，主要因为这些环比较稳定，所以容易形成。

② 除了少数以双键加成方式形成环状结构外，大多数环合反应在形成环状结构时，总是脱除某些简单的小分子，例如水、氨、卤化氢、醇分子等。

③ 为了促进上述小分子的脱除，常常需要使用环合促进剂。例如，脱水环合在浓硫酸介质中进行；脱氨和脱醇环合在酸或碱的催化作用下完成；脱卤化氢环合常常在缚酸剂的存在下进行等。

④ 为了形成杂环，起始反应物之一必须含有杂原子。

利用环合反应形成新环的关键是选择价廉易得的起始原料，能在适当的反应条件下形成新环，而且收率良好，产品易于分离精制。在精细有机合成中，将遇到各种各样的环状化合物，如芳环、杂环、饱和碳环与非饱和碳环等。

11.2.3 单元反应过程分析

孙工：在确定反应路线，选择相应的原料和试剂后，要完成反应还必须制订详细的反应方案。这在工艺上就是明确相应的工艺控制点，显然这对于生产是非常关键的。而反应方案的制订就必须从反应的机理和反应影响因素等方面入手才能把握其要点。

11.2.3.1 香豆素珀金反应的机理

现有的资料表明，在香豆素合成过程中，Perkin 缩合反应、内酯化反应是在“一锅”中完成的，反应机理为亲核加成反应，具体如下：

$$CH_3-\underset{\underset{O}{\|}}{C}-OK \overset{\text{离解}}{\rightleftharpoons} CH_3-\underset{\underset{O}{\|}}{C}-O^- + K^+$$

$$CH_3-\underset{\underset{O}{\|}}{C}-O^- + (CH_3CO)_2O \xrightarrow{\text{氢转移}} CH_3-\underset{\underset{O}{\|}}{C}-OH + {}^-CH_2COOCOCH_3$$

$$\text{邻羟基苯甲醛} + H_2\overset{-}{C}COOCOCH_3 \xrightarrow{\text{亲核加成}} \underset{(1)}{o\text{-}HOC_6H_4CH(O^-)CH_2COOCOCH_3} \xrightarrow[-H_2O]{H^+} \underset{(2)}{o\text{-}HOC_6H_4CH{=}CHCOOCOCH_3}$$

$$\xrightarrow[\text{水解}]{H_2O} \underset{(3)}{o\text{-}HOC_6H_4CH{=}CHCOOH} \xrightarrow{-H_2O} \text{香豆素}$$

总反应式：

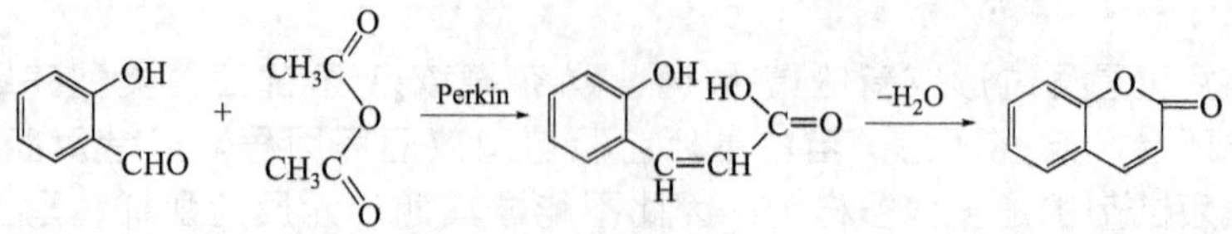

碱性催化剂羧酸盐（钾盐或钠盐）离解产生羧酸负离子 CH_3COO^-，与酸酐作用，夺去酸酐中 α-碳原子上的一个氢原子，形成一个羧酸酐碳负离子，羧酸酐碳负离子作为亲核试剂与醛发生亲核加成生成中间体（1），经中间体（2）进行水解后，生成 β-芳基-α,β-不饱和酸（3），（3）再经内酯化制得香豆素。

环化产物（香豆素）为顺式产物，反式香豆酸不能进行环合。

11.2.3.2 香豆素珀金反应的主要影响因素

（1）水杨醛的反应性质 水杨醛为无色澄清油状液体，有焦灼味及杏仁气味。熔点 −7℃，沸点 197℃，相对密度（水＝1）1.17，饱和蒸气压 0.13kPa（33℃）；微溶于水，溶于乙醇、乙醚。本品可燃，有毒，具刺激性。

该缩合反应是碳负离子对羰基碳的亲核加成反应，当芳醛的芳环上含有吸电子基团如—X、$—NO_2$ 时，可使醛基的碳原子上正电性增强，则珀金反应易进行，收率高；反之，若芳醛的芳环上含供电子基团，则珀金反应难于进行、收率低。显然，水杨醛分子结构中羟基属于供电子基团，能使苯环上电子云密度升高，故而水杨醛反应活性将减弱，珀金反应需要更强的反应条件。

（2）乙酸酐的反应性质 乙酸酐为无色透明液体，有刺激性气味（类似乙酸），其蒸气为催泪毒气。熔点 −73.1℃，沸点 138.6℃，相对密度（水＝1）1.08；溶解性：溶于苯、乙醇、乙醚，稍溶于水。

参加珀金反应的酸酐一般为具有两个或三个活泼 α-H 的低级单酸酐，这里 α-H 指与羰基相连碳原子上的 H 原子。酸酐的碳原子数越多，位阻增大，α-H 的反应活性降低。乙酸酐比其他高级酸酐反应活性高，是珀金反应中常用的酸酐。

（3）催化剂 珀金反应所用的催化剂为相应酸酐的羧酸钾盐或钠盐，无水羧酸钾盐的效果比钠盐好，反应速率快、收率高。叔胺也可催化此反应。

从反应机理上看，催化剂与乙酸酐反应才能形成参与亲核加成反应的碳负离子，为了保证有足够浓度的碳负离子形成，催化剂应该比乙酸酐过量。

另外，由于高级酸酐制备比较难，来源也较少，可采用其羧酸盐与乙酐代替，使其先生成相应的混合酸酐，再参与缩合。资料上也有加入少量碘作催化剂的报道。

（4）反应温度和反应时间 由于水杨醛的反应活性较低，乙酸酐是活性较弱的亚甲基化合物，故制备香豆素的珀金反应需要较高的反应温度和较长的反应时间。但反应温度过高，将会发生脱羧和消除反应，生成烯烃。因此制备香豆素的珀金反应温度比一般的 Perkin 反应温度要高。资料表明，制备香豆素的珀金反应温度一般为 150～200℃，反应时间 4～7h。

（5）物料配比 一般情况下，为使水杨醛充分反应，乙酸酐应稍过量。乙酸酐的用量在整个反应过程中影响显著，可能是由于乙酸酐在反应条件下易挥发又兼作溶剂，因此用量不能太少。这可能是因为在反应初期，若乙酸酐量过少，过量的水杨醛会发生二聚副反应，生成二聚水杨醛。但过多副产物增加，会导致生成水杨醛三乙酸酯的副反应加剧，从而使香豆素的收率下降。资料表明，随着酐醛配比的增大，香豆素的收率会不断上升，当达到一定值后收率反而下降。合适的物料配比以 n(水杨醛)∶n(乙酸酐)＝1∶(1.35～3.0) 为宜。

（6）传质的影响 在接近乙酸酐沸点的温度下，乙酸盐将会溶解，反应变成均相体系。随着乙酸酐的消耗，将有部分乙酸盐析出，此时良好的搅拌有利于反应的进行。

(7) 水分的影响　水分的存在会使酸酐水解为羧酸，而羧酸氢的酸性比 α-H 的酸性更强，对缩合反应不利，因此珀金反应需要在无水条件下进行。

(8) 副反应　水杨醛能发生氧化、二聚及生成水杨醛单乙酸酯等副反应。

$$\text{(OH)C}_6\text{H}_4\text{CHO} \xrightarrow{[O]} \text{(OH)C}_6\text{H}_4\text{COOH}$$

$$2\ \text{(OH)C}_6\text{H}_4\text{CHO} \longrightarrow \text{(OH)CH—O ... O—CH(OH)（二聚环状产物）}$$

$$\text{(OH)C}_6\text{H}_4\text{CHO} + (CH_3CO)_2O \xrightarrow[+H_2O]{\triangle} \text{(CHO)C}_6\text{H}_4\text{OCOCH}_3 + CH_3COOH$$

另外，若珀金反应温度过高，反应中间体可能发生脱羧和消除副反应，产生烯烃。反应式如下：

$$\text{Ar—CH(OOCCH}_3\text{)—CH}_2\text{—C(=O)—O}^- \xrightarrow[-CO_2]{\triangle} \text{Ar—CH=CH}_2 + CH_3COO^-$$

11.2.3.3　内酯化反应的影响因素

内酯化是成环反应的一种方式。当化合物分子中带有 2 个以上可以反应的官能团时，只要两个官能团间隔足够的碳链长度，随着碳链的自由折叠，两个官能团之间相互靠近而发生反应，使得整个分子体系的能量大幅降低，分子结构因而更加稳定。通常这种分子具有自发缩合成五元环或者六元环的趋势。

内酯化本质上与分子间的酯化相同，都属于 O-酰化反应。参见前面情境中的有关内容。这里主要注意几方面问题：

① 环的稳定性。从香豆素分子结构看，成环后分子体系的共轭程度提高，有利于环的稳定，故内酯化平衡反应能够向成环的方向移动，促进环合。

如果体系温度过高会使环破坏，对环的稳定性是不利的，故反应体系温度不能过高。

② 由于反应开始，体系中羧酸或酸酐浓度较高，可能会和苯环上邻位的羟基发生酯化反应，但只要香豆酸能顺利形成，通过酯交换反应，也可以生成稳定的环合产物。

③ 成环过程对 Perkin 缩合的影响。

内酯化反应有水生成，可使乙酸酐分解，对 Perkin 缩合不利。当然，在 Perkin 缩合的条件下，由于乙酸酐过量，过量的乙酸酐会“消耗掉”生成的水，从而降低了对 Perkin 缩合的影响。

11.2.4　单元反应后处理策略分析

香豆素合成中 Perkin 反应和内酯化反应在“一锅”中完成后，要将香豆素反应物中目标产物分离出来才行。

11.2.4.1 香豆素的后处理

(1) 缩合反应结束后体系的组成及其状态 Perkin 反应及内酯化反应后，反应体系主要组成：产物香豆素，乙酸、乙酸钾、乙酸酐、少量未反应物料水杨醛以及副产物水杨醛三乙酸酯、少量苯乙烯等。体系组成较复杂，并以液体化合物居多。

(2) 分离策略 香豆素为不溶于水的低熔点固体，而反应体系中其余物质中大多数都溶于水，故其他总体上可以采用水/溶剂萃取分离体系分离。

体系中剩余的乙酸酐和副产物乙酸，可以在反应后期引出反应体系；为防止酸碱在后处理过程中引起的副反应，通常需要在处理前中和。

进一步提纯则可用减压蒸馏的方法进行提纯。

11.2.4.2 关于产物的精制

由于目的产物是固体，因此可以考虑用减压蒸馏的方法或重结晶的方法产物精制。选择溶剂可从能溶解的溶剂中筛选，优先考虑选用毒性较低的溶剂（比如 95%乙醇）。

孙工讲解完，要小李等考虑如何制香豆素的小试合成方案，在车间小试实验室实习时讨论。

11.3 工作过程指导

11.3.1 制订小试合成方案要领

小李等一行来到了主要的实习岗位——车间小试实验室。完成岗位安全教育后，孙工跟小李他们一起讨论香豆素的合成方案。

孙工：“作为新手，在制订合成工艺方案时要善于参考已有的文献方案。这是因为文献方案往往是经过锤炼的，参考的价值很高，合成时可以少走弯路。但这绝不是说依葫芦画瓢就可以了。因为文献的方案所用的原料、试验器材（设备）不尽相同，方案的细节或许有所隐藏，因此照搬文献方案试验有时得不到文献的结果。所以参考文献方案时要尽可能先读懂方案，然后再提取有价值的东西进行参考，形成自己的试验方案。这也是企业新项目上马必先经过小试验证的根本原因。”

孙工拿出了一份当初小试组试制香豆素的文献方案。

称取 25.7g 乙酸酐、15.5g 水杨醛和 14g 乙酸钠投入反应釜中，搅拌混合均匀，并加热升温至 120℃，保温搅拌回流 2h。然后升温至 170～180℃，保持此温度，搅拌反应 4h，在反应 0.5h 后补加 1.7g 乙酸酐。滴加完毕后继续反应约 0.5h，直到不再有乙酸蒸出为止。待反应物冷却至 110℃时，在 53.3kPa 压力下蒸出剩余的乙酸和乙酸酐。加入热水洗涤反应物，用分液漏斗分出油层，冷却后用 100mL 乙醚萃取水层，合并萃取液和油层。减压除去乙醚，余下的物料改为真空蒸馏，收集 135～138℃/(3～5)×133.3Pa 馏分，得到约 17g 馏出物（香豆素质量分数 88.5%）。加入约 34g95%乙醇，在回流温度下保温 0.5h，反复重结晶 2 次，经去离子水洗涤、干燥，得到 14.9g 香豆素。

孙工：“请大家讨论一下，以上述文献方案为参考，如何制订小试合成方案？”

小李：“文献方案相对详尽，但有些细节尚不清楚。其一，如何确定反应终点？其二，后处理时为何没有中和乙酸？”

孙工：“大家看得很仔细。很明显，文献的合成方案偏重于研究，不一定适合生产，小试的目的是为大生产提供技术评估的依据，故制订方案时要立足于生产的需要。这里提几点建议，以便对大家制订小试方案时参考。”

11.3.2　单元反应体系构建和后处理纯化建议

11.3.2.1　香豆素的合成

（1）珀金反应体系的构建和监控

① 反应体系的构建要点

a. 一般来说在140℃以上的反应为了防止有机物在高温下氧化都需要惰性气体保护下进行，因Perkin缩合需要在较高的温度下进行，故反应体系需要惰性气体装置。

生产上惰性气体一般用N_2。密闭体系可以采用N_2置换的方法，敞开体系则可用微量N_2气流的方法。为防止微量N_2气流将反应物带出体系，故反应装置中应安装冷却回流的装置。

小试试验时也可采用氩气保护。因为氩气比空气重，直接在反应瓶上接上氩气球即可。

b. 反应中由于有低沸点的乙酸生成，如果不能及时排出体系，将会影响体系温度的升高，因此应配备乙酸引出装置。为了更好地分离乙酸和乙酸酐，可以利用刺形分馏柱分馏。

c. 为了能使催化剂更好地分散，体系需要强搅拌。为达到控温平稳的目的，反应体系宜选用油浴加温装置。为了隔绝空气中的水分，回流装置应配有干燥管。由于回流温度超过150℃，故可采用空气管回流装置。

② 珀金反应的控制策略　由于催化剂碱性较弱且为固体，故反应时宜过量使用以增加碳负离子的浓度；加料时宜先将催化剂与乙酸酐混合后，升温溶解后再将水杨醛加入，这样反应体系中乙酸酐过量，可以“吸收”掉生成的水。反应初期温度不宜过高，这样可以减少副反应的发生；当反应进行到一定程度以后，再适当提高反应温度，以缩短珀金反应时间。由于反应中有乙酸生成，在初期反应结束后要将乙酸蒸出，这样反应后期的温度才能升高。由于乙酸酐的消耗，可以在乙酸蒸出的同时进行补料。

由于羧酸盐催化活性较低，反应需要较长的时间。另外，所用原料试剂要进行干燥脱水处理。

③ 珀金反应进程及终点的监控　加料完毕反应一定时间后，可用TLC法对反应进行跟踪（展开剂为环己烷∶乙醚＝3∶1，V/V），当苯甲醛消失后，适当延长一定反应时间即可达到终点。

（2）珀金反应后处理分离方法　为将乙酸、乙酸酐引出反应体系，可减压处理；采用水/溶剂体系分离时，加入的水可使乙酸酐水解。因香豆素熔点相对较高，故处理时控制体系温度在香豆素凝固点之上，加入热水使得未反应乙酸酐水解。一般来说，香豆酸在酸性水溶液中会自动环合，故水相中酸性可以不必中和，液态的香豆素会与水分离，分层后可用乙醚将有机物萃取出来。

利用减压蒸馏的方法将目的产物香豆素从杂质中分离。

11.3.2.2　单元反应之间的衔接

在香豆素小试合成反应中，涉及Perkin反应和内酯化（环合）反应，由于这两步反应无法截然分开，因此只需在两步反应结束后进行香豆素产物的分离处理。

11.3.2.3　产物的纯化

可用重结晶的方法纯化，溶剂可选95%乙醇。

11.3.3　绘制试验流程图

香豆素合成小试流程如图11-1。

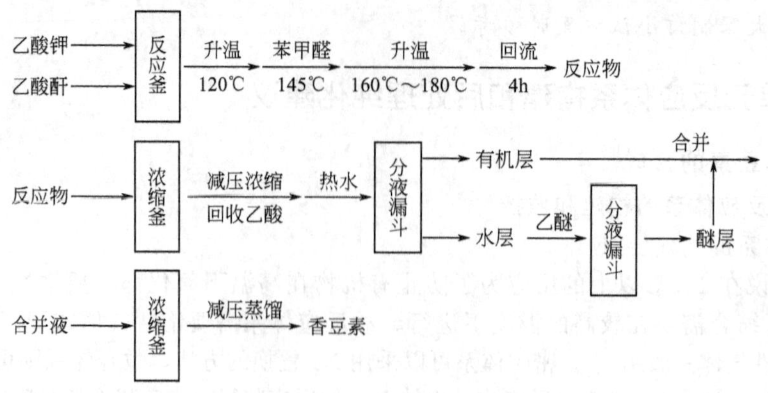

图 11-1 香豆素合成小试流程简图

11.3.4 小试试验装置

香豆素的合成反应装置参考图 11-2。

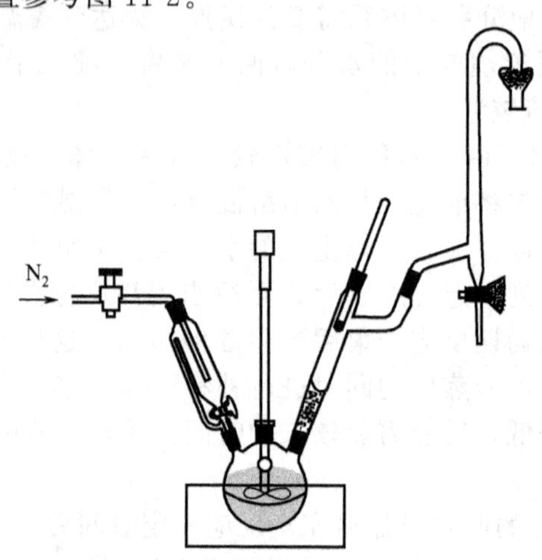

图 11-2 香豆素合成装置图

香豆素合成装置由三口烧瓶、刺形分馏柱、Y 形接头、温度计、分水器、空气冷凝管、干燥管、搅拌、油浴组成。三口烧瓶为反应的容器，内装水杨醛、乙酸酐、乙酸钠。反应瓶安装量程为 250℃温度计，对具体反应温度进行测量，采用机械搅拌，加强传热和传质。当引出乙酸时，可通过 Y 形接头上安装的温度计监控，当温度计达到乙酸蒸气的温度时，可由分水器下方放出冷凝液（乙酸），反应采用 N_2 保护，N_2 由加样器通入。

11.3.5 小试合成工艺的评估

参考情境 1 的评估方法进行评估。

11.3.6 产物的检测和鉴定

(1) 香豆素熔点的测定 按 GB/T 14457.3—2008《香料 熔点测定法》的规定，香豆素的熔点大于等于 69℃。

(2) 香豆素红外光谱分析 香豆素的标准谱如图 11-3（来源：上海有机所红外数据库）。只要将合成产物的红外光谱与标准图谱对照即可确认合成产物是否为目的产物。

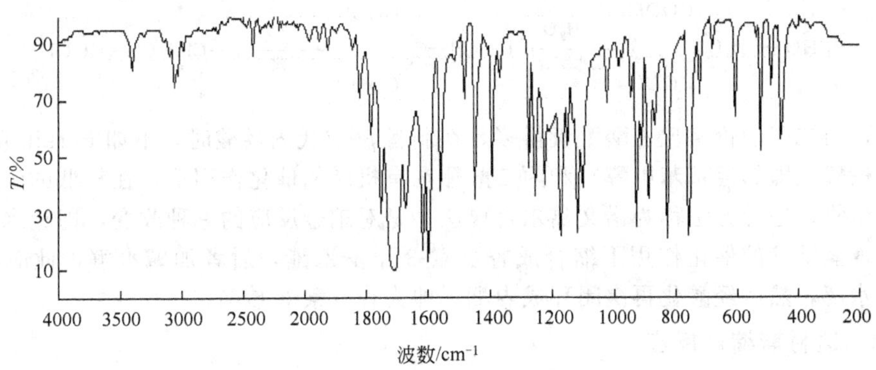

图 11-3　香豆素的标准红外图谱

11.3.7　技能考核要点

参照情境 1 的考核方式，考核方案可参考当初小试组试制香豆素的文献方案。珀金反应技能考核要点可参考情境 1 或情境 2 技能考核表自行设计。

11.4　知识拓展

11.4.1　其他重要的醛酮与羧酸衍生物缩合的反应

11.4.1.1　诺文葛尔反应

含活泼亚甲基的化合物 X—CH_2—Y 在碱性催化剂氨、胺或它们的羧酸盐的催化作用下，脱质子以碳负离子亲核试剂的形式与醛或酮发生羟醛型缩合，生成 α,β-不饱和化合物的反应称为诺文葛尔反应。含活泼亚甲基的化合物与脂肪醛（酮）进行缩合，常采用氨、伯胺或仲胺作催化剂，一般会生成 α,β-和 β,γ-不饱和产物的混合物，β,γ-不饱和产物是由于部分 α,β-不饱和产物发生双键转移得到的。该缩合反应通式为：

$$\begin{matrix}R^1\\R^2\end{matrix}\!\!>C{=}O + H_2C\begin{matrix}X\\Y\end{matrix} \xrightarrow[\text{碱催化}]{\text{脱水缩合}} \begin{matrix}R^1\\R^2\end{matrix}\!\!>C{=}C\begin{matrix}X\\Y\end{matrix} + H_2O$$

式中，R^1、R^2 为脂肪族烃基、芳香族烃基或氢原子；X、Y 为吸电子基。为了除去反应生成的水，常常用苯、甲苯等有机溶剂共沸带水，以促进反应的完全。改进后的方法具有反应条件温和、反应速率快、产品纯度高、收率较高、可防止含活泼亚甲基的酯类等化合物水解的优点，且应用范围也有所扩大，可适用于含各种取代基的芳香醛或脂肪醛的缩合。

诺文葛尔反应的收率与羰基化合物的反应活性、位阻、催化剂的种类及反应条件有关。一般来说，醛（脂肪醛和芳香醛）与活泼亚甲基化合物很容易进行反应，得到产率较高的 α,β-不饱和化合物；位阻小的酮与活性较高的活泼亚甲基化合物可顺利地进行诺文葛尔反应，收率也较高；位阻大的酮则反应较困难，收率也较低。

对于醛、酮发生的这类反应，作为反应物之一的活泼亚甲基化合物若为丙二酸（酯），改用哌啶或吡啶加少量哌啶为催化剂，则为 Knovenagel-Doebner 反应。

诺文葛尔反应在有机合成尤其是药物合成中应用很广。例如，丙二酸在吡啶的催化作用下与醛缩合、脱羧可制得 β-取代丙烯酸。

$$RCHO + H_2C(COOH)_2 \xrightarrow[\text{脱水缩合}]{-H_2O} R-CH=C(COOH)_2 \xrightarrow[\text{脱羧}]{-CO_2} R-CH=CH-COOH$$

但是，丙二酸的价格比乙酸酐贵得多，在制备 β-取代丙烯酸时，不如 Perkin 反应经济。

用水杨醛（即邻羟基苯甲醛）和丙二酸酯在有机碱的催化作用下，在较低的温度合成香豆素的衍生物，这种方法称为诺文葛尔合成法，是对珀金反应的一种改变，即让水杨醛与丙二酸酯在六氢吡啶的催化作用下缩合成香豆素-3-甲酸乙酯，后者加碱水解，此时，酯基和内酯均被水解，然后经酸化再次闭环成内酯，即为香豆素-3-羧酸。

11.4.1.2 达村斯缩合反应

醛或酮在强碱催化作用下和 α-卤代羧酸酯缩合，生成 α,β-环氧羧酸酯（缩水甘油酸酯）的反应称为达村斯（Darzens）缩合反应。其反应通式如下：

$$R^1R^2C=O + R^3CHXCOOEt \xrightarrow{NaNH_2} R^1R^2\underset{\diagdown O \diagup}{C-C}R^3(COOEt)$$

达村斯缩合反应通常用 α-氯代羧酸酯，α-溴代羧酸酯和 α-碘代羧酸酯虽然反应活性较高，但易发生烷基化副反应，使产物变得复杂而很少采用，有时亦可用 α-卤代酮为原料。参加达村斯缩合反应的羰基化合物中，除脂肪醛收率不高外，芳香醛、脂肪酮、脂环酮以及 α,β-不饱和酮均可获得较好的收率。常用的强碱催化剂为 RONa、$NaNH_2$、t-C_4H_9OK，其中 RONa、$NaNH_2$ 应用最广，叔丁醇钾的碱性最强，催化效果最好，所得产物收率也比用其他催化剂时高。因为脱落的卤素负离子要消耗碱，所以 1mol α-卤代羧酸酯至少要用 1mol 碱。

在缩合时，为了避免卤基和酯基的水解，反应要在无水介质中进行。

达村斯缩合反应的历程如下：

$$R'-ONa + H-C(R^3)(X)-C(=O)-OC_2H_5 \overset{\text{碱}}{\rightleftharpoons} R'-OH + Na^+\,{}^-C(R^3)(X)-C(=O)-OC_2H_5$$

$$R^1R^2C=O + Na^+\,{}^-C(R^3)(X)-C(=O)-OC_2H_5 \xrightarrow{\text{亲核加成}} R^1R^2C(O^-Na^+)-C(R^3)(X)-C(=O)-OC_2H_5$$

$$\longrightarrow R^1R^2\underset{\diagdown O \diagup}{C-C}(R^3)-C(=O)-OC_2H_5 + NaX$$

首先在碱催化作用下 α-卤代羧酸酯脱去一个活泼 α-H 原子形成碳负离子，继而与醛或酮的羰基碳原子发生亲核加成，得到烷氧负离子，再脱去卤素负离子而生成 α,β-环氧羧酸酯。

缩合产物的立体化学构型有顺式和反式两种，一般以酯基与邻位碳原子上的体积较大的基团处于反式的异构体产物为主要组分。

α,β-环氧羧酸酯在很温和的条件下用碱性水溶液使酯基水解后再进行酸化，可以生成相应的游离羧酸，但很不稳定，受热后即失去二氧化碳，转变为比原料所用的醛（或酮）多一个碳原子的醛（或酮），因此本缩合方法在制备醛或酮时具有一定的用途。例如合成香料中的甲基壬基乙醛就是通过本缩合反应制备的。

11.4.2　关于环合反应

11.4.2.1　烯键参加的成环缩合反应

(1) Prins 缩合　甲醛（或其他醛）与烯烃在酸催化下缩合成 1,3-二醇或其环状缩醛（间二噁烷）类化合物的反应称为普林斯（Prins）反应：

$$RCH{=}CH_2 \xrightarrow[H^+]{HCHO} RCH(OH)CH_2CH_2OH \xrightarrow{HCHO} \text{(4-R-1,3-二噁烷)}$$

普林斯反应可以生成较原来烯烃多一个碳原子的二元醇。其反应历程为首先在酸催化下甲醛质子化形成碳正离子，然后与烯烃发生亲电加成得 1,3-二醇，再与另一分子甲醛缩醛化成间二噁烷型产物：

$$HCHO + H^+ \longrightarrow [\ CH_2{=}\overset{+}{O}H \longleftrightarrow \overset{+}{C}H_2OH\ ] \xrightarrow{RCH{=}CH_2} R\overset{+}{C}HCH_2CH_2OH$$

$$\xrightarrow{H_2O} \left[\begin{matrix} RCH{-}CH_2 \\ | \qquad | \\ H_2O^+ \quad CH_2OH \end{matrix}\right] \xrightarrow{-H^+} \begin{matrix} RCH{-}CH_2 \\ | \qquad | \\ OH \quad CH_2OH \end{matrix} \xrightarrow[-H_2O]{HCHO} \text{(4-R-1,3-二噁烷)}$$

该反应常用硫酸、盐酸、磷酸、路易斯酸以及强酸性离子交换树脂作催化剂。反应生成的 1,3-二醇或环状缩醛的比例取决于反应的条件。

Prins 反应在合成上用于合成环状缩醛类，或以此为反应中间产物的合成反应。例如，氯霉素的合成过程中：

$$PhCH{=}CHX \xrightarrow{HCHO} \text{(4-Ph-5-X-1,3-二噁烷)} \xrightarrow{NH_3} \text{(4-Ph-5-NH}_2\text{-1,3-二噁烷)} \xrightarrow[\triangle]{H^+} PhC{-}C{-}CH_2OH\ (\text{C上: H, OH; C上: NH}_2\text{, H}) \cdots\cdots\longrightarrow \text{氯霉素}$$

(2) Diels-Alder 反应　狄耳斯-阿德耳（Diels-Alder）反应，又称双烯合成。这是指含有双键或三键的不饱和化合物（其侧链还有羰基或羧基等吸电子基团）能与链状或环状含有共轭双键的化合物发生 Diels-Alder 反应，生成六元环型的氢化芳香族化合物。该反应发生于双烯体（A）与亲双烯体（B）之间。其通式为：

$$\underset{(A)}{\text{丁二烯}} + \underset{(B)}{CH_2{=}CH{-}Z} \longrightarrow \text{(4-Z-环己烯)}$$

能作为双烯体的化合物种类很多，参见表 11-2。凡在烯键上有给电子基团者，则可加速反应。

表 11-2　常见的双烯体种类

种类	实例
脂肪族链状共轭双键化合物	丁二烯，烷基丁二烯，芳基丁二烯
脂肪族环状共轭双键化合物	环戊二烯，1-乙烯基环己烯
芳香族化合物	蒽，1-乙烯基萘，1-α-萘基-1-环戊烯
杂环化合物	呋喃

在亲双烯体（B）中，凡含有吸电子基团的都有利于反应顺利进行，能选用的化合物种类也很多，参见表11-3。

表11-3 常见的亲双烯体种类

种类	实例	种类	实例
$CH_2{=}CHZ$	Z可为—CHO、—H、—COOH	$ZCH{=}CHZ$	Z可为$—COOC_2H_5$、—COOH
$ArCH{=}CHZ$	Z可为—CHO、$—COOC_2H_5$、—COOH	醌类	苯醌、萘醌
$CH_2{=}CZ_2$	Z可为$—COOC_2H_5$、—CN、—X(卤素)	$ZC{\equiv}CZ$	Z可为$—COOCH_3$、—COOH

按通式进行的以烯合成反应，没有任何小分子化合物产生，进行这种反应只需要光或热的作用，且不受催化剂或溶剂的影响，反应的收率一般都很高，例如1,3-丁二烯与丙烯醛的加成反应可以获得定量收率：

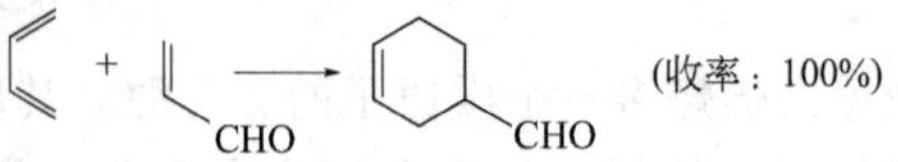

(收率：100%)

双烯合成反应是经由环状过渡状态进行的反应，并不产生任何中间体，反应中旧键的断裂与新键的产生是协同进行的，属于协同反应。它既不同于一般的离子型反应，又不同于自由基型反应。其反应历程可表示如下：

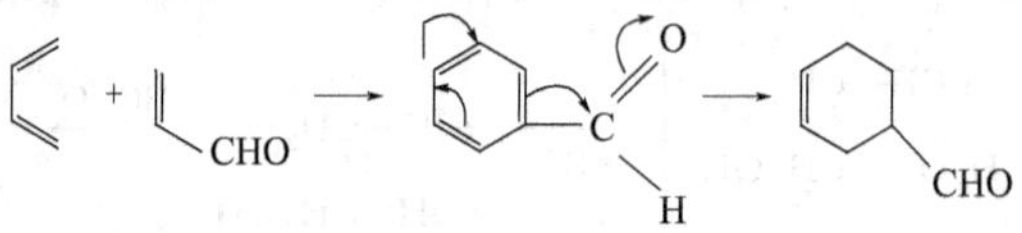

这类缩合反应不仅在理论上.而且在实际生产上都具有重要价值。精细化工中利用此种缩合方法可以制备许多合成香料。例如，女贞醛具有强烈的清香和草香，能增加香精的新鲜感及扩散力。女贞醛可由2-甲基-1,3-戊二烯与丙烯醛加成缩合而得：

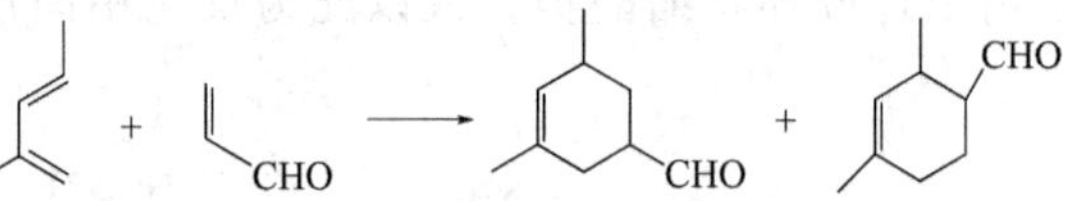

亲双烯体中酮类反应的实例有丁二烯和1,4-萘醌加成缩合成四氢蒽酮，后者经脱氢得到重要的中间体蒽酮：

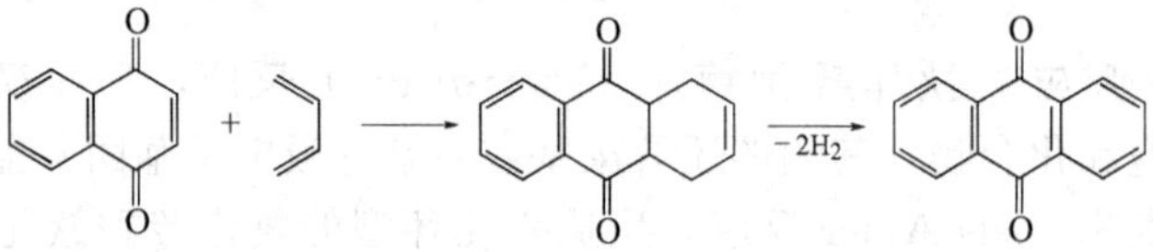

$\xrightarrow{-2H_2}$

11.4.2.2 杂环缩合

有机合成中的杂环化合物主要是五元或六元杂环化合物，往往也会有多种可能途径来合成，但是如以环合时形成的新键来区分，可以归纳为三种环合方式。

第一种：通过碳-杂键形成的环合；

第二种：通过碳-杂键和碳-碳键形成的环合；

第三种：通过碳-碳键形成的环合。

(1) 五元杂环缩合反应 这类反应可合成的产品非常之多，选择若干有代表性的精细化工产品为例，加以说明。

① 吲哚衍生物 这类五元杂环苯并衍生物含有一个杂原子，可供选用的环合的方法较多，但都是以苯衍生物为起始原料。如苯腙或苯胺。以苯腙、丙酮为原料的费歇尔法应用最广泛。

$$C_6H_5NHNH_2 + CH_3COCH_3 \longrightarrow C_6H_5NHN{=}C(CH_3)_2 \xrightarrow{ZnCl_2} \text{2-甲基吲哚}(—CH_3) + NH_3$$

它是用苯腙在酸催化下加热重排消除一分子 NH_3，便生成 2-取代或 3-取代吲哚衍生物。实际制备时，常用醛或酮与等摩尔的苯肼在乙酸中加热回流制取苯腙，生成的苯腙不需分离就可立即在酸催化下进行重排、消除 NH_3 而得吲哚环化合物，其反应历程如下：

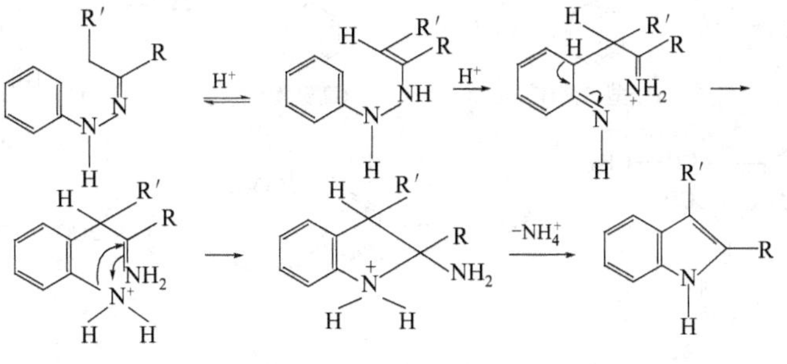

反应过程中，通过重排形成 C—C 键是关键的一步。反应中常用的催化剂为氯化锌、三氟化硼、多聚磷酸。醛和酮必须具有 $RCOCH_2R'$（R 可为烷基、芳基或氢）结构。

② 苯并咪唑衍生物　这类五元杂环苯并衍生物含有两个杂原子。由于衍生物分子中苯环的相邻位置上有两个氮原子，所以最方便和常用的起始原料为邻苯二胺，通过环合即成。例如邻苯二胺与甲酸作用，能发生脱水、环合而成苯并咪唑，这是医药中间体：

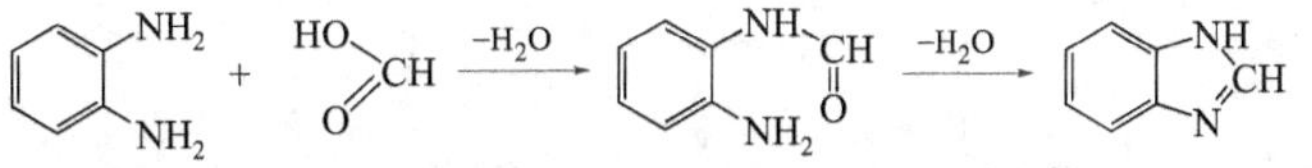

③ 噻唑衍生物　这类五元杂环化合物含有两个杂原子，根据分子结构特征，常选用硫脲为起始原料，与氯乙醛在常温就能反应，脱水和氯化氢，并环合成 2-氨基噻唑。

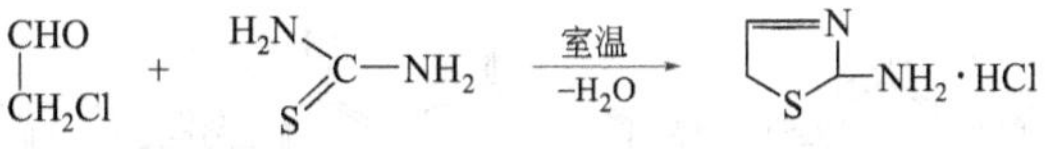

产品可供制备医药磺胺噻唑。此外，还可选用苯基硫脲与氯化硫在无水氯仿介质中，发生脱氢（转化为氯化氢）和环合反应。

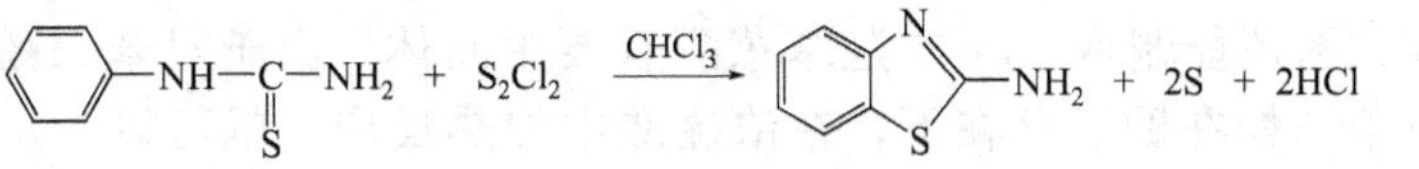

（2）六元杂环缩合反应

① 蒽醌及其衍生物　这是制备蒽醌系还原染料、分散染料、活性染料、酸性染料和有机颜料的重要中间体。蒽醌除了可用精蒽氧化、萘醌和丁二烯加成缩合生产外，另一重要的工业生产方法便是通过邻苯二甲酸酐与苯的傅列德尔-克拉夫茨反应，首先生成邻苯甲酰苯甲酸，再在缩合剂浓硫酸作用下发生脱水成环缩合得到蒽醌。

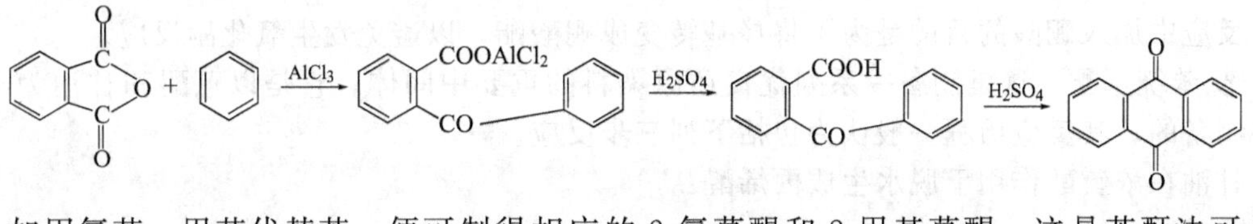

如用氯苯、甲苯代替苯，便可制得相应的 2-氯蒽醌和 2-甲基蒽醌，这是苯酐法可合成多种蒽醌类衍生物的主要优点。此外，以苯乙烯为原料，经二聚制成 1-甲基-3-苯基茚满，

后者再氧化便成邻苯甲酰苯甲酸，由此也能制取蒽醌。

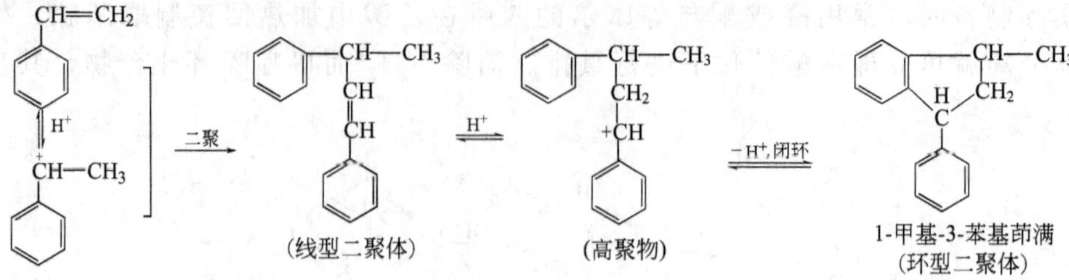

（线型二聚体）　（高聚物）　1-甲基-3-苯基茚满（环型二聚体）

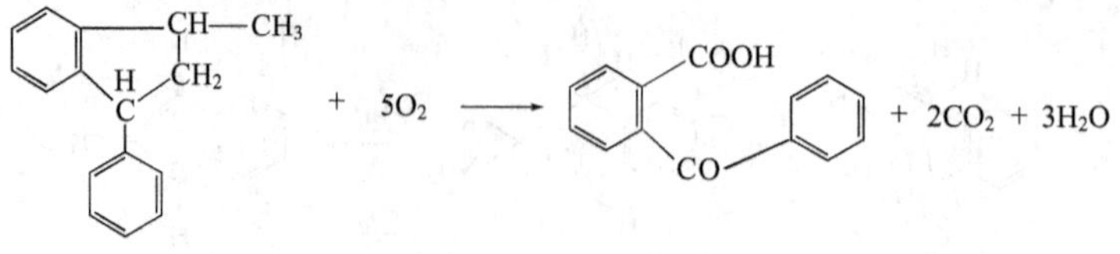

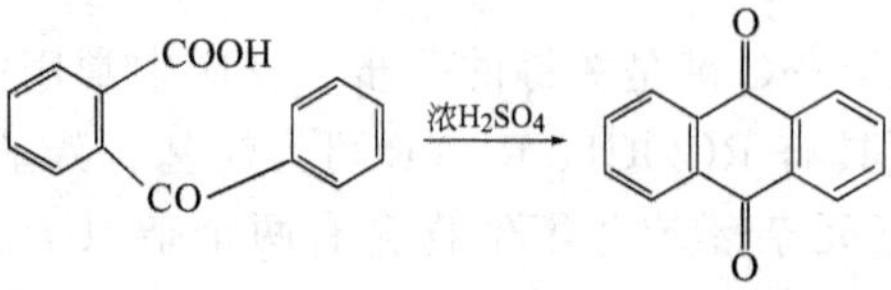

苯酐缩合法也能用来制取 1,4-二氯蒽醌，但收率较低。工业上宜采用苯酞法，其合成路线可用以下反应式表示：

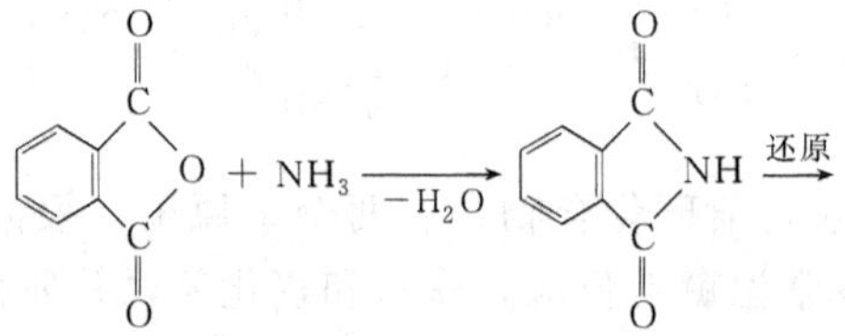

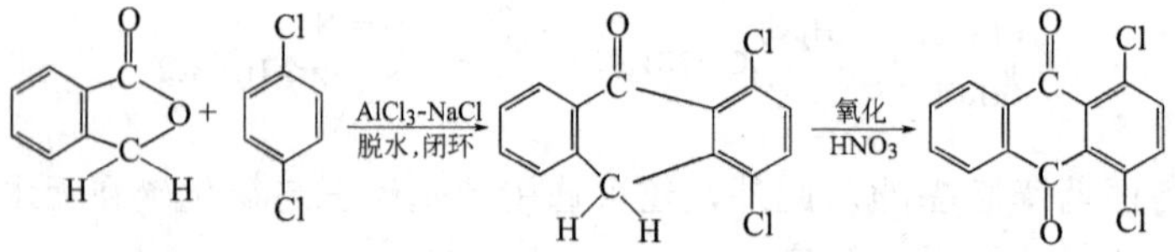

苯酞

苯酐和对苯二酚还能制取 1,4-二羟基蒽醌重要中间体。由于对苯二酚比较活泼，所以只要使苯酐和对苯二酚在硼酸存在下，在浓硫酸中加热反应，就可以一步直接成环缩合得 1,4-二羟基蒽醌。

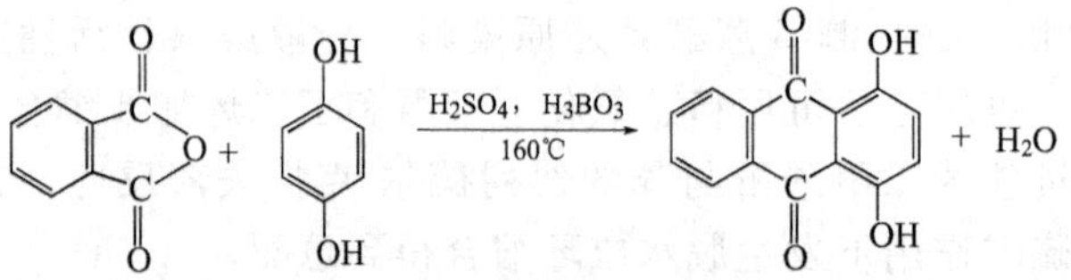

反应中加入硼酸的目的是为了将羟基转变成硼酸酯，以避免发生氧化副反应。

② 苯绕蒽酮　这是制备一系列优良还原染料的重要中间体。它是以蒽醌和甘油为主要原料制备的，其反应历程一般认为包括下列三步反应。

甘油在浓硫酸作用下脱水生成丙烯醛：

$$CH_2OH—CHOH—CH_2OH \xrightarrow[\text{脱水}]{H_2SO_4} CH_2=CH—CHO + 2H_2O$$

在浓硫酸中用锌粉（或铁粉）还原蒽醌成蒽酮酚：

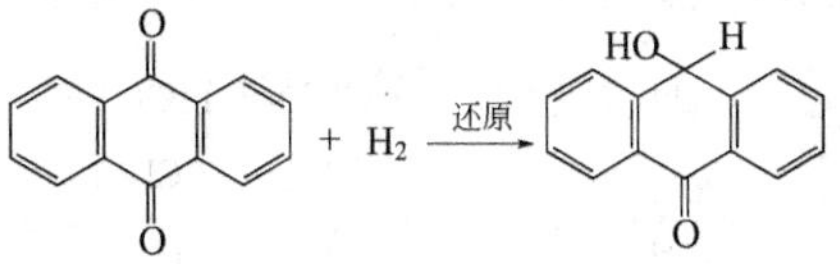

蒽酮酚和丙烯醛在浓硫酸中脱水，同时成环缩合得苯绕蒽酮：

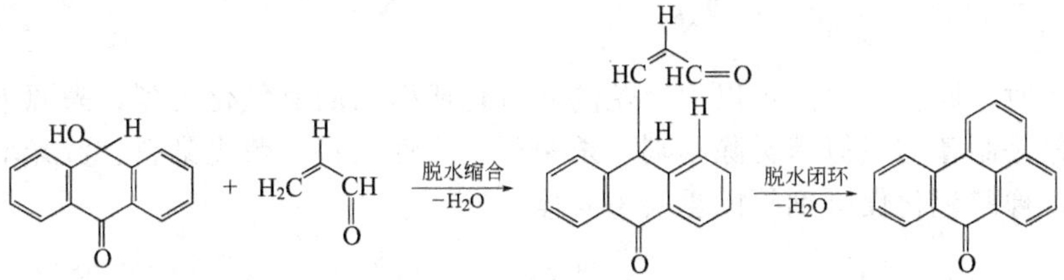

在实际生产中，上述三步反应是在反应器内同时完成的，先将蒽醌溶于浓硫酸中，加入含有硫酸铜催化剂的甘油水溶液，然后在115℃左右加入锌粉甘油悬浮液，反应完毕后再稀释、过滤、水洗，即得粗苯绕蒽酮。粗品再经高压碱煮法、氯苯重结晶法或升华法精制使成精品。

③ 吡啶衍生物　这类六元杂环化合物含有一个杂原子，其中比较重要的是吡啶酮类产物。吡啶酮本身很易被氧化，但在 3 位或 4 位有取代基时就十分稳定，因此具有实用价值的是在 4 位或 3，4 位有取代基的吡啶酮衍生物，它们都是重要的染料中间体。

吡啶酮是 2-戊烯二酸内酰亚胺的互变异构体，因此用取代的 2-戊烯二酸二乙酯与氨作用即可顺利制得吡啶酮衍生物：

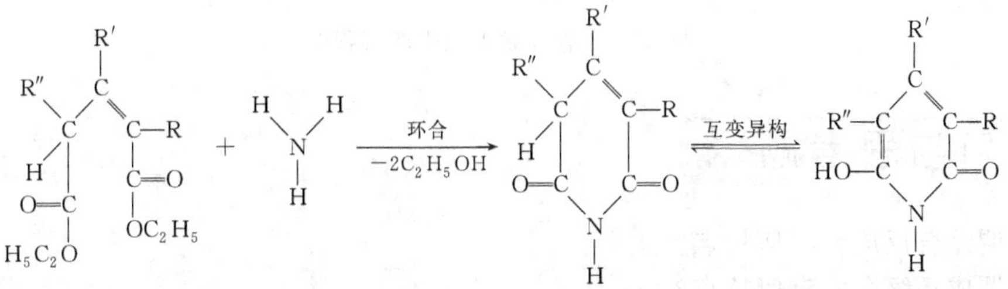

④ 嘧啶衍生物　这类六元杂环化合物含有两个杂原子。根据分子结构特征，通常选用 1,3-二羰基化合物和同一碳原子上有两个氨基的化合物作为起始原料。

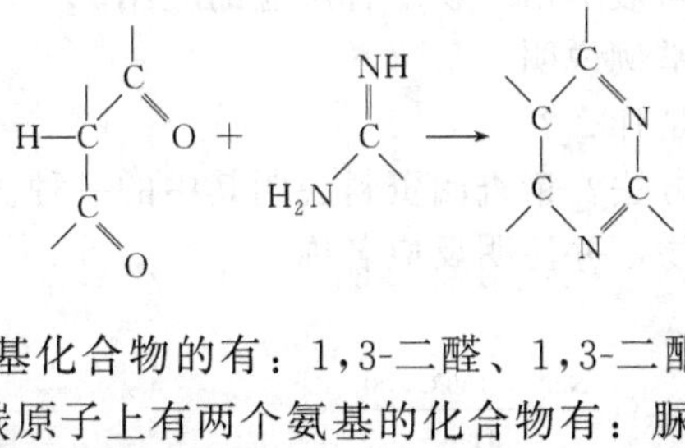

其中可以用作 1,3-二羰基化合物的有：1,3-二醛、1,3-二酮、1,3-醛酮、1,3-酮酯、1,3-酮腈、1,3-二腈等。同一碳原子上有两个氨基的化合物有：脲、硫脲、脒和胍等。氨基的亲核程度与形成新碳-氮键是否顺利有密切关系，因此可以用碱性强度来推测二氨基化合物的相对反应活泼性，其中以胍最强，脒次之，硫脲再次之，脲的活性最弱。

⑤ 均三嗪衍生物　这类六元杂环化合物含有 3 个杂原子。其中以三氯均三嗪最为重要，

因它是由氯氰三聚而成，故又名三聚氯氰。可以采用 HCN 作为起始原料，经氯化成为氯氰再三聚而成三氯均三嗪，其反应式如下：

$$HCN+Cl_2 \longrightarrow ClCN+HCl$$

$$3\,Cl\text{—}C\equiv N \xrightarrow{\text{三聚}} \text{三氯均三嗪}$$

工业生产时，原料氢氰酸可以由甲烷的氨氧化或丙烯的氨氧化得到，来源丰富，成本低廉。三聚氯氰是制备均三氮苯类除草剂、杀菌剂、活性染料、荧光染料、荧光增白剂、合成树脂、炸药、橡胶硫化促进剂等的重要中间体。

11.4.3 香豆素工业化生产

香豆素工业生产流程图如图 11-4 所示。

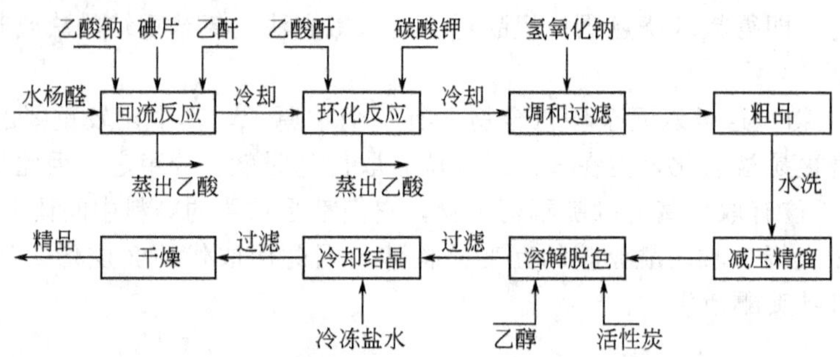

图 11-4 香豆素工业生产流程图

练习与思考题

1. 何谓缩合反应？有何特点？
2. 何谓成环缩合？有何特点？
3. 什么是 Perkin 反应？其反应的收率与芳醛上取代基的性质有何联系？
4. Perkin 反应的主要影响因素有哪些？各是怎样影响的？
5. 请举例说明其他酮醛与羧酸衍生物缩合反应的应用。
6. 什么是环化反应？请举例说明。
7. 环化反应的主要规律是什么？
8. 香豆素还有哪些合成方法？请查阅资料说明其中的一种。
9. 写出下列反应主要产物，并注明反应名称。

(1) 2,6-二氯苯甲醛（Cl, CHO, Cl） $+ (CH_3CO)_2O \xrightarrow[H^+]{\text{NaAc, 180℃, 8h}}$

(2) 二烯 + CHO（丙烯醛） $\longrightarrow$

情境12

己内酰胺的制备（肟化、贝克曼重排）

学习目标与要求

知识目标

了解己内酰胺的合成路线及合成过程中的安全环保知识；掌握肟化反应、贝克曼（Beckmann）重排反应过程、分离过程的知识和产品鉴定方法。

能力目标

能进行己内酰胺的资料检索，根据己内酰胺的合成路线及肟化、贝克曼重排反应的特点制订合成反应的方案，并通过实验合成出符合要求的产品。

情感目标

通过情境引入，激发学生的学习热情与积极性，使学生的主观能动性和创造性得以充分发挥；增强学生化工合成职业素质的养成，培养学生独立思考的习惯和团队合作的精神。

12.1 情境引入

实习生小张、小王和小李三人按照计划轮岗到己内酰胺生产工段进行实习，在这一段实习期间，由王工程师对他们进行指导。在实习期间，实习生们将进行己内酰胺制备工艺的学习，参加模拟顶岗实习，在实验室条件下以小试的形式进行实践。

实习生来到王工的办公室，王工交给他们一份拟订好的实习计划，实习计划上详细列出了他们在实习期间的工作任务及注意事项。与前面的实习内容相仿，不过产品换成了己内酰胺。

12.2 任务解析

王工检查了小李等资料检索情况。

小李："己内酰胺在常温下为白色晶体或结晶性粉末，熔点68～71℃，沸点268.5℃。在常温下容易吸湿，有微弱的胺类刺激气味，遇高热、明火或与氧化剂接触，有引起燃烧的危险。"

小张："己内酰胺是一种重要的有机化工原料，主要用于生产尼龙6工程塑料和尼龙6纤维。此外，己内酰胺还可用于生产抗血小板药物，生产月桂氮䓬酮等。"

小王："文献上己内酰胺的合成方法比较多，目前已经发展到第三代生产技术。第一代为传统的生产技术，第二代技术主要体现在环己酮肟合成的绿色化，第三代技术不仅在合成环己酮肟的方法上绿色化，还采用了新一代贝克曼重排的工艺，使得工艺的绿色程度更高，产品质量更好、成本更低。”

王工：“三代己内酰胺的生产形式尽管有很大的不同，但其技术所利用的反应原理都是相同的。下面我们可以从小试开始了解己内酰胺产品的开发过程。”

12.2.1 产品开发任务书

己内酰胺的合成任务及要求详见表12-1产品开发任务书。

表 12-1 产品开发任务书

编号：××××××

项目名称	内容	技术要求		执行标准
		专业指标	质量标准	
己内酰胺的小试合成	以生产原料进行己内酰胺小试合成，对合成工艺进行初步评估	中文名称：己内酰胺 英文名称：caprolactam CAS号：105-60-2 分子式：$C_6H_{11}NO$ 分子量：133.16	外观：白色薄片或熔融体，具有薄荷及丙酮气味 熔点：68～71℃ 沸点：270℃ 溶解性：溶于水、氯化溶剂、石油烃、环己烯、苯、甲醇、乙醇、乙醚 相对密度：1.01	GB/T 13254—2008
项目来源		(1)自主开发	(2)转接	
进度要求		1～2周		
项目负责人		(学生小组组长)	开发人员	
下达任务人		技术部经理	日期：	
		技术总监	日期：	

注：一式三联。一联交技术总监留存，一联交技术部经理，一联交项目负责人。

王工：在企业里，有关产品研发的项目必须经过主管部门批准后方可以进行试验。一般都需要下发正式的文件或任务书。在任务书中必须明确项目的内容、要求及相关标准。可以转接科研院所的项目也可以自行开发。

12.2.2 己内酰胺的合成路线设计

(1) 己内酰胺的分子结构分析

王工：作为一名合成技术人员，首先要明确合成的物质是什么，尤其是有机物，要弄清楚其分子结构式，比如分子的基本骨架结构、相关基团组成以及连接方式等信息。

① 己内酰胺的分子式：$C_6H_{11}NO$。

② 己内酰胺的分子结构：

```
      H2  H2
      C—C—C=O
    /         |
H2C           |
    \         |
      C—C—NH
      H2  H2
```

不难看出，目标化合物的结构为酰胺基团引入环烷烃后形成的碳氮七元杂环。

(2) 己内酰胺合成路线分析

王工：采用逆向合成法设计大致有两种切断思路：①切断酰胺键开环；②通过逆推至环己

酮肟。

切断①：

$$\text{己内酰胺} \Longrightarrow HOOC(CH_2)_5NH_2$$

切断②

$$\text{己内酰胺} \Longrightarrow \text{环己酮肟}(=NOH)$$

对于切断①，由6-氨基己酸出发合成时，更多发生的是分子间的缩合，实际难以合成七元环，故这样的切断没有意义。实际上，6-氨基己酸正是通过己内酰胺水解而得。

对于切断②，关键利用了贝克曼重排反应，即可由肟经重排反应制备酰胺，于是合成己内酰胺就转化为环己酮肟的合成。对于环己酮肟继续逆向切断如下。

切断②-1

$$\text{环己酮肟}(=NOH) \Longrightarrow \text{环己酮}(=O) + NH_2OH$$

或者②-2

$$\text{环己酮肟}(=NOH) \Longrightarrow \text{环己烷} + NOCl$$

或者②-3

$$\text{环己酮肟}(=NOH) \xrightarrow{FGI} \text{1-硝基环己烯}(-NO_2) \Longrightarrow \text{环己烯} + HNO_3$$

于是，相应的合成路线如下。

合成路线1：以环己酮为原料，先经肟化反应，后经贝克曼重排得到目标产物。

$$\text{环己酮}(=O) \xrightarrow[\text{肟化反应}]{NH_2OH} \text{环己酮肟}(=NOH) \xrightarrow[\text{贝克曼重排}]{\text{发烟硫酸}} \text{己内酰胺}$$

合成路线2：以环己烷为原料，先经光亚硝化反应，后经贝克曼重排得到目标产物。

$$\text{环己烷} \xrightarrow[\text{光亚硝化反应}]{NOCl} \text{环己酮肟}(=NOH) \xrightarrow[\text{贝克曼重排}]{\text{发烟硫酸}} \text{己内酰胺}$$

合成路线3：以环己烯为原料，经硝化反应后，在催化剂下加氢还原反应后重排为环己酮肟。

$$\text{环己烯} + HNO_3 \longrightarrow \text{1-硝基环己烯}(-NO_2) \xrightarrow[\text{催化剂}]{H_2O} \text{环己酮肟}(=NOH)$$

王工：研究开发的合成路线还有不少，比如以甲苯为原料通过氧化、还原、亚硝化、重排路线合成的报道，但都不是主流的合成路线。要想从这些合成路线中选择一条既能适应工业化生产需求，又能满足现代化工生产理念（绿色、环保、节能等）的合成路线，需要综合而科学地考察设计出每一条路线的利弊，择优选用。那么究竟哪条合成路线比较适合呢？

小张：路线1采用环己酮为原料，价格便宜，反应收率也高，也是传统的生产工艺。

小王：路线1中，特别是采用双氧水和氨水制备环己酮肟是绿色工艺的典型代表，也是目前工业上己内酰胺第二代生产工艺。

小李：资料表明，路线2存在着能耗大，对设备耐腐蚀性要求较高等问题。合成路线3合成难度较大。

王工：大家说的好！虽然目前已经开发出第三代生产工艺，但国内仍然以第一、二代生产工艺为主。

知识点拨

1. 肟化反应和肟化试剂

(1) 肟化反应 含有羰基的化合物（如醛、酮类）与羟胺作用而生成含有 C═NOH 基团的化合物的反应称为肟化反应。肟化反应式如下。

$$>\!\!=O + NH_2OH \longrightarrow\ >\!\!=NOH + H_2O$$

产物通式为：RR′C═NOH

一般由醛形成的肟称醛肟，由酮形成的肟称酮肟。大多数的肟都具有很好的结晶，并有其确定的熔点。

(2) 主要的肟化试剂

① 羟胺 羟胺是己内酰胺生产工艺中主要肟化试剂，用于将环己酮转化为环己酮肟。由于羟胺的性质不稳定，常与酸一起以盐的形式存在，比如盐酸羟胺、硫酸羟胺、磷酸羟胺等。

工业上环己酮肟生产方法依其羟胺盐制造过程的区别，主要有拉西法、NO 催化还原法和磷酸羟胺肟化法。生产上第一代己内酰胺生产工艺中，采用改良拉西法生产制备羟胺的硫酸氢盐。将氨氧化产生的氧化氮气体用碳酸铵溶液吸收，然后再用亚硫酸处理得到羟胺硫酸氢盐，反应式如下。

$$NO + NO_2 + (NH_4)_2CO_3 \xrightarrow{0℃} 2\ NH_4NO_2 + CO_2$$

$$NH_4NO_2 + NH_3 + SO_2 + H_2O \xrightarrow{0℃} HON(SO_3NH_4)_2$$

$$HON(SO_3NH_4)_2 + 2\ H_2O \xrightarrow{100℃} [NH_3OH]\cdot HSO_4 + (NH_4)_2SO_4$$

也可以直接在硫酸氢铵溶液中进行催化 NO 加氢还原，得到硫酸铵羟胺。反应式如下。

$$NO + \frac{3}{2}H_2 + NH_4HSO_4 \xrightarrow{Pt/C} (NH_3OH)(NH_4)SO_4$$

硫酸铵羟胺与环己酮肟化反应后释放出硫酸氢铵可以返回套用。

也可以在磷酸缓冲液（pH1.8）中，用硝酸铵加氢还原制备羟胺，形成磷酸二氢羟胺。

$$NH_4NO_3 + 2H_3PO_4 + 3\ H_2 \xrightarrow{Pt\text{-}Pd} (NH_3OH)H_2PO_4 + NH_4H_2PO_4 + 2H_2O$$

② 过氧化氢和氨水 绿色环保的“混合”肟化试剂，是第二代、第三代己内酰胺生产工艺中的肟化试剂。在钛硅分子筛的催化作用下，环己酮与氨、双氧水进行氨肟化反应，高选择性地一步直接制备环己酮肟，反应如下。

$$\text{环己酮}=O \xrightarrow[\text{催化剂}]{H_2O_2 + NH_4OH} \text{环己基}=NOH + H_2O$$

此过程不仅工艺过程简单、反应条件温和，而且唯一的副产物是水，极大地改善了第一代工艺中大量副产物的产生，为“原子经济”的反应过程。

③ 亚硝酰氯 亚硝酰氯（NOCl）为红褐色液体或黄色气体，熔点－64.5℃；沸点－5.5℃。具有刺鼻恶臭味，遇水和潮气分解。该试剂主要在环己烷光亚硝化反应过程中使用。

知识点拨

2. 贝克曼重排反应和重排反应介质

(1) 贝克曼重排反应　贝克曼重排反应是肟或肟的酯在酸的催化作用下重排为酰胺的反应。反应通常在浓硫酸、PCl_5、甲酸、液体 SO_2、PH_3-CCl_4、多聚磷酸等酸性条件下进行。

$$R-\overset{\overset{\displaystyle N-OH}{\|}}{C}-R' \xrightarrow{H^+} R-\overset{\overset{\displaystyle O}{\|}}{C}-\overset{\displaystyle H}{N}-R'$$

此反应是由德国化学家恩斯特·奥托·贝克曼于 1886 年首先发现并由此得名。若起始物为环酮肟，环酮肟重排反应时发生扩环反应，产物则为内酰胺。

$$\text{环己酮肟}(C_6H_{10}{=}NOH) \longrightarrow H_2C\langle^{CH_2-CH_2-C{=}O}_{CH_2-CH_2-NH}\rangle$$

贝克曼重排反应是制备酰胺类物质的一种重要方法。

(2) 贝克曼重排反应的实现形式

① 液相贝克曼重排反应

a. 传统液相贝克曼重排反应　传统液相贝克曼重排反应，是在硫酸、氯磺酸、多聚磷酸等酸性催化剂催化下发生重排反应，生成相应的取代酰胺。

如环己酮肟在发烟硫酸作用下重排生成己内酰胺。

该法的优点是反应条件温和（反应温度为 80～120℃），环己酮肟的转化率高，己内酰胺的选择性高达 99.5%；缺点是在生产过程中产生大量低值硫酸铵及酸性废水，对设备和管线材质要求高，反应放出的大量热量移出困难等。

b. 超临界水作为介质的贝克曼重排反应　超临界水无环境污染，随着压力和温度的变化，其物理化学性质也可变，黏度小，扩散率大，近年来，以超临界水为介质生产己内酰胺，由于其副产物少和污染小的优点而备受化学工作者的青睐。

据报道，在没有催化剂的情况下，将环己酮肟溶于水中，在临界温度范围内，发生贝克曼重排反应，采用在微反应器中快速加热、快速冷却装置，于 400℃，40MPa 下，反应时间不到 1s，即可进行环己酮肟的贝克曼重排反应，生成己内酰胺，产物的选择性和转化率均接近 100%。

c. 离子液体作为反应介质和催化剂的贝克曼重排反应　传统液相贝克曼重排反应中常用到有机溶剂，也存在大量的副产物生成。据报道：以己内酰胺为阳离子基团的 Brϕnsted 酸性室温离子液体，催化环己酮肟的贝克曼重排，该反应原料便宜，且易回收套用，生成的产物容易从体系中分离出，是一种非常绿色的方法。

d. 过渡金属催化的贝克曼重排反应　以 $HgCl_2$ 为催化剂，以乙腈为反应溶剂，在 80℃、催化剂用量为 12%的中性条件下，对苯甲酮肟进行贝克曼重排反应，取得了良好的效果，该反应条件温和、副产物少。

② 气相贝克曼重排反应　气相贝克曼重排反应是一种新工艺，其实现了无硫铵化、绿色化和环境友好的目标，在己内酰胺的合成过程中被称为第三代技术。

气相贝克曼重排反应常用的催化剂为金属氧化物（如氧化铝、硅石、氧化钍、二氧化钛和氧化锆等）负载的氧化硼。并且负载混合金属氧化物的催化剂被证明优于单一金属氧化物。目前的生产工艺大多采用发烟硫酸作为重排反应介质。

12.2.3 单元反应过程分析

王工：在确定反应路线，选择相应的原料和试剂后，要完成反应还必须制订详细的反应方案。这在工艺上就是明确相应的工艺控制点，显然这对于生产是非常关键的。而反应方案的制订就必须从反应机理和反应影响因素等方面入手才能把握其要点。

12.2.3.1 环己酮肟化的反应机理及影响因素分析

(1) 环己酮肟化反应机理 羟胺的氨基具有较强的亲核性，与环己酮的羰基（碳）发生亲核加成反应，再经过脱水生成肟，反应历程如下。

$$\mathrm{C{=}O} + \ddot{N}H_2OH \longrightarrow \mathrm{C(O^-)}{-}\overset{+}{N}H_2OH \longrightarrow \mathrm{C(OH)}{-}N(H)OH \xrightarrow{H^+} \mathrm{C(\overset{+}{O}H_2)}{-}N(H)OH \xrightarrow{-H_2O} \mathrm{C{=}NOH}$$

反应放热，为二级反应。

(2) 肟化反应影响因素分析 环己酮的肟化反应不仅与环己酮及所用羟胺的性质有关，还与物料配比、反应温度、溶剂种类、pH 值及传质等因素有关。

① 环己酮的性质 化学式 $C_6H_{10}O$，沸点 155.6℃，相对密度（水＝1）0.95，无色透明液体，具有强烈的刺鼻臭味。微溶于水，可混溶于醇、醚、苯、丙酮等多数有机溶剂。与空气混合爆炸极限（V/V）为 1.1～9.4。在工业上主要用作有机合成原料和溶剂。

环己酮含有一个羰基，能发生羰基化合物相关的反应（比如亲电取代反应等）。

② 羟胺的性质 熔点 32.05℃，沸点 70℃（1.33kPa）。不稳定的白色片状或针状结晶，易溶于水、液氨和甲醇。羟胺可看作氨分子中一个氢原子被羟基取代的衍生物，羟胺的亲核性主要体现在 N 原子，在近中性的条件下，羟胺的氨基氮原子上存在一对孤对电子，具有较强的亲核反应活性；在强酸性条件下，羟胺的氨基氮原子上的孤对电子被酸所提供的质子占据，氮原子的亲核反应活性低；在强碱性条件下，羟胺是一种较强的还原剂，呈现出较强的还原性而非亲核反应活性，故在进行肟化反应时，反应体系应控制在弱酸性至弱碱性为宜。

③ 物料配比的影响 从反应计量系数上看，环己酮和羟胺的物质的量配比应为 1∶1，但由于环己酮在碱性（或酸性）条件下会发生缩合，故羟胺应适当过量。环己酮和羟胺的物质的量配比一般控制在 1∶(1.1～1.3) 左右。

④ 反应介质 pH 值的影响 环己酮肟化反应通常在水相体系中进行。体系的 pH 值对肟化反应的影响非常大。环己酮在中性介质中的肟化速率常数等于 1.75L/(mol·s)，当 pH＝4.7 时，肟化反应速率最快。随着介质酸度的增大，反应速率常数也在相应的范围内增加。但当 pH＞8 时，随着 pH 的增大，副产物增多，收率将缓慢下降。

在选择羟胺的盐进行肟化时会释放出酸，介质 pH 值将会下降，生产上常用氨中和处理以保持介质的 pH 值。工业生产中，肟化中和时的 pH 值一般控制在 5 以下，使肟化在弱酸性介质中进行。

⑤ 反应温度的影响 环己酮的肟化反应是放热反应，控制低温有利于环己酮转化率的提高。但反应温度过低则影响反应速率，对生产不利。肟化反应（工业上又称混合）温度一般控制在 20～40℃。

生产上，肟化中和时，由于有肟的析出，为了便于分离，中和温度一般控制在肟的熔点（68～69℃）以上；间歇肟化和单段连续肟化的中和温度一般为 90℃。

⑥ 传质的影响 由于环己酮微溶于水，反应体系为两相，传质的影响非常显著。良好

的搅拌有利于打破两相界面，增大水相和有机相的接触面积，提高两相之间传质的效率，进而提升肟化反应速率和收率。

⑦ 肟化主要副反应　在肟化温度下，环己酮能缩合形成2-环己烯基环己酮。环己酮在氨存在下，能够形成环己亚胺，可进一步发生其他副反应。环己酮肟在过热状态下易树脂化和焦化，使肟色变深，甚至发黑。

12.2.3.2　环己酮肟贝克曼重排反应机理及影响因素

(1) 环己酮肟贝克曼重排反应机理　贝克曼是典型的分子内的亲核重排反应，重排历程如下。

$$\mathrm{R'(R)C{=}N{-}OH} + \mathrm{H^+} \rightleftharpoons \mathrm{R'(R)C{=}N{-}\overset{+}{O}H_2} \longrightarrow [\mathrm{R'{-}N{=}\overset{+}{C}{-}R} \longleftrightarrow \mathrm{R'{-}\overset{+}{N}{\equiv}C{-}R}]$$

$$\xrightarrow{H_2O} \mathrm{R'{-}N{=}C(\overset{+}{O}H_2){-}R} \underset{}{\overset{-H^+}{\rightleftharpoons}} \mathrm{R'{-}N{=}C(OH){-}R} \rightleftharpoons \mathrm{R'{-}NHC({=}O){-}R}$$

肟在酸作用下，首先发生质子化，然后脱去一分子水，形成氮烯（nitrene），同时与羟基处于反位的基团迁移到缺电子的氮原子上，所形成的碳正离子与水反应得到酰胺。贝克曼重排实质上是一种基团带着一对孤对电子从碳原子上迁移到氮原子上的反应，故称为C→N迁移重排。

环己酮肟在发烟硫酸中的贝克曼重排反应历程比较复杂，重排反应速率非常之快，迄今为止对于其反应机理的认识不一。一般认为反应分为两步进行：第一步环己酮肟与发烟H_2SO_4反应生成己内酰胺磺酸酯；第二步己内酰胺磺酸酯在过量H_2SO_4存在下按贝克曼重排转化为己内酰胺，反应过程为：

$$\text{环己酮肟（HO—N=环己基）} + H_2SO_4 \longrightarrow \text{己内酰胺磺酸酯（O—}SO_3H\text{）} + H_2O \longrightarrow \text{己内酰胺（NH, C=O）} + H_2SO_4$$

硫酸起催化作用，而且都有一个脱水过程。实际上，如果在反应体系中没有SO_3，脱水可能较难进行下去，此时SO_3的作用不仅是催化剂而且是脱水剂。反应是一个快速、强放热反应。

(2) 环己酮肟贝克曼重排反应影响因素分析　环己酮肟的重排不仅与环己酮肟自身的性质有关，还与发烟硫酸的用量、反应温度及传质等因素有关。

① 环己酮肟的性质　分子式$C_6H_{11}NO$，分子量113.1576，白色棱柱状晶体。熔点89～90℃，沸点206～210℃，相对密度1.1g/cm^3。溶于水、乙醇、醚、甲醇。20℃时溶解度<0.1g。由于分子结构呈环状（椅式构象能量较低），有一定空间位阻，但肟羟基伸向环外，故对反应活性的影响适中。

② 发烟硫酸的影响　在贝克曼重排反应过程中，发烟硫酸中SO_3的含量非常重要，反应体系中需要有足够的SO_3与水反应，也要有足够的SO_3用于贝克曼重排，一旦系统中SO_3的含量不够，环己酮肟将水解形成酮和羟胺，直接降低重排收率。发烟硫酸SO_3的含量为20%左右为宜，环己酮肟与烟酸的物料配比为1∶1.6（摩尔比）较为合适。

③ 反应温度的影响　重排反应为放热反应，总体来说，低温对反应有利。但反应温度过低，将导致环己酮肟转化过程中的一些副产物（如少量的正己酰胺和正戊酰胺）无法分解而残留在成品中；而反应温度太高，重排反应产生的杂质变多，比如环己酮、羟基环己酮、胺类物质等，影响成品的质量。在生产上，当烟酸中SO_3含量为20%左右时，重排反应温

度控制在95℃，重排效果较好。

④ 传质影响 环己酮肟和烟酸的混合是否均匀对重排反应影响非常大，因为重排反应温度较高，反应放热，一旦混合不均，易造成局部温度过高，发生副反应，因此，在反应器前需配置物料混合器，先进行前期混合，另外，在后续的反应器中均需强力搅拌。

⑤ 主要副反应 在反应过程中，由于酸性很强，反应温度较高，往往导致一些不饱和化合物的生成，继续反应产生一系列副产物，比如，己内酰胺能发生氧化而生成己二酰亚胺，环己酮肟硫酸酯在硫酸缺乏时会形成一种环氮化物，这种物质在弱碱介质中能开环成α-氨基环己酮，再转化成八氢吩嗪等。另外，酸中含水较多时，己内酰胺也能发生部分水解。

12.2.4 单元反应后处理策略分析

(1) 肟化产物的后处理

① 肟化反应结束后体系的组成及状态 环己酮肟化反应结束后产物的组成主要是环己酮肟、过量的羟胺、水等。因环己酮肟溶解度不大（<0.1 g/100 mL，20℃），反应液冷却至室温时，部分环己酮肟将从溶液中析出。

② 肟化产物的分离策略 因体系中产物已经处于分离状态，故可直接过滤分离。

③ 肟化产物的精制 环己酮肟的纯度已经比较高，可直接用于后续的重排反应。环己酮肟的净制方法有：吹气法、有机溶剂（庚烷、甲苯、苯、环己烷等）萃取法、水洗法、真空蒸馏和水蒸气蒸馏法、重结晶法等。其中，吹气法在工业生产中采用较多。

(2) 贝克曼重排反应的后处理

① 环己酮肟贝克曼重排反应后体系的组成及状态 重排反应结束后，体系的组成主要为己内酰胺硫酸酯、硫酸（含部分未反应SO_3），为均相体系。

② 贝克曼重排产物的分离策略 体系中己内酰胺硫（磺）酸酯（盐）需进一步中和才能得到己内酰胺。可采用13%的氨水进行中和，得到粗己内酰胺溶液（又称粗油）和硫酸铵（硫酸氢铵）溶液，然后用有机溶剂二氯乙烷萃取，即可将己内酰胺分离。

(3) 产物的精制 己内酰胺经过分离后，往往还含有苯胺、醋酸铵、烷基胺类、硝基苯、异腈基苯、环己酮、环己酮肟、氨基己酸以及其他酰胺类杂质。为尽可能除去杂质，提高己内酰胺的质量，必须对粗己内酰胺进行精制。粗己内酰胺的精制过程，大致分为物理精制和化学精制两类。物理精制方法包括液液萃取、重结晶、离子交换、真空蒸馏、固体吸附等；化学精制方法包括催化加氢、添加氧化剂及其他添加剂等。

由于前期已将粗己内酰胺经萃取、分离、蒸发为固体，可以考虑用重结晶的方法进行产物纯化，溶剂可以选择甲苯等。

王工：请同学们先考虑一下己内酰胺小试合成方案的制订，小试实验室实习时讨论。

12.3 工作过程指导

12.3.1 制订小试合成方案要领

小张等三位同学来到车间小试实验室。安全教育后王工给出了当初小试组试制己内酰胺的文献方案。

(1) 环己酮肟的合成 在装有搅拌器、温度计、恒压滴液漏斗和回流冷凝器的150mL四口烧瓶中，加入22g（1∶1.2）磷酸羟胺及60mL蒸馏水，搅拌，加热至40℃左右。用恒压滴液漏斗缓慢加入 15mL 环己酮，约 30min 加完。随着反应的进行，体系 pH 值不断下降，用13%的氨水不断调节溶液的 pH 值在 5 左右。反应完毕，冷却、结晶、过滤，并用少量水洗涤，得到白色晶体（熔点为 89～90℃）。

(2) 己内酰胺的合成　在装有搅拌器、温度计、恒压滴液漏斗和回流冷凝器的 150mL 四口烧瓶中，加入 10g 环己酮肟和 16g 20%的发烟硫酸（1∶1.6），搅拌均匀、溶解。升高水浴温度至 95℃左右，反应开始，当体系变成棕色黏稠状液体时，反应结束。将水浴中水温降低至 5℃以下进行冷却。在搅拌状态下缓慢滴加 13%的氨水至碱性，控温 20℃以下。pH 值 7～9，滴加时间约为 30min 左右。加 6～7mL 水溶解固体，每次用 5 mL 的四氯化碳萃取三次，合并有机层。无水硫酸镁干燥。浓缩至大约 5mL 左右，稍冷后在 60℃下，滴加石油醚，搅拌至有固体析出，继续冷却并搅拌使大量的固体析出。冷却后抽滤。石油醚洗涤，得粗品产物。将粗产物用适量甲苯进行重结晶，得到符合要求的己内酰胺产物。

王工：大家讨论一下，以此文献为参考或基础，如何制订我们的小试方案？

小张：文献方案给出的还是比较详细的，但也有一些细节性不太明确：①溶液 pH 值的控制方面，比如氨水的滴加速度多少合适？②反应过程中温度的控制措施，比如升温速度、加热时间等。

小王：文献上关于 DSM-HPO 法制备己内酰胺的过程中，在肟化反应过程中，将生成的磷酸铵进行循环利用，但在文献方案中并没有很好的体现。

小李：己内酰胺的精制中有关甲苯重结晶的过程也比较简略。

王工：大家资料准备得看来非常充实，文献方案更侧重于研究，不能照搬拿来作为小试的方案。小试的目的是为大生产提供参数依据，因此，小试方案在制订过程中一定要立足于生产。

小李：文献方案侧重于科学研究，主要是探索合成过程的可行性，而生产则是把这种可行性转化为可生产性，而小试就是他们之间的桥梁。

王工：分析得有一定道理，接下来，在制订小试合成方案的过程中，我给大家提几点建议。

12.3.2　单元反应体系构建和后处理纯化建议

12.3.2.1　环己酮肟化反应

(1) 反应体系的构建要点　由于羟胺的盐（如磷酸羟胺）在反应过程中不断析出配位的酸（如磷酸），介质的 pH 值将不断降低。当 pH 值降至较低时，介质中游离羟胺的浓度将大幅降低，将阻碍肟化反应的进行。可间歇式加氨水中和，或置于缓冲溶液体系下进行，如醋酸钠/醋酸、磷酸铵/磷酸二氢铵缓冲体系等。

环己酮在水溶液中溶解度较小，反应体系为非均相体系，为了提高传质、传热效率，反应体系必须有良好的搅拌。也可适当添加助溶剂（如乙醇）增溶。

由于体系的反应温度在略高于室温的条件下进行，水浴加热为宜。反应在常压下进行，采用冷凝回流装置即可。反应加料可通过加样器（恒压滴液漏斗）加入。

(2) 肟化反应的控制策略　由于羟胺的量处于过量状态，在加料方式上可以考虑先将环己酮加入羟胺溶液中，在反应过程中，温度控制在 40℃；搅拌速度控制在 500r/min。

(3) 肟化反应进程及终点的监控　加料反应一段时间后，可以通过测定体系中环己酮的含量来判定反应终点。环己酮的含量可以通过薄层色谱或气相色谱（高效液相色谱）等来测定。

(4) 肟化反应后处理方法 环己酮肟化反应结束后，冷却反应液，使得环己酮肟结晶，过滤，洗涤，烘干即得粗品。

12.3.2.2 环己酮肟贝克曼重排反应

(1) 反应体系的构建要点 由于贝克曼重排反应体系在较高的温度下进行，且该反应为放热反应，环己酮肟和发烟硫酸一旦混合不均，易造成局部温度过高，发生副反应，体系必须要有良好的搅拌装置，适当的加热、控温装置；同时该反应为常压反应，为了有效避免反应过程中三氧化硫的挥发，体系应当配备冷凝回流装置。可采用水浴控温，加料配备加样器(恒压滴液漏斗)。

因为对物料混合的要求较高，生产上常用专用的反应设备（如射流混合器、微反应器、喷射撞击流反应器等）实现。

(2) 贝克曼重排反应的控制策略 由于硫酸的热容量较大，有利于控温，故发烟硫酸应过量。但考虑到后处理时要将硫酸中和，故烟酸不可过量太多。反应放热，速度快，容易导致局部过热，可用惰性溶剂将环己酮肟稀释后加入体系。体系反应温度为 95℃左右，故惰性溶剂应选择沸点与此温度接近的溶剂，如二氯乙烷。在反应过程中也需进行强力搅拌，以免引起局部温度偏高，搅拌速度控制在 500r/min 即可。

(3) 贝克曼重排反应终点的控制 反应结束后，体系状态有明显的变化，转化为棕色黏稠状液体，同时也可以通过测定体系中环己酮肟的含量来判定反应终点。环己酮肟的含量可以通过薄层色谱（TLC）来测定。

(4) 重排产物的分离方法 反应结束后，用 13%氨水中和，如反应时环己酮肟用惰性溶剂稀释，则生成的己内酰胺将进入惰性溶剂中，分液即可分出己内酰胺的溶液，反应液可用空白的惰性溶剂多次萃取，合并，再用适量的蒸馏水反洗至中性，用无水硫酸镁干燥后，浓缩即可得到己内酰胺粗品。

12.3.2.3 单元反应之间的衔接

肟化反应得到纯度较高的环己酮肟，可直接用于重排反应。

12.3.2.4 产物的纯化

产物的纯化可以采用重结晶的方法，所用溶剂为甲苯。

12.3.3 绘制试验流程图

将复杂的试验方案用相对简单的流程图表示出来，可以更好地把握试验工艺，掌握试验进程，减少出错的机会，这在试验和生产上都是非常必要的。

小试流程图的要点在于突出其中的单元操作，使得在放大时能清晰地对应大生产的操作岗位。例如，本项目小试流程（供参考）可以绘制如下（图 12-1）。

流程图中将主要岗位的特征仪器用方框表示，箭号方向表示物流的方向，操作内容一般写在箭号上方，主要的操作参数等可以写在箭号的下方。有时为了方便起见，如果操作的内容足以说明方框的内容，则方框的内容可以省略。制作的流程图必须与试验方案对应，在制订小试方案时，有时可以流程图代替。

12.3.4 小试试验装置

本项目肟化及贝克曼重排反应的小试装置完全可以采用实验室仪器，反应装置可参考如

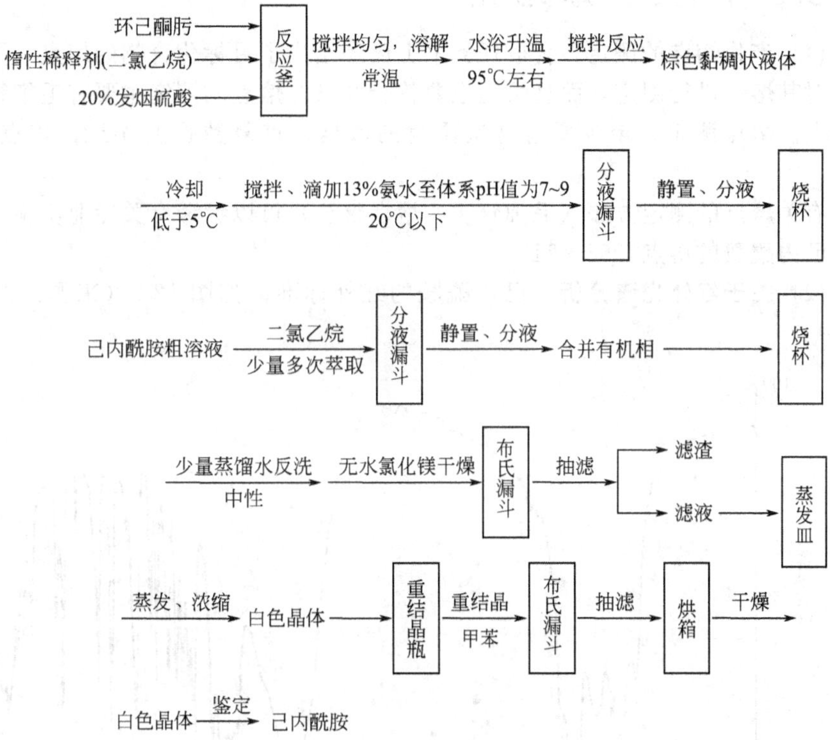

图 12-1　己内酰胺小试流程图

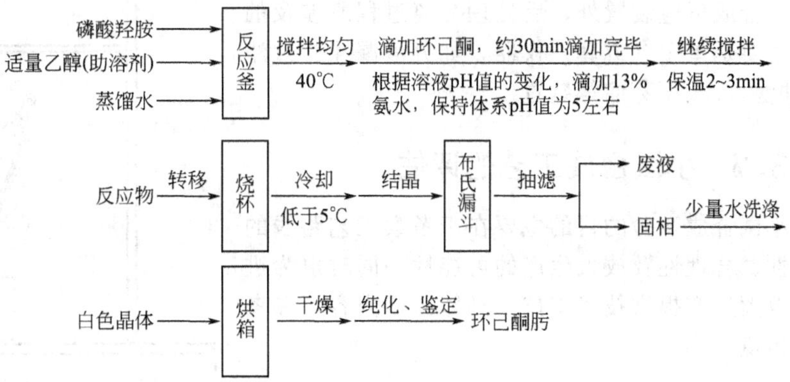

图 12-2（图中温度计插口未标出）。

装置由四口烧瓶、搅拌器、加样器（即恒压滴液漏斗）、冷凝管、铁架台、恒温水浴（水解时可以换成电热煲或油浴）组成。四口烧瓶是发生反应的部位，搅拌由烧瓶正中的瓶口插入，采用机械搅拌。恒压加样器与回流冷凝管分别插在烧瓶的两侧的瓶口。温度计插在温度计专用插口上（该插口还可用于反应过程中及反应终点时进行取样）。

采用四口反应瓶是因为在反应的同时还需要进行搅拌、加样、测温以及回流；由于肟化反应及贝克曼重排反应过程中都需要在一定范围内控温，且后者为强放热反应，反应过程中应将反应热移出，以控制重排反应温度，且反应温度均在100℃以内，故反应过程加温设备可选用恒温水浴，且反应体系对水的要求不严，采用普通的回流装置即可。为防止反应过程中产生的 SO_3、NH_3 等逸出，可在回流冷凝管末端加上废气吸收装置，整套装置宜放置在通风橱中。

除合成反应装置外，后处理分离过程所涉及的仪器主要是单个（或套）仪器，如分液漏斗、过滤（或抽滤）、减压蒸馏等装置。

12.3.5 小试合成工艺的评估

小试合成试验的目的主要在于考察工艺路线的可行性、合理性及放大生产的可能性，同时也为进一步放大生产提供技术支持，具体评估内容可参考前面情境。

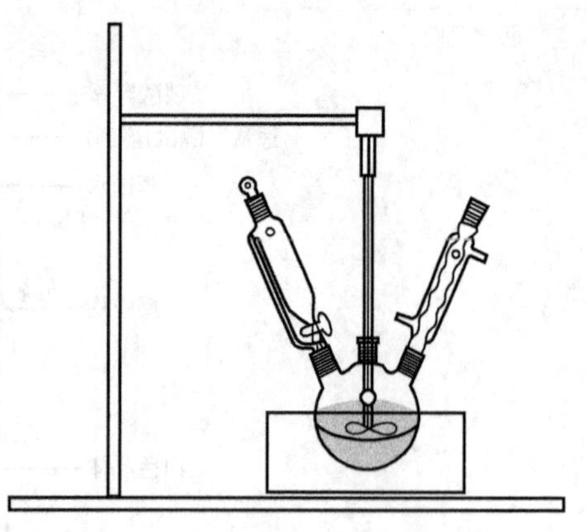

图 12-2 己内酰胺合成反应装置图

12.3.6 产物的检测和鉴定

(1) 产物熔点的测定 合成任务书上已经给出了目标化合物的熔点，因此合成出产物后必须对其熔点进行测定，而且熔程也要符合要求。熔点的测定主要有毛细管测熔点和显微镜测熔点。熔点测定，至少要有两次重复的数据，重复数据要相近，熔点取重复数据的平均值。

有关熔点的测定方法（毛细管法、熔点仪法）可以参考有关专业实验书。

己内酰胺的熔点：68～71℃。

(2) 关于红外光谱分析 己内酰胺的红外标准谱如图 12-3（来源：上海有机所红外数据库）。

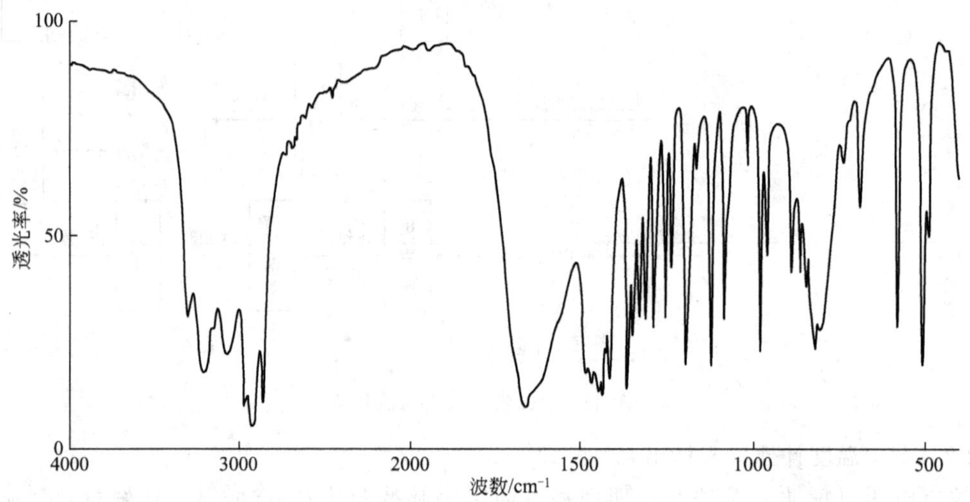

图 12-3 己内酰胺的红外标准谱

更精确的鉴定还需进行质谱、核磁共振图谱（氢谱和碳谱）的鉴定，特别是在新物质的制备与解析过程中，有兴趣的同学可以参考相关的专业资料。

12.3.7 技能考核要点

技能考核要点，可参考情境 1 或情境 2 技能考核表自行设计。

12.4 知识拓展

12.4.1 关于重排反应

重排反应通常是指在同一分子内，原子或基团从一个原子迁移到另一个原子而形成新分子的反应。迁移基团的原来位置称为迁移起点，迁移后的位置称为迁移终点。

$$\underset{\mathrm{A-B}}{\overset{\mathrm{W}}{|}} \longrightarrow \mathrm{A-}\underset{\mathrm{B}}{\overset{\mathrm{W}}{|}}$$

其中，A 为重排起点原子；B 为重排终点原子；W 为重排基团。多数情况下是 1，2 位迁移。在特殊化学结构中可发生“远距离”迁移。重排的动力与方向是从不稳定结构趋向稳定结构。

常见的重排反应过程有基团的迁移、碳架变化以至于环状化合物环的扩大及缩小、重键位移以及电子云重新排布等。这类反应又可按价键断裂方式分为异裂和均裂，前者重要得多，其中尤以缺电子重排最为重要。按重排反应机理可分为亲核重排、亲电重排、自由基重排以及 σ- 键迁移重排。下面讨论几种常见的重排。

12.4.1.1 亲核重排

亲核重排亦称缺电子体系的重排。它是包含产生正离子中间体的重排，重排过程中基团 Z 带着一对电子从原子 C 迁移至另一个缺少一对电子的原子 A 上。

$$-\underset{\mathrm{Z}}{\overset{|}{\mathrm{C}}}-\mathrm{A}^{\oplus} \longrightarrow -\overset{|}{\underset{\oplus}{\mathrm{C}}}-\underset{\mathrm{Z}}{\mathrm{A}}$$

其中，A 为 C、N、O 原子，Z 为 X、O、S、C、N、H。多数亲核重排基团的迁移发生于相邻的两个原子间，称 1,2-重排。在分子重排中，这类重排最为广泛，类型也最多。

(1) 频哪醇重排反应　频哪醇重排反应又称“呐夸重排”。在反应中，频哪醇（两个羟基都连在叔碳原子上的邻二醇类化合物）在酸催化下，失去一分子水重排生成频哪酮的反应。

$$\mathrm{R^1-\underset{HO}{\overset{R^2}{C}}-\underset{HO}{\overset{R^3}{C}}-R^4} \xrightarrow[-\mathrm{H_2O}]{\mathrm{H^+}} \mathrm{R^1-\underset{R^3}{\overset{R^2}{C}}-\overset{O}{\overset{\|}{C}}-R^4}$$

能发生频哪醇重排的 α-二醇通常可以是双叔醇、叔仲醇、双仲醇，是简单的 1,2-重排。反应机理如下。

$$\mathrm{R^1-\underset{OH}{\overset{R^2}{C}}-\underset{OH}{\overset{R^3}{C}}-R^4} \overset{\mathrm{H^+}}{\rightleftharpoons} \mathrm{R^1-\underset{^+OH_2}{\overset{R^2}{C}}-\underset{OH}{\overset{R^3}{C}}-R^4} \xrightarrow{-\mathrm{H_2O}} \mathrm{R^1\overset{R^2}{C^+}-\underset{OH}{\overset{R^3}{C}}-R^4} \longrightarrow \mathrm{R^1-\underset{R^3}{\overset{R^2}{C}}-\underset{OH}{C^+}-R^4} \quad \mathrm{R^1-\underset{R^3}{\overset{R^2}{C}}-\underset{O}{\underset{\|}{C}}-R^4}$$

频哪醇重排产生的不是一般的碳正离子，而是醛或酮的共轭酸。频哪醇重排可在环的缩小、扩大及螺环化合物的合成方面有广泛的应用。

① 环的缩小

$$\text{2-氨基环己醇}\ (\mathrm{NH_2},\ \mathrm{OH}) \xrightarrow{\mathrm{HNO_2}} \text{环戊基}-\mathrm{CHO}$$

② 环的扩大

$$\text{(1-aminomethylcyclopentanol)} \xrightarrow{HNO_2} \text{cyclohexanone... =CHO}$$

③ 螺环化合物的合成

$$\xrightarrow{H^+}$$

贝克曼重排和霍夫曼重排均属于此类重排（参见本情境和情境 6）。

(2) 氢过氧化物的重排 氢过氧化物重排反应指烃被氧化为氢过氧化物后，在酸的作用下，过氧键（—O—O—）断裂，烃基发生亲核重排生成醇（酚）和酮的反应。工业上以异丙苯为原料生产苯酚和丙酮的反应即属于该类反应。

$$C_6H_5CH(CH_3)_2 + O_2 \xrightarrow{\text{催化剂}} C_6H_5C(CH_3)_2OOH$$

$$C_6H_5C(CH_3)_2O{-}OH \underset{}{\overset{H^+}{\rightleftharpoons}} C_6H_5C(CH_3)_2O{-}\overset{+}{O}H_2 \underset{}{\overset{-H_2O}{\rightleftharpoons}} C_6H_5C(CH_3)_2O^+ \xrightarrow{\text{重排}} {}^+C(CH_3)_2{-}OC_6H_5 \xrightarrow{H_2O}$$

$$C_6H_5O{-}C(CH_3)_2{-}\overset{+}{O}H_2 \xrightarrow{-H^+} C_6H_5O{-}C(CH_3)_2{-}OH \longrightarrow C_6H_5O^- + (CH_3)_2C{=}\overset{+}{O}H \longrightarrow C_6H_5OH + (CH_3)_2C{=}O$$

12.4.1.2 亲电重排

亲电重排亦称富电子体系的重排。分子在亲核试剂（碱）的作用下，重排基团以正离子形式迁移到相邻的带负电的原子上的反应。它是包含产生负离子中间体的重排。

$$B(X){-}C(Y){-} \xrightarrow{-Y^+} B(X){-}\ddot{C}{-} \longrightarrow \ddot{B}{-}C(X){-}$$

一般说来，这种经由碳负离子中间体的重排不如前述经由碳正离子中间体的亲核重排普遍。该类重排大多数亦属 1,2-重排，例如 Fries 重排反应。

Fries 重排反应是指酚酯在 Lewis 酸或 Brϕnsted 酸催化下，发生酰基重排，生成邻羟基芳酮和对羟基芳酮的反应。

$$C_6H_5O{-}\overset{O}{\overset{\|}{C}}{-}R \xrightarrow{AlCl_3} o\text{-}HOC_6H_4{-}\overset{O}{\overset{\|}{C}}{-}R + p\text{-}HOC_6H_4{-}C({=}O){-}R$$

机理如下。

$$C_6H_5\ddot{O}{-}COCH_3 \underset{}{\overset{AlCl_3}{\rightleftharpoons}} C_6H_5\overset{+}{O}(AlCl_3^-){-}COCH_3 \rightleftharpoons C_6H_5O{-}AlCl_3^- + CH_3\overset{+}{C}{=}O$$

$$\underset{}{\overset{-H^+}{\rightleftharpoons}} CH_3\overset{O}{\overset{\|}{C}}{-}C_6H_4{-}O{-}AlCl_3 \xrightarrow[-AlCl_3]{-H^+} CH_3\overset{O}{\overset{\|}{C}}{-}C_6H_4{-}OH$$

12.4.1.3　自由基重排

在该重排中，首先形成自由基，然后迁移基团带着一个电子进行迁移，生成新的自由基。

$$\overset{\overset{\displaystyle W}{|}}{A}-\dot{B} \longrightarrow \dot{A}-\overset{\overset{\displaystyle W}{|}}{B}$$

制备自由基最普通的方法是醛类的脱羰基。

$$Me-\underset{\underset{\displaystyle Me}{|}}{\overset{\overset{\displaystyle Ph}{|}}{C}}-CH_2CHO \xrightarrow{\text{二叔丁基过氧化氢}} Me-\underset{\underset{\displaystyle Me}{|}}{\overset{\overset{\displaystyle Ph}{|}}{C}}-\dot{C}H_2 \longrightarrow Me-\underset{\underset{\displaystyle Me}{|}}{\dot{C}}-\overset{\overset{\displaystyle Ph}{|}}{CH_2} \xrightarrow{\text{提取 H}} Me-\underset{\underset{\displaystyle Me}{|}}{CH}-\overset{\overset{\displaystyle Ph}{|}}{CH_2}$$

一般是芳基、乙烯基、乙酰氧基和卤素迁移，而烃基和氢不能发生迁移。

12.4.1.4　σ-键迁移重排

邻近共轭体系的一个原子或基团的σ-键迁移至新的位置，同时共轭体系发生转移，这种分子内非催化的异构化协同反应称σ-键迁移重排。该重排又称为［i,j］-σ 迁移重排，其中 i,j 分别代表反应中迁移起点和终点原子的编号。其中以［2,3］-σ 和［3,3］-σ 迁移最常见。例如 Claisen 重排反应。烯醇类或酚类的烯丙基醚在加热条件下发生分子内重排，生成γ，δ-不饱和醛（酮）或邻（对）位烯丙基酚的反应，称为 Claisen 重排。

[3+3]迁移

Claisen 重排是个协同反应，中间经过一个环状过渡态，芳环上取代基的电子效应对重排无影响。以烯丙基芳基醚在高温（200℃）重排为例。

烯丙基苯基醚　环状过渡态　[3,3]-σ迁移　互变异构　邻烯丙基酚

Claisen 重排具有普遍性，在醚类化合物中，如果存在烯丙氧基与碳碳相连的结构，就有可能发生 Claisen 重排。

$$CH_2{=}CH-O-CH_2-CH{=}CH_2 \xrightarrow{\triangle} CH_2{=}CH-CH_2-CH_2-CH{=}O$$

$$CH_3-\overset{\overset{\displaystyle O-CH_2-CH{=}CH_2}{|}}{C}{=}CH-CO_2Et \xrightarrow[\triangle]{NH_4Cl} CH_3-\overset{\overset{\displaystyle O}{\|}}{C}-\overset{\overset{\displaystyle CH_2-CH{=}CH_2}{|}}{CH}-CO_2Et$$

凡是含有两个双键且一个双键与杂原子（如 O、S、N 等）有共轭关系的化合物在加热条件下发生的重排反应，统称为 Claisen 重排。

12.4.2　工业上己内酰胺生产典型的工艺

(1) 工业上环己酮肟化反应的工艺流程　图 12-4 为 HPO 法制备环己酮肟工艺流程示意图。

HPO 工艺是通过无机工艺液和有机工艺液两大物料循环系统的分合，将羟胺制备和环己酮肟化及相关的物料分离净化结合在一起，形成了物料平衡性能良好的闭路循环体系。无机工艺液将硝酸的合成、羟胺的合成和环己酮肟的合成构成了一个无机回路。有机工艺液则

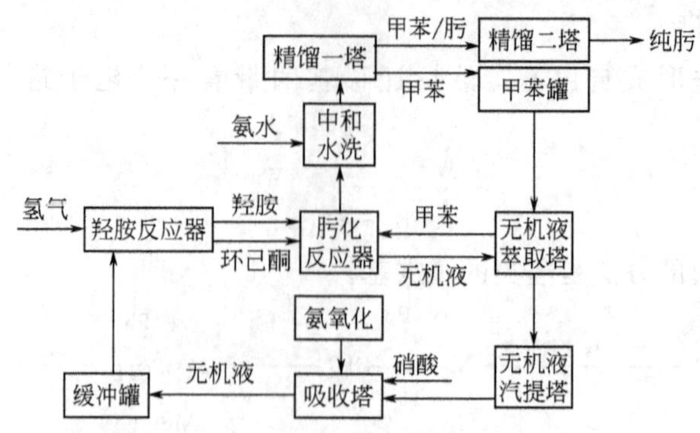

图 12-4　HPO 法制备环己酮肟工艺流程示意图

构成了环己酮进一步转化、肟分离和无机工艺液净化的有机回路。该工艺避免了在羟胺制备和环己酮肟化过程中产生硫酸铵，但存在工序长、设备多、流程复杂、需贵金属、副产 NO_x、操作精度要求较高等不足。

(2) 贝克曼重排反应的工艺流程　目前，工业上贝克曼重排反应仍主要以传统液相反应为主（见图 12-5）。

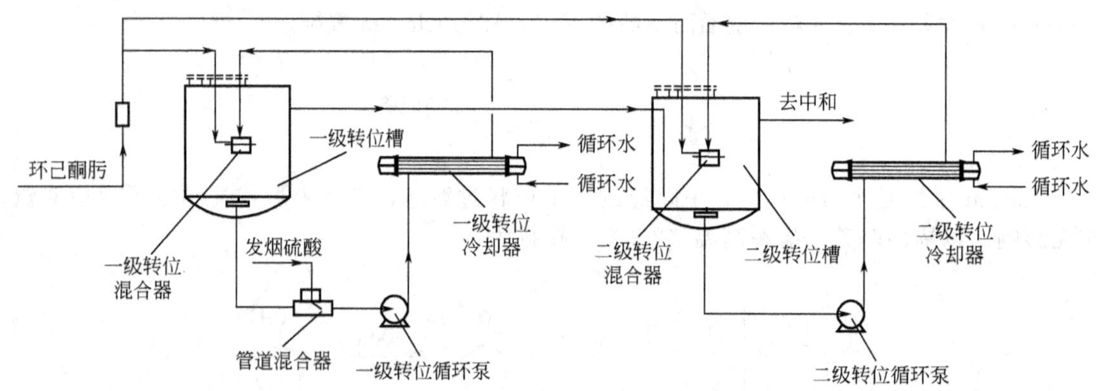

图 12-5　工业上贝克曼重排反应的工艺流程

在重排反应工段中，液态环己酮肟分别加入一、二级重排转位反应器，配酸站送来的发烟硫酸全部在一级转位循环泵进口加入，并与环己酮肟按照一定配比相混合，肟在静态混合器中与循环的重排液混合进入一级转位反应器。烟酸从循环泵入口加入，重排反应在一级转位反应器中进行，生成己内酰胺，反应产生的反应热经重排冷却器冷却水带走。一级重排来的高酸肟比的重排混合物通过一级转位反应器溢流进入二级转位混合器，然后进入二级转位循环泵入口，肟自一级肟管过滤器后，流量计前分流而出，通过流量控制进入二级转位反应器，与循环物料中的过量酸进一步混合反应，生成己内酰胺。反应产生的热量由二级重排冷却器的循环水带走，二级转位反应器中部分重排物料自反应器上部溢流至中和进料缓冲罐内，并经中和加料泵送至精制工序。

练习与思考题

1. 工业上己内酰胺的制备方法还有哪些？请查阅资料说明其中的一种。
2. 制备环己酮肟时，加入磷酸铵的目的是什么？

3.什么是肟化反应？请举例说明。
4.常用的肟化剂的种类有哪些？
5.肟化反应的影响因素有哪些？各有什么影响？
6.什么是贝克曼重排反应，现在贝克曼重排反应在工艺上有何改进？
7.贝克曼重排反应的影响因素有哪些？各有什么影响？
8.反式甲基乙基酮肟经贝克曼重排得到什么产物？
9.某肟发生贝克曼重排得到如下化合物，试推测该肟的结构。

$$C_3H_7—\overset{O}{\overset{\|}{C}}—NHCH_3$$

10.请指出下列重排反应属于哪种重排？

(1) 2,6-二甲基苯基 $OCH_2—CH═CHCH_3$ 醚 $\xrightarrow{200℃}$ 4-($CH_2—CH═CHCH_3$)-2,6-二甲基苯酚（CH_3、OH、CH_3）

(2) 环己烷（OH、NH_2）$\xrightarrow{HNO_2}$ 环戊基—CHO

(3) 十氢萘酮肟（HO—N═，H，H）$\xrightarrow{H^+/110℃}$ 内酰胺（O，NH，H，H）

情境13

香料香兰素的合成（重氮化、重氮盐的水解、*C*-甲酰化反应）

学习目标与要求

知识目标

了解香兰素的合成路线及合成过程中的安全环保知识；掌握重氮化、羟基化、*C*-甲酰化反应过程、分离过程的知识和产品鉴定的方法。

能力目标

能对香兰素进行资料检索，能根据香兰素合成路线及重氮化、羟基化、*C*-甲酰化反应的反应特点制订合成方案，并通过实验拿出符合要求的产品。

情感目标

通过分组学习和讨论体会团队分工合作的精神；通过合成工作中的岗位要求培养学生对工作岗位职责的理解，充分调动学生的学习积极性、创造性,增强化工合成职业素质养成；通过积极的自评、互评、教师评价等多种方式，让学生建立对产品合成的信心，培养学生培养独立思考的习惯、团队合作的精神以及对化工产品合成的兴趣。

13.1 情境引入

实习生小张、小王和小李来到香兰素的生产工段实习，由负责该工段生产的田工程师指导他们。在实习期间，实习生们将要完成香兰素制备工艺的学习，参加模拟顶岗实习，在实验室条件下以小试的形式进行实践。

实习生们准时来到田工的办公室，田工交给他们一份拟订好的实习计划，上面列出了小李他们实习期间要完成的工作和注意事项。小李他们打开了实习计划，浏览了上面的主要内容。与前面的实习内容相仿，不过产品换成了香兰素。

13.2 任务解析

田工检查了小张、小王和小李等资料检索情况。

小王："香兰素（vanillin）化学名为3-甲氧基-4-羟基苯甲醛，为白色或微黄色针状结晶，又名香草醛，具有类似香荚兰豆的香气及浓郁的奶香，味微甜；熔点81～83℃。"

小张："香兰素是重要的食用香料之一，为香料工业中最大的品种，是人们普遍喜爱的奶油香草香精的主要成分，广泛用于食品、巧克力、冰淇淋、饮料以及日用化妆品中起增香和定香作用。香兰素还可作饲料的添加剂、电镀行业的增亮剂、制药行业的中间体。"

小李："香兰素合成有多种方法，比如松柏苷法、丁香酚法、黄樟素法、木质素法、愈创木酚法、对羟基苯甲醛法、对甲苯酚法、邻苯二酚法等，也可以利用生物技术合成。"

田工："一个产品开发成功的合成路线越多，恰恰说明这种产品开发的重要性。现有的合成方法都有其合理性，有些合成方法也已经成为大生产中的主要生产工艺。尽管如此，我们仍然可以利用企业自身的优势，发掘一些成熟工艺的潜力。现在仍然从小试开始了解香兰素产品开发的过程。"

13.2.1　产品开发任务书

田工拿出了一份公司香兰素的产品开发任务书，如表13-1。

表13-1　产品开发任务书

编号：××××××

项目名称	内容	技术要求		执行标准
		专业指标	理化指标	
香兰素产品小试合成	以生产原料进行香兰素小试合成，对合成工艺进行初步评估	中文名称：香兰素，3-甲氧基-4-羟基苯甲醛 英文名称：vanillin 别 名：香草醛、香兰醛 CAS号：121-33-5 分子式：$C_8H_8O_3$ 分子量：152.16 含量（GC）：大于等于99.5%	色状：白色或微黄色针状结晶或结晶性粉末 香气：具有甜香、奶香和香草香气 熔点：81.0～83.0℃ 沸点：285℃ 溶解度（25℃）：微溶于冷水，溶于热水，易溶于醇、氯仿、醚、二硫化碳、冰乙酸和吡啶，溶于油类和氢氧化碱溶液，溶液对石蕊呈酸性	GB 3861—2008
市场服务对象		×××化工厂公司		
进度要求		1～2周		
项目负责人			开发人员	
下达任务人		技术部经理　　　　日期：		
		技术总监　　　　日期：		

注：一式三联。一联交技术总监留存，一联交技术部经理，一联交项目负责人。

田工：在企业里，有关产品研发的项目必须经过主管部门批准后方可以进行试验。一般都需要下发正式的文件或任务书。在任务书中必须明确项目的内容、要求及相关标准。可以转接科研院所的项目也可以自行开发。

13.2.2　香兰素的合成路线设计

13.2.2.1　香兰素的分子结构分析

田工：首先根据有机化合物的CAS号查阅香兰素的分子结构式。

香兰素的分子结构式：

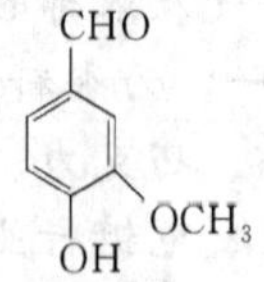

不难看出，目标化合物基本结构为取代苯酚结构，醛基和甲氧基分别处于酚羟基的对位和邻位。

13.2.2.2 香兰素的合成路线分析

田工：采用逆向合成法对于香兰素的合成路线分析如下。

从苯环上基团引入的角度看，醛基可以直接引入，也可以采用氧化（或还原）的方法引入。

分析 1：切断醛基后，可得到愈创木酚，利用重氮盐的转化，可得到邻甲氧基苯胺。

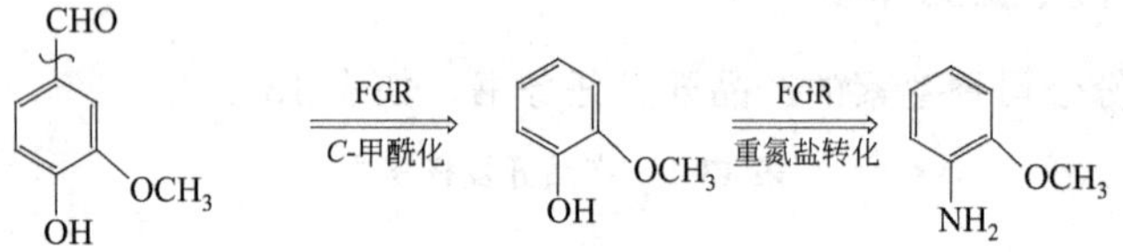

FGR C-甲酰化 FGR 重氮盐转化

相应合成路线 1：邻甲氧基苯胺经重氮化、水解合成愈创木酚，再通过 Reimer-Tiemann 反应制得香兰素。

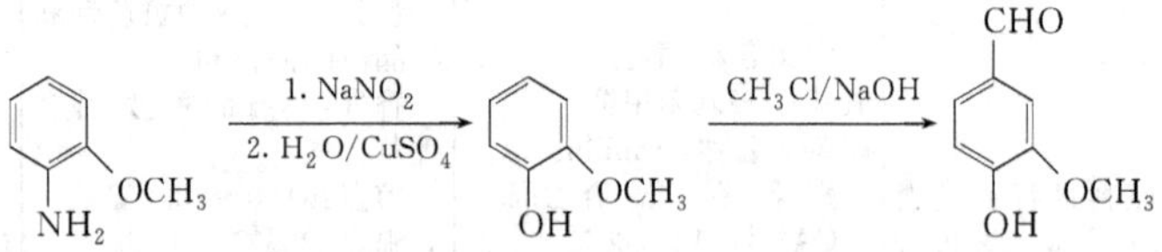

1. $NaNO_2$ 2. $H_2O/CuSO_4$ $CH_3Cl/NaOH$

愈创木酚

分析 2：将醛基变换为羧羟甲基，切断后得到愈创木酚。

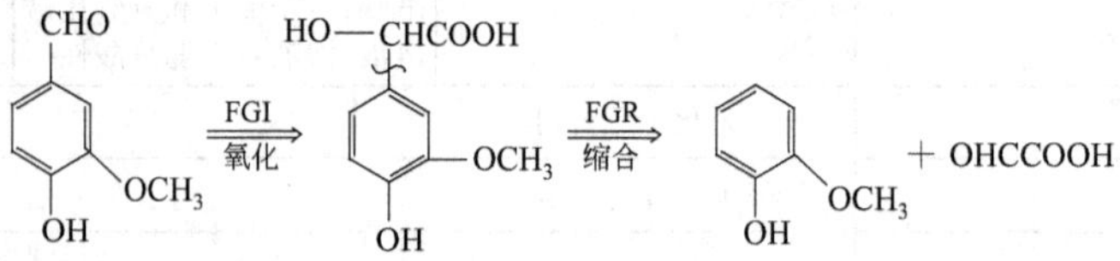

FGI 氧化 FGR 缩合 + OHCCOOH

相应合成路线 2：愈创木酚与乙醛酸反应合成羧羟甲基愈创木酚，再氧化得到香兰素。

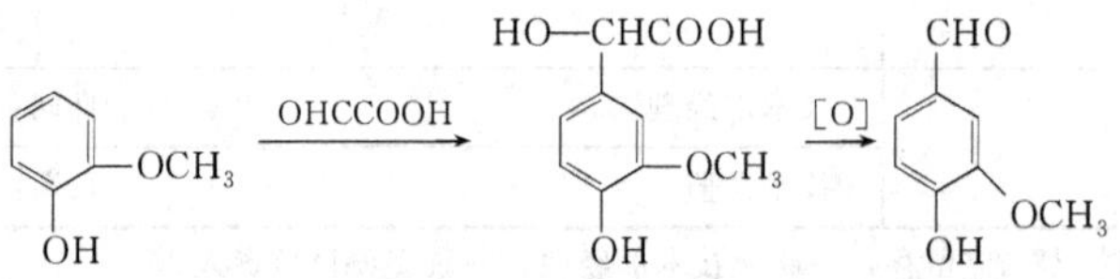

OHCCOOH [O]

与此法类似的还有木质素法和丁香酚法。

木质素法：是将木质素磺酸盐在碱性介质中水解，再经过氧化等反应后得香兰素。

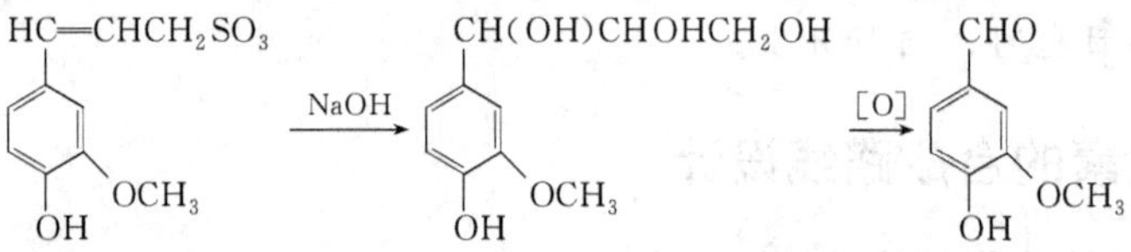

NaOH [O]

木质素磺酸盐

丁香酚法：以丁香酚为原料，在氢氧化钠存在下，加热异构化生成异丁香酚钠，加入盐酸，转化成异丁香酚，经氧化得到香兰素。

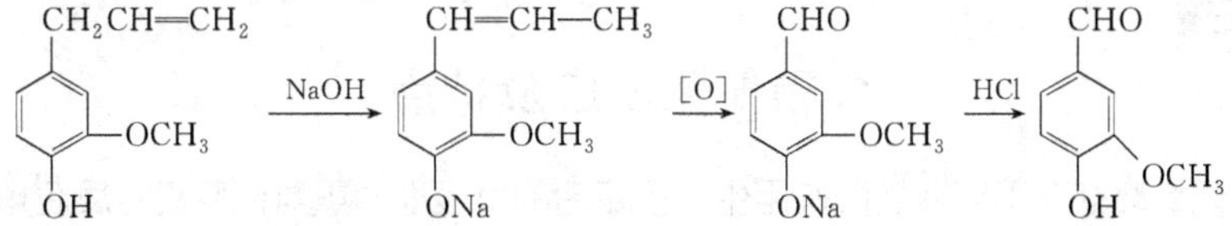

$$\text{丁香酚（4-烯丙基-2-甲氧基苯酚）} \xrightarrow{NaOH} \text{异丁香酚钠（}CH=CH-CH_3\text{，}OCH_3\text{，}ONa\text{）} \xrightarrow{[O]} \text{（}CHO\text{，}OCH_3\text{，}ONa\text{）} \xrightarrow{HCl} \text{香兰素（}CHO\text{，}OCH_3\text{，}OH\text{）}$$

分析 3：将醛基变换为羧基，切断后得到愈创木酚。

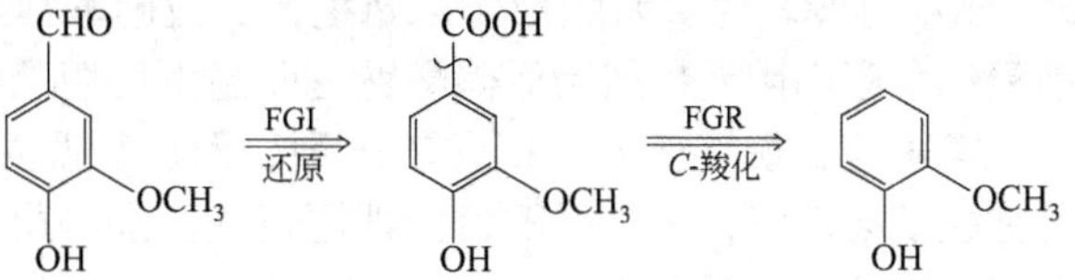

$$\text{香兰素} \underset{\text{还原}}{\overset{FGI}{\Longrightarrow}} \text{（}COOH\text{，}OCH_3\text{，}OH\text{）} \underset{C\text{-羧化}}{\overset{FGR}{\Longrightarrow}} \text{愈创木酚（}OCH_3\text{，}OH\text{）}$$

相应合成路线 3：由愈创木酚的钠盐与 CO_2 经 Kolbe 法合成间甲氧基对羟基苯甲酸，再经还原得到香兰素。

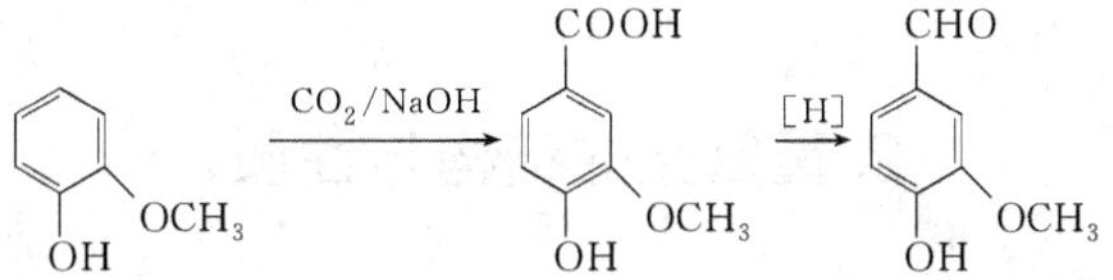

$$\text{愈创木酚} \xrightarrow{CO_2/NaOH} \text{（}COOH\text{，}OCH_3\text{，}OH\text{）} \xrightarrow{[H]} \text{香兰素（}CHO\text{，}OCH_3\text{，}OH\text{）}$$

分析 4：保留醛基，切断甲氧基得到对羟基间溴苯甲醛，切断溴基得到对羟基苯甲醛。

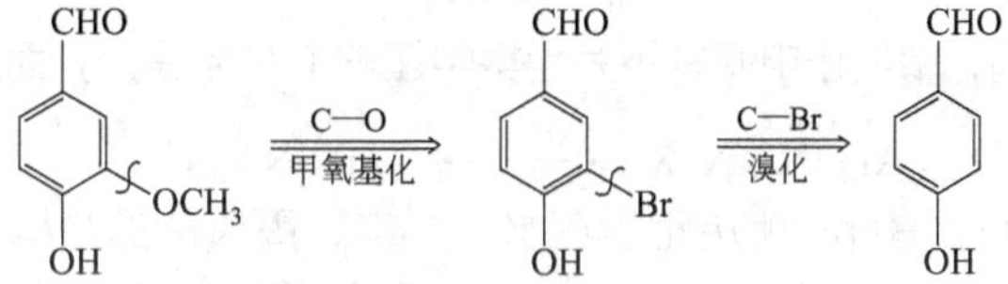

$$\text{香兰素} \underset{\text{甲氧基化}}{\overset{C-O}{\Longrightarrow}} \text{（}CHO\text{，}Br\text{，}OH\text{）} \underset{\text{溴化}}{\overset{C-Br}{\Longrightarrow}} \text{对羟基苯甲醛（}CHO\text{，}OH\text{）}$$

相应合成路线 4：对羟基苯甲醛经溴化、甲氧基化制得香兰素。

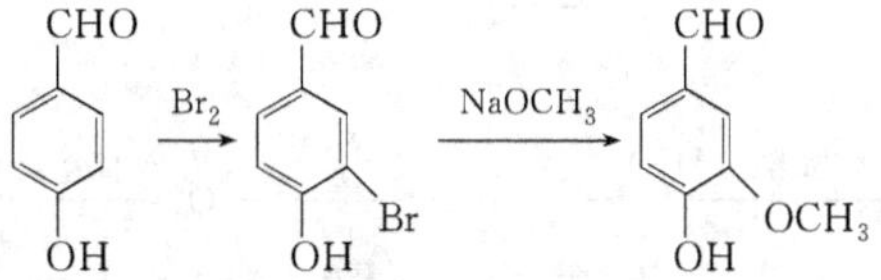

$$\text{对羟基苯甲醛} \xrightarrow{Br_2} \text{（}CHO\text{，}Br\text{，}OH\text{）} \xrightarrow{NaOCH_3} \text{香兰素（}CHO\text{，}OCH_3\text{，}OH\text{）}$$

田工：还有其他的一些合成设计，这里不一一列举。那么究竟选择哪条合成路线呢？请大家讨论一下。

小王：目前市场上的香兰素大部分是采用愈创木酚法生产的，少部分来源于造纸废液的木质素磺酸盐，其他方法日趋减少，用愈创木酚作为基本原料合成香兰素越来越占主导地位。

小张：在香兰素的愈创木酚法的合成路线中，又以氯仿法和乙醛酸法的工艺较为简单，反应条件易于控制，其中又以乙醛酸法收率较高。

小李：氯仿法得到的产物是邻位和对位的混合物。

田工：你们分析得有道理。几种合成路线设计的出发点和难度各不相同，涉及生产的原料、工艺的收率，废弃物排放治理的成本也不一样，需要综合而科学地考察设计出每一条路线的利弊，择优选用。在各种工艺中，尽管氯仿法的主要不足是产率不够高，邻位的产物较多，故尚未应用于工业生产，但对氯仿法的研究一直在进行。下面采用合成路线 1 进行小试的合成。

合成路线 1 主要涉及两个单元反应：重氮化反应和 Reimer-Tiemann 反应。于是小试（或大生产）工艺的实质就是以邻甲氧基苯胺为原料经重氮化和 Reimer-Tiemann 反应获得目标化合物。欲在合成中做好重氮化反应和 Reimer-Tiemann 反应，就必须对甲氧基化反应和还原反应过程的情况作详细了解。

知识点拨

1. 重氮化反应及特点

芳伯胺在无机酸存在下与亚硝酸作用生成重氮盐的反应称为重氮化反应。反应通式如下：

$$ArNH_2 + NaNO_2 + 2HX \longrightarrow ArN_2^+X^- + NaX + 2H_2O$$

式中，X 为 Cl、Br、NO_3、HSO_4 等。芳胺称作重氮组分，亚硝酸称为重氮化剂。由于亚硝酸易分解，通常在重氮化反应前用无机酸与亚硝酸钠在低温下反应临时制备亚硝酸，以避免亚硝酸分解。工业上，常用亚硝酸钠作为亚硝酸的来源，无机酸视芳胺的碱性不同而异，通常碱性强的芳胺采用盐酸或稀硫酸，碱性弱的芳胺则可在浓硫酸中反应。也有一些容易被氧化的氨基酚类芳胺可在醋酸介质中重氮化。

知识点拨

2. 重氮盐的结构与性质

（1）重氮盐的结构

$$[Ar—\overset{+}{N}≡N]X^-$$

由于共轭效应的影响，单位正电荷并不完全集中在一个 N 原子上，而是有如下共振结构：

$$[Ar—\overset{+}{N}≡N]X^- \longleftrightarrow [Ar—N≡\overset{+}{N}]X^-$$

其主导结构主要为介质的 pH 所决定。在水介质中，重氮盐的结构转变如下。

$$\underset{\text{重氮盐}}{[Ar—\overset{+}{N}≡N]X^-} \underset{\text{弱酸}}{\overset{\text{弱碱}}{\rightleftharpoons}} \underset{\text{重氮酸}}{Ar—N=N—OH} \underset{\text{弱酸}}{\overset{\text{碱（NaOH）}}{\rightleftharpoons}} \underset{\text{重氮酸盐}}{Ar—N=N—O^-\ Na^+}$$

$$\underset{\text{重氮酸盐}}{Ar—N=N—O^-\ Na^+} \xrightarrow{\text{强碱　加热}} \underset{\text{亚硝胺盐}}{Ar—N(Na)—N\rightarrow O} \xrightarrow{\text{弱酸}} \underset{\text{亚硝胺}}{Ar—N(H)—N\rightarrow O} \xrightarrow[\text{慢}]{\text{强酸（HX）}} \text{重氮盐}$$

其中亚硝胺和亚硝胺盐比较稳定，而重氮盐、重氮酸和重氮酸盐则较活泼，所以重氮盐的反应一般是在强酸性到强碱性介质中进行的。其 pH 值的高低与目的反应有关。

（2）重氮盐的性质

重氮盐的结构决定了重氮盐的性质，重氮盐由重氮正离子和强酸负离子构成，具有类似铵盐的性质，一般可溶于水，呈中性，可全部离解成离子，不溶于有机溶剂。因此，重氮化后反应溶液是否澄清常作为反应正常与否的标志。

重氮盐性质不稳定，受光与热的作用则分解，温度高分解速率快；干燥时重氮盐受热或震动会剧烈分解，因此可能残留重氮盐的设备停止使用时必须清洗干净，以免干燥后发生爆炸事故。

重氮盐在低温水溶液中比较稳定，仍具有较高的反应活性。因此工业生产中通常不必分离出重氮盐结晶，而用其水溶液进行下一步反应。

重氮盐可以发生的反应分为两类。一类是重氮基转化为偶氮基（偶合）或肼基（还原），非脱落氮原子的反应；另一类是重氮基被其他取代基置换，同时脱落两个氮原子放出氮气的反应。因此，利用重氮化反应可以制得一系列重要的有机中间体。

知识点拨

3. 重氮盐的水解

重氮盐的酸性水溶液一般很不稳定，即使保持在零摄氏度也会慢慢水解生成酚和放出氮气，反应式如下。

$$C_6H_5\overset{+}{N}{\equiv}NHSO_4^- + H_2O \xrightarrow{H^+} C_6H_5OH + N_2\uparrow + H_2SO_4$$

74%～79%

提高酸的浓度和反应温度可以使水解迅速进行。加入硫酸铜可催化重氮盐的水解。因重氮基在盐酸介质中水解时可置换为氯基，故水解时可以稀硫酸为介质。

重氮盐水解成酚的一个改良方法是将重氮盐与氟硼酸作用，生成氟硼酸重氮盐，然后用冰乙酸处理，得乙酸芳酯化，再将它水解即得到酚。

$$Ar\overset{+}{N_2}Cl^- \xrightarrow{HBF_4} Ar\overset{+}{N_2}BF_4^- \xrightarrow{CH_3COOH} ArOCOCH_3 \xrightarrow{H_2O} ArOH$$

知识点拨

4. Reimer-Tiemann 反应

将酚类在氢氧化钠水溶液中与三氯甲烷（即氯仿）作用可在芳环上引入醛基生成羟基芳醛，此反应称作 Reimer-Tiemann 反应，反应式如下。

$$C_6H_5OH + CHCl_3 \xrightarrow[H_2O]{NaOH} o\text{-}HOC_6H_4CHO + p\text{-}HOC_6H_4CHO$$

产物为羟基邻位和对位的混合物。含有羟基的杂环化合物喹啉、吡咯、茚等也能进行此反应。常用的碱液为 NaOH、K_2CO_3、Na_2CO_3 等水溶液，产物一般以邻位为主，如果两个邻位都被占据，则醛基进入对位。不能在水中进行的反应可在吡啶中进行，此时只得到邻位产物。酚羟基的邻位或对位有取代基时，常有副产物 2,2-或 4,4-二取代的环己二烯酮产生。例如：

$$2\text{-}H_3C\text{-}C_6H_4OH + CHCl_3 \xrightarrow[H_2O]{NaOH} 2\text{-}OH\text{-}3\text{-}CH_3C_6H_3CHO + 4\text{-}OH\text{-}3\text{-}CH_3C_6H_3CHO + 6\text{-}CH_3\text{-}6\text{-}CHCl_2\text{-环己二烯酮}$$

Reimer-Tiemann 反应中副反应很多，收率一般在 30%～70%。通过 Reimer-Tiemann 反应可以向苯环上引入醛基，也称为 *C*-甲酰化反应，即向有机化合物分子的 C 原子上引入甲酰基的反应。

13.2.3　单元反应过程分析

田工：在确定反应路线，选择相应的原料和试剂后，要完成反应还必须制订详细的反应方案。这在工艺上就是明确相应的工艺控制点，显然这对于生产是非常关键的。而反应方案的制订就必须从反应机理和反应影响因素等方面入手才能把握其要点。

在选定好合适的合成反应路线后，必须对各步反应的反应过程加以详细的考察论证，才有可能具体地实施这条合成路线。在合成路线中，邻甲氧基苯胺的合成已经在情境6中讨论过，这里从邻甲氧基苯胺重氮化及其后续的合成步骤开始讨论。

13.2.3.1 邻甲氧基苯胺的重氮化反应机理及影响因素

(1) 邻甲氧基苯胺的重氮化的机理 邻甲氧基苯胺的重氮化的反应式如下。

$$\text{(邻-}OCH_3\text{)}C_6H_4NH_2 + NaNO_2 \xrightarrow{H_2SO_4} \text{(邻-}OCH_3\text{)}C_6H_4N_2^+HSO_4^- + 2H_2O$$

一般认为芳伯胺的重氮化是发生在氨基氮原子上的亲电取代反应。由于芳伯胺的氨基氮原子上存在一对孤对电子，当游离态芳伯胺与亲电试剂 NO^+（亚硝酰正离子）、NOCl（亚硝酰氯）、N_2O_3（亚硝酸酐）等相互作用时，使得该氮原子易受到进攻而发生亲电取代反应。其具体反应历程为 *N*-亚硝化-脱水反应历程，可简要表示如下。

$$Ar-\ddot{N}H_2 \xrightarrow[N\text{-亚硝化}]{\text{慢};\ +NO^+,\ +NO-Cl,\ +NO-Br,\ +NO-NO_2,\ +NO-OH} \left[Ar-\overset{+}{N}H_2-NO\right] \longrightarrow Ar-NH-N{=}O\ (\text{亚硝胺}) \rightleftharpoons$$

$$Ar-N{=}N-OH \xrightleftharpoons{H^+} Ar-\ddot{N}{=}N-\overset{+}{O}H_2 \xrightarrow{-H_2O} Ar-\overset{+}{N}{\equiv}N \longleftrightarrow Ar-N{=}\overset{+}{N}$$

重氮化反应是分步进行的。第一步是亲电试剂 NO^+、NOCl 或 N_2O_3 与游离态芳伯胺作用，生成带正电荷的 *N*-亚硝基活性中间体，这一步反应速率较慢，是重氮化反应的反应速率控制步骤；第二步是不稳定的 *N*-亚硝基活性中间体经过重排、脱水而生成重氮盐，这一步反应速率较快。重氮化反应是放热反应。

如果芳伯胺的氮原子上的孤对电子已被酸或质子占据，如在芳伯胺的铵盐正离子中，则氮原子的亲核性显著下降，反应活性即相应降低。

芳伯胺重氮化时，无机酸的性质、浓度对重氮化活泼质点的种类和活性起决定作用。

① 在稀盐酸中进行重氮化时，主要活泼质点是亚硝酰氯（ON—Cl），按以下反应生成。

$$NaNO_2 + HCl \longrightarrow ON-OH + NaCl$$

$$ON-OH + HCl \rightleftharpoons ON-Cl + H_2O$$

② 在稀硫酸中进行重氮化时，主要活泼质点为亚硝酸酐（即三氧化二氮 $ON-NO_2$），按以下反应生成。

$$2ON-OH \rightleftharpoons ON-NO_2 + H_2O$$

③ 在浓硫酸中则为亚硝酰正离子（NO^+），按以下反应生成：

$$ON-OH + 2H_2SO_4 \rightleftharpoons NO^+ + 2HSO_4^- + H_3^+O$$

而在盐酸介质中重氮化时如果添加少量溴化物，则亲电质点除了亚硝酰氯外还有亚硝酰溴。

$$HO-NO + H_3^+O + Br^- \rightleftharpoons ONBr + 2H_2O$$

不同亲电质点的亲电性大小顺序为：

$$NO^+ > NOBr > NOCl > N_2O_3 > NO-OH$$

显然，越活泼的质点其发生重氮化反应的速率越快。因亚硝酐的亲电性弱，重氮化速度较慢，所以重氮化反应一般是在稀盐酸介质中进行。但当芳伯胺在稀盐酸中难以重氮化时，则需要在浓硫酸介质中进行重氮化。

(2) 邻甲氧基苯胺的重氮化的影响因素

重氮化影响因素有无机酸及其用量、亚硝酸钠的用量、芳伯胺的碱性、重氮化反应温度等。

① 邻甲氧基苯胺的性质　邻甲氧基苯胺为浅黄色油状液体，熔点 6.2℃，沸点 225℃，相对密度（水=1）1.10；本品可燃，有毒，具刺激性，具致敏性。

在邻甲氧基苯胺分子结构中，由于氨基的邻位甲氧基是供电子基团，故使氨基氮原子的电子云密度增加，碱性增强。因此邻甲氧基苯胺重氮化时反应活性较高。

② 无机酸的选择　由于邻甲氧基苯胺的碱性较强，重氮化时通常选择的无机酸是稀盐酸或稀硫酸。但考虑到重氮化反应的目的是为了将重氮盐进一步水解而引入羟基，如使用盐酸形成重氮盐酸盐，则在水解时还会发生重氮基置换为氯基的副反应，故重氮化时只能选用稀硫酸。

③ 酸的浓度及用量　硫酸与芳伯胺作用形成芳伯胺的硫酸氢盐。

$$ArNH_2 + H_2SO_4 \rightleftharpoons ArNH_3HSO_4$$

这是一个可逆的平衡反应。芳胺的碱性越强，形成的铵盐越稳定。

硫酸浓度越低，溶液中游离芳胺浓度越高；反之，游离芳胺的浓度越低。由于参加重氮化反应的芳胺是游离的芳胺，故硫酸浓度高时，虽然能增加亚硝化质点的浓度，但游离芳胺的浓度下降，反而会使重氮化反应速率变慢；而硫酸浓度低时，虽然游离芳胺的浓度增加，但亚硝化质点浓度也会下降，也不利于重氮化反应的进行。一般讲来当无机酸浓度较低时，前一影响是次要的，因此随着酸浓度的增加，重氮化反应速率加快；但是随着酸浓度的增加，前一影响逐渐变为主要的影响因素，这时继续增加酸的浓度使游离胺的浓度降低，从而使重氮化反应速率下降。因此对于某一种具体的芳胺，无机酸的浓度应该有一个最适的浓度。一般而言，碱性强的芳胺，无机酸的浓度稀较有利；碱性弱的芳胺，无机酸的浓度高有利。稀硫酸的浓度一般控制在 20%～30%（或控制水的用量一般应在到反应结束时反应液总体积为胺量的 10～12 倍）。

从芳伯胺重氮化反应的通式可知，1mol 芳伯胺重氮化只需 2mol 的无机酸，但实际量可达 2.5～4.0mol。当酸量不足时，重氮化合物与游离胺作用，生成重氮氨基化合物。

$$ArN_2X + ArNH_2 \longrightarrow ArN{=}NNH{-}Ar + HX$$

它是一种难溶于重氮化反应体系的物质，一旦生成就难以转化，致使重氮化操作困难，甚至失败。酸的用量决定于重氮化合物与游离胺生成重氮氨基化合物的难易。一般来说，重氮化溶液的酸度始终不能低于 pH=2（刚果红试纸变蓝），以保证重氮化反应顺利进行，防止副产物生成并增加重氮化合物的稳定性。

④ 亚硝酸钠的用量与浓度　亚硝酸钠一般配成 30%～35%的水溶液，现用现配。为避免重氮化反应过程中亚硝酸损失，亚硝酸钠水溶液要加至反应器中液面下，且亚硝酸钠水溶液的加料速度要与重氮化反应速率相适应，不能太慢或太快，以确保反应正常进行。亚硝酸过量太多也会促使重氮盐本身的分解，实际亚硝酸钠的用量通常比芳胺过量 1%～5%。

在重氮化反应过程中，应保持亚硝酸微过量，否则也会生成重氮氨基化合物。可用淀粉碘化钾试纸检测（试纸变蓝色）。

需要注意的是，因亚硝酸具有氧化性，当无机酸为盐酸时不可使用浓盐酸。

⑤ 温度　重氮化反应速率随温度升高而加快，如在 10℃时反应速率较之 0℃时的反应

速率增加 3～4 倍。但因重氮化反应放热，生成的重氮盐对热不稳定，亚硝酸也易分解，故反应温度一般在 0～10℃进行。在此温度范围内，亚硝酸的溶解度较大，且生成的重氮盐也不致分解。

由于邻甲氧基苯胺的碱性较强，重氮化反应一般控制在 0～5℃进行。温度高时，重氮化盐与亚硝酸都易发生分解。

⑥ 重氮化方法　生产上重氮化方法一般有三种：直接法（顺法）、连续法和倒加料法（逆法）。

a. 直接法　本法适用于碱性较强的芳胺，即含有给电子基团的芳胺，包括苯胺、联苯胺以及带有—CH_3、—OCH_3 等基团的芳胺衍生物。它们与无机酸生成易溶于水而难以水解的稳定铵盐。重氮化时通常先将芳胺溶于稀的无机酸水溶液，冷却并在搅拌下慢慢加入亚硝酸钠的水溶液，直至亚硝酸钠稍微过量为止。此法亦称为正加法，应用最为普遍。

b. 连续法　本法也是适用于碱性较强芳伯胺的重氮化。工业上以重氮盐为合成中间体时多采用这一方法。由于反应过程的连续性，生成的重氮盐立即进入下部反应系统中而转变为较稳定的化合物，这样重氮盐的转化速率常大于重氮盐的分解速率，因而可较大地提高重氮化反应的温度以增加反应速率。

连续操作条件下，可以利用反应产生的热量提高温度，加快了反应速率，缩短反应时间，适合于大规模生产。

c. 倒加料法也称为逆法　适用于一些两性化合物，即含有磺酸基、羧基等吸电子基团的芳伯胺，如对氨基苯磺酸和对氨基苯甲酸等。此类铵盐在酸液中生成两性离子的内盐沉淀，不溶于酸中，很难重氮化。

其操作方法是：将这类化合物先与碱作用制成钠盐以增加溶解度，并溶于水中，再加入需要量的亚硝酸钠，然后将此混合液加到预先经过冷却的稀酸中进行重氮化。

此法还适用于一些易于偶合的芳伯胺的重氮化，使重氮盐处于过量酸中而难于偶合。

由于邻甲氧基苯胺的碱性强，宜采用直接法（或正法）重氮化。即重氮化时先将芳胺溶于稀的硫酸溶液中，冷却并在搅拌下慢慢加入亚硝酸钠的水溶液进行反应。

⑦ 重氮化反应副反应　主要是反应过程中重氮盐的分解或转化，及重氮盐与芳胺的偶合。重氮化反应后期可能有部分重氮氨基化合物形成。

13.2.3.2 邻甲氧基苯胺重氮盐的水解反应机理及影响因素

(1) 重氮盐水解机理　邻甲氧基苯胺重氮盐的水解反应如下。

$$\text{(2-}OCH_3\text{-}C_6H_4\text{)}\overset{+}{N}{\equiv}N\,HSO_4^- + H_2O \xrightarrow{CuSO_4} \text{(2-}OCH_3\text{-}C_6H_4\text{)}OH + N_2\uparrow + H_2SO_4$$

重氮盐的水解属于单分子亲核取代反应历程（即 S_N1 历程）。当将重氮盐在酸性水溶液中加热煮沸时，重氮盐首先分解成芳正离子，后者受到亲核试剂水分子的亲核进攻，快速形成中间体阳离子（Ⅰ），再脱质子生成酚类。历程如下：

$$Ar{-}\overset{+}{N_2}X^- \xrightarrow{\text{慢}} Ar^+ + X^- + N_2\uparrow$$

$$Ar^+ + :OH_2 \xrightarrow{\text{快}} \left[Ar{-}\overset{+}{O}H_2\right] \longrightarrow Ar{-}OH + H^+$$

（Ⅰ）

其中，生成芳正离子（Ar^+）的反应是重氮盐水解反应的反应速率控制步骤。

重氮盐也能与生成的酚偶合，形成芳基偶氮酚的副产物。

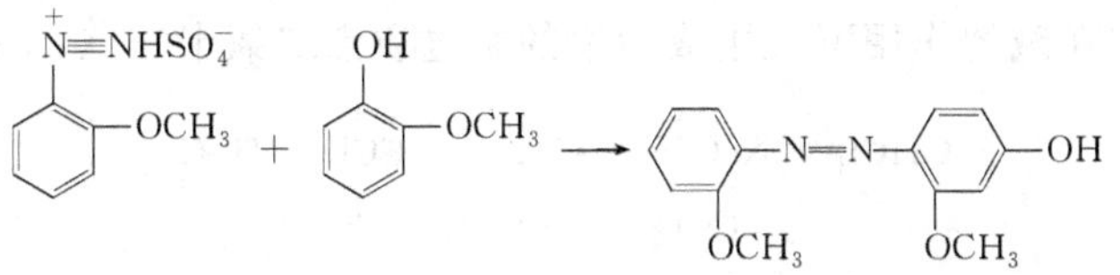

动力学分析表明，该水解具有温度效应和浓度效应：主反应的活化能高于副反应，升高温度有利于水解反应；重氮盐的高浓度、产品的低浓度及水的高浓度有利于水解反应。因此该水解反应的关键是快速升温、迅速分散和产品的及时移出。

（2）重氮盐水解影响因素

① 重氮盐的性质　一般而言，重氮盐水解的难易程度与重氮盐的结构有关。重氮盐越稳定，水解反应越难。当苯环上接有吸电子基团时，因为共轭的传递，降低了重氮键上的电子云密度，提高了重氮基的正电性，有利于重氮盐的稳定；反之，当苯环上接有供电子基团时，重氮盐稳定性差。

为了避免芳正离子与氯负离子相反应生成氯化副产物，重氮盐水解时宜用重氮硫酸盐。

② 水解温度　因重氮盐的水解具有温度效应，升高温度对反应有利。可根据水解的难易确定水解温度，并根据水解温度来确定所用硫酸的浓度，或加入硫酸钠来提高沸腾温度。稳定性差的重氮盐水解温度要更低一些。资料表明，重氮盐水解温度一般控制在102～145℃。因为温度超过了水的沸点温度，故反应时产物将随水蒸气而蒸出，达到及时移出产物的效果。

③ 水解催化剂　加入硫酸铜（及 Cu_2O）对于重氮盐的水解有良好的催化作用，可降低水解温度，提高收率。因分解重氮盐的速率越快越好，故催化剂的加入量也相应较大。具体的量可通过小试确定。

④ 水解反应的介质　高浓度酸对水解有利。资料表明，水解反应可在40％～50％浓度的硫酸中进行，水解时酸水的用量为加入重氮盐溶液后酸浓度为40％。

⑤ 传质的影响　良好的搅拌有利于反应物料的传质，故对反应有利。另一方面，由于反应中有气体释放，过快的搅拌容易造成冲料，反应控制时必须注意。

⑥ 重氮盐水解时的副反应　芳正离子非常活泼，可以与反应液中的亲核试剂反应。随着酚的浓度逐渐提高，除了形成偶合产物的副反应外，部分重氮盐也会和酚氧负离子反应生成二芳基醚。

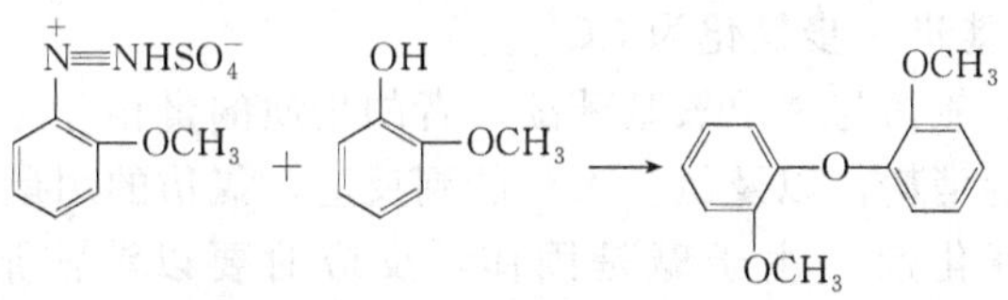

为了避免副反应发生，总是将冷的重氮硫酸氢盐溶液慢慢加到热的或沸腾的稀硫酸中，使重氮盐在反应液中的浓度始终很低。

13.2.3.3　邻甲氧基苯酚的C-甲酰化（Reimer-Tiemann）反应机理及影响因素

（1）邻甲氧基苯酚的C-甲酰化（Reimer-Tiemann）**反应的机理**　愈创木酚与氯仿在氢氧化钠溶液中生成香兰素和邻香兰素，反应式如下。

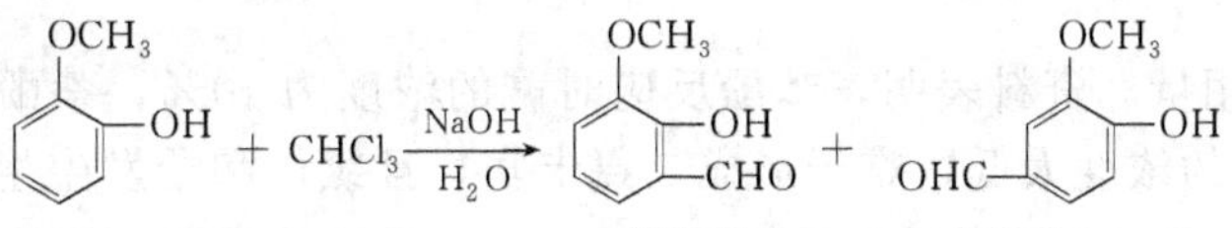

以苯酚为例说明 Reimer-Tiemann 反应的历程如下。

首先是三氯甲烷在碱的作用下先生成活泼的亲电质点二氯卡宾（∶CCl_2）：

$$CHCl_3 + NaOH \longrightarrow Na^+ + {}^-CCl_3 + H_2O$$

$${}^-CCl_3 \rightleftharpoons :CCl_2 + Cl^-$$

二氯卡宾是在三氯甲烷 C 原子上消除一个 H 原子和一个 Cl 原子后的消除产物，该消除反应称为 1,1-消除反应或 α-消除反应。

然后二氯卡宾进攻酚负离子中芳环上电子云密度较高的酚羟基的邻位或对位，生成加成中间体（a），通过质子转移生成苯二氯甲烷衍生物（b），最后水解生成邻（或对）羟基苯甲醛。

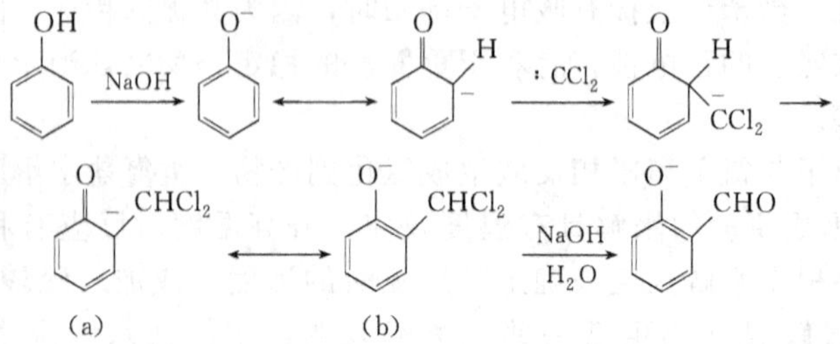

(2) 影响邻甲氧基苯酚的 *C*-甲酰化（Reimer-Tiemann）反应的因素

① 邻甲氧基苯酚的反应性质　邻甲氧基苯酚为白色或淡黄色结晶。有特殊的芳香气味。暴露于空气或日光中逐渐变成暗色。密度（晶体）1.129g/cm^3。熔点 32℃。沸点 205.5℃。折射率 1.5385。微溶于水，溶于乙醇、乙醚、甘油、氯仿和冰醋酸。

在邻甲氧基苯酚的分子结构中，由于甲氧基为供电子基团，可以使得芳环的电子云密度增加，对甲酰化反应有利。虽然酚羟基的一个邻位已经被甲氧基占据，但空间位阻似乎不太大，*C*-甲酰化时醛基仍然可以进入酚羟基的另一个邻位或对位。

② 氯仿及其用量　氯仿为无色透明液体。有特殊气味。味甜。凝固点 −63.5℃。沸点 61～62℃。折射率 1.4476。不溶于水，能与乙醇、苯、乙醚、石油醚、四氯化碳、二硫化碳和油类等混溶。相对密度 1.4840。低毒。有麻醉性。有致癌可能性。

氯仿在光照下遇空气逐渐被氧化生成剧毒的光气，故需保存在密封的棕色瓶中。常加入 1%乙醇以破坏可能生成的光气。不易燃烧。在氯甲烷中最易水解成甲酸和 HCl，稳定性差，450℃以上发生热分解，能进一步氯化为 CCl_4。

从反应计量系数看，氯仿与邻甲氧基苯酚二者的物质的量相等。但考虑到氯仿在产生二氯卡宾过程中二氯卡宾的消耗，以及氯仿参与的副反应，氯仿的用量应该适当增加。

③ 溶剂及相转移催化剂　由于碱是固体，反应时要以溶液形式，故所选溶剂要对 NaOH 具有一定的溶解能力。资料表明，可以用极性较强的醇类和水的混合溶液为反应的溶剂。一方面，醇能很好地溶解邻甲氧基苯酚与氯仿，另一方面，醇也能溶解一定量的 NaOH。醇类通常可以选甲醇或乙醇，用量应能提供足够的反应物的浓度为宜。

为了加快氯仿进入水相的速率，加入相转移催化剂如季铵盐、苄基三乙基氯化铵（TEBA）等对反应有利。相转移催化反应在搅拌下进行，无需很高温度，催化剂用量一般为试剂质量的 1%～3%。

④ 碱的浓度及用量　资料表明，苯酚反应时碱的浓度为 10%，萘酚反应时碱的最佳浓度为 25.45%。因碱的浓度太低，难于形成二氯卡宾，且氯仿和酚发生生成甲酸酚酯的副反应；碱的浓度过高，则有利于康尼查罗（Cannizzaro）反应的发生，也会导致产率降低。康

尼查罗反应是没有 α-氢原子的醛在强碱的作用下发生分子间氧化还原反应生成羧酸和醇。

从反应历程看，碱的用量至少为氯仿的 3 倍物质的量。考虑到酚羟基的酸性，碱的用量应该更多一些。若碱过量太多，则会导致邻羟基苯甲醛（俗称水杨醛）的缩合，生成酚醛树脂型高聚物，副产品焦油量增加。

正因为碱过量，故反应后还需酸化处理才能得到目标产物。

⑤ 反应温度 温度低对反应不利。在室温下，以酚羟基的 O-烷基化反应为主反应，所生成的原甲酸二苯酚酯在酸化时又转变成烷基苯酚，这就降低了烷基苯酚的转化率。

$$CHCl_3 \xrightarrow[\text{R—Ar—O}^-]{\text{较低温度}} CH(O—Ar—R)_3 \xrightarrow{H_2O,\ H^+} 3HO—Ar—R + HCOOH \text{（Ar 为苯环）}$$

反应温度与选择的溶剂有关。因为反应在常压下反应，则反应温度一般为溶剂的回流温度，约 65～85℃。

⑥ 传质的影响 由于反应体系为非均相体系，良好的搅拌有利于反应的进行。

⑦ 副反应 Reimer-Tiemann 反应中副反应很多，常有副产物 2,2-二取代环已二烯酮产生。

$$\text{邻甲酚} + CHCl_3 \xrightarrow[H_2O]{NaOH} \text{3-甲基-2-羟基苯甲醛} + \text{3-甲基-4-羟基苯甲醛} + \text{6-甲基-6-二氯甲基环己-2,4-二烯酮}$$

另外，卡宾是一种高度活泼的缺电性质点，具有很强的亲电性，可发生多种反应。例如，在有水的情况下，二氯卡宾可迅速发生水解：

$$:CCl_2 \xrightarrow{H_2O} CO + 2Cl^- + 2H^+$$

$$:CCl_2 \xrightarrow{2H_2O} HCOO^- + 2Cl^- + 3H^+$$

Reimer-Tiemann 反应收率一般在 30%～70%。

13.2.4 单元反应后处理策略分析

在香兰素小试合成反应中，涉及多步反应，除了重氮化反应产物无需分离，需对水解反应产物、C-酰化反应产物进行分离纯化处理。

(1) 重氮盐水解反应产物的分离

① 邻甲氧基苯酚粗产物的分离 可采用水蒸气蒸馏的方式将重氮盐水解反应产生的酚从体系中分离出来，即边反应边水蒸气蒸馏分离，反应结束时即能得到邻甲氧基苯酚的粗产物。因邻甲氧基苯酚有一定的水溶性，为尽可能将邻甲氧基苯酚提取出来，可采用萃取的方法，萃取液浓缩后即可得到粗品。

② 邻甲氧基苯酚的纯化 愈创木酚为低熔点固体，可用减压蒸馏的方法进行纯化。

(2) C-甲酰化反应结束后反应物的后处理

① 体系的组成及状态 C-甲酰化反应后主产物香兰素溶解在醇水反应体系中，主要副产物 NaCl 部分以固体形式析出。体系为非均相体系。

② 分离策略 因反应体系中固体物质较多，包括香兰素（钠盐）、NaCl、少量 NaOH 及副产物等，分离时体系中的碱要首先中和掉，同时也可将香兰素钠盐转化为香兰素。对于含有水相的体系，其中有机物可通过适当的溶剂萃取出来。但因体系中有机物杂质较多，因此可以考虑在萃取前尽量将部分有机物分离出去。相对于香兰素，其他有机物多为液体，可

通过水蒸气从体系中蒸馏出来。

(3) 产物的精制 香兰素的精制利用重结晶的方法进行提纯。

13.3 工作过程指导

13.3.1 制订小试合成方案要领

小李等一行来到了主要的实习岗位——车间小试实验室。完成岗位安全教育后，田工跟小李他们一起讨论香兰素的合成方案。

田工拿出了一份当初小试组试制香兰素的文献方案。

(1) 重氮化、水解反应 将35g浓硫酸和35mL水配成的溶液加至200mL冰水中，搅拌下将31g邻甲氧基苯胺溶于其中，冷却。用17g亚硝酸钠和50mL无离子水配制亚硝酸钠水溶液，冷却后，在搅拌下将其加入至邻甲氧基苯胺中，控制温度不超过5℃。用淀粉碘化钾试纸测试反应终点，过量的亚硝酸用氨基磺酸或尿素破坏，冷却重氮液。

在1L的四口烧瓶中加入70g硫酸铜和70mL水，加热至沸腾，并向四口烧瓶中通入蒸汽进行水蒸气蒸馏。同时向四口烧瓶中滴加重氮液，控制重氮液加入速度，让生成的泡沫不进入冷凝管，而馏出液均匀流入接收器。当四口烧瓶中的物料没有邻甲氧基苯酚（邻羟基苯甲醚）特殊芳香气味时，蒸馏结束。

(2) 提纯邻甲氧基苯酚 向馏出液中加入20g氢氧化钠，再重新进行水蒸气蒸馏，主要杂质苯甲醚可通过蒸馏除去。将蒸馏出的残余液冷却，用稀硫酸中和至对刚果红试纸呈蓝色，邻甲氧基苯酚析出。用水蒸气将邻甲氧基苯酚蒸出，然后在搅拌条件下馏出液用饱和食盐水充分浸泡后静置分层，通过液-液分离得到有机相，有机相用50mL苯萃取3次。萃取液用10g无水硫酸钠干燥，除去水分，再蒸去苯。残余物减压蒸馏，在绝对压力1.33kPa时，收集81～91℃馏分，约得到9g邻甲氧基苯酚，熔点33℃。

(3) *C*-甲酰化反应 在四口烧瓶中加入12.4g（0.1mol）邻甲氧基苯酚、45mL质量分数95%乙醇、15g固体氢氧化钠及0.2g三乙胺。在回流温度下，于1h内加入氯仿10mL，回流下反应1～2h。反应结束后，用稀硫酸调节pH值为7，过滤除去氯化钠，用乙醇充分洗尽残渣。合并滤液并水蒸气蒸馏，除去三乙胺、氯仿和2-羟基-3-甲氧基苯甲醛，直到馏出液中无油珠出现停止蒸馏。剩下的反应液用80mL乙醚分三次萃取。乙醚萃取液用无水硫酸镁干燥，减压蒸去乙醚，得到白色晶体。将上述白色晶体溶于40～60℃的热水中，上层为香兰素水层，下层为杂质层。分层，减压浓缩，得到香兰素（收率约为76.3%）。

(4) 香兰素纯化 将粗香兰素加入稀乙醇中，在搅拌下，加热至60～70℃，使其溶解成透明溶液，然后在慢速搅拌下，慢慢冷却至16～18℃，使其结晶析出，保持1h，过滤或离心。

(5) 产物的检测和鉴定 测定产物的熔点；波谱鉴定只要求对合成产品检测其红外光谱。

田工：大家讨论一下，以此文献为参考或基础，如何制订我们的小试方案？

小张：文献方案给出的还是比较详细的，但也有一些细节性不太明确，如带水蒸气蒸馏的反应装置具体如何构成没有提及；另外反应过程中加料速度、温度的控制等不太明确。

小王：有必要进行二次水蒸气蒸馏吗？

田工：大家资料准备得非常仔细。文献方案更侧重于研究，不能照搬拿来作为小试的方案。小试的目的是为大生产提供参数依据，因此，小试方案在制订过程中一定要立足于生产，在制订小试合成方案的过程中，我给大家提几点建议。

13.3.2　单元反应体系构建和后处理纯化建议

13.3.2.1　邻甲氧基苯胺的重氮化反应

(1) 重氮化反应体系的构建与监控

① 重氮化反应体系的构建要点　采用正法重氮化时，应将邻甲氧基苯胺的硫酸溶液一次性加入到反应瓶内，而亚硝酸钠溶液由加样器滴加。由于反应需要控制低温，故配有温度计和冰水（或采用冰盐浴装置移除反应热）。为了避免反应时物料的局部浓差，搅拌是必需的。此外，体系应该有连通大气的出口（可加上回流装置）。

② 重氮化反应的控制策略　投料时硫酸应当大过量，亚硝酸钠水溶液加料时速度要适当，不能太快，也不能太慢，保持亚硝酸在反应过程中微过量状态。反应中必须严格地控制好温度，防止重氮盐与亚硝酸发生分解。重氮盐浓度控制在0.1～0.9mol/L，水的用量控制在反应结束时反应液总体积为芳胺量的10～12倍。

③ 反应终点的控制　正加法重氮化时，加料完毕反应一段时间后反应即可完成。可以用TLC跟踪反应，由于亚硝酸微过量，当芳胺消失时，反应即到达终点。

(2) 重氮化反应后处理分离方法　重氮化反应完毕，过量的亚硝酸对下步反应不利，常加入适量的尿素或氨基磺酸将过量的亚硝酸分解，或加入少量的芳胺与过量的亚硝酸作用。反应式如下：

$$CO(NH_2)_2 + 2HNO_2 = CO_2\uparrow + 2N_2\uparrow + 3H_2O$$

$$H_2NSO_3H + HNO_2 = H_2SO_4 + N_2\uparrow + H_2O$$

重氮盐不必分离直接用于下一步反应。

13.3.2.2　邻甲氧基苯胺的重氮盐水解反应

(1) 重氮盐水解反应的构建与监控

① 重氮盐水解反应体系的构建　水解液一般由水［用硫酸铜饱和，溶解度（100℃）：75.4g结晶硫酸铜/100gH_2O］、硫酸、少量Cu_2O组成（有些场合下加入惰性溶剂也可），水解时溶液要处于沸腾状态，故需要加热装置，同时须配有水蒸气蒸馏装置（水蒸气蒸馏时加热蒸馏液可减少水蒸气的冷凝量）。

由于加样器的传热，故少量的冷的重氮盐溶液在加样过程中会被加热而分解，最好加样器要配有冷却装置。加样后，要强烈搅拌促使物料均匀分散，故需配有良好的搅拌装置。

② 重氮盐水解反应的控制策略　为了让重氮盐迅速分解并且让产物迅速脱离反应体系，通常是将冷的重氮盐水溶液滴加到沸腾的含硫酸铜的稀硫酸中，同时通入水蒸气加强带出效果。为避免重氮盐分解过程中的冲料，重氮盐加入时要少量多次。

也可以向反应液中加入氯苯等沸点高于100℃的惰性有机溶剂（最好不形成共沸物或共沸物沸点高于100℃），使生成的酚立即转入有机相中，反应结束后分离出有机相即可得到产物。

③ 重氮盐水解反应终点的控制　当水蒸气蒸馏的馏出液无油状物时，基本达到反应终点。实验时可用TLC法跟踪反应。有条件的可用通过气相色谱或高效液相色谱监控水解反应的进程。

(2) 重氮盐水解反应后处理方法　反应过程中愈创木酚由水蒸气带出，经冷凝后形成愈创木酚和水混合物，加入甲苯萃取，可将大部分愈创木酚萃取出来，减压蒸出甲苯后即可得到粗品（试验中可先用无水硫酸钠干燥），进一步减压蒸馏，可得到较纯的愈创木酚。

13.3.2.3 邻甲氧基苯酚的C-甲酰化反应

(1) C-甲酰化反应体系的构建与监控

① C-甲酰化反应体系构建　邻甲氧基苯酚置于反应瓶中，用醇溶解，加入碱，升温，回流，由加样器加入氯仿反应。因此可选用带回流、加样装置的反应装置，配备水浴装置和搅拌装置。

② C-甲酰化反应控制策略　由于反应体系基本上为均相体系。为避免氯仿在低温下与酚羟基的O-烷基化反应，宜先升温（酚钠溶液），然后再加入氯仿反应。体系中碱的浓度要高（但不可过高），氯仿与碱反应生成二氯卡宾的浓度就高。还要注意控制氯仿的滴加速度，过快则会造成卡宾的水解，过慢导致效率低下，副反应多。

③ C-甲酰化反应终点的控制　资料表明，氯仿加料完成后，一般继续反应1～2h反应即可完成。可用TLC法对反应进行跟踪（样品须酸化处理）。

(2) C-甲酰化反应后处理方法　首先将反应液中和至弱酸性，如有不溶物可过滤除去，然后水蒸气蒸馏除去挥发物，冷却后加入乙醚萃取数次，合并萃取液，用无水硫酸镁干燥，浓缩后可得香兰素粗品（含邻香兰素）。

13.3.2.4 单元反应之间的衔接

在本情境合成中，对由邻甲氧基苯胺重氮化后的重氮硫酸盐，不需从重氮化反应体系中分离，直接进行水解得到邻甲氧基苯酚。进行C-甲酰化反应时，需将邻甲氧基苯酚提纯处理。

13.3.2.5 产物的纯化

粗品香兰素中主要杂质是邻香兰素，由于两者的熔沸点有显著差异（见表13-2），可通过减压蒸馏的方法加以分离纯化。

表13-2 香兰素和邻香兰素的熔沸点参数

物质	熔点/℃	沸点/℃
香兰素	81	153(1.33kPa)
邻香兰素	44～45	128 (1.33kPa)

减压蒸馏操作参见附录。

13.3.3 绘制试验流程图

本项目小试流程图（供参考）可以绘制如图13-1。制作的流程图必须与试验方案对应。在制订小试方案时，有时可以流程图代替。

13.3.4 小试试验装置

本情境的重氮化、C-甲酰化反应装置如图13-2（温度计未画出）。

在合成装置中，进行重氮化反应，要采用冰加以冷却，在低温（不超过5℃）下进行，四口烧瓶中内装硫酸、水、邻甲氧基苯胺。C-甲酰化反应时，四口烧瓶中为邻甲氧基苯酚、乙醇、氢氧化钠及三乙胺。

水解反应可采用图13-3装置，装置由下端加长的带冷却恒压加样管和普通水蒸气蒸馏装置构成。

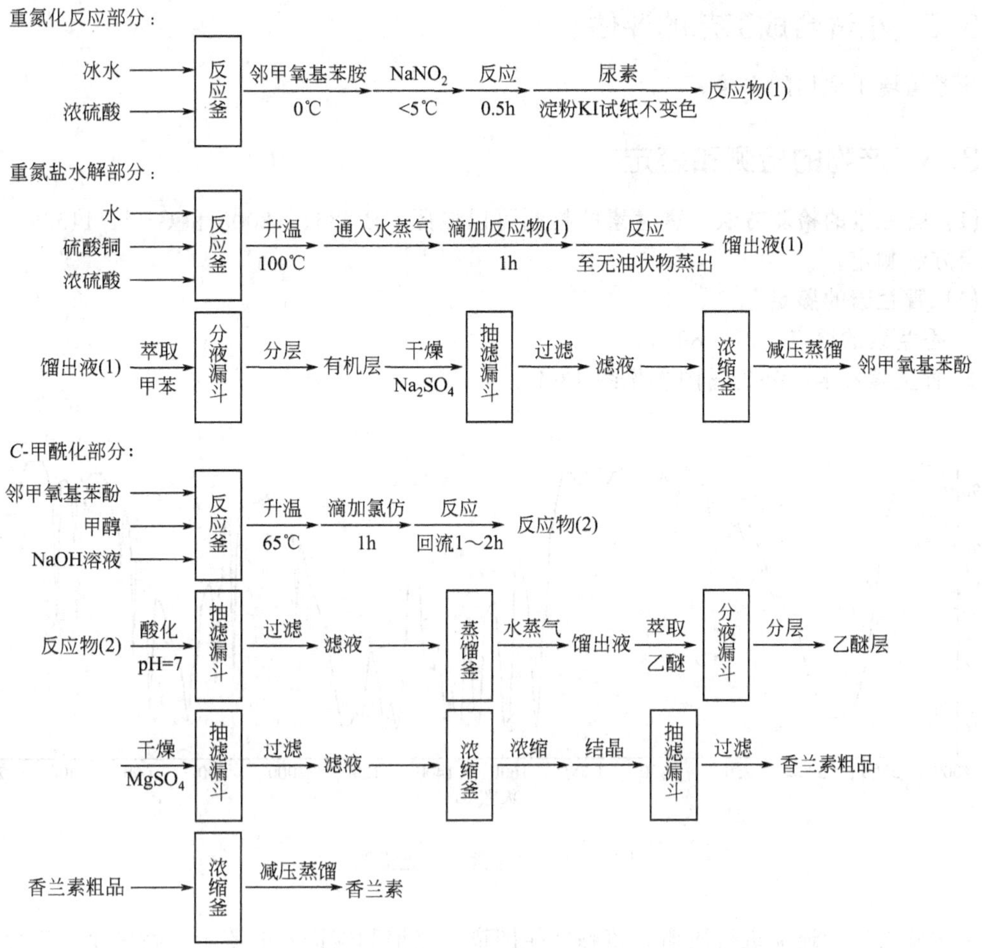

重氮化反应部分：

冰水、浓硫酸 → 反应釜 —邻甲氧基苯胺，0℃→ —$NaNO_2$，<5℃→ —反应，0.5h→ —尿素，淀粉KI试纸不变色→ 反应物(1)

重氮盐水解部分：

水、硫酸铜、浓硫酸 → 反应釜 —升温，100℃→ —通入水蒸气→ —滴加反应物(1)，1h→ —反应，至无油状物蒸出→ 馏出液(1)

馏出液(1) —萃取，甲苯→ 分液漏斗 —分层→ 有机层 —干燥，Na_2SO_4→ 抽滤漏斗 —过滤→ 滤液 → 浓缩釜 —减压蒸馏→ 邻甲氧基苯酚

C-甲酰化部分：

邻甲氧基苯酚、甲醇、NaOH溶液 → 反应釜 —升温，65℃→ —滴加氯仿，1h→ —反应，回流1～2h→ 反应物(2)

反应物(2) —酸化，pH=7→ 抽滤漏斗 —过滤→ 滤液 → 蒸馏釜 —水蒸气→ 馏出液 —萃取，乙醚→ 分液漏斗 —分层→ 乙醚层

—干燥，$MgSO_4$→ 抽滤漏斗 —过滤→ 滤液 → 浓缩釜 —浓缩→ —结晶→ 抽滤漏斗 —过滤→ 香兰素粗品

香兰素粗品 → 浓缩釜 —减压蒸馏→ 香兰素

图 13-1　香兰素小试流程图（供参考）

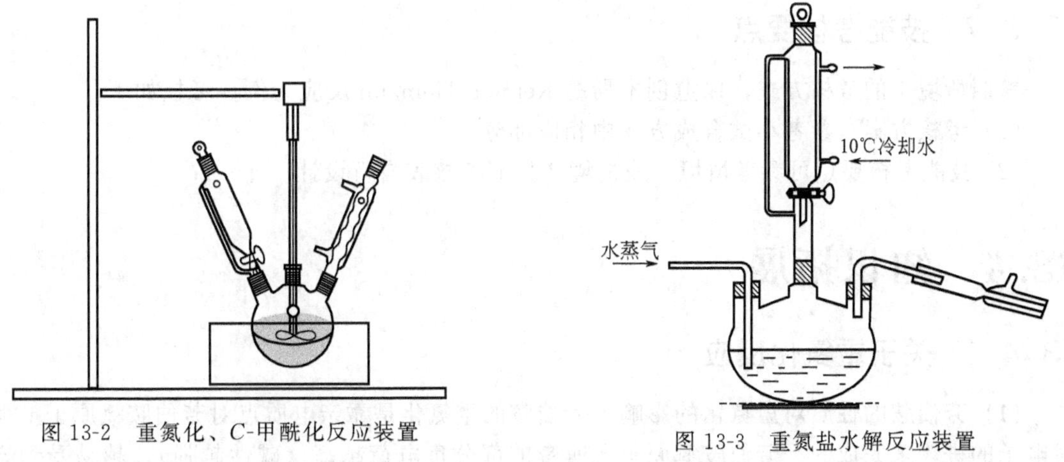

图 13-2　重氮化、C-甲酰化反应装置

图 13-3　重氮盐水解反应装置

为了减少由于反复移换容器而引起的产物损失，直接利用原来的四口烧瓶，按图 13-3 装置，在四口烧瓶中装入硫酸铜和水，重氮盐溶液由加样器加入。加样时通入水蒸气，蒸馏出邻甲氧基苯酚，由冷凝管冷凝并收集馏出液。

13.3.5 小试合成工艺的评估

参考情境 1 评估的方法。

13.3.6 产物的检测和鉴定

(1) 香兰素的检测方法 香兰素的检测可以按照 GB 3861—2008 和 GB/T 11539—2008 中规定方法测定。

(2) 香兰素的鉴定

① 香兰素的熔点：81～83℃。

② 香兰素标准红外光谱图参见图 13-4。

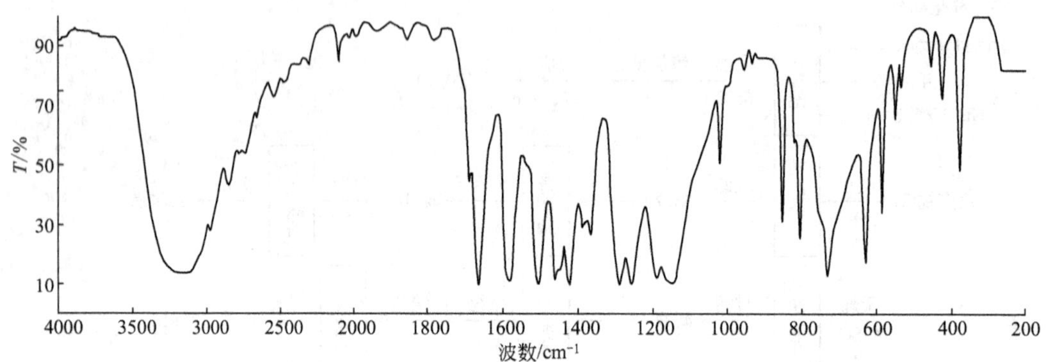

图 13-4 香兰素红外光谱图

更精确的鉴定还需进行质谱、核磁共振图谱（氢谱和碳谱）的鉴定。特别是未知化合物的开发，这些图谱是必需的。有兴趣的同学可以参考相关的专业资料。

13.3.7 技能考核要点

参照情境 1 的考核方式，以愈创木酚的 Reimer-Tiemann 反应为例，考核如下。

(1) 考核方案 参考小试合成方案中相应部分。

(2) 技能考核要点可参考情境 1 或情境 2 技能考核表自行设计。

13.4 知识拓展

13.4.1 关于重氮化反应

(1) 芳伯胺的性质对重氮化的影响 芳伯胺的重氮化是靠亲电质点对芳伯胺氮原子上孤对电子的进攻来完成的，芳伯胺氮原子上所带的部分负电荷越高（碱性越强），越易受到亲电质点的进攻，则重氮化的反应速率越快。但强碱性的芳胺易与无机酸生成盐，而且又不易水解，从而使参加反应的游离胺浓度降低，抑制了重氮化反应速率。因此，当酸的浓度低时，芳胺碱性的强弱是主要影响因素，碱性愈强的芳胺，重氮化反应速率愈快；在酸的浓度较高时，铵盐水解的难易程度成为主要影响因素，碱性弱的芳胺重氮化速率快。

碱性较强的芳伯胺，如苯胺，一般用稀酸（如稀盐酸或稀硫酸），然后在冷却下加入亚硝酸钠溶液。碱性较弱的芳伯胺，如对硝基苯胺，必须用较浓的酸（采用浓硫酸而不采用浓盐酸），以促使亚硝酸产生更多的、在亚硝化亲电试剂中亲电能力相对较强的 NO^+，从而加快重氮化反应速率。重氮化反应过程中必须自始至终不缺少亚硝酸钠，保持亚硝酸在重氮化反应中稍微过量，否则重氮盐很容易与芳伯胺生成黄色的重氮氨基化合物沉淀，使重氮化失败。

(2) 重氮化的其他方法　在重氮化反应操作方法中，除了正加法、逆加法、连续法以外，主要还有以下 2 种方法。

① 浓硫酸法　此法适用于碱性很弱的芳伯胺，如二硝基苯胺、杂环 α-位胺等。重氮化时可将芳伯胺溶解于浓硫酸中，加入亚硝酸钠溶液或亚硝酸钠固体进行重氮化反应。

由于亚硝酰硫酸放出亚硝酰正离子（NO^+）较慢，可以加入冰醋酸或磷酸以加快亚硝酰正离子的释放而使反应加速。

② 亚硝酸酯法　此法是将芳伯胺盐溶于醇、冰醋酸或其他有机溶剂（如 DMF、丙酮等）中，用亚硝酸酯进行重氮化。常用的亚硝酸酯有亚硝酸戊酯、亚硝酸丁酯等。此法制成的重氮盐可在反应结束后加入大量乙醚，使其从有机溶剂中析出，再用水溶解，可得到纯度很高的重氮盐。

(3) 芳伯胺重氮化反应应注意的共性问题

① 重氮化反应原料应纯净且不含异构体　若原料颜色过深或含树脂状物，说明原料中含较多氧化物或已经部分分解，在使用前要精制。原料中含无机盐，如氯化钠，一般不产生有害影响，但在计量时必须扣除。

② 重氮化的反应终点控制要准确　由于重氮化反应是定量进行的，亚硝酸钠用量不足或过量均严重影响产品质量。因此事先必须进行纯度分析，并精确计算用量，以确保终点的准确。

③ 重氮化反应的设备要有良好的传热措施　由于是放热反应，无论是间歇法还是连续法，强烈的搅拌是必需的，以利于传热和传质，同时反应设备应有足够的传热面积和良好的移热措施，以确保重氮化反应安全进行。

④ 重氮化反应必须注意生产安全　重氮化合物对热和光都不稳定，必须防止受热和强光照射，并保持生产环境的潮湿。

(4) 工业上重氮化反应设备　某些金属或其盐，如铁、铜等能加速重氮盐分解，因此重氮化反应（及后面讲到的偶合反应）的反应器不能直接使用金属材料。大型重氮化反应器通常为内衬耐酸砖的钢槽或直接选用塑料反应器，小型重氮化反应器的材质通常为钢制加内衬。用稀硫酸重氮化时，可用搪铅设备，其原因是铅与硫酸可形成硫酸铅保护膜；若用浓硫酸，可用钢制反应器，因为钢制反应器内壁可在浓硫酸作用下形成钝化膜；若用盐酸，因其对金属腐蚀性强，一般用搪玻璃设备。

(5) 关于重氮化反应的安全问题　重氮盐性质活泼，特别是干燥的重氮盐，受热、撞击、摩擦易发生爆炸。在进行重氮化反应时，要注意设备及附近环境的清洗，防止设备、器皿、工作环境等处残留的重氮盐干燥后发生爆炸事故。

重氮化反应中的酸有较强腐蚀性，特别是浓硫酸腐蚀性更强。应严格按工艺规程操作，避免灼伤、腐蚀等严重人身伤害事故。

重氮化反应中，过量亚硝酸钠会使反应系统逸出 NO、NO_2、Cl_2 等有毒有害的刺激性气体。参加反应的芳伯胺也有毒性，特别是活泼的芳伯胺，毒性更强。所以反应设备应密闭，要求设备、环境、通风要有保证，以保证生产和环境的安全。

特别需要注意的是，通风管道中若残留干燥的芳伯胺，遇氮的氧化物也能重氮化并自动发热而自燃，因此要经常清理、冲刷通风管道。

13.4.2 重氮盐的置换反应

13.4.2.1 重氮基置换为卤素

当不能用直接卤化法将卤素原子引入到芳环上的指定位置，或者直接卤化时卤化产物很难分离精制时，可采用重氮基被卤素置换的方法。重氮基置换成不同的卤素原子时，所采用的方法各不相同。

重氮基置换为氯或溴时，将芳伯胺在盐酸或氢溴酸中重氮化，然后将冷的重氮盐溶液加入到相应的卤化亚铜-卤化氢水溶液中，在一定温度下反应，该反应称为 Sandmeyer 反应。这个反应要求芳伯胺重氮化时所用的卤氢酸和卤化亚铜分子中的卤原子都与要引入到芳环的卤原子相同，卤化亚铜起催化作用。

$$\mathrm{Ar{-}NH_2 \xrightarrow{NaNO_2/HCl} Ar{-}\overset{+}{N}{\equiv}NCl^- \xrightarrow{CuCl/HCl} Ar{-}Cl + N_2\uparrow}$$

Sandmeyer 反应是自由基型的置换反应。一般认为首先是重氮盐正离子与亚铜盐负离子生成了配合物。

$$\mathrm{CuCl + Cl^- \underset{}{\overset{快}{\rightleftharpoons}} [CuCl_2]^-}$$

$$\mathrm{Ar{-}\overset{+}{N}{\equiv}N + [CuCl_2]^- \overset{慢}{\rightleftharpoons} Ar{-}\overset{+}{N}{\equiv}N \cdot CuCl_2^-}$$

然后配合物经电子转移生成芳自由基 Ar·

$$\mathrm{Ar{-}\overset{+}{N}{\equiv}N \cdot CuCl_2^- \xrightarrow{慢} Ar{-}N{=}N\cdot + CuCl_2}$$

$$\mathrm{Ar{-}N{=}N\cdot \longrightarrow Ar\cdot + N_2\uparrow}$$

最后芳自由基 Ar·与 $CuCl_2$ 反应生成氯代产物并重新生成催化剂 CuCl。

$$\mathrm{Ar\cdot + CuCl_2 \longrightarrow ArCl + CuCl}$$

氯化亚铜不溶于水，但易溶于盐酸中。亚铜离子的最高配位数是 4，但最常见的配位数为 2。氯化亚铜在盐酸中主要以 $[CuCl_2]^-$ 一价复合负离子形式存在，它具有很高的反应活性。如果溶液中 Cl^- 浓度高，酸性低，则生成 $[CuCl_4]^{3-}$ 三价配位负离子，它的配位数已经饱和，而不能再与重氮盐正离子形成配合物。氯化亚铜的用量，一般是重氮盐的 1/10～1/5（化学计算量）。

Sandmeyer 反应一般有两种操作方法。一种是将冷的重氮盐水溶液慢慢滴入卤化亚铜-卤氢酸水溶液中，滴加速度以立即分解放出氮气为宜。这种方法使 $[CuCl_2]^-$ 对重氮盐始终处于过量状态，适用于反应速率较快的重氮盐。另一种方法是将重氮盐水溶液一次加入到冷的卤化亚铜-卤氢酸水溶液中，低温反应一定时间后，再慢慢加热使反应完全。这种方法使重氮盐对 $[CuX_2]^-$ 处于过量状态，适用于配位和电子转移速度较慢的重氮盐。

除了卤化亚铜以外，也可向重氮盐的氢卤酸溶液中加入铜粉，用铜粉催化重氮基转化为卤基的反应称为 Gattermann 反应。

希曼反应是重氮盐转化为芳香氟化物的有效方法。将芳伯胺在稀盐酸中重氮化，然后加入氟硼酸（或氢氟酸和硼酸）水溶液，滤出水溶性很小的重氮氟硼酸盐，水洗、乙醇洗、低温下小心干燥，然后将干燥的重氮氟硼酸盐加热至适当温度，使之发生分解反应，逸出氮气和四氟化硼气体，即得到相应的氟置换产物。

$$ArNH_2 + HNO_2 + HBF_4 \xrightarrow{-2H_2O} ArN_2BF_4 \xrightarrow{\triangle} ArF + N_2 + BF_4$$

重氮氟硼酸盐的热分解必须在无水、无醇条件下进行。有水则重氮盐水解成酚类和树脂状物，有乙醇则使重氮氟硼酸盐还原为芳烃，重氮基被氢置换。

应该指出：重氮氟硼酸盐的热分解是快速的强烈放热反应，一旦超过分解温度，即产生大量的热，使物料温度升高，分解加速，这种恶性循环可在短时间内产生大量气体，甚至发生爆炸事故。为了便于控制分解温度和气体的逸出速度，曾提出过许多种方法。例如，局部加热引发法、加入惰性有机溶剂法、加入砂子法，以及将重氮氟硼酸盐慢慢加入到热的反应器中边分解、边蒸出等。

13.4.2.2 重氮基置换为氰基

重氮盐与氰化亚铜的复盐反应，使重氮基置换为氰基（—CN），生成芳腈的反应亦称Sandmeyer反应。氰化亚铜复盐水溶液是由氯化亚铜或氰化亚铜溶于氰化钠水溶液而配得。

$$CuCl + 2NaCN \longrightarrow Na[Cu(CN)_2] + NaCl$$
$$CuCN + NaCN \longrightarrow Na[Cu(CN)_2]$$

上述氰化反应的历程还不太清楚，一般简单表示如下：

$$Ar-\overset{+}{N}\equiv N-Cl^- + Na[Cu(CN)_2] \longrightarrow Ar-CN + CuCN + NaCl + N_2\uparrow$$

重氮基被氰基置换的反应必须在弱碱性介质中进行，因为在强酸性介质中不仅副反应多，而且还会逸出剧毒的氰化氢气体。在弱碱性介质中不存在 $CuCl_2^-$，也不易发生重氮基被氯基置换的副反应。由于重氮化反应后得到的重氮盐不单独分离，直接进行重氮基置换为氰基的置换反应，所以芳伯胺的重氮化反应一般应在稀盐酸或稀硫酸中进行。

为了使氰化介质保持弱碱性，可在氰化亚铜复盐水溶液中预先加入适量的碳酸氢钠、碳酸钠、碳酸氢铵或氢氧化铵，然后在一定温度下向其中加入酸性的重氮盐水溶液。反应温度一般是5～45℃。加料完毕后，必要时可适当提高反应温度。

为了使氰化反应中生成的 N_2 顺利逸出，需要较强的搅拌和适当的消泡措施。

另外，也可用四氰铵铜钠复盐或氰化镍复盐。

13.4.2.3 重氮基置换为巯基

巯基又名硫氢基（—SH）。重氮盐与某些低价含硫化合物（如烷基黄原酸钾、二硫化钠）作用，再进一步处理，可将重氮基置换为巯基。采用二硫化钠与重氮盐作用的方法是，将冷的重氮盐酸盐水溶液倒入冷的 Na_2S_2-NaOH 水溶液中，然后将生成的二硫化物（Ar—S—S—Ar）进行还原，可制得相应的硫酚：

2 (邻氨基苯甲酸，NH_2，—COOH) $\xrightarrow{NaNO_2/HCl}$ 2 (邻位 $N_2^+Cl^-$，—COOH) $\xrightarrow{Na_2S_2\text{-}NaOH}$

(二硫化物：两个邻羧基苯基经 S—S 相连，—COOH) $\xrightarrow{Fe/HCl\text{或}H_2/Ni}$ 2 (邻巯基苯甲酸，SH，—COOH)

将冷的重氮盐酸盐水溶液倒入40～45℃的乙基黄原酸钠水溶液中，分离出乙基黄原酸芳基酯，将后者在氢氧化钠水溶液中水解得到硫酚的钠盐，将该钠盐在稀硫酸中酸化后即得到相应的硫酚：

$$\text{3-}CH_3C_6H_4NH_2 \xrightarrow{NaNO_2/HCl} \text{3-}CH_3C_6H_4N_2^+Cl^- \xrightarrow{NaS_2COC_2H_5} \text{3-}CH_3C_6H_4SSCOC_2H_5 \xrightarrow{NaOH\ 或\ H_2SO_4} \text{3-}CH_3C_6H_4SH$$

将苯胺重氮盐酸盐水溶液慢慢倒入 30℃以下的甲硫醇钠水溶液中，即得到苯基甲硫醚：

$$C_6H_5NH_2 \xrightarrow{NaNO_2/HCl} C_6H_5N_2^+Cl^- \xrightarrow{NaSCH_3} C_6H_5SCH_3$$

将邻氯苯胺重氮盐酸水溶液在 20℃和强烈搅拌下倒入含 SO_2 的二氯乙烷溶液中，加入催化剂氯化铜，并加热至 50℃，直到不放出氮气为止，用少量氯气在 50℃处理，得 93%邻氯苯磺酰氯，后者再与氨水作用得邻氯苯磺酰胺。用同样方法可从邻（或对）甲氧基苯胺制得邻（或对）甲氧基苯磺酰氯。

$$\text{2-}ClC_6H_4NH_2 \xrightarrow{NaNO_2/HCl} \text{2-}ClC_6H_4N_2^+Cl$$

$$2CuCl_2 + SO_2 + 2H_2O \longrightarrow Cu_2Cl_2 + H_2SO_4 + 2HCl$$

$$\text{2-}ClC_6H_4N_2^+Cl \xrightarrow{SO_2/Cu_2Cl_2/Cl_2} \text{2-}ClC_6H_4SO_2Cl$$

13.4.2.4 重氮基置换为含氧基

(1) 置换为羟基 重氮基被置换为羟基的反应称为重氮盐的水解反应。其反应属于 S_N1 历程，当将重氮盐在酸性水溶液中加热煮沸时，重氮盐首先分解为芳基正离子，后者受水的亲核进攻，而在芳环上引入羟基。

$$Ar{-}N_2^+X^- \xrightarrow[\triangle/H^+]{慢} Ar^+ + X^- + N_2\uparrow$$

$$Ar^+ + H_2O \xrightarrow{快} [Ar{-}\overset{+}{O}H_2] \longrightarrow ArOH + H^+$$

由于芳正离子非常活泼，可与反应液中其他亲核试剂反应。为避免生成氯化副产物，芳伯胺重氮化要在介质中进行。为避免芳正离子与生成的酚氧负离子反应生成二芳基醚等副产物，最好将生成的可挥发性酚立即用水蒸气蒸出；或向反应液中加入二甲苯、氯苯等惰性溶剂，使生成的酚立即转入到有机相中。

为避免重氮盐与水解生成的酚发生偶合反应生成羟基偶氮染料，水解反应要在 40%～50%浓度的硫酸中进行。通常是将冷的重氮盐水溶液滴加到沸腾的稀硫酸中。温度一般控制在 102～145℃。加入硫酸钠可提高反应温度，有利于重氮基水解反应的进行；加入硫酸铜对水解有明显催化作用即铜离子对反应有催化作用，即使反应温度很低，也不影响水解反应的正常进行。

(2) 置换为烷氧基 芳环上的重氮基在酸性介质中，在甲醇溶液中，存在下面两种反应：

$$R-C_6H_4-N_2^+ \xrightarrow[-N_2]{CH_3OH} \begin{cases} R-C_6H_4^+ \xrightarrow{+CH_3OH} R-C_6H_4-OCH_3 \\ R-C_6H_4\cdot \xrightarrow{+CH_3OH} C_6H_5-R \end{cases}$$

由于R取代基不一样，生成$R-C_6H_4-OCH_3$和C_6H_5-R的比例也不同。含水少的重氮盐在乙醇中加热，主要反应是重氮基被乙氧基置换，但应用较少。

13.4.2.5　重氮基被氢置换（脱氨基）反应

将重氮盐水溶液在温和的还原剂作用下进行还原时，可使重氮基被氢置换（脱氨基反应），并放出氮气。最常用的还原剂是乙醇和丙醇，其反应历程是自由基型。可简单表示如下：

$$Ar-N_2^+X^- \longrightarrow Ar\cdot + X\cdot + N_2\uparrow$$

$$Ar\cdot + CH_3CH_2OH \longrightarrow Ar-H + CH_3\dot{C}HOH$$

$$CH_3\dot{C}HOH + X\cdot \longrightarrow CH_3CH(X)OH \longrightarrow CH_3CHO + HX$$

总的反应式可以写成：

$$Ar-N_2^+X^- + CH_3CH_2OH \longrightarrow Ar-H + CH_3CHO + HX + N_2\uparrow$$

经研究发现，Cu^{2+}和Cu^+对重氮盐脱氨基反应具有催化活性。在乙醇中还原时，还会发生重氮基被乙氧基置换生成芳醚的离子型副反应。

$$Ar-N_2^+X^- + CH_3CH_2OH \longrightarrow Ar-OCH_2CH_3 + HX + N_2\uparrow$$

上述两个反应与芳环上的取代基和醇的种类有关，当芳环上有吸电子基（例如硝基、卤基、羧基等）时，脱氨基反应收率良好。而未取代的重氮苯及其同系物，则主要生成芳醚。用甲醇代替乙醇有利于生成芳醚的反应，而用丙醇则主要生成脱氨基产物。

用次磷酸还原时，不论芳环上有吸电子基或供电子基，脱氨基反应都可得到良好的收率。其反应历程也是自由基型，可简单表示如下：

$$Ar\cdot + H_3PO_2 \longrightarrow Ar-H + H_2\dot{P}O_2$$

$$Ar-N_2^+ + H_2\dot{P}O_2 \longrightarrow Ar\cdot + H_2PO_2^+ + N_2\uparrow$$

$$H_2PO_2^+ + H_2O \longrightarrow H_3PO_3 + H^+$$

总的反应式可表示如下：

$$Ar-N_2^+X^- + H_3PO_2 + H_2O \longrightarrow Ar-H + H_3PO_3 + HX + N_2\uparrow$$

用次磷酸进行还原是在室温或较低温度下将反应液长时间放置而完成的，加入少量的$KMnO_4$、$CuSO_4$、$FeSO_4$或Cu可大大加速反应。按上式1mol重氮盐理论上只需用1mol次磷酸，但实际上要用5mol，甚至10～15 mol次磷酸才能得到良好的收率。

重氮基置换为氢，如果在酸性介质中进行，也可以用氧化亚铜或甲酸作还原剂；如果在碱性介质中进行，可以用甲醛、亚锡酸钠作还原剂，但不宜用于制备含硝基的化合物。重氮化时所用的酸最好是硫酸，而不宜使用盐酸，因为氯离子的存在会导致发生重氮基被氯原子置换的副反应。

13.4.3 重氮盐的还原

重氮盐在盐酸介质中用强还原剂（氯化亚锡、锌粉或亚硫酸盐）进行还原时可以得到芳肼。

$$ArN_2Cl \xrightarrow{[H]} ArNHNH_2 \cdot HCl$$

但是工业上最实用的还原剂是亚硫酸钠和亚硫酸氢钠。这时整个反应实际上是先发生 *N*-加成磺化反应，然后再发生水解-脱磺基反应，而得到芳肼盐酸盐，当芳环上有磺基时，则生成芳肼磺酸内盐。

$$Ar-\overset{+}{N}\equiv NCl^- \xrightarrow[N\text{-加成磺化（Ⅰ）}]{+Na_2SO_3/-NaCl} \underset{\text{重氮-}N\text{-磺酸钠}}{Ar-N=N-SO_3Na} \xrightarrow[N\text{-加成磺化（Ⅱ）}]{+NaHSO_3} \underset{\text{芳肼-}N,N'\text{-二磺酸二钠}}{Ar-N(SO_3Na)-NHSO_3Na}$$

$$\xrightarrow[-NaHSO_4]{+H_2O} Ar-NH-NHSO_3Na \xrightarrow[-NaHSO_4]{+H_2O,\ +HCl} Ar-NHNH_2 \cdot HCl$$

水解-脱磺基（Ⅲ） 芳肼-*N*-磺酸钠 水解-脱磺基（Ⅳ） 芳肼盐酸盐

N-加成磺化反应要在弱酸性或弱碱性水介质（pH 值 6～8）中进行。如果酸性太强，硫原子会与芳环直接相连而失去氮原子，生成的亚磺酸 $ArSO_2H$ 再与芳肼作用生成 $ArNHNHSO_2Ar$，使芳肼的收率下降。如果在强碱性介质中还原，则会发生重氮基被氢置换而失去两个氮原子的副反应。*N*-加成磺化的反应条件一般是 $NaHSO_3/ArNH_2$（摩尔比）为（2.08～2.80）∶1，pH 值 6～8，温度 0～80℃，时间 2～24h。当芳环上有吸电基时，$NaHSO_3/ArNH_2$ 摩尔比较大，反应时间较长。必要时可在重氮盐完全消失后，加入少量锌粉使重氮-*N*-磺酸钠完全还原。

芳肼-*N*,*N'*-二磺酸的水解-脱磺基反应是在 pH<2 的强酸性水介质中在 60～90℃，加热数小时而完成的，芳环上有吸电基时水解脱磺基较难。

重氮盐还原成芳肼的具体操作大致如下：在反应器中先加入水、亚硫酸氢钠和碳酸钠配成的混合溶液，保持 pH 值 6～8，在一定温度下向其中加入重氮盐的酸性水溶液、酸性水悬浮液或湿滤饼，并保持一定的 pH 值；然后逐渐升温至一定的温度，保持一定时间进行 *N*-加成磺化；然后加入浓盐酸或硫酸，再升温至一定温度，保持一定时间，进行水解、脱磺基反应，即得到芳肼。芳肼可以盐酸盐或硫酸盐的形式析出，也可以芳肼磺酸内盐的形式析出。另外，也可以将芳肼盐酸盐、硫酸盐的水溶液直接用于下一步反应。

13.4.4 重氮盐的偶合反应

偶合反应是指重氮盐与酚类、芳胺作用生成偶氮化合物的反应。偶合反应是制备偶氮染料最常用、最重要的方法，制备有机中间体也常用偶合反应。

$$ArN_2{}^+X^- + Ar'OH \longrightarrow ArN=NAr'OH + HX$$

$$ArN_2{}^+X^- + Ar'NH_2 \longrightarrow ArN=NAr'NH_2 + HX$$

参与反应的重氮盐被称为重氮剂，与重氮盐相作用的酚类和胺类被称为偶合剂。

常用的偶合组分有酚类，如苯酚、萘酚及其衍生物；芳胺，如苯胺、萘胺及其衍生物。其他还有各种氨基萘酚磺酸和含活泼亚甲基的化合物，如丙二酸及其酯类、吡唑啉酮等。

偶合反应的机理为亲电取代反应。重氮盐作为亲电试剂，提供亲电质点 ArN_2^+（重氮盐正离子），ArN_2^+ 对酚类或芳胺的芳环进行亲电取代。

$$Ar-\overset{+}{N}\equiv N: \longleftrightarrow Ar-\ddot{N}=\overset{+}{N}:$$

$$Ar-\ddot{N}=\overset{+}{N}: + C_6H_5-X \longrightarrow Ar-N=N-(C_6H_5^{+})(H)\cdots X \xrightarrow{-H^+} Ar-N=N-C_6H_4-X$$

重氮盐的偶合位置主要在酚羟基或氨基的对位，如对位被占据，则发生在邻位。由于重氮盐正离子的亲电能力较弱，它只能与芳环上电子云密度较大的芳香族化合物进行偶合。

重氮盐与芳胺偶合时，芳伯胺是以游离胺形式参与偶合的。

$$\underset{\text{能偶合}}{ArNH_2} \underset{OH^-}{\overset{H^+}{\rightleftharpoons}} \underset{\text{不能偶合}}{Ar\overset{+}{N}H_3}$$

由于在弱酸性或中性介质中，游离芳胺浓度大，同时重氮盐也不至分解，故有利于偶合反应。

13.4.5　关于芳环上基团的引入

芳环上基团的引入主要通过芳香族亲电取代反应、芳香族重氮盐的取代反应和活泼卤代芳烃的亲核取代反应引入基团。

芳香环最重要的反应是亲电取代反应，包括硝化、磺化、卤代、烷基化和酰基化等反应，这些取代基又能进行进一步的反应，比如：

$$Ar-NO_2 \xrightarrow{[H]} Ar-NH_2；\ Ar-CH_3 \xrightarrow{[O]} Ar-COOH$$

$$Ar-CH_3 \xrightarrow{Cl_2,\ h\nu} Ar-CH_2Cl；\ Ar-CH_2Cl \longrightarrow Ar-CHO$$

带有吸电子基团的卤代芳烃，其卤原子可以被亲核试剂取代，从而把氨（胺）基、羟基、烃氧基等基团引入芳环。重氮盐可分别为卤素、氰基、硝基、羟基及氢原子所取代，从而在芳环中引入各类取代基。将重氮盐的取代反应与芳环的亲电取代反应相结合，可以合成各种位置取代、各种取代基的芳香族化合物。

【例 13-1】　试合成 $C_6H_5CH_2CH(CH_3)_2$。

分析：考虑利用烷基化反应，切断如下。

$$\underset{\text{TM1}}{C_6H_5\wr CH_2CH(CH_3)_2} \xRightarrow[\text{烃基化}]{C-C} C_6H_5^- = C_6H_6;\quad {}^+CH_2CH(CH_3)_2 = ClCH_2CH(CH_3)_2$$

合成：$C_6H_6 + ClCH_2CH(CH_3)_2 \xrightarrow{AlCl_3} C_6H_5CH_2CH(CH_3)_2$

也可以考虑利用基团添加，利用酰基化反应，逆向合成如下。

$$\text{TM1} \xRightarrow[\text{还原}]{FGA} C_6H_5\wr COCH(CH_3)_2 \xRightarrow[\text{酰化}]{C-C} C_6H_6 + ClCOCH(CH_3)_2$$

合成：

$$C_6H_6 \xrightarrow[\text{2. Zn-Hg/HCl}]{\text{1. } ClCOCH(CH_3)_2} \text{TM1}$$

【例 13-2】 试合成 H_2N OR CO_2H 。

分析：由于氨基处于烷氧基的间位，无法直接引入，可先在烷氧基的对位引入氨基作为“幌子”，在它的邻位硝化后再经重氮盐除去。此合成中实际上是用醚键保护羟基。

TM2 $\xrightarrow[\text{还原}]{FGI}$ O_2N OR CO_2H $\xrightarrow{FGA}$ O_2N OR H_2N CO_2H $\xrightarrow[\text{硝化}]{C—N}$

OR H_2N CO_2H $\xrightarrow[\text{还原}]{FGI}$ OR O_2N CO_2H $\xrightarrow[\text{硝化}]{C—N}$ OR CO_2H

合成：

OR CO_2H $\xrightarrow[H_2SO_4]{HNO_3}$ OR O_2N CO_2H $\xrightarrow[2.\ Ac_2O]{1.\ H_2/Pd\text{-}C}$ OR AcHN CO_2H

$\xrightarrow[2.\ H_2O/OH^-]{1.\ HNO_3}$ O_2N OR H_2N CO_2H $\xrightarrow[2.\ EtOH]{1.\ NaNO_2,\ H^+}$ O_2N OR CO_2H $\xrightarrow{Fe^{2+}}$ TM2

13.4.6 几种常见物质的逆向切断技巧

(1) 醇类及其衍生物的逆向切断 在种类繁多的有机化合物中，醇、酚、醚、醛、酮、胺、羧酸及其衍生物是最基本的几类。其中醇是最特殊、最重要的一种，因为它是连接烃类化合物如烯烃、炔烃、卤代烃等与醛、酮、羧酸及其衍生物等羰基化合物的桥梁物质。所以，醇的合成除了本身的价值外，它还是进一步合成其他有机物的中间体。合成醇最常用、最有效的方法是利用格氏试剂和羰基化合物的反应。但切断的方式要视目标分子的结构而定，一般要在与目标分子羟基邻近的碳原子上进行。常见官能团之间的相互转化可简单归纳如下。

$$\gt C{=}O \underset{[O]}{\overset{[H]}{\rightleftharpoons}} \gt C{-}OH$$

R—OH $\xrightarrow{CH_3C_6H_4SO_2Cl}$ R—$OSO_2C_6H_4CH_3$

R—OH $\xrightarrow{HX或SOCl_2或PBr_3}$ R—X

R—X $\xrightarrow{H_2O/H或H_2O/OH^-}$ R—OH

R—CH_2—OH $\xrightarrow{[O]}$ RCHO

R—CH_2—OH $\underset{[O]}{\overset{[H]}{\rightleftharpoons}}$ R—COOH

RCHO $\xleftarrow{[H]}$ R—COCl

R—COOH $\xrightarrow{SOCl_2}$ R—COCl

R—COOH $\xrightarrow{R'OH}$ R—COOR′

R—COOH $\xrightarrow{R'NH_2}$ R—$CONR_2'$

R—COCl $\xrightarrow{R'OH}$ R—COOR′

R—COOR′ $\xrightarrow{R_2'NH_2}$ R—$CONR_2'$

RCN $\xrightarrow{H_2O}$ R—COOH

R—$CONR_2'$ $\xrightarrow{-H_2O}$ RCN

RCN $\xrightarrow[(R'=H)]{[H]}$ R—CH_2NR_2'

R—$CONR_2'$ $\xrightarrow{[H]}$ R—CH_2NR_2'

【例 13-3】 设计 Ph OH Ph（1,5-二苯基-3-戊醇）的合成路线。

分析：

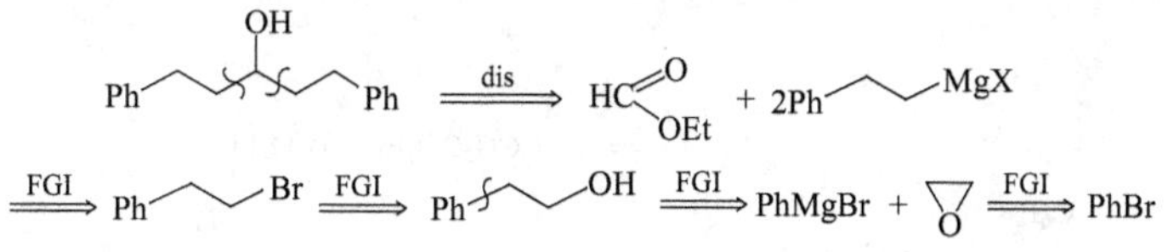

$$\xrightarrow{dis} HC(=O)OEt + 2Ph\diagdown\diagup MgX$$

$$\xrightarrow{FGI} Ph\diagup\diagdown Br \xrightarrow{FGI} Ph\diagup\diagdown OH \xrightarrow{FGI} PhMgBr + \triangledown_{O} \xrightarrow{FGI} PhBr$$

合成：

$$Ph{-}Br + Mg \xrightarrow[\triangle]{干乙醚} PhMgBr \xrightarrow[② H_3^+O]{① 环氧乙烷} Ph\diagup\diagdown OH \xrightarrow{PBr_3}$$

$$Ph\diagup\diagdown Br \xrightarrow{Mg，干乙醚} Ph\diagup\diagdown MgBr \xrightarrow{HCO_2Et} (OMgBr) \xrightarrow{H_3^+O} (OH)$$

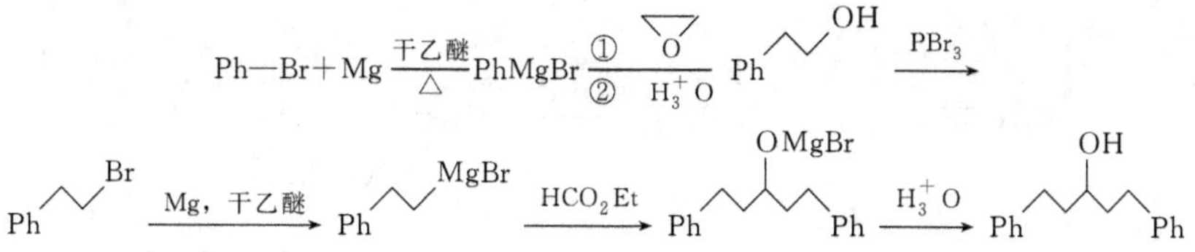

（2）羧酸的逆向切断　羧酸的合成除了回推到醇再切断的路线外，还有两种方法可以利用：一种是利用格式试剂与 CO_2 反应制备羧酸，另一种是利用丙二酸与卤代烃反应制备羧酸。

【例 13-4】　设计 (OH, CO_2H, CO_2H) 的合成路线。

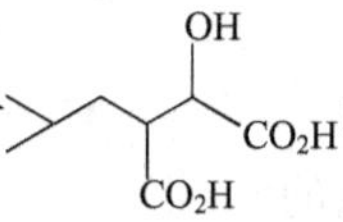

分析：

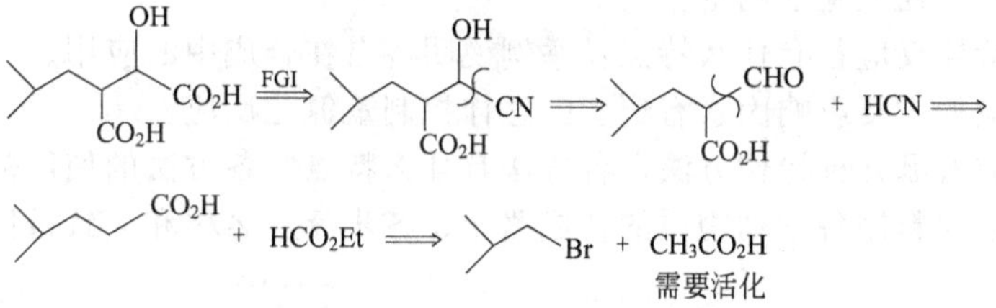

$$\xrightarrow{FGI} (OH, CN, CO_2H) \Longrightarrow (CHO, CO_2H) + HCN \Longrightarrow$$

$$(CO_2H) + HCO_2Et \Longrightarrow (Br) + CH_3CO_2H$$

需要活化

合成：

$$CH_2(CO_2Et)_2 \xrightarrow[③ H^+,\triangle\ ④ EtOH, H^+]{① EtONa\ ② Br} (CO_2Et) \xrightarrow[HCO_2Et]{EtONa} (CHO, CO_2Et) \xrightarrow[② 水解]{① HCN} TM$$

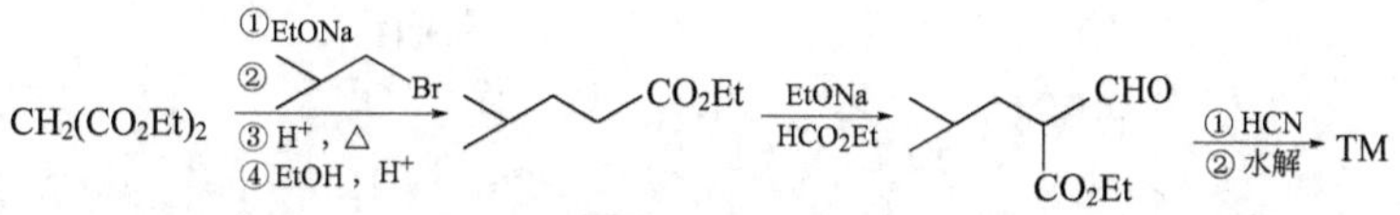

（3）二羰基化合物的逆向切断　二羰基化合物包括 1,3-二羰基化合物、1,4-二羰基化合物、1,5-二羰基化合物和 1,6-二羰基化合物。这里仅讨论 1,3-二羰基化合物的切断。其他二羰基化合物的切断可参阅有关书籍。

Claisen 缩合反应是制备 1,3-二羰基化合物的重要反应。Claisen 缩合反应包括 Claisen 酯缩合、酮酯缩合、腈酯缩合等。对于 1,3-二羰基化合物常进行下述切断。

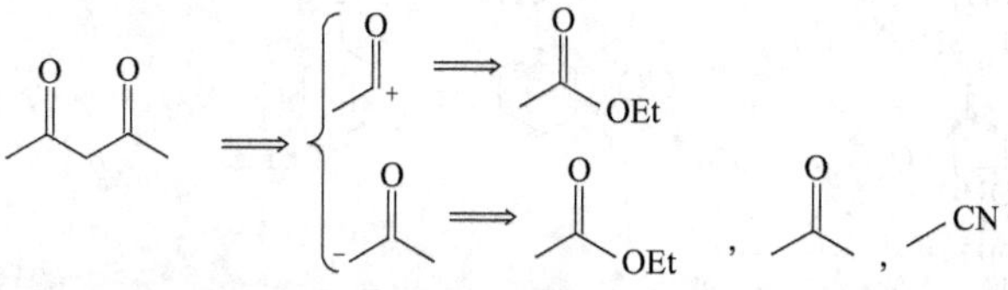

(OEt)

(OEt)　，　，　CN

【例 13-5】　设计 $C_6H_5CH(CO_2Et)_2$ 的合成路线。

分析：

$$C_6H_5CH\begin{matrix}CO_2Et\\CO_2Et\end{matrix} \longrightarrow \begin{cases} \overset{a}{\Longrightarrow} C_6H_5CH_2CO_2Et + (CO_2Et)_2 \\ \overset{b}{\Longrightarrow} C_6H_5CH_2CO_2Et + EtO-\overset{\overset{\displaystyle O}{\|}}{C}-OEt \end{cases}$$

合成：

a 法：$$C_6H_5CH_2CO_2Et + (CO_2Et)_2 \xrightarrow{EtONa} C_6H_5-\underset{\underset{\displaystyle COCO_2Et}{|}}{CH}-CO_2Et \xrightarrow{\triangle} TM$$

b 法：$$C_6H_5CH_2CO_2Et + EtO-\overset{\overset{\displaystyle O}{\|}}{O}-OEt \xrightarrow{EtONa} TM$$

练习与思考题

1. 甲酰化反应的主要影响因素有哪些？各是怎样影响的？
2. 什么是重氮化反应？重氮化反应终点如何控制？
3. 重氮盐为何多在低温下制备？
4. 重氮盐的置换反应各有什么特点？举例说明各自在合成中的应用。
5. 重氮化反应的主要影响因素有哪些？怎样控制重氮化反应？
6. 重氮化反应有哪几种操作方法，各方法有什么特点？各方法的使用范围是什么？
7. 指出由指定原料制备下列物质的合成路线，各步反应名称和大致条件。

(1) NH_2, C_2H_5 → Cl, C_2H_5

(2) 苯 → $NHNH_2$, Cl, Cl, SO_3H

(3) CH_3, CH_3 → CH_3, NH_2, CH_3

(4) CH_3 → CH_3, Br, F

(5) NH_2 → F, Cl, Cl

(6) CH_3 → $COOH$, Br, Br, Br

(7) NH_2, CH_3 → CH_3, NO_2, OH

(8) CH_3 → CF_3, Br

(9) NH_2, CH_3 → OH, NO_2, CH_3

情境14 磺胺类药物磺胺甲基异噁唑的合成（N-酰化、磺酰氯化、克莱森缩合、异噁唑环合、氨解、霍夫曼降解、N-磺酰化、水解）

学习目标与要求

知识目标

了解磺胺甲基异噁唑（SMZ）的合成路线及合成过程中的安全环保知识；掌握N-酰化、磺酰氯化、克莱森酯缩合、成环缩合、氨解、霍夫曼降解、N-磺酰化、水解反应过程的知识、分离过程的知识及产品纯化鉴定的方法。

能力目标

能进行磺胺甲基异噁唑（SMZ）的资料检索，根据磺胺甲基异噁唑（SMZ）的合成路线及各单元反应的特点制订较为复杂的合成反应的方案，并通过实验合成出合乎要求的产品。

情感目标

通过分组学习和讨论体会团队分工合作的精神；通过合成工作中的岗位要求培养学生对工作岗位职责的理解，增强化工合成职业素质的养成；通过积极的自评、互评、教师评价等多种方式，让学生建立对产品合成的信心，培养学生独立思考的习惯以及对化工产品合成的兴趣。

14.1 情境引入

实习生小张、小宋、小苏等三人轮岗到某大型制药公司的磺胺药生产车间实习，按计划，他们找到了指导老师张工程师。由于这是他们校外实习的最后一站，张工给他们的实习任务是了解并熟悉磺胺药SMZ的生产路线，并对其中各步反应过程提出自己的理解。

14.2 任务解析

张工检查了小张等资料检索情况。

小张：磺胺类药物是指结构上为对氨基苯磺酰胺衍生物的一类广谱抗菌药，它能抑制多种细菌及少数病毒的生长和繁殖，药效稳定、使用方便、价格低廉，广泛用于防治多种病菌感染。磺胺类药物曾在保障人类生命健康方面发挥过重要作用，在抗生素问世后，磺胺类药物虽失去原来的重要地位，但在目前一些疾病的治疗中仍在使用。

小宋：磺胺甲基异噁唑（SMZ），又称新诺明、新明磺，为短效磺胺药，因为其疗效显著且副作用较小，因此在磺胺药物中使用最为广泛。磺胺甲基异噁唑主要以复方制剂的形式使用。

小苏：资料上说，磺胺甲基异噁唑（SMZ）的生产经过 *N*-酰化、磺酰氯化、克莱森酯缩合、异噁唑环合、氨解、霍夫曼降解、*N*-磺酰化、水解反应，工艺路线比较复杂。

张工：药物的生产往往比较复杂，有的多则十多步工艺，但我们只要抓住了单元反应的要领，即将十多步反应分解为单独的一步一步的反应，就能将相对复杂的问题迎刃而解。这很关键，因为生产上就是按照这样的思路来组织生产的。当然，各步反应之间存在衔接的问题，这需要在大生产前模拟试车好。因此在小试的时候，要尽可能多地将生产中所需要的一些关键性的基础性数据搞清楚才行。比如每一步反应的放大后的实际反应时间、反应收率、产品单耗等。

首先是合成路线的问题，然后是工艺的问题。合成路线解决的是生产的可能性，工艺则是合成路线的实现形式。而一个成熟产品的开发，除非已经成熟的项目，在大生产前必须经过产品的小试、中试和大生产的逐级放大的过程，以找出大生产中可能出现的问题。我们可以从小试开始了解磺胺甲基异噁唑（SMZ）产品开发的过程。

14.2.1　产品开发任务书

张工拿出了一份公司磺胺甲基异噁唑（SMZ）的产品开发任务书，如表 14-1。

表 14-1　产品开发任务书

编号：××××××

项目名称	内容	技术要求		执行标准
		专业指标	理化指标	
磺胺甲基异噁唑（SMZ）小试试制	以生产原料进行磺胺甲基异噁唑(SMZ)小试合成，对合成工艺进行初步评估	中文名称：*N*-(5-甲基-异噁唑基)-4-氨基苯酰胺 英文名称：Sulfamethoxazole 别名：磺胺甲噁唑、新诺明、新明磺 CAS 号：723-46-6 分子式：$C_{10}H_{11}N_3O_3S$ 分子量：253.36 优级品纯度：≥99%	外观：白色结晶性粉末，无臭，味微苦 熔点：192～197℃ 溶解性：在水中几乎不溶；在稀盐酸、氢氧化钠试液或氨试液中易溶	参考《中国药典》(2015 年版)
项目来源	(1)自主开发　　(2)转接			
进度要求	1～2 周			
项目负责人		开发人员		
下达任务人	技术部经理			日期：
	技术总监			日期：

注：一式三联。一联交技术总监留存，一联交技术部经理，一联交项目负责人。

张工：由于这个项目较大，一个小组完成不了，往往同时需要多个小组合作完成，最后由主要项目组完成最后的合成。具体地说，该项目可以分成 ASC（对乙酰氨基苯磺酰氯）的合成、异噁唑氨基物的合成以及 SMZ 的合成。这主要由项目牵头人进行分工，各小组协同进行。

14.2.2 磺胺甲基异噁唑（SMZ）的合成路线设计

14.2.2.1 磺胺甲基异噁唑（SMZ）分子结构的分析

张工：首先根据有机化合物的 CAS 号查阅磺胺甲基异噁唑（SMZ）的分子结构式。

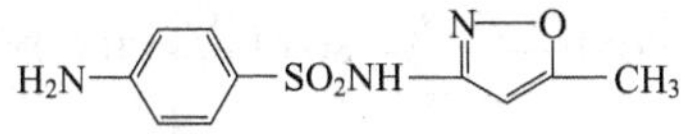

$$H_2N-C_6H_4-SO_2NH-(\text{5-methylisoxazol-3-yl})-CH_3$$

不难看出，目标化合物具有对氨基苯磺酰胺的基本结构，在磺酰氨基上接有甲基异噁唑的取代基。

14.2.2.2 磺胺甲基异噁唑（SMZ）合成路线分析

张工：根据逆向合成设计分子切断策略，可以考虑将目标分子从中间切开，即将磺酰胺键打开，切断如下。

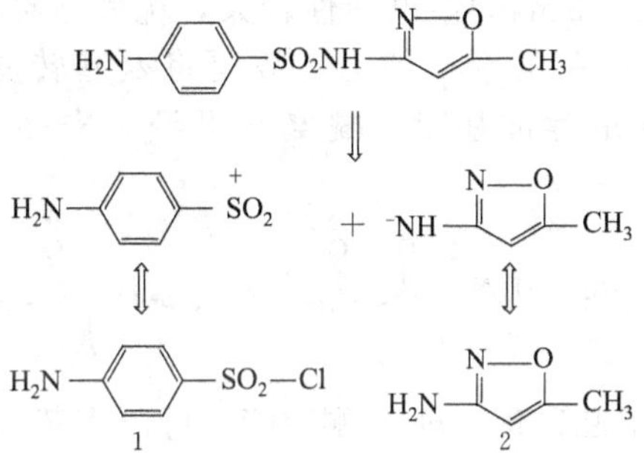

$$H_2N-C_6H_4-SO_2NH-(\text{isoxazolyl})-CH_3 \Downarrow H_2N-C_6H_4-\overset{+}{S}O_2 + {}^{-}NH-(\text{isoxazolyl})-CH_3$$

$$\Updownarrow \qquad\qquad \Updownarrow$$

$$\underset{1}{H_2N-C_6H_4-SO_2-Cl} \qquad \underset{2}{H_2N-(\text{isoxazolyl})-CH_3}$$

左边 a-合成子等价物可初步视为对氨基磺酰氯，右边 d-合成子部分可视为 5-甲基-3-异噁唑胺。

(1) a-合成子部分（对氨基磺酰氯）逆向合成分析 由于氨基和苯磺酰氯的性质都较活泼，实际上对氨基磺酰氯是不能稳定存在的，两分子之间将发生酰胺化反应（参见前面情境的内容）。如何避免氨基与磺酰氯反应的发生？通常的做法是将氨基事先保护起来，当磺酰氯发生反应后，再将氨基脱保护即可。

将氨基化合物酰化为酰胺是保护氨基的一个最方便的方法，已经得到广泛应用。保护基可在酸性或碱性条件下水解除去。常用的简单酰基对水解的稳定性顺序为：

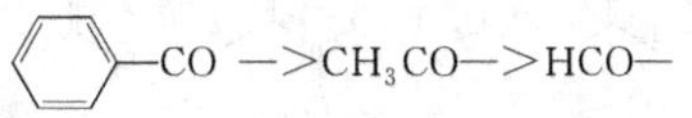

$$C_6H_5-CO- > CH_3CO- > HCO-$$

因此，采用乙酰基保护氨基时，乙酰氨基水解稳定性适中。芳香环上的氨基，常用乙酰化反应进行保护。例如苯胺在与具有氧化性的硝酸、硫酸等反应时，通常都需要乙酰化保护氨基，以防氧化。

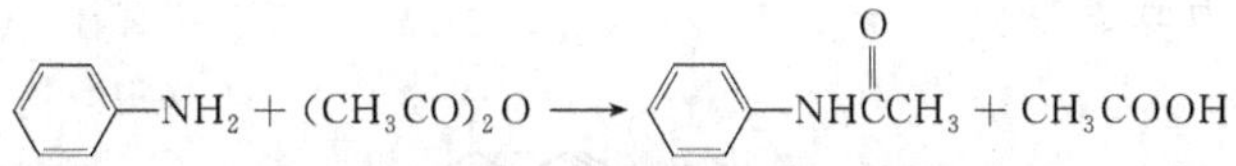

$$C_6H_5-NH_2 + (CH_3CO)_2O \longrightarrow C_6H_5-NH\overset{O}{\overset{\|}{C}}CH_3 + CH_3COOH$$

氨基经乙酰化保护后，其定位效应不改变，但降低了芳环的活性，可使反应由多元取代变为有用的一元取代，同时由于乙酰氨基的空间效应的影响，可生成选择性的对位产物。

乙酰氨基的去保护，可以经水解反应还原氨基。水解反应可以在碱性溶液或酸性溶液中进行。为防止有些胺类对介质 pH 的敏感性，或在较高水解温度下的氧化副反应等，碱性水解常采用氢氧化钠水溶液，反应式如下。

$$C_6H_5-NHCOCH_3 + H_2O \xrightarrow{NaOH} C_6H_5-NH_2 + CH_3COOH$$

对有些加热后仍不溶的胺，可用氢氧化钠的醇-水溶液。酸性水解大多采用稀盐酸溶液，有时可加入少量硫酸以加速水解。

经过上面的讨论，在引入氨基保护基后，氨基苯磺酰氯可作如下逆推。

$$NH_2-C_6H_4-SO_2Cl \xRightarrow{RGI} CH_3CONH-C_6H_4-SO_2Cl \xRightarrow{FGR} CH_3CONH-C_6H_5 \xRightarrow{RGI} NH_2-C_6H_5$$

(2) d-合成子部分 5-甲基-3-异噁唑胺逆向合成分析 对于 2（5-甲基-3-异噁唑胺），难点在于异噁唑啉结构的合成。这里参考克莱森（Claisen）异噁唑合成，即 β-酮酯用羟胺处理可环化成 3-羟基异噁唑，因此将异噁唑环按［3+2］型切断如下。

$$\underset{2}{\text{5-甲基-3-异噁唑胺}} \xRightarrow{[3+2]} \underset{3}{H_2NCOCH_2COCH_3} + H_2N-OH$$

由于 3 是一个 β-酮酰胺，β-酮的亲电活性较大，优先与羟胺的氨基缩合，实际上得不到 2，因此必须提高酰胺上羰基的亲电能力。故要将氨基转变成一个含氨基的吸电子基团。事实上，氨基与酰氨基是等价基团（酰氨基可经霍夫曼降解转化为胺），故 3 逆推如下。

$$3 \xRightarrow{FGI} \underset{4}{H_2N-C(=CH_2)-COCH_2COCH_3} \xRightarrow{FGI} \underset{5}{CH_3OOC-COCH_2COCH_3}$$

化合物 5（乙酰丙酮酸甲酯）是一种 β-酮酸酯，可由克莱森酮酯缩合制备。5 逆向切断有两种方式，C_2-C_3 切断如下。

$$\underset{5}{CH_3OOC\overset{1}{}-\overset{2}{C}O-\overset{3}{C}H_2-\overset{4}{C}O-\overset{5}{C}H_3} \xRightarrow{C_2\text{-}C_3} \underset{\text{草酸二甲酯}}{CH_3OOC-COOCH_3} + \underset{\text{丙酮}}{CH_3COCH_3}$$

这种切断方式是合适的。因为得到的合成子草酸二甲酯只含 α 碳，丙酮含有 α 氢（虽也含 α 碳），草酸二甲酯 α 碳亲电性强于丙酮 α 碳，故两者反应很彻底。

如果 5 按 C_3-C_4 切断如下。

$$\underset{\text{乙酰丙酮酸甲酯}}{CH_3OOC\overset{1}{}-\overset{2}{C}O-\overset{3}{C}H_2-\overset{4}{C}O-\overset{5}{C}H_3} \xRightarrow{C_3\text{-}C_4} CH_3OOC-COCH_3 + \underset{\text{乙醛}}{CH_3CHO} \ \left(\underset{\text{乙酸甲酯}}{CH_3COOCH_3}\right)$$

因为得到的合成子都同时含 α 碳和 α 氢，缩合时产物复杂，无实际意义。故这种切断方式不合适。

2 还有其他拆解方式。

$$\text{5-甲基-3-异噁唑胺} \xRightarrow{[3+2]} \left\{\begin{array}{l} \underset{\text{乙酰丙腈}}{N\equiv C-CH_2COCH_3} \\ \underset{\text{丁炔腈}}{N\equiv C-CH=CH-CH_3} \end{array}\right. + H_2N-OH$$

虽然这些拆解方式都是可行的，但受制于原料来源或价格，都限制了在生产中的应用。关于异噁唑啉的合成可以参考相关的文献。

14.2.2.3　磺胺甲基异噁唑的合成路线

经过上面的分析，可以拟定合成路线如下。

（1）ASC（对乙酰氨基苯磺酰氯）的合成

$$C_6H_5NH_2 \xrightarrow{(CH_3CO)_2O} C_6H_5NHCOCH_3 \xrightarrow{2ClSO_3H} p\text{-}CH_3COHN{-}C_6H_4{-}SO_2Cl$$

（2）5-甲基-3-异噁唑胺（氨基物）的合成

$$\begin{matrix}COOC_2H_5\\|\\COOC_2H_5\end{matrix} \xrightarrow[NaOCH_3]{CH_3COCH_3} \begin{matrix}COCH_2COCH_3\\|\\COOC_2H_5\end{matrix} \xrightarrow{NH_2OH\cdot HCl} H_5C_2OOC\text{-(5-甲基异噁唑-3-基)}$$

$$\xrightarrow{NH_3} NH_2C(=O)\text{-(5-甲基异噁唑-3-基)} \xrightarrow{NaClO} H_2N\text{-(5-甲基异噁唑-3-基)}$$

（3）SMZ的合成

$$H_2N\text{-(5-甲基异噁唑-3-基)} \xrightarrow{ASC} CH_3CONH{-}C_6H_4{-}SO_2NH\text{-(5-甲基异噁唑-3-基)} \xrightarrow{NaOH} SMZ$$

张工：上面的合成路线也是生产上沿用的工艺路线，请大家在实习的时候用单元反应的观点进行深刻体会。

知识点拨

1. 有机合成中基团的保护

在合成多个官能团化合物时，常因各种官能团的相互影响而无法顺利进行合成，因此，要选择性地在某一个反应点上进行反应时，必须将另外的官能团临时屏蔽起来，在目的反应完成后再将该官能团“释放”出来，这个屏蔽和释放官能团的过程称为官能团的保护和去保护。为了有效地完成合成工作，对于引入保护基团有一些基本的要求：

① 保护基团应能在温和的条件下引入；

② 保护基团在其他基团进行反应的条件下应是稳定的；

③ 保护基团应能在温和的条件下除去。

在一些合成实例中，最后一条可以放宽，允许保护基被直接转变为另一种官能团。

这里，利用乙酰基将苯胺上氨基变成活性较低的乙酰氨基，属于酰胺为保护基的保护。由于酰氨基的稳定性，其后发生的一系列的反应中酰氨基一般都是稳定的。但这类保护基往往不是合适的，因为它们通常需要在较剧烈的条件下才能脱除。酰胺的水解一般需要在10%的NaOH溶液中回流，或者在封管中用浓盐酸于100℃过夜才行。

事实上，利用一些稳定性较弱的酰胺来保护氨基则可避免脱除时必需的剧烈反应条件。氨基可以通过氯甲酸苄酯（Cbz或Z）来进行保护。

$$R^1NH_2 \xrightarrow{ClC(=O)OCH_2Ph} R^1NHC(=O)OCH_2Ph \xrightarrow{反应} R^2NHC(=O)OCH_2Ph \xrightarrow[催化剂]{H_2} [R^2NHC(=O)OH] \xrightarrow{-CO_2} R^2NH_2$$

虽然也是酰胺，但分子的另一侧却是苄酯，经过氢解后，很容易裂解较弱的苄基-氧键，再脱羧得到胺。

除乙酰基外，酰基类保护基还有甲酰基、邻苯二甲酰基（Pht）、对甲苯磺酰基（Tos）、三氟乙酰基（Tfa）等。尽管已经开发了许多酰胺保护基，但因为它们或含有其他活性官能团或因为其他类型更易引入和断裂的基团的原因，大多数酰胺保护基并未在商业上得到应用。有兴趣的同学可以参考《有机合成中的保护基》（华东理工大学有机化学教研组译，华东理工大学出版社，2004）。

知识点拨

2. 克莱森（Claisen）异噁唑合成

β-酮酯用羟胺处理环化成3-羟基异噁唑的反应称为克莱森（Claisen）异噁唑合成。反应式如下。

$$R^1C(=O)CH(R^2)C(=O)OR + NH_2OH \xrightarrow{-H_2O} \text{3-羟基异噁唑}$$

3-羟基异噁唑

副反应：

$$R^1C(=O)CH(R^2)C(=O)OR + NH_2OH \xrightarrow{-H_2O} \text{异噁唑-5-酮}$$

异噁唑-5-酮

β-酮酯和羟胺的环合是合成异噁唑环的重要方法。显然，在5-甲基-3-异噁唑胺（氨基物）的合成设计中，参照了克莱森（Claisen）异噁唑合成的合成方法。

知识点拨

3. 克莱森（Claisen）缩合

克莱森缩合反应是指含有α-氢的酯在醇钠等碱性缩合剂作用下发生缩合作用，失去一分子醇得到β-酮酸酯的反应称为Claisen缩合。如2分子乙酸乙酯在金属钠和少量乙醇作用下发生缩合得到乙酰乙酸乙酯（又名β-丁酮酸酯）。

$$2\,CH_3COOC_2H_5 \xrightarrow{NaOC_2H_5} CH_3COCH_2COOC_2H_5$$

克莱森缩合反应除进行酯的自身缩合外，还可与含有活泼α-氢原子的其他酯、酮、腈等在碱催化下发生缩合反应，生成相应的β-酮酯、β-二酮或β-酮腈等。

14.2.3 单元反应过程分析

张工：在确定反应路线，选择相应的原料和试剂后，要完成反应还必须制订详细的反应方案。这在工艺上就是明确相应的工艺控制点，显然这对于生产是非常关键的。而反应方案的制订就必须从反应的机理和反应影响因素等方面入手才能把握其要点。

14.2.3.1 苯胺的乙酰化反应及其控制

在前面的情境中已经涉及酰化反应，这里仅作简单的讨论。

（1）苯胺、乙酸酐酰化的反应性质 苯胺与乙酸酐的酰化反应机理是苯胺N对乙酸酐的亲核加成-消除反应，氨基氮原子上的电子云密度越大，空间阻碍越小，酰化剂的羰基碳原子上所带的部分正电荷越大，酰化反应越容易进行。故苯胺的乙酰化反应比较容易进行。

$$C_6H_5NH_2 + (CH_3CO)_2O \longrightarrow C_6H_5NHCOCH_3 + CH_3COOH$$

反应中没有水生成，不可逆。在20～90℃反应即可顺利进行，乙酐的用量一般过量5%～10%。

用酸酐对胺类进行酰化时，一般可以不加催化剂。

苯胺容易氧化，久置颜色变深，会影响乙酰苯胺的质量，反应过程中应充分注意。故最好用新蒸馏的苯胺。蒸馏时应加入少量的锌粉。

（2）反应体系 苯胺、乙酸酐两者均为极性物质，故反应体系为均一体系。反应时可先在低温下将两者混合溶解，然后再升温酰化。

另外，资料表明，由于乙酸酐的酰化反应的速率大于其水解的速率，苯胺与乙酸酐的乙酰化反应可以在酸性的水介质中进行（如使用盐酸，则苯胺为盐酸苯胺），反应时可加入乙酸钠使得苯胺游离出来迅速发生反应。

（3）N-酰化终点的控制 在芳胺的酰化产物中，未反应的芳胺能发生重氮化，而酰化产物则不能。利用这一特性可在滤纸上作渗圈试验，定性检查酰化终点。利用重氮化方法还可以进行定量测定，用标准亚硝酸钠溶液滴定未反应的芳胺，控制其含量在0.5%以下。

14.2.3.2 乙酰苯胺的磺酰氯化反应及其控制

在前面的情境中已经涉及磺化反应，这里也作简单的讨论。

（1）磺酰氯化反应的机理 采用氯磺酸磺酰氯化反应时，首先氯磺酸与乙酰苯胺反应生成对乙酰苯胺氯磺酸，反应式如下：

$$C_6H_5NH\text{—}COCH_3 + ClSO_3H \longrightarrow p\text{-}CH_3CO\text{—}NHC_6H_4SO_3H + HCl$$

氨基乙酰化后，由于苯环的活性下降，空间位阻增大，一般在氨基的对位发生磺化。磺化产物（氯磺酸）再与过量的氯磺酸反应形成对乙酰苯胺磺酰氯。

$$p\text{-}CH_3CO\text{—}NHC_6H_4SO_3H + ClSO_3H \rightleftharpoons p\text{-}CH_3CO\text{—}NHC_6H_4SO_2Cl + H_2SO_4$$

该步反应为可逆反应。

（2）影响磺酰氯化的因素 参考前面情境中的有关内容。这里主要讨论第二步反应的影响因素。

① 氯磺酸的用量　增大氯磺酸的用量可以使平衡向生成物的方向移动，为了使更多的底物转化，通常氯磺酸的用量可达乙酰苯胺的4倍以上。

氯磺酸性质非常活泼，遇水立即分解放出大量气体和热量，容易发生事故，反应式如下：

$$ClSO_3H + H_2O \longrightarrow H_2SO_4 + HCl\uparrow + Q$$

因而要求所有原料及反应设备都必须干燥无水。

② 添加物的影响　可以考虑在反应体系中添加硫酸转化剂，如氯化钠等，将硫酸转化为盐酸使得可逆反应向正方向移动。

$$H_2SO_4 + 2NaCl \longrightarrow Na_2SO_4 + HCl\uparrow$$

也可以考虑添加二氯亚砜，使得磺酸的转化率更高。

$$ArSO_3H + SOCl_2 \longrightarrow ArSO_2Cl + SO_2\uparrow + HCl\uparrow$$

③ 溶剂的选择　可以考虑选用一些惰性溶剂，如 CCl_4 等。由于磺酰氯过量，也可以不外加溶剂。

(3) 磺酰氯化的反应体系　作为反应物的乙酰苯胺是固体，氯磺酸是液体，显然这是一个非均相反应体系。但由于两者的反应活性均很高，生成物溶于氯磺酸中（不会覆盖在乙酰苯胺的表面而使反应中止），故可以无需强力搅拌。

将固体研磨可以增加固体物参加反应的表面积，可以加快反应的进行。

(4) 磺酰氯化反应的监控　反应较剧烈，为避免副反应的发生，应考虑给反应体系降温。由于反应过程有 HCl 气体放出，故一旦反应体系无 HCl 释放时，反应即达到终点。为了尽可能使 HCl 从体系释放，可以考虑采用真空抽吸的办法。

14.2.3.3 草酸二乙酯-丙酮克莱森缩合反应及其控制

关于酮-酯缩合反应在前面的情境中已经提及，现简单讨论如下。

(1) 草酸二乙酯-丙酮克莱森缩合反应的机理　丙酮的活泼甲基在强碱（如甲醇钠）作用下，失去质子，形成碳负离子，然后与草酸二乙酯的羰基碳原子发生亲核加成反应，失去一分子醇而缩合为一分子乙酰基丙酮酸乙酯。反应式如下：

$$CH_3O^- Na^+ + CH_3\overset{\overset{O}{\|}}{C}CH_3 \rightleftharpoons Na^{+-}\ CH_2\overset{\overset{O}{\|}}{C}CH_3 + CH_3OH$$

$$C_2H_5O\overset{\overset{O}{\|}}{C}\overset{\overset{O}{\|}}{C}OC_2H_5 + {}^-\ \underset{Na^+}{CH_2}\overset{\overset{O}{\|}}{C}CH_3 \rightleftharpoons C_2H_5O\overset{\overset{O}{\|}}{C}\overset{\overset{O^-\ Na^+}{|}}{\underset{\underset{CH_2\overset{}{C}CH_3\ (\overset{\|}{O})}{|}}{C}}-OC_2H_5 \xrightarrow{-C_2H_5O^-\ Na^+} C_2H_5O\overset{\overset{O}{\|}}{C}\overset{\overset{O}{\|}}{C}CH_2\overset{\overset{O}{\|}}{C}CH_3$$

由于碳负离子具有很强的亲核性，因此只要少量的碳负离子存在，第二步反应就能进行。甲醇钠在这里用作催化剂，促使丙酮产生亲核试剂碳负离子。

这里提醒注意的是，由于丙酮含有两个甲基，共6个 α 氢，理论上均可以参加缩合反应，但一般来说只有一个甲基上 α 氢发生电离（如果两个甲基都发生 α 氢电离，则形成两个碳负离子，由于距离太近使得分子本身不稳定）。控制好草酸二乙酯与丙酮的比例，则基本可控制缩合产物的单一性。

(2) 影响酮酯缩合的因素

① 丙酮的反应性质　在强碱作用下，酮 α-碳原子脱去质子形成碳负离子的能力取决于酮本身的结构。不同的酮所形成的碳负离子活性次序如下：

$$CH_3CO\bar{C}H_2 > RCO\bar{C}H_2 > RCO\bar{C}HR$$

很显然，丙酮的活性在酮类中是较高的。并且，由于丙酮属于对称结构的酮，故它形成的碳负离子的产物只有一种。

② 草酸二乙酯的反应性质　由于相邻的酯基（—COOR）的吸电子性，草酸二乙酯羰基碳原子上带有的正电荷比一般的酯多，故草酸二乙酯发生亲核加成的反应活性比较高。一般酯的活性次序为：

$$\mathrm{HC(=O)—OR}、\mathrm{R—O—C(=O)—C(=O)—OR} > \mathrm{CH_3C(=O)—OC_2H_5} > \mathrm{RCH_2C(=O)—OC_2H_5} > \mathrm{R_2CHC(=O)—OC_2H_5} > \mathrm{R_3CC(=O)—OC_2H_5}$$

酯分子中的烷氧基团的吸电子能力对羰基碳原子的亲电性也有影响，一般是：

$$\mathrm{CH_3C(=O)—OC_6H_5} > \mathrm{CH_3C(=O)—OCH_3} > \mathrm{CH_3C(=O)—OC_2H_5}$$

故草酸二乙酯中的乙氧基对增加羰基碳的亲电性贡献较小。

由于同样的原因，草酸二乙酯羰基碳原子的正电性较丙酮羰基大，因此优先与碳负离子进行反应。另外，由于草酸二乙酯缩合时不会发生自身缩合的问题。

③ 碱的选择　碱（base）有亲质子性和亲核性二重特性。亲质子性即碱进攻有机结构中的质子，使之脱去氢，形成碳负离子；亲核性即进攻该分子中正电荷较多的碳原子，发生亲核加成或亲核取代反应。如下所示：

$$\mathrm{—\overset{|}{\underset{H}{C}}—\overset{O}{\overset{\|}{C}}—}$$

亲质子反应　H←B　亲核反应

因此，欲形成碳负离子，应选择亲质子能力强而亲核能力弱的碱性化合物，常见碱亲质子性和亲核性的相对强度为：

a. 具有强亲质子性又具有强亲核性的碱，如 OH^-、CH_3O^-、$C_2H_5O^-$、RS^-、CN^- 等。

b. 具有强亲质子性，但亲核能力弱的碱，如 H^-、NH_2^- 等。

c. 具有极强亲质子性，但亲核能力差的碱，如 Et_2N^-、$Me_3Si_3^-$ 等。

d. 具有弱亲质子性，但强亲核性的碱，如 NH_3、RNH_2 等。

e. 具有弱亲质子性，弱亲核性的碱，如吡啶、六氢吡啶、RNH_2、R_3N 等。

D类碱以进行亲核反应为主，不能用于形成碳负离子；b、c类碱是理想的碱试剂，但相对于其他类别的碱来说，价格昂贵，来源不易，一般仅在实验室使用。但由于b类碱亲质子性太强，在反应中，可能不会在常见的位置上形成单一的碳负离子。e类中的弱有机碱也同样可使连有两个稳定化基团（即吸电子基团）的亚甲基类化合物形成碳负离子，虽然质子化进行得不完全，但碳负离子已达到一定的量，已可以用于进行碳负离子型的反应。如吡啶（pK_a 约为 11）的作用：

$$\mathrm{X—CH_2—Y} + \text{吡啶} \rightleftharpoons \mathrm{X—\bar{C}H—Y} + \text{吡啶鎓}(\mathrm{\overset{+}{N}—H})$$

因此，在形成碳负离子时，应根据该碳负离子共轭酸的强度，对不同结构的有机化合物选择不同强度的碱。碱选择恰当，不仅有利于碳负离子的形成，而且能大大降低副反应的发生。对酸性弱的亚甲基化合物应采用强碱，反之应选用弱碱。此外，鉴于碱具有亲质子和亲核的两重性，还要分清此碱亲核性和亲质子性之间的相对关系。

常用的碱为碱金属与醇形成的盐，其中以醇钠最为常用。建议本情境中采用甲醇钠为催化剂。

④ 反应中物料配比 根据反应计量关系，草酸二乙酯与丙酮的理论配比为 1∶1，但实际配比应在此基础上有所调整，比如考虑到丙酮可能发生的自身缩合副反应，丙酮应适当过量。催化剂碱的量大体与丙酮的量相当。

⑤ 溶剂的选择 在酮酯缩合反应中，使用不同的溶剂能影响催化剂碱性强弱，如采用醇钠作为催化剂，则应选用相应的醇为溶剂。在本缩合反应中如采用甲醇钠作催化剂，故采用甲醇作溶剂。

⑥ 反应温度及压力 由于底物草酸二乙酯中羰基碳原子带部分正电荷，温度高时容易受到除丙酮外的其他亲核试剂的亲核进攻而发生亲核取代、亲核加成类的副反应，因此反应温度控制要适宜。温度太低影响反应速率，温度太高导致副反应加剧。从文献资料查得适宜的反应温度为 40～45℃。

由于平衡反应中无气态的物质，故压力对反应的影响不大。常压下即可反应。

⑦ 反应的加料方式 从反应的机理看，似乎应将催化剂首先与丙酮混合，再与草酸二乙酯反应，但由于丙酮的自身缩合的原因，应该将丙酮与草酸二乙酯混合后再加入催化剂为宜。

⑧ 传质的影响 一方面，良好的搅拌有利于反应平衡的转化，对反应有利；另一方面，随着反应的进行，由于产物的分子量显著增大，体系黏度会增大（可能会有部分不溶物析出），此时反应需要强力搅拌。

⑨ 相关副反应

a. 丙酮的自身缩合 由于丙酮含活泼 α-氢，故在草酸二乙酯与丙酮发生缩合反应的同时也会发生丙酮自身缩合副反应，反应式如下：

$$CH_3\overset{\overset{O}{\|}}{C}CH_3 + CH_3\overset{\overset{O}{\|}}{C}CH_3 \xrightarrow{\text{碱}} CH_3\underset{\underset{CH_3}{|}}{\overset{\overset{OH}{|}}{C}}—CH_2\overset{\overset{O}{\|}}{C}CH_3$$

丙酮自身缩合产物是 β-羟基酮，β-羟基酮同样在强碱催化作用下也会发生 α-碳原子脱去活泼 α-氢原子而参与反应。因为其形成碳负离子的活性比丙酮生成的碳负离子的活性低，因此对主反应影响不大。

这里必须强调的是，由于相关的反应都是平衡反应，只要主反应进行得较彻底（如主反应的平衡常数较高，或采用有利于主反应平衡移动的措施促进主反应平衡的移动），这些副反应的反应平衡就能被有效抑制。

b. 其他副反应 原料或溶剂中含有的少量的水或游离酸都能带来很多副反应，如水解、酯化等副反应。因为水或酸的反应活性都比丙酮强，水或酸的存在都会使得体系中碳负离子的浓度大为降低，缩合反应就不能正常进行。因此要很好地控制原料和溶剂中水及游离酸的含量。

另外，在甲醇溶液中，草酸二乙酯会与甲醇发生酯交换反应，但此反应对缩合反应结果影响不大。

（3）酮酯缩合反应的监控

① 酮酯缩合反应体系的构建 由于采用催化剂甲醇钠溶于甲醇中，反应物均为极性化合物，故均能溶于甲醇溶剂中，故反应起始时体系为均相体系。为促进反应的进行，反应过程必须搅拌。

② 酮酯缩合反应终点的控制 由于反应中各步反应均为平衡反应，反应时间必须要合适。反应的监控可以采用 TLC 的方法。有条件的还可以采用气相或液相色谱法对反应进行跟踪。

14.2.3.4 羟胺与乙酰基丙酮酸乙酯的成环缩合（环合）

（1）异噁唑成环缩合（环合）反应机理 羟胺与乙酰基丙酮酸乙酯的成环缩合的机理可能是：在一定的反应条件下，羟胺的氨基氮原子能向乙酰基丙酮酸乙酯分子中带正电荷较多的 4 号羰基碳原子发动亲核进攻，生成亲核加成产物酮肟并消除一分子的水；然后酮肟中的羟基与β-位羰基（4 号位碳原子）进一步发生亲核加成反应，经脱水而环合形成异噁唑环。

$$C_2H_5O\overset{5}{C}(=O)\overset{4}{C}(=O)\overset{3}{C}H_2\overset{2}{C}(=O)\overset{1}{C}H_3 \xrightarrow[-H_2O]{NH_2OH} C_2H_5O\overset{5}{C}(=O)\overset{4}{C}(=NOH)\overset{3}{C}H=\overset{2}{C}(OH)\overset{1}{C}H_3 \xrightarrow{-H_2O} C_2H_5O\overset{5}{C}(=O)-\overset{4}{C}{=}N-O-\overset{2}{C}(-\overset{1}{C}H_3){=}\overset{3}{C}H$$

其中 2 号位的羰基碳原子因烯醇式互变，而使得 2 号位和 3 号位碳原子之间形成双键。第二步反应一般在酸催化下进行。

（2）影响环合反应的因素

① 羟胺的反应性质 羟胺易分解，常与盐酸一起以盐的形式存在。羟胺可看作氨分子中一个氢原子被羟基取代的衍生物。羟胺的亲核性主要体现在 N 原子和 O 原子上，在近中性条件下，羟胺的氨基氮原子上存在一对孤对电子，因而该氮原子具有较强的亲核反应活性；在酸性条件下，羟胺氨基氮原子上的孤对电子被酸所提供的质子占据，氮原子的亲核反应活性低；在碱性条件下，羟胺是一种较强的还原剂，呈现出较强的还原性能而非亲核反应活性，故反应体系应控制在弱酸性为宜。

必须注意：当 1 分子盐酸羟胺发生反应后，会有 1 分子盐酸释放出来，故反应体系的酸性将增加（pH 值将下降）。

因盐酸羟胺是固体，通常可以考虑采用适当的溶剂溶解，也可以研磨以后以细粒的状态加入反应体系中。

② 乙酰基丙酮酸乙酯的反应性质 在乙酰基丙酮酸乙酯的分子中，由于 4 号碳原子接有吸电子较强的酯基，故 4 号碳原子羰基优先被亲核进攻。另外，在发生亲核进攻时，与羰基相连的侧链基团（酯基和甲基）具有一定的位阻效应，但影响应不大。

③ 反应的物料配比 按照化学反应物质的量比（1∶1）左右就可以。

④ 溶剂的影响 在极性溶剂中有利于质子酸发挥催化作用，并且环合以后产物也具有一定的极性，故极性溶剂对反应有利，本反应选择甲醇是可行的。

⑤ 反应温度 一方面，由于反应物活性较高，温度过高会使环合反应过程中副反应加剧，因此环合反应应当控制在相对较低的温度下进行；另一方面，因环合过程中发生分子内脱水，故反应温度又不能过低。资料表明适宜的反应温度为 60～70℃。

⑥ 传质的影响 良好的搅拌有利于反应物料的转递，对环合反应有利。

（3）反应体系构建 反应体系基本为液相均相体系。为了更好地进行环合反应，整个反应过程需要在搅拌下进行。

（4）环合反应的监控 如果脱水反应中将所生成的水通过适当的方法引出反应体系，则反应进行得较为彻底；如果所生成的水没有引出体系，在进行第二步反应时体系中水分已经积累较多，故所需时间相应更长。反应的监控可以采用 TLC 法。

14.2.3.5 异噁唑酰胺的胺化及控制

由于胺化（氨解）单元反应在前面的情境中已经述及，这里仅作简单的讨论。

（1）异噁唑环合产物的氨解反应机理 异噁唑环合产物与氨水反应，氨分子的带一对孤对电子的 N 原子进攻异噁唑环旁边的羰基碳原子（即 5 号碳），失去一分子醇后形成异噁唑酰胺。

$$C_2H_5O-\overset{O\,\delta^-}{\overset{\|}{C}}{}^{\delta^+}-R + :NH_3 \rightleftharpoons C_2H_5O-\underset{^+NH_3}{\overset{O^-}{C}}-R \rightleftharpoons C_2H_5O-\underset{NH_2}{\overset{OH}{C}}-R \underset{H^+}{\overset{NH_3}{\rightleftharpoons}} C_2H_5O-\underset{NH_2}{\overset{O^-}{C}}-R \rightleftharpoons C_2H_5O^- + NH_2-\overset{O}{\overset{\|}{C}}-R$$

其中，R= （5-甲基异噁唑-3-基，CH_3）

上述各步反应为可逆反应。为了使氨解反应进行得较彻底，氨水的量应该过量。由于氨本身就具有碱性，其亲核性比水强，本身在反应中也作催化剂，因此上述各步反应比较容易进行。总反应式如下：

$$C_2H_5O-\overset{O}{\overset{\|}{C}}-(\text{异噁唑环})-CH_3 + NH_3 \longrightarrow NH_2\overset{O}{\overset{\|}{C}}-(\text{异噁唑环})-CH_3 + C_2H_5OH$$

(2) 影响因素 氨解的影响因素可参考前面情境中的相关内容，这里仅对异噁唑环合产物的反应活性、温度及介质 pH 值作简单说明。

① 异噁唑环合产物的反应性质 异噁唑环是一种缺电子性的五元杂环，对与其相邻的羰基 C=O 双键的电子云有一定的吸引力，造成羰基碳原子上所带正电荷增多，有利于 NH_3 的亲核进攻而发生亲核取代反应。另外，与羰基相连的乙氧基的空间位阻较小，也有利于氨解反应的进行。

② 反应介质的 pH 值 异噁唑环在强碱性介质中易发生开环副反应，故氨解时应避免反应物料体系局部 pH 值过高。

③ 反应温度 由于反应底物的活性较高，并且反应温度过高易造成开环等副反应，因此应在较低温度下进行氨解反应。

(3) 反应的监控 氨水加入时应密切注视反应温度的变化，严格控制反应在低温下进行，并且严格控制反应 pH 值不可过高，一般在 pH=7～8 为宜。

氨水加完后应继续反应一段时间，以利于氨解反应的继续进行。一般氨解反应时间在 2～3h。也可以用滴定法进行跟踪（滴定氨的含量，当氨的含量基本稳定时，反应达到终点）。

14.2.3.6 5-甲基异噁唑-3-甲酰胺的降解反应（霍夫曼重排反应）及监控

在前面的情境中已较详细地讨论过霍夫曼（Hoffmann）降解反应，这里仅作简单概括。

(1) 5-甲基异噁唑-3-甲酰胺的霍夫曼降解反应机理 5-甲基异噁唑-3-甲酰胺霍夫曼降解的机理如下：

(a) 5-甲基异噁唑-3-甲酰胺 $\xrightarrow{NaOCl/NaOH}$ (b) N-氯酰胺钠盐（$-CO\overset{-}{N}Cl\ Na^+$） $\xrightarrow[k_I]{NaOH}$ [(d) $-N=C=O$]

(b) $\xrightarrow{k_{II}}$ (c) $-COO^-Na^+$

(a) $\xrightarrow{NaOH/H_2O}$ (c)

(d) $\xrightarrow[k_{III}]{H_2O}$ (e) 3-氨基-5-甲基异噁唑（$-NH_2$）

在低温条件下，5-甲基异噁唑-3-甲酰胺（a）溶于次氯酸钠水溶液中，几乎可定量地生成中间体（b），在低温下由（a）水解生成（c）数量极微，可忽略不计。因此，Hoffmann 降解反应可简化为：由（b）生成（e）是一个连续反应，并伴有生成（c）的平行反应，各步反应均为一级不可逆反应。

（2）降解反应体系的构成　一般而言，对于碳原子数在8以下的酰胺底物，可以使用$NaOH/Br_2/H_2O$体系（水做溶剂），或者次氯酸钠水溶液；对于碳原子数在8个以上的酰胺底物，可以考虑使用甲醇钠和溴体系（甲醇做溶剂）。故5-甲基-3-异噁唑胺的降解反应可以采用次氯酸钠的水溶液进行。

5-甲基-3-异噁唑胺为固体，体系需要搅拌。如果固体加入量较多，则需要分次加入。

（3）降解反应的监控　由于反应中首先形成性质很活泼的中间体酰基氮烯，故反应开始时要在低温下进行反应，低温时间可以保持长一些，以利于中间产物异氰酸酯的形成，然后在较高温度下进行重排反应。Hofman重排的过程中，最好保持反应体系一直没有不溶物，可以考虑适当地提高碱与水量，或者分多次加入碱溶液。由于异氰酸酯性质较活泼，可能发生很多副反应，故为提高水解的效率，应将反应液尽快加热至所需要的反应温度，而不宜缓缓加热。

同样可以考虑采用TLC法对反应进行跟踪。有条件的话也可采用气相色谱或高效液相色谱法跟踪反应。

14.2.3.7　对乙酰氨基-N-(5-甲基-3-异噁唑基)苯磺酰胺的合成反应（N-磺酰化）及监控

（1）N-磺酰化反应机理　对乙酰氨基苯磺酰氯（ASC）和5-甲基-3异噁唑胺反应时，因后者氨基N原子上存在一对孤对电子而具有较强的亲核活性，能进攻ASC氯磺酰基中带部分正电荷的S原子，首先生成过渡态复合物，过渡态复合物再失去一分子HCl，进而转化为磺酰胺。反应式如下：

O　O δ^-　δ^+　NH　S　Cl　+ :NH_2　O　N　——→ ··· ——→　O　NH　SO_2NH　N　O　+ HCl　O σ^-

该N-磺酰化反应过程相对剧烈，反应放出一定量的反应热，不可逆。

（2）N-磺酰化反应的影响因素

① 对乙酰氨基苯磺酰氯ASC的反应性质　对乙酰氨基苯磺酰氯中硫酰基的硫原子与2个氧原子和一个氯原子相连，由于氧原子和氯原子的电负性都较大，因而硫原子会带较多的部分正电荷，具有较高的亲电反应活性；但由于硫酰基的空间位阻较大，对亲电反应稍有不利。另一方面，由于ASC的水解速率较低，反应可以在水介质中进行。但是，如果介质的碱性太强，则会使硫酰氯发生水解，使ASC的耗用量增加。

② 5-甲基-3-异噁唑胺（氨基物）的反应性质　氨基物中异噁唑环有一定的吸电子能力，可以使得氨基N原子上电子云密度降低，使得其亲核性有所下降。

③ 生成物HCl的影响　由于反应生成的HCl和氨基物能成盐，降低氨基物的亲核活性，反应中常加入缚酸剂来中和生成的氯化氢，使介质保持中性或弱碱性，并使胺保持游离状态，以提高酰化反应速率和酰化产物的收率。常用的缚酸剂有：氢氧化钠、碳酸钠、碳酸氢钠、乙酸钠以及吡啶和三乙胺等有机叔胺。

④ 物料配比　由于反应不可逆，按照化学计量系数加料即可，考虑到ASC的水解因素，ASC的量应略过量。

⑤ 溶剂的选择　酰氯N-酰化的产物多为固体，故N-酰化反应必须在溶剂中进行。常用的溶剂有水、氯仿、乙酸、二氯乙烷、苯、甲苯、吡啶等。由于吡啶极性较强，能溶于水，为有机碱，既可做溶剂又可做缚酸剂，而且还能与酰氯形成配合物，增强其酰化能力，因此可以选吡啶做溶剂。

⑥ 反应的条件　反应温度过高，使得ASC的水解速率加快，故反应时应控制在相对较

低的温度下进行。资料表明，在40℃下进行反应是可行的。

反应体系中加入缚酸剂后，HCl气体不再从反应体系中逸出，因此压力对反应的影响不大。资料表明，在常压下即可进行本反应。

⑦ 副反应　这里的副反应主要是ASC的水解反应。一般来说，对乙酰氨基苯磺酰氯在冰水中不会发生水解，在温度稍高时，只要控制好反应条件，水解程度不会很高。

(3) 反应体系的构建　*N*-酰化反应如采用溶剂，则反应物料体系为均相体系，反应收率也较高。为加快传质、传热速率，*N*-酰化反应体系应装有搅拌装置。

(4) 反应的监控　由于*N*-酰化反应时放热，故在加料时要注意控制加料速度以保持反应温度的平稳，其次反应应在水浴下进行。

可以用TLC法对反应进行监控。

14.2.3.8 对乙酰氨基-*N*-(5-甲基-3-异噁唑基)苯磺酰胺的水解反应(氨基去保护)及监控

有关氨基的去保护在前面已经述及，这里仅对乙酰氨基的水解条件作简单的讨论。

(1) 乙酰氨基物水解反应

$$CH_3CONH-C_6H_4-SO_2NH-(\text{5-methylisoxazol-3-yl}) + H_2O \xrightarrow{OH^-} H_2N-C_6H_4-SO_2NH-(\text{5-methylisoxazol-3-yl}) + CH_3COOH$$

(SMZ)

这里，考虑到异噁唑环在碱性条件下更稳定一点，故选择碱作为水解反应的催化剂。

(2) 水解反应条件的选择　选择水解条件时，必须同时注意酰胺键的稳定性和氨基物异噁唑环的稳定性。注意：对乙酰氨基-*N*-（5-甲基-3-异噁唑基）苯磺酰胺分子结构中有两个酰氨基——羧酰氨基和磺酰氨基。一般而言，由于磺酰氨基的空间位阻较大，不太容易水解，故羧酰氨基水解时不会对磺酰氨基造成影响。

碱的浓度过高，会带来很多的副反应，故水解时碱的浓度一般在10%左右。碱的用量一般不超过水解物的10%（质量）。

温度越高，乙酰水解反应的速率越快，所以水解反应温度一般控制在溶液的回流温度下进行。

(3) 水解反应的监控　碱性条件下水解较慢一些，故水解时间相对较长，一般在1h左右。也可以采用滴定法（或测定反应液pH值）对水解反应进行跟踪。当然也可采用TLC法来跟踪。

14.2.4 单元反应后处理策略分析

请同学们根据前面情境中所学的知识，结合任务分析中的内容，列出磺胺甲基异噁唑合成过程各步反应的中间体及目的产物的分离策略和分离方法。提示如下：

① 乙酰苯胺在冷水中溶解度很低，而其他反应物均溶于水，可以利用过滤的方法进行分离。可用水进行重结晶。

② 对乙酰氨基苯磺酰氯在水中溶解度不大，在冷水中分解较慢，温度较高时容易水解，因此只要将磺化液倒入冰水中，对乙酰氨基苯磺酰氯即可析出，可以借此进行沉淀分离。

③ 缩合、环合、氨解反应后的产物（5-甲基异噁唑-3-甲酰胺）在水中溶解度很小，可以将溶剂甲醇蒸除后加水沉淀分离。分离产物可用甲醇-水混合溶剂重结晶提纯。

④ 霍夫曼降解反应后产物（氨基物，5-甲基-3-异噁唑胺）熔点51.5℃（沸点235℃），

溶于醇、醚，能随水蒸气挥发，设计分离流程时可用易挥发的有机溶剂（如氯仿）萃取抽提。由于降解反应产率很高，提取产物的纯度很高，可不必纯化处理。

⑤ ASC与氨基物缩合反应产物不溶于水，可在反应产物中加水沉淀分离。

⑥ 水解脱乙酰基反应后，产物在中性冷水中溶解度较低，可以利用此性质，将反应液浓缩处理后再冷却，即可沉淀分离。可用水重结晶。

张工讲解完，要小张等考虑如何制订磺胺甲基异噁唑（SMZ）的小试合成方案，在车间小试实验室实习时讨论。

14.3　工作过程指导

14.3.1　制订小试合成方案要领

小张等一行来到了主要的实习岗位——车间小试实验室。完成岗位安全教育后，张工跟小张他们一起讨论磺胺甲基异噁唑（SMZ）的合成方案。

张工："作为新手，在制订如此复杂的合成工艺方案时一定存在不小的难度，我们从生产上实际的工艺路线入手进行讨论吧。"

张工拿出了一份当初小试组试制磺胺甲基异噁唑（SMZ）的制备方案。

磺胺甲基异噁唑（SMZ）技术路线：

$COOC_2H_5$—$COOC_2H_5$（草酸二乙酯）→ [缩合](克氏反应) CH_3COCH_3, C_2H_5OH, CH_3ONa, H_2SO_4；40~45℃, 1h → $CH_3COCH_2COCOOC_2H_5$（乙酰丙酮酸乙酯）→ [环合] $NH_2OH \cdot HCl$；50~50℃, 8h → 5-甲基异噁唑-3-甲酸乙酯 → [胺化] NH_4OH；30~35℃, 30min →

5-甲基异噁唑-3-甲酰胺（酰胺物）→ [降解](霍氏反应) 10%NaOH；20~25℃, 2h；176℃, 7.5~8kgf/cm² 通过管道 → 3-氨基-5-甲基异噁唑（氨基物）→ [缩合] $NaHCO_3$, ASC, NaCl；30~35℃, 6h → $CH_3CONH-C_6H_4-SO_2NH$-(5-甲基异噁唑-3-基)（乙酰磺胺甲基异噁唑）

→ [水解] NaOH, 醋酸；104℃, 2h → $H_2N-C_6H_4-SO_2NH$-(5-甲基异噁唑-3-基)

磺胺甲基异噁唑

工艺过程如下。

(1) 缩合、环合、胺化　收率53.84%～55%。配料比：草酸二乙酯：丙酮：甲醇钠：硫酸：盐酸羟胺：氨水=1：0.455：0.43：0.57：0.465：2.685。

将甲醇钠于40～45℃滴入草酸二乙酯及丙酮中，保温1h。冷却下滴入浓硫酸至pH至3.5。加盐酸羟胺，于50～52℃反应8h。于35℃通氨至pH7～8，回收醇，加入氨水，于30～35℃反应0.5h。加水适量，冷却至30℃以下，过滤，滤饼洗涤，得到酰胺物，熔点166～169℃。

(2) 降解　收率71.14%～80%。配料比：酰胺物：氢氧化钠：水：氯：氯仿=1：2.22：4.08：0.673：13。

将定量氯于23℃以下通入1.02倍量的氢氧化钠溶液中，得次氯酸钠溶液。将酰胺物于20～25℃加入次氯酸钠，反应2h，用氢氧化钠调节碱液的浓度为5.6%，然后按1.5L/min的流速通176℃、内压7.5～8kgf/cm^{2}的管道。流出液用氯仿萃取，合并萃取液，回收氯仿，残留物冷却，得氨基物，熔点58～61℃。

(3) 缩合、水解、精制 收率64%～70.31%。配料比：氨基物：水：氯化钠：碳酸氢钠：ASC：氢氧化钠：水=1：1.8：1.54：1.12：3：1.48：10。

将氨基物加水溶解后，氯化钠、碳酸氢钠、ASC依次加入，在30～35℃反应6h，放置数小时后，加入40%的氢氧化钠溶液，于104℃保温2h。冷却至80℃，用盐酸调pH至9，过滤，滤液用盐酸调pH至5.5，冷却，过滤，滤饼洗涤干燥，得磺胺甲基异噁唑。

总收率26.92%～28.16%（以草酸二乙酯计）。

小宋：“可是上面没有ASC的生产……”

小苏：“ASC难道不需要生产吗?”

张工：“大家看得很仔细。ASC当然需要生产的！在前面的合成路线设计中，我们知道磺胺药SMZ的整个合成路线涉及的反应较多，假如由一个生产部门独立生产，生产难度和管理难度将非常大，因此往往直接利用一些相对简单的中间体进行生产。这里ASC就是一个比较典型的中间体，它是生产诸多磺胺药的共同的中间体，因此一些大型的生产厂家往往组织人手专门生产ASC以供应原料，也可以适量外销。”

小宋：“我明白了。”

张工：“这里有一份ASC的生产技术路线，可以参考一下。”

【ASC技术路线】

$$CH_3CONH-C_6H_5 \xrightarrow[(50\pm2)℃,3h]{\text{氯磺化}\ HOSO_2Cl} CH_3CONH-C_6H_4-SO_2Cl$$

乙酰苯胺(退热冰)　　　对乙酰氨基苯磺酰氯(ASC)

工艺过程：

氯磺化收率80.3%

配料比：退热冰：氯磺酸=1：5.26

将退热冰在25℃下均匀加入氯磺酸中，在（50±2)℃反应3h。放置8h，约在20℃以下加水分解剩余的氯磺酸，温度不超过28℃，稍冷，过滤，洗涤滤饼至pH3～4，得到ASC。

【制备退热冰的技术路线】

$$C_6H_5NH_2 \xrightarrow{[\text{乙酰化}]\ CH_3COOH} C_6H_5NHCOCH_3$$

苯胺　　　乙酰苯胺

退热冰的制备：收率99.5%

配料比：苯胺：冰醋酸=1：(0.65～0.7)

将4只反应釜排列成梯式。反应釜装有分馏柱。苯胺由分馏柱反应釜加入，醋酸由第三只反应釜加入，中间混合物由第二只反应釜加入，乙酰化反应物料由第四只反应釜收集。反应生成水分由分馏柱柱顶排出。反应釜的反应温度逐步提高，第三只反应釜温度控制在160～170℃，第四只反应釜温度控制在200～210℃。反应物出料过滤，冷却结晶，得到片状乙酰苯胺。

小张：“乙酰苯胺的磺酰氯化容易理解，但似乎用乙酸酐更好一些。”

小苏：“苯胺的乙酰化过程似乎是连续式反应，这在小试中如何模拟呢?”

张工：“苯胺的乙酰化有很多的方法，如果两种方法的结果相同，则主要从生产成本和工艺的复杂程度进行取舍。由于乙酸酐的价格要比乙酸贵很多，乙酸脱水酰化的工艺也不太复杂，因此生产上采用乙酸脱水酰化的工艺。

连续式反应在生产中很常见，要控制好连续式反应也必须从小试模拟入手取得第一手资料。连续式反应虽然是一个动态的过程，但实际上当反应过程稳定的时候，各反应釜物料的组成和状态都是相对稳定的，我们可以对于其中各反应单元分别进行模拟。”

张工画了一幅苯胺乙酰化的工艺流程示意图（见图14-1）。

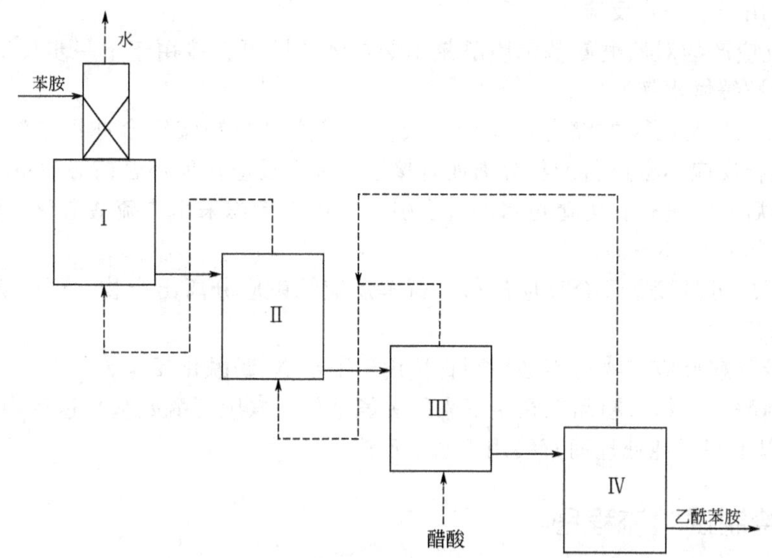

图14-1 苯胺乙酰化工艺流程示意图

“图中4只反应釜中物料的浓度、状态各不一样。简单地讲，苯胺的浓度由Ⅰ至Ⅲ逐渐降低，醋酸的浓度由Ⅲ至Ⅰ逐渐降低。由于反应速率与各反应物的浓度成正向变化关系（参考反应速率公式），故各反应釜中可以保持较高的反应速率进行，这是连续式反应相对间歇式反应无可比拟的优势所在。”

“在小试时，我们主要通过小试确定生产上各反应釜的停留时间、需要反应釜的个数以及各反应釜反应条件的优化。由于各反应釜的工作状况不同，我们都需要对各反应釜的工作状态分别进行模拟。”

小宋：“请问张工，如果将反应釜Ⅰ至Ⅲ合并成一个反应釜是否就是一个间歇式反应器了？”

张工：“可以这样看。但间歇式反应釜当某种反应物浓度降至0时，反应也就停止了，此时就必须出料。而连续式反应器则可以一直运行下去。在现代化工生产中愈来愈多地采用了连续式生产的工艺，而且生产中愈来愈多地采用了自动化控制，因此对于连续式反应器的小试模拟需要相对较多、更深的专业知识，在企业一般由不同专业的技术人员共同完成，大家只要知道其中的原理就可以了。现在大家可以着手制定小试的方案了。”

小张：“我还有一个问题，草酸二乙酯与丙酮缩合反应及后面的环合、氨解反应都是在一个反应器中完成的。”

张工：“对。这在合成上叫做‘一锅法’合成。简单地说，‘一锅法’合成就是多步反应可以从相对简单易得的原料出发，不经中间体的分离，直接获得结构复杂的分子的合成过程。这样的反应显然经济上和环境友好上较为有利。”

大家都点点头。

14.3.2 小试方案建议

这里要提醒的是，大家在制订一个复杂反应方案时，一定要从大处着手，特别要注意各合成过程各步反应的衔接问题。提示如下：

① 苯胺乙酰化后需要将乙酰苯胺分离提纯才能用于下一步反应。如果产物纯度已经很高，可以直接用于下一步反应。

② 磺化反应产物对乙酰氨基苯磺酰氯不必提纯，即可直接用于下一步反应（最好能立即反应，以免被缓慢水解）。

③ 草酸二乙酯与丙酮的缩合反应产率较高，其产物与羟胺缩合亦需在溶剂（如甲醇）中进行，故缩合反应不必进行产物分离而直接进行环合反应。但环合前必须将缩合反应中碱性催化剂中和后才能进行；为避免水的过多引入，可以考虑采用浓硫酸酸化，调节体系 pH 值呈弱酸性（如 pH＝3～5）。

④ 氨解反应可紧接着环合反应进行。氨解反应结束应分离出产物。可不必精制直接应用于霍夫曼降解反应。

⑤ 霍夫曼降解反应产物可不必精制直接用于下步 *N*-磺酰化反应。

⑥ 由于磺酰化产物（粗品）在接下来的去氨基保护（脱乙酰氨基）过程中能够被提纯，故 ASC 物可以不用提纯处理而直接用于水解反应。

14.3.3 绘制试验流程图

请同学们根据前面所学的知识，绘制本项目小试流程图。这里仅以异噁唑酰胺物为例，示例如图 14-2。

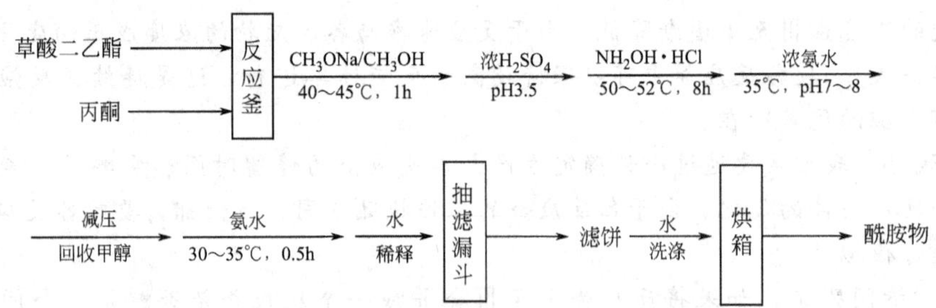

图 14-2 甲基异噁唑酰胺物小试流程图（供参考）

相信同学们能顺利画出其他合成过程的流程图。

14.3.4 小试试验装置及其操作注意点

本项目较复杂，涉及的反应较多，请各位同学结合所学的知识自行选择合适的实验装置。特别需要注意的是，项目中涉及使用氯磺酸的磺氯酰化，由于反应放热，且有大量气体（HCl）释放，故反应时加料速度一定不能快，并且需要在快速搅拌并在有效冷却的条件下进行，尾气吸收可以采用图 14-3 所示装置。

作为小试的实验装置应尽量和生产上接近，这样获得的实验数据才能更有可靠性。

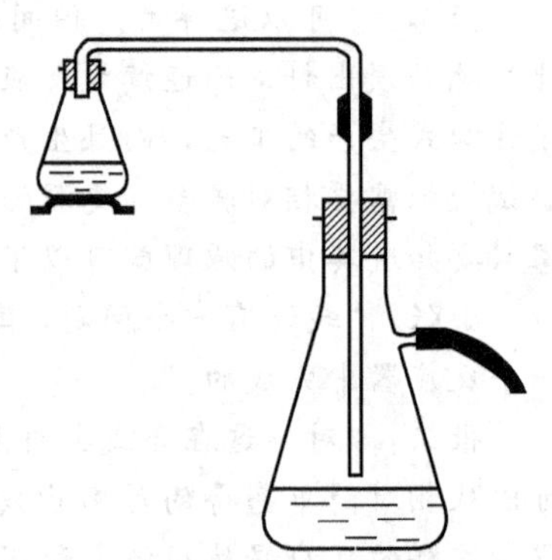

图 14-3 制备乙酰氨基苯磺酰氯的尾气吸收装置

14.3.5 小试合成工艺的评估

大生产中，如果某工段（反应）的生产收率波动性较大，通常需要小试实验来找出波动的原因，并提出解决的办法。特别是针对工艺中的"短板"，往往需要集中力量进行攻关，在这样的情形下，小试实验是不可或缺的解决手段。做好小试实验的评估对大生产有着非常重要的指导意义。

多步反应的小试主要以最后的总收率进行评估。例如，本项目中，缩合、环合、胺化反应的收率为 53.84%～55%，降解反应的收率 71.14%～80%，缩合、水解、精制的收率 64%～70.31%，因总收率是各步收率的连乘积，各步收率取中间值，故

总收率 54.4%×75.57%×67.16%＝27.61%（以草酸二乙酯计）

一般来说，小试的收率要比大生产的高一些。而当小试实验主要针对其中某一步反应时，则小试的评估还需要结合其他的指标，如生产原料的成本、设备的投资耗用、副产物处理的难易程度、环境保护的成本以及生产的安全性综合评价。但无论采用怎样的方式去评价，小试实验的成功是先决的条件。

14.3.6 产物的检测和鉴定

磺胺甲基异噁唑（SMZ）的检测可以参考《中国药典》（2015 年版）中的检测方法。

14.3.6.1 鉴别

(1) 熔点鉴定 本品的熔点为 192～197℃，熔融时同时分解。

(2) 溶解性试验 取本品约 0.1g，加水与 0.1mol/L 氢氧化钠溶液各 3mL 振摇使溶解，过滤，取部分滤液，加硫酸铜试液 1 滴，即显淡棕色，放置后，析出暗绿色絮状沉淀（与磺胺甲噁唑的区别）。

(3) 光谱鉴定 本品的红外光吸收图谱应与对照的图谱一致，如图 14-4。（来源：中科院上海有机所红外数据库）

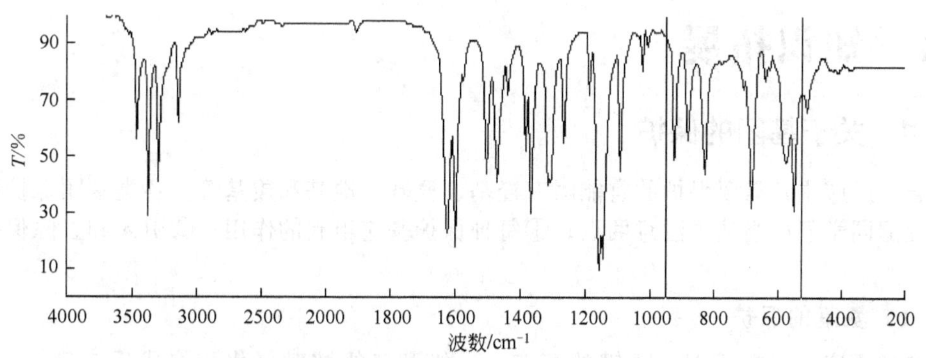

图 14-4 磺胺甲基异噁唑的标准红外光吸收图谱

(4) 本品显芳香第一胺类的鉴别反应［详见《中国药典》（2015 年版）第四部"通则 0301"］

14.3.6.2 含量测定

取本品约 0.5g，精密称定，加 N,N-二甲基甲酰胺 40mL 使溶解，加偶氮紫指示液 3 滴，用甲醇钠滴定液（0.1mol/L）滴定至溶液恰显蓝色，并将滴定的结果用空白试验校正。

每 1mL 甲醇钠滴定液（0.1mol/L）相当于 26.73g 的 $C_{11}H_{13}N_{3}O_{3}S$。

对于中间体，通常只需对其纯度进行检测。简单的检测可以采用 TLC 薄层色谱的方法进行，精确的检测需要一些专门的分析仪器（如高效气相色谱、高效液相色谱等）。如果涉及结构鉴定，一般需要进行质谱、核磁共振图谱（氢谱和碳谱）的鉴定。特别是未知化合物的开发，这些图谱是必需的。有兴趣的同学可以参考相关的专业资料。

14.3.7 技能考核要点

因项目较大，可选择某一步反应的合成操作进行考核。本项目以考核乙酰苯胺的合成为例。考核方案及要点如下。

14.3.7.1 考核方案

(1) 酰化 在 100mL 圆底烧瓶中，加入 5mL 新蒸馏的苯胺、8.5mL 冰醋酸和 0.1g 锌粉。立即装上分馏柱，在柱顶安装一支温度计，用小量筒收集蒸出的水和乙酸。用电热套缓慢加热至反应物沸腾。调节电压，当温度升至约 105℃时开始蒸馏。维持温度在 105℃左右约 30min，这时反应所生成的水基本蒸出。当温度计的读数不断下降时，则反应达到终点，即可停止加热。

(2) 结晶抽滤 在烧杯中加入 100mL 冷水，将反应液趁热以细流倒入水中，边倒边不断搅拌，此时有细粒状固体析出。冷却后抽滤，并用少量冷水洗涤固体，得到白色或带黄色的乙酰苯胺粗品。

(3) 重结晶 将粗产品转移到烧杯中，加入 100mL 水，在搅拌下加热至沸腾。观察是否有未溶解的油状物，如有则补加水，直到油珠全溶。稍冷后，加入 0.5g 活性炭，并煮沸 10min。在保温漏斗中趁热过滤除去活性炭。滤液倒入热的烧杯中。然后自然冷却至室温，冰水冷却，待结晶完全析出后，进行抽滤。用少量冷水洗涤滤饼两次，压紧抽干。将结晶转移至表面皿中，自然晾干后称量，计算产率。

14.3.7.2 技能考核要点

技能考核要点可参考情境 1 或情境 2 技能考核表自行设计。

14.4 知识拓展

14.4.1 关于基团的保护

在合成反应中常需要保护的官能团有羟基、氨基、羰基和羧基等。各类基团保护的方法很多，提醒同学们应当从中注意两点：①每种保护基应当起的作用；②引入和去除保护基的条件。

14.4.1.1 氨基的保护

在合成反应中，由于 N—H 键的存在，一级和二级胺对氧化和取代反应都比较敏感，伯胺、仲胺、咪唑、吡咯、吲哚和其他芳香氮杂环中的氨基往往是需要进行保护的。氨基保护基很多，主要有四种方法，但归纳起来可以分为烷氧羰基（氨基甲酸酯）、酰基和烷基三大类，以烷氧羰基保护基最重要。

(1) 成盐保护 保护方法：加酸形成铵盐。

去除：加碱中和即可。

$$R_2\ddot{N}H \xrightarrow[\text{保护}]{H^+} R_2\overset{+}{N}H_2 \xrightarrow{\text{反应}} \left[R_2\overset{+}{N}H_2\right] \xrightarrow[\text{去保护}]{OH^-} R_2\ddot{N}H$$

适用：保护后的铵盐对氧化剂 $KMnO_4$、$Na_2Cr_2O_7$ 等稳定。此法虽简单有效但在一些场合保护效果不太理想。

(2) 烷氧羰基保护　烷氧羰基除苄氧羰基（Cbz）外，常用的还有叔丁氧羰基（Boc-）、9-芴甲氧羰基（Fmoc-）、烯丙氧羰基（Alloc-）等，是氨基最重要的保护基。

① 叔丁氧羰基（Boc）　保护方法：胺类化合物在一定条件下与 Boc_2O（或氯甲酸叔丁酯）反应得到 N-叔丁氧羰基氨基化合物。

$$R{-}NH_2 + Boc_2O \xrightarrow[H_2O/DOA]{NaHCO_3} R{-}NHBoc$$

芳香胺由于其亲核性较弱，一般反应需要加入催化剂 4-二甲氨基吡啶（DMAP）。对于伯胺，可以使氨基上两个 Boc。但有位阻的胺与 Boc_2O 反应时，往往有脲的副产物生成。

$$Ar{-}NH_2 \longrightarrow Ar{-}NHBoc \xrightarrow{Boc_2O,DMAP} Ar{-}N(Boc)_2$$

去除：Boc 比 Cbz 对酸敏感，Boc 的脱除一般可用 TFA（三氟乙酸）或 50% TFA（TFA∶CH_2Cl_2＝1∶1，V/V），酸解产物为异丁烯和 CO_2。

$$(CH_3)_3C{-}O{-}C(=O){-}NH{-}R \xrightarrow{HCl} CH_2{=}C(CH_3)_2 + CO_2 + RNH \cdot HCl$$

在固相肽合成中也可以采用 HCl/有机溶剂（如二氧六环）脱除。

适用：在多肽合成中，Boc-氨基酸除个别外都能得到结晶；易于酸解除去，但具有一定的稳定性，Boc-氨基酸能较长期地保存而不分解；对碱水解、肼解和许多亲核试剂稳定；Boc 对催化氢解稳定，但比 Cbz 对酸要敏感得多。当 Boc 和 Cbz 同时存在时，可以用催化氢解脱去 Cbz，Boc 保持不变，或用酸解脱去 Boc 而 Cbz 不受影响，因而两者能很好地搭配。

② 9-芴甲氧羰基（Fmoc）　保护方法：芴甲氧羰酰氯 Fmoc—Cl 在二氧六环（或乙腈）/Na_2CO_3 或 $NaHCO_3$ 溶液同氨基酸反应则可得到 Fmoc 保护的胺。

$$>NH + Fmoc{-}Cl \xrightarrow[MeCN]{碱} >N + Fmoc$$

Fmoc—Cl＝（9-芴甲基）$O{-}C(=O){-}Cl$

脱除：一般用浓氨水、二氧六环/4mol/L NaOH（30∶9∶1）以及用哌啶、乙醇胺、环己胺、吗啡啉、吡咯烷酮、DBU 等胺类的 50%CH_2Cl_2 的溶液可以脱除。

适用：Fmoc 保护基对酸极其稳定，在它的存在下，Boc 和苄基可去保护，可与酸脱去的保护基搭配而用于液相和固相的肽合成。

(3) 酰基保护基　除了乙酰基保护外，还可以采用邻苯二甲酰基（Pht）和对甲苯磺酰基（Tos）保护。

① 邻苯二甲酰基（Pht）　保护方法：最先导入 Pht 基的方法是将邻苯二甲酸酐同氨基酸在 145～150℃进行熔融反应，但这个方法对有的氨基酸会引起部分消旋作用。改进的方法有多种，如在某些沸点较高的溶剂（如 $CHCl_3$、DMF 等）中反应。

$$R-NH_2 \xrightarrow[\triangle]{\text{邻苯二甲酸酐}/DMF,\ Et_3N} \text{Pht}N-R$$

以 *N*-乙氧羰基邻苯二甲酰亚胺（或盐）为试剂可以获得收率较高的 Pht-氨基衍生物。

$$\text{PhtNK} \xrightarrow{EtOCOCl} \text{PhtN-COOEt} \xrightarrow[Na_2CO_3]{RCH(NH_2)COOH} C_6H_4(CONHCOOEt)(CONHCHRCOONa) \longrightarrow$$

$$\text{PhtN-CHR-COONa} + H_2NCOOEt + NaHCO_3 \xrightarrow{HCl} \text{PhtN-CHR-COOH}$$

脱除：Pht-氨基衍生物很容易用肼处理脱去。一般用水合肼的醇溶液回流 2h 或用肼的水或醇溶液室温放置 1～2 天都可完全脱去 Pht 保护基。在此条件下 Cbz、Boc、甲酰基、Trt、Tos 等均可不受影响。在肼效果差的情况下，$NaBH_4/i\text{-}PrOH\text{-}H_2O$（6∶1）和 AcOH 在 80℃反应 5～8h，这是个很有效的方法。另外，浓 HCl 回流也容易脱去 Pht 保护基。

$$\text{PhtN-R} \xrightarrow{H_2NNH_2 \cdot HCl} R-NH_2 + C_6H_4(CONH_2)_2$$

适用：这个试剂可在仲胺存在的情况下选择性地保护伯胺。

② 对甲苯磺酰基（Tos） 保护方法：对甲苯磺酰胺由胺和对甲苯磺酰氯在吡啶或水溶性碱存在下制得的。

$$>NH + TosCl \xrightarrow{Py} >N-Tos$$

去保护：可以通过碱性水解去保护。碱性较弱的胺如吡咯和吲哚形成的对甲苯磺酰胺比碱性更强的烷基胺所形成的对甲苯磺酰胺更易去保护，而后者通过碱性水解去保护是不可能的。

$$>N-Tos \xrightarrow[H_2O]{HCl,HOAc} >N + TosOH$$

适用：它是最稳定的氨基保护基之一，对碱性水解和催化还原稳定。可有效防止叔胺的生成。对甲苯磺酰胺一个很有吸引力的性质是这些衍生物的酰胺或氨基甲酸酯更容易形成结晶，一般都是用作碱性氨基酸的侧链保护基。

(4) 烷基保护基 烷基保护基主要有三苯甲基（Trt）、苄基或其取代物如 2,4-二甲氧基苄基（DMB）等。

① 三苯甲基（Trt） 保护方法：可以用三苯基氯甲烷为试剂与胺类化合物在碱性条件下进行反应而得。

$$Ph_3C-Cl + RNH_2 \xrightarrow{Et_3N} Ph_3C-NH \cdot R$$

去除：Trt 容易用酸脱去，如用 HOAc 或 50%（或 75%）HOAc 的水溶液在 30℃或回流数分钟可顺利除去。这时 N-Boc 和 O-But 可以稳定不动。Trt 也能被催化氢解脱去，但脱去速率比 O-苄基和 N-Cbz 要慢得多。

$$Ph_3C{-}NHR + HCl \longrightarrow RNH_2 + Ph_3C{-}Cl$$

适用：对碱、格氏试剂稳定。去除条件亦温和但成本高。由于体积大空间位阻很大，在Trt保护氨基酸、青霉素、头孢霉素时，可使得分子中的α-位酯（及质子）不能轻易水解，从而对酯的水解产生选择性。

② 2,4-二甲氧基苄基（DMB） 保护方法：胺类化合物在碱性条件下与2,4-二甲氧基苄氯（或2,4-二甲氧基苯甲醛）反应引入。

$$\rangle NH + 2,4\text{-}(MeO)_2C_6H_3{-}CH_2Cl \xrightarrow{碱} \rangle N{-}CH_2{-}C_6H_3\text{-}2,4\text{-}(OMe)_2$$

脱除：DMB容易用酸脱去，如用TFA、TosOH或HCl的有机溶液在0℃或室温即可顺利除去。也可用H_2/8%Pd-C/EtOH处理除去。

适用：2,4-二甲氧基苄基（DMB）是较稳定的氨基保护基之一，对催化氢解较Cbz、PMB和Bn稳定。在设计合成路线时，2,4-二甲氧基苄胺常被用为氨的等价物加以使用。

14.4.1.2 羟基的保护

羟基也是有机合成中一个很重要的官能基，其可转变为卤素、氨基、羰基、酸基等多种官能团。在化合物的氧化、酰基化、用卤代磷或卤化氢的卤化、脱水的反应或许多官能团的转化过程中，常常需要将羟基保护起来。羟基的保护方法很多，主要将其转变为相应的醚或酯，其中以醚最为常见。一般用于羟基保护的醚主要有硅醚、甲基醚、烯丙基醚、苄基醚、烷氧甲基醚、烷巯基甲基醚等。羟基的酯保护一般用得不多，但在糖及核糖化学中较为多见。

（1）硅醚 硅醚是最常见的保护羟基的方法之一。由于三甲基硅基（TMS）非常容易脱除，故常用空间位阻更大的三乙基硅基（TES）、三异丙基硅基（TIPS）、叔丁基二甲基硅基（TBDMS或TBS）及空间位阻最大的叔丁基二苯基硅基（TBDPS）等。对大多数硅醚来说，在酸中的稳定性相对于TMS（1），TES（64）＜TBDMS（20000）＜TIPS（700000）＜TBDPS（5000000）；在碱中稳定性为TES（10～100）＜TBDMS，TBDPS（20000）＜TIPS（100000）。

硅基保护基一般可以通过在弱碱条件下醇与各种氯硅烷反应得到。如以咪唑为碱，DMF为溶剂。去保护则可以在酸性条件下用氟离子除去。经常使用的是四丁基氟化铵（TBAF）。比如二甲基叔丁基硅基醚的生成与脱去条件如下。

$$R{-}OH \xrightarrow[\text{2,6-二甲基吡啶}]{t\text{-}BuMe_2Si{-}Cl\ 或\ t\text{-}BuMe_2Si{-}OSO_2CF_3} R{-}O{-}SiMe_2{-}t\text{-}Bu \xrightarrow[THF]{(n\text{-}C_4H_9)_4\overset{+}{N}F^-} R{-}OH$$

由于硅-氮键的结合远比硅-氧键弱，硅原子优先与羟基上的氧原子结合，硅醚保护可以在分子中游离伯氨基或仲氨基的存在下对羟基进行保护，这正是与其他保护基不同之处。

（2）四氢吡喃醚（THP） 因成本低，易于分离，对大多数非质子酸试剂有一定的稳定性，易于被除去，2-四氢吡喃醚（THP）是有机合成中一个非常有用的保护基团。四氢吡喃醚实质上是一种缩醛。

引入：通常羟基化合物在非质子溶剂中与二氢吡喃（TDP）用对甲苯磺酸（TsOH）催化可以很容易地得到。

$$R-OH + \text{二氢吡喃} \xrightarrow{TsOH, Et_2O} R-O-\text{THP}$$

脱除：无机酸水溶液室温即可水解去保护。

适用：几乎任何酸性试剂或任何可以在原位产生酸的试剂都可被用来引入 THP 基团。但如果引入到一个手性分子的结果是形成了一个非对映体，因为在四氢吡喃环上新增了一个手性中心。醇的四氢吡喃醚能耐强碱、格氏试剂、烷基锂、氢氧化镁铝、烷基化和酰基化试剂，应用十分广泛。

(3) 三苯甲基醚 在碳水化合物化学中，把伯醇的羟基用三苯甲基氯在吡啶中选择性地转变成三苯甲基醚，这种方法证明效果良好。例如：

$$\text{糖(OH)} \xrightarrow[2.Ac_2O]{1.Ph_3C-Cl} \text{(OCPh}_3\text{, OAc)} \xrightarrow[2.H_2O]{1.(CH_3)_3Si-Cl, NaI, CH_3CN} \text{(OH, OAc)}$$

由于三苯甲基体积庞大，优先与一级羟基作用。脱保护基的条件是：80% HOAc、HCl/CH_3Cl 或 HBr/HOAc，而催化氢化方法则不经常采用。

14.4.1.3 酚羟基的保护

酚羟基与醇相似，但比醇更易被氧化。保护方法主要以形成酚醚、混合缩醛、磺酸酯三种，其中又以酚醚形式保护最常见。如苄基或取代苄基酚醚。

引入：苄基酚醚通常由苄氯与酚在碱性条件下反应制得。

$$Ar-OH + Cl-CH_2-Ph \xrightarrow{K_2CO_3} Ar-O-CH_2-Ph$$

去除：可以用氢解的方法去保护。

$$Ar-O-CH_2-Ph \xrightarrow[\text{氢解}]{H_2/Pd\text{-}C} Ar-OH + Ph-CH_3$$

适用：对酸碱、格氏试剂、$LiAlH_4$ 等稳定。

14.4.1.4 羰基保护基

羰基性质很活泼，能发生多种反应。保护的方法很多，通常以缩醛或缩酮形式保护。在有些情况下，把羰基转变成肟、缩氨脲和腙的保护方法也是行之有效的。

引入：最常用方法是在酸催化下，分别用甲醇、1,3-丙二醇（生成 1,3-二噁烷）、乙二醇（生成 1,3-二氧戊环）和 2,2-二甲基-1,3-丙二醇（生成 5,5-二甲基-1,3-二噁烷）将羰基转变成缩醛或缩酮。

$$>C=O + 2HOR \xrightarrow[\text{离子交换树脂}]{HCl(\text{干})\text{或酸性}} >C(O-R)_2$$

$$>C=O + HO\text{/\\}OH \xrightarrow{TsOH, C_6H_6} \text{1,3-二氧戊环}$$

去除：经酸性水解或溶剂化作用去保护。

$$\text{1,3-二氧戊环} \xrightarrow{H_3PO_4, H_2O} >C=O + HO\text{/\\}OH$$

适用：缩醛或缩酮对金属试剂、氢化还原及碱性介质都是稳定的。在用臭氧分解时，二甲基缩醛的稳定性比环状缩醛要好。

14.4.1.5　羧基保护基

羧基一般转变成酯基来保护，通常形成甲基、乙基、叔丁基、苄基或三甲基硅基酯。这些基团的除去，可以依次用碱性水解或三甲基碘硅烷的亲核取代反应水解（甲基、乙基均可用此水解）、酸性水解、氢解和碳酸钠水溶液的水解进行。

$$R—CO_2H \xrightarrow[\text{或 } CH_2N_2]{MeOH, H^+} R—CO_2Me \xrightarrow[\text{或}(CH_3)_3SiCl]{OH^-, H_2O} R—CO_2H$$

$$R—CO_2H \xrightarrow{t\text{-}BuOH, H^+} R—CO_2Bu\text{-}t \xrightarrow[H^+]{H_2O} R—CO_2H$$

$$R—CO_2H \xrightarrow{PhCH_2OH, H^+} R—CO_2CH_2Ph \xrightarrow[Pd\text{-}C]{H_2} R—CO_2H$$

$$R—CO_2H \xrightarrow{(CH_3)_3SiCl} R—CO_2Si(CH_3)_3 \xrightarrow[H_2O]{Na_2CO_3} R—CO_2H$$

14.4.2　关于导向基的应用

对于一个有机分子，在进行化学反应时，反应发生的难易及位置一般是由它本身所连接的官能团决定的。在有机合成中，为了使某一反应按人为设计的路线来完成，常在该反应发生之前，在反应物分子中引入一个控制单元，通俗地讲就是引入一个被称为导向基的基团，用此基团来引导该反应按需要的方向进行。一个好的导向基还应具有“招之即来，挥之即去”的功能。就是说，需要时应很容易地将它引入，任务完成后又可方便地将其去掉。

(1) 活化导向　在分子中引进一个活化基作为控制单元，把反应导向指定的位置称为活化导向。利用活化作用来导向，是导向手段中使用最多的。在延长碳链的反应中，还常用甲酰基、乙氧羰基、硝基等吸电子基作为活化基来控制反应。

【例 14-1】　设计 $CH_3COCH_2CH_2Ph$ 的合成路线。

分析：

$$CH_3CO\text{—}CH_2\wr CH_2Ph \Longrightarrow CH_3COCH_3 + BrCH_2Ph$$

若以丙酮为起始原料，由于反应产物的活性与其相近，可以进一步反应。

$$CH_3COCH_2CH_2Ph \xrightarrow[PhCH_2Br]{\text{碱}} PhCH_2CH_2COCH_2CH_2Ph + CH_3COCH(CH_2Ph)_2$$

要解决这个困难，可引入一个乙氧羰基，使羰基两旁 α-碳上氢原子的活性有较大的差异。所以合成时应使用乙酰乙酸乙酯作原料，苄基引进后将酯水解成酸，再利用 β-酮酸易于脱羧的特性将活化基去掉。

合成

$$CH_3COCH_2CO_2Et \xrightarrow[PhCH_2Br]{EtONa} CH_3COCH(CO_2Et)CH_2Ph \xrightarrow[\triangle]{\text{稀}KOH} CH_3COCH(CO_2K)CH_2Ph \xrightarrow[\triangle]{H^+} TM$$

(2) 钝化导向　活化可以导向，钝化一样可以导向。本情境中苯胺的磺酰氯化即为一例。

【例 14-2】　设计 $PhNHCH_2CH_2CH_3$ 的合成路线。

分析：

$$PhNH\wr CH_2CH_2CH_3 \Longrightarrow PhNH_2 + BrCH_2CH_2CH_3$$

目标分子采用上述切断法效果不好，因为产物比原料的亲核性更强，不能防止多烷基化反应的发生。

$$PhNH_2 \xrightarrow{RBr} PhNHR \xrightarrow{RBr} PhNR_2 + Ph\overset{+}{N}R_3\overset{-}{Br}$$

解决的办法是利用胺的酰化反应，酰化反应不易产生多酰基化产物，得到的酰胺再用氢化铝锂还原。所以目标分子应进行下述逆推。

$$PhNH\text{—}CH_2CH_2CH_3 \xrightarrow{FGA} PhNH\text{—}C(=O)CH_2CH_3 \Longrightarrow PhNH_2 + CH_3CH_2C(=O)Cl$$

(3) 封闭特定位置进行导向 有些有机分子对于同一反应存在多个活性部位。在合成中，除了可以利用上述的活化导向、钝化导向以外，还可以引入一些基团，将其中的部分活性部位封闭起来，阻止不需要的反应发生。这些基团被称为阻断基，反应结束后再将其除去。在苯环上的亲电取代反应中，常引入磺酸基、羧基、叔丁基等作为阻断基。

【例 14-3】 设计 （邻氯甲苯：苯环上 CH_3 与 Cl 处于邻位）的合成路线。

分析：甲苯氯化时，生成邻氯甲苯和对氯甲苯的混合物，它们的沸点相近（分别为 159℃和 162℃），分离困难。合成时，可先将甲苯磺化，将对位封闭起来，然后氯化，氯原子只能进入邻位，最后水解，脱去磺酸基，就可得到纯净的邻氯甲苯。

合成：

$$C_6H_5CH_3 \xrightarrow{H_2SO_4} p\text{-}CH_3C_6H_4SO_3H \xrightarrow{Cl_2,\ Fe} 2\text{-}Cl\text{-}4\text{-}(SO_3H)C_6H_3CH_3 \xrightarrow[150℃]{H_2O,\ H^+} TM$$

14.4.3 有关合成路线优化

经济因素是衡量合成的效率和效益的主要指标。它主要在于每一步反应的原材料价格、时间和收率。一些次要的指标也同样要从经济上来考虑。例如要尽量减少再官能化和附加步骤，也就是说要缩短合成路线。合成路线的长短直接关系到合成路线的价值。事实上，从起始原料到目标分子的合成程序短一些，化学差距小一些，这就意味着需要克服的问题就会少一些，因此就必然地提高了合成设计的效率，提高了合成设计的经济效益。要缩小起始原料与目标分子之间的差距，关键要于设计时采用以下方法。

(1) 尽可能采用步骤少、收率高的合成路线 对合成路线中反应步数和反应总收率的计算是衡量合成路线的最直接方法。这里反应的总步数是指从所用原料或试剂到达所需合成化合物（目标分子）所需的反应步数之和；总收率是各步收率的连乘积。假如某一合成路线中每一步反应的收率为 90%，若该合成路线需十步完成，则总收率为 35%；若该合成路线仅需三步完成，则总收率为 73%。由此可见，合成反应步骤越多，总收率也就越低，原料消耗就越大，成本也就越高。另外，反应步骤的增加，必然带来反应用期的延长和操作步骤的繁杂。因此，应尽可能采用步骤少、收率高的合成路线。

另外，采用收敛型的工艺路线也可提高合成效率。

例如，第一条路线

$$A \rightarrow B \rightarrow C \rightarrow D \rightarrow E \rightarrow F \rightarrow C \rightarrow P$$

总收率＝ $(80\%)^7 = 21.0\%$ （假设每一步反应的收率为 80%）

第二条路线

$$\left.\begin{matrix} H \rightarrow J \rightarrow L \rightarrow N \\ I \rightarrow K \rightarrow M \rightarrow O \end{matrix}\right\} \rightarrow P$$

总收率＝ $(80\%)^4 = 40.9\%$

（2）应用一瓶多步串联反应　在设计和实现一项高效和简捷的目标分子合成时，各步反应前后之间的衔接是值得注意的一个方面，应该尽量减少繁琐的反应后处理工作和避免上一步反应产物中的杂质对下一步反应的影响。生物体内的化学反应和合成是高度有序、高效地进行的，许多转化涉及多步连锁式，多米诺骨牌式反应。在一个反应瓶中进行连续多步串联反应，可省略中间的分离、纯化，是一种环境友好的“一锅法”反应。由于串联反应一般经历了一些活性中间体，如碳正离子、碳负离子、自由基或卡宾等，这样就发生了一个反应可以启动另一个反应，因此多步反应可连续进行，而无需分离出中间体，不产生相应的废弃物，可免去各步后处理和分离带来的消耗和污染。

经过对各条工艺路线的多种条件进行比较，选定某一条合成路线，对于此合成路线的各步反应条件还要进一步进行最优化处理，最优化的方法很多：如单因素体系用 0.618 法、分数法等，如果为双因素体系可采用等离线法、单纯形法等；如果影响因素为超过两个的多因素体系可采用正交法来设计处理。可根据具体情况分别采用。具体做法见相应参考书。总的来说对合成路线的优化，应根据具体情况，从客观实际出发，抓住主要矛盾，认真选取影响因素设计实验，不要死搬硬套某种方法，以免达不到优化的目的。

另外一个优化过程只对应于某一步反应，不是所有过程都适用于同一种情况，应该根据实际情况安排好合成过程中的各个环节。

14.4.4　磺胺药 SMZ 的生产流程简图

磺胺药 SMZ 生产的工艺流程简图如图 14-5，供同学们学习时参考。

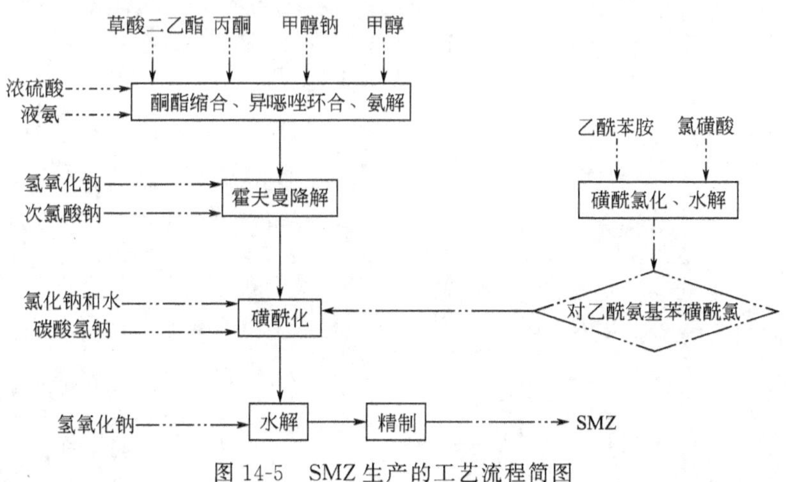

图 14-5　SMZ 生产的工艺流程简图

练习与思考题

1. 写出本项目合成的体会。
2. 有机合成中为什么要进行基团保护？如何进行基团保护？
3. 多数医药产品都是由多步反应合成的，请查阅资料解决下面的问题。

（1）阿扑西林（Aspoxicillin）的合成路线；

(2) 非洛地平（Felodipine）的合成路线。

4.试推导下面物质的合成路线。

(1) $HOCH_2C\equiv CCOOH$ (2) $CH_3COCH_2CH_2Ph$ (3) O H_2N OH

(4) NH_2 Ph (5) Br Br Br

情境15

聚酯的合成（酯化、缩聚）

学习目标与要求

知识目标

理解高分子材料的基础概念，缩聚反应的分类、特点，聚酯（PET）的应用，掌握聚酯（PET）聚合合成方法，反应过程、分离过程知识等；了解聚酯产品检测的方法及合成过程中的安全环保知识。

能力目标

能进行聚酯（PET）的资料检索，能根据缩聚反应的特点初步制订缩合聚合反应的方案；能根据聚酯（PET）小试工艺规程操作装置。

情感目标

通过分组学习和讨论体会团队分工合作的精神；通过合成工作中的岗位要求培养学生对工作岗位职责的理解；通过积极的自评、互评、教师评价等多种方式，让学生建立对生产聚酯产品的信心，培养学生对聚酯产品的兴趣。

15.1 情境引入

同学们来到学校校办工厂实习车间。校办工厂主要以生产和加工聚酯（PET）为主。生产规模不大，非常适合学生实习。实习老师蒋老师给了他们车间实习的计划。与前面的实习内容相仿，不过产品换成了聚酯（PET）。

15.2 任务解析

蒋老师检查了小张等资料准备情况。

小张：聚酯是由多元醇和多元酸缩聚而得的聚合物总称，包括聚对苯二甲酸乙二酯（Polyethylene terephthalate 简称 PET 或 PEIT）、聚对苯二甲酸丁二酯（PBT）和聚芳酯

(PAR) 等。其中聚对苯二甲酸乙二酯，俗称涤纶树脂，是热塑性聚酯中最主要的品种。1946 年英国发表了第一个制备 PET 的专利，1949 年英国 ICI 公司完成中试，但美国杜邦公司购买专利后，1953 年建立了生产装置，在世界最先实现工业化生产。初期 PET 几乎都用于合成纤维（我国俗称涤纶、的确良）。20 世纪 80 年代以来，PET 作为工程塑料有突破性的发展，相继研制出成核剂和结晶促进剂，使得聚酯产品加工应用性能得到极大的提升，拓宽了 PET 的应用领域。

小李：PET 分为纤维级聚酯切片和非纤维级聚酯切片。纤维级聚酯用于制造涤纶短纤维和涤纶长丝，是涤纶纤维加工纤维及相关产品的原料。非纤维级聚酯还有瓶类、薄膜等用途，广泛应用于包装业、电子电器、医疗卫生、建筑、汽车等领域。目前 PET 与 PBT 一起作为热塑性聚酯，成为五大工程塑料之一。

蒋老师：聚酯（PET）属于高分子材料，这类材料的合成跟前面我们所学的化合物的合成是明显不同的。一般的有机物合成是两分子或三分子之间发生的化学反应，生成物也是少数的几种物质。但高分子合成往往由某种分子或少数几种分子发生连续的化学反应，结果分子间相互聚合而生成分子量超大的聚合物。这类物质有别于简单化合物的合成，在操作上更复杂，也更需要技巧。因为很多化工企业都生产聚合物的品种，这类物质的合成也是我们必须面对的挑战，因此我们有必要熟悉一下这类聚合反应的合成及操作。

15.2.1 聚酯（PET）项目小试合成任务书

蒋老师给大家发了一份聚酯（PET）小试合成任务书（见表 15-1）。

表 15-1 聚酯（PET）小试合成任务书

项目名称	内容	技术要求		执行标准
		专业指标	理化指标	
聚酯(PET)产品小试合成	聚酯(PET)小试规模的合成,能在教师指导下进行小试装置操作	中文名称:聚酯(PET),聚对苯二甲酸乙二酯 英文名称:Polyethylene terephthalate CAS:25038-59-9 分子式:$(C_{12}H_{12}O_5)_n$	色状:乳白色或浅黄色、高度结晶的聚合物,表面平滑有光泽 熔点:250～255℃ 特性黏度:0.6 dL/g(25℃) 溶解性:耐油、耐脂肪、耐稀酸、稀碱,耐大多数溶剂	GB/T 14189—2008 GB/T 14190—2008
项目来源		(1)自主开发	(2)转接	
进度要求		1～2 周		
项目负责人			开发人员	
下达任务人		技术部经理		日期:
		技术总监		日期:

注：一式三联。一联交技术总监留存，一联交技术部经理，一联交项目负责人。

蒋老师：“为了便于大家理解，先给大家补充一点有关高分子化合物的基础知识。”

知识点拨

1. 高分子的基本概念

聚合物又称高分子化合物，通常由低分子单体聚合而成。用于聚合的小分子则被称为“单体”。聚合物的分子量一般在 10^4～10^6 或更高，构成分子的原子数可达 10^3～10^5 或更高。一般把分子量低于 1000 或 1500 的化合物称作低分子化合物；分子量在 10000 以上的化合物称作高分子化合物。聚合物绝大多数是各种不同分子量的同系混合物，因而称为高分子化合物。

高分子化合物的系统命名比较复杂，实际上很少使用，习惯上天然高分子常用俗名。合成高分子则通常按制备方法及原料名称来命名，如用加聚反应制得的高聚物，往往是在原料名称前面加个“聚”字来命名。例如，氯乙烯的聚合物称为聚氯乙烯，苯乙烯的聚合物称为聚苯乙烯等。如用缩聚反应制得的高聚物，则大多数是在简化后的原料名称后面加上“树脂”二字来命名。例如，酚醛树脂、环氧树脂等。加聚物在未制成制品前也常用“树脂”来称呼。例如，聚氯乙烯树脂、聚乙烯树脂等。当二种单体合成的产物可作为橡胶或纤维使用时，可在各单体名称后加“橡胶”“纤维”二字，如异丁戊橡胶、丁（二烯）苯（乙烯）橡胶、硝酸纤维素、醋酸纤维素。此外，在商业上常给高分子物质以商品名称。例如，聚己内酰胺纤维称为尼龙-6，聚对苯二甲酸乙二酯纤维称为涤纶，聚丙烯腈纤维称为腈纶等。

高分子化合物的分子量虽然很大，但组成并不复杂，它们的分子往往都是由特定的结构单元通过共价键多次重复连接而成。这种重复单元俗称链节。高分子中可以独立运动的一个区段称为链段。它是由十几至上百个链节组成。同一种高分子化合物的分子链所含的链节数并不相同，所以高分子化合物实质上是由许多链节结构相同而聚合度不同的化合物所组成的混合物，其分子量与聚合度都是平均值。

高分子的分子结构可以分为两种基本类型（见图 15-1）：第一种是线型结构，具有这种结构的高分子化合物称为线型高分子化合物。第二种是体型结构，具有这种结构的高分子化合物称为体型高分子化合物。此外，有些高分子是带有支链的，称为支链高分子，也属于线型结构范畴。有些高分子虽然分子链间有交联，但交联较少，这种结构称为网状结构，属体型结构范畴。

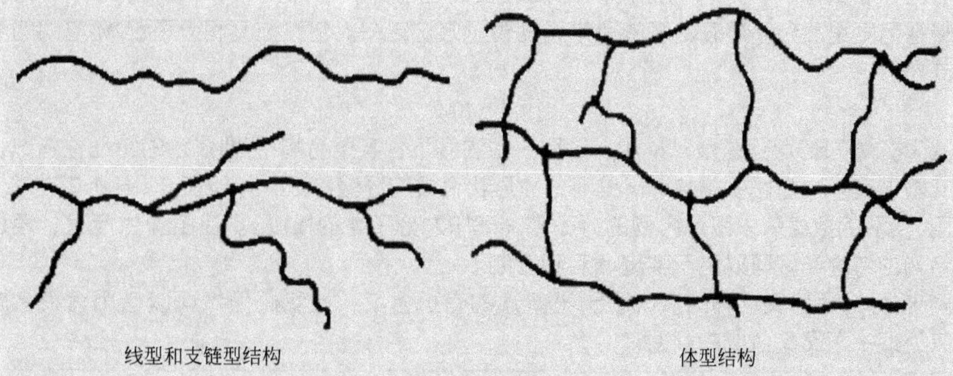

图 15-1　高分子形状

在线型结构（包括带有支链的）高分子物质中有独立的大分子存在，这类高聚物在溶剂中或在加热熔融状态下，大分子可以彼此分离开来。而在体型结构（分子链间大量交联的）的高分子物质中则没有独立的大分子存在，因而也没有分子量的意义，只有交联度的意义。交联很少的网状结构高分子物质也可能有可分离的大分子存在（犹如一张张“渔网”仍可以分开一样）。

聚合物的分类有多种方法，较常用的是按照主链结构和按照性能和用途分类。按高分子主链结构分类可分为碳链高分子、杂链高分子、元素有机高分子和无机高分子四大类。按性能和用途可分为塑料、橡胶和纤维三类。

知识点拨

2. 什么是特性黏度（IV）

特性黏度（intrinsic viscosity）是当高分子溶液浓度趋于零时的比浓黏度，常以［η］表示。定义式如下。

$$[\eta]=\lim_{c\to 0}\eta_{sp}/c$$

式中，η_{sp} 为增比黏度，c 为聚合物溶液的质量浓度，单位为 g/mL。其中 η_{sp} 通过下式计算。

$$\eta_{sp}=(\eta-\eta_s)/\eta$$

式中，η、η_s 分别为聚合物溶液和纯溶剂的黏度。当用黏度计测定的聚合物溶液和纯溶剂的流出时间来表示黏度时，则有

$$\eta_{sp}=(t-t_s)/t$$

式中，t、t_s 分别为聚合物溶液和纯溶剂的流出时间，s。

用 $\ln(\eta_{sp}/c)$ 对 c 作图，该直线的外推值即为特性黏度［η］，其量纲为 dL/g。

通过测定的增比黏度 η_{sp}，也可用哈金斯方程式计算特性黏度［η］。

$$\eta_{sp}/c=[\eta]+k'[\eta]^2c$$

式中，k'为哈金斯常数，可通过实验测定。按 GB/T 14190—2008 测定聚酯时哈金斯常数 k'为 0.35。

聚合物的特性黏度表示了单个高分子对溶液黏度的贡献，其值不随浓度而变。如果高聚物分子的分子量愈大，则它与溶剂间的接触表面也愈大，摩擦就大，表现出的特性黏度也大。特性黏度是高分子溶液黏度的最常用的表示方法之一。特性黏度和分子量 M 之间的经验关系式为。

$$[\eta]=KM^{\alpha}$$

式中，M 为黏均分子量；K 和 α 是在一定温度下，某聚合物-溶剂体系的特征性指数，可通过实验测定。K 为比例常数，α 是与分子形状有关的经验参数，一般在 0.5～0.9 之间。因此常用［η］的数值来求取聚合物的分子量（或作为分子量的量度）。在工业生产上，通过测定聚合物的特性黏度可对生产实施调节和控制。

蒋老师：“尽管聚合物的合成区别于普通的有机合成，但我们仍然可以借用有机合成的思路来处理一下聚酯合成的问题。”

15.2.2 聚酯（PET）的合成路线设计

15.2.2.1 聚酯（PET）分子结构分析

蒋老师：首先根据有机化合物的 CAS 号查阅聚酯（PET）的分子结构式。

① 聚酯（PET）的分子式：$(C_{12}H_{12}O_5)_n$

② 聚酯（PET）的分子结构式：

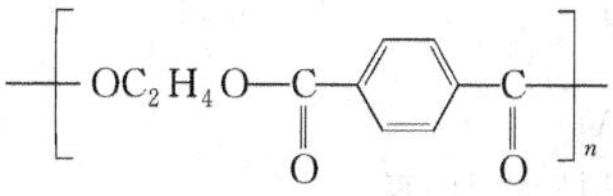

$$\left[\!-OC_2H_4O-\underset{\underset{O}{\|}}{C}-C_6H_4-\underset{\underset{O}{\|}}{C}-\right]_n$$

分子结构中 n 为聚酯分子中重复结构单元的数目，亦称链节数。n 越大，树脂的聚合度越高。PET 分子是具有对称性芳环结构的线型大分子。由于分子中 C—C 键的内旋转，PET 分子中可有两种构象，即有顺式（无定形）相反式（结晶态）两种。

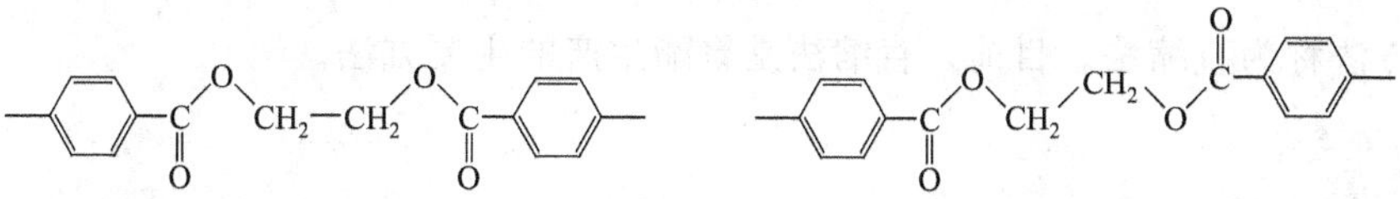

顺式（重复周期约为 1.09nm）　　　反式（重复周期约为 1.075nm，能量较低）

聚酯结构中，芳环赋予聚合物刚性的性能，而亚乙基赋予聚合物一定的柔性。目标化合物主链的基本结构为酯基的结构。

15.2.2.2 聚酯（PET）的合成路线分析

蒋老师：聚合物是由单体聚合而成，这反映在主链分子的链节中，将此链节拆解如下。

(1) 链节还原为单体

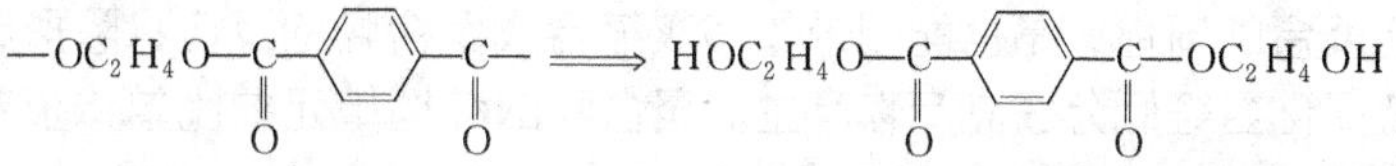

$$-OC_2H_4O-\underset{\underset{O}{\|}}{C}-C_6H_4-\underset{\underset{O}{\|}}{C}- \Longrightarrow HOC_2H_4O-\underset{\underset{O}{\|}}{C}-C_6H_4-\underset{\underset{O}{\|}}{C}-OC_2H_4OH$$

则聚合单体为对苯二甲酸二乙二醇酯。即 PET 可由对苯二甲酸和乙二醇缩聚而成。

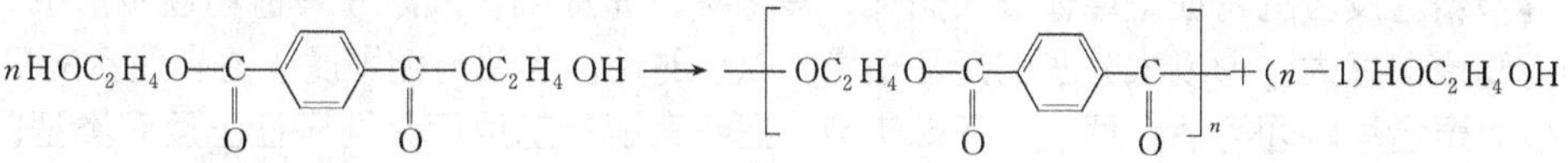

$$nHOC_2H_4O-\underset{\underset{O}{\|}}{C}-C_6H_4-\underset{\underset{O}{\|}}{C}-OC_2H_4OH \longrightarrow \left[\!-OC_2H_4O-\underset{\underset{O}{\|}}{C}-C_6H_4-\underset{\underset{O}{\|}}{C}-\right]_n+(n-1)HOC_2H_4OH$$

(2) 链节拆解为单体

$$-OC_2H_4O-\underset{\underset{O}{\|}}{C}-C_6H_4-\underset{\underset{O}{\|}}{C}- \Longrightarrow HOC_2H_4OH+HO-\underset{\underset{O}{\|}}{C}-C_6H_4-\underset{\underset{O}{\|}}{C}-OH$$

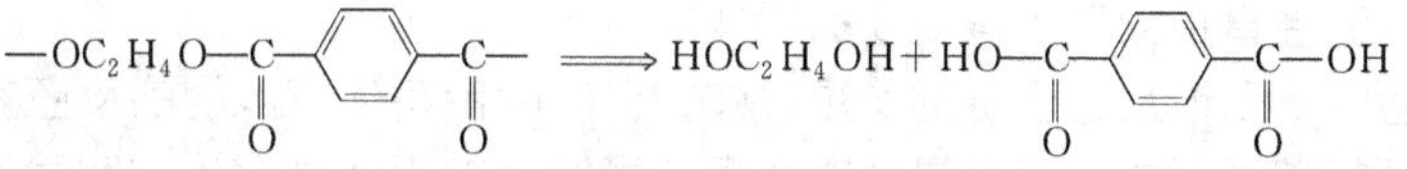

则相应的聚合单体为乙二醇和对苯二甲酸。即 PET 可由对苯二甲酸和乙二醇缩聚而成。

$$nHOC_2H_4OH+nHO-\underset{\underset{O}{\|}}{C}-C_6H_4-\underset{\underset{O}{\|}}{C}-OH \longrightarrow \left[\!-OC_2H_4O-\underset{\underset{O}{\|}}{C}-C_6H_4-\underset{\underset{O}{\|}}{C}-\right]_n+(2n-1)H_2O$$

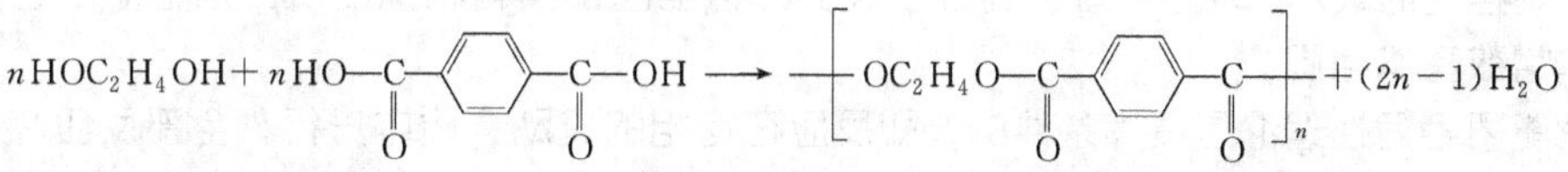

比较（1）和（2），相应的单体都是经过酯化反应而得到最终聚合物。（1）的单体对苯二甲酸二乙二醇酯实际上可由对苯二甲酸和乙二醇进行双酯化反应而得。

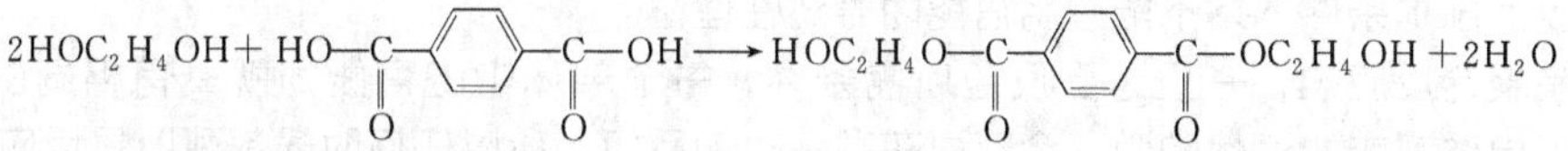

$$2HOC_2H_4OH+HO-\underset{\underset{O}{\|}}{C}-C_6H_4-\underset{\underset{O}{\|}}{C}-OH \longrightarrow HOC_2H_4O-\underset{\underset{O}{\|}}{C}-C_6H_4-\underset{\underset{O}{\|}}{C}-OC_2H_4OH+2H_2O$$

故为便于讨论，我们将合成聚酯（PET）的单体视为对苯二甲酸和乙二醇。因聚对苯二甲酸和乙二醇只含 2 个官能团，故聚合时形成线形分子。

15.2.2.3 聚酯（PET）的生产工艺路线

实际聚酯（PET）的生产工艺包含两个环节：对苯二甲酸二乙二醇酯（或称对苯二甲双羟乙酯，简称 BHET）的生产，然后由 BHET 经均缩聚反应得 PET。

BHET 的生产有三种方法，即酯交换法、直接酯化法和环氧乙烷法。由对苯二甲酸（TPA）和乙二醇（EG）反应生成对苯二甲酸二乙二醇酯，这种方法称为直接酯化法，其反应式如下：

$$2HOC_2H_4OH + HO-\underset{\underset{O}{\|}}{C}-C_6H_4-\underset{\underset{O}{\|}}{C}-OH \longrightarrow HOC_2H_4O-\underset{\underset{O}{\|}}{C}-C_6H_4-\underset{\underset{O}{\|}}{C}-OC_2H_4OH + 2H_2O$$

(EG)　(TPA)　(BHET)

BHET 缩合后得到 PET，反应式如下。

$$n\ \text{BHET} \xrightarrow{\text{均缩聚}} H\left[OC_2H_4O-\underset{\underset{O}{\|}}{C}-C_6H_4-\underset{\underset{O}{\|}}{C}\right]_n OC_2H_4OH + (n-1)HOC_2H_4OH$$

PET

这种方法称为直缩法。目前，直缩法是聚酯生产的主要方法。

知识点拨

关于聚合反应

（1）聚合反应的概念及分类　由低分子单体合成聚合物的反应总称作聚合。合成高分子化合物最基本的反应有两类：一是根据单体-聚合物的结构变化分类；二是根据聚合机理分类。根据单体-聚合物的结构变化可分为官能团间的缩聚、双键的加聚、环状单体的开环聚合。根据聚合反应机理可分为逐步聚合和连锁聚合。

缩聚是缩合聚合的简称，是官能团单体多次缩合成聚合物的反应，除形成缩聚物外，还有水、醇、氨或氯化氢等低分子副产物产生。聚合物的结构单元要比单体少若干原子。聚酯就是典型的缩聚例子。

逐步聚合反应的特征是单体很快消失，转化率迅速提高，大分子聚合物逐步形成，分子量随时间慢慢增大，形成大分子的速度较慢，以小时计。大部分缩聚属于逐步聚合的机理。

（2）聚合官能团等活性理论　在单体中，把含有能参加反应并可表征出反应类型的原子或原子团称作官能团。单体中的官能团中直接参加化学反应形成聚合物长链的部分则称为活性中心。单体的活性直接依赖于官能团的活性。

在缩聚反应中，不论其分子链的长短怎样，它们所带有的官能团的反应活性基本上是相同的，与该分子的链长无关，这就是缩聚反应中官能团的等活性理论。实验证明，当链长增加到一定程度时（$n>3$），不同长度分子链上的官能团都具有相同的反应活性。即它们的反应速率常数基本相同。

官能团等活性理论是具有条件的，即反应在均相的流动介质中进行，全部反应物、中间产物和最终产物都溶于该介质中；官能团的“周围环境”应完全相同；聚合物的分子量不能太高，反应速率常数也不能太大，反应体系的黏度不能太高，否则小分子产物逸出困难。凡不符合以上前提条件的均不能应用官能团等活性理论。

逐步聚合反应中，一旦达到反应所需条件，每个单体中的官能团就具有相同的反应能力，所以单体都成为活性中心，全部可在同一时刻反应。所以任何时候都可以是反应终点。

（3）聚合物的聚合度和聚合物的分子量　聚合物的基本重复单元数称为聚合度，通常用 DP 表示。如果聚合物由基本重复单元构成，或者聚合物中端基只占很少的一部分，则聚合度 DP 和聚合物分子量 M 之间的关系为：

$$M=(DP)M_0$$

式中，M_0 是重复单元的化学式分子量（聚酯的链节单元分子量为 192）。

聚合时单体的聚合度越高，相应聚合物的分子量也越大。聚酯的分子量必须达到 15000 以上，才具有可纺性，相应聚合度大约在 83。

必须注意的是，因聚合物是混合物，这里的聚合度和分子量都是平均意义的。

15.2.3 聚酯（PET）缩聚过程分析

15.2.3.1 PTA与EG直接酯化反应

对苯二甲酸和乙二醇的反应是典型的酯化反应。参见前面的情境。

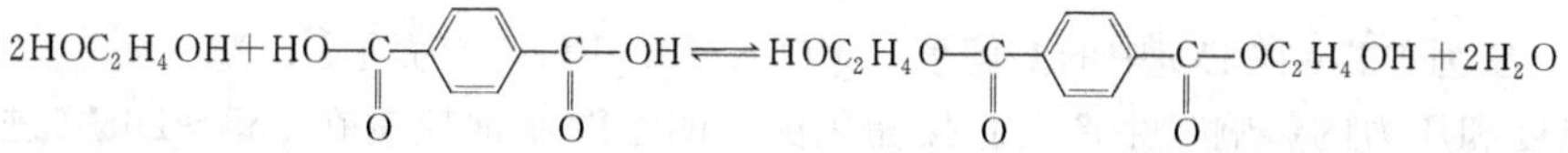

$$2HOC_2H_4OH + HO-\underset{\underset{O}{\|}}{C}-C_6H_4-\underset{\underset{O}{\|}}{C}-OH \rightleftharpoons HOC_2H_4O-\underset{\underset{O}{\|}}{C}-C_6H_4-\underset{\underset{O}{\|}}{C}-OC_2H_4OH + 2H_2O$$

（1）直接酯化段反应机理 目前，PTA酯化反应一般不需要加催化剂，因为PTA分子中的羧酸本身就可起催化作用，这种催化实际上为氢离子催化。

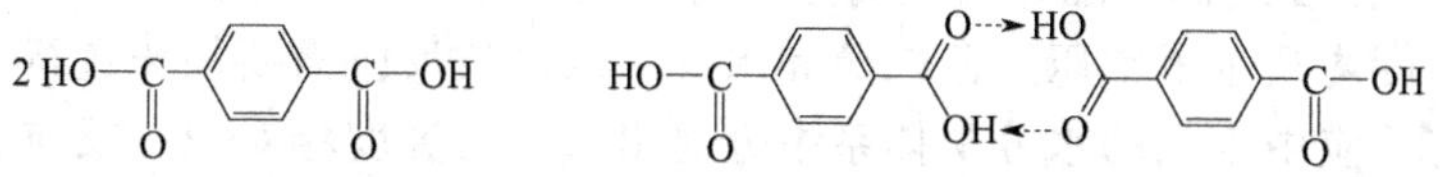

$$2\,HO-\underset{\underset{O}{\|}}{C}-C_6H_4-\underset{\underset{O}{\|}}{C}-OH \qquad HO-\underset{\underset{O}{\|}}{C}-C_6H_4-C(=O\cdots HO)(OH\cdots O=)C-C_6H_4-\underset{\underset{O}{\|}}{C}-OH$$

两分子PTA由于氢键形成偶合，相当于质子加到羰基氧上，质子的正电性通过双键传递给羰基碳原子，使得其亲电性增强，当乙二醇羟基氧进攻羰基碳原子后形成过渡态中间物，重排得到酯化产物。

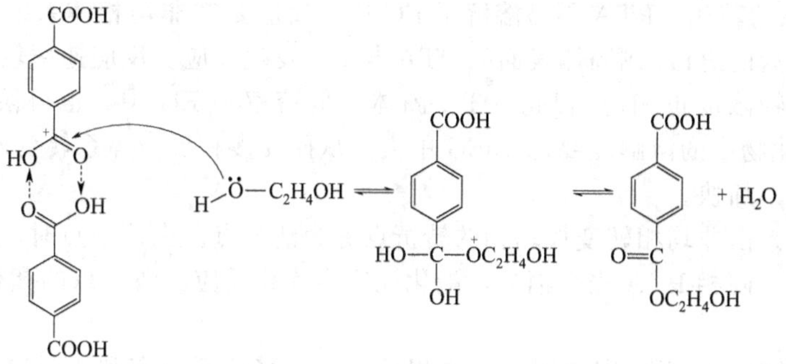

$$\text{(PTA二聚体)} + H-\ddot{O}-C_2H_4OH \rightleftharpoons HOOC-C_6H_4-\underset{\underset{OH}{|}}{C}(OH)-\overset{+}{O}C_2H_4OH \rightleftharpoons HOOC-C_6H_4-C(=O)-OC_2H_4OH + H_2O$$

2分子PTA与1分子EG的酯化反应，实质上是1分子PTA与1分子的EG的酯化反应；另一分子PTA是在起催化剂的作用。故直接酯化过程中不必加入催化剂。

直接酯化反应也可用醋酸钴、醋酸钙、醋酸锌等化合物作催化剂。但必须注意的是，由于直接酯化后进行缩聚，催化剂将留在缩聚产物中，所以必须考虑催化剂对产物的影响。醋酸钴、醋酸钙、醋酸锌等化合物在高温下能使PET加速热降解，自身又能被产生的羧基抑制而“中毒”失去催化效用，因而一般不用这些化合物作催化剂。

PTA与EG直接酯化是一可逆平衡反应，反应的平衡常数通常较小。当反应温度在220～250℃时，反应平衡常数$K \approx 1.09 \sim 1.10$。为促使平衡反应向正方向（即产物方向）移动，需要将反应中生成的水分不断除去。

酯化反应是吸热反应，但PTA与EG的酯化反应热效应很小，$\Delta H = 6270$ J/mol。

（2）直接酯化反应影响因素分析

① 反应物的性质

a.对苯二甲酸 白色晶体或粉末，熔点300℃，低毒，可燃。能溶于碱溶液，微溶于热乙醇，不溶于水、乙醚、冰醋酸、乙酸乙酯、二氯甲烷、甲苯、氯仿等大多数有机溶剂，可溶于DMF、DEF和DMSO等强极性有机溶剂。若与空气混合，在一定的限度内遇火即燃烧甚至发生爆炸。自燃点680℃，燃点384～421℃。

PTA具有酸的通性，能与醇发生酯化成酯。

b. 乙二醇（EG） 为无色透明的黏稠液体，沸点 197.4℃，冰点 −11.5℃，能与水以任意比例混合。稍有甜味，无气味，稳定性较低，吸水性较大。

乙二醇具有醇的一般性质，能与酸酯化成酯，也能发生脱水反应生成醚。

必须注意的是，PTA 在 EG 中的溶解度不大。PTA 在 EG 中的溶解度可按下式计算：

$$S=0.0209(t-71.1)$$

式中，S 为 PTA 在 EG 中的溶解度，gPTA/100gEG，t 为温度，℃。

② 温度和压力的影响 生产上直接酯化反应的温度通常控制在 255～265℃进行。由于反应热效应 $\Delta H>0$，温度升高，反应平衡有利于向正方向移动，故提高反应温度对直接酯化反应有利，但反应温度过高将造成副产物二甘醇的大量生成，故生产上酯化反应温度一般不超过 275℃。而温度过低，酯化反应的速率将大大降低。

由于反应温度均超过了常压下乙二醇和水的沸点，故反应需要加压进行。生产上通常通过精馏的方法将反应中生成的水分从体系中分离出来，与温度相对应，反应釜的压力通常控制在 0.3MPa（绝对压力）左右。

③ 配料比例的影响 若要提高反应速率，可提高 EG 的用量（即 EG/PTA 比值），但能引起乙二醇醚化副反应加剧，二甘醇含量增高，影响 PET 纤维的质量。生产上控制 EG/PTA＝1.3～1.8.或低于 1.3，以抑止醚化反应。

④ 反应体系的转相 PTA 不易溶解于 EG 中，反应是在非均相体系中进行的。酯化反应的初期是溶解后的 PTA 或固体表面的 PTA 与 EG 发生反应。反应速率较慢。随着反应的不断进行，酯化物浓度也相应增加。PTA 固体不但溶解到 EG 中，也可溶解到酯化物中。而且 PTA 在酯化物中的溶解度要比在 EG 中大。从而使多相反应体系转变成均相反应体系。此时酯化反应速率加快。

酯化反应体系由非均相转变成均相的转折点称为清晰点。在清晰点时，体系溶液是透明的。清晰点之后，固相 PTA 完全消失，酯化反应为均相反应。清晰点的酯化率一般在 85%左右。

⑤ 搅拌的影响 由于反应初期是非均相反应，适当的搅拌有利于反应物的传递，对反应有利。搅拌不仅能使物料混合均匀，也可以使升温时避免局部温度分布不均。另一方面，搅拌可以使部分处于死角的物料及时得到更新，防止局部过反应。总体上，酯化时由于体系的黏度不大，对搅拌的要求不很高。

⑥ 副反应 因为反应温度较高，压力大，乙二醇浓度较高，且 PTA 等酸性物质可催化醚化反应，生成二甘醇（DEG）。

$$2HOC_2H_4OH \longrightarrow HOC_2H_4OC_2H_4OH + H_2O$$

酯化反应过程中，也有醚产生。

$$2\,R\text{—}C_6H_4\text{—}\underset{\underset{O}{\|}}{C}\text{—}OC_2H_4OH \longrightarrow R\text{—}C_6H_4\text{—}\underset{\underset{O}{\|}}{C}\text{—}OC_2H_4O\text{—}\underset{\underset{O}{\|}}{C}\text{—}C_6H_4\text{—}R + H_2O$$

$$R\text{—}C_6H_4\text{—}\underset{\underset{O}{\|}}{C}\text{—}OC_2H_4OH + HOC_2H_4OH \longrightarrow R\text{—}C_6H_4\text{—}\underset{\underset{O}{\|}}{C}\text{—}OC_2H_4OC_2H_4OH + H_2O$$

动力学研究表明，醚键结构的生成量与羟基浓度成正比。为了抑止醚化反应，可通过降低乙二醇的用量（控制 EG/PTA 的投料比），也可加入 Co、Zn、Mn 等金属的化合物。

15.2.3.2 BHET 缩聚反应

BHET 缩聚反应也是平衡反应，反应式如下。

$$R-C_6H_4-\overset{\overset{O}{\parallel}}{C}-O-CH_2-CH_2-OH+HO-CH_2-CH_2-O-\overset{\overset{O}{\parallel}}{C}-C_6H_4-R \underset{k_b}{\overset{k_s}{\rightleftharpoons}}$$

$$R-C_6H_4-\overset{\overset{O}{\parallel}}{C}-O-CH_2-CH_2-O-\overset{\overset{O}{\parallel}}{C}-C_6H_4-R+HOCH_2CH_2OH$$

平衡常数 K 值是比较小的。据报道，实验测得 195℃、223℃、254℃、282℃时的 K 值分别为 0.59，0.51，0.47，0.38。温度升高可使平衡常数下降。BHET 缩聚反应为放热反应，但热效应不大（$\Delta H=-8\sim20$kJ/mol）。为了获得高分子量 PET，必须将体系中的 EG 尽量排除。

在实际的反应过程中，酯化反应的同时，缩聚反应也随之发生。工业上往往将酯化率达到 95%以前的反应称作酯化反应，大于 95%以后的反应称为缩聚反应。因此，在缩聚反应中仍会有少量的酯化反应发生。

知识点拨

1. 反应程度与聚合度的关系

在缩聚反应中，参加反应的官能团数目与起始官能团的总数目之比，称为反应程度，用符号 P 表示。聚合度则是指平均进入大分子链的单体数目，用 $\overline{X}_n$ 表示，即平均进入大分子链的链节数（重复结构单元数）。

$$P=\frac{参加反应的官能团数}{初始官能团总数}=\frac{N_0-N}{N_0}$$

对聚酯合成中，N_0 表示初始—COOH 的数量，N 则表示反应后残余的—COOH 数量。由于每个单体都含有 2 个官能团。

$$\overline{X}_n=\frac{单体的分子总数}{生成的大分子总数}=\frac{N_0/2}{N/2}=\frac{N_0}{N}$$

整理得：

$$P=1-\frac{1}{\overline{X}_n}$$

或者

$$\overline{X}_n=\frac{1}{1-P}$$

注意，上述反应程度与聚合度的关系是在等当量比反应条件中推导出来的，即原料配比中—COOH 浓度与—OH 浓度相同。

知识点拨

2. 平衡常数与聚合度的关系

对于 PET 合成反应，反应开始和达到平衡时的情况为：

$$R-COOH+HO-R' \rightleftharpoons RCOOR'+H_2O$$

反应时间 $\tau=0$	N_0	N_0	0	0
$\tau=\tau_{平衡}$	N	N	N_0-N	N_w

则平衡常数

$$K=\frac{[RCOOR'][H_2O]}{[RCOOH][HOR']}=\frac{(N_0-N)N_w}{N^2}=\frac{\dfrac{(N_0-N)}{N_0}\dfrac{N_w}{N_0}}{\left(\dfrac{N}{N_0}\right)^2}$$

令 $n_z=\dfrac{N_0-N}{N_0}$，$n_w=\dfrac{N_w}{N_0}$，由于$\overline{X}_n=\dfrac{N_0}{N}$，则

$$K=\frac{n_z n_w}{\left(\dfrac{1}{\overline{X}_n}\right)^2}=\overline{X}_n^{\,2}n_z n_w$$

或者 $$\overline{X}_n=\sqrt{\frac{K}{n_z n_w}}$$

对于封闭体系，$n_z=n_w$，故 $\overline{X}_n=\sqrt{\dfrac{K}{n_z n_w}}=\dfrac{1}{n_w}\sqrt{K}$

说明，在平衡常数一定时，缩聚反应产物的聚合度与小分子副产物浓度（或基团数之比）成反比。对平衡常数不大的反应，在封闭体系中不可能得到高分子量的聚合物。为提高产物的分子量，必须降低体系中小分子副产物的浓度。

当要求产物分子量很高时，$N_0\gg N$，故 $n_z=\dfrac{N_0-N}{N_0}\approx 1$，故

$$\overline{X}_n=\sqrt{\frac{K}{n_z n_w}}=\frac{K}{n_w}$$

这就是缩聚平衡方程式。它描述了平衡缩聚反应中，平均聚合度与平衡常数及平衡时小分子产物含量之间的近似关系。必须注意的是，此方程式以水作为小分子而推导，如果是其他小分子，如乙二醇，公式一样适用。例如，在 PET 合成中，如果平衡常数 $K=9$，要想获得平均聚合度$\overline{X}_n=100$ 的高聚物，由计算知体系中残存的水含量应在万分之五以下。

(1) BHET 缩聚反应机理 与酯化反应一样，BHET 进行缩聚反应时一般需要催化剂。反应机理存在几种意见，最有代表性的是螯合配位机理和中心配位机理。

螯合配位机理认为，在缩聚反应条件下，BHET 之间的反应按酸催化的机理下进行，金属离子起着质子的作用，使氢原子被金属催化剂的金属置换。螯合物中的金属提供空轨道与羧基的孤对电子配位，从而增加了羧基氧对螯合体中的羧基碳进攻，并与其结合而完成缩聚反应。具体反应如下。

① BHET 上的羟乙酯基形成环状化合物（以一个羟基酯基为例）

$HOC_2H_4O-C(=O)-C_6H_4-C(=O)-OC_2H_4OH \rightleftharpoons HOC_2H_4O-C(=O)-C_6H_4-C$（环：$OC_2H_4$—O，C=O···→H）

② 与催化剂作用生成烷氧化合物，并且酯基上的羰基还与金属离子生成一个配价键。

$HOC_2H_4O-C(=O)-C_6H_4-C$（环：OC_2H_4—O，C=O···→H）$+ MX_2 \xrightleftharpoons{-HX} HOC_2H_4O-C(=O)-C_6H_4-C$（环：$OC_2H_4$—O，C=O···→M—X）

其中 M 为金属离子，X 为氧或有机酸根。这样，就形成了一个活泼的络合物结构，它有利于羟基进攻羧基碳原子，从而加速缩聚反应的进程。

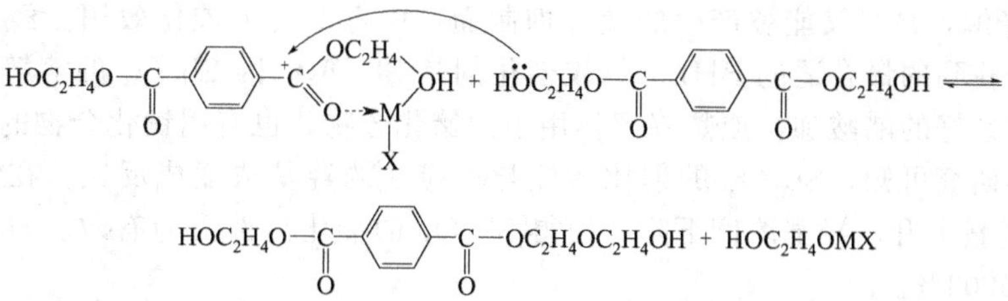

$HOC_2H_4O-CO-C_6H_4-\overset{+}{C}(OC_2H_4OH)-O\cdots M-X + H\ddot{O}C_2H_4O-CO-C_6H_4-CO-OC_2H_4OH \rightleftharpoons$

$HOC_2H_4O-CO-C_6H_4-CO-OC_2H_4OC_2H_4OH + HOC_2H_4OMX$

中心配位机理认为，当催化剂金属盐类与 BHET 作用时，应该产生下列结构的络合物（Ⅰ），该配合物可以进一步与 BHET 进行配位得到新的配合物（Ⅱ）：

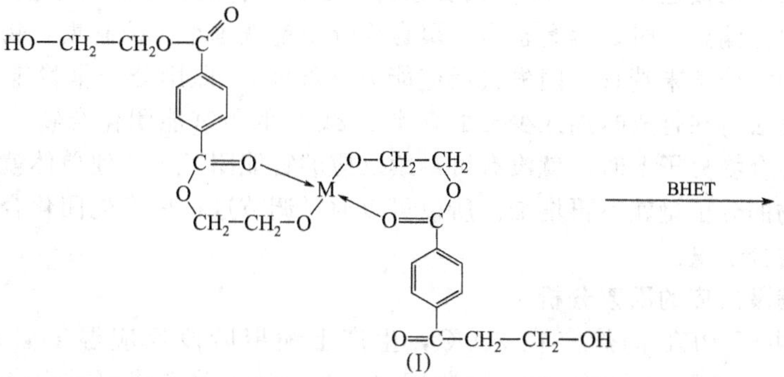

（Ⅰ）$\xrightarrow{BHET}$

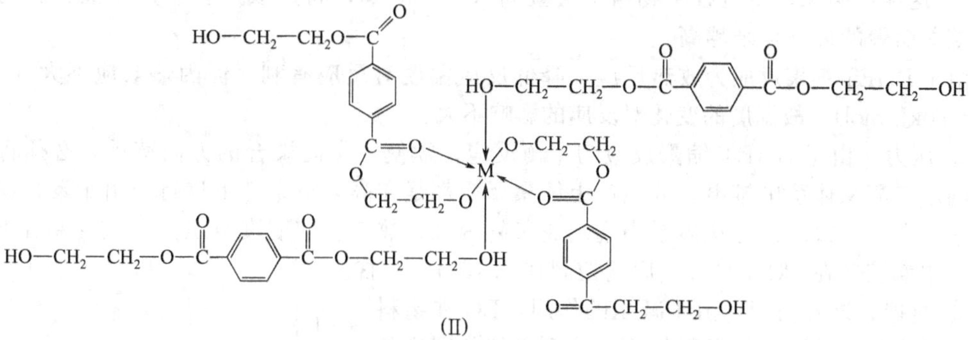

（Ⅱ）

新的配合物再发生反应，得到缩聚产物。

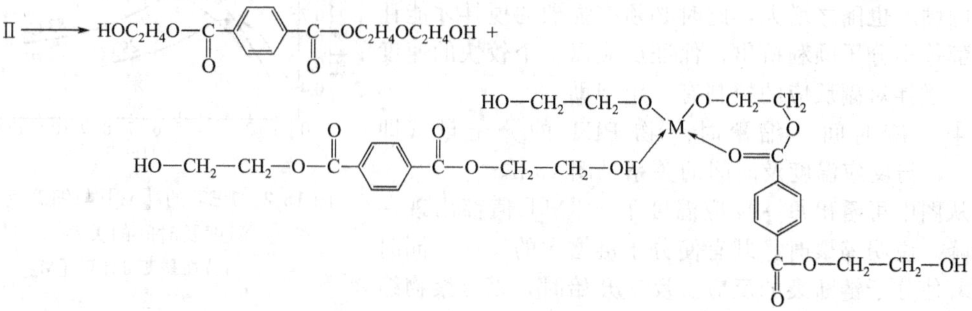

$Ⅱ \longrightarrow HOC_2H_4O-CO-C_6H_4-CO-OC_2H_4OC_2H_4OH +$

（Ⅲ）

（Ⅲ）可以释放出一分子乙二醇后，再和 BHET 配合，继续催化缩合反应不断进行下去。

催化剂选择应符合下列要求：①能促进主反应，力求减少副反应；②易在原料或产物中溶解，便于均匀分布；③所得产品在黏度、熔点、色相、热稳定性等方面，不得因使用催化剂而降低质量指标；④价廉、容易取得。在 TPA 与 EG 直接酯化所用催化剂，如醋酸钴、醋酸钙、醋酸锌等化合物虽然对 BHET 的缩聚反应也有催化作用，但它们在高温下却能使

PET 加速热降解，自身又能被产生的羧基抑制而“中毒”失去催化效用。经过大量的筛选与研究，至今找到的最合适的 BHET 缩聚催化剂是 Sb_2O_3。因 Sb_2O_3 的溶解性稍差，近年来有采用溶解性好的醋酸锑，或热降解作用小的锗化合物，也有用钛化合物的。

由动力学研究可知，Sb_2O_3 的催比活性与反应中的羟基浓度成反比。在缩聚反应的后期，PET 分子量上升，羟基浓度下降，使得 Sb_2O_3 的催化活性更为有效。Sb_2O_3 的用量为 PTA 质量的 0.03%。

(2) 聚合物分子量的控制方法 对于 a-A-a 型单体与 b-B-b 型单体的聚合反应（a、b 分别表示可反应的基团），可以通过控制反应单体的摩尔比来控制聚合物的分子量。理论上，当两种单体的摩尔比接近于 1∶1 时，只要原料充足，聚合高分子的分子量可以达到无限大。而当两者的摩尔比偏离 1 时，偏离越多，聚合物分子量就越小。控制聚合物分子量的另一个有效的办法是使大分子末端官能团失去反应能力（条件），即用分子量稳定化的方法控制分子量。通常的做法是在合成时加入少量的含有 A 或 B 的单官能团化合物，当这种单官能团化合物结合到聚合物分子上时，就没有可继续反应的官能团了，其他单体就不能继续聚合上来，因而聚合物的分子量就不再增加。所以可以通过调节这种单官能团化合物的加入量来调节聚合物的平均分子量。

(3) 影响缩聚反应的因素分析

① 温度　由于 PET 的熔点在 250℃，生产上缩聚阶段反应温度必须控制在 265～285℃。这样可确保缩聚过程中物料不会凝固（一旦凝固，将造成严重生产事故!）。温度的控制随着缩聚的进行越来越高。

由于 BHET 缩聚反应为放热反应，降低反应温度对反应有利。但因热效应不大（$\Delta H=-10\sim20$kJ/mol），故温度的变化对反应的影响不大。

② 压力　由于 BHET 缩聚反应为平衡反应，欲使平衡向聚合的方向移动，必须将反应生成的乙二醇从体系中排出。故生产上缩聚反应都是在高真空条件下进行。由于聚合物的黏度越来越大，导致乙二醇从体系中逸出越来越困难，故聚合前期真空压力一般控制在 25kPa 左右，中期控制在 5kPa 左右，后期控制在 0.15kPa 左右。

③ 搅拌　缩聚初期，由于减压的作用，EG 在物料内部大量汽化产生剧烈的翻腾作用可达到搅拌的同样效果。随着聚合的进行，产生 EG 的速度逐渐下降，而聚合物的黏度也随之增大，此时必须有强烈的搅拌才能让乙二醇等小分子顺利析出，保证反应以一个较快的速度进行。搅拌对副反应的控制有一定帮助。

④ 反应时间　缩聚时产物 PET 的分子量（即［M］），与反应温度及时间的关系见图 15-2。

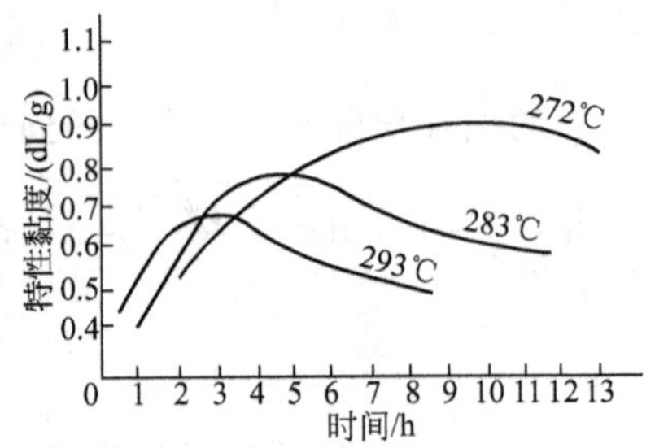

图 15-2　PET 的［M］与缩聚反应温度及时间的关系

由特性黏度可计算［M］

从图中可看出每一反应温度下，［M］值都出现一个高峰。说明缩聚时，既有使分子链增大的反应，同时存在着使分子链断裂的反应。反应开始时，以低聚物缩聚成较大的分子的反应为主，待 PET 分子增大后，裂解反应起主要作用。反应温度较高时，反应速率较快，故［M］达极大值的时间较短，但在高温下热裂解较严重，此极大值较低。在生产中必须根据具体的工艺条件和要求的黏度值来确定最合适的缩聚反应温度和时间。当黏度达到极大值后，应尽快出料，避免因出料时间延长引起分子量下降。

表 15-2 中为 PET 的聚合度、熔点及熔体黏度之间的关系。

表 15-2　PET 的聚合度、熔点及熔体黏度之间的关系

聚合度(重复单元)	3	20	110
熔点/℃	225～235	260	265
熔体黏度/Pa·s	0.05(240℃)	1.0(265℃)	300(280℃)

民用纤维的聚合度一般可达 110，其熔点为 265℃，而 280℃下其熔点已高达 300Pa·s。为了使 EG 尽量逸出反应体系，反应后期温度必须在 265℃以上。

⑤ 副反应

a. 降解反应　缩聚阶段的副反应主要是 PET 的热裂解。根据异裂时位置的不同，热降解又分链间热降解和链端热降解两种。

$$R-C_6H_4-\underset{O}{\underset{\|}{C}}-OC_2H_4O-\underset{O}{\underset{\|}{C}}-C_6H_4-R \longrightarrow R-C_6H_4-\underset{O}{\underset{\|}{C}}-OH + CH_2{=}CHO-\underset{O}{\underset{\|}{C}}-C_6H_4-R$$

$$R-C_6H_4-\underset{O}{\underset{\|}{C}}-OC_2H_4OH \longrightarrow R-C_6H_4-\underset{O}{\underset{\|}{C}}-OH + HOCCH_3$$

聚合温度升高，热降解也增加。如果体系中氧气没有除尽，则还可能发生 PET 的热氧化降解（PET 的热氧化降解，按自由基机理进行。PET 大分子氧化后首先生成过氧化物，过氧化物很容易分解从而造成 PET 的链断裂）。

链断裂后，也可以继续生长。

$$R-C_6H_4-\underset{O}{\underset{\|}{C}}-OH + HOC_2H_4O-\underset{O}{\underset{\|}{C}}-C_6H_4-R \longrightarrow R-C_6H_4-\underset{O}{\underset{\|}{C}}-OC_2H_4O-\underset{O}{\underset{\|}{C}}-C_6H_4-R + H_2O$$

在搅拌时链的断裂与链的生长过程有相当一部分被抵消，搅拌可以减少体系 PET 的热降解。

b. 凝胶反应　凝胶是一种网状结构的体型聚合物。它是一种不熔不溶的物质，在聚酯生产中又称为凝胶粒子。凝胶是影响聚酯或纺丝过滤器使用寿命的一个重要因素，是 PET 可纺性的一个重要指标。

凝胶的生成一般认为是降解产物自由基的交联，支化反应或乙烯基均裂反应所引起的。

$$R-C_6H_4-\underset{O}{\underset{\|}{C}}-OC_2H_4O-\underset{O}{\underset{\|}{C}}-C_6H_4-R + CH_2{=}CHO-\underset{O}{\underset{\|}{C}}-C_6H_4-R \longrightarrow$$

$$R-C_6H_4-\underset{O}{\underset{\|}{C}}-O\underset{\underset{\underset{\underset{R-C_6H_4-O}{|}}{CH_2}}{|}}{\underset{CH_2}{\underset{|}{CH}}}CH_2O\underset{O}{\underset{\|}{C}}-C_6H_4-R \longrightarrow$$

在此基础上继续更多更复杂的反应，最后得到特大的高分子或网状体型聚合物。

⑥ 添加剂的影响

a. 稳定剂　为了防止 PET 在合成过程中和后加工熔融纺丝时发生降解（包括热氧降解），常加入稳定剂。工业上最常用的是磷酸三甲酯（TMP）、磷酸三苯酯（TPP）和亚磷酸三苯酯，尤其是后者，效果更好，因为它还具有抗氧化作用。

对稳定剂的作用有两种观点：一种认为是封锁端基的作用，防止 PET 降解；另一种认为是稳定剂能与酯交换（或直接酯化）过程中的催化剂金属醋酸盐相互结合，抑止了醋酸盐对 PET 热降解反应的催比作用。稳定剂用量越高，即 PET 中含磷量越高。其热稳定性也越好。但是稳定剂可使缩聚反应的速率下降。在同样的反应时间下所得 PET 的分子量较低。即对缩聚反应有迟缓作用，工业生产中必须考虑这个副作用。稳定剂用量一般为 PTA 的 1.25%（质量）。

b.消光剂　在生产消光切片时，还需要在聚合原料中加入固体 TiO_2 粉末。如果 TiO_2 粉添加量过大，一方面增加生产成本，另一方面也会增加聚酯中凝集粒子的数量，将缩短过滤器及其组件的使用寿命。由于其凝集物不溶于三甘醇，致使过滤器滤芯很难清洗。TiO_2 的添加量一般控制在 0.3%左右（质量分数）。

15.2.4　聚合反应后处理

聚合产物为 PET 的高温热熔体，一旦冷却将凝固成强度较高的固体，故必须在熔融态从反应装置中排出。

在聚酯切片生产时，PET 热熔体经铸带，由切片机切成不同规格聚酯切片颗粒。在聚酯纤维生产时，热熔体直接送纺丝工段纺丝。

蒋老师讲解完，要同学们考虑如何制订聚酯的小试合成方案，在车间小试实验室实习时讨论。

15.3　工作过程指导

15.3.1　小试装置合成操作方案参考

同学们来到小试实验室，首先蒋老师对他们进行了岗位安全教育结束后，蒋老师与他们一起讨论聚酯（PET）的小试合成操作方案。

蒋老师拿出聚酯小试的合成方案。

① 准确称取 825mL EG 加入到 1500mL 大烧杯中，加入 1500g PTA 及催化剂 0.6g $Sb_2(Ac)_3$，0.375 g $Co(Ac)_2$ 及稳定剂 0.225mL 磷酸三甲酯。搅拌均匀。小心转入到带精馏塔的反应釜中，加热升温，当反应釜温度达到 50℃左右时 N_2 置换，适当搅拌。保留系统压力 0.05MPa，继续升温至 240～250℃酯化。控制反应釜压力 0.3MPa，由精馏塔定时排出反应生成的水，直至收水量达到理论出水量。当反应釜压力明显下降时，卸去反应釜压力，酯化反应结束。

② 反应釜抽真空，控制在 25kPa 左右，升温至 265～270℃，反应 40～45min（以不带料为准）。继续抽真空，控制在 5kPa 左右，升温至 280～285℃，当电机搅拌功率大幅增加后增速趋缓时，聚合反应结束。用氮气解除系统真空，控制反应釜压力 0.1MPa 后，缓慢打开出料阀出料，同时做好铸条的牵引工作。以防出现烫伤事故。

蒋老师："请大家讨论一下，如何制订聚酯的小试合成方案?"

同学甲："合成方案感觉不太难，但小试装置看似比较复杂，特别加压操作、N_2 置换，还有减压操作，不太好操作。"

蒋老师："任何小试合成方案必须经过实施才能知道方案的可行性。对于反应条件变化比较剧烈的合成过程，必须要在能满足条件变化的装置上进行。相应工艺进一步放大时可以此为放大的依据。因此这样的小试装置已初步具备大生产装置的特点，因此操作这样的小试装置对于将来操作大生产装置有极好的模拟效果。

合成方案中 N_2 置换操作、加压操作、减压操作都是大生产中经常要碰到的操作，将在装置操作的时候我们给大家做详细演示。这里对合成方案的工艺要求及设备的配套提几点建议，以便对大家制订小试方案时参考。"

15.3.2　小试合成方案建议

15.3.2.1　酯化反应体系的构建和监控

因酯化反应与缩聚反应是一个连续过程，酯化反应配料时应将缩聚反应所需的催化剂、助剂一并加入。配料时，因 EG 对 PTA 的溶解性不佳，故要用 EG 将 PTA 充分浸润，这样才能保证酯化反应的速率。酯化反应初期反应体系为非均相体系，适当的搅拌也是必需的。

酯化反应是平衡反应，为促使平衡向产物方向移动，必须将反应生成的水引出反应体系。由于体系需要加压条件，因此反应体系要求是一个密闭反应体系。由于在反应温度下，未反应的乙二醇和反应生成的水都会形成蒸气，此混合物将通过精馏塔进行分离，水分由柱顶排出。由于反应生成的水是连续的，理论上可以连续排水，但由于精馏塔工作时，柱顶必须有回流液才能达到分离效果，故实际操作时可采用间歇式缓慢排水。

反应釜精馏塔（柱）需要带加温的保温系统，塔顶温度的设定要与反应压力下水的沸点温度接近，不能设置过高，否则将不能产生回流液，从而降低分离水的效果。

由于反应过程排水（汽）的缘故，体系中保压的 N_2 不可避免地被少量排出，故当酯化反应完成时，体系中不再产生水，也不能形成蒸汽补充被排出的 N_2，此时体系的压力将较原来明显偏低，此时可判断为酯化反应终点。

为抑止酯化过程中的醚化反应，必须严格控制 EG/PTA 的比例在 1.3 左右为宜。

15.3.2.2　缩聚反应的构建和监控

缩聚反应为真空条件下 BHET 发生的酯交换反应。由于反应产生的乙二醇等小分子物质不断生成，故需要一直不停地抽真空，以维持较高的真空度。

缩聚过程一般分为三个阶段，预缩聚、缩聚、终缩聚，三个阶段真空度应依次提高，压力由 25kPa 降至 0.2kPa，温度也相应由 275℃升高至 285℃。

为减少聚合过程中的氧化热降解，要防止空气漏入系统中，真空操作波动要小。故一个真空密闭性能良好的聚合装置是合成的重要保证。

为了减少聚酯的热降解，聚合釜气相部分温度不能太高，聚合物的停留时间不能太长，反应釜液位不要大起大落。由于搅拌时聚酯链的断裂与链的生长过程有相当一部分被抵消，故适当提高搅拌速率可以减少体系 PET 的热降解。

随着聚合度的提高，熔融状态下的聚酯 PET 的黏度也相应增大，要保持同样搅拌转速所需的电机的功率也越来越大。而高聚物的黏度与其分子量对应，在其他条件不变的情况下，搅拌电机功率的大小即指示了聚合物分子量的大小。对于特定的反应装置，电机搅拌功率与聚合分子量的对应关系需要通过试验进行摸索。

特别要注意的是，聚酯的熔点较高，整个缩聚过程中反应温度一定不能低于聚酯的熔点（255℃）。

15.3.3　绘制试验流程图

聚酯合成的试验流程图如图 15-3。

酯化部分：

PTA、EG → 催化剂、助剂 → 反应釜 —N_2置换 3次，至 0.05MPa→ —搅拌、升温 250℃，0.3MPa→ —多次微排水 至理论水量→ —反应 $p<0.28$MPa→ —卸压→ (BHET)

缩聚部分：

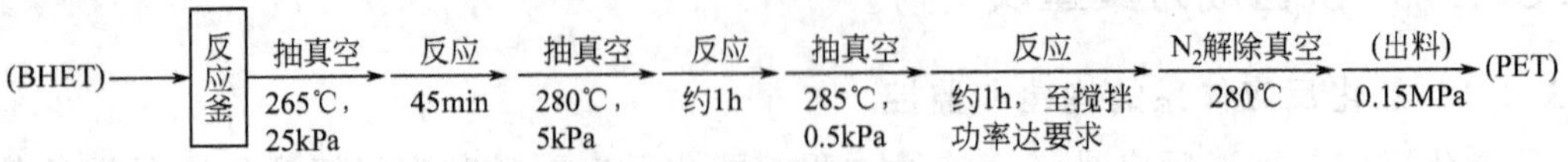

(BHET)→反应釜→抽真空（265℃，25kPa）→反应（45min）→抽真空（280℃，5kPa）→反应（约1h）→抽真空（285℃，0.5kPa）→反应（约1h，至搅拌功率达要求）→N_2解除真空（280℃）→(出料)（0.15MPa）→(PET)

图 15-3 聚酯合成的试验流程图

蒋老师：“要实施好上述实验流程，关键要在小试装置上操作好才行。”

15.3.4 小试试验装置

15.3.4.1 小试合成装置

聚酯小试合成装置大致由加料系统、加热系统、真空系统、聚合反应釜及附属系统、出料系统等四部分组成。装置工艺流程图如图 15-4。

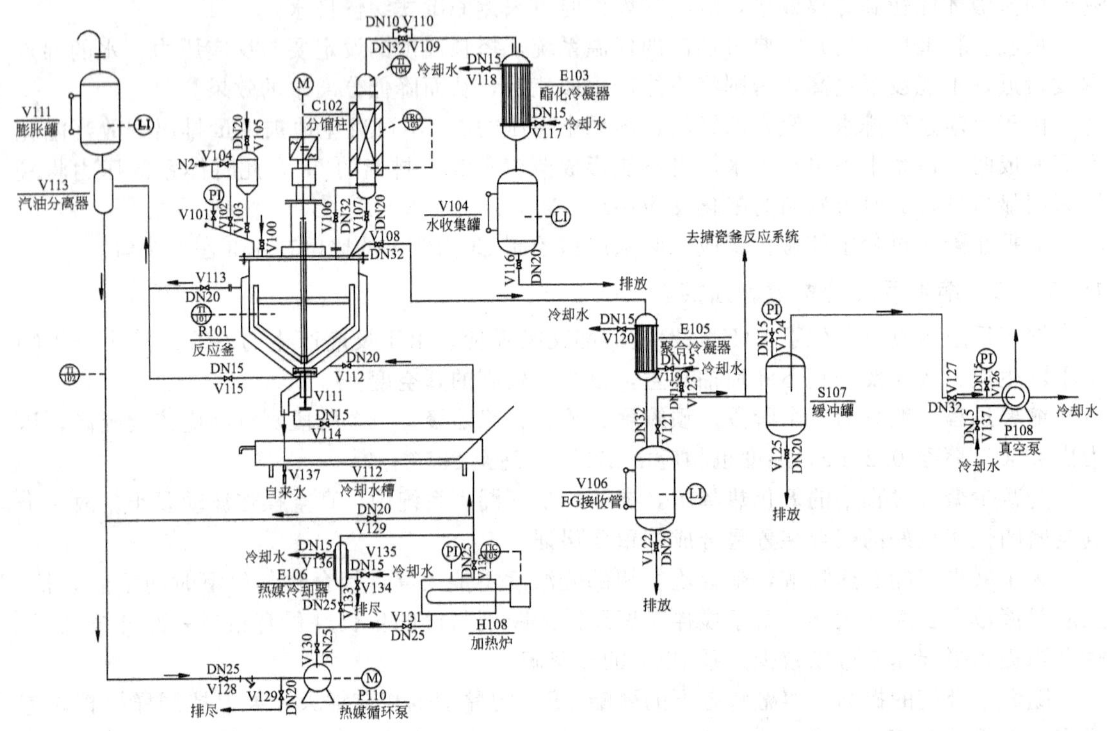

图 15-4 聚酯小试装置工艺流程图

小试装置中核心是反应釜系统（含搅拌），辅助系统包括助剂加料系统、传热系统及出料系统。助剂加料系统主要包括助剂添加罐及 N_2 保压管道；传热系统主要包括油炉、供油泵、高位槽、外冷却管、釜上加热油路及其回路。出料系统主要包括罐底出料阀、出口保温管、铸带头、长水槽等。

酯化时配套分馏柱系统，包括分馏柱、柱顶冷凝器、水分接收器等。

缩聚时配套真空系统，包括真空泵、缓冲罐、EG 冷凝器、接收罐等。

此外，附属系统还包括测温装置、压力检测装置等；整个系统配置了 DCS 的控制单元。

15.3.4.2 聚酯小试装置的工作原理

(1) 反应釜传热系统 供热时，油路系统切换为含加热油炉的管路。开启油泵使得管路中导热油循环。启动对导热油加热，热油流经反应釜夹套时对反应釜加热。加热过程中导热油体积膨胀，及产生的少量气体（长时间高温导致的裂解气）可通过高位槽得到释放。

冷却时，将导热油切换到含冷却器的管路。开启油泵使得管路中导热油循环。此时高温的导热油经冷却器冷却后，流经反应釜夹套时给反应釜降温。冷却过程中产生的油体积收缩同样在高位槽得到补充。

系统停车时，必须在油路循环状态下，降温至安全温度（100℃）以下才可停泵。

（2）酯化反应

① N_2 置换　酯化前反应釜必须通 N_2 置换，常有三种做法：通气置换、加压稀释置换和减压真空置换。

a. 通气置换　通气置换即用 N_2 长时间对反应釜通气，直至反应釜内氧含量合格。显然这样操作消耗的 N_2 多，且操作时间长，一般并不多用。

b. 加压稀释置换　这是生产上最常见的 N_2 置换方法。原理是在密闭的反应釜通入 N_2 加压至一定值（通常在 0.2～0.3MPa，一定低于反应釜的额定压力），将釜内空气（氧气）稀释，然后卸压，此时釜内空气将按比例被 N_2 带出，重复 3～4 次后，釜内氧气的含量可降低至工艺要求（一般低于 0.5%）。

c. 减压真空置换　即先将反应釜抽真空，然后注入 N_2，这样操作的效率高，但对反应釜的密封性要求较高，对有泄漏点的反应釜不适用，对反应釜内存有易挥发的液体物料的情形也不太适用。

② 酯化　酯化时，将分馏柱系统切入反应釜。釜内产生蒸汽（乙二醇和水），当由排水阀排水时，釜内压力驱动蒸汽上升流经分馏柱，由于水的沸点较乙二醇低得多，故水分可升至柱顶，进一步冷凝而分出，乙二醇冷凝回流入反应釜继续参加反应。当出水量达到理论出水量时，反应结束。

（3）缩聚反应　缩聚时，将真空切入反应釜。釜内反应产生的乙二醇蒸气因真空而被抽出，经冷凝器冷凝进入收集器。釜内真空度越来越高，聚酯的聚合度也相应提高，直至缩聚物达到工艺要求。

（4）出料　缩聚结束后直接将物料压出注入水中成型。因物料熔点较高，出料管道必先预热保温。

（5）洗釜　乙二醇在高温下能溶解 PET，利用此性质将釜内残留 PET 清除。高温下也能发生部分醇解，降低 PET 聚合度而更易清除。为控制副反应，清洗温度不能过高，时间也不能太长。

利用乙二醇做清洗剂的好处是，只要控制副反应，清洗液可以回收套用。

15.3.4.3　聚酯小试装置操作注意事项

聚酯小试装置的操作要注意下面几个方面的问题。

① 开车前要做好各项准备工作。检查的项目包括水、电、气、机、仪、泵等。

② 操作者自身要做好劳动防护工作，牢固树立安全生产的理念。

③ 操作过程中要做到严格、到位、细致、小心，杜绝鲁莽操作。

④ 操作时要养成随时检查的习惯。杜绝错误操作，及时纠正误操作。

⑤ 做好操作记录，要求真实、及时、全面、准确。

任何装置的操作，不仅要做到知其然，还要做到知其所以然，即既要明白本次操作的目标，又要知道为什么要这样操作，如何去操作。首先要懂得生产的原理。任何操作都必须围绕生产这一核心。如果对装置中的生产进程和变化原理都不清楚，那么生产上的操作是非常危险的，很难保证生产在一个可控条件下进行。其次要了解操作的对象，要对装置的结构与功能、操作控制点了然于胸，这样才能做到适时适当适度地操作，这是高水平操作工必须要做到的。再次，化工操作过程中必须充分注意每一步操作对应的物料的状态及变化的进程，这样才能判断下一步操作的方向。最后，在此基础上要有足够的预见性，即根据操作的进程，预见到后几步操作将要产生什么样的后果，当然这个要求很高，需要在实践中反复摸索积累足够的经验才能做到。

15.3.5 小试合成工艺的评估

对聚酯小试合成工艺的评估大致可以从四个方面进行：其一，PET 的质量；其二，装置的操作安全实用性；其三，从工艺路线的原子经济（即所投入的每一个原子产生的效益）上评判，原子经济越高的路线越好；其四，从“三废”处理成本上评判，“三废”处理成本越低越好。显然，实际收率高、产品单耗低、原子经济高、“三废”处理成本低的工艺越合理，也越有放大生产的可能性。

15.3.6 产物的检测和鉴定

(1) 聚酯（PET）的检测 主要检测 PET 的特性黏度、熔点、羧基含量等指标，可以按照 GB/T 14190—2008 中规定方法测定。

(2) 聚酯（PET）的鉴定 聚酯（PET）标准红外光谱图参见图 15-5（来自仪器信息网）。

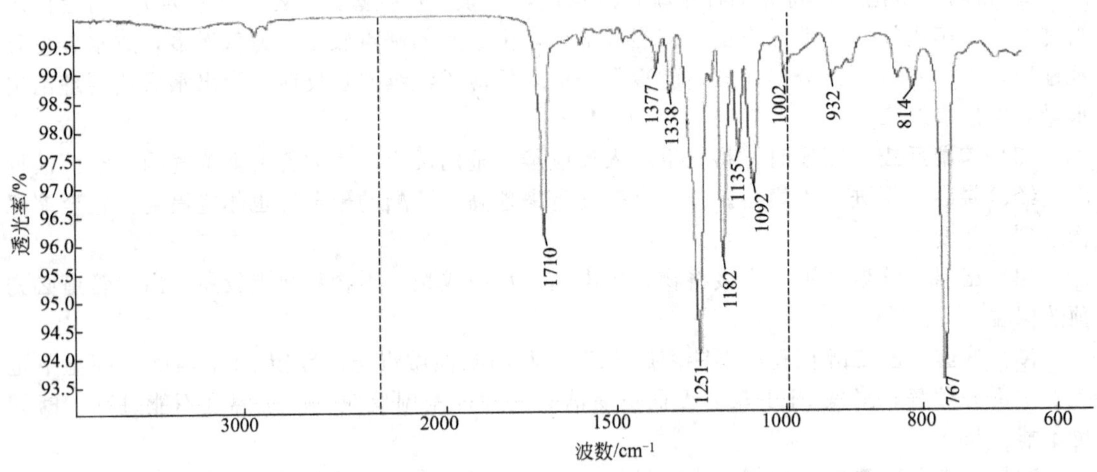

图 15-5 聚酯（PET）红光谱图

15.3.7 技能考核要点

参照情境 1 的考核方式，自行设计本情境的技能考核要点。

15.4 知识拓展

15.4.1 聚合物的聚集态和热转变温度

聚合物的聚集态可粗分为非晶态（无定形态）和晶态两类。许多聚合物都处于非晶态，有些部分结晶，有些高度结晶，但结晶度很少达到 100%。聚合物的结晶能力与聚合物的微结构有关，涉及规整性、分子链柔性、分子间力等，结晶的程度还受拉力、温度条件等影响。

无定形和结晶热塑性聚合物低温时都呈玻璃态，受热至某一较窄（2～5℃）的温度，则转变成橡胶态或柔韧的可塑态。这一转变温度称作玻璃化温度 T_g，代表链段能运动或主链中价键能扭转的温度。晶态聚合物继续受热则出现另一热转变温度——熔点 T_m，这代表整个大分子容易运动的温度。

玻璃化温度和熔点是评价聚合物耐热性指标。玻璃化温度是非晶态塑料使用的上限温度，熔点则是晶态塑料使用的上限温度。使用非晶态塑料时，一般要求 T_g 比室温高 50～75℃；对于晶态塑料则可以 T_g＜室温，而 T_m＞室温。橡胶处于高弹态，玻璃化温度为其使用下限温度，一般要求 T_g 比室温低 75℃。

在大分子中引入芳杂环、极性基团以及提高交联度是提高玻璃化温度和耐热性的三大重要措施。在高分子合成阶段，除分子量和微结构外，T_g 和 T_m 是表征聚合物的必要参数。

15.4.2　关于聚合物分子量的统计意义及其表达

15.4.2.1　聚合物分子量的统计意义

聚合物的分子量具有两个特点：一是具有比小分子远远大得多的分子量，分子量一般在 10^3～10^7 之间；二是除了有限的几种蛋白质外，无论是天然的还是合成的聚合物，分子量都不是均一的，具有多分散性。因此，聚合物的分子量只具有统计意义，即用实验方法测定的分子量只有某种统计的平均值。若要确切地描述聚合物试样的分子量，除了给出分子量的统计平均值外，还应给出试样的分子量分布。若两个试样测得的平均值相同，但分子量分布不同，那么两个试样的性能是有差异的。

15.4.2.2　聚合物分子量的几种表达式

聚合物分子量有多种表达方式，其测定的方法也各不相同。最常用的是数均分子量和质均分子量。

（1）数均分子量 $\overline{M}_n$　假设某聚合物试样重 Wg。其中分子量为 M_1 的单体有 $n_1$mol，分子量为 M_2 的二聚体有 $n_2$mol，分子量为 M_3 的三聚体有 $n_3$mol，分子量为 M_i 的 i 聚体有 $n_i$mol，则数均分子量：

$$\overline{M}_n=\frac{n_1M_1+n_2M_2+\cdots+n_iM_i}{n_1+n_2+\cdots+n_i}=\sum_i(n_iM_i)\Big/\sum_i n_i$$

采用端基分析法、沸点升高法、冰点降低法、膜渗透法等依数性测定的平均分子量为数均分子量。除了膜渗透法适用的分子量范围为 2×10^4～5×10^5 外，其他方法运用分子量范围均在 3×10^4 以下。低分子量部分对数均分子量贡献较大。

（2）质均分子量　按质量的统计平均，定义质均分子量为：

$$\overline{M}_w=\sum_i(m_iM_i)\Big/\sum_i m_i=\sum_i(\omega_i m_i)$$

式中

$$\omega_i=m_i/\sum_i m_i$$

采用光散射法、超速离心沉降平衡法测定的平均分子量为质均分子量。适用的分子量范围较高，为 1×10^4～1×10^6，光散射法甚至可测 1×10^7 的分子量。高分子量部分对质均分子量贡献较大。

（3）黏均分子量　用溶液黏度法测得的平均分子量为黏均分子量，定义为：

$$\overline{M}_\eta=\Big[\sum_i\omega_iM_i^\alpha\Big]^{1/\alpha}$$

式中，指数 α 是一个与高分子在溶液中形状有关的参数（即特性黏度中的指数，在 0.5～0.9 之间）。

一般而言，$\overline{M}_w \geqslant \overline{M}_\eta \geqslant \overline{M}_n$。做深入研究时还会出现 Z 均分子量。

15.4.2.3 聚合物分子量的分布

聚合物总存在一定的分子量分布，常称作多分散性。分子量分布有两种表示方法。

(1) 分子量分布指数 也用多分散性系数 α 描述聚合物试样相对分子量的多分散程度。定义为质均分子量与数均分子量的比值。

$$\alpha = \frac{\overline{M}_w}{\overline{M}_n}$$

对于分子量均一的体系，$\overline{M}_w = \overline{M}_n$，即 $\alpha = 1$。非均一的体系，α 可在 1.5～2.0 至 20～50 之间。α 越大，说明分子量越分散。

(2) 分子量分布曲线 可以聚合物不同分子量对应的质量分数作曲线表示聚合物分子量分布曲线。如图 15-6。

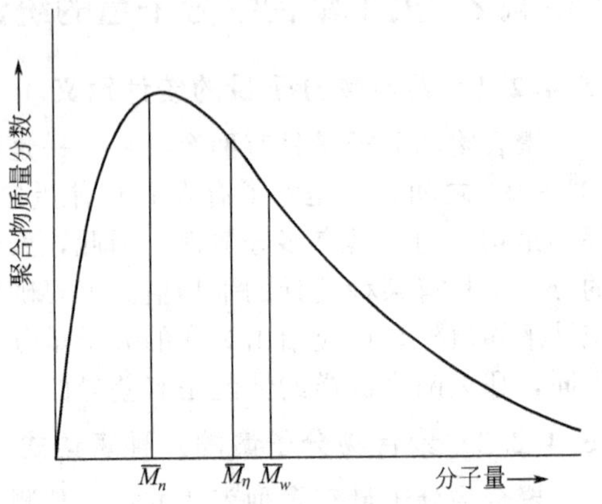

图 15-6 聚合物分子量分布曲线

由图可知，数均分子量处于分布曲线的顶峰附近，近于最可几平均分子量。

平均分子量相同，其分布可能不同。分子量分布也是影响聚合物性能的重要因素。低分子量部分将使聚合物固化温度和强度降低，分子量过高又使塑化成型困难。不同高分子材料应有合适的分子量分布。合成纤维的分子量分布宜窄，合成橡胶的分子量分布不妨较宽。

控制分子量和分子量分布是高分子合成的重要任务。

15.4.3 聚合反应检测的方法

聚合物反应过程中，要了解聚合反应的进行程度，就需要测定不同反应时间单体的转化率或基团的反应程度。针对不同的聚合体系，常用的测定方法有重量法、化学滴定法、膨胀计法、折光分析法、黏度法、色谱法和光谱法。

(1) 重量法 当聚合反应进行到一定时间后，从反应体系中取出一定重量的反应混合物，采用适当的方法分离出聚合物并称重。可以选用沉淀法快速分离出聚合物，但是低聚体难以沉淀析出，并且在过滤和干燥过程中也会造成损失；也可以采用减压干燥的方法除去未反应的单体、溶剂和易挥发的成分。此法消耗时间较长，而且会有低分子量物质残留在聚合物样品中。

(2) 化学滴定法 缩聚反应中常采用化学滴定的方法测定聚合体系残余基团的数目、确定单体的转化率，由此还可以获得聚合物的平均分子量。常用的有：烯烃类单体参与的体系可以测定 C=C 双键浓度；由羧基或羟基参与的体系可以测定聚合物中羧基或羟基的含量；环氧基参与的体系可以测定体系环氧值的大小；异氰酸基参与的体系可以测定异氰酸酯基的含量等。

(3) 膨胀计法 烯烃单体在聚合过程中，由于聚合物的密度高于单体的密度，致使反应体系中物料体积收缩，同时单体与相应的聚合物混合时不会发生明显的体积变化，因此烯烃类单体聚合时单体的转化率和反应体积之间存在线性关系。通过在膨胀计中测定聚合物的体积的变化可以计算出单体的转化率。

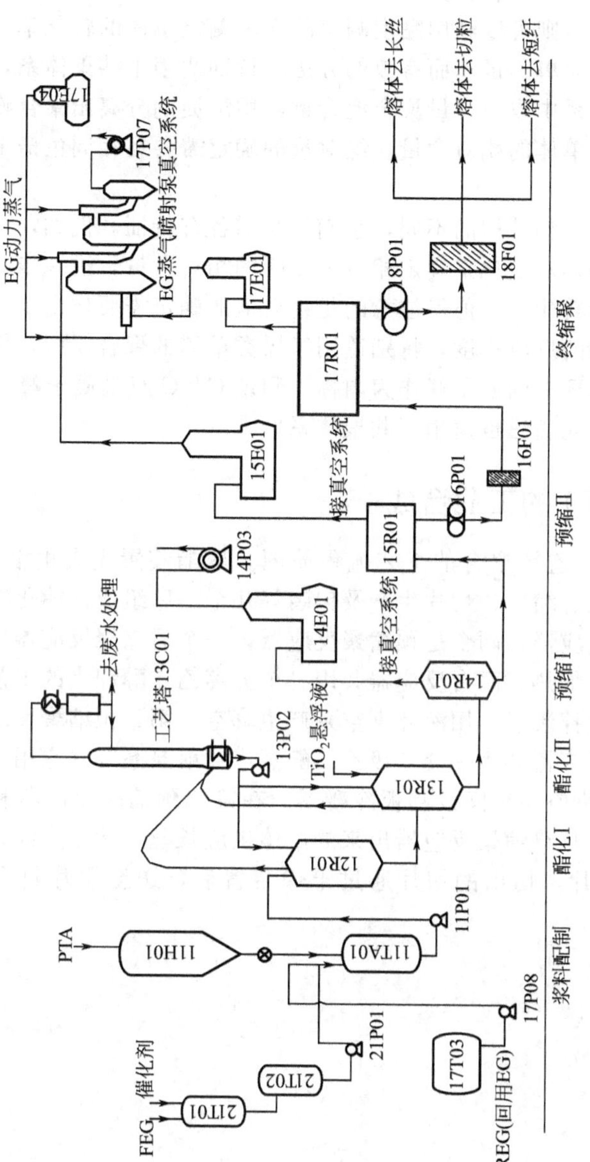

图 15-7 某企业直接酯化、连续聚合的工艺流程简图（来源于网络）

(4) 折光分析法和黏度法 膨胀计是一种物理监测方法。即利用聚合过程中聚合体系物理性质的变化来间接测定聚合物的转化率。由于聚合物和单体折射率存在差异，随着聚合的进行，聚合体系的折射率也连续发生变化，并与转化率关联，因此可以利用转化率来测定单体的转化率。另外，聚合过程中，随着更多的聚合物生成，聚合体系的黏度逐渐增加，如果知道体系黏度与转化率的关系，则可以利用黏度测定的方法测定单体的转化率。

(5) 色谱法 色谱法是一种简单、迅速而有效的方法，特别适用于共聚体系，这是上述几种方法无法替代的。从共聚体系中取出少量聚合混合物，用沉淀剂分离出聚合物，就可以用气相色谱和液相色谱测定不同单体的相对含量。绝对量的确定需要在相同色谱工作条件下做标准曲线。

(6) 光谱法 由于单体和聚合物结构的不同，它们的光谱各有特征，例如，可以利用它们红外谱中特征吸收峰吸光度的相对变化来确定相应官能团的相对含量，进一步确定单体与聚合物的比例，由此得到单体的转化率，值得注意的是绝对值的确定需要作出工作曲线。核磁共振图谱也常用于测定聚合物的反应程度，特别适用于烯类单体的聚合反应，例如测定苯乙烯聚合反应单体转化率，以苯环氢的质子峰作为内标，测定 C=C 双键质子峰的相对积分高度，即可求出单体的转化率；光谱法也适用于共聚体系。

15.4.4 关于聚酯（PET）的工业合成

图 15-7 是某企业直接酯化、连续聚合的工艺流程简图。聚酯装置主要由催化剂配制、二氧化钛配制、浆料配制、酯化、缩聚、切片生产及包装等几个工序组成。酯化缩聚设置了五个反应器，其中两个是酯化反应器，两个是预缩聚反应器，一个后缩聚反应器。两个酯化反应器为立式搅拌釜，设内盘管加热，两台反应器共用一个分离乙二醇和水的工艺塔。第一预缩聚反应器为立式槽，不设搅拌装置，用液环真空泵产生真空。第二预缩聚反应器和后缩聚反应器为圆盘转子式，两个反应器共用一套三级乙二醇蒸汽喷射泵系统（它用液环泵作排气），在每个缩聚反应器和它的真空装置间设刮板冷凝器。在第二预缩聚反应器和后缩聚反应器之后分别设有熔体过滤器。从终缩聚反应器出来的熔体供应长丝八条生产线，其余熔体通过水下切粒机生产半消光切片，切出的切片通过干燥装置后，送至切片料仓，打包后出厂。

练习与思考题

1. 什么是聚合物？
2. 什么是缩聚反应？
3. 如要求聚合分子量为 20000 的 PET，计算其聚合度。
4. 本情境中，聚酯合成过程中如何控制聚合物的分子量？
5. 聚合过程中如何实现空气的置换？谈谈你的想法。
6. 聚合酯化过程中如何移出反应中生成的水分？
7. 还有很多化工产品是通过聚合反应进行生产的，请查阅资料解决下面问题：

(1) 聚氯乙烯是如何生产的？

(2) 乳胶漆用醋酸乙烯乳液是如何生产的？

(3) 酚醛树脂是如何生产的？

附　　录

附录 1　有机合成常用缩写一览表

缩写	英文名称	中文名称
a	electron-pair acceptor site	电子对接受体位置
Ac	acetyl	乙酰基
Acac	acetylacetonate	乙酰丙酮酸酯
Addn	addition	加入
AIBN	α,α'-azobisisobutyroniytile	α,α'-偶氮双异丁腈
Am	amyl=pentyl	戊基
anh	anhydrous	无水的
aq	aqueous	水性的/含水的
Ar	aryl，heteroaryl	芳基，杂芳基
az dist	azeotropic distilation	共沸精馏
9-BBN	9-borobicyclo [3. 3. 1] nonane	9-硼二环 [3. 3. 1] 壬烷
Boc	*t*-butoxycarbonyl	叔丁基羰基
Bu	butyl	丁基
t-Bu	*t*-butyl	叔丁基
t-BuOOH	*t*-butyl hudroperoxide	叔丁基过氧醇
n-BuOTS	*n*-butyl tosylate	对甲苯磺酸正丁酯
Bz	benzoyl	苯甲酰基
Bzl	benzyl	苄基
Bz_2O_2	dibenzoyl peroxide	过氧化苯甲酰
CAN	cerium ammonirm nitrate	硝酸铈铵
Cat	catalyst	催化剂
Cb Cbz	benzoxycarbonyl	苄氧羰基
CC	column chromatography	柱色谱（法）
CDI	N,N'-carbonyldiimidazole	N,N'-碳酰(羰基)二咪唑
Cet	cetyl=hexadecyl	十六烷基
Ch	cyclohexyl	环己烷基
CHPCA	cyclohexaneperoxycarboxylic acid	环己基过氧酸
conc	concentrated	浓的
Cp	cyclopentyl，cyclopentadienyl	环戊基，环戊二烯基
CTEAB	cetyltriethylammonium bromide	溴代十六烷基三乙基铵
CTEAB	cetyltrimethylammonium bromide	溴代十六烷基三甲基铵
D	extrorotatory	右旋的
	electron-pair donor site	电子对供体位置
	reflux，hea	回流/加热
DABCO	1,4-diazabicyclo [2. 2. 2] octane	1,4-二氮杂二环 [2. 2. 2] 辛烷

缩写	英文名称	中文名称
DBN	1,5-diazabicyclo [4.3.0] non-5-ene	1,5-二氮杂二环 [4.3.0]-5-壬烯
DBPO	dibenzoyl peroxide	过氧化二苯甲酰
DBU	1,5-dizzabicyclo [5.4.0] undecen-5-ene	1,5-二氮杂二环 [5.4.0] -5-十一烯
o-DCB	o-dichlorobenzene	邻二氯苯
DCC	dicyclohexyl carbodiimide	二环已基碳二亚胺
DCE	1,2-dichloroethane	1,2-二氯乙烷
DCU	1,3-dicyclohexylurea	1,3-二环已基脲
DDQ	2,3-dichloro-5,6-dicyano-1,4-benzoquinone	2,3-二氯-5,6-二氰基对苯醌
DEAD	diethyl azodicarboxylate	偶氮二羧酸乙酯
Dec	decyl	癸基，十碳烷基
DEG	diethylene glycol=3-oxapentane-1,5-diol	二甘醇
DEPC	diethyl phosphoryl cyanide	氰代磷酸二乙酯
deriv	derivative	衍生物
DET	diethyl tartrate	酒石酸二乙酯
DHP	3，4-dihydro-2*H*-pyran	3,4-二氢-2*H*-吡喃
DHQ	dihydroquinine	二氢奎宁
DIBAH，DIBAL	diisobutylaluminum	氢化二异丁基氯
diglyme	diethylene glycol dimethyl ether	二甘醇二甲醚
dil	dilute	稀释的
diln	dilution	稀释
Diox	dioxane	二噁烷/二氧六环
DIPT	diisopropyl tartrate	酒石酸二异丙酯
DISIAB	disiamylborane=di-sec=isoamylborane	二仲异戊基硼烷
Dist	distillation	蒸馏
dl	racemic（rac.）mixture of dextro-and	外消旋混合物
DMA	*N*,*N'*-dimethylacetamide	*N*,*N'*-二甲基乙酰胺
DMAP	4-dimethylaminopyridine	4-二甲氨基吡啶
DMAPO	4-dimethylaminopyridine oxide	4-二甲氨基吡啶氧化物
DME	1,2-dimethoxyethane=glyme	甘醇二甲醚
DMF	*N*,*N*-dimethylformamide	*N*,*N*-二甲基甲酰胺
DMSO	dimethyl sulfoxide	二甲亚砜
Dmso	anion of DMSO，“dimsyl” anion	二甲亚砜的碳负离子
Dod	dodecyl	十二烷基
DPPA	diphenylphosphoryl azide	叠氮化磷酸二苯酯
DTEAB	decyltriethylammonium bromide	溴代癸基三乙基铵
EDA	ethylene diamine	1,2-乙二胺
EDTA	ethylene diamine-*N*,*N*,*N'*,*N'*-tetraacetate	乙二胺四乙酸
e. e.（ee)	enantiomeric excess：0%ee=racemization	对映体过量
EG	ethylene glycol=1,2-ethanediol	1,2-亚乙基乙醇
EI	electrochem induced	电化学诱导的
Et	ethyl（e. g. EtOH，EtOAc)	乙基
Fmoc	9-fluorenylmethoxycarbonyl	9-芴甲氧羰基
Gas，g	gaseous	气体的，气相
GC	gas chromatography	气相色谱（法）
Gly	glycine	甘氨酸

缩写	英文名称	中文名称
Glyme	1,2-dimethoxyethane（=DME)	甘醇二甲醚
h	hour	小时
Hal	halo，halide	卤素，卤化物
Hep	heptyl	庚基
Hex	hexyl	己基
HCA	hexachloroacetone	六氯丙酮
HMDS	hexamethyl disilazane=bis(trimethylsilyl)amine	双(三甲基硅基)
HMPA，HMPTA	*N*,*N*,*N*′,*N*′,*N*″,*N*″ -hexamethylphosphoramide	六甲基磷酰胺
$h\nu$	irradation	照光(紫外光)
HOMO	highest occupied molecular orbital	最高已占分子轨道
HPLC	high-pressure liquid chromatography	高效液相色谱
HTEAB	hexyltriethylammonium bromide	溴代己基三乙基铵
Huning base	1-(dimethylamino) naphthalene	1-二甲氨基萘
i-	*iso*-(e. g. *i*-Bu=isobutyl)	异-(如 *i*-Bu=异丁基)
inh	inhibitor	抑制剂
IPC	isopinocamphenyl	异莰烯基
IR	infra-red (absorption) spectra	红外（吸收）光谱
L	ligand	配（位）体
L	leborotatory	左旋的
LAH	lithium aluminum hydride	氢化铝锂
LDA	lithium diisopropylamide	二异丙基酰胺锂
Leu	leucine	亮氨酸
LHMDS	Li hexamethyldisilazide	六甲基二硅烷重氮锂
Liq，l	liquid	液体，液相
Ln	lanthanide	稀土金属
LTA	lead tetraacetate	四乙酸铅
LTEAB	lautyltrethylammonium bromide	溴代十二烷基三乙基铵
LUMO	lowest unoccupied molecular orbital	最低空分子轨道
M	metal	金属
MBK	methyl isobutyl ketone	甲基异丁基酮
MCPBA	*m*-chloroperoxybenzoic acid	间氯过氧苯甲酸
Me	methyl (e. g. MeOH，MeCN)	甲基
MEM	methoxyethoxymethyl	甲氧乙氧甲基
Mes，Ms	mesyl=methanesulfonyl	甲磺酰基
min	minute	分
mol	mole	摩尔（量）
MOM	methoxymethyl	甲氧甲基
MS	mass spectra	质谱
MW	microwave	微波
n-	normal	正-
NBA	*N*-bromo-acetamide	*N*-溴乙酰胺
NBP	*N*-bromo-phthalimide	*N*-溴酞酰亚胺
NBS	*N*-bromo-succinimiee	*N*-溴丁二酰亚胺
NCS	*N*-chloro-succinimide	*N*-氯丁二酰亚胺
NIS	*N*-iodo-succininide	*N*-碘丁二酰亚胺

缩写	英文名称	中文名称
NMO	*N*-methylmorpholine *N*-oxide	*N*-甲基吗啉-*N*-氧化物
NMR	nuclear magnetic resonance spectra	核磁共振光谱
Non	nonyl	壬基
Nu	nucleophile	亲核试剂
Oct	octyl	辛基
o. p.	optical purity：0%o. p. =racemata，100%o. p. =pure enantiomer	光学纯度
OTEAB	octyltriethylammonium bromide	溴代辛基三乙基铵
p	pressure	压力
PCC	pyridinium chlorochromate	氯铬酸吡啶𬭩盐
PDC	pyridinium fluorochromate	重铬酸吡啶𬭩盐
PE	petrol ther=light petroleum	石油醚
PFC	pyridinium fluorochromate	氟铬酸吡啶𬭩盐
Pen	pentyl	戊基
Ph	phenyl (e. g. PhH=benzene，PhOH=phenol)	苯基（PhH=苯，PhOH=苯酚）
Phth	phthaloyl=1,2-phenylenedicarbonyl	邻苯二甲酰基
Pin	3-pinanyl	3-蒎烷基
polym	polymeric	聚合的
PPA	polyphosphoric acid	聚磷酸
PPE	polyphosphoric ester	多聚磷酸酯
PPSE	polyphosphoric acid trimethylsilyl ester	多聚磷酸三甲硅酯
PPTS	pyridinium *p*-toluenesulfonate	对甲苯磺酸吡啶盐
Pr	propyl	丙基
Prot	protecting group	保护基
Pr	pyridine	吡啶
R	alkyl，etc	烷基等
rac	racemic	外消旋的
r. t.	room temperature	室温
s-	sec-	仲
satd	saturated	饱和的
s	second	秒
sepn	separation	分离
sia	sec-isoamyl=1,2-dimethylpropyl	仲异戊基
sol	solid	固体
soln	solution	溶液
t-	tert-	叔-
T	thymine	胸腺嘧啶
TBA	tribenzylammonium	三苄基胺
TBAB	tetrabutylammonium bromide	溴代四丁基铵
TBAHS	tetrabutylammonium hydrogensulfate	四丁基硫酸氢铵
TBAI	tetrabutylammonium iodide	碘代四丁基铵
TBAC	tetrabutylammonium chloride	氯代四丁基铵
TBATFA	tetrabutylammonium trifluoroacetate	四丁胺三氟醋酸盐
TBDMS	tert-butyldimethylsilyl	叔丁基二甲基硅烷基
TCC	trichlorocyanuric acid	三氯氰脲酸

缩写	英文名称	中文名称
TCQ	tetrachlorobenzoquinone	四氯苯醌
TEA	triethylamine	三乙(基)胺
TEBA	triethylbenzylammonium salt	三乙基苄基铵盐
TEBAB	triethylbenzylammonium bromide	溴代三乙基苄基铵
TEBAC	trifloromethanesulfonyl chloride	氯代三乙基苄基铵
TEG	triethylene-glycol	三甘醇，二缩三(乙二醇)
Tf	trifloromethanesulfonyl＝triflyl	三氟甲磺酰基
TFA	trifluoroacetic acid	三氟乙酸
TFMeS	trifloromethanesulfonyl＝triflyl	三氟甲磺酰基
TFSA	trifloromethanesulfonic acid	三氟甲磺酸
THF	tetrahydrofuran	四氢呋喃
THP	trtrahydropyranyl	四氢吡喃基
TLC	thin-layer chromatography	薄层色谱
TMAB	tetramethylammonium bromide	溴代四甲基铵
TMEDA	*N*,*N*,*N*′,*N*′-tetramethyl-ethylenediamine	*N*,*N*,*N*′,*N*′-四甲基乙二胺
TMS	trimethylsilyl	三甲硅烷基
TMSCl	trimethylchlorosilane＝Tms chloride	氯代三甲基硅烷
TMSI	trimethylsilyl iodide	碘代三甲基硅烷
TOMAC	trioctadecylmethylamminium chloride	氯代三(十八烷基)甲基铵
p-T-Oac	3-*O*-acetyl thymidylic acid	3-*O*-乙酰基胸苷酸
Tol	toluene	甲苯
TOMACl	trioctylmonomethylammonium chloride	氯代三辛基甲基铵
TPAB	tetrapropylammonium bromide	溴代四丙基铵
TPAP	tetrapropylammonium perruthenate	四丙基铵过钌酸盐
TPS	2,4,6-triisopropylbenzenesulfonyl chloride	2,4,6-三异丙基苯磺酰氯
Tr	trityl	三苯甲基
triglyme	triethylene glycoldimethyl ether	三甘醇二甲醚
Ts	tosyl＝4-toluenesulfonyl	对甲苯磺酰基
TsCl	tosyl chloride（*p*-toluenesulfonyl chloride）	对甲苯磺酰氯
TsH	4-toluenesulfinic acid	对甲苯亚磺酸
TsOH	4-toluenesulfonic acid	对甲苯磺酸
TsOMe	methyl *p*-toluenesulfonate	对甲苯磺酸甲酯
TTFA	thalium（Ⅲ）trifluoroacetate	三氟乙酸铊（Ⅲ）
TTN	thalium（Ⅲ）trinitrate	三硝酸铊（Ⅲ）
Und	undecyl	十一烷基
UV	ultraviolet spectra	紫外光谱
X，Y	mostly halogen，sulfonate，etc	大多数指卤素、磺酸酯基等
Xyl	xylene	二甲苯
Z	mostly electron-withdrawing group，e. g. CHO，COR，COOR	大多数指电子基，如 CHO、COR、COOR
Z＝Cbz	benzoxycarbonyl protecting group	苄氧羰基保护基

附录 2 实验室安全守则

进行精细有机合成实验时，经常使用一些易燃的溶剂如乙醚、丙酮、苯、乙醇等和一些有毒试剂如氰化钠、硝基苯、甲醇、某些有机磷、硫酸二甲酯等，还有一些有腐蚀性的试剂如浓硫酸、浓硝酸、浓盐酸、烧碱等。这些药品如使用不当，则可能会发生着火、爆炸、烧伤、中毒等事故。因此，在进行化学实验时，要把安全放在第一位。进行精细化学品合成时，必须严格遵守以下规则。

① 穿上干净而完好的实验服；

② 禁止用手直接取用任何化学药品，使用毒物时除用药匙、量器外，必须佩戴橡胶手套，原则上应避免药品与皮肤接触，实验后马上清洗仪器用品，立即用洗涤液认真洗手；

③ 处理具有易挥发、刺激性和有毒的化合物，必须在通风橱中进行。要了解反应中所用化学药品的性质和有关反应，如毒性、着火点、爆炸性、生成过氧化物的倾向，或能否被皮肤吸收等特殊性质；

④ 实验进行时，应经常注意仪器有无漏气、破裂、反应进行是否正常；

⑤ 过量的、不再使用的试剂及反应后的残余物，应及时进行分解或妥善处理；

⑥ 为了防止火灾的发生，应避免在实验室中使用明火；

⑦ 实验台上要整齐、清洁，不得放与本次实验无关的仪器和药品。不要把食品放在实验室。严禁在实验室吸烟、喝水和进食，禁止赤膊穿拖鞋；

⑧ 不要一个人单独在实验室里工作，一般不应把实验室的门关上；

⑨ 实验开始前要检查实验所用仪器是否齐全，装置安装是否正确稳妥，在征求教师同意后方可进行实验；

⑩ 熟悉实验室中的安全用具，如灭火器、石棉布、电源、气源开关等的确切位置，实验进行时，不得离开岗位，要随时观察试验进行的情况。

附录 3　实验室常见安全事故的处理方法

一、实验室常见安全事故

1. 火灾

① 处理易燃试剂时，应远离火源。当处理大量的可燃性液体时，应在通风橱内或指定地点进行，室内应无明火。

② 对易挥发性易燃物，切勿乱倒，应专门回收处理。

③ 蒸馏、回流时尽量用热水浴或热油浴。加热过程中不得加入沸石或活性炭。如要补加，必须移去热源，待液体冷却后才能加入。

④ 火柴梗应放在指定的瓶内，不能乱丢，以免引起危险事故。

一旦发生着火事故，不必惊慌失措。首先，关闭煤气灯，熄灭其他火源，切断总电源，搬开易燃物。接着立即采取灭火措施。锥形瓶、蒸馏瓶内溶剂着火可用石棉网或湿布盖熄，不能用口吹，更不能泼水。油类着火或较小范围内的火灾，可用消防布或消防砂覆盖火源。千万不要扑打，扑打时产生的风反而会使火势更旺。另外，消防砂、干燥的碳酸钠或碳酸氢钠粉末可扑灭金属钾、钠或氢化铝锂等金属氢化物引起的火灾：若火势较大时，应根据具体情况采用下列灭火器材。

二氧化碳灭火器：它的钢筒内装有干冰，使用时，拔出销子，按动把柄开关，二氧化碳气体即会喷出，用于扑灭有机物及电器设备的着火，是有机实验室中最常用的灭火器。其优点是灭火剂无毒性，使用后不留痕迹。但使用时应注意，手只能握在把手上，不能握在喇叭筒上，否则喷出的二氧化碳因汽化吸热，温度骤降，把手冻伤。

1211 灭火器：灭火剂为一氟一溴二氯甲烷。液体，易挥发，不导电，应用于高电压火灾、油类等有机物品着火。灭火能力比二氧化碳高四倍，空气中体积分数达 6.75%就能抑制燃烧。

泡沫灭火器：内部分别装有含发泡剂的碳酸氢钠溶液和硫酸铝溶液，使用时将筒身颠倒，两种溶液即反应生成硫酸氢钠、氢氧化铝及大量二氧化碳。灭火器内压力突然增大，大量二氧化碳泡沫喷出。非大火通常不用泡沫灭火器，因后处理较麻烦，且不能用于扑灭电器设备和金属钠的着火。

干粉灭火剂：是用于灭火的干燥、易于流动的微细粉末，由具有灭火效能的无机盐和少量的添加剂经干燥、粉碎、混合而成微细固体粉末组成。主要是化学抑制和窒息作用灭火。除扑救金属火灾的专用干粉灭火剂外，常用干粉灭火剂一般分为 BC 干粉灭火剂和 ABC 干粉灭火剂两大类，如碳酸氢钠干粉、改性钠盐干粉、磷酸二氢铵干粉、磷酸氢二铵干粉、磷酸干粉等。

干粉灭火剂主要通过在加压气体的作用下喷出的粉雾与火焰接触，混合时发生的物理、化学作用灭火。一是靠干粉中的无机盐的挥发性分解物与燃烧过程中燃烧物质所产生的自由基或活性基发生化学抑制和负化学催化作用，使燃烧的链式反应中断而灭火；二是靠干粉的粉末落到可燃物表面上，发生化学反应，并在高温作用下形成一层覆盖层，从而隔绝氧窒息灭火。干粉灭火剂的主要缺点是对于精密仪器的火灾易造成污染。

注意，无论何种灭火器，皆应从火的四周开始向中心扑灭。

2. 爆炸

① 易燃有机溶剂（如乙醚等）在室温时具有较大蒸气压。空气中混杂易燃有机溶剂的蒸气达到某一极限时，遇有明火或一个电火花即发生燃烧爆炸。而且，有机溶剂的蒸气都较空气重，会沿着桌面飘移至较远处，或沉积在低洼处。因此，不能将易燃溶剂倒入废物桶内，更不能用开口容器盛放易燃溶剂。操作时应在通风较好的场所或在通风橱内进行，并严禁明火。

② 使用易燃易爆气体如氢气、乙炔等时要保持室内空气畅通，严禁明火，并应防止一切火星的发生，如由于敲击、鞋钉摩擦、电动机炭刷或电器开关等所产生的火花。

③ 煤气管道应经常检查，并保持完好。煤气灯及橡胶管在使用时应注意检查，发现漏气立即熄灭火源、打开窗户，用肥皂水检查漏气的地方，若不能自行解决，应急告有关单位马上抢修。

④ 常压操作时，应使实验装置有一定的地方通向大气，切勿造成密闭体系。减压蒸馏时，要用圆底烧瓶或吸滤瓶作接收器，不可用锥形瓶，否则可能会承受不起外压而发生炸裂。

⑤ 对于易爆的固体，如重金属乙炔化物、苦味酸金属盐、三硝基甲苯等不能重压或撞击以免引起爆炸。对于危险残渣，必须小心销毁。例如，重金属乙炔化物可用浓盐酸或浓硝酸使它分解，重氮化合物可加水煮沸使它分解等。

⑥ 卤代烷切勿与金属钠接触，否则会因反应剧烈发生爆炸。

⑦ 开启贮有挥发性液体的瓶塞和安瓿时，必须先充分冷却后再开启（开启安瓿时需用布包裹），开启时瓶口必须指向无人处，以免由于液体喷溅而导致伤害。如遇瓶塞不易开启时，必须注意瓶内贮物的性质，切不可贸然用火加热或乱敲瓶塞等。

⑧ 实验进行过程中，必须戴好防护眼镜，防止腐蚀性药品或灼热溶剂及药物溅入眼睛。在量取化学药品时应将量筒置于实验台上，慢慢加入液体，眼睛不要靠近。不要在反应瓶口或烧杯的上方观察反应现象。

3. 防毒

① 在使用有毒药品时应认真操作，妥善保管。实验中所用的剧毒物质应有专人负责收

发，并向使用毒物者提出必须遵守的操作规程，实验后的有毒残渣必须作妥善而有效的处理，不准乱丢。

② 有些有毒物质会渗入皮肤，因此，接触这些物质时必须戴上橡胶手套，操作后立即洗手，切勿让毒品沾染五官及伤口，例如氰化钠沾及伤口后就会随血液循环全身，严重者会造成中毒死亡事故。

③ 在反应过程中可能生成有毒或有腐蚀性气体的实验应在通风橱内进行。使用后的器皿应及时清洗。在使用通风橱时，实验开始后不要把头伸入橱内。

4. 触电

使用电器时，应防止人体与电器导电部分直接接触，不能用湿的手或湿的物体接触电插头。为了防止触电，装置和设备的金属外壳等都应连接地线。实验桌应保持干燥，以免电器漏电。实验后应切断电源，再将电源插头拔下。

二、急救常识

1. 烫伤

轻伤涂以玉树油、万花油或鞣酸软膏，重伤涂以烫伤软膏后送医院治疗。

2. 割伤

玻璃割伤后要仔细观察伤口有没有玻璃碎粒，若伤势不重则涂上红药水，用绷带扎住或敷上创可贴药膏；若伤口很深，血流不止时，可在伤口上下 10cm 处用纱布扎紧，减慢流血或按紧主血管止血，急送医院诊治。

3. 灼伤

浓酸：用大量水洗，再以质量分数 3%～5%碳酸氢钠溶液洗，最后用水洗，轻拭干后涂烫伤油膏。

浓碱：用大量水洗，再以质量分数 2%醋酸液洗，最后用水洗，轻拭干后涂上烫伤油膏。

溴：用大量水洗，再用酒精轻擦至无溴液存在为止，然后涂上甘油或鱼肝油软膏。

钠：可见的小块用镊子移去，其余与浓碱灼伤处理相同。

4. 异物入眼

如试剂溅入眼内，应立刻用洗眼杯或洗眼龙头冲洗并及时送医院治疗。

如碎玻璃飞入眼内，则用镊子移去碎玻璃，或在盆中用水洗，切勿用手揉，并及时送医院治。

5. 中毒

溅入口中尚未吞下者应立即吐出，用大量水冲洗口腔。如已吞下，应根据毒物性质给以解毒剂，并立即送医院。

腐蚀性毒物：对于强酸先饮大量水，然后服用氢氧化铝膏、鸡蛋白；对于强碱，也应先饮大量水，然后服用醋、酸果汁、鸡蛋白。不论酸或碱中毒皆再给以牛奶灌注，不要吃呕吐剂。

刺激性毒物及神经性毒物：先给牛奶或鸡蛋白使之冲淡并缓和，再用一大匙硫酸镁（约 30g）溶于一杯水中催吐。有时也可用手指伸入喉部促使呕吐，然后立即送医院。

吸入气体中毒者，将中毒者移至室外，解开衣领及纽扣。吸入少量氯气或溴者，可用碳酸氢钠溶液漱口。

6. 急救药箱

备急救箱，里面应有以下物品：

① 绷带，纱布，棉花，橡皮膏，创可贴，医用镊子，剪刀等。

② 凡士林，玉树油或鞣酸油膏，烫伤油膏及消毒剂等。

③ 醋酸溶液（2%），硼酸溶液（1%），碳酸氢钠溶液（1%），酒精，甘油等。

附录 4 有机合成常用的实验仪器、装置及其使用

一、玻璃仪器

有机实验玻璃仪器，按其口塞是否标准及磨口，而分标准磨口仪器及普通仪器两类。标准磨口仪器由于可以相互连接，使用是既省时方便又严密安全，它将逐渐代替同类普通仪器。使用玻璃仪器皆应轻拿轻放。容易滑动的仪器（如圆底烧瓶），不要重叠放置，以免打破。

1. 标准磨口仪器

也称磨口仪器。这种仪器可以和相同口径的标准磨口相互连接。附图 4-1 为一些常用的磨口仪器。

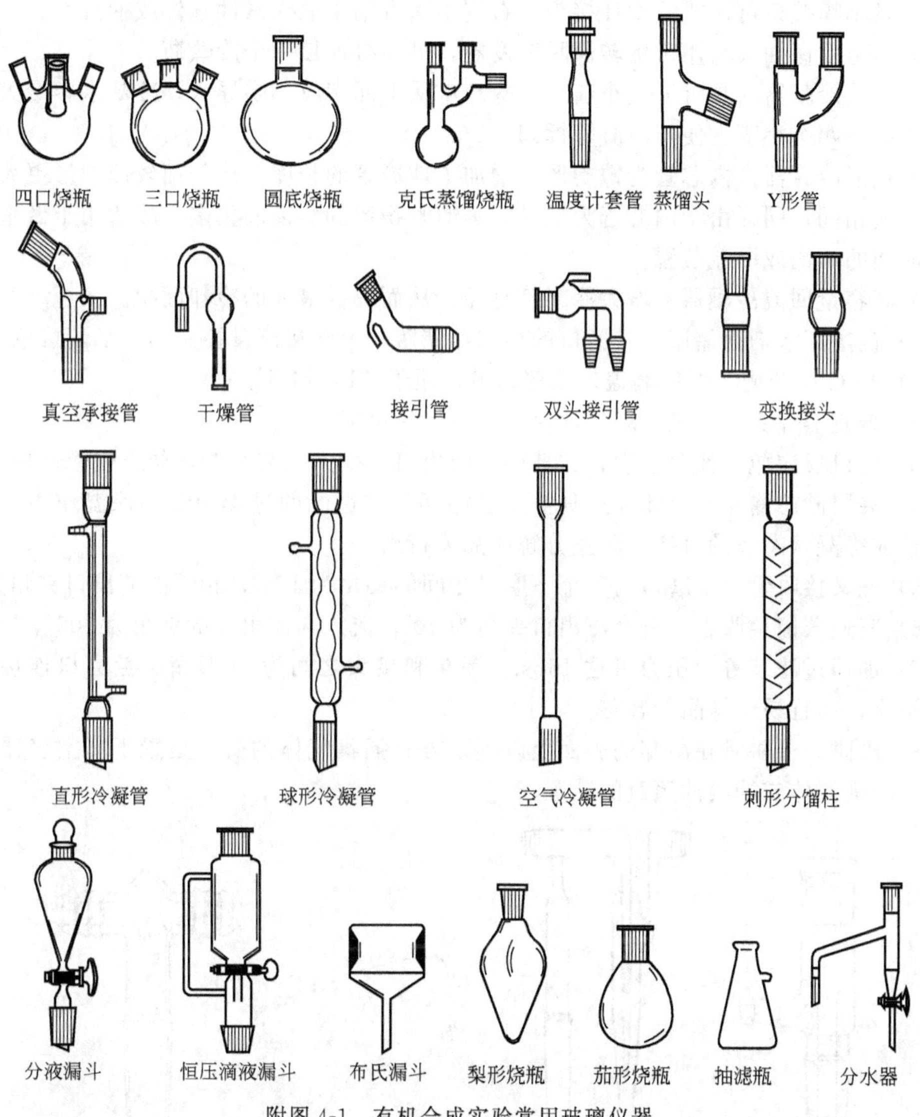

附图 4-1 有机合成实验常用玻璃仪器

磨口仪器全部为硬质料制造，配件比较复杂，品种类型以及规格较多。根据口径大小不同有 10mm、14mm、19mm、24mm、29mm、34mm 等多种。相同口径的内外磨口可以紧密相接。有时因磨口口径不同无法直接连接，则可借助于不同口径的磨口接头使之连接。

随着科学技术的进步和仪器制造工艺的进步，越来越多的改进仪器被应用于实验当中，以下列举一些常用的新一代的玻璃仪器（见附图 4-2）。

（1）抽滤接头　用于真空抽滤，上口可垫一个橡胶圈，之上放置一个漏斗。右侧小嘴处抽真空，下口接液体接收瓶。

（2）油泡通气接头　具微量鼓泡器的导气接头。左右两端小嘴分别与导气管和出气管相连，中间的磨口部分与反应体系相连。

（3）真空蒸馏接头　主要用于粗蒸馏，特别是其中一种成分沸点极低。

（4）抽气接头　顶部 180°方向带两个方向相反的小嘴。多用于氮气保护，可连接一个鼓泡器。

（5）具小嘴接口可调式温度计接头　右侧小嘴可用于通入惰性气体或抽真空。

（6）多蒸发瓶抽头　用于旋转薄膜蒸发器，可同时连接 5 个旋蒸瓶。

（7）高效冷凝器（具可拆式小嘴）　冷却水从上面螺纹小嘴导入，冷却水容量大，冷却效果非常好，两个小嘴方便与冷凝管拆卸。

（8）蛇形冷凝器　内芯管为螺旋形，增加了玻璃管的长度，冷却面较球泡形更大。其他部分与球形相同。同样由于内芯管为蛇形，蒸馏时积留的蒸馏液更多，故适用于做垂直式的连续长时间的蒸馏或回流装置。

（9）高容量回流冷凝器　增大冷凝管直径，从而提供最大的冷却面积。

（10）色谱用溶剂存储瓶　带磨口的溶剂存储瓶，上端接流量控制阀，下端接色谱柱。

（11）TLC 展开槽　配玻璃盖，底部超平，便于 TLC 展开。

（12）带刺蒸馏头　垂刺可增加理论塔板数，使蒸馏效果更好。

（13）两口反应瓶　经改进后，在玻璃节门出口处变为三节小嘴，便于软管连接。

（14）夹层砂芯漏斗　液体通过真空夹层循环，在过滤的过程中起到保温作用，可以用于在加热或冷凝状态下的过滤，防止分解或晶体析出。

（15）三叉接收管　上磨口与三个下磨口之间的夹角为 135°，相邻的流出口夹角为 40°。

（16）三通蒸馏接收管　三个流出口夹角为 40°，流入与流出口的夹角为 105°。

（17）加压过滤装置　压力可达 16psi，漏斗和接头之间为 O 形圈法兰磨口连接，不用涂抹润滑脂，而且易于样品的转移。

（18）冷阱　冷阱是在冷却的表面上以凝结方式捕集气体的阱。是置于真空容器和泵之间，用于吸附气体或捕集油蒸汽的装置。

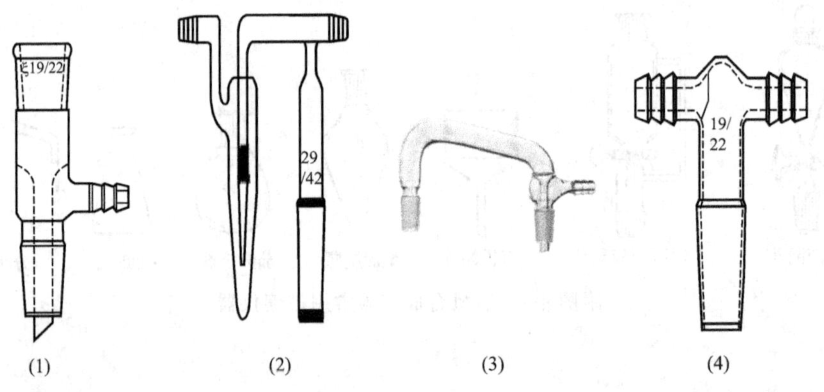

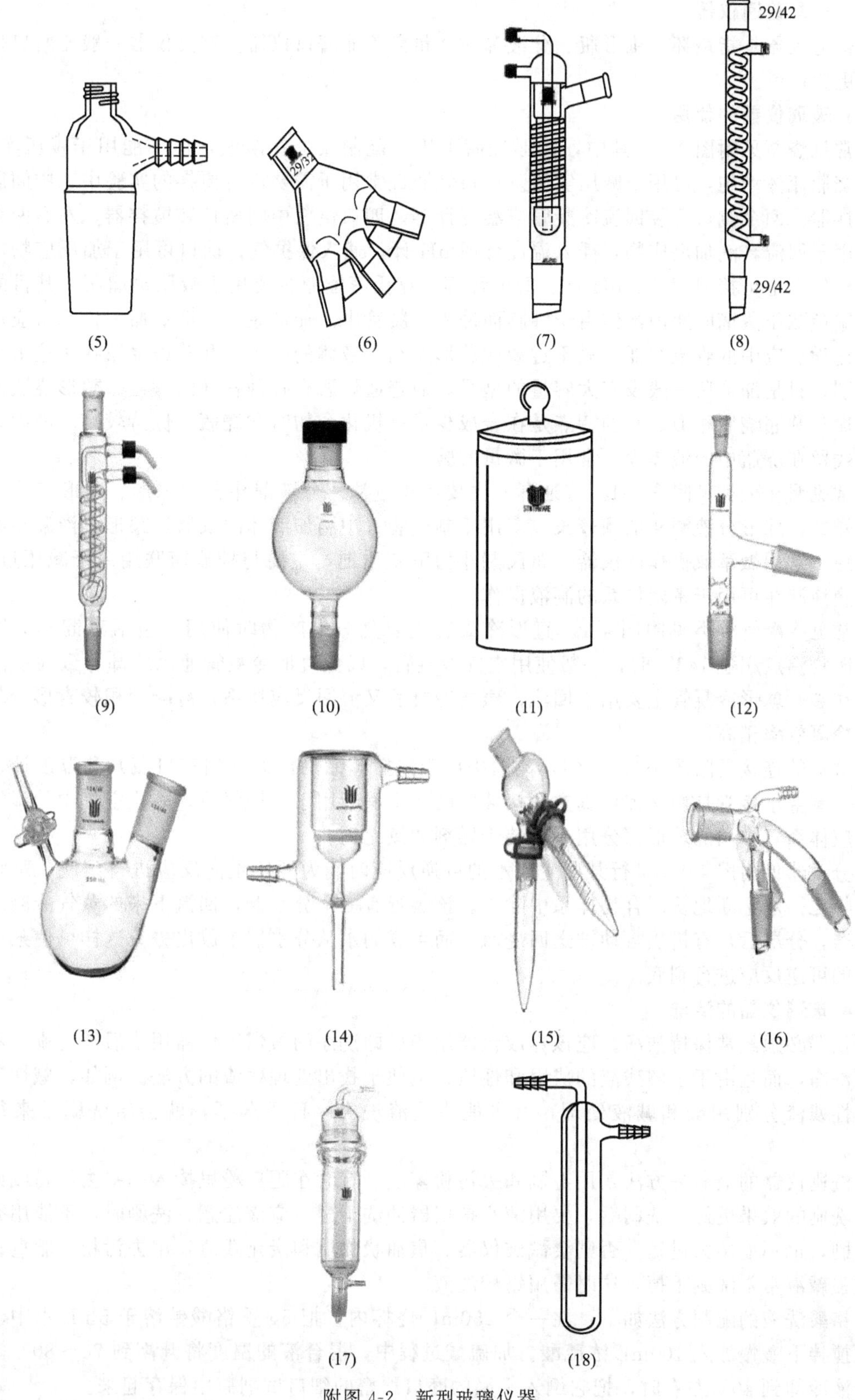
29/32
29/42
29/42
(5)
(6)
(7)
(8)
(9)
(10)
(11)
(12)
(13)
(14)
(15)
(16)
(17)
(18)

附图 4-2 新型玻璃仪器

2. 普通仪器

普通仪器是指烧杯、锥形瓶、分液漏斗、量筒等非磨口仪器。这类仪器一般比磨口仪器使用更为广泛。

3. 玻璃仪器的使用

常见烧瓶见附图 4-1。其中，锥形烧瓶可用于配制及贮存溶液，但不能用于减压实验。圆底烧瓶瓶体均匀，可用于减压实验。三口烧瓶最常用于需要进行搅拌的实验中，中间瓶口装搅拌器，两个侧口可装回流冷凝管或温度计等。四口烧瓶中间瓶口装搅拌器，左右两个瓶口可用于回流，滴加反应物，插入温度计或 pH 计，通入保护气；前口可用于加反应物，导出保护气，也可接温度计、pH 计、酸度计等。克氏蒸馏瓶主要用于减压蒸馏瓶，其目的是为了避免减压蒸馏时瓶内液体由于沸腾而冲入冷凝管中。茄形瓶和一般烧瓶一样都可应用来作为化学反应中的收集容器，只不过做成茄形有利于液体的引流。和普通烧瓶在用途上没太大区别，只是茄形瓶一般没有大容量的型号，而普通烧瓶有各种各样的型号。梨形烧瓶性能和用途与圆底烧瓶相似。它的特点是在合成少量有机化合物时在烧瓶内保持较高的液面，蒸馏时残留在烧瓶中的液体少，常用于微量实验。

常见漏斗种类见附图 4-1。普通漏斗主要用于过滤。分液漏斗分为球形、梨形和筒形等多种样式，球形分液漏斗的颈较长，多用于制气装置中滴加液体的仪器，梨形分液漏斗的颈比较短，常用做萃取操作的仪器。布氏漏斗为陶瓷质地，主要与抽滤瓶联用用于减压过滤。恒压滴液漏斗可用于密闭体系的滴液操作。

常见冷凝管种类见附图 4-1。直形冷凝管主要是蒸出产物时使用（包括蒸馏和分馏），当蒸馏物沸点超过 140℃时，一般使用空气冷凝管，以免直形冷凝管通水冷却导致玻璃温差大而炸裂。球形冷凝管主要用于回流，蒸气冷凝后又流回反应体系，冷凝面积较直形冷凝管大，冷凝效率稍高。

常见的连接见附图 4-1。其中，蒸馏头用于连接蒸馏的仪器（如三口瓶）和温度计、冷凝管。真空承接管是用来连接真空和接液瓶的。干燥管用于干燥气体，防止空气中的湿气侵入反应体系，中间的球形部分用于填装干燥剂如氯化钙。

分水器见附图 4-1。进行某些生成水的可逆反应时，为了使正向反应进行到底，可将反应产物之一水不断地从混合物体系中除去。该装置有一个分水器，回流下来的蒸气冷凝液进分水器，分层后，有机层自动被送回烧瓶，而生成的水从分水器中放出去。这样可使某些生成水的可逆反应进行到底。

4. 玻璃仪器的清洗

仪器必须经常保持洁净。应该养成仪器用毕后即洗净的习惯。仪器用毕后即洗刷，不但容易洗净，而且由于了解残渣的成因和性质，也便于找出处理残渣的方法。例如，碱性残渣和酸性残渣分别用酸和碱液处理，就可能将残渣洗去。日子久了，就会给洗刷带来很多困难。

洗刷仪器的最简易方法是用毛刷和去污粉擦洗。有时在肥皂粉里掺入一些去污粉或硅藻土，洗刷的效果更好。洗刷后，要用清水把仪器冲洗干净。应该注意，洗刷时，不能用秃顶的毛刷，也不能用力过猛，否则会戳破仪器。焦油状物质和炭化残渣，用去污粉、肥皂、强酸或强碱液常常洗刷不掉，这时需用铬酸洗液。

铬酸洗液的配制方法如下：在一个 250mL 烧杯内，把 5g 重铬酸钠溶于 5mL 水中，然后在搅拌下慢慢加入 100mL 浓硫酸。加硫酸过程中，混合液的温度将升高到 70～80℃。待混合液冷却到 40℃左右时，把它倒入干燥的磨口严密的细口试剂瓶中保存起来。

铬酸洗液呈红棕色，经长期使用变成绿色时即失效。铬酸洗液是强酸和强氧化剂，具腐蚀性，使用时应注意安全。

在使用铬酸洗液前，应把仪器上的污物，特别是还原性物质，尽量洗净。尽量把仪器内的水倒净，然后缓缓倒入洗液，让洗液充分地润湿未洗净的地方，放置几分钟后，不断地转动仪器，使洗液能够充分地浸润有残渣的地方，再把洗液倒回原来的瓶中。然后加入少量水，摇荡后，把洗涤液倒入废液缸内。最后用清水把仪器冲洗干净。若污物为炭化残渣，则需加入少量洗液或浓硝酸，把残渣浸泡几分钟，再用游动小火焰均匀地加热该处，到洗液开始冒气泡时为止。然后如上法洗刷。

由于铬的毒性，实验室常用适当的溶剂或洗涤剂代替铬酸洗液。

带旋塞和磨口的玻璃仪器，洗净后擦干，在旋塞和磨口之间垫上纸片。

5. 玻璃仪器的干燥

在有机化学实验中，往往需要用干燥的仪器，因此在仪器洗净后，还应进行干燥。下面介绍几种简单的干燥仪器的方法。

(1) 晾干　在有机化学实验中，应尽量采用晾干法于实验前使仪器干燥，仪器洗净后，先尽量倒净其中的水滴，然后晾干。例如，烧杯可倒置于柜子内；蒸馏烧瓶、锥形瓶和量筒等可倒套在试管架的小木桩上；冷凝管可用夹子夹住，竖放在柜子里。放置一两天后，仪器就晾干了。

应该有计划地利用实验中的零星时间，把下次实验需用的仪器洗净并晾干，这样在做下一个实验时，就可以节省很多时间。

(2) 在烘箱中烘干　一般用带鼓风机的电烘箱。烘箱温度保持在 100～120℃。鼓风可以加速仪器的干燥。仪器放入前要尽量倒净其中的水。仪器放入时口应朝上。若仪器口朝下，烘干的仪器虽无水渍，但由于从仪器内流出来的水珠滴到别的已烘热的仪器上，往往易引起后者炸裂。用坩埚钳子把已烘干的仪器取出来，放在石棉板上冷却；注意别让烘得很热的仪器骤然碰到冷水或冷的金属表面，以免炸裂。厚壁仪器如量筒、吸滤瓶、冷凝管等，不宜在烘箱中烘干。分液漏斗和滴液漏斗，则必须在拔去盖子和旋塞并擦去油脂后，才能放入烘箱烘干。

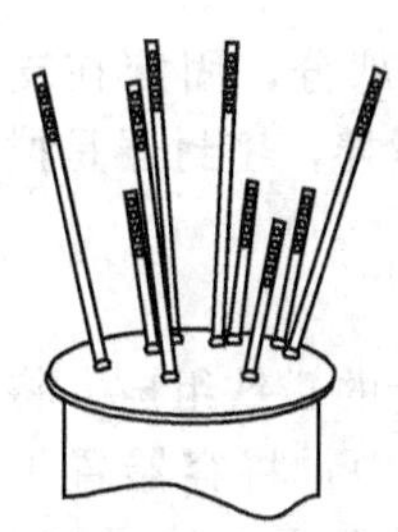

附图 4-3　气流干燥器

(3) 用气流干燥器吹干　在仪器洗净后，先将仪器内残留的水分甩尽，然后把仪器套到气流干燥器（附图 4-3）的多孔金属管上。要注意调节热空气的温度。气流干燥器不宜长时间连续使用，否则易烧坏电机和电热丝。

(4) 用有机溶剂干燥　体积小的仪器急需干燥时，可采用此法。洗净的仪器先用少量酒精洗涤一次，再用少量丙酮洗涤，最后用压缩空气或用吹风机（不必加热）把仪器吹干。用过的溶剂应倒入回收瓶中。

二、金属用具

包括铁夹、十字夹、铁圈、铁架台、升降台、三脚架、镊子、剪刀、三角锉、打孔器、压塞机等。

有机化学实验往往需要在塞子内插入导气管、温度计、滴液漏斗等，这就需要在塞子上钻孔，钻孔用的工具叫钻孔器（也有叫打孔器），这种钻孔器是靠手力钻孔的。也有把钻孔器固定在简单的机械上，借此机械力来钻孔的，这种工具叫打孔机。软木塞在钻孔之前，需在压塞机压紧，防止在钻孔时塞子破裂。而玻璃管的截断操作主要包括锉痕和折断。锉痕用的工具是小三角钢锉。

三、电学仪器及其他小型设备

1. 电吹风

可吹热风或冷风，能方便快速地干燥玻璃仪器。宜放干燥处，防潮、防腐，注意不要将反应液等洒落到机壳的孔洞里，每学期末加油检修一次。

2. 烘箱（恒温干燥箱）

烘箱通常用来干燥玻璃仪器或烘干无腐蚀性、加热时不分解的固体物质。挥发性易燃物或以酒精、丙酮淋洗过的玻璃仪器切忌放入烘箱，以免发生爆炸。烘箱的加热开关一般分1、2两挡，升温时可调至2，说明有两组电热丝加热，升至恒温定点时，可调至1，使其一组电热丝加热为宜。

3. 调压变压器

调压变压器是一种调节电源电压的装置，常用来调节电炉或其他加热器的温度，也用来调节电动搅拌器的转速等。

使用时注意输入线和输出线不要接错，并有良好的接地；调节旋钮时应均匀缓慢，防止因剧烈摩擦而引起火花及炭刷接触点受损；炭刷及绕线组接触表面应保持清洁；用毕应将旋钮调回零并切断电源，放在干燥通风处，不得靠近有腐蚀性物质；搬动时不要手提旋钮，以免损坏变压器。

4. 电动搅拌器

电动搅拌器（或小电机连调压变压器）在有机实验中作搅拌用（见附图4-4）。一般适用于油水等溶液或固-液反应中。不适用于过黏的胶状溶液。若超负荷使用，很易发热而烧毁。使用时必须接上地线。平时应注意经常保持清洁干燥，防潮防腐蚀。轴承应经常加油保持润滑，每季加润滑油一次。

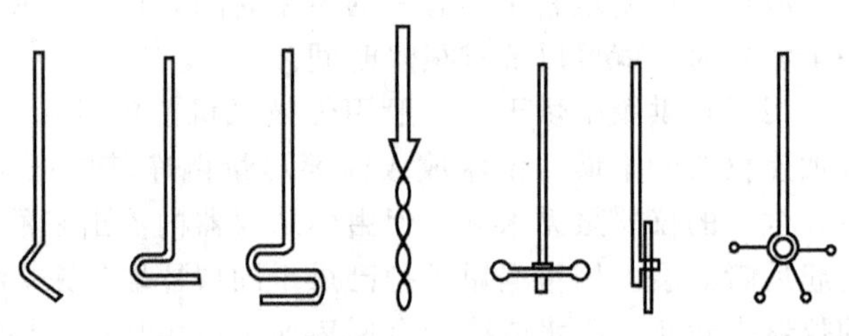

附图4-4　各式搅拌器

机械搅拌主要包括三个部分：电机、搅拌棒和封闭器。电机是动力部分，固定在支架上。搅拌棒与电机相连，当接通电源后，电机就带动搅拌棒转动而进行搅拌，密封器是搅拌棒与反应器连接的位置，它可以防止反应器中的蒸气往外逸。

5. 磁力搅拌器

由一颗搅拌转子（包有玻璃或聚四氟乙烯塑料的软铁）和一个可旋转的磁铁组成。将搅拌转子投入反应物容器中，将容器置于内有旋转磁场的搅拌器托盘上，接通电源，由于内部磁场不断旋转交化，容器内的转子亦随之旋转，达到搅拌的目的。恒温磁力搅拌器有加热和调温调速装置，可用于液体恒温搅拌，使用方便，噪声小，搅拌力也较强，搅速平稳。

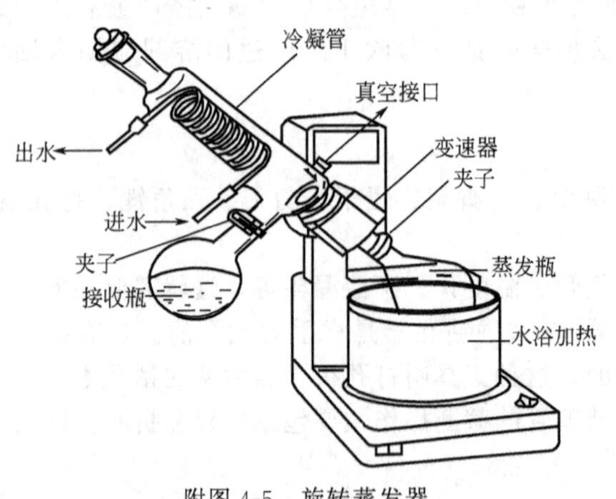

附图4-5　旋转蒸发器

6. 旋转蒸发器

由电机带动可旋转的蒸发器（圆底烧瓶）、冷凝器、接收器和封闭式电炉加热水浴槽组成（见附图4-5），可在常压或减压下操作。可一次进料，也可分批吸入蒸发料液。由于蒸发器的不断旋转，可免加沸石而不会暴沸，同时，料液的蒸发面大大增加，加快了蒸发速率，因此，它是浓缩溶液、回收溶剂的理想装置。

使用方法如下。

① 高低调节：手动升降，转动机柱上面手轮，顺转为上升，逆转为下降。电动升降，手触上升键主机上升，手触下降键主机下降。

② 冷凝器上有两个外接头是接冷却水用的，一头接进水，另一头接出水，一般接自来水，冷凝水温度越低效果越好。上端口装抽真空接头，接真空泵皮管抽真空用的。

③ 开机前先将调速旋钮左旋到最小，按下电源开关指示灯亮，然后慢慢往右旋至所需要的转速，一般大蒸发瓶中，低速、黏度大的溶液用较低转速。烧瓶是标准接口 24 号，随机附 500mL、1000mL 两种烧瓶，溶液量一般不超过 50%为宜。

注意事项：

① 玻璃零件接装应轻拿轻放，装前应洗干净、擦干或烘干；

② 各磨口、密封面密封圈及接头安装前都需要涂一层真空脂；

③ 加热槽通电前必须加水，不允许无水干烧；

④ 如真空抽不上来需检查

a. 各接头、接口是否密封；

b. 密封圈、密封面是否有效；

c. 主轴与密封圈之间真空脂是否涂好；

d. 真空泵及其皮管是否漏气；

e. 玻璃件是否有裂缝、碎裂、损坏的现象。

7. 冰箱

可贮存药品。使用时注意勿将易挥发易燃的药品敞口放入，以防爆炸。

8. 真空泵

根据使用的范围和抽气效能可将真空泵分为三类。

(1) 一般水泵　压力可达到 1.333～100kPa(10～760mmHg) 为“粗”真空。

(2) 油泵　压力可达 0.133～133.3Pa(0.001～1mmHg) 为“次高”真空。

(3) 扩散泵　压力可达 0.133Pa 以下<0.001mmHg 为“高”真空。

在有机化学实验室中常用的减压泵有水泵和油泵两种，若不要求很低的压力时，可用水泵，如果水泵的构造好且水压又高，抽空效率可达 1067～3333Pa(8～25mmHg)。水泵所能抽到的最低压力理论上相当于当时水温下的水蒸气压力。例如，水温 25℃、20℃、10℃时，水蒸气的压力分别为 3192Pa、2394Pa、1197Pa(8～25mmHg)。用水泵抽气时，应在水泵前装上安全瓶，以防水压下降，水流倒吸；停止抽气前，应先放气，然后关水泵。

若要较低的压力，那就要用到油泵了，好的油泵能抽到 133.3Pa (1mmHg) 以下。油泵的好坏决定于其机械结构和油的质量，使用油泵时必须把它保护好。如果蒸馏挥发性较大的有机溶剂时，有机溶剂会被油吸收结果增加了蒸气压，从而降低了抽空效能，如果是酸性气体，那就会腐蚀油泵，如果是水蒸气就会使油成乳浊液而抽坏真空泵。因此使用油泵时必须注意下列几点。

① 在蒸馏系统和油泵之间，必须装有吸收装置。蒸馏前必须用水泵彻底抽去系统中有机溶剂的蒸气。

② 如能用水泵抽气的，则尽量用水泵，如蒸馏物质中含有挥发性物质，可先用水泵减压抽降，然后改用油泵。

③ 减压系统必须保持密不漏气，所有的橡胶塞的大小和孔道要合适，橡胶管要用真空

用的橡胶管。磨口玻璃涂上真空油脂。

9. 托盘天平

常用的精确度不高的天平，由托盘、横梁、平衡螺母、刻度尺、指针、刀口、底座、分度标尺、游码、砝码等组成，见附图 4-6。精确度一般为 0.1g 或 0.2g。最大荷载一般是 200g。使用托盘天平时要注意以下事项。

① 要放置在水平的地方。

② 事先把游码移至 0 刻度线，并调节平衡螺母，使天平左右平衡。

③ 右放砝码，左放物体。

④ 砝码不能用手拿，要用镊子夹取。游码也不能用手移动。

10. 电子天平

将药品放在秤盘上，电子显示器即把质量显示出来，能称准到 0.001～0.0001g（见附图 4-7）。电子天平称量迅速、正确、方便，但由于价格较贵，故目前还不能普及使用。

附图 4-6　托盘天平

附图 4-7　电子天平

电子天平称量准确可靠、显示快速清晰，并且具有自动检测系统、简便的自动校准装置以及超载保护等装置。使用电子天平时要注意以下事项：

① 将天平置于稳定的工作台上避免振动气流及阳光照射；

② 在使用前调整水平仪气泡至中间位置；

③ 电子天平应按说明书的要求进行预热；

④ 称量易挥发和具有腐蚀性的物品时，要盛放在密闭的容器中，以免腐蚀和损坏电子天平；

⑤ 经常对电子天平进行自校或定期外校，保证其处于最佳状态；

⑥ 如果电子天平出现故障应及时检修，不可带“病”工作；

⑦ 操作天平不可过载使用，以免损坏天平；

⑧ 若长期不用电子天平时应暂时收藏为好。

11. 调压变压器

调压变压器是调节电源电压的一种装置，常用来调节加热电炉的温度，调整电动搅拌器的转速等。使用时应注意：

① 电源应接到注明为输入端的接线柱上，输出端的接线柱与搅拌器或电炉等的导线连接，切勿接错，同时变压器应有良好的接地；

② 调节旋钮时应当均匀缓慢，防止因剧烈摩擦而引起火花及炭刷接触点受损，如炭刷磨损较大时应予更换；

③ 不允许长期过载，以防止烧毁或缩短使用期限；

④ 炭刷及绕线组接触表面应保持清洁，经常用软布抹去灰尘；

⑤ 使用完毕后应将旋钮调回零位，并切断电源，放在干燥通风处，不得靠近有腐蚀性的物体。

12. 恒温水浴锅

当加热的温度不超过 100℃时，最好使用水浴加热较为方便。水浴加热设备为水浴锅，见附图 4-8。但是必须指出：当用到金属钾、钠的操作以及无水操作时，决不能在水浴上进行，否则会引起火灾或使实验失败，使用水浴时勿使容器触及水浴器壁及其底部。由于水浴的不断蒸发，适当时要添加热水，使水浴中的水面经常保持稍高于容器内的液面。此外，水浴锅内盛放水量不要超过总容积的 2/3，在加热过程中要注意水量，不能烧干。

13. 恒温油浴锅

当加热温度在 100～200℃时，宜使用油浴，油浴加热设备为油浴锅，见附图 4-9。油浴的优点是使反应物受热均匀，反应物的温度一般低于油浴温度 20℃左右。常用的油浴介绍如下。

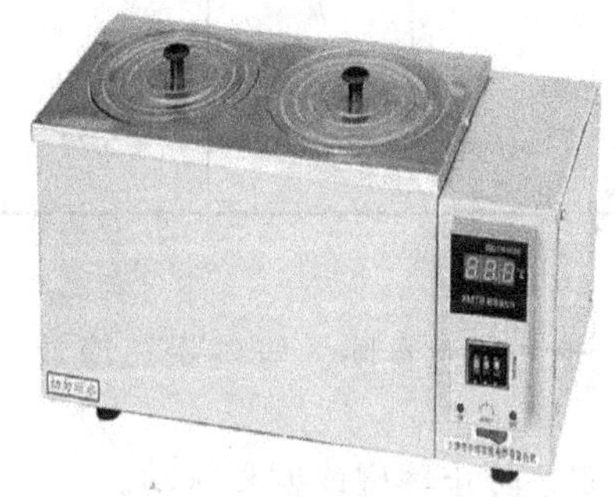

附图 4-8 恒温水浴锅

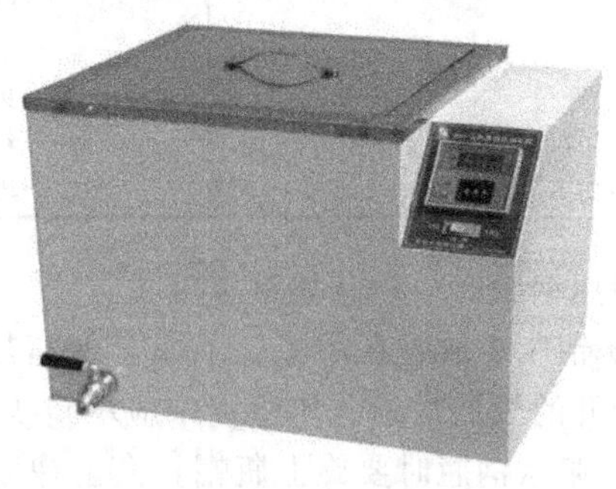

附图 4-9 恒温油浴锅

(1) 甘油 可以加热到 140～150℃，温度过高时则会炭化。

(2) 植物油 如菜油、花生油等，可以加热到 220℃，常加入 1%的对苯二酚等抗氧化剂，便于久用。若温度过高时分解，达到闪点时可能燃烧起来，所以使用时要小心。

(3) 石蜡油 可以加热到 200℃左右，温度稍高并不分解，但较易燃烧。

(4) 硅油 硅油在 250℃时仍较稳定，透明度好，安全，是目前实验室中较为常用的油浴之一，但其价格较贵。

使用油浴加热时要特别小心，防止着火，当油浴受热冒烟时，应立即停止加热，油浴中应挂一温度计，可以观察油浴的温度和有无过热现象，同时便于调节控制温度，温度不能过高，否则受热后有溢出的危险。使用油浴时要竭力防止产生可能引起油浴燃烧的因素。

加热完毕取出反应容器时，仍用铁夹夹住反应器，离开油浴液面悬置片刻，待容器壁上附着的油滴完后，再用纸片或干布擦干器壁。

14. 电热套

电热套是用玻璃纤维包裹着的电热丝组成帽状的加热器，见附图 4-10。根据内套的大小分为 50mL、100mL、150mL、200mL、250mL、500mL、1000mL 等规格。由于不是使用明火，因此不易着火，并且热效应高，加温温度用调压变压器控制，最高温度可达 400℃左右，是有机实验室中常用的一种简便、安全的加热装置。需要强调的是，当一些易燃液体（如酒精、乙醚等）洒在电热套上

附图 4-10 电热套

时，仍有引起火灾的危险。

15. 钢瓶

又称高压气瓶，是一种在加压下贮存或运送气体的容器，通常有铸钢、低合金钢等。

氢气、氧气、氮气、空气等在钢瓶中呈压缩气状态，二氧化碳、氨气、氯气、石油气等在钢瓶中呈液化状态。乙炔钢瓶内装有多孔性物质（如木屑、活性炭等）和丙酮，乙炔气体在压力下溶于其中。为了防止各种钢瓶混用，全国统一规定了瓶身、横条以及标字的颜色，以示区别。现将常用的几种钢瓶的标色列于附表 4-1 中。

附表 4-1　常用几种钢瓶的标色

气体类别	瓶身颜色	横条颜色	标字颜色
氮	黑	棕	黄
空气	黑		白
二氧化碳	黑		黄
氧	天蓝		黑
氢	深绿	红	红
氯	草绿	白	白
氨	黄		黑
其他一切可燃气体	红		
其他一切不可燃气体	黑		

使用钢瓶时应注意如下事项。

① 钢瓶应放置在阴凉、干燥、远离热源的地方，避免日光直晒。氢气钢瓶应放在与实验室隔开的气瓶房内。实验室中应尽量少放钢瓶。

② 搬运钢瓶时要旋上瓶帽，套上橡胶圈，轻拿轻放，防止摔碰或剧烈振动。

③ 使用钢瓶时，如直立放置应有支架或用铁丝绑住，以免摔倒；如水平放置应垫稳，防止滚动，还应防止油和其他有机物沾污钢瓶。

④ 钢瓶使用时要用减压表，一般可燃性气体（氢、乙炔等）钢瓶气门螺纹是反向的，不燃或助燃性气体（氮、氧等）钢瓶气门螺纹是正向的。各种减压表不得混用。开启气门时应站在减压表的另一侧，以防减压表脱出而被击伤。

⑤ 钢瓶中的气体不可用完，应留有 0.5%表压以上的气体，以防止重新灌气时发生危险。

⑥ 用可燃性气体时一定要有防止回火的装置（有的减压表带有此种装置）。在导管中塞细铜丝网，管路中加液封可以起保护作用。

⑦ 钢瓶应定期试压检验（一般钢瓶三年检验一次）。逾期未经检验或锈蚀严重时，不得使用，漏气的钢瓶不得使用。

减压表由指示钢瓶压力的总压力表、控制压力的减压阀和减压后的分压力表三部分组成。使用时应把减压表与钢瓶连接好（勿猛拧）后，将减压表的减压阀旋到最松位置（即关闭状态）。然后打开钢瓶总气阀门，总压力表即显示瓶内气体总压。再缓慢旋转减压阀，调节到所需的输出压力（由分压力表显示）。再慢慢打开针形阀，使气体缓慢送入系统，使用完毕时，应首先关紧钢瓶总阀门，排空系统中的气体，待总压力表与分压力表均指到零时，再旋松减压阀门，关上针形阀。如钢瓶与减压表连接的部分漏气（用肥皂水检验），应加垫圈使之密封，切不能用麻丝等物堵漏。氧气钢瓶及减压表绝对不能涂油，这更应特别注意。

四、常用有机合成的操作与装置搭建要领

1. 回流装置

在室温下，有些反应速率很小或难于进行。为了使反应尽快地进行，常常需要使反应物

质较长时间保持沸腾。在这种情况下，就需要使用回流冷凝装置，使蒸汽不断地在冷凝管内冷凝而返回反应器中，以防止反应瓶中的物质逃逸损失。

(1) 回流冷凝装置　附图 4-11(a) 是最简单的回流冷凝装置。将反应物质放在圆底烧瓶中，在适当的热源上或热浴中加热。直立的冷凝管夹套自下至上通入冷水，使夹套充满水，水流速度不必很快，能保持蒸气充分冷凝即可。加热的程度也需控制，使蒸气上升的高度不超过冷凝管的 1/3。

如果反应物怕受潮，可在冷凝管上端口上装氯化钙干燥管来防止空气中湿气侵入，见附图 4-11(b)。如果反应中会放出有害气体（如溴化氢），可加接气体吸收装置，见附图 4-11(c)。

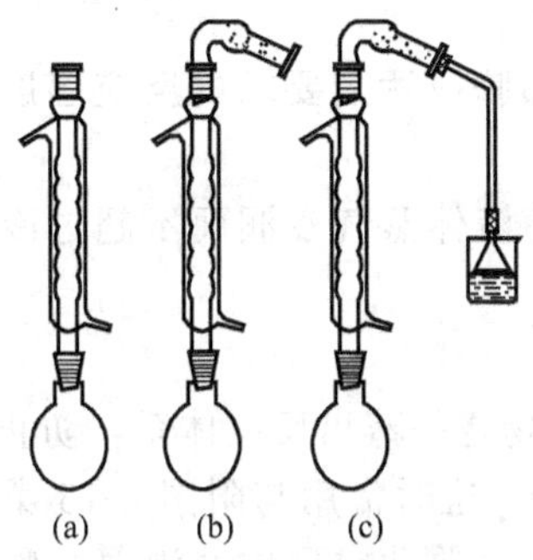

附图 4-11　回流冷凝装置

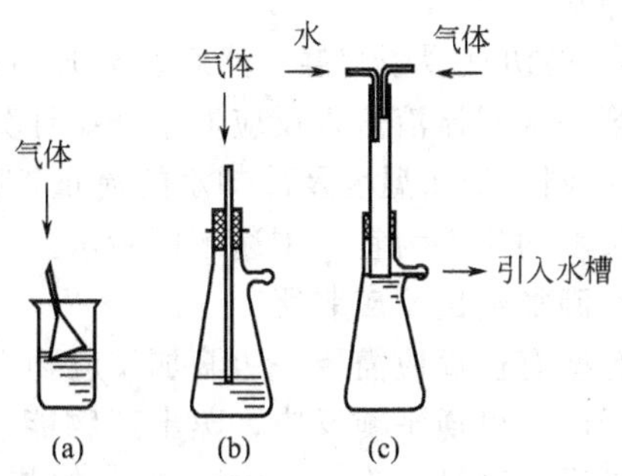

附图 4-12　气体吸收装置

常见的气体吸收装置见附图 4-12，用于吸收反应过程中生成的有刺激性和水溶性的气体如 HCl、SO_2 等。其中 (a) 和 (b) 可作少量气体的吸收装置。(a) 中的玻璃漏斗应略微倾斜使漏斗口一半在水中，一半在水面上。这样，既能防止气体逸出，亦可防止水被倒吸至反应瓶中。若反应过程中有大量气体生成或气体逸出很快时，可使用 (c) 的装置，水自上端流入（可利用冷凝管流出的水）抽滤瓶中，在恒定的平面上溢出。粗的玻管恰好伸入水面，被水封住，以防止气体逸入大气中。图中的粗玻管也可用 Y 形管代替。

在采用气体吸收装置时，应密切注意观察气体吸收情况。有时会因为反应温度的变化而导致体系内形成一定的负压，从而发生气体吸收液倒吸现象。解决的办法很简单：保持玻璃漏斗或玻璃管悬在近离吸收液的液面上，使反应体系与大气相通，消除负压。

(2) 回流滴加冷凝装置　有些反应进行剧烈，放热量大，如将反应物一次加入，会使反应失去控制；有些反应为了控制反应物的选择性，也不能将反应物一次加入。在这些情况下，可采用滴加回流冷凝装置（见附图 4-13），将一种试剂逐渐滴加进去。常用恒压滴液漏斗进行滴加。

(3) 回流分水反应装置　在进行某些可逆平衡反应时，为了使正向反应进行到底，可将反应产物之一不断从反应混合物体系中除去，常采用回流分水装置除去生成的水。在附图 4-14(a)、(b) 的装置中，有一个分水器，回流下来的蒸气冷凝液进入分水器，分层后，有机层自动被送回烧瓶，而生成的水可从分水器中放出去。

为了保证分离后的上层溶剂能及时回到反应体系中，分水器使用前可先加入一部分水。随着反应的进行，为了防止水回流至反应体系中，积蓄的水可从分水器下面的活塞放出，通过蓄水的量可以判断反应是否进行完。

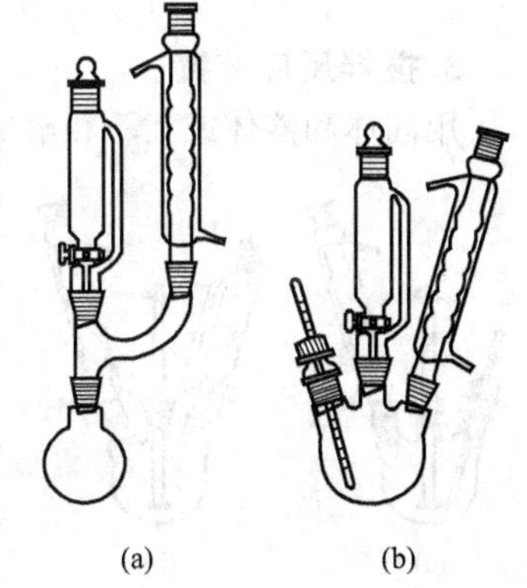

附图 4-13　回流滴加冷凝装置

回流装置的搭建要点：以热源的高度为基准，首先固定反应器，然后按由下到上的顺序装配其他仪器。所有仪器应尽可能固定在同一铁架台上。各仪器的连接部位要严密。冷凝管的上口与大气相通，其下端的进水口通过胶管与水源连接，上端的出水口接下水道。整套装置要求正确、整齐和稳妥。拆除装置时，按由上到下的顺序拆除。

注意事项如下。

① 所盛物料量占反应器容积的 1/2 左右为宜。若反应中有大量气体或泡沫产生，则应选用容积稍大些的反应器。

② 沸石应事先加入。

③ 先通冷却水，再开始加热。停止回流时，应先停止加热，待冷凝管中没有蒸气后再停冷却水。

④ 最初宜缓缓升温，然后逐渐升高温度使反应液沸腾或达到要求的反应温度。反应时间以第一滴回流液落入反应器中开始计算。

⑤ 调节加热温度及冷却水的流量，控制回流速度使液体蒸气浸润面不超过冷凝管有效冷却长度的 1/3 为宜。中途不可断水。

2. 滴加蒸出反应装置

有些有机反应需要一边滴加反应物一边将产物或产物之一蒸出反应体系，防止产物发生二次反应。可逆平衡反应，蒸出产物能使反应进行到底。这时常用与附图 4-15 类似的反应装置来进行这种操作。在附图 4-15 的装置中，反应产物可单独或形成共沸混合物不断在反应过程中蒸馏出去，并可通过滴液漏斗将一种试剂逐渐滴加进去，以控制反应速率或使这种试剂消耗完全。

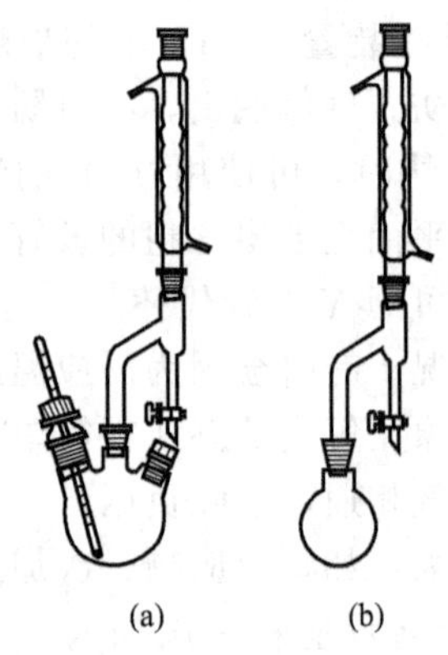

附图 4-14 回流分水反应装置

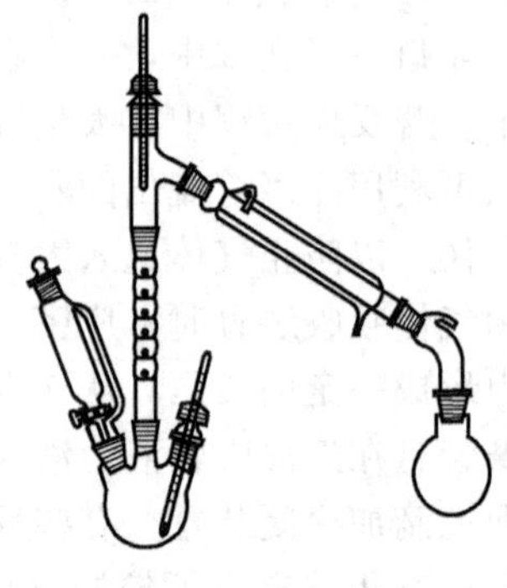

附图 4-15 滴加蒸出反应装置

3. 搅拌反应装置

用固体和液体或互不相溶的液体进行反应时，为了使反应混合物能充分接触，应该进行强烈的搅拌或振荡。附图 4-16 是适合不同需要的机械搅拌装置，搅拌棒是用电机带动的。在装配机械搅拌装置时，可采用简单的橡胶管密封［见附图 4-16(a)、(b)］或用液封管［见附图 4-16(c)］密封。附图 4-16(a) 是普通的带搅拌可测温回流反应装置；附图 4-16(b) 是可同时进行搅拌、回流和滴加液体的实验装置；附图 4-16(c) 的装置则可同时滴

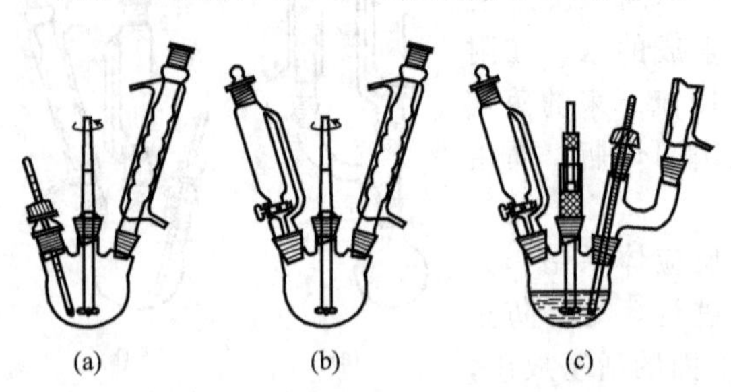

附图 4-16 搅拌反应装置

加液体和测量反应温度。

搅拌装置的搭建要点如下：

搅拌棒与玻璃管或液封管应配合得合适，不太松也不太紧，搅拌棒能在中间自由地转动。根据搅拌棒的长度（不宜太长）选定三口烧瓶和电机的位置。先将电机固定好，用短橡胶管（或连接器）把已插入封管中的搅拌棒连接到电机的轴上，然后小心地将三口烧瓶套上去，至搅拌棒的下端距瓶底约 5mm，将三口烧瓶夹紧。检查这几件仪器安装得是否正直，电机的轴和搅拌棒应在同一直线上。用手试验搅拌棒转动是否灵活，再以低转速开动电机，试验运转情况。当搅拌棒与封管之间不发出摩擦声时才能认为仪器装配合格，否则需要进行调整。最后装上冷凝管、滴液漏斗（或温度计），用夹子夹紧。整套仪器应安装在同一个铁架台上。

注意事项：在装配实验装置时，使用的玻璃仪器和配装件应该是洁净干燥的。圆底烧瓶或三口烧瓶的大小应使反应物约占烧瓶容量的 1/3～1/2，最多不超过 2/3。首先将烧瓶固定在合适的高度（下面可以放置煤气灯、电炉、热浴或冷浴），然后逐一安装上冷凝管和其他配件。需要加热的仪器，应夹住仪器受热最少的部位，如圆底烧瓶靠近瓶口处。冷凝管则应夹住其中央部位。

4. 在惰性气体中反应的装置和设备

在有机化学反应中许多试剂要和水或氧发生作用，有些反应只有在无水条件下才能进行。因此，无水无氧的操作是有机合成实验的重要操作之一。

在无水无氧操作中使用的仪器设备与常用的普通仪器相比，只是多了一些附件，如惰性气体导管、翻口橡胶塞（类似医用盐水瓶塞）、具支管的接头、注射器、注射接头和不锈钢导管等。

惰性气体导管是一根橡胶管，一端连惰性气体钢瓶减压阀，另一端接上一支注射针头，如附图 4-17 所示。

一般在惰性气体导管中间还连接有一个玻璃 T 形管，T 形管的出口处 A 用翻口橡胶塞塞住。此处是用来充惰性气体球胆或用惰性气体冲洗注射器用。

注射器和注射针同医用的一样，只是注射针有长针和短针，长的注射针可以从 500mL 玻璃瓶口伸至瓶底，以便吸取溶剂和试剂。针头粗细应有不同规格，粗注射针用于吸取黏度高的液体试剂。

不锈钢导管通常是一根长 1.2m 左右、内径 1mm 的不锈钢管，有两端都锉成与注射针头一样尖头的，也有一端是尖头另一端是平头的。尖头的便于插入橡胶塞中，但是尖头有个斜口，不能抽干试剂瓶或量筒中的液体，而平头的则较有利于液体物质的转移。

通常使用的反应装置如附图 4-18 所示。所有仪器在反应前都要除水和除氧。完成这个要求常常是将玻璃仪器预先在烘箱中烘干（一股是在 110℃左右烘 3～4h），趁热按图搭好装置，然后将惰性气体导管通过针头插入恒压漏斗上面的橡胶塞 C，通入干燥的氮气，让其自行冷却至室温。或者将仪器如附图 4-18 装好后，边通氮气边用电吹风吹干或用煤气灯烘烤仪器各部分，直至仪器干燥后，移去煤气灯继续通氮气直至仪器冷至室温；支管 B 也用翻口橡胶塞塞住，以备液体加料或取样用。

低温下（如－78℃）反应的仪器装置，可以较简单地使用二口烧瓶，其上连有具旋塞的导管 F，如附图 4-19 所示。惰性气体导管插入支管 E 中，通入干燥氮气以置换装置中的空气，或者将导管 F 连于真空系统抽真空，关上旋塞再从支口 E 通入氮气，如此反复操作数次，装置内的空气已被氮气所置换。

5. 简单玻璃工操作

（1）玻璃管的洗净和切割　玻璃管在加工之前需要洗净。玻璃管内的灰尘用水冲洗就可

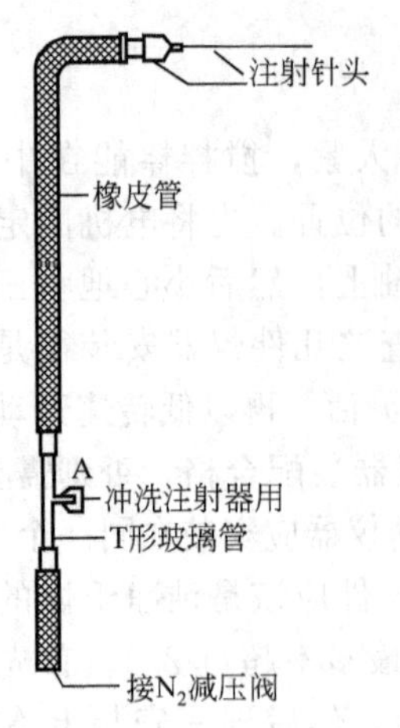

附图 4-17 惰性气体导管

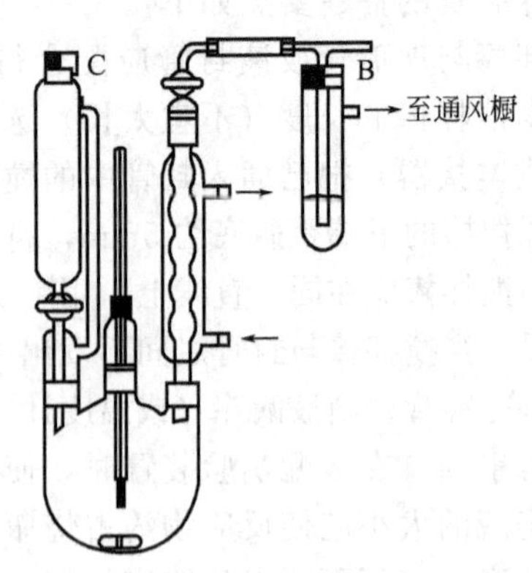

附图 4-18 无水无氧反应装置

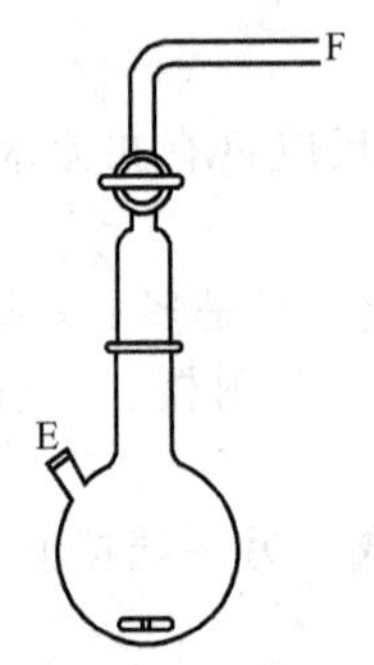

附图 4-19 简单低温反应装置

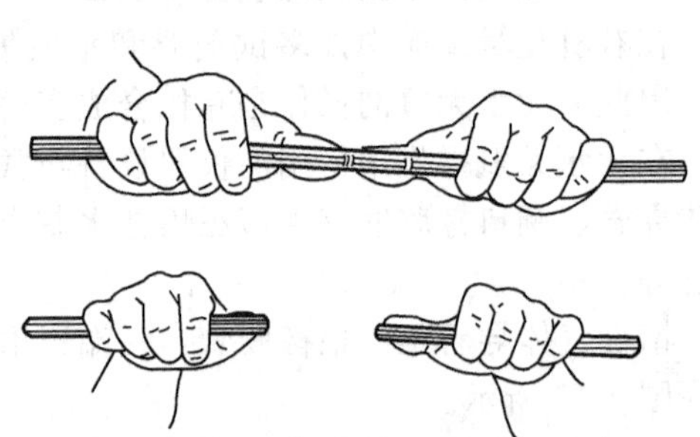

附图 4-20 折断玻璃管（棒）

洗净。对于较粗的玻璃管，可以用两端缚有线绳的布条通过玻璃管，来回拉动，擦去管内的脏物。如果玻璃管保存得好，比较干净，也可以不洗，仅用布把玻璃管外面拭净，就可以使用。如果管内附着油腻的东西，用水不能洗净时，可把长玻璃管适当地割短，浸在铬酸洗液中，然后取出用水冲洗。

洗净玻璃管必须干燥后才能加工，可在空气中晾干，用热空气吹干或在烘箱中烘干，但不宜用灯火直接烤干，以免炸裂。

玻璃管（棒）的切割是用三角锉刀的边棱或用小砂轮在需要割断的地方朝一个方向锉一稍深的痕，不可来回乱锉，否则不但锉痕多，而且易使锉刀或小砂轮变钝。然后用两手握住玻管，以大拇指顶住锉痕背面的两边，轻轻前推，同时朝两边拉，玻管即平整地断开，见附图 4-20。为了安全，折时应尽可能离眼睛远些，或在锉痕的两边包上布后再折。

也可用玻棒拉细的一端在灯焰上加强热，软化后紧按在锉痕处，玻管即沿锉痕方向裂开。若裂痕未扩展成一整圈，可以逐次用烧热的玻棒压角在裂痕稍前处，直到玻管完全断开。此法特别适用于接近玻管端处的截断，裂开的断口边缘很锋利，必须在火中烧熔使之光滑。

(2) 喷灯的调节与使用　玻璃工操作时，通常用煤气灯或煤气喷灯进行加热。如无煤气，可使用酒精喷灯。好的酒精喷灯的火焰最高温度能达 1000℃以上。煤气灯或酒精喷灯点燃时正常的火焰分为三层，如附图 4-21。内层称为焰心，温度较低。中层称为还原焰，温度较高。火焰最高的温度区在还原焰顶端上部的氧化焰中。加热玻璃使其软化的操作应在氧化焰中进行。

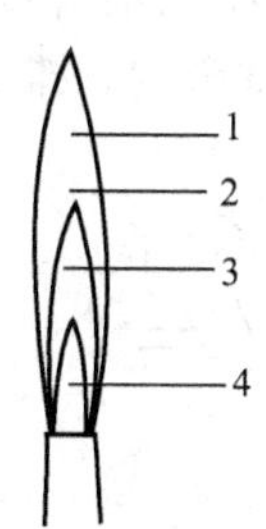

附图 4-21 正常火焰

1—氧化焰；2—最高温区；3—还原焰；4—焰心

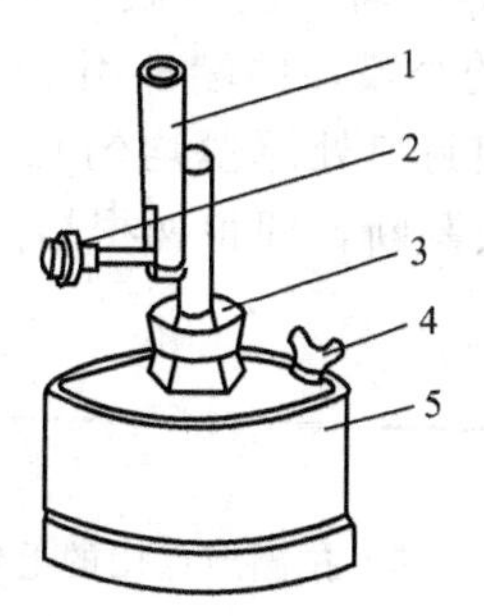

附图 4-22 座式酒精喷灯

1—灯管；2—空气调节器；3—预热盆；4—盖帽；5—灯座

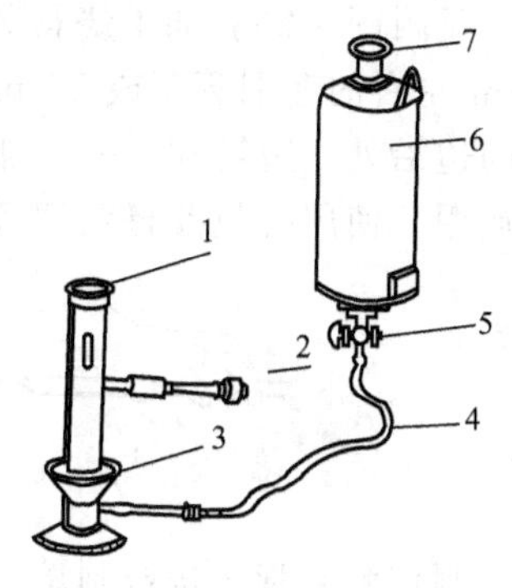

附图 4-23 挂式酒精喷灯

1—灯管；2—空气调节器；3—预热盆；4—橡胶管；5—开关；6—贮筒；7—盖子

常用的酒精喷灯有座式和挂式两种。座式酒精喷灯的结构如附图 4-22 所示。挂式酒精喷灯的结构如附图 4-23 所示。它的使用方法如下。

① 关闭开关 5，向贮筒 6 内加入酒精，盖上盖子 7 后，把贮筒挂于高处（贮筒与酒精灯的相对距离直接影响酒精供给量）。

② 微微打开开关 5，使酒精灯座上的喷口流入预热盆 3 内，待盆内酒精将满时，关闭开关 5 和空气调节器 2。

③ 点燃预热盆内的酒精。

④ 待预热盆内的酒精将烧尽时，打开开关 5，并旋转空气调节器 2。这时由于酒精在灼热的灯管内汽化，并与进入的空气混合，所以用火柴即可点燃管口的气体。

⑤ 调节空气调节器 2，使管口形成稳定的高温火焰。

⑥ 用毕，旋紧空气调节器 2，同时关闭开关 5，火焰即自行熄灭。

使用中必须注意，在旋转空气调节器和点燃管口气体前，应该充分灼热灯管。否则，酒精不能全部汽化，会有液体酒精从管口喷出，可能形成“火雨”。

（3）拉玻璃管　将玻璃管外围用干布擦净，先用小火烘，然后再加大火焰（防止发生爆裂，每次加热玻璃管、棒时都应如此）并不断转动，使玻璃管受热均匀。转动时玻璃管不要上下前后移动，两手转动速度要一致，以免玻璃管扭曲变形，如附图 4-24 所示。

当玻璃管发黄变软后，即可从火焰中取出，两手平稳地沿水平方向向外拉伸，开始拉时要慢些，然后较快地拉长，直至拉成需要的细度。拉好后两手不能马上松开，仍要拉着两端成直线状，直到变硬后方可松手。拉出来的细管子要求和原来的玻璃管在同一轴上，不能歪斜，否则要重拉，见附图 4-25。这种工作又称拉丝，通过拉丝能熟练已熔融玻璃管的转动操作和掌握玻璃管熔融的“火候”。这两点是做好玻璃工操作的关键。

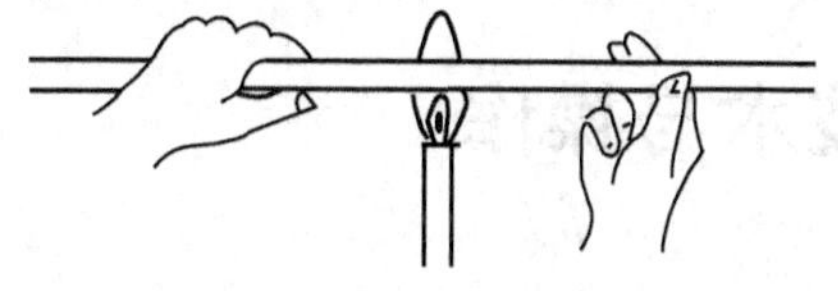

附图 4-24 加热玻璃管

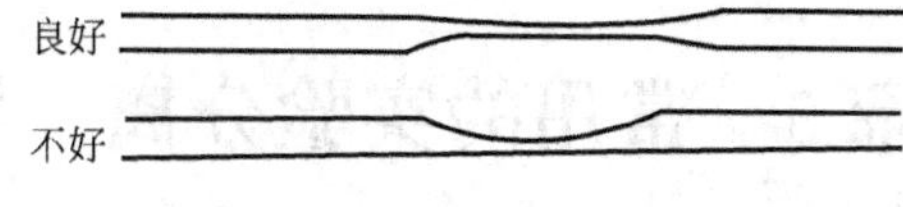

附图 4-25 拉细后的玻璃管

（4）制备熔点管及沸点管　取一根清洁干燥的、直径为 1cm、壁厚为 1mm 左右的玻璃管，放在灯焰上加热。火焰由小到大，不断转动玻璃管，当烧至发黄变软时从火中取出，立即水平地向两端拉伸。开始时要慢些，然后再较快地拉长，拉成内径为 1mm 左右的毛细管，见附图 4-26。如果烧得软，拉得均匀，就可截取一段所需内径的毛细管。然后将内径 1mm 左右的毛细管截成 15cm 左右的小段，两端都用小火熔封（熔封时将毛细管以 45°在小火的边沿处一边转动，一边加热，使封口处厚薄均匀）。冷却后放置在试管内，准备以后测熔点用。使用时只要将毛细管从中央割断，即得两根熔点管。

附图 4-26　拉测熔点用的毛细管

制作沸点管：按拉制熔点管的方法拉制内径 3～4mm 的较粗的毛细管，截成 7～8cm 的小段。一端用小火熔封，作为沸点管的外管。另取两根内径约 1mm、长为 8～9cm 的毛细管，分别将其一端熔封，然后再将封口一端对接起来。在接头离接头 4～5mm 处整齐切断，作为内管。把内管插入外管中即构成沸点管见附图 4-27。

（5）自制搅拌棒　取一根约 40cm 的玻璃棒，将棒的一端放在火焰上加热并不断转动，待烧至发黄变软时取出，用镊子弯成不同样式的搅拌棒，见附图 4-28。烧制搅拌棒时应注意制成的搅拌棒能顺利地从反应瓶口插入反应瓶中。最后将棒的另一端烧圆。

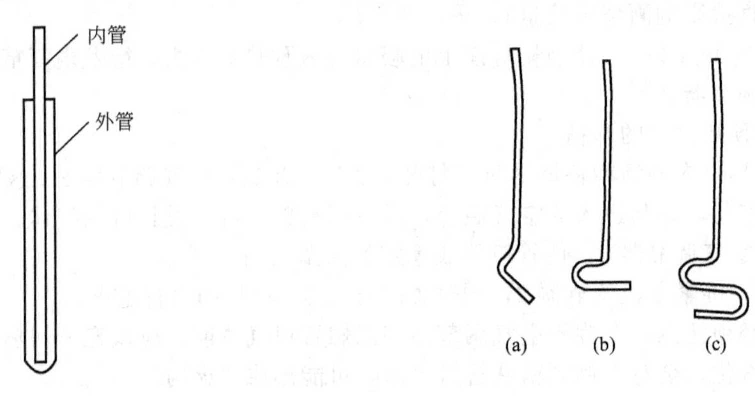

附图 4-27　微量沸点管

附图 4-28　搅拌棒

注意事项如下。

本实验要注意安全，防止着火和烫伤。事先就准备好灭火器（或四氯化碳）、抹布和烫伤膏。

本实验应向学生演示酒精喷灯的点燃方法及拉丝、烧制搅拌棒的操作，以消除学生初次使用喷灯时的恐惧心理。

经预热后，仍不能点燃喷灯时，应调节风门或进行第二次预热。

附录 5　常用的实验分离、鉴定技术与操作

一、萃取和洗涤

萃取是利用化合物在两种互不相溶（或微溶）的溶剂中溶解度或分配系数的不同，使化合物从一种溶剂内转移到另外一种溶剂中。

1. 液体的萃取

最常用的萃取器皿为分液漏斗，常见的有圆球形、圆筒形和梨形三种。分液漏斗从圆球

形到长的梨形，其漏斗越长，振摇后两相分层所需时间越长。因此，当两相密度相近时，采用圆球形分液漏斗较合适。一般常用梨形分液漏斗。

液体萃取的操作要点为：在分液漏斗中加入混合物及萃取剂，用右手握住漏斗上端玻璃塞；左手握住漏斗下端旋塞，在振摇过程中玻璃塞和旋塞均夹紧，上下轻轻摇振分液漏斗几次后将漏斗倒置（见附图 5-1），打开下端旋塞以平衡内、外压力。重复上述操作 2～3 次可提高萃取率。操作结束后，将分液漏斗置于铁架台上静置溶液分层。下层液体从漏斗下端流出，上层液体从漏斗上方倒出。

2. 固体物质的萃取

固体物质的萃取，通常是采用长期浸出法和索氏提取法，前者依靠溶剂对固体物质长期的浸润溶解而将其中所需要的成分溶解出来，效率较低，这里主要介绍索氏提取。

索氏提取器也叫脂肪提取器。利用萃取溶剂在烧瓶加热成蒸气通过蒸气导管被冷凝管冷却成液体聚集在提取器中与滤纸套内固体物质接触进行萃取，当液面超过虹吸管的最高处时，与溶于其中的萃取物一起流回烧瓶。这一操作连续进行，自动地将固体中的可溶物质富集到烧瓶中，因而效率高且节约溶剂。

（1）仪器装置　索氏提取装置如附图 5-2 所示，下部为圆底烧瓶，放置萃取剂，中间为提取器，放被萃取的固体物质，上部为冷凝器。提取器上有蒸气上升管和虹吸管。

（2）搭建要点

① 按由下而上的顺序，先调节好热源的高度，以此为基准，然后用万能夹固定住圆底烧瓶。

② 装上提取器，在上面放置球形冷凝管并用万能夹夹住，调整角度，使圆底烧瓶、提取器、冷凝管在同一条直线上且垂直于实验台面。

③ 滤纸套大小既要紧贴器壁，又要能方便取放，其高度不得超过虹吸管，纸套上面可折成凹形，以保证回流液均匀浸润被萃取物。

（3）操作方法

① 研细固体物质，以增加液体浸浴的面积，然后将固体物质放在滤纸套内，置于提取器中，按附图 5-2 所示装好。

② 通冷凝水，选择适当的热浴进行加热。当溶剂沸腾时，蒸气通过玻管上升，被冷凝管内冷却为液体，滴入提取器中。

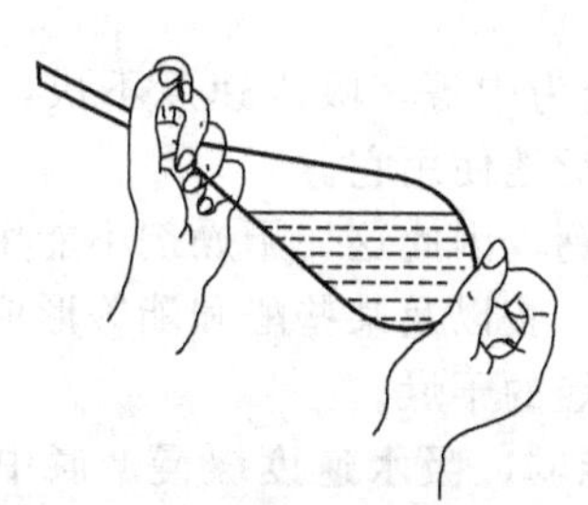

附图 5-1　分液漏斗使用示意图

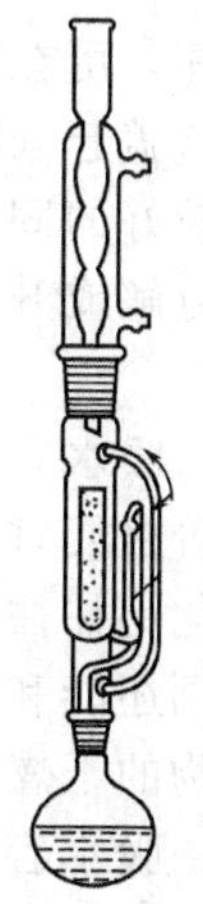

附图 5-2　索氏提取装置

③ 当液面超过虹吸管的最高处时，即虹吸流回烧瓶，因而萃取出溶于溶剂的部分物质。就这样利用回流、溶解和虹吸作用使固体中的可溶物质富集到烧瓶中。然后用其他方法将萃取到的物质从溶液中分离出来。

3. 萃取的应用

(1) 用稀酸萃取　通常用5%的盐酸水溶液进行萃取，目的在于除去有机物料中的碱性杂质。

(2) 用稀碱萃取　通常用5%的碳酸氢钠或碳酸钠水溶液进行萃取，也可以用稀氢氧化钠进行萃取，目的在于除去有机物料中的酸性杂质。

(3) 用浓硫酸萃取　目的在于除去饱和烃中的不饱和烃，除去卤代烃中的不饱和烃、醇和醚等。

(4) 用水萃取　目的在于除去有机物中的无机盐、强酸、强碱，水溶性的醇、羧酸、胺等小分子的极性物质。用酸或碱进行萃取之后，也常再用水萃取，以保证除去所有微量的酸或碱。

(5) 用有机溶剂萃取　目的在于将水溶液中的可溶于有机溶剂中的有机物转移到有机溶剂中。

用酸、碱水溶液萃取之物要用碱、酸中和后再用有机溶剂（如乙醚）萃取转移至有机溶剂中，然后蒸去有机溶剂即可分离获得各种纯化合物。

二、干燥

干燥是指利用加热或加入干燥剂等方法除去物料中湿分（通常是水）的操作。被干燥的对象可以是气体、液体或固体。

1. 气体的干燥

气体干燥可以用洗气瓶。气体干燥还可以采用硅胶吸附法、分子筛脱水法等。

2. 液体的干燥

在精细化工实验中，在蒸掉溶剂和进一步提纯所提取的物质之前，常常需要除掉溶剂或液体中含有的水分，一般可用某种无机盐或无机氧化物作为干燥剂，但要注意选择的干燥剂应不与之发生反应。

液体化合物的干燥一般在一干燥的锥形瓶中进行。一般可将液体与颗粒状干燥剂混合在一起，以振荡的方式进行干燥处理，直到重新加入的干燥剂不再有明显的吸水现象为止。

3. 固体的干燥

对于非吸湿性固体，可在空气中自然晾干。将要干燥的物质先放在滤纸上面，再在一张滤纸上薄薄地摊开并覆盖起来即可。

对吸湿且稳定性较好的固体，可使用烘箱烘干，也可用红外线灯烘干。在烘干过程中要注意防止过热。容易分解或升华的物质，最好放在干燥器中干燥。

4. 常用的干燥剂

(1) 无水氯化钙　吸水容量为0.97，干燥效能为中等，吸水速度不快，因而用于干燥的时间较长。由于其价格便宜，所以在实验室中广泛地使用它。

工业上生产的氯化钙往往还含有少量的氢氧化钙，因此这一干燥剂不能用于酸或酸性物质的干燥。同时氯化钙还能和小分子醇、酚、酰胺、胺以及某些醛和酯等形成配合物，所以也不能用于这些化合物的干燥。主要用于烃和卤代烃的干燥。

(2) 无水硫酸钠　吸水容量为1.25，干燥效能弱，吸水速度缓慢。属中性干燥剂，使用范围很广。常适用于含水量较多的溶液的初步干燥，残留水分再用干燥效能更强的干燥剂来进一步干燥。硫酸钠的水合物在32.4℃就要分解而失水，所以温度在32.4℃以上时不宜用它作干燥剂。

(3) 无水硫酸镁 吸水容量为1.05，干燥效能较弱，吸水速度较快。属中性干燥剂，可用于不能用氯化钙来干燥的许多化合物，如某些醛、酯等。

(4) 无水硫酸钙 吸水容量为0.06，干燥效能强，吸水速度快。属中性干燥剂，常与硫酸钠或硫酸镁配合，作最后的干燥。

(5) 无水碳酸钾 吸水容量为0.2，干燥效能较弱，吸水速度慢。弱碱性干燥剂，可用于醇、腈、酮、酯、胺、杂环等碱性化合物的干燥。但不能用于酸、酚和其他酸性物质的干燥。

(6) 氢氧化钠和氢氧化钾 溶于水，干燥效能中等，吸水速度快。用于胺类、杂环等碱性化合物的干燥比较有效。因为氢氧化钠（或氢氧化钾）能和很多有机化合物起反应，也能溶于某些液体有机化合物中，所以它的使用范围很有限，不能用于醇、酯、醛、酮、酸和酚等的干燥。

(7) 分子筛（4A，5A） 与水的作用为物理吸附，吸水容量约0.25，干燥效能强，吸水速度快。适用于各类有机物的干燥，一般用于要求含水量很低的物质的干燥。分子筛价格很贵，常常是使用后在真空加热下活化，再重新使用。

(8) 金属钠 与水反应生成氢氧化钠和氢气，干燥效能强，干燥速度快。限用于干燥醚、烃类中的痕量水分，这些物质在用钠干燥以前，首先要用氯化钙等干燥剂把其中的大量水分去掉。使用时，金属钠要用刀切成薄片，最好是用金属钠压丝机把钠压成细丝后投入溶液中，以增大钠和液体的接触面。

(9) 五氧化二磷 与水反应生成磷酸，干燥效能强，干燥速度快，但干燥剂表面为黏浆液覆盖，操作不便。适于干燥醚、烃、卤代烃、腈中的痕量水分。不适用于醇、酸、胺、酮等。

(10) 氧化钙 与水反应生成氢氧化钙，干燥效能强，干燥速度较快，适用于低级醇的干燥。氧化钙和氢氧化钙均不溶于醇类，对热都很稳定，又均不挥发，故不必从醇中除去，即可对醇进行蒸馏。由于它具有碱性，所以它不能用于酸性化合物和酯的干燥。

三、蒸馏

原料、溶剂中间体或粗产物常由几种组分组成，对于液体物料，通常采取蒸馏的方法进行分离和提纯。蒸馏是利用混合物在同一温度和压力下，各组分具有不同的蒸气压（挥发度）的性质而达到分离的目的。与其他分离方法相比，蒸馏显示出较多的优点，例如，在操作过程中不会产生大量的废弃物，操作方便等。实验室中常用的蒸馏有四种方法：简单蒸馏、真空（减压）蒸馏、精馏和水蒸气蒸馏。

1. 简单蒸馏

简单蒸馏是在常压下使混合物受热逐渐蒸发，并不断地将生成的蒸气转移至冷凝器中冷凝，将易挥发组分从混合物中分离出来。简单蒸馏是在不需要将溶液中各组分完全分离，或各组分的沸点相差很大且不易分解，或只要求粗略分离多组分混合液的情况下采用的。

(1) 仪器装置 几种常用的简单蒸馏装置见附图5-3，可用于不同的场合。其中，图(a)是最常用的蒸馏装置，由于这种装置出口处与大气相通，可能逸出馏液蒸气，若蒸馏易挥发的低沸点液体时，需将接液管的支管连上橡胶管，通向水槽或室外。支管口接上干燥管，可用作防潮的蒸馏。图(b)是应用空气冷凝管的蒸馏装置，常用于蒸馏沸点在140℃以上的液体。若使用直形冷凝管，由于液体蒸气温度较高而会使冷凝管炸裂。图(c)为蒸除较大量溶剂的装置，由于液体可自滴液漏斗中不断加入，既可调节滴入和蒸出的速度，又可避免使用较大的蒸馏瓶。假如蒸馏出的产品易受潮分解或是无水产品，可在接液管的支管上连接一氯化钙干燥管，如图（d）。如果在蒸馏时放出有害气体，则需装配气体吸收装置，如图（e）所示。

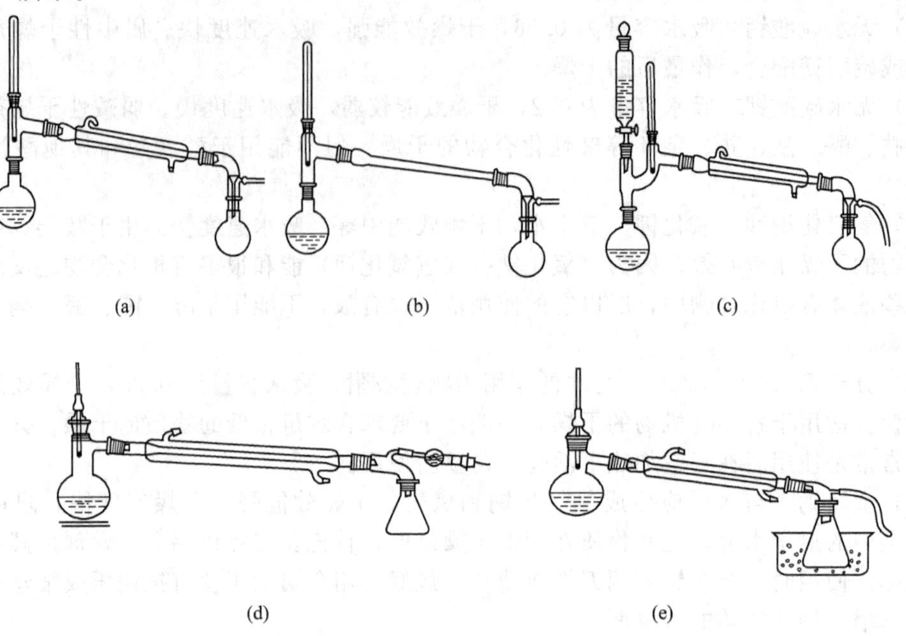

附图 5-3 常用简单蒸馏装置

简单蒸馏的装置主要包括以下三部分。

① 汽化部分 由圆底烧瓶、蒸馏头、温度计组成。液体在瓶内受热汽化，蒸气经蒸馏头侧管进入冷凝器中，蒸馏瓶的大小一般选择待蒸馏液体的体积不超过其容量的 1/2，也不少于 1/3。

② 冷凝部分 由冷凝管组成，蒸气在冷凝管中冷凝成液体，当液体的沸点高于 140℃时选用空气冷凝管，低于 140℃时则选用水冷凝管（通常采用直形冷凝管而不采用球形冷凝管）。冷凝管下端侧管为进水口，上端侧管为出水口，安装时应注意上端出水口侧管向上，保证套管内充满水。

③ 接收部分 由接液管、接收器（圆底烧瓶或梨形瓶）组成，用于收集冷凝后的液体，当所用接液管无支管时，接液管和接收器之间不可密封，应与外界大气相通。

（2）搭建要点 安装的顺序一般是先从热源处开始，然后由下而上，从左往右依次安装。

① 以热源高度为基准，用铁夹夹在烧瓶瓶颈上端并固定在铁架台上。

② 装上蒸馏头和冷凝管，使冷凝管的中心线和蒸馏头支管的中心线成一直线，然后移动冷凝管与蒸馏头支管紧密连接起来，在冷凝管中部用铁架台和铁夹夹紧，再依次装上接液管和接收器。整个装置要求准确端正，无论从正面或侧面观察，全套仪器中各个仪器的轴线都要在同一平面内。所有的铁架台和铁夹都应尽可能整齐地放在仪器的背部。

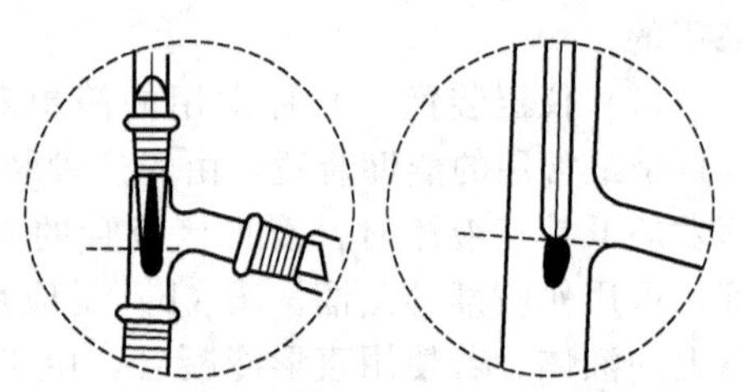

附图 5-4 简单蒸馏中温度计的位置

③ 温度计水银球的上端应与蒸馏头支管的下端在同一水平线上，如附图 5-4 所示，以便在蒸馏时它的水银球能完全被蒸气所包围，若水银球偏高则

引起所量温度偏低，反之，则偏高。

（3）操作方法

① 检查仪器的各部分连接是否紧密和妥善。

② 将物料通过玻璃漏斗小心倒入蒸馏瓶中，不要使液体从支管流出。加入几粒沸石，塞好带温度计的塞子。再检查一次装置是否稳妥与严密。

③ 用水冷凝管时，先打开冷凝水龙头缓缓通入冷水，然后开始加热。加热时可见蒸馏瓶中液体逐渐沸腾，蒸气逐渐上升，温度计读数也略有上升。当蒸气的顶端达到水银球部位时，温度计读数急剧上升。这时应适当调整热源温度，使升温速度略微减慢，蒸气顶端停留在原处，使瓶颈上部和温度计受热，让水银球上液滴和蒸气温度达到平衡。然后再稍稍提高热源温度，进行蒸馏。控制加热温度以调整蒸馏速度，通常以每秒 1～2 滴为宜。在整个蒸馏过程中，应使温度计水银球上常有被冷凝的液滴。此时的温度即为液体与蒸气平衡时的温度。温度计的读数就是液体的沸点。

④ 进行蒸馏前，至少要准备两个接收瓶，其中一个接收前馏分，另一个（需称重）用于接收预期所需馏分。并记下该馏分的沸程，即该馏分的第一滴和最后一滴时温度计的读数。

终点的判断：一般液体中或多或少地含有高沸点杂质，在所需馏分蒸出后，若继续升温，温度计读数会显著升高，若维持原来的温度，就不会再有馏液蒸出，温度计读数会突然下降，此时应停止蒸馏。即使杂质很少，也不要蒸干，以免蒸馏瓶破裂及发生其他意外事故。

⑤ 蒸馏完毕，先应撤出热源（拔下电源插头，再移走热源），然后停止通水，最后拆除蒸馏装置（与安装顺序相反）。

（4）注意事项

① 当蒸馏沸点高于 140℃的物质时，应该使用空气冷凝管。

② 要加沸石。若忘记加沸石，必须在液体温度低于其沸腾温度时方可补加，切忌在液体沸腾或接近沸腾时加入沸石。

③ 始终保证蒸馏体系与大气相通。

④ 蒸馏过程中欲向烧瓶中添加液体，必须停止加热冷却后进行，不得中断冷凝水。

⑤ 蒸馏及分馏效果好坏与操作条件有直接关系，其中最主要的是控制馏出液流出速度，以 1～2 滴/s 为宜（1mL/min），不能太快，否则达不到分离要求。

2. 减压蒸馏

物质的沸点随外界压力变化而改变，压力低，沸点也低。因此，对于沸点较高或热敏性物质，可采用减压蒸馏进行分离。一般来说，当系统内压力降到 20mmHg 时，大多数有机物的沸点比在常压（760mmHg）下低 100～220℃。某些有机化合物压力与沸点的关系见附表 5-1。

附表 5-1 某些有机化合物不同压力下的沸点 单位：℃

压力/Pa(mmHg)	水	氯苯	苯甲醛	乙二醇	甘油	蒽
101.325 (760)	100	132	178	197	290	354
6.665 (50)	38	54	95	101	204	225
3.999 (30)	30	43	84	92	192	207
3.332 (25)	26	39	79	86	188	201
2.666 (20)	22	34.5	75	82	182	194
1.999 (15)	17.5	29	69	75	175	186
1.333 (10)	11	22	62	67	167	175
666 (5)	1	10	50	55	156	159

注：1mmHg ≈133Pa。

例如苯酚的蒸馏，若在常压下进行，则蒸馏温度在180℃以上，而在此温度下，苯酚易发生氧化和树脂化，影响产品的质量和收率。用减压蒸馏，在真空度为66.7kPa时，则在145℃以下即可将苯酚蒸出。无论是工业生产还是在实验室的有机合成，减压蒸馏都被广泛地应用于提纯和分离操作中。

（1）仪器装置　减压蒸馏可采用附图5-5装置。常用的减压蒸馏系统可分为蒸馏、抽气以及保护和测压装置三部分。

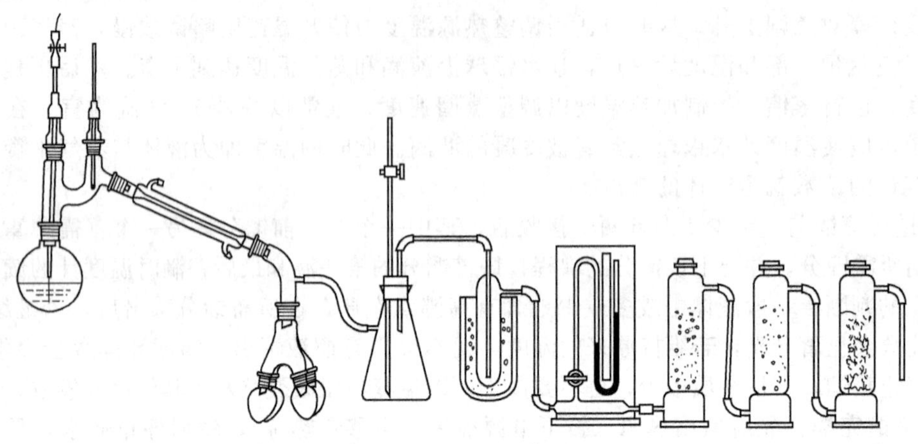

附图5-5　减压蒸馏装置

① 蒸馏部分　这一部分与普通蒸馏相似，亦可分为蒸馏瓶、冷凝管和接收瓶三个组成部分。

减压蒸馏瓶（克氏蒸馏瓶）有两个颈，其目的是为了避免减压蒸馏时瓶内液体由于沸腾而冲入冷凝管中，瓶的一颈中插入温度计，另一颈中插入一根距瓶底1～2mm的末端拉成细丝的毛细玻管。毛细管的上端连有一段带螺旋夹的橡胶管，螺旋夹用于调节进入空气的量，使极少量的空气进入液体，呈微小气泡冒出，作为液体沸腾的汽化中心，使蒸馏平稳进行，又起搅拌作用。

冷凝管和普通蒸馏相同。

接液管和普通蒸馏不同的是，接液管上具有可供接抽气部分的小支管。蒸馏时，若要收集不同的馏分而又不中断蒸馏，则可用两尾或多尾接液管。转动多尾接液管，就可使不同的馏分进入指定的接收器中。

② 抽气部分　实验室通常用水泵或油泵进行减压。

③ 保护和测压装置部分　当用油泵进行减压蒸馏时，为了防止易挥发的有机溶剂、酸性物质和水汽进入油泵，必须在馏液接收器与油泵之间顺次安装缓冲瓶、冷阱、真空压力计和几个吸收塔。缓冲瓶的作用是起缓冲和系统通大气用，上面装有一个两通活塞。冷阱的作用是将蒸馏装置中冷凝管没有冷凝的低沸点物质捕集起来，防止其进入后面的干燥系统或油泵中。冷阱中冷却剂的选择随需要而定，例如可用冰-水、冰-盐、干冰、丙酮等冷冻剂。吸收塔（又称干燥塔）通常设三个：第一个装无水$CaCl_2$或硅胶，吸收水汽；第二个装粒状NaOH，吸收酸性气体；第三个装切片石蜡，吸收烃类气体。

（2）搭建要点　装配时要注意仪器应安排得十分紧凑，既要做到系统通畅，又要做到不漏气，气密性好，所有橡胶管最好用厚壁的真空用的橡胶管，磨口处均匀地涂上一层真空脂。如能用水喷射泵（水泵）抽气的，则尽量使用水喷射泵。如蒸馏物中含有挥发性杂质，可先用水喷射泵减压抽除，然后改用真空泵（油泵）。

（3）操作方法

① 进行装配前，首先检查减压泵抽气时所能达到的最低压力（应低于蒸馏时的所需值），然后按附图 5-5 进行装配。装配完成后，开始抽气，检查系统能否达到所要求的压力，如果不能满足要求，说明漏气，则分段检查出漏气的部位（通常是接口部分），在解除真空后进行处理，直到系统能达到所要求的压力为止。

② 在蒸馏瓶中加入待蒸液体（不超过容量的 1/2），先旋紧橡胶管上的螺旋夹，打开安全瓶上的活塞，使体系与大气相通，启动油泵抽气，逐渐关闭活塞至完全关闭，注意观察瓶内的鼓泡情况（如发现鼓泡太剧烈，有冲料危险，立即将活塞旋开些），从压力计上观察体系内的真空度是否符合要求。如果超过所需的真空度，可小心地旋转二通活塞，使其慢慢地引进少量空气，同时注意观察压力计上的读数，调节体系真空度到所需值（根据沸点与压力的关系）。

③ 调节螺旋夹，使液体中有连续平衡的小气泡产生，如无气泡，可能是螺旋夹夹得太紧，应旋松点；但也可能是毛细管已经阻塞，应予更换。

④ 在系统调节好真空度后，开启冷凝水，选用适当的热浴（一般用油浴）加热蒸馏，蒸馏瓶圆球部至少应有 2/3 浸入油浴中，在油浴中放一温度计，控制油浴温度比待蒸液体的沸点高 20～30℃，使每秒馏出 1～2 滴。在整个蒸馏过程中，都要密切注意温度计和真空计的读数，及时记录压力和相应的沸点值，根据要求，收集不同馏分。通常起始流出液比要收集的物质沸点低，这部分为前馏分，应另用接收器接收；在蒸至接近预期的温度时，只要旋转双叉尾接管，就可换个新接收瓶接收需要的物质。

⑤ 蒸馏完毕，移去热源，慢慢旋开螺旋夹（防止倒吸），再慢慢打开二通活塞，平衡内外压力，使测压计的水银柱慢慢地回复到原状（若打开得太快，水银柱很快上升，有冲破测压计的可能），然后关闭油泵和冷却水。

（4）注意事项

① 蒸馏液中含低沸点组分时，应先进行普通蒸馏再进行减压蒸馏。

② 减压系统中应选用耐压的玻璃仪器，切忌使用薄壁的甚至有裂纹的玻璃仪器，尤其不要使用平底瓶（如锥形瓶），否则易引起内向爆炸。

③ 蒸馏过程中若有堵塞或其他异常情况，必须先停止加热，稍冷后，缓慢解除真空后才能进行处理。

④ 抽气或解除真空时，一定要缓慢进行，否则汞柱急速变化，有冲破压力计的危险。

⑤ 解除真空时，一定要稍冷后进行，否则大量空气进入有可能引起残液的快速氧化或自燃，发生爆炸。

3. 水蒸气蒸馏

水蒸气蒸馏是用来分离和提纯液态或固态有机化合物的一种方法。其过程是在不溶或难溶于热水并有一定挥发性的有机化合物中加入水后加热或通入水蒸气后在必要时加热，使其沸腾，然后冷却其蒸气，使有机物和水同时被蒸馏出来。

水蒸气蒸馏的优点在于所需要的有机物可在较低的温度下从混合物中蒸馏出来，通常用在下列几种情况。

① 某些高沸点的有机物，在常压下蒸馏虽可与副产品分离，但其会发生分解。

② 混合物中含有大量树脂状杂质或不挥发性杂质，采用蒸馏、萃取等方法都难于分离的。

③ 从较多固体反应物中分离出被吸附的液体产物。

④ 要求除去易挥发的有机物。

当不溶或难溶有机物与水一起共热时整个系统的蒸气压，根据分压定律，应为各组分蒸气压之和。即 $p_{总}=p_{水}+p_{有机物}$，当总蒸气压（$p_{总}$）与大气压力相等时混合物沸腾。显然，混合物的沸腾温度（混合物的沸点）低于任何一个组分单独存在时的沸点，即有机物可在比其沸点低得多的温度，而且在低于水的正常沸点下安全地被蒸馏出来。

使用水蒸气蒸馏时，被提纯有机物应具备下列条件：

① 不溶或难溶于水；

② 共沸腾下，与水不发生化学反应；

③ 在水的正常沸点时必须具有一定的蒸气压（一般不小于 1333Pa）。

馏出物中水和被分离或提纯物 A 的质量比与其相应蒸气压成正比，也与其相应分子质量成正比，可按如下计算：

$$\frac{m_A}{m_{H_2O}}=\frac{M_A\times p_A}{18\times p_{H_2O}}$$

即可得到馏出液中有机物的含量（近似值）。

（1）仪器装置　附图 5-6 是实验室常用的装置，包括水蒸气发生器、蒸馏部分、冷凝部分和接收器四个部分。

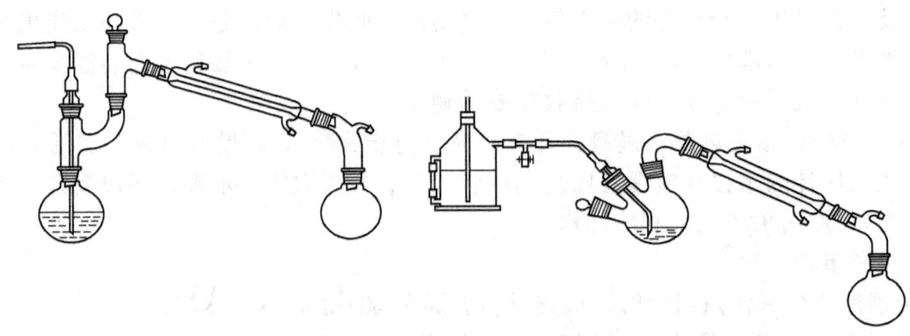

附图 5-6　水蒸气蒸馏装置

① 水蒸气发生器　一般使用专用的金属制的水蒸气发生器，也可用 500mL 的蒸馏烧瓶代替（配一根长 1m，直径约为 7mm 的玻璃管作安全管），水蒸气发生器导出管与一个 T 形管相连，T 形管的支管套上一短橡胶管。橡胶管用螺旋夹夹住，以便及时除去冷凝下来的水滴，T 形管的另一端与蒸馏部分的导管相连（这段水蒸气导管应尽可能短些，以减少水蒸气的冷凝）。

② 蒸馏部分　采用圆底烧瓶，配上克氏蒸馏头，这样可以避免由于蒸馏时液体的跳动引起液体从导出管中冲出，以致沾污馏出液。为了减少由于反复换容器而造成产物损失，常直接利用原来的反应器，进行水蒸气蒸馏。

③ 冷凝部分　一般选用直形冷凝管。

④ 接收部分　选择合适容量的圆底烧瓶或梨形瓶作接收器。

（2）操作方法

① 将被蒸馏的物质加入烧瓶中，尽量不超过其容积的 1/3，仔细检查各接口处是否漏气，并将 T 形管上螺旋夹打开。

② 开启冷凝水，然后水蒸气发生器开始加热，当 T 形管的支管有蒸汽冲出时，再逐渐旋紧 T 形管上的螺旋夹，水蒸气开始通向烧瓶。

③ 如果水蒸气在烧瓶中冷凝过多，烧瓶内混合物体积增加，以致超过烧瓶容积的 2/3 时，或者水蒸气蒸馏速度不快时，可对烧瓶进行加热，要注意烧瓶内崩跳现象，如果崩跳剧烈，则不应加热，以免发生意外。蒸馏速度每秒 2～3 滴。

④ 欲中断或停止蒸馏一定要先旋开 T 形管上的螺旋夹，然后停止加热，最后再关冷凝水。否则烧瓶内混合物将倒吸到水蒸气发生器中。

⑤ 当馏出液澄清透明，不含有油珠状的有机物时，即可停止蒸馏。

(3) 注意事项

① 水蒸气发生器上必须装有安全管，安全管不宜太短，下端应插到接近底部，盛水量通常为发生器容量的一半，最多不超过 2/3。

② 水蒸气发生器与水蒸气导入管之间必须连接 T 形管，蒸汽导管尽量短，以减少蒸汽的冷凝。

③ 被蒸馏的物质一般不超过其容积的 1/3，水蒸气导入管不宜过细，一般选用内径大于或等于 7mm 的玻璃管。

④ 蒸馏速度为 2～3 滴/s。

4. 精馏

对于沸点相近的液体混合物，仅通过一次蒸馏不可能把各组分完全分开。若要获得较纯组分，就必须进行多次蒸馏。这样既费时，产品损失又大。要获得良好的分离效果，通常采用精馏的方法。

精馏的原理和蒸馏是一样的，分馏实际上就是多次蒸馏。利用精馏柱进行分馏，实际上就是在精馏柱内使液体混合物进行多次汽化和多次冷凝，上升的蒸气部分冷凝放出热量，使下降的冷凝液部分汽化，两者发生热量交换。结果上升蒸汽中易挥发（低沸点）组分增加，而下降的冷凝液中难挥发（高沸点）组分增加，如此进行多次的汽-液平衡，既达到了多次蒸馏的效果。如果精馏柱的柱效率足够高，从分馏柱顶部出来的几乎都是纯净的易挥发组分，而高沸点组分则残留在烧瓶中。

(1) 仪器装置　实验室常用的分馏柱如附图 5-7，安装和操作都非常方便。其中，(a) 是韦氏（Vigreux）分馏柱也称刺形分馏柱，分馏效率不高，仅相当于两次普通的蒸馏。(b)、(c) 是填料分馏柱，内部可装入高效填料，提高分馏效率。

(2) 搭建要点　为尽量减少柱内热量的散失和由于外界温度影响造成柱温的波动，通常分馏柱外必须进行适当的保温，以便能始终维持温度平衡。对于比较长、绝热又差的分馏柱，则常常需要在柱外绕上电热丝以提供外加的热量。

(3) 操作方法

① 将待分馏的混合物放入圆底烧瓶中，加入沸石，按附图 5-8 安装好装置。

② 选择合适的热源，开始加热。当液体刚沸腾就及时调节热源，使蒸气慢慢升入分馏柱，10～15 min 后蒸气到达柱顶，这时可观察到温度计的水银球上出现了液滴。

③ 调小热源，让蒸气仅到柱顶而不进入支管就全部冷凝，回流到烧瓶中，维持 5min 左右，使填料完全湿润，开始正常地工作。

④ 调大热源，控制液体的馏出速度为每 2～3 秒 1 滴，这样可得到较好的分馏效果。待温度计读数骤然下降时，说明低沸点组分已蒸完，可继续升温，按沸点收集第二、第三种组分的馏出液，当欲收集的组分全部收集完后，停止加热。

(4) 注意事项

① 参照普通蒸馏中的注意事项。

② 分馏一定要缓慢进行，控制好恒定的蒸馏速度（12～3s/1 滴），这样，可以得到比较

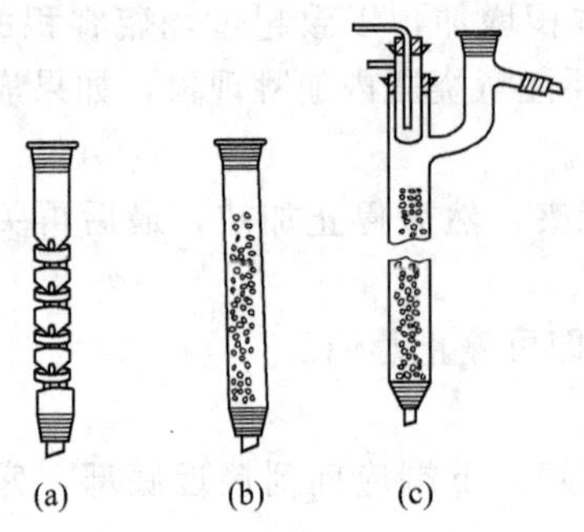

附图 5-7 常用的分馏柱

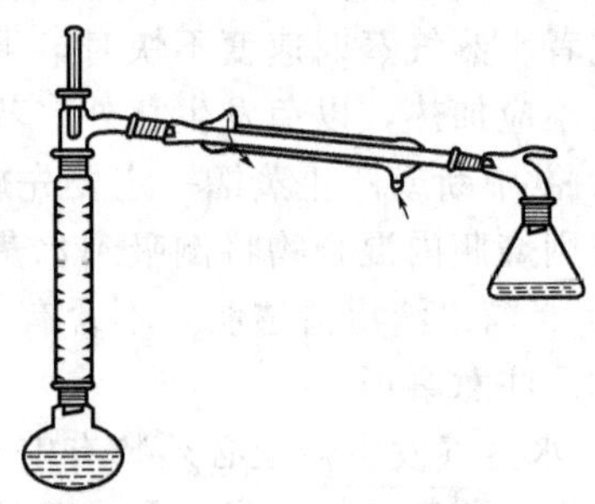

附图 5-8 分馏装置

好的分馏效果。

③ 要使有相当量的液体沿柱流回烧瓶中，即要选择合适的回流比，使上升的气流和下降液体充分进行热交换，使易挥发组分量上升，难挥发组分尽量下降，分馏效果更好。

④ 尽量减少分馏柱的热量散失和波动。

四、过滤

过滤是分离液固混合物的常用方法。液固体系的性质不同，采用的过滤方法也不同。

1. 普通过滤

普通过滤通常用 60°角的圆锥形玻璃漏斗。放进漏斗的滤纸（折叠式滤纸见附图 5-9），其边缘应该比漏斗的边缘略低。先把滤纸润湿，然后过滤。倾入漏斗的液体，其液面应比滤纸的边缘低 1cm。

过滤有机液体中的大颗粒干燥剂时，可在漏斗颈部的上口轻轻地放少量疏松的棉花或玻璃毛，以代替滤纸。如果过滤的沉淀物粒子细小或具有黏性，应该首先使溶液静置，然后过滤上层的澄清部分，最后把沉淀移到滤纸上，这样可以使过滤速度加快。

2. 减压过滤（抽气过滤）

减压过滤通常使用瓷质的布氏漏斗，漏斗配以橡胶塞，装在玻璃的吸滤瓶上，在成套供应的玻璃仪器中，漏斗与吸滤瓶间是靠磨口连接的，注意漏斗下端斜口的位置，吸滤瓶的支管则用橡胶管与抽气装置连接（见附图 5-10）。若用水泵，吸滤瓶与水泵之间宜连接一个缓冲瓶（配有二通旋塞的吸滤瓶，调节旋塞，可以防止水的倒吸）。最好不要用油泵，若用油泵，吸滤瓶与油泵之间应连接吸收水气的干燥装置和缓冲瓶。滤纸应剪成比漏斗的内径略小，但能完全盖住所有的小孔。不要让滤纸的边缘翘起，以保证抽滤时密封。

过滤时，应先用溶剂把平铺在漏斗上的滤纸润湿，然后开动泵，使滤纸紧贴在漏斗上。小心地把要过滤的混合物倒入漏斗中，为了加快过滤速度，可先倒入清液，后使固体均匀地分布在整个滤纸面上，一直抽气到几乎没有液体滤出时为止。为了尽量把液体除净，可用玻

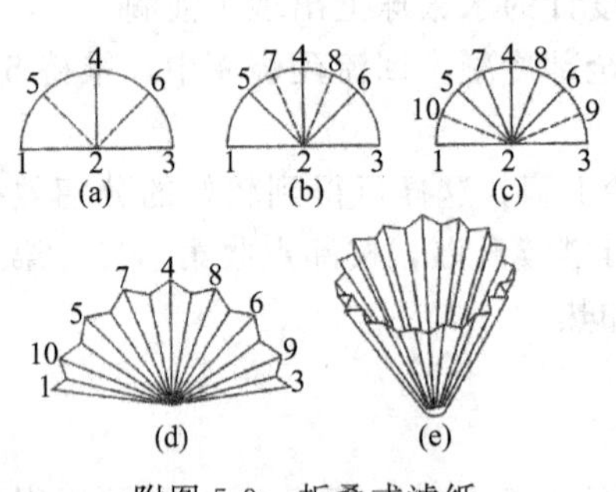

附图 5-9 折叠式滤纸

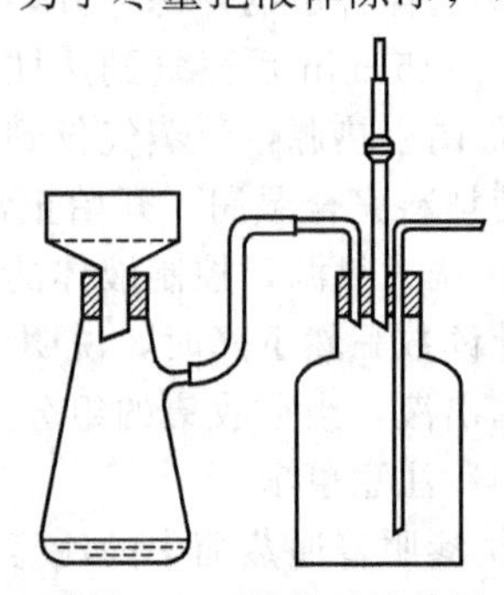

附图 5-10 抽气过滤装置

璃瓶塞压挤过滤的固体——滤饼。

在漏斗上洗涤滤饼的方法：把滤饼尽量地抽干、压实、压平，拔掉抽气的橡胶管，使恢复常压，把少量溶剂均匀地洒在滤饼上，使溶剂恰能盖住滤饼。静置片刻，使溶剂渗透滤饼，待有滤液从漏斗下端滴下时，重新抽气，再把滤饼尽量抽干、压实。这样反复几次，就可把滤饼洗净。必须记住：在停止抽滤时，应该先拔去抽气的橡胶管，然后关闭抽气泵。

减压过滤的优点为：过滤和洗涤的速度快，液体和固体分离得较完全，滤出的固体容易干燥。

强酸性或强碱性溶液过滤时，应在布氏漏斗上铺上玻璃布或涤纶布、氯纶布来代替滤纸。

3. 加热过滤（保温过滤）

用锥形的玻璃漏斗过滤热的饱和溶液时，常在漏斗中或其颈部析出晶体，使过滤发生困难。这时可以用保温漏斗来过滤。

为了尽量利用滤纸的有效面积以加快过滤速度，过滤热的饱和溶液时，常使用折叠式滤纸，其折叠方法如附图 5-9 所示。

先把滤纸折成半圆形，再对折成圆形的四分之一，展开图（a）。再以 1 对 4 折出 5，3 对 4 折出 6，1 对 6 折出 7，3 对 5 折出 8，如图中（b）；以 3 对 6 折出 9，1 对 5 折出 10，如图中（c）。然后在 1 和 10，10 和 5，5 和 7……9 和 3 间各反向折叠，如图中（d）。把滤纸打开，在 1 和 3 的地方各向内折叠一个小叠面，最后做成如图中（e）的折叠滤纸。在每次折叠时，在折纹近集中点处切勿对折纹重压，否则在过滤时滤纸的中央易破裂。使用前宜将折好的折叠滤纸翻转并作整理后放入漏斗中。

过滤时，把热的饱和溶液逐渐地倒入漏斗中，在漏斗中的液体不宜积得太多，以免析出晶体，堵塞漏斗。

也可用布氏漏斗趁热进行减压过滤。为了避免漏斗破裂和在漏斗中析出晶体，最好先用热水浴或水蒸气浴，或在电烘箱中把漏斗预热，然后再用来进行减压过滤。

4. 助滤剂

被过滤的固体颗粒非常小，如高锰酸钾还原成二氧化锰后，不论使用哪种方法过滤都很困难，很快就把滤纸、滤布的微孔堵塞，这时可以使用颗粒大的多孔性物质如硅藻土作助滤剂，把助滤剂铺在滤纸上面形成一薄层，再进行过滤就容易了。使用助滤剂时，固体滤渣往往都是准备废弃的。

五、重结晶

将晶体溶于溶剂或熔融以后，又重新从溶液或熔体中结晶的过程。又称再结晶。重结晶可以使不纯净的物质获得纯化，或使混合在一起的盐类彼此分离。重结晶的效果与溶剂选择大有关系，最好选择对主要化合物是可溶性的，对杂质是微溶或不溶的溶剂，滤去杂质后，将溶液浓缩、冷却，即得纯制的物质。混合在一起的两种盐类，如果它们在一种溶剂中的溶解度随温度的变化差别很大，例如硝酸钾和氯化钠的混合物，硝酸钾的溶解度随温度上升而急剧增加，而温度升高对氯化钠溶解度影响很小，则可在较高温度下将混合物溶液蒸发、浓缩，首先析出的是氯化钠晶体，除去氯化钠以后的母液在浓缩和冷却后，可得纯硝酸钾。重结晶往往需要进行多次，才能获得较好的纯化效果。

$$\underset{\text{（沉淀）}}{\text{不纯固体}} \xrightarrow[\triangle]{\text{溶剂}} \underset{\text{加活性炭并进行热过滤}}{\text{热饱和溶液}} \xrightarrow{\text{滤液冷却}} \underset{\text{（结晶）}}{\text{纯固体}}$$

在重结晶法中选择一适宜的溶剂是非常重要的，否则，达不到提纯的目的，它必须符合下面几个条件。

① 与被提纯的有机化合物不起化学反应；

② 对被提纯的有机化合物应在热溶剂中易溶，而在冷溶剂中几乎不溶；

③ 对杂质的溶解度非常大或非常小（前者使杂质留在母液中不随提纯物晶体一同析出，后者杂质在热过滤时被滤掉）；

④ 对要提纯的有机化合物能生成较整齐的晶体；

⑤ 溶剂的沸点，不宜太低，也不宜太高，若过低时，溶解度改变不大，难分离，且操作困难；过高时，附着于晶体表面的溶剂不易除去；

⑥ 价廉易得。

常见的溶剂有水、乙醇、丙酮、石油醚、四氯化碳、苯和乙酸乙酯等。

一般常用的混合溶剂有乙醇与水，乙醇与乙醚，乙醇与丙酮，乙醚与石油醚，苯与石油醚等。

1. 操作步骤

（1）将待重结晶物质制成热的饱和溶液　制饱和溶液时（见附图 5-11），溶剂可分批加入，边加热边搅拌，至固体完全溶解后，再多加 20%左右（这样可避免热过滤时，晶体在漏斗上或漏斗颈中析出造成损失）。切不可再多加溶剂，否则冷后析不出晶体。

如需脱色，待溶液稍冷后，加入活性炭（用量为固体 1%～5%），煮沸 5～10min（切不可在沸腾的溶液中加入活性炭，那样会有暴沸的危险。）

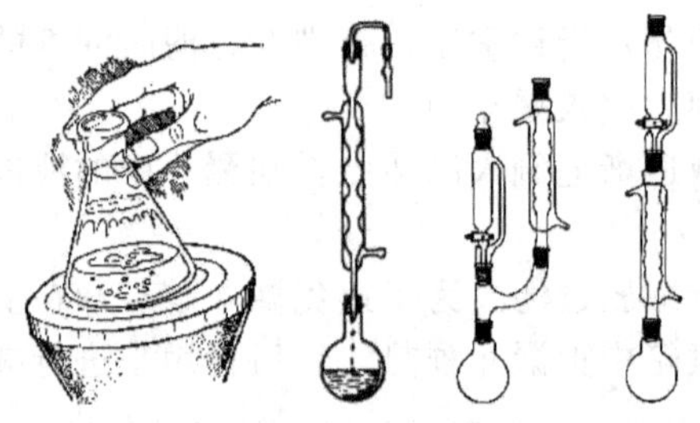

水做溶剂制热饱和溶液　有机物做溶剂制热饱和溶液

附图 5-11　热饱和溶液制备

（2）趁热过滤除去不溶性杂质　趁热过滤时，先放入菊花滤纸（要使菊花滤纸向外突出的棱角，紧贴于漏斗壁上），先用少量热的溶剂润湿滤纸（以免干滤纸吸收溶液中的溶剂，使结晶析出而堵塞滤纸孔），将溶液沿玻棒倒入，过滤时，漏斗上可盖上表面皿（凹面向下）减少溶剂的挥发，盛溶液的器皿一般用锥形瓶（只有水溶液才可收集在烧杯中）。

（3）抽滤　将剪好的滤纸放入布氏漏斗，滤纸的直径切不可大于漏斗底边缘，否则滤液会从折边处流过造成损失，将滤纸润湿后，可先倒入部分滤液（不要将溶液一次倒入）启动水循环泵，通过缓冲瓶（安全瓶）上二通活塞调节真空度，开始真空度可低些，这样不致将滤纸抽破，待滤饼已结一层后，再将余下溶液倒入，此时真空度可逐渐升高些，直至抽干为止。

停泵时，要先打开放空阀（二通活塞）再停泵，可避免倒吸。

（4）结晶的洗涤和干燥　用溶剂冲洗结晶再抽滤，除去附着的母液。抽滤和洗涤后的结晶，表面上吸附有少量溶剂，因此尚需用适当的方法进行干燥。

2. 注意事项

① 溶解过程中，不要因为重结晶的物质中含有不溶解的杂质而加入过量的溶剂。

② 为避免热过滤时晶体在漏斗上或漏斗颈中析出造成损失，溶剂可稍过量20%。

③ 使用活性炭脱色应注意：加活性炭以前，首先将待结晶化合物完全溶解在热溶剂中，一般用量为固体质量的1%～5%。加入后煮沸5～10min。在不断搅拌下，若一次脱色不好，可再加少量活性炭，重复操作；不能向正在沸腾的溶液中加入活性炭，以免溶液暴沸；活性炭对水溶液脱色较好，对非极性溶液脱色较差。

④ 要用折叠滤纸过滤，从漏斗上取出结晶时，通常把晶体和滤纸一起取出，待干燥后用刮刀轻敲滤纸，结晶即全部下来，注意勿使滤纸纤维附于晶体上。

六、升华

1. 基本原理

升华是利用固体混合物的蒸气压或挥发度不同，将不纯净的固体化合物在熔点温度以下加热，利用产物蒸气压高，杂质蒸气压低的特点，使产物不经液体过程而直接汽化，遇冷后固化，而杂质则不发生这个过程，达到分离固体混合物的目的。

2. 常压升华

将待升华的粗产品经烘干、研碎后放入蒸发皿，上面覆盖一张刺有许多小孔的滤纸。然后将一个直径略小于蒸发皿的玻璃漏斗倒扣在滤纸上面。漏斗的颈部塞上一团脱脂棉，以减少蒸气逸出。将蒸发皿用砂浴或热浴渐渐加热，小心调节加热强度，控制热温低于被升华物质的熔点，使其蒸气通过滤纸小孔上升，冷却后凝结在滤纸和漏斗壁上［附图5-12(a)］。也可采用附图5-12（b）装置进行升华。

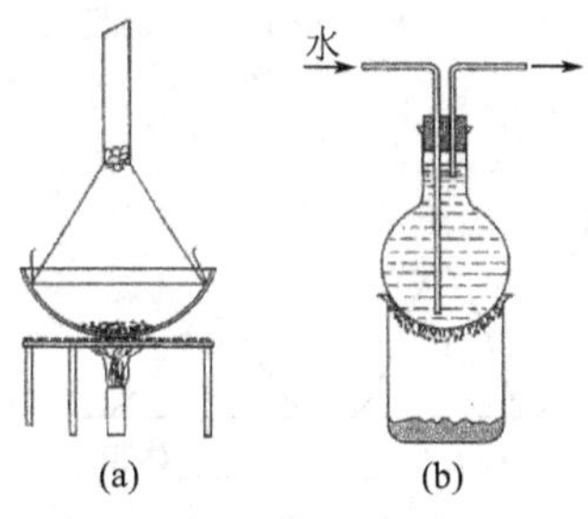

附图5-12 常压升华装置

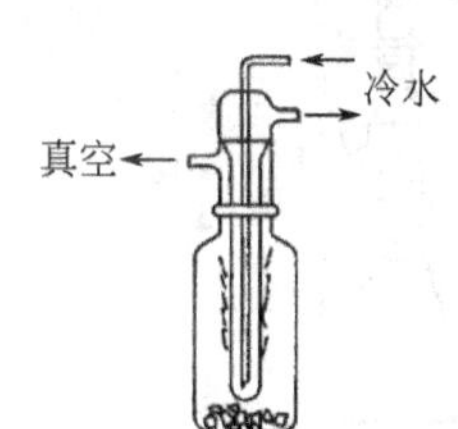

附图5-13 减压升华装置

3. 减压升华

适于常压升华的物质并不多见，更多的升华需要在减压条件下进行，见附图5-13。减压升华的操作方法与常压升华大致相同。将待升华固体物质放在带磨口的广口瓶中，然后放入冷凝指，冷凝指中通入冷水。利用水泵或真空泵抽气减压，用水浴或油浴加热广口瓶，使固体物质升华凝结在冷凝指表面。升华结束后，停止加热，待冷却后小心放气，再慢慢取出冷凝指，收集产品。

七、色谱

色谱法是近代有机分析中应用最广泛的工具之一，它既可以用来分离复杂混合物中的各种组分，又可以用来纯化和鉴定物质，尤其适用于少量物质的分离、纯化和鉴定。其分离效果远比萃取、蒸馏、分馏和重结晶好。

色谱法是一种物理的分离方法，其分离原理是利用混合物中各个组分的物理化学性质的差别，即在某一物质中的吸附或溶解性能（分配）的不同，或其他亲和性的差异。当混合物中各个组分流过某一支持剂或吸附剂时，各组分由于其物理性质的不同而被该支持剂或吸附剂反复进行的吸附或分配等作用而得到分离。流动的混合物溶液称为流动相，固定的物质

（支持剂或吸附剂）称为固定相（可以是固体或液体）。按分离过程的原理，可分为吸附色谱、分配色谱、离子交换色谱等。按操作形式又可分为柱色谱、纸色谱、薄层色谱等。

1. 柱色谱

对于分离相当大量的混合物仍是最有用的一项技术。

（1）仪器装置

（2）操作要点　装置如附图 5-14 所示，常用的有吸附色谱和分配色谱两类。吸附柱色谱通常在玻璃管中填入表面积很大的多孔性或粉状固体吸附剂。当待分离的混合物溶液流过吸附柱时，各种成分同时被吸附在柱的上端。当洗脱剂流下时，由于不同化合物吸附能力不同，往下洗脱的速度也不同，于是形成了不同层次，即溶质在柱中自上而下按对吸附剂的亲和力大小分别形成若干色带，如附图 5-15 所示。在用溶剂洗脱时，已经分开的溶质可以从柱上分别洗出收集；或将柱吸干，挤出后按色带分割开，再用溶剂将各色带中的溶质萃取出来。

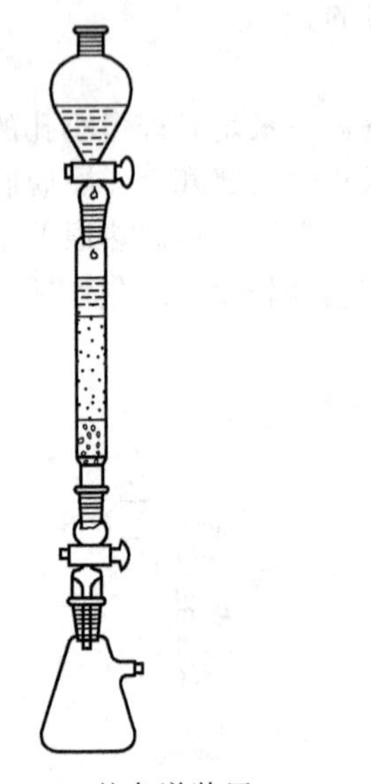

附图 5-14　柱色谱装置

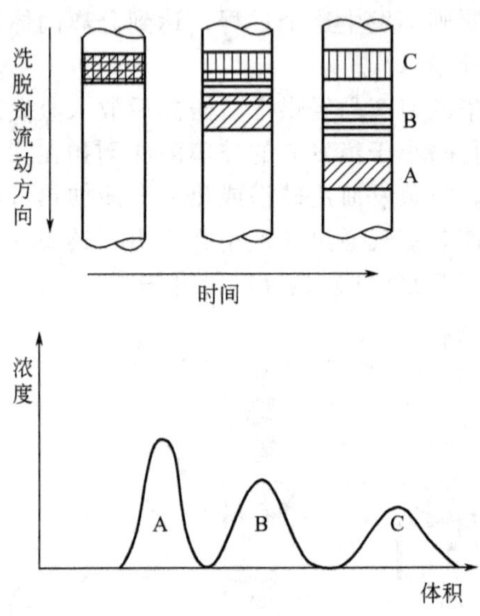

附图 5-15　柱色谱分离示意图

（3）操作步骤

① 吸附剂和洗脱剂的选择　实验室常用氧化铝、硅胶作吸附剂。吸附剂的选择一般要根据待分离的化合物类型而定。例如硅胶的性能比较温和，属无定形多孔物质，略具酸性，适合于极性较大的物质分离；同时硅胶极性相对较小，适合于分离极性较大的化合物，如羧酸、醇、酯、酮、胺等。而氧化铝极性较强，对于弱极性物质具有较强的吸附作用，适合于分离极性较弱的化合物。酸性氧化铝适合于分离羧酸或氨基酸等酸性化合物；碱性氧化铝适合于分离胺；中性氧化铝则可用于分离中性化合物。

在吸附剂上，化合物的吸附性与它们的极性成正比，化合物分子中含有极性较大的基团时，吸附性也较强，各种化合物对氧化铝的吸附性按以下次序递减：酸和碱＞醇、胺、硫醇＞酯、醛、酮＞芳香族化合物＞卤代物、醚＞烯＞饱和烃。

样品吸附在氧化铝柱上后，用合适的溶剂进行洗脱，这种溶剂称为洗脱剂。如果原来用于溶解样品的溶剂冲洗柱不能达到分离的目的，可以改用其他溶剂，一般极性较强的溶剂影响样品和氧化铝之间的吸附，容易将样品洗脱下来，达不到分离的目的。因此常用一系列极性渐次增强的溶剂，即先使用极性最弱的溶剂，然后加入不同比例的极性溶剂配成洗脱溶剂。常用的洗脱溶剂的极性按如下次序递增：

正己烷和石油醚<环己烷<四氯化碳<三氯乙烯<二硫化碳<甲苯<二氯甲烷<氯仿<乙醚<乙酸乙酯<丙酮<丙醇<乙醇<甲醇<水<吡啶<乙酸

② 装柱　柱色谱的分离效果不仅依赖于吸附剂和洗脱剂的选择，且与吸附柱的大小和吸附剂用量有关。根据经验规律要求柱中吸附剂用量为被分离样品量的 30～40 倍，若需要时可增至 100 倍，柱高与柱的直径之比一般为 8∶1，附表 5-2 列出了它们之间的相互关系。

附表 5-2　色谱柱大小、吸附剂量及样品量

样品量/g	吸附剂量/g	柱的直径/cm	柱高/cm
0.01	0.3	3.5	30
0.10	3.0	7.5	60
1.00	30.0	16.0	130
10.00	300.0	35.0	280

色谱柱用洗液洗净，用水清洗后再用蒸馏水清洗，干燥。在玻璃管底铺一层玻璃丝或脱脂棉，轻轻塞紧，再在脱脂棉上盖一层厚约 0.5cm 的石英砂（或用一张比柱直径略小的滤纸代替），最后将氧化铝装入管内。装入的方法有湿法和干法两种；湿法是将备用的溶剂装入管内，约为柱高的 3/4，然后将氧化铝和溶剂调成糊状。慢慢地倒入管中，此时应将管的下端活塞打开，控制流出速度为每秒 1 滴。用木棒或套有橡胶管的玻璃棒轻轻敲击柱身，使装填紧密，当装入量约为柱的 3/4 时，再在上面加一层 0.5cm 的石英砂或一小圆滤纸（或玻璃丝、脱脂棉），以保证氧化铝上端顶部平整，不受流入溶剂干扰；干法是在管的上端放一干燥漏斗，使氧化铝均匀地经干燥漏斗成一细流慢慢装入管中，中间不应间断，时时轻轻敲打柱身，使装填均匀，全部加入后，再加入溶剂，使氧化铝全部润湿。

③ 加样　把分离的样品配制成适当浓度的溶液。将氧化铝上多余的溶剂放出，直到柱内液体表面到达氧化铝表面时，停止放出溶剂，沿管壁加入样品溶液，样品溶液加完后，开启下端活塞，使液体渐渐放出，当样品溶液的表面和氧化铝表面相齐时，即可用溶剂洗脱。

④ 洗脱和分离　继续不断地加入洗脱剂，且保持一定高度的液面，洗脱后分别收集各个组分。如各组分有颜色，可在柱上直接观察到，较易收集；如各组分无颜色，则采用等份收集。每份洗脱剂的体积随所用氧化铝的量及样品的分离情况而定。一般用 50g 氧化铝，每份洗脱液为 50mL。

（4）注意事项

① 湿法装柱的整个过程中不能使氧化铝有裂缝和气泡，否则影响分离效果。

② 加样时一定要沿壁加入，注意不要使溶液把氧化铝冲松浮起，否则易产生不规则色带。

③ 在洗脱的整个操作中勿使氧化铝表面的溶液流干，一旦流干再加溶剂，易使氧化铝柱产生气泡和裂缝，影响分离效果。

④ 要控制洗脱液的流出速度，一般不宜太快，太快了柱中交换来不及达到平衡而影响分离效果。

⑤ 由于氧化铝表面活性较大，有时可能促使某些成分破坏，所以尽量在一定时间内完成一个柱色谱的分离，以免样品在柱上停留的时间过长，发生变化。

2. 薄层色谱

薄层色谱（thin layer chromatography，TLC）常用的有吸附色谱和分配色谱两类，这里介绍的是薄层吸附色谱。

（1）基本原理　薄层色谱是近年来发展起来的一种微量、快速而简单的色谱法，它兼备了柱色谱和纸色谱的优点。一方面适用于小量样品（几到几十微克，甚至 0.01μg）的分离；另一方面若在制作薄层板时，把吸附层加厚，将样品点成一条线，则可分离多达 500mg 的样品，因此又可用来精制样品。故此法特别适用于挥发性较小或在较高温度下易发生变化而不能用气相色谱分析的物质。此外，在进行化学反应时，常利用薄层色谱观察原料斑点的逐步消失来判断反应是否完成。参见附图 5-16 和附图 5-17。

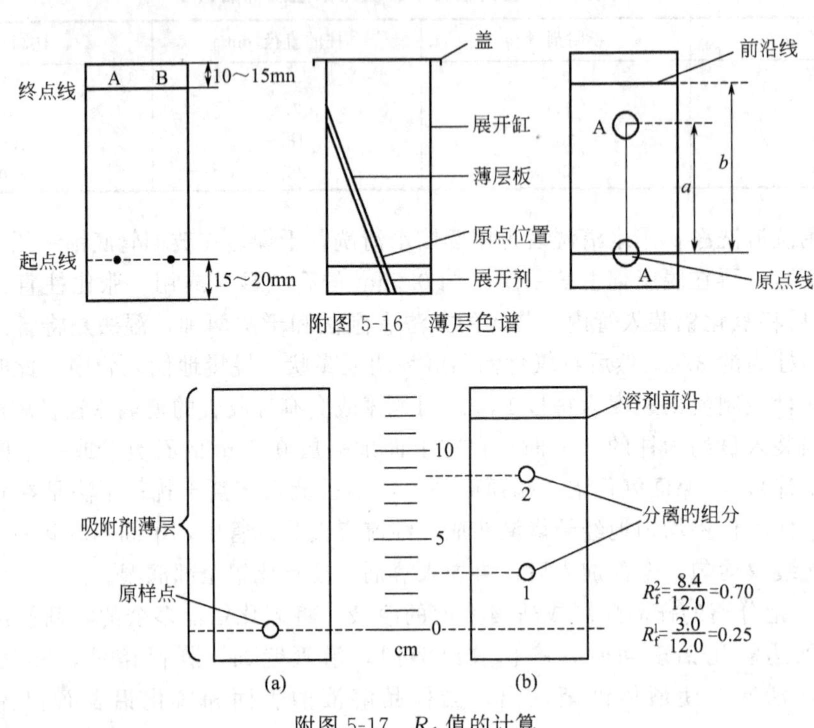

附图 5-16　薄层色谱

附图 5-17　R_f 值的计算

薄层色谱是在被洗涤干净的玻板（10cm×3cm 左右）上均匀地涂一层吸附剂或支持剂，待干燥、活化后点样、展开、显色，记下原点至主斑点中心及展开剂前沿的距离，计算比移值（R_f）：

$$R_f=\frac{\text{溶质的最高浓度中心至原点中心的距离}}{\text{溶剂前沿至原点中心的距离}}$$

化合物的吸附能力与它们的极性成正比，具有较大极性的化合物吸附力较强，因而 R_f 值较小。因此利用化合物极性的不同，用硅胶和氧化铝薄层色谱可将一些结构相近或顺、反异构体分开。

此外，薄层色谱作为有机合成反应中检测和跟踪的手段，已成为快速判断有机反应进程的一种有效技术。如进行反应一段时间，附图 5-18 所示的 1h 和 2h 后，将反应混合物和产品的样品分别点在同一块薄层板上，展开后观察反应混合物中反应物斑点不断减少和产物斑点逐步加深，了解反应进行的情况，以寻找出该反应的最佳反应时间和达到的最高反应产率。

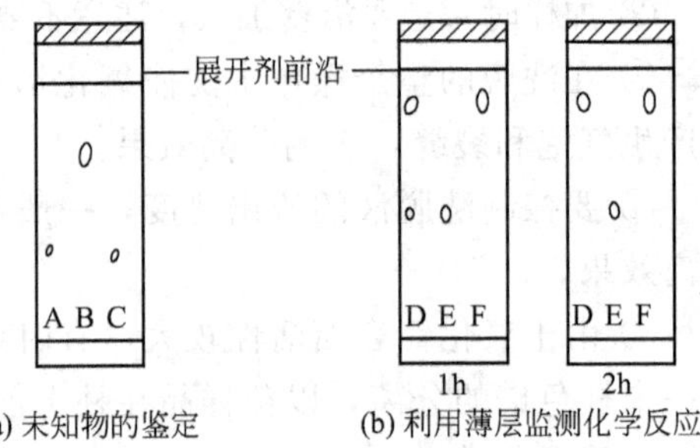

(a) 未知物的鉴定　(b) 利用薄层监测化学反应

附图 5-18　薄层色谱的应用

A—已知物；B,C—未知物；D—反应混合物；E—反应物；F—产物

(2) 操作方法

① 薄板的制备　薄板的制备方法有两种：一种是干法制板；另一种是湿法制板。湿法制板是实验室最常用的。对湿板按铺层的方法不同可分为平铺法、倾注法和浸涂法三种。制板前首先将吸附剂制成糊状物。称取 3g 硅胶 G，边搅拌边慢慢加入到盛有 6～7mL 0.5%～1%CMC 清液的烧杯中，调成糊状（3g 硅胶约可铺 7.5cm×2.5cm 载玻片 5～6 块）。

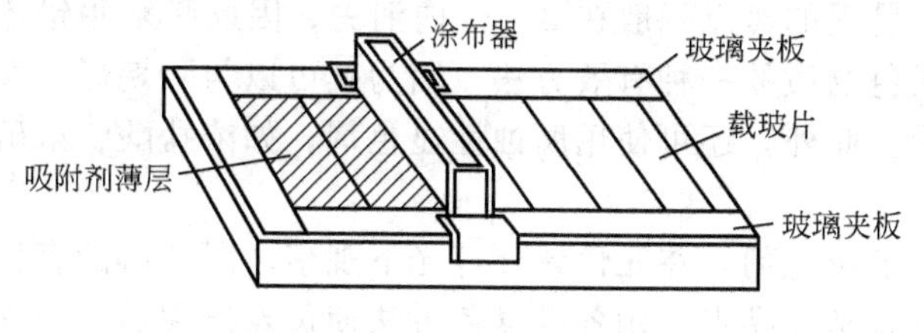

附图 5-19　平铺法制薄层色谱板

注意：硅胶 G 糊易凝结，所以必须现用现配，不宜久放。

平铺法：用购置或自制的薄层涂布器（见附图 5-19）进行制板，涂层既方便又均匀，是科研中常用的方法。当大量铺板或铺较大板时常用此法。

倾注法：将调好的糊状物倒在玻璃板上，用手左右摇晃，使其表面均匀平整，然后放在水平的平板上晾干。这种制板的方法厚度不易控制。

浸涂法：将两块干净的载玻片对齐紧贴在一起，浸入盛有糊状物的容器中，使载玻片上涂上一层均匀的吸附剂，取出分开，晾干。

② 薄板的活化　把涂好的薄板置于室温自然晾干后，再放在烘箱内加热活化，进一步除去水分。活化时需慢慢升温。硅胶板一般在 105～110℃的烘箱中活化 0.5h 即可。氧化铝板在 200℃烘 4h 可得到活性Ⅱ级的薄层板，150～160℃烘 4h 可得到活性Ⅲ～Ⅳ级的薄层板。活化后的薄板应保存在干燥器中备用。

③ 点样　在距薄板的一端 10mm 处，用铅笔轻轻画一条横线作为点样时的起点线，在距薄层板的另一端 5mm 处，再画一条横线作为展开剂向上爬行的终点线（画线时不能将薄层板表面破坏），如附图 5-20 所示。

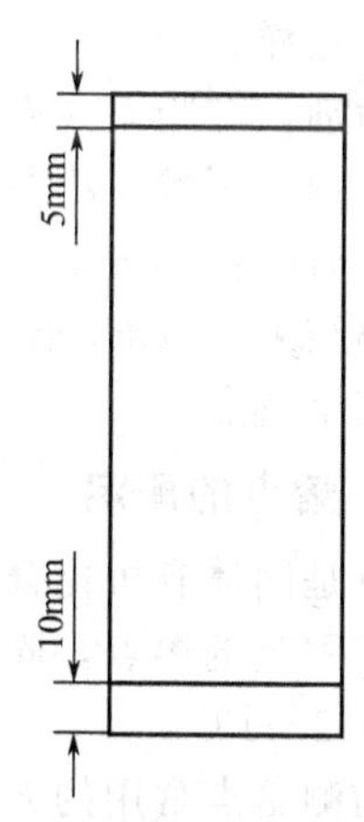

附图 5-20　薄层色谱点样方法

将样品溶于低沸点溶剂（如甲醇、乙醇、丙酮、氯仿、苯、乙醚及四氯化碳）中配成 1%左右的溶液，用内径 1mm 管口平齐的毛细管，吸取少量的样品点样，垂直轻轻地点在起点线上。若溶液太稀，一次点样不够，则可待前一次点样的溶剂挥发后再重新点样，但每次点样都应点在同一圆心上，点样的次数依样品溶液的浓度而定，一般为 2～5 次。点样后斑点直径不超过 2mm，点样斑点过大，往往会造成拖尾、扩散等现象，影响分离效果。若在同一板上点几个样品，则几个样品应点在同一直线上，样点间距为 1～1.5cm。点样结束待样品干燥后，方可进行展开。点样要轻，不可刺破薄层板。

④ 展开　薄层色谱展开剂的选择和柱色谱一样，主要根据样品的极性、溶解度、吸附剂的活性等因素来考虑。溶剂的极性越大，则对化合物的洗脱力也越大，也就是 R_f 值也越大。

薄层的展开需要在密闭的容器中进行，先将选择的展开剂放在展开缸中（液层高度约 0.5cm），使展开缸内溶剂蒸气饱和 5～10min，再将点好样品的薄板放入展开缸中进行展开。注意：展开剂液面的高度应低于样品斑点。在展开过程中，样品斑点随着展开剂向上迁移，当展开剂前沿至薄层板上边的终点线时，立刻取出薄层板。将薄层板上分开的样品点用铅笔圈好，计算 R_f 值。

⑤ 显色　如果样品中各物质有颜色，在展开后就可以清楚地看到各个色斑。但大多数

有机化合物是无色的，看不到色斑，只有通过显色才能使斑点显现。常用的显色方法有显色剂法和紫外光显色法。

显色剂法可用卤素斑点试验法来使薄层色谱斑点显色。许多有机化合物能与碘生成棕色或黄色的配合物。利用这一性质可将几粒碘置于密闭容器中，待容器充满碘蒸气后，将展开后的色谱板放入，碘与展开后的有机化合物可逆地结合，在几秒钟到数分钟内化合物斑点的位置呈黄棕色。色谱板自容器中取出后，呈现的斑点一般在2～3s内消失，因此必须用铅笔标出化合物的位置。碘熏显色法是观察无色物质的一种有效方法，因为碘可以与除烷烃和卤代烃以外的大多数有机物形成有色配合物。此外，还可使用腐蚀性显色剂，如浓盐酸、浓硫酸等。

用硅胶GF_{254}制成的薄板，由于加入了荧光剂，在三色紫外灯光下观察，展开后的有机化合物在荧光背景上呈暗色斑点，此斑点就是样品点。用各种显色方法使斑点出现后，应立即用铅笔圈好斑点的位置，并计算R_f值。

(3) 实验实例

① 对硝基苯胺和邻硝基苯胺的分析　样品分别用乙醇溶解。

吸附剂：硅胶G（青岛产）

展开剂：甲苯∶乙酸乙酯＝4∶1（体积比）

展开时间：20min

显色方法：白底浅黄色斑点，若用碘蒸气熏后，斑点呈黄棕色

R_f值：对位，0.66；邻位，0.44

② 圆珠笔芯油的分离　将圆珠笔芯在点滴板上摩擦，然后用乙醇将残留在点滴板上的油溶解，点样。

吸附剂：硅胶G（青岛产）

展开剂：丁醇∶乙醇∶水＝9∶3∶1（体积比）

展开时间：35min

分离结果：按R_f值大小依次得到天蓝色（碱性艳蓝）、紫色（碱性紫）和翠蓝色（铜酞菁）三个斑点。

八、熔点的测定

熔点是固体有机化合物固液两态在大气压力下达成平衡的温度，纯净的固体有机化合物一般都有固定的熔点，固液两态之间的变化是非常敏锐的，自初熔至全熔（称为熔程）温度不超过0.5～1℃。

目前测熔点常用的方法有毛细管法测熔点和熔点仪测熔点。

1. 毛细管法测熔点步骤

参见附图5-21。

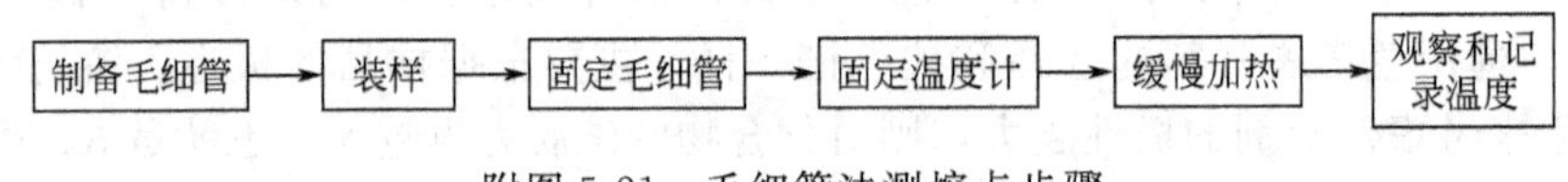

附图5-21　毛细管法测熔点步骤

(1) 样品的装入　将少许样品放于干净表面皿上，用玻璃棒将其研细并集成一堆。把毛细管开口一端垂直插入堆集的样品中，使一些样品进入管内，然后，把该毛细管垂直在桌面上轻轻上下振动，使样品进入管底，再用力在桌面上下振动，尽量使样品装得紧密。或将装有样品管口向上的毛细管，放入长约50～60cm垂直桌面的玻璃管中，管下可垫一表面皿，使之从高处落于表面皿上，如此反复几次后，可把样品装实，样品高度为2～3mm。熔点管

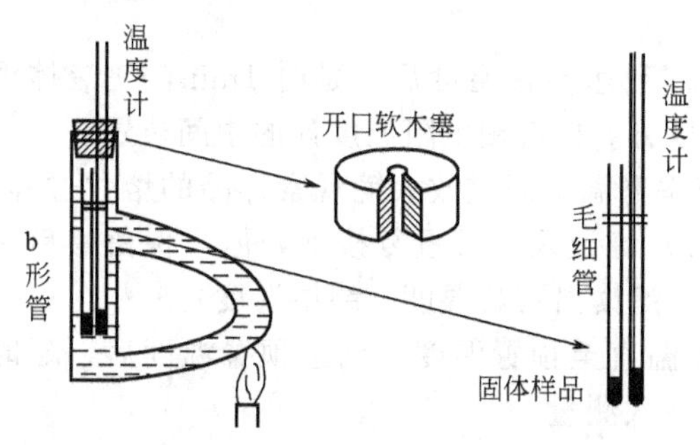

附图 5-22 毛细管法测熔点装置

外的样品粉末要擦干净，以免污染热浴液体。装入的样品一定要研细、夯实，否则影响测定结果。

（2）测熔点 按附图 5-22 搭好装置，放入加热液（石蜡油），剪取一小段橡胶圈套在温度计和熔点管的上部。将附有熔点管的温度计小心地插入加热浴中，以小火在图示部位加热。开始时升温速度可以快些，当传热液温度距离该化合物熔点 10～15℃时，调整火焰使每分钟上升 1～2℃，愈接近熔点，升温速度应愈缓慢，每分钟约 0.2～0.3℃。为保证有充分时间让热量由管外传至毛细管内使固体熔化，升温速度是准确测定熔点的关键；另一方面，观察者不可能同时观察温度计所示读数和试样的变化情况，只有缓慢加热才可使此项误差减小。记下试样开始塌落并有液相产生时（初熔）和固体完全消失时（全熔）的温度读数，即为该化合物的熔程。要注意在加热过程中试样是否有萎缩、变色、发泡、升华、碳化等现象，均应如实记录。

熔点测定，至少要有两次的重复数据。每一次测定必须用新的熔点管另装试样，不得将已测过熔点的熔点管冷却，使其中试样固化后再做第二次测定。因为有时某些化合物部分分解，有些经加热会转变为具有不同熔点的其他结晶形式。

如果测定未知物的熔点，应先对试样粗测一次，加热可以稍快，知道大致的熔距。待浴温冷至熔点以下 30℃左右，再另取一根装好试样的熔点管做准确的测定。

熔点测定后，温度计的读数需对照校正图进行校正。

一定要等熔点浴冷却后，方可将硫酸（或液体石蜡）倒回瓶中。温度计冷却后，用纸擦去硫酸方可用水冲洗，以免硫酸遇水发热，使温度计水银球破裂。

（3）温度计校正 测熔点时，温度计上的熔点读数与真实熔点之间常有一定的偏差。这可能由于以下原因，首先，温度计的制作质量差，如毛细管孔径不均匀，刻度不准确。其次，温度计有全浸式和半浸式两种，全浸式温度计的刻度是在温度计汞线全部均匀受热的情况下刻出来的，而测熔点时仅有部分汞线受热，因而露出的汞线温度较全部受热者低。为了校正温度计，可选用纯有机化合物的熔点作为标准或选用一标准温度计校正。

选择数种已知熔点的纯化合物为标准，测定它们的熔点，以观察到的熔点作纵坐标，以测得熔点与已知熔点差值作横坐标，画成曲线，即可从曲线上读出任一温度的校正值。

2. YRT-3 熔点仪测熔点

YRT-3 熔点仪结构如附图 5-23 所示。测定步骤如下。

① 样品装入毛细管，并装实，样品若升华，毛细管要两端封实（样品装入毛细管中约 3mm 高）。

② 烧杯中加入硅油，开启 YRT-3 熔点仪，利用＋、－键设置预置温度（一般低于熔点 10℃），在复位下可以进行此操作，＋、－键按后其上面对应指示灯亮，表示修改过预置温度，约 3s 后自动熄灭，此时仪器已经记录下本次预置值，下次开机时预置温度即为本次预置值。若指示灯没有熄灭按了其他键，则本次预置温度不被

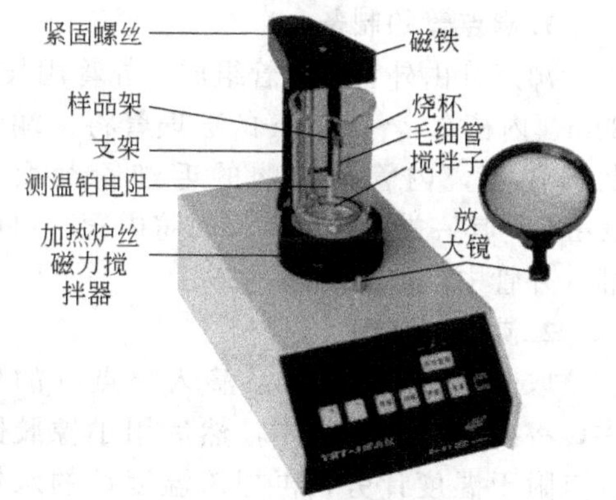

附图 5-23 YRT-3 熔点仪

记忆。设定升温速率（可随时修改）。

③ 按下准备键，仪器以 15℃/min 快速升温，到达预置温度后，延时 1min，使液体温度稳定，蜂鸣器报警，放入样品，样品应放置在尽可能接近铂电阻温度计的中间位置。

④ 样品放好后，按下测量键，开始以设定速率升温，通过放大镜观察样品的熔化过程，记下初熔温度（终熔温度），可按仪器初熔（终熔）键记录，可重复按下，但只保留最后一次按键温度，回到准备或复位状态按初熔（终熔）键读出初熔温度（终熔温度）。

⑤ 测出熔点后，按下准备键，液体即开始降温直至预置温度，到达预置温度后，延时 2min，使液体温度稳定，蜂鸣器报警，可以进行下次测量。

⑥ 任意时刻按下复位键，仪器停止加热，传温液自然冷却。

注意事项如下：

① 本仪器用裸露电热丝直接加热，使用过程中严禁用金属导体接触电热丝，以防触电。

② 本仪器不能使用水作传温液，否则烧毁仪器。

③ 硅油添加量约 150 mL，太多温度升高会膨胀溢出，也影响控温。

九、沸点的测定

液体的分子由于分子运动有从表面逸出的倾向，这种倾向随着温度的升高而增大，进而在液面上部形成蒸气。当分子由液体逸出的速度与分子由蒸气回到液体中的速度相等时，液面上的蒸气达到饱和，称为饱和蒸气。它对液面所施加的压力称为饱和蒸气压。实验证明，液体的蒸气压只与温度有关，即液体在一定温度下具有一定的蒸气压。

当液体的蒸气压增大到与外界施于液面的总压力（通常是大气压力）相等时，就有大量气泡从液体内部逸出，即液体沸腾。这时的温度称为液体的沸点。

由于物质的沸点与外界大气压的大小有关，因此，在讨论或报道一个化合物的沸点时，一定要注明测定时的外界大气压，如果没注明，就是默认的一个大气压。纯液态有机化合物在蒸馏过程中沸点范围很小（0.5～1℃），常用微量法（毛细管法）和常量法（蒸馏法）来测量。当用毛细管法测定时，先加热到内管有连续气泡快速逸出后，停止加热，使温度自行下降，气泡逸出速度逐渐减慢，当最后一个气泡刚要缩进内管而还没有缩进，即与内管管口平行时，这时待测液体的蒸气压就正好等于外界大气压，这时的温度就是待测液体的沸点。毛细管法测定沸点步骤参见附图 5-24。

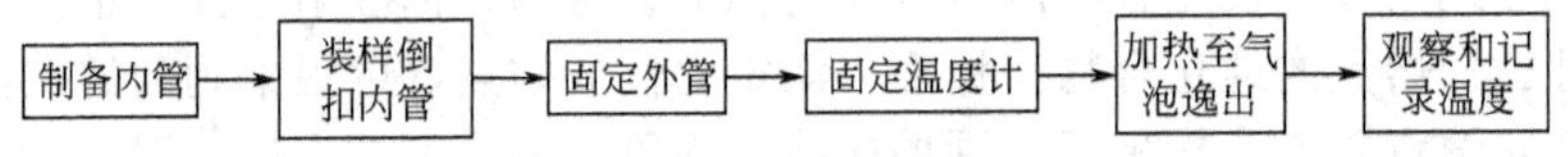

附图 5-24　毛细管法测沸点步骤

1. 沸点管的制备

沸点管由外管和内管组成，外管用长 7～8cm、内径 0.2～0.3cm 的玻璃管将一端烧熔封口制得，内管用市购的毛细管截取 3～4cm，封其一端而成。测量时将内管开口向下插入外管中，参见附图 5-25。

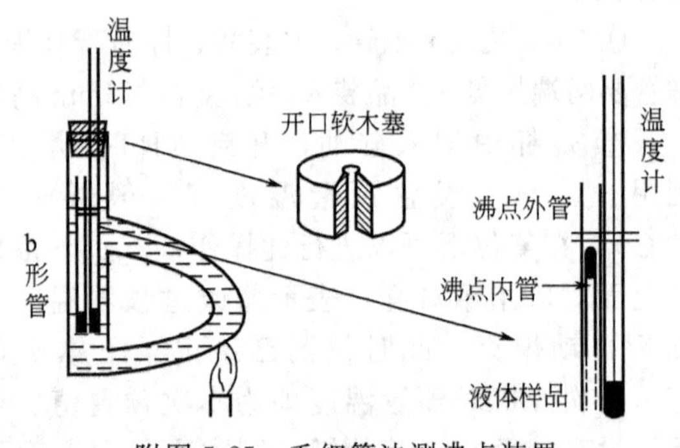

附图 5-25　毛细管法测沸点装置

2. 沸点的测定

取 1～2 滴待测样品滴入沸点管的外管中，将内管插入外管中，然后用小橡胶圈把沸点附于温度计旁，再把该温度计的水银球位于 b 形管两支管中间，然后加热。加热时由于气体膨胀，内管中会有小气泡缓缓逸出，当温度升到比沸点稍高时，管内会有一连串的小气泡快速逸出。这时停止加热，使溶液自行冷却，气泡逸出的速度即渐渐减慢。在最后一气泡不再冒出并要缩回内管的瞬间记录温度，此时的温度即为该液体的沸点，待温度下降15～20℃后，可重新加热再测一次（两次所得温度数值不得相差1℃）。

十、折射率的测定

光线自介质A射入介质B，其入射角α与折射角β的正弦之比和两种介质的折射率成反比，即

$$\frac{\sin\alpha}{\sin\beta}=\frac{n_B}{n_A}$$

当介质A为真空时，$n_A=1$，则有

$$n_B=\frac{\sin\alpha}{\sin\beta}$$

所以一个介质的折射率，就是光线从真空进入这个介质时的入射角与折射角的正弦之比。这种折射率为该介质的绝对折射率。通常测定的折射率都是以空气作为比较的标准，称为相对折射率。

当$\alpha=90°$时，$\sin\alpha=1$，此时折射角最大，称为临界角，用β_0表示。由于通常测定折射率都是采用空气作为近似真空标准状态，即$n_A\approx1$，则

$$n_B=\frac{1}{\sin\beta_0}$$

阿贝折光仪（见附图5-26）测折射率就是基于测定临界角的原理。阿贝折光仪的使用步骤如下：

① 将折光仪打开直角棱镜，用擦镜纸蘸少量乙醇或丙酮轻轻擦洗镜面，不能来回擦，只能单向擦，待晾干后方可使用。

② 校正折光仪。将蒸馏水2～3滴均匀地置于磨砂棱镜上，关紧棱镜，使光线射入，先轻轻转动左面刻度盘，并在镜筒内找到明暗分界线。若出现彩色带，则调节消色散镜为明暗界线清晰。调节刻度盘，使明暗分界线对准交叉线中心（见附图5-27），记录读数，重复3

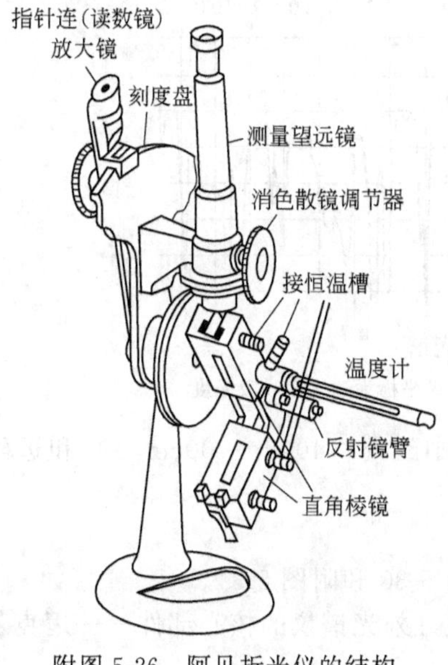

附图5-26 阿贝折光仪的结构

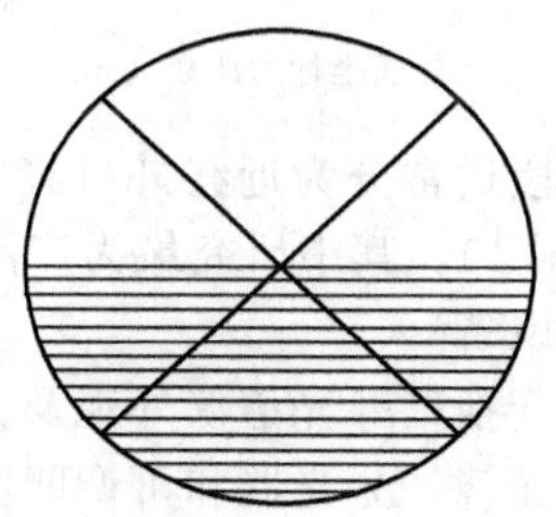

附图5-27 明暗界限与“十”字线交点的重合

次，测定的折射率和标准值进行比较，算出折光仪的误差。

③ 将要测样品的液体乙醇按上述方法测定折射率，测三次，算出测定的平均值，然后计算校正值。

④ 测完样品后，应擦洗镜面，晾干后关闭。

十一、红外光谱

1. 原理

红外吸收光谱分析方法主要是依据分子内部原子间的相对振动和分子转动等信息进行测定。

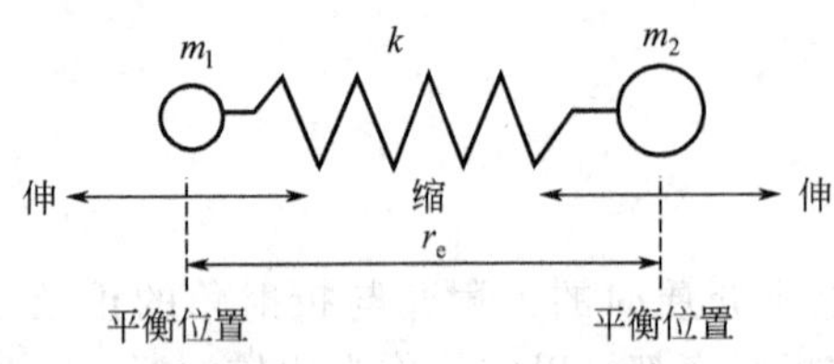

附图 5-28 双原子分子的振动模型

(1) 双原子分子的红外吸收频率 分子振动可以近似地看作是分子中原子的平衡点为中心，以很小的振幅做周期性的振动。这种振动的模型可以用经典的方法来模拟。如附图 5-28 所示，m_1 和 m_2 分别代表两个小球的质量，即两个原子的质量，弹簧的长度就是化学键的长度。这个体系的振动频率取决于弹簧的强度，即化学键的强度和小球的质量。其振动是在连接两个小球的键轴方向上发生的。

(2) 多原子分子的吸收频率 双原子分子振动只能发生在连接两个原子的直线上，并且只有一种振动方式，而多原子分子振动则有多种振动方式。假设由 n 个原子组成，每一个原子在空间都有 3 个自由度，则分子有 $3n$ 个自由度。非线性分子的转动有 3 个自由度，线性分子则只有 2 个转动自由度，因此非线性分子有 $3n-6$ 种基本振动，而线性分子有 $3n-5$ 种基本振动。

(3) 红外光谱及其表示方法 红外光谱所研究的是分子中原子的相对振动，也可归结为化学键的振动。不同的化学键或官能团，其振动能级从基态跃迁到激发态所需要的能量不同，因此要吸收不同的红外光。物理吸收不同的红外光，将在不同波长上出现吸收峰。红外光谱就是这样形成的。

红外光谱的表示方法如附图 5-29 所示。

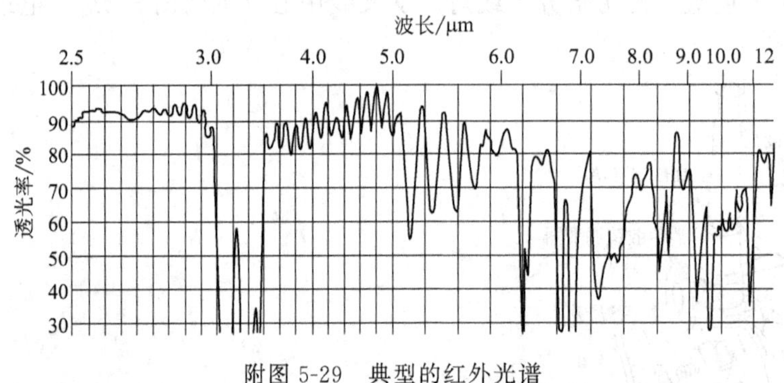

附图 5-29 典型的红外光谱

横坐标为波数（cm^{-1}，最常见）或波长（μm），纵坐标为透光率或吸光度

红外波段通常分为近红外（13300～4000cm^{-1}）、中红外（4000～400cm^{-1}）和远红外（400～10cm^{-1}）。其中研究最为广泛的是中红外区。

2. 实验设备

傅里叶变换红外光谱仪外观及工作原理分别见附图 5-30 和附图 5-31。

固定平面镜、分光器和可调凹面镜组成傅里叶变换红外光谱仪的核心部件——迈克尔干涉仪。

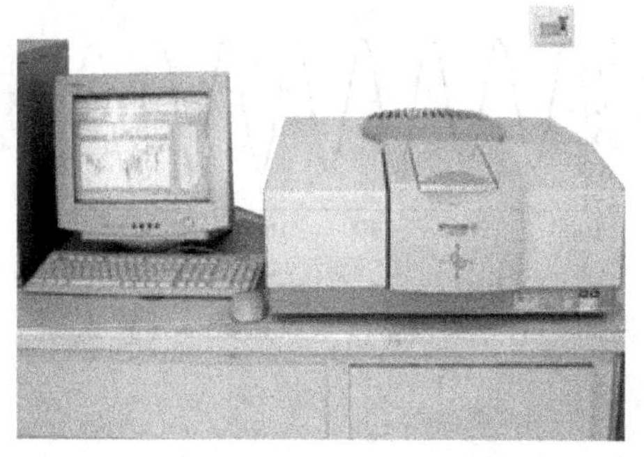
附图 5-30 傅里叶变换红外光谱仪外观

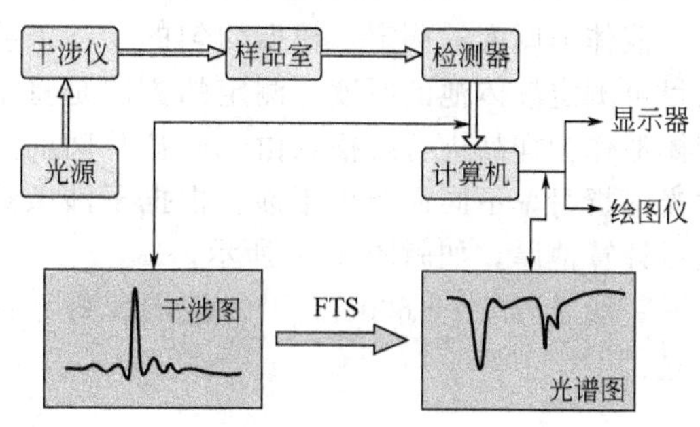

附图 5-31 傅里叶变换红外光谱仪的工作原理

3. 实验步骤

（1）样品制备

① 固体样品制样 固体样品制样由压模进行，压模的构造如附图 5-32 所示。

压模由压杆和压舌组成。压舌的直径为 13mm，两个压舌的表面粗糙度很低，以保证压出的薄片表面光滑。因此，使用时要注意样品的粒度、湿度和硬度，以免加深压舌表面的粗糙度。

组装压模时，将其中一个压舌光洁面朝上放在底座上，并装上压片套圈，加入研磨后的样品，再将另一压舌光洁面朝下压在样品下，轻轻转动以保证样品面平整，最后顺序放在压片套筒、弹簧和压杆，通过液压器加压力至 10tf，保持 3min。

② 液体样品制样 液体池构造如附图 5-33 所示。

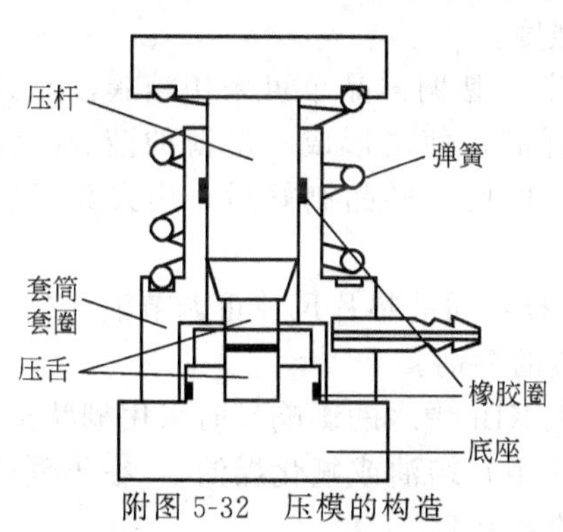

附图 5-32 压模的构造

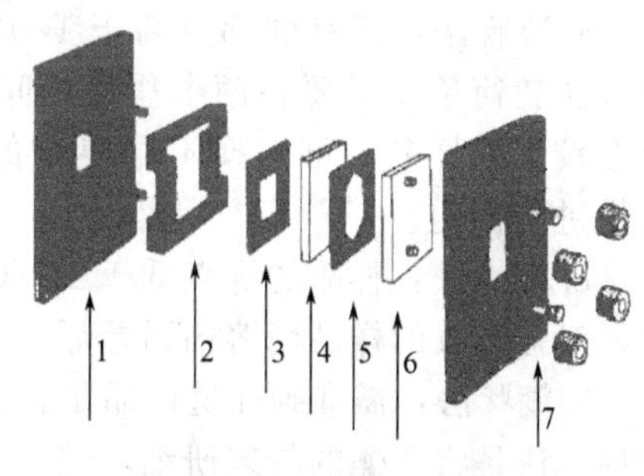

附图 5-33 液体池构造

1—后框架；2—窗片框架；3—垫片；4—后窗片；5—聚四氟乙烯隔片；6—前窗片；7—前框架

液体池是由后框架、窗片框架、垫片、后窗片、间隔片、前窗片和前框架 7 个部分组成。一般后框架和前框架由金属材料制成；前窗片和后窗片为氯化钠、溴化钾等晶体薄片；间隔片常由铝箔和聚四氟乙烯等材料制成，起着固定液体样品的作用，厚度为 0.01～2mm。

液体池的装样操作：将吸收池倾斜 30°，用注射器（不带针头）吸取待测的样品，由下孔注入直到上孔看到样品溢出为止，用聚四氟乙烯塞子塞住上、下注射孔，用高质量的纸巾擦去溢出的液体后，便可进行测试。

在液体池装样操作过程中，应注意以下几点：a. 灌样时要防止气泡；b. 样品要充分溶解，不应有不溶物进入液体池内；c. 装样品时不要将样品溶液外溢到窗片上。

液体池的清洗操作：测试完毕，取出塞子，用注射器吸出样品，由下孔注入溶剂，冲洗 2～3 次。冲洗后，用洗耳球吸取红外灯附近的干燥空气吹入液体池内以除去残留的溶剂，然后放在红外灯下烘烤至干，最后将液体池存放在干燥器中。注意：液体池在清洗过程中或清洗完毕时，不要因溶剂挥发而致窗片受潮。

液体池厚度的测定：根据均匀的干涉条纹的数目可测定液体池的厚度。测定的方法是将空的液体池作为样品进行扫描，由于两盐片间的空气对光的折射率不同而产生干涉。根据干涉条纹的数目计算池厚，如附图 5-34 所示。

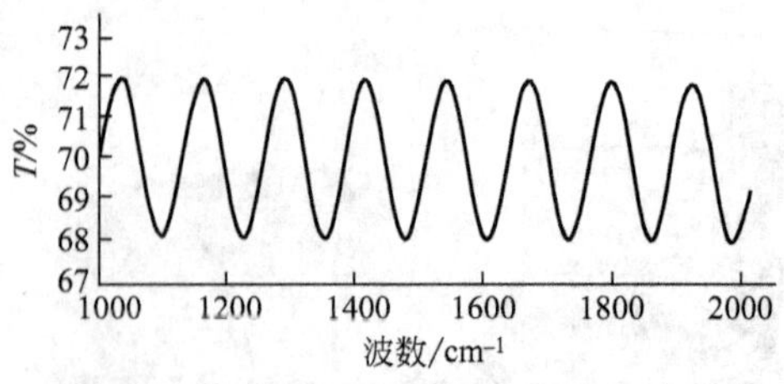

附图 5-34 根据干涉条纹的数目计算池厚

一般选 1500～600cm $^{-1}$的范围较好，计算公式：

$$b=\frac{n}{2}\left(\frac{1}{\bar{\nu}_1-\bar{\nu}_2}\right)$$

式中，b 是液体池厚度，cm；n 是两波数间所夹的完整波形个数；$\bar{\nu}_1$、$\bar{\nu}_2$ 分别为起始和终止的波数，cm^{-1}。

(2) 载样材料的选择

目前以中红外区（4000～400cm^{-1}）应用最为广泛，一般的光学材料为氯化钠（4000～600cm^{-1}）、溴化钾（4000～400cm^{-1}）；这些晶体很容易吸水使表面发乌，影响红外光的透过。因此，所用的盐片应放在干燥器内，要在湿度小的环境下操作。

(3) 上机操作

① 样品的制备

不同的样品状态（固体、液体、气体及黏稠样品）需要与之相应的制样方法。制样方法的选择和制样技术的好坏直接影响谱带的频率、数目和强度。

a. 液膜法：样品的沸点高于 100℃可采用液膜法测定。黏稠样品也可采用液膜法。这种方法较简单，只要在两个盐片之间滴加 1～2 滴未知样品，使之形成一层薄的液膜。流动性较大的样品，可选择不同厚度的垫片来调节液膜的厚度。样品制好后，用夹具轻轻夹住进行测定。

b. 液池法：样品的沸点低于 100℃可采用液池法。选择不同的垫片尺寸可调节液池的厚度，对强吸收的样品用溶剂稀释后再测定。本底采用相应的溶剂。

c. 糊状法：需准确知道样品是否含有 OH 基团（避免 KBr 中水的影响）时采用糊状法。这种方法是将干燥的粉末研细，然后加入几滴悬浮剂（常用石蜡油或氟化煤油），在玛瑙研钵中研成均匀的糊状，涂在盐片上测定。本底采用相应的悬浮剂。

d. 压片法：粉末状样品常采用压片法。将研细的粉末分散在固体介质中，并用压片器压成透明的薄片后测定。固体分散介质一般是 KBr，使用时将其充分研细，颗粒直径最好小于 2μm（因为中红外区的波长是从 2.5μm 开始的）。本底最好采用相应的分散介质（KBr）。

e. 薄膜法：对于熔点低，熔融时不发生分解、升华和其他化学变化的物质，可采用加热熔融的方法压制成薄膜后测定。

② 样品测试

a. 将制好的样品用夹具夹好，放入仪器内的固定支架上进行测定，样品测定前要先行测定本底。

b. 测试操作和谱图处理按工作站操作说明书进行，主要包括输入样品编号、测量、基线校正、谱峰标定、谱图打印等几个命令。

c. 测量结束后，用无水乙醇将研钵、压片器具洗干净，烘干后，存放于干燥器中。

(4) 谱图解析和数据分析　红外光谱具有鲜明的特征性，其谱带的数目、位置、形状和强度都随化合物不同而各不相同。因此，红外光谱法是定性鉴定和结构分析的有力工具。

① 已知物的鉴定　将试样的谱图与标准品测得的谱图相对照，或者与文献上的标准谱图（例如《药品红外光谱图集》、Sadtler 标准光谱、Sadtler 商业光谱等）相对照，即可定性。

使用文献上的谱图应当注意：试样的物态、结晶形状、溶剂、测定条件以及所用仪器类型均应与标准谱图相同。

② 未知物的鉴定　未知物如果不是新化合物，标准光谱已有收载的，可有两种方法来查对标准光谱。

a. 利用标准光谱的谱带索引，寻找标准光谱中与试样光谱吸收带相同的谱图。

b. 进行光谱解析，判断试样可能的结构。然后由化学分类索引查找标准光谱对照核实。

红外光谱主要提供官能团的结构信息，对于复杂化合物，尤其是新化合物，单靠红外光谱不能解决问题，需要与紫外光谱、质谱和核磁共振等分析手段互相配合，进行综合光谱解析，才能确定分子结构。

附录 6　有机合成常用试剂提纯、纯化的方法

一、丙酮

沸点 56.2℃，折射率 1.3588，相对密度 0.7899。

普通丙酮中常含有少量的水及甲醇、乙醛等还原性杂质。其常用纯化方法有两种：

① 于 250mL 丙酮中加入 2.5g 高锰酸钾回流，若高锰酸钾紫色很快消失，再加入少量高锰酸钾继续回流，至紫色不褪为止。然后将丙酮蒸出，用无水碳酸钾或无水硫酸钙干燥，过滤后蒸馏，收集 55～56.5℃的馏分。用此法纯化丙酮时，需注意丙酮中含还原性物质不能太多，否则会过多地消耗高锰酸钾和丙酮。

② 将 100mL 丙酮装入分液漏斗中，先加入 4mL 10％硝酸银溶液，再加入 3.6mL1mol/L 氢氧化钠溶液，振摇 10min，分出丙酮层，再加入无水硫酸钾或无水硫酸钙进行干燥。最后蒸馏收集 55～56.5℃馏分。此法比方法①要快，但硝酸银较贵，只宜做小量纯化用。

二、四氢呋喃

沸点 67℃（64.5℃），折射率 1.4050，相对密度 0.8892。

四氢呋喃与水能混溶，并常含有少量水分及过氧化物。如要制得无水四氢呋喃，可用氢化铝锂在隔绝潮气下回流（通常 1000mL 需 2～4g 氢化铝锂），除去其中的水和过氧化物，然后蒸馏，收集 66℃的馏分（蒸馏时不要蒸干，将剩余少量残液倒出）。精制后的液体加入钠丝并应在氮气氛中保存。

处理四氢呋喃时，应先用小量进行试验，在确定其中只有少量水和过氧化物，作用不致过于激烈时，方可进行纯化。

四氢呋喃中的过氧化物可用酸化的碘化钾溶液来检验。如过氧化物较多，应另行处理为宜。

三、二氧六环

沸点 101.5℃，熔点 12℃，折射率 1.4424，相对密度 1.0336。

二氧六环能与水任意混合，常含有少量二乙醇缩醛和水，久贮的二氧六环可能含有过氧化物（鉴定和除去参阅乙醚）。二氧六环的纯化方法，在 500mL 二氧六环中加入 8mL 浓盐酸和 50mL 水的溶液，回流 6～10h，在回流过程中，慢慢通入氮气以除去生成的乙醛。冷却后，加入固体氢氧化钾，直到不能再溶解为止，分去水层，再用固体氢氧化钾干燥 24h。

然后过滤，在金属钠存在下加热回流 8～12h，最后在金属钠存在下蒸馏，压入钠丝密封保存。精制过的 1，4-二氧环己烷应当避免与空气接触。

四、吡啶

沸点 115.5℃，折射率 1.5095，相对密度 0.9819。

分析纯的吡啶含有少量水分，可供一般实验用。如要制得无水吡啶，可将吡啶与氢氧化钾（钠）一同回流，然后隔绝潮气蒸出备用。干燥的吡啶吸水性很强，保存时应将容器口用石蜡封好。

五、石油醚

石油醚为轻质石油产品，是相对分子质量低的烷烃类的混合物。其沸程为 30～150℃，收集的温度区间一般为 30℃左右。有 30～60℃、60～90℃、90～120℃等沸程规格的石油醚。其中含有少量不饱和烃，沸点与烷烃相近，用蒸馏法无法分离。

石油醚的精制通常将石油醚用其体积 1/10 的浓硫酸洗涤 2～3 次，再用 10%硫酸加入高锰酸钾配成的饱和溶液洗涤，直至水层中的紫色不再消失为止。然后再用水洗，经无水氯化钙干燥后蒸馏。若需绝对干燥的石油醚，可加入钠丝（与纯化无水乙醚相同）。

六、甲醇

沸点 64.96℃，折射率 1.3288，相对密度 0.7914。

普通未精制的甲醇含有 0.02%丙酮和 0.1%水。而工业甲醇中这些杂质的含量达 0.5%～1%。为了制得纯度达 99.9%以上的甲醇，可将甲醇用分馏柱分馏。收集 64℃的馏分，再用镁吸水（与制备无水乙醇相同）。甲醇有毒，处理时应防止吸入其蒸气。

七、乙酸乙酯

沸点 77.06℃，折射率 1.3723，相对密度 0.9003。

乙酸乙酯一般含量为 95%～98%，含有少量水、乙醇和乙酸 。可用下法纯化：于 1000mL 乙酸乙酯中加入 100mL 乙酸酐、10 滴浓硫酸，加热回流 4h，除去乙醇和水等杂质，然后进行蒸馏。馏液用 20～30g 无水碳酸钾振荡，再蒸馏。产物沸点为 77℃，纯度可达 99%以上。

八、乙醚

沸点 34.51℃，折射率 1.3526，相对密度 0.71378。普通乙醚常含有 2%乙醇和 0.5%水。久藏的乙醚常含有少量过氧化物。

过氧化物的检验和除去：在干净的试管中放入 2～3 滴浓硫酸，1mL 2%碘化钾溶液（若碘化钾溶液已被空气氧化，可用稀亚硫酸钠溶液滴到黄色消失）和 1～2 滴淀粉溶液，混合均匀后加入乙醚，出现蓝色即表示有过氧化物存在。除去过氧化物可用新配制的硫酸亚铁稀溶液（配制方法是 $FeSO_4 \cdot 6H_2O$ 60g，加入 100mL 水和 6mL 浓硫酸中）。将 100mL 乙醚和 10mL 新配制的硫酸亚铁溶液放在分液漏斗中洗数次，至无过氧化物为止。

醇和水的检验和除去：乙醚中放入少许高锰酸钾粉末和一粒氢氧化钠。放置后，氢氧化钠表面附有棕色树脂，即证明有醇存在。水的存在用无水硫酸铜检验。先用无水氯化钙除去大部分水，再经金属钠干燥。其方法是：将 100mL 乙醚放在干燥锥形瓶中，加入 20～25g 无水氯化钙，瓶口用软木塞塞紧，放置一天以上，并间断摇动，然后蒸馏，收集 33～37℃的馏分。用压钠机将 1g 金属钠直接压成钠丝放入盛乙醚的瓶中，用带有氯化钙干燥管的软木塞塞住。或在木塞中插一末端拉成毛细管的玻璃管，这样，既可防止潮气浸入，又可使产生的气体逸出。放置至无气泡发生即可使用；放置后，若钠丝表面已变黄变粗时，需再蒸一次，然后再压入钠丝。

九、乙醇

沸点 78.5℃，折射率 1.3616，相对密度 0.7893。

制备无水乙醇的方法很多，根据对无水乙醇质量的要求不同而选择不同的方法。若要求 98%～99%的乙醇，可采用下列方法。

① 利用苯、水和乙醇形成低共沸混合物的性质，将苯加入乙醇中，进行分馏，在 64.9℃时蒸出苯、水、乙醇的三元恒沸混合物，多余的苯在 68.3℃与乙醇形成二元恒沸混合物被蒸出，最后蒸出乙醇。工业多采用此法。

② 用生石灰脱水。于 100mL 95%乙醇中加入新鲜的块状生石灰 20g，回流 3～5h，然后进行蒸馏。

若要 99%以上的乙醇，可采用下列方法。

① 在 100mL 99%乙醇中，加入 7g 金属钠，待反应完毕后，再加入 27.5g 邻苯二甲酸二乙酯或 25g 草酸二乙酯，回流 2～3h，然后进行蒸馏。金属钠虽能与乙醇中的水作用，产生氢气和氢氧化钠，但所生成的氢氧化钠又与乙醇发生平衡反应，因此单独使用金属钠不能完全除去乙醇中的水，需加入过量的高沸点酯，如邻苯二甲酸二乙酯与生成的氢氧化钠作用，抑制上述反应，从而达到进一步脱水的目的。

② 在 60mL 99%乙醇中，加入 5g 镁和 0.5g 碘，待镁溶解生成醇镁后，再加入 900mL99%乙醇，回流 5h 后，蒸馏，可得到 99.9%乙醇。

由于乙醇具有非常强的吸湿性，所以在操作时，动作要迅速，尽量减少转移次数，以防止空气中的水分进入，同时所用仪器必须事前干燥好。

十、二甲基亚砜（DMSO）

沸点 189℃，熔点 18.5℃，折射率 1.4783，相对密度 1.100。

二甲基亚砜能与水混合，可用分子筛长期放置加以干燥。然后减压蒸馏，收集 76℃/1600Pa（12mmHg）馏分。蒸馏时，温度不可高于 90℃，否则会发生歧化反应生成二甲砜和二甲硫醚。也可用氧化钙、氢化钙、氧化钡或无水硫酸钡来干燥，然后减压蒸馏。也可用部分结晶的方法纯化。二甲基亚砜与某些物质混合时可能发生爆炸，例如氢化钠、高碘酸或高氯酸镁等应予注意。

十一、*N*,*N*-二甲基甲酰胺（DMF）

沸点 149～156℃，折射率 1.4305，相对密度 0.9487。无色液体，与多数有机溶剂和水可任意混合，对有机和无机化合物的溶解性能较好。

N,*N*-二甲基甲酰胺含有少量水分。常压蒸馏时有些分解，产生二甲胺和一氧化碳。在有酸或碱存在时，分解加快。所以加入固体氢氧化钾（钠）在室温下放置数小时后，即有部分分解。因此，最常用硫酸钙、硫酸镁、氧化钡、硅胶或分子筛干燥，然后减压蒸馏，收集 76℃/4800Pa（36mmHg）的馏分。其中如含水较多时，可加入其 1/10 体积的苯，在常压及 80℃以下蒸去水和苯，然后再用无水硫酸镁或氧化钡干燥，最后进行减压蒸馏。纯化后的 *N*,*N*-二甲基甲酰胺要避光贮存。

N,*N*-二甲基甲酰胺中如有游离胺存在，可用 2,4-二硝基氟苯产生的颜色来检查。

十二、二氯甲烷

沸点 40℃，折射率 1.4242，相对密度 1.3266。

使用二氯甲烷比氯仿安全，因此常常用它来代替氯仿作为比水重的萃取剂。普通的二氯甲烷一般都能直接作萃取剂用。如需纯化，可用5%碳酸钠溶液洗涤，再用水洗涤，然后用无水氯化钙干燥，蒸馏收集40～41℃的馏分，保存在棕色瓶中。

十三、二硫化碳

沸点46.25℃，折射率1.6319，相对密度1.2632。

二硫化碳为有毒化合物，能使血液神经组织中毒。具有高度的挥发性和易燃性，因此，使用时应避免与其蒸气接触。

对二硫化碳纯度要求不高的实验，在二硫化碳中加入少量无水氯化钙干燥几小时，在水浴55～65℃下加热蒸馏、收集。如需要制备较纯的二硫化碳，在试剂级的二硫化碳中加入0.5%高锰酸钾水溶液洗涤三次。除去硫化氢再用汞不断振荡以除去硫。最后用2.5%硫酸汞溶液洗涤，除去所有的硫化氢（洗至没有恶臭为止），再经氯化钙干燥，蒸馏收集。

十四、氯仿

沸点61.7℃，折射率1.4459，相对密度1.4832。

氯仿在日光下易氧化成氯气、氯化氢和光气（剧毒），故氯仿应贮于棕色瓶中。市场上供应的氯仿多用1%酒精做稳定剂，以消除产生的光气。氯仿中乙醇的检验可用碘仿反应；游离氯化氢的检验可用硝酸银的醇溶液。

除去乙醇可将氯仿用其1/2体积的水振摇数次分离下层的氯仿，用氯化钙干燥24h，然后蒸馏。另一种纯化方法为：将氯仿与少量浓硫酸一起振动两三次。每200mL氯仿用10mL浓硫酸，分去酸层以后的氯仿用水洗涤，干燥，然后蒸馏。除去乙醇后的无水氯仿应保存在棕色瓶中并避光存放，以免光化作用产生光气。

十五、苯

沸点80.1℃，折射率1.5011，相对密度0.87865。

普通苯常含有少量水和噻吩，噻吩的沸点为84℃，与苯接近，不能用蒸馏的方法除去。

噻吩的检验：取1mL苯加入2mL溶有2mg吲哚醌的浓硫酸，振荡片刻，若酸层呈蓝绿色，即表示有噻吩存在。噻吩和水的除去：将苯装入分液漏斗中，加入相当于苯体积1/7的浓硫酸，振摇使噻吩磺化，弃去酸液，再加入新的浓硫酸，重复操作几次，直到酸层呈现无色或淡黄色并检验无噻吩为止。将上述无噻吩的苯依次用10%碳酸钠溶液和水洗至中性，再用氯化钙干燥，进行蒸馏，收集80℃的馏分，最后用金属钠脱去微量的水得无水苯。

附录7　常见危险化学品的贮存要求

一、贮存药物的原则

① 所有药品都有明显标签，标明药品名称、质量规格及来货日期；最好还有危险性质的明显标志。

标签日久会受腐蚀性气体损坏，甚至全部剥落，如果不及时换新标签，就会变成无名物，有误用的危险。注上来货日期或制造日期，对于易变质物可以正确判定应否销毁。

② 分类存放，互相作用药品不能混放，必须隔离存放。易燃物、易爆物及强氧化剂只能少量存放。

③ 贮存室或药品柜必须保持整齐清洁。

④ 经常检查药品瓶子或其他包装完整情况，标签是否完整，有无其他危险潜伏。

⑤ 无名物、变质物要及时清理销毁。

二、危险药物分类存放的原则及存放要求

① 易挥发药品：远离热源火源，于避光阴凉处保存，通风良好，不能装满。

这类药品多属一级易燃物、有毒液体。对这类药品贮存要加以特别注意，最好保存在防爆冰箱内，家庭冰箱指示灯、恒温控制开关、电机启动都可能打火，因此使用家庭冰箱时，不要连接内指示灯，并将冰箱放在宽阔通风良好处，这样冷冻机排出的热气便易于散开。大量易燃物存放室应隔离建造，或在一楼，符合易燃物建筑标准。存放易燃物的地方应挂有易燃物标志和不准吸烟的牌子。存放易燃物室内应通风良好，但是室内不应有排风扇。存放附近应有灭火器材及处理洒出药物的器材。

② 腐蚀性液体：放于底下，以免不慎跌下，洒出发生烫伤事故。

③ 产生有毒气体或烟雾的药品：存于通风橱中。

④ 剧毒药品：锁上。

⑤ 致癌药品：有致癌药品的明显标志，锁上。

⑥ 互相作用的药品：隔离存放。

⑦ 特别保存的物品：金属钠、钾等碱金属，贮于煤油中。黄磷，贮于水中。上述两种药物很易混淆，要隔离贮存。苦味酸，避潮保存，要时常检查是否放干了。镁、铝（粉末或条片），避潮保存，以免积聚易燃易爆氢气。吸潮物、易水解物贮于干燥处，封口应严密。易氧化易分解物，存于阴凉暗处，用棕色瓶或瓶外包黑纸盛装。但双氧水不要用棕色瓶（有铁质促使分解）装，最好用塑料瓶装外包黑纸。

⑧ 放射性物品未经辐射物质管理部门批准，不得存放使用。

三、危险药品贮存要求一览表（见附表 7-1）

附表 7-1 危险药品贮存要求一览表

名称	危险性	贮存要求
冰醋酸	强腐蚀性，使皮肤起泡，剧痛	贮于阴凉处
乙酸酐	强刺激性和腐蚀性	贮于阴凉处，容器密封
氨气及浓氨水	强腐蚀性、刺激性。浓氨水腐蚀性与苛性钠相似。挥发性强、氨气强烈刺激眼黏膜	贮于阴凉处，与酸类及卤素隔离，开瓶时小心。预先在冰水中冷却再打开瓶塞
乙酰氯	刺激性，遇潮气分解放出刺激性氯化氢。与水反应猛烈。受热分解产生少量有毒光气。易燃	贮于阴凉处，容器密封
氯化铝	无腐蚀性。与潮气接触，放出腐蚀性、刺激性氯化氢	贮于阴凉处，容器密封
溴	强腐蚀性、刺激性，强氧化剂。强烈刺激眼黏膜，与皮肤接触引起严重烧伤	贮于阴凉处，与氨气及还原剂有机物隔离。开瓶小心（见氨）使用时上面盖上一层水
氯气	极端刺激眼睛及呼吸器官，很低的浓度就使肺受伤，强氧化剂	贮于阴凉处。与有机物、还原剂隔离
盐酸	浓盐酸及其气体的刺激性颇强，能使眼睛黏膜、呼吸道烧伤	贮于通风处。与氧化剂隔离，特别是硝酸、氯酸盐。放于下格
甲醛	刺激性液体，易挥发	贮放通风处，与氧化剂、碱类、氨及有机胺隔离
甲酸	腐蚀性液体，强刺激性气体	贮于阴凉通风处，不与氧化剂及碱接触
氟氢酸	极强的腐蚀性、刺激性。能使皮肤严重烧伤，疼痛难忍，甚至因疼痛而休克。烧伤眼睛及呼吸道	隔离贮于聚乙烯塑料瓶中，不能贮存在玻璃器皿中
过氧化氢	对眼睛、黏膜及皮肤腐蚀。强氧化剂。阳光照射及杂质促使分解	存于通风处，避光保存。与有机物、金属及还原剂隔离
浓硝酸	极强腐蚀性，液体气体强刺激性，接触皮肤使溃烂、变黄（与蛋白质反应）	在通风处单独存放于下格

续表

名称	危险性	贮存要求
苯酚	固体、液体和气体都具有强腐蚀性。接触皮肤会使之烧伤而溃烂,并渗入皮肤中毒	在通风处单独存放。容器密封,放于下格
氧化氮 三氯化磷	强刺激性气体,吸入湿润的鼻腔、气管处,可形成硝酸、亚硝酸,曝于 100～150μg/mL30min 致死	
五氯化磷	固体、液体、气体皆具有极强的刺激、腐蚀性	贮于干燥阴凉处,密封
氢氧化钾 氢氧化钠	腐蚀性极强的固体,其水溶液亦为强腐蚀性。溶解放热。可引起严重烧伤	贮于干燥处,与酸隔离
浓硫酸	极强腐蚀性,使有机物炭化	与强碱、氯酸盐、过氯酸盐、高锰酸盐隔离。放于下格

附录 8　常见不能混合的化学药品一览表

凡能互相起化学作用的药品都要隔离，对那些互相反应产生危险物、有害气体、火焰或爆炸等危险的药品，尤其要特别注意。

下述几类是必须隔离的药品：

① 氧化剂与还原剂及有机物等不能混放。

② 强酸，尤其是硫酸忌与强氧化剂的盐类（如高锰酸钾、氯酸钾等）混放。与酸类反应产生有害气体的盐类（如氰化钾、硫化钠、亚硝酸钠、氯化钠、亚硫酸钠等），不能与酸混放。

③ 易水解的药品（如醋酸酐、乙酰氯、二氯亚砜等）忌水、酸及碱。

④ 引发剂忌单体混放。潮湿保存。

⑤ 卤素（氟、氯、溴、碘）忌氨、酸及有机物。

⑥ 氨忌与卤素、汞、次氯酸、酸类及汞等接触。

⑦ 许多有机物忌氧化剂、硫酸、硝酸及卤素。

⑧ 两种药品互相反应，放出有害或剧毒气体。

附表 8-1 列出了不能混合的常用药品一览表。

附表 8-1　不能混合的常用药品一览表

药品名称	禁忌药品
碱金属及碱土金属	二氧化碳、四氯化碳及其他氯化烃类
钠、锂、镁、钙、铝等	水
醋酸	铬酸、硝酸、羟基化合物、乙二醇、胺类、过氯酸、过氯化物及高锰酸钾等
醋酸酐	同上,还有硫酸、盐酸、碱类
乙醛、甲醛	酸类、碱类、胺类、氧化剂
丙酮	浓硝酸及硫酸混合物,氟、氯、溴
乙炔	氟、氯、溴、铜、银、汞
液氨(无水)	汞、氯、次氯酸钙(漂白粉)、碘、溴、氟化氢
硝酸铵	酸、金属粉末、易燃液体、氯酸盐、亚硝酸盐、硫黄、有机物粉末、可燃物
苯胺	硝酸、过氧化氢(双氧水)、氯、溴
溴	氨、乙炔、丁二烯、丁烷及其他石油气,碳化钠、松节油、苯、金属粉末
氧化钙(石灰)	水
活性炭	次氯酸钙(漂白粉)、硝酸
铜	乙炔、过氧化氢
氯酸钠(钾)	铵盐、酸、金属粉末、硫黄、有机粉尘及可燃物
铬酸及铬酸酐	醋酸、醋酸酐、萘、樟脑、甘油、松节油、乙醇及其他易燃液体

续表

药品名称	禁忌药品
氯气	氨、乙炔、丁二烯、丁烷及其他石油气，碳化钠、松节油、苯、金属粉末
氟	与所有药品隔离
肼	过氧化氢、硝酸，任何氧化剂
氢氰酸	硝酸、碱类
过氧化氢	铜、铬、铁，大多数金属及其盐类，任何易燃液体、可燃物、苯胺、硝基甲烷
无水氟氢酸	氨
硫化氢	发烟硝酸、氧化性气体
碳氢化合物	氟、氯、溴、铬酸、过氧化物
碘	乙炔、氨气及氨水、甲醇
汞	乙炔、雷酸、氨
硝化石蜡	无机碱类
氧气	油脂、润滑油、氢、易燃液体、固体及气体
草酸	银、汞
过氯酸	醋酸酐、铋及其合金、醇、纸、木、油脂、润滑油
有机过氧化物	酸类(有机及无机)，防止摩擦，贮于冷处
黄磷	空气、氧气、火、还原剂
氯酸钾	酸类(见氯酸盐)、有机物、还原剂
过氯酸钾	酸类(见过氯酸)
高锰酸钾	甘油、乙二醇、苯甲醛及其他有机物、硫酸
银	乙炔、草酸、酒石酸、雷酸、铵盐
钠	见碱金属
氮化钠	酸
氰化钠	酸
亚硝酸钠	酸、铵盐、还原剂(如亚硫酸钠)
过氧化钠	任何还原剂，如乙醇、甲醇、冰醋酸、醋酸酐、苯甲醛、二硫化碳、甘油、乙二醇、醋酸乙酯、甲酯及呋喃、甲醛
硫化钠	酸
硫酸	过氯酸盐、氯酸盐、高锰酸钾、单体
亚硫酸盐	酸、氧化剂
砷及砷化物	任何还原剂
硝酸(浓)	醋酸、丙酮、醇、苯胺、铬酸、氢氰酸、硫化氢、易燃液体及气体、易硝化物、硫酸

附录 9　常见危险化学品废弃物的销毁方法

废物种类	销毁处理方法
碱金属氢化物、氨化物和钠屑	将其悬浮在干燥的四氢呋喃中，在搅拌下，慢慢滴加乙醇或异丙醇至不再放出氢气为止。再慢慢加水至溶液澄清后，用水冲入下水道
硼氢化钠(钾)	用甲醇溶解后，以水充分稀释，再加酸，并放置。此时有剧毒的硼烷产生，故所有操作必须在通风橱内进行，其废酸液用碱中和后弃入水槽
酰氯、酸酐、三氯氧磷、五氯化磷、氯化亚砜、硫酰氯、五氯化二磷	在搅拌下加到大量水中，P_{205} 加到大量水中后，再用碱中和，冲走
催化剂(Ni、Cu、Fe、贵金属等)或粘有这些催化剂的滤纸、塞子、塑料垫等	因这些催化剂干燥时常易燃，绝不能丢入废物缸中，抽滤时也不能完全抽干，1g 以下的少量废物可用大量水冲走。量大时应密封在容器中，贴好标签，统一深埋地下

续表

废物种类	销毁处理方法
氯气，液溴、二氧化硫	用 NaOH 溶液吸收，中和后冲走
氯磺酸、浓硫酸、浓盐酸、发烟硫酸	在搅拌下，滴加到大量冰或冰水中，用碱中和后冲走
硫酸二甲酯	在搅拌下加到稀 NaOH 或氨水中，中和后冲走
硫化氢、硫醇、硫酚、HCl、HBr、HCN、PH_3、硫化物或氰化物溶液	用 NaClO 氧化。1mol 硫醇约需 2L NaClO 溶液（含 Cl 17%，9mol"活性氯"）；1mol 氰化物约需 0.4L NaClO 溶液，用亚硝酸盐试纸试验，证实 NaClO 已过量时（pH>7），用水冲走
重金属或其盐类	使形成难溶的沉淀（如碳酸盐、氢氧化物、硫化物等），封装后深埋
氢化铝锂	将它悬浮在干燥的四氢呋喃中，小心地滴加乙酸乙酯，如反应剧烈，应适当冷却，再加水至氢气不再释出为止，废液用稀 HCl 中和后冲走
汞	尽量收集泼散的汞粒，并将废汞回收，对废汞盐溶液，可以制成 HgS 沉淀，过滤后，集中深埋
有机锂化物	溶于四氢呋喃中，慢慢加入乙醇至不再有氢气放出，然后加水稀释，最后加稀 HCl 至溶液变清，冲走
过氢化物溶液或过氧酸溶液、光气（或在有机溶剂中的溶液、卤代烃溶剂除外）	在酸性水溶液中，用 Fe(Ⅱ)盐或二硫化物将其还原，中和后冲走
钾	一小粒一小粒地加到干燥的叔丁醇中，再小心地加入无甲醇的乙醇，搅拌，促使其全溶，用稀酸中和后冲走
钠	小块分次加入乙醇或异丙醇中，待其溶解后，慢慢加水至澄清，用稀 HCl 中和后冲走
三氧化硫	通入浓硫酸中，再按浓硫酸加以销毁

附录 10　化学化工文献网络资源索引

（一）专业文献数据库

1. http：//www. nstl. gov. cn/　国家科技图书文献中心
2. http：// www. cncic. gov. cn/　中国化工信息中心

（二）中文期刊全文数据库

1. http：//www. cnki. net/　中国知网
2. http：// www. wanfangdata. com. cn/　万方数据知识服务平台
3. http：//www. cqvip. com/　维普资讯网

（三）专利文献检索

1. http：//www. sipo. gov. cn/　中华人民共和国国家知识产权局
2. http：//www. cnipr. com/　中国知识产权网

（四）化工标准

1. http：//www. cssn. net. cn/　中国标准服务网
2. http：//www. standard. net. cn/　中国标准网

（五）化学化工网站

1. http：//china. chemnet. com/　中国化工网
2. http：//www. cheminfo. gov. cn/　中国化工信息网

3. http：//www.finechem.com.cn/ 中国精细化工网
4. http：//www.chchin.com/ 中国化工资讯网
5. http：//www.echemsoft.com/ 中国化学软件网

（六）其他化学化工网站

1. http：//www.ccs.ac.cn/ 中国化学会
2. http：//www.chem.com.cn/ 中国万维化工城
3. http：//www.chemonline.net/chemivillage/ 化学村
4. http：//www.chem17.com/ 中国化工仪器网
5. http：//www.cnreagent.com/ 中国试剂信息网
6. http：//www.organicchem.com/ 有机化学网
7. http：//www.organchem.csdb.cn/ default.htm 化学专业数据库

（七）国外相关网站

1. http：//www.chemexper.com/ 欧洲 ChemExper 化学数据库
2. http：//www.patentexplorer.com/ DERWENT 专利全文检索系统
3. http：//www.allchem.com/ allchem 公司全球化工产品供求及价格数据库
4. http：//www.chem.com/ 美国化工产品供求及生产商数据库
5. http：//www.chemindustry.com/ 美国化学工业网［英］
6. http：//ep.espacenet.com/ 欧洲专利检索
7. http：//patft.uspto.gov/ 美国专利检索

主要参考文献

[1] 蒋登高，章亚东，周彩荣．精细有机合成反应及工艺．北京：化学工业出版社，2001．
[2] 张招贵．精细有机合成与设计．北京：化学工业出版社，2003．
[3] 徐克勋．精细有机化工原料及中间体手册．北京：化学工业出版社，2004．
[4] 章思规．精细有机化工制备手册．北京：科学技术文献出版社，2000．
[5] 刑其毅，徐瑞秋，周政．基础有机化学．第 3 版．北京：高等教育出版社，2005．
[6] 钱旭红编著．工业精细有机合成原理．北京：化学工业出版社，2000．
[7] 杨锦宗编著．工业有机合成基础．北京：中国石化出版社，1998．
[8] 周春隆，梁兴国等编．精细化工实验法．北京：中国石化出版社，1998
[9] 麦禄根主编．有机合成实验．北京：高等教育出版社，2001．
[10] 巨勇，赵国辉，席婵娟编著．有机合成化学与路线设计．第 2 版．北京：清华大学出版社，2007．
[11] 田铁牛主编．有机合成单元过程．北京：化学工业出版社，2005．
[12] 薛叙明主编．精细有机单元过程．北京：化学工业出版社，2005．
[13] 复旦大学高分子科学系，高分子科学研究所合编．高分子实验技术．修订版．上海：复旦大学出版社，1996．
[14] 王槐三，寇晓康编著．高分子化学教程．北京：科学出版社，2002．
[15] 初玉霞．化学实验技术基础．北京：化学工业出版社，2002．
[16] 姚虎卿．化工辞典．第 5 版．北京：化学工业出版社，2014．
[17] 钱国坻．染料化学．上海：上海交通大学出版社，1988．
[18] 宋小平，韩长日．香料与食品添加剂制造技术．北京：科学技术出版社，2000．
[19] 张友兰．有机精细化学品合成及应用实验．北京：化学工业出版社，2005．
[20] 李浙齐．精细化工实验．北京：国防工业出版社，2009．
[21] 国家药典委员会．中华人民共和国药典．2015 年版．北京：中国医药科技出版社，2015．
[22] 化学工业部人事教育司，化学工业部教育培训中心组织编写．三废处理与环境保护．北京：化学工业出版社，1997．